디지털 컨버전스를 위한
유비쿼터스 공학

남상엽 · 이강현 공저

도서출판 상 학 당

머리말

유비쿼터스 패러다임은 모든 사물에 컴퓨터와 네트워킹 기술이 적용되어 여러 곳에 존재하는 컴퓨팅 기반을 통해 사람과 컴퓨터 기기 및 환경이 서로 상호작용하여 컴퓨터가 사람의 필요사항을 알아서 처리하는 인간 중심의 컴퓨터 환경을 지향하고 있다.

유비쿼터스는 일상생활 공간과 컴퓨터간의 자연스러운 통합이 가능한 HCI(Human Computer Interface) 기술과 표준 개발을 핵심요소로 인식하고 있다.

유비쿼터스 컴퓨팅의 주요 하드웨어, 네트워크, 소프트웨어 기술은 국방, 의료, 산업, 가정 그리고 사무실 등 사회 전반에 응용되고 있다.

그리고 초고속급 네트워킹 기술을 바탕으로 고성능 컴퓨팅과 초고속 네트워크 간 컨버전스(convergence) 기술 분야로 지향하고 있으며 전 광통신 기술(All-Optical Networking)을 기반으로 무선 및 이동망 등을 언제, 어디서나 연결할 수 있는 하이브리드(Hybrid) 통신기술, 수십억 개의 임베디드화(Embedded)된 센서를 연결하기 위한 네트워크 기술, 그리고 신뢰성과 안전성을 제고하기 위한 각종 기술개발 등을 추진하고 있다.

유비쿼터스는 궁극적으로 '어디에서나 컴퓨팅(Computing Everywhere)'이라는 구성을 가지고 차세대 컴퓨팅을 구현하고자 시작하였지만 이는 모든 정보통신 전자기기에 내장(Embedded)하여 사용하는 내장 컴퓨터의 기본기술을 개발하는 시스템 프로젝트와 내장 컴퓨터의 미래 응용분야를 연구하는 응용 프로젝트로 나누어 진행되고 있다.

이 프로젝트의 궁극적 목표는 안전하고, 편리하고, 잘 작동하고, 인간의 생산성을 향상시켜 주는 광범위한 기능을 수행할 수 있도록 모든 컴퓨터들이 서로 연결된 편리한 생활과 작업공간을 개발하는데 목표로 추진되고 있다.

가전, 방송, 통신, 컴퓨터가 서로 결합하는 디지털 컨버전스(digital convergence) 추세가 빠르게 확산되면서 전통산업과 IT 산업이 융합화하여 언제, 어디서나 IT 기술을 활용하는 IT의 생활화(IT everywhere)가 급진전되어 경제, 사회 전반에 걸쳐 IT 기술을 응용한 새로운 산업이 지속적으로 창출될 것이다.

한국의 유비쿼터스에 대한 전략은 IT839 전략을 기반으로 광대역통합망(BcN), u-센서 네트워크 구축, 인터넷 신주소 체계(IPv6)보급, 9대 IT성장 동력 개발, 지능형 홈과 지능형 로봇 산업의 발전전략, 유비쿼터스 컴퓨팅 및 네트워킹 원천기술개발사업 등을 중심으로 추진하고 있다.

이러한 유비쿼터스 시대에 디지털 컨버전스한 기술들을 기본적인 개론을 이해하고자 전자부품 소재에서 논리회로와 유비쿼터스 환경에서 실제 응용되는 유비쿼터스 사회를 구현하기 위한 기술분야로써 물리적 디바이스를 구성하는 기술분야인 IT SoC, MEMS, 나노, 차세대 전지와 같은 기술요소가 필요하는 디바이스(Device) 기술, 외부의 변화를 감지하는 유비쿼터스 컴퓨팅의 입력장치에 해당하는 기술분야인 RFID/USN, 상황인식과 같은 기술요소가 필요하는 센싱(Sensing) 기술, 센서를 통해 얻은 데이터를 분석하고 판단하는 기술분야인 임베디드 소프트웨어와 같은 기술요소가 필요하는 실시간 OS(RealTime OS) 기술, 사물간의 의사소통을 위한 기술분야인 IPv6, Ad-Hoc, Bluetooth, UWB, QoS, WiBro, 그리드와 같은 기술요소가 필요하는 네트워크(Network) 기술, 사용자에게 보여주기 위한 기술분야로써 차세대 디스플레이와 같은 기술요소가 필요한 인터페이스(Interface) 기술, 안전한 통신을 위한 기술분야로써 생체인식, DRM과 같은 기술요소가 필요하는 보안(Security) 기술, 여러 기술요소들이 컨버전스된 기술분야로써 차세대 PC, 휴대인터넷, 지능형 홈 네트워크, 지능형 로봇, DMB, IPTV, LBS, VoIP가 해당되는 애플리케이션(Application) 고도화 기술로 크게 7가지 기술분야 중 대표적인 기술에 대하여 이해를 돕고자 《디지털 컨버전스를 위한 유비쿼터스 공학》을 발간하게 되었다.

이 교재는 컴퓨터, 전기, 전자, 제어, 통신분야의 관련 학생 및 초보개발자를 대상으로 한 기초 소자에 대한 기본이론 및 유비쿼터스에 대한 기본적인 개념에서 응용 프로젝트에 대한 개괄적인 이해를 단기간에 소화할 수 있도록 준비된 교재로, 처음 기초 전자, 전기, 통신, 컴퓨터, 제어 및 응용을 접하는 학생에게 쉽고 빠르게 접근할 수 있도록 초점을 맞추었으므로 기초 이론 및 응용에 대한 이해와 전반적인 기술 트랜드 및 시장을 이해하는 감각을 키우는 데 부족함이 없을 것이라 생각된다. 좀 더 깊이 있고 보다 전문적인 내용은 이 교재를 통하여 개념을 이해하고 추가적인 참고서적을 통하여 학습하는 것이 효과적일 것이다.

본 교재의 주요 구성은 다음과 같다.

1장은 기초적인 전자부품인 수동소자(저항, 콘덴서 등)와 능동소자(트랜지스터, IC 등)에 대하여 간략히 서술하였고, 2장은 디지털 논리회로인 논리의 기본원리, 소자에 대한 간단한 이해와 조합논리 및 조합논리 회로에 대한 기본적인 이해를 서술하였다.

3장은 유비쿼터스의 개요로써 유비쿼터스의 역사에서 유비쿼터스의 특징 및 주요 선진국의 유비쿼터스의 전략 등에 대하여 서술하였고, 4장은 유비쿼터스 사회를 구현하기 위한 기술인 디바이스(Device) 기술, 센싱(Sensing) 기술, 실시간 OS(RealTime OS) 기술, 네트워크(Network) 기술, 인터페이스(Interface) 기술, 보안(Security) 기술, 애플리케이션(Application) 고도화 기술로 크게 7가지 기술분야에 대하여 간단히 서술하였다.

5장은 통신, 방송, 인터넷이 융합된 품질보장형 광대역 멀티미디어 서비스를 언제, 어디서나, 끊김없이(seamless) 안전하게 광대역으로 이용할 수 있는 차세대 통합 네트워크인 광대역 통합망(BcN)과 그 응용분야인 IPTV에 대하여 간략히 서술하였다.

6장은 RFID와 USN에 대한 기본적인 원리 및 특징에 대하여 간략히 서술하였고, 7장은 차세대 이동통신과 WiBro에 대한 기본적인 개념과 특징을 서술하였다.

8장에서는 DMB(Digital Multimedia Broadcasting)인 '디지털 멀티미디어 방송'으로 CD 수준의 음질과 데이터 또는 영상 서비스 등이 가능하고 고정 · 이동 수신의 우수한 품질을 제공하고, 전송 수단에 따라 구분되는 지상파 DMB와 위성 DMB에 대한 개념 및 특징을 서술하였다.

9장은 디지털 컨버전스에 따라 새롭게 창출된 홈네트워크 산업은 하드웨어의 단순 결합이 아닌 소프트웨어를 포함하는 형태로 새로운 기술인 임베디드 시스템 기술의 등장으로 인간생활 자체를 변화시키는 방향으로 발전하여 미래 가정인 디지털 홈을 실현할 수 있는 환경 및 개념에 대하여 서술하였다.

10장은 텔레매틱스와 위치기반서비스에 대하여 개념과 특징을 서술하였고, 11장은 차세대 시스템의 변화에 기본인 시스템 온 칩에 대한 기본적인 원리 및 개념을 서술하였고, 12장은 지능형 로봇의 기본적인 원리, 분류, 특징 및 기술에 대하여 서술하였고, 13장은 임베디드 시스템의 개념 및 특징 그리고 응용분야에 대하여 전반적인 이해가 쉽도록 구성하여 기술하였다.

끝으로 이 책을 집필하는 데 많은 도움을 주신 (주)ED의 박용후 사장님, 김창일 전무님 그리고 기술연구소의 김석중 본부장님, 마케팅의 양영규 이사님, 홍준석이사님, 이관희 부장님, 권순갑 부장님, 곽석민 과장님, 백승명 과장님, 김권일 팀장님 고객지원팀의 이억환 부장님 등 관계자 여러분, 도서출판 상학당의 관계자 여러분과 이세진, 강민영, 황정남 학생들에게 감사의 마음을 전한다.

어떤 일이든 첫발을 내딛고 개척하는 것이 가장 힘든 일일 것이나 그 어려움을 극복하고 얻는 것이 무엇보다 값진 결실이 될 것이다. 아직은 열악하고 힘든 개발환경이지만 이 책이 보다 많은 유비쿼터스 공학 관련 인력 양성에 힘이 되어주길 바란다.

저 자 씀

차 례

제1장 전자부품 소자

제2장 디지털 논리 회로

제3장 유비쿼터스의 개요

제4장 유비쿼터스 핵심기술

제5장 BcN과 IPTV

제6장 RFID와 USN

제7장 차세대 이동통신과 WiBro

제8장 DMB

제9장 유비쿼터스 홈네트워크

제10장 텔레매틱스와 위치기반 서비스

제11장 SoC

제12장 지능형 로봇

제13장 임베디드 시스템

제1장

전자부품 소자

전자부품을 크게 나누면 다음 3종류로 구분할 수 있다.

(1) 수동부품

부품 스스로 아무 동작도 할 수 없지만 능동 소자와 조합되었을 때 그 기능을 발휘하는 부품으로 저항, 코일, 콘덴서 등이 해당된다.

(2) 능동부품

입력과 출력을 갖추고 있으며, 전기를 인가한 것만으로 입력과 출력에 일정한 관계를 갖는 소자를 능동 소자라 부른다. 트랜지스터, IC, 다이오드, 연산 증폭기 등이 있다.

(3) 보조부품

소자의 접속 및 고정하기 위한 부품으로 커넥터, 기판, 단자, 스위치, 선재 등이 있다.

1.1 수동 전자부품 소자

1. 저 항

일반적으로 저항(Resister)이란 전기의 흐름을 방해하는 것, 전기가 잘 흐르지 못하게 하는 것을 말한다.

간단한 예로 우리가 뛸 때는 공기의 저항을 받는다. 또한 물이 파이프를 통해 흐를 때 파이프의 굵기에 따라 저항을 받는 것과 같이 이러한 현상을 "저항을 받는다 "라고 한다.

공학적으로 저항을 설명하면 전자회로에서 저항은 물질을 구성하는 원자의 구조에 따라 저항이 결정된다. 즉, 전류를 방해하는 성질을 저항이라 할 수 있는데 물질은 자유전자의 이동에 따라 전기적인 성질을 가지게 된다.

어떤 물질 내부에 자유전자가 이동하게 되면 전자(電子 : Electron)는 전기적 성질을 갖기 때문에 전류의 흐름이 된다. 즉 전류는 단위시간당 이동하는 전자의 수에 따르는데 1초 동안에 6.28×10^{18}개의 전자가 이동하면 1 암페어(Ampere)가 흐른다고 하며 기호로는 1[A]로 표시된다.

그런데 물질내부에는 그물질을 구성하는 원자가 있으므로 결국 이 자유전자들은 이 원자들 틈새를 이동해야 하므로 이동하는데 방해를 받는다. 이렇게 전자의 이동을 방해하는 성질을 저항(Resistance)이라고 한다.

해당 저항기의 저항 값을 Ω(ohm) 단위로 표시한다. 이 값은 오차범위 안에서의 대표 값을 말하므로 공칭 저항 값이라고 한다. 저항 값은 저항기의 표면에 컬러코드로 표시되어 있거나 숫자로 표시되어 있다. 저항 값을 표시할 때는 kΩ(1,000Ω), MΩ(1,000,000Ω)과 같은 단위를 함께 사용한다.

(1) 저항의 종류

전류의 흐름을 어느 정도 억제하는가에 따라 부도체, 반도체, 도체로 구분할 수 있고 저항 값이 크다 혹은 작다라고 말할 수 있다. 도체는 전류를 잘 흐르게 하는, 전류를 방해하는 성질이 작은 즉, 저항이 작은 물질을 의미하며 부도체 혹은 반도체는 저항이 커서 전류를 방해하는 성질이 큰 물질을 말한다. 저항의 전류를 방해하는 성질 때문에 저항을 사용하여 원하는 전류를 얻는 것이 가능하면 이에 저항을 이용한다. 전자 회로에서의 저항은 전류의 흐름을 조절 또는 억제하는 역할을 한다. 저항은 전류의 흐름을 적절히 조절하며, 저항 값이 클수록 전류를 적게 흐르게 한다.

저항은 만드는 재료의 종류에 따라 탄소형, 금속 피막형 등이 있으며 저항은 극성이 없다. 저항은 쓰이는 용도에 따라 일반 저항과 보다 정밀한 저항으로 나누어 볼 수 있다.

저항 종류 중에 가장 많이 사용되는 것이 탄소 피막 고정 저항으로, 흔히 탄소 피막저항이라 한다.

금속 피막 고정 저항은 그 값이 표면에 수치로 기록되어 있고, 대부분 전력 용량이 큰 것이 특징이다. 소용량의 저항은 주로 탄소계 저항으로 만들어지며, 크기가 너무 작기 때문에 색 띠로 값을 표시하고 있다. 가변 저항을 표면에 저항 값과 전력 용량이 표시되어 있다. 이 소자는 회로를 구성할 경우 회로의 저항 값을 정확하게 알지 못할 때 저항 값을 가변시키면서 조정하여 사용하면 좋다.

1) 탄소피막 저항기(Carbon Film Resistor)

가장 널리 사용되는 형태의 저항으로 세라믹 로드(ceramic rod)에 탄소분말을 피막 형태로 입힌 후 나선형으로 홈을 파서 저항 값을 조절하는 방법으로 만든다. 이후에 저항의 표면에 절연 도장을 입히고 절연 도장의 유무에 따라 비절연형, 간이절연형, 절연형 등으로 구분하기도 한다.

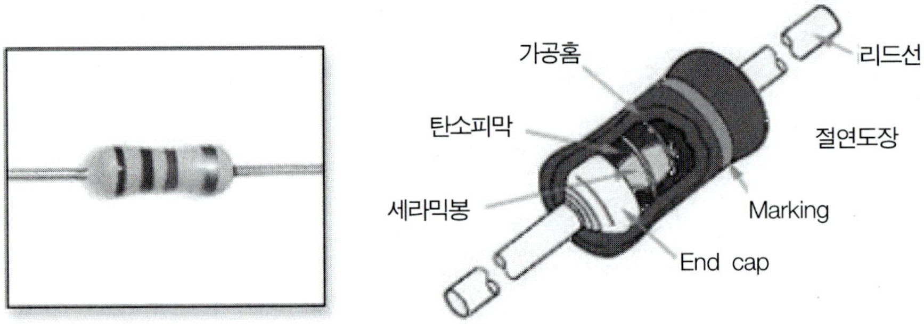

[그림 1-1] 탄소피막 저항의 외형

2) 금속피막 저항기

정밀한 저항이 필요한 경우에 가장 많이 사용되는 저항기로 특히 고주파 특성이 좋으므로 디지털 회로에도 널리 사용된다.

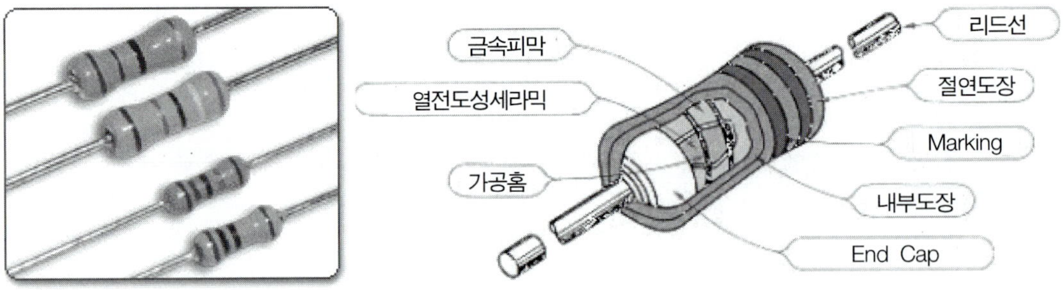

[그림 1-2] 금속피막 저항의 외형

제조 방법은 세라믹 로드에 니크롬, TiN, TaN, 니켈, 크롬 등의 합금을 진공증착, 스퍼터링 등의 방법으로 필름 형태로 부착시킨 후 홈을 파서 저항 값을 조절하는 방법으로 만든다.

3) 후막칩 저항기(Thick Film Resistor)

회로가 점점 소형화 되고 부품의 대부분이 SMT(Surface Mount Technology) 공법에 의해 장착되면서 개발된 새로운 형태의 저항기이다.

이러한 칩 형태의 저항기는 세라믹 기판 위에 저항체를 후막 형태로 얹어서 제조하며 지속적으로 소형화가 이루어지고 있다.

특히 고주파 특성이 우수하고 소형이므로 핸드폰, 컴퓨터 등의 최신 기기들에는 대부분 이러한 칩 형태의 저항기가 사용된다.

[그림 1-3] 칩 저항의 외형

4) 네트워크 저항기(Network Resistor)

부품의 집적도를 더욱 높이기 위한 방법 중에는 아예 여러 개의 저항기를 하나의 패키지 안에 넣고 저항 네트워크를 구성하여 IC와 같은 형태를 갖는 부품도 있다.

물론, 이 부품은 저항이지만 외형은 기존의 다른 저항기와 달리 단자가 여러 개 나와 있으며 칩 형태의 칩 네트워크 저항기와 다리(lead)를 갖는 일반형 어레이 저항기(Array Resistor)가 있다.

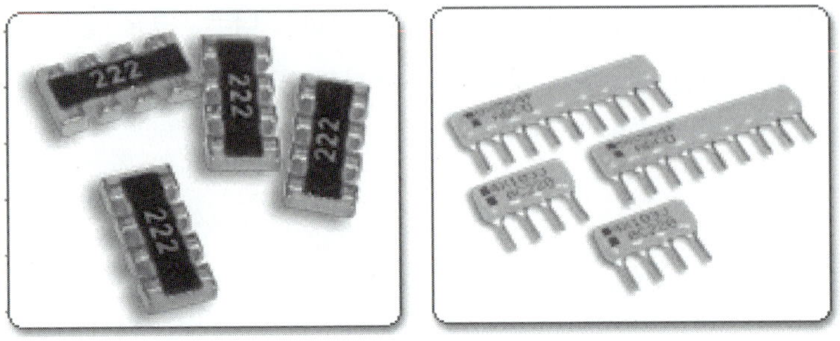

[그림 1-4] 칩 네트워크와 어레이 저항의 외형

5) 볼륨형 가변저항

볼륨형이라는 단어는 오디오의 볼륨에 주로 사용된다는 의미에서 나온 말이다. 하지만 국내에서는 오디오 볼륨과 같은 형태 즉, 기기의 외부에 손잡이를 두고 항상 조절 가능한 형태의 가변 저항을 볼륨이라는 단어로 사용한다. 그러나, 해외에서는 Volume이라는 단어 대신에 Potentiometer 또는 Attenuator라고 부르기도 한다.

볼륨형 가변 저항은 대부분 탄소피막 저항체를 사용하며 사용 용도에 따라 밀폐형과 개방형이 있고 회전축을 중심으로 전극이 움직이는 형태가 가장 많이 사용된다.

좌우로 전극이 움직이는 경우에는 슬라이드 가변저항이라고 부른다.

[그림 1-5] 볼륨형 가변저항의 외형

(2) 저항 값 판별 방법

색 띠의 부호로 저항 값을 나타내는 저항은 그림 2와 같이 4색 띠와 5색 띠 표시 방법이 있으나, 주로 4색 띠의 저항이 많이 사용된다. 여기서는 4색 띠 저항 값을 표시한 것이며, 저항의 단위는 옴(ohm, [Ω])으로 나타낸다.

소비 전력 정격은 저항의 크기에 따라 비례하지만 4색 띠와 5색 띠의 저항은 [W]

의 소비전력을 지니고 있으며, 회로에 사용할 때는 전력을 반드시 고려하여야 한다.

1) 저항 값의 판별법

저항 값의 표기에서 형체가 큰 것에는 그 값을 저항체 안에 직접 기입할 수 있으나, 작은 것에는 색 띠로 하여금 저항 값을 나타나게 된다.

색	첫째색	둘째색	셋째색	넷째색
	첫째 수	둘째 수	셋째 수	오차
검정색	0	0	X1	
갈 색	1	1	X10	1%
빨간색	2	2	X100	2%
주황색	3	3	X1M	
노란색	4	4	X10M	
녹 색	5	5	X100M	
파란색	6	6	X1G	
보라색	7	7		
회 색	8	8		
흰 색	9	9		
금 색			X0.1	5%
은 색			X0.01	10%
무 색				20%

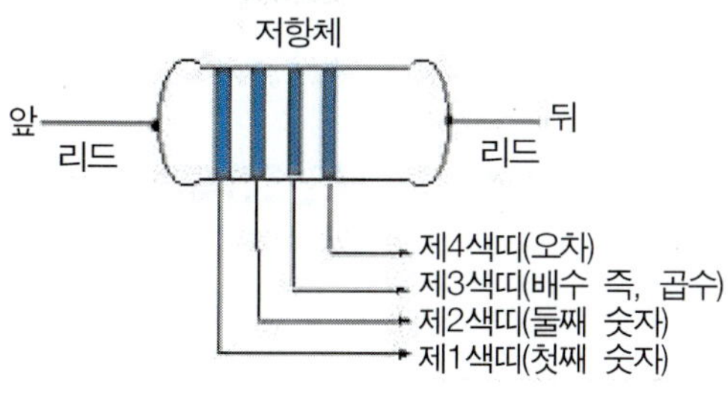

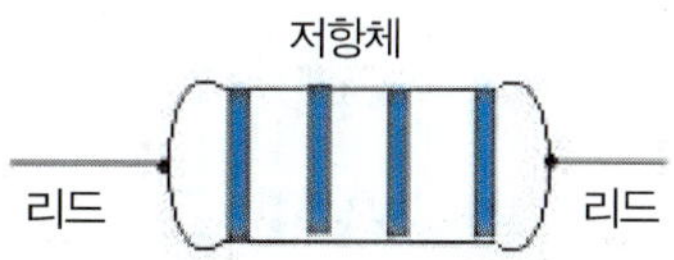

색띠가 앞뒤 구분이 없는 때는 금색이나 은색(색이 좀 특수하다)를 찾아 이것을 네 번째 색띠로 하여 계산하여야 한다

2) 사용온도

저항에서 소비하는 전력은 열에너지로 바뀌므로 많은 전류를 흐르는 저항의 경우에는 상당한 온도 상승이 있다. 대부분의 저항은 허용전력 이내에서 사용한다면 그 범위 안에서 저항 자체가 발생시키는 열에너지에 의한 온도 상승에 견딜 수 있도록 만들어진다. 그러나, 통풍에 의한 냉각이 잘 이루어지지 않거나 외부 환경에 의하여 허용치 이상으로 온도가 상승하면 저항이 파괴되는 경우가 있다.

그러므로, 저항을 사용할 때는 회로의 주변 온도에 따라 저항의 허용 온도를 중요하게 고려하여야 한다. 저항을 기판에 납땜을 할 때에도 같은 이유로 주의하여야 하며 저항에 따라서는 납땜시의 가열 시간까지 업체에서 세세하게 지정하는 경우도 있다.

또한 너무 낮은 온도에서 사용하는 경우에도 저항의 외피인 피막에 균열이 일어나거나 하는 경우가 있으므로 냉동 장치의 내부와 같이 너무 낮은 온도에서 사용하는 경우 역시 사용 가능 온도를 확인하여야 한다. 하지만 저항은 다른 전자부품들에 비래 상당히 열에 강한 부품에 속하므로 일상적인 사용에서라면 크게 문제를 일으키지는 않는다.

저항의 종류에 따른 대략의 사용 온도 범위는 다음과 같다.

저항의 종류	최고 사용온도(℃)
탄소피막 저항기	155
솔리드 저항기	125
금속피막 고정저항기	(Metal Clad 155 ~ 175)
산화금속피막 저항기	235
권선형 저항기	270, 350
후막형 저항기	125

3) 온도계수

모든 물질은 온도에 따라 전기 저항 값이 변화 하며 저항기 역시 온도에 따라 저항값이 변한다. 온도계수(TCR : Temperature Coefficient of Resistance)는 이 변화를 나타내기 위한 값이다. 재료의 저항 값은 온도의 증감에 따라 저항 값이 직선적으로 변화하는 경우와 비직선적으로 변화하는 경우가 있으며 직선적으로 변화하는 경우에는 저항온도계수(TCR)를 사용하고, 비직선적으로 변화하는 경우에는 측정하는 온도를 정해 그 사이의 저항치변화율(%)로 표시한다.

간단히 예를 들어 온도계수가 300ppm인 저항의 경우에 온도가 20℃ 증가하면 저항 값이 실제 0.6% 증가하게 된다. 따라서, 아주 정밀한 회로를 구성하여야 할 경우에는 저항의 온도계수도 함께 고려하여야 한다.

4) 정격전력

사용온도 범위에서 연속동작 상태로 사용할 수 있는 최대 전력을 나타낸다. 그러나 실제 사용에서 정격 전력은 실제 회로 설계 값에서 충분한 여유를 두는 것이 일반적이다. 그 이유는 정격전력 이상에서 저항이 지속적으로 사용되면 과도한 열이 발생하여 저항을 파괴할 뿐만 아니라 회로 주변을 태우고 나아가서는 화재를 일으킬 위험성까지 있다.

정격전력의 여유는 설계상의 전력에서 2배 정도로 잡는 것이 일반적이지만 회로의 사용 환경이나 부품의 배치 등 여러가지 요소에 의하여 결정된다.

가장 많이 사용되는 탄소피막저항의 경우 정격전류 1/8, 1/6, 1/4, 1/2 등의 다양한 제품이 사용되며 저항의 종류에 따라 정격전력의 범위도 다르다.

회로에 사용할 저항의 종류를 결정할 때 저항의 소비전력은 매우 중요한 요소이다.

예를 들어, 발열이 많은 부분에는 내열성이 강한 시멘트 저항이나 메탈클래드 저항을 사용하여야 하며 각 저항의 종류에도 정격전력의 한도가 정해져 있다.

5) 허용오차

모든 저항기에는 공칭 저항 값에 대한 오차가 있으며 제조회사에서는 이에 대한 허용 오차를 범위를 명시하고 있다.

이 허용 오차는 컬러코드로 저항 값을 표시하는 경우에는 컬러코드에 함께 표시하고, 문자로 표시할 때는 다음과 같은 알파벳 기호로 나타낸다.

[저항기 오차범위의 기호]

기호	A	B	C	D	F	G	J	K	M	N
허용오차	±0.05%	±0.1%	±0.25%	±0.5%	±1%	±2%	±5%	±10%	±20%	±30%

가장 일반적인 탄소 피막형 저항의 허용 오차는 ±5% 정도이지만 각 제조회사에서는 이를 선별하거나 보다 정밀한 가공 과정을 거쳐 정밀급 저항을 판매하고 있다.

예를 들어 100Ω 저항의 허용 오차가 ±5%인 경우에 실제 제품의 저항 값은 95Ω~105Ω의 값을 갖는다.

하지만 회로에 따라서는 매우 정확한 저항 값을 요구하는 경우도 있는데 이 경우에는 보다 높은 정밀도의 선별된 저항을 구입하거나 여러 개의 저항을 구입하여 자신이 원하는 치수에 맞는 저항을 측정기로 찾아내어 사용하기도 한다.

6) 최대 사용 전압

저항에 인가될 수 있는 최대 전압의 크기를 나타낸다. 만일 이 이상의 전압이 흐르게 되면 저항이 파괴되거나 직접 전류가 흘러 회로 자체가 파괴되기도 한다. 따라서, 고전압을 다루는 회로에서는 특수한 저항이 사용되기도 한다.

저항은 기본적으로 물질의 전기저항 특성을 이용한 것이므로 이외에도 습도와 흐르는 전류의 크기 전류의 주파수에 따라서 여러가지 특성이 변화한다.

2. 콘덴서

콘덴서란 전기를 축적하는 기능을 가지고 있다. 그러나, 일반적으로는 전기를 축적하는 기능 이외에 직류전류를 차단하고 교류전류를 통과시키려는 목적에도 사용된다. 어떤 기판이라도 한 두 개는 있을법한 전자부품이다. 회로도의 기호는 ⊣⊢ 으로 표시한다. 콘덴서는 기본적으로는 2장의 전극판을 대향시킨 구조로 되어 있다. 두 개의 극판을 서로 닿지 않도록 평행하게 놓았을 때 외부에서 전원을 연결하여 회로를 구성하면, 양 극판에는 전자에 의해 음(−)과 양(+)의 전극으로 대전상태(전기가 모여있는 상태)가 된다.

극판은 대전되면 전원의 회로를 끊어도 대전된 상태로 남아 있게 되는데 이러한 현상은 전기가 저장됨을 의미하고 이러한 현상을 충전상태라고 한다.

여기에 직류전압을 걸면, 각 전극에 전하(電荷)라고 하는 전기가 축적되며, 축적하고 있는 도중에는 전류가 흐른다. 축적된 상태에서는 전류는 흐르지 않게 된다.

전류가 흐를 수 있는 길이 없으므로 대기 중에서 자연 방전되는 것이다. 이러한 커패시터 역할을 효과적으로 하기 위해서는 두 극판간의 간격은 좁을수록, 면적은 클수록 효과적이다. 10μF 정도의 전해 콘덴서에 아날로그 미터식 테스터를 저항 측정 모드하고 접속하면 순간 전류가 흘러 테스터의 바늘이 움직이는 것을 알 수 있다. 그러나 바로 0으로 되고 만다. 그렇지 않다면 콘덴서 불량일 경우이다.

테스터의 접속 방법(콘덴서의 리드에 접속하는 테스터의 측정봉)을 반대로 하면 역시 순간 전류가 흐른다는 것을 알 수 있다. 그러므로, 직류전압이 콘덴서에 가해진 경우, 순간적으로 전류가 흐르지만 후에는 흐르지 않기 때문에 직류를 통과시키지 않으려는(직류 커트) 용도에도 사용된다. 그러나, 교류의 경우에는 앞서 언급한 테스터의 측정봉을 항상 교대로 바꾸어 접속하는 것과 같으므로 그때마다 전류가 흐르게 되어, 교류전류는 흐르는 것이다.

두 극판의 전극간에 절연체(유전체라고 한다)를 넣어(절연체를 전극으로 삽입한다) 콘덴서를 만드는데, 이 재질에 따라 여러 종류의 콘덴서가 있다. 아무것도 삽입하지 않고 공기를 유전체로 하는 콘덴서도 있다.

콘덴서의 용량을 나타내는 단위는 패럿(farad : F)가 사용된다. 일반적으로 콘덴서에 축적되는 전하용량은 매우 작기 때문에, μF(마이크로패럿 : 10^{-6}F)나 pF(피코 패럿 : 10^{-12}F)의 단위가 사용된다.

최근에는 슈퍼 커패시터라는 명칭으로 패럿 단위의 용량을 가진 콘덴서도 등장했다.

콘덴서의 용량 표시에 3자리의 숫자가 사용되는 경우가 있다. 부품 메이커에 따라 용량을 3자리의 숫자로 표시하든가, 그대로 표시하기도 한다.

3자리 숫자로 나타내는 경우에는 앞의 2자리 숫자가 용량의 제1숫자와 제2숫자이고, 3자리째가 승수가 된다. 표시의 단위는 pF(피코패럿)로 되어 있다.

예를 들면 103이면 $10 \times 10^3 = 10{,}000$pF $= 0.01\mu$F로 된다.

224는 $22 \times 10^4 = 220{,}000$pF $= 0.22\mu$F이다.

100pF 이하의 콘덴서는 용량을 그대로 표시하고 있다. 즉, 47은 47pF를 의미한다.

즉, 콘덴서는 전하를 축적하는 작용을 한다. 그리고 시간에 따라 변화하지 않는 전류(직류 성분)는 통과하지 못하며, 변화를 계속하는 전류(교류 성분)만을 그 변화하는 속도에 비례하여 흐르게 하는 성질을 가지고 있다.

콘덴서의 구조는 두 개의 전극(판 또는 필름 상의 도체)이 상호 절연하여 대향으로 배치된 것이다. 정전 용량(전하를 특정하는 능력)을 나타내는 단위는 패럿[F]인데, 이 단위는 너무 크므로 그 100만분의 1인 마이크로패럿[μF]과 다시 그 100만분의 1인 피코 패럿[pF]을 사용하고 있다. 또, 내압은 사용상태에서 파괴되지 않고 성능이 저하하지 않는 전압을 말하므로 회로 구성시 내압에 주의해야 한다.

(1) 콘덴서의 종류

1) 전해 콘덴서

전해 콘덴서의 원리는 전극과 전극 사이에 전해질을 넣고 양전극간에 직류전압을 가하면 전극의 표면이 전기 화학작용으로 매우 얇은 절연층이 되는 것을 이용한 것이다. [그림 1-6]은 전해 콘덴서의 외형을 나타낸 것이다.

[그림 1-6] 전해 콘덴서의 외형

2) 세라믹 콘덴서

고정 콘덴서 외형을 [그림 1-7]에 나타냈으며, 일반적으로 많이 사용되는 세라믹 콘덴서는 티탄산 바륨의 분말을 소결하여 성형한 유전율이 높은 자기를 유전체로서 사용한 콘덴서이다.

가격이 싸고 소형이며, 재열성에도 우수한 장점이 있으나, 온도에 의한 용량 변화가 크고, 어느 정도의 정확한 용량으로 만들기가 어려운 단점이 있다. 세라믹 콘덴서 및 마일러 콘덴서는 정전 용량과 정격 전압을 숫자와 알파벳을 조합해서 표시한다.

정전 용량을 3개의 숫자 중 앞의 두 자는 정수, 세 번째 숫자는 10의 배수, 네 번째 자리는 허용 오차를 나타낸다.

예를 들면, 301[K]일 경우 $30 \times 10^{1} = 300$[pF] ± 10[%], 단위는 [pF]이다.

콘덴서 전면에 숫자가 223K이라고 써 있다면

첫 번째, 두 번째 숫자는 써 있는대로 읽으면 되고, 세 번째 숫자는 10^{3}(10의 3승)의 뜻으로 앞의 두 숫자에 곱하라는 뜻이다. 네 번째 영어표시는 허용오차로 M-20%, K-10%, J-5%입니다.

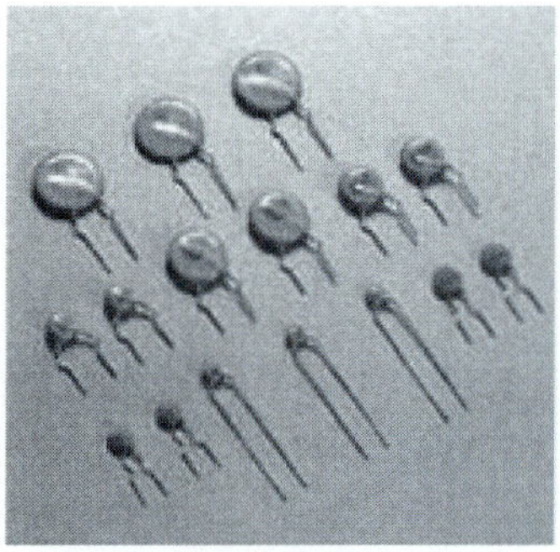

[그림 1-7] 세라믹 콘덴서의 외형

(2) 콘덴서의 판별법

1) 전해 콘덴서의 판별법

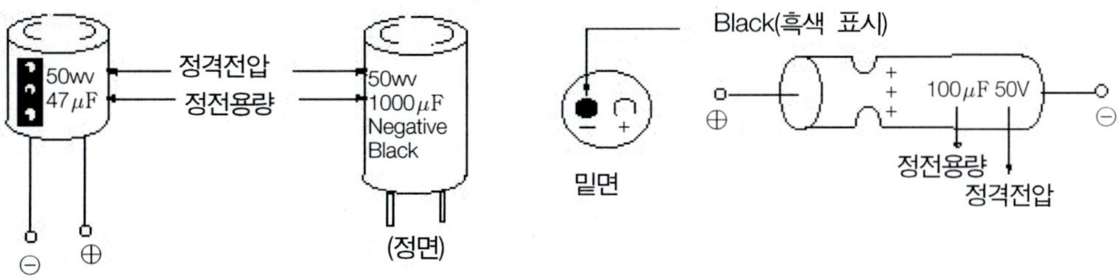

[그림 1-8] 전해 콘덴서의 외형

2) 콘덴서(마일러 및 세라믹)의 용량 판별법

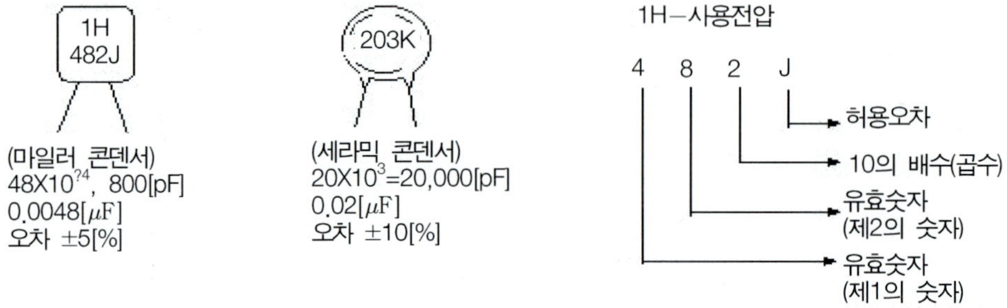

[그림 1-9] 문자에 의한 표시 방법

① 용량표시의 읽기

유효숫자의 제1숫자와 제2숫자는 그대로 읽고 제3숫자는 곱수를 나타낸다. 제3숫자 다음의 문자는 오차를 표시하며 1H는 사용 정격전압을 표시한다.

② 정격전압

〈표 1-1〉 콘덴서의 정격전압

(단위 : [V])

	A	B	C	D	E	F	G	H	J	K
0	1	1.25	1.6	2.0	2.5	3.15	4.0	5.0	6.3	8.0
1	10	12.5	16	20	25	31.5	40	50	63	80
2	100	125	160	200	250	315	400	500	630	800
3	1,000	1,250	1,600	2,000	2,500	3,150	4,000	5,000	6,300	8,000

③ 오차표시

〈표 1-2〉 오차의 한계

문 자	B	C	D	F	G	J	K	M	N	V	X	Z	P
허용 오차 (%)	±0.1	0.25	0.5	±1	±2	±5	±10	±20	±30	±20 ~10	±40 ~20	±80 ~20	±100 ~40
허용오차 [μF]	±0.1	0.5	0.5	±1	±2								

안전 유의사항

1. 저항의 허용 오차 색 위치를 먼저 확인한다.
2. 저항의 소비 전력 정격을 확인한다.
3. 콘덴서의 전압을 확인한다.

1.2 능동 전자부품 소자

1. 반도체 개요

(1) 전자개요

모든 물질은 분자 또는 원자의 결합으로 되어 있고 원자(atom)는 양성자, 중성자, 전자로 구성되어 있다. 양성자는 양전하를 가진 원자핵으로 전하량은 전자와 같고 질량은 전자의 약 1,836배이고 어떤 원소에서 양성자의 수는 그 원자의 원자번호이다. 중성자는 알파입자를 베릴(Be)에 충돌시킬 때에 양성자와 질량이 거의 같고 전하를 띠지 않는 입자이고 원자핵 속에 전자가 존재하지 않고 양성자수와 전자수가 같은 특성을 갖고 있다.

전자는 음전하를 가진 전자로 구성되어 있으며 원자핵의 구조나 전자의 수에 따라 서로 다른 원자가 된다. 그리고 원자의 모형은 [그림 1-10]과 같이 전자궤도(electron orbital)는 마치 태양 주위를 행성들이 돌고 있는 것과 비슷하게 양성자와 중성자로 구성된 원자핵을 중심으로 정해진 수의 전자(electron)가 지정된 궤도에서 돌고 있다.

(2) 원자와 전자

[그림 1-10]은 아연 원자에 대한 구조를 나타낸 것이다. 30개의 전자들은 무리를 지어 일정한 궤도를 따라 원자핵 주위를 돌고 있다.

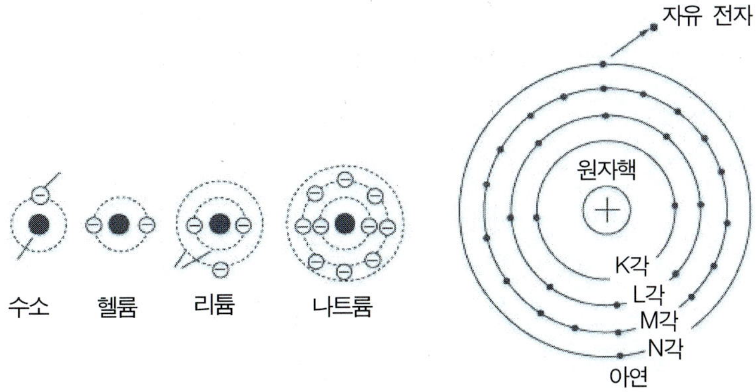

[그림 1-10] 원자 및 전자 구조

아연의 경우 N각에 전자가 2개 있는데 이와 같이 원자핵 주위를 돌고 있는 전자 중에서 가장 바깥쪽 궤도를 돌고 있는 전자를 최외각 전자라 한다. 최외각 전자는 원자핵으로부터의 구속력이 가장 약해, 외부로부터 에너지가 주어지면 이 에너지를 흡수하여 원자핵의 구속으로부터 이탈하므로 자유로운 운동을 할 수 있게 된다. 이와 같은 전자를 자유 전자라 한다.

(3) 고체 내의 전자 운동

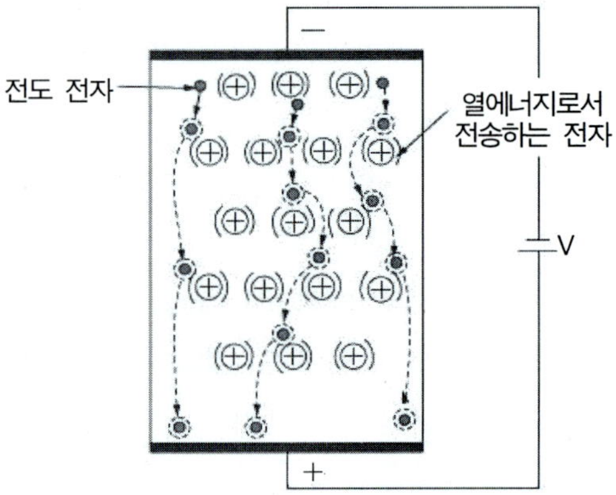

[그림 1-11] 전자의 이동과 전류

1) 전자의 이동과 전류

금속 내부에서는 전도 전자가 금속 양이온의 사이를 자유로이 운동하고 있다. 이런 상태의 금속에 전지 등을 사용하여 전기장을 가하면 양극을 향해서 전도 전자의 이동이 일어나며, 그 결과 전류가 흐르게 된다. 즉, 전도 전자의 이동에 의해 전류가 흐르게 되는 것이다.

[그림 1-11]에서 (+)와 (−)의 전위차는 전자의 이동 속도와 비례 관계가 있어 전위차가 많이 날수록 전류가 증가하게 된다. 그러므로 옴의 법칙이 성립함을 알 수 있다.

2) 반도체 내의 전자 움직임

전자공학에서는 물체를 통하여 전류가 흐르는 정도에 따라 도체와 절연체로 구분한다. 전기전도율이 아주 큰 금, 은, 동 등은 도체이고 상대적으로 전기전도율이 거의 0(제로)인 물체는 절연체이다. 그러면 전기 전도율이 도체와 절연체의 중간에 해당되는 물체를 반도체(Semi Conductor)라고 한다.

따라서 반도체는 열을 가하거나 특정 불순물을 넣어주면 도체처럼 전기가 흐르는 등 인위적 조작에 따라 특성 조절이 용이하다.

[그림 1-12]는 실리콘의 결정 모양을 나타낸 것이다. 실리콘 원자는 화학적으로 안정되기 위해서 가전자대에 8개의 전자를 필요로 하는데 4개 밖에 갖고 있지 않다. 따라서 다른 원자와의 공유결합에 의해서 안정화되려고 하는 노력을 하게 된다. 이와 같이, 실리콘 이외의 다른 물질의 혼입이 없고 안정된 상태에 있는 반도체를 진성 반도체라 한다. 대표적인 진성 반도체에는 실리콘(Si)과 게르마늄(Ge)이 있다.

외부로부터 가해진 에너지에 의해 실리콘 원자의 전자는 공유결합에서 벗어나 자유전자가 되며 자유전자가 결정 내를 이동한다. 동시에 전자가 떠난 자리의 구멍도 마치 +전하를 가진 입자와 같이 결정 내를 이동한다. 이 전자가 나간 구멍의 이동은 실제로는 근처의 실리콘 원자의 공유결합 전자가 빈 구멍으로 뛰어들어서 그 근처의 실리콘 원자로 구멍이 이동하는 방법으로 일어난다.

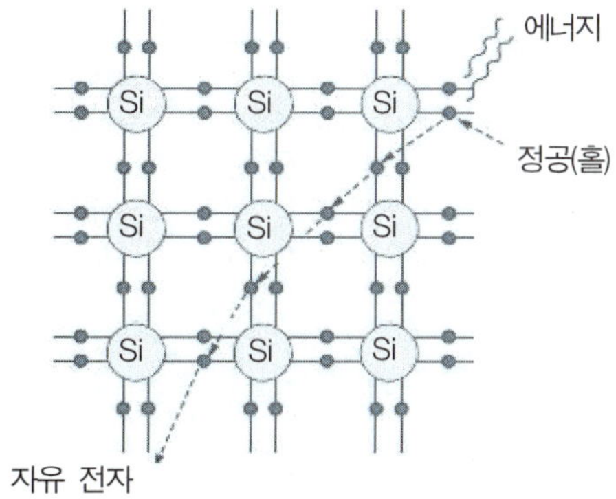

[그림 1-12] 반도체 전자 움직임

이런 식으로 이 구멍은 원자에서 원자로 계속 이동한다. 이 빈 구멍은 전자가 없어진 자리이므로 +전하를 가진 입자가 이동하고 있는 것처럼 보이기 때문에 정공(hole)이라 한다. 즉, 전자의 이동으로 생긴 빈자리로 전기를 운반하는 캐리어 역할을 한다.

따라서, 반도체에 전류가 흐르는 것은 정공과 자유 전자의 두 종류에 의해서 이루어지게 된다. 여기서, 이 정공과 자유 전자를 전하의 운반체라는 뜻으로 반송자(carrier)라 한다.

3) 반도체의 종류

반도체에는 진성 반도체와 불순물 반도체가 있다. 불순물 반도체는 진성 반도체에 소량의 불순물 즉 3가 또는 5가의 원자를 혼합하여 만들어지게 되는데 이를 각각 p형 반도체와 n형 반도체라 하고 이들은 진성 반도체보다 도전성이 높다.

① n형 반도체

진성 반도체에 가전자가 5개인 5가의 안티몬(Sb)을 혼합하면 아래 그림과 같이 안티몬 원자는 4개의 실리콘 원자와 공유 결합을 할 수 있으나 한 개의 전자가 남게 된다. 이것을 과잉 전자라 한다. 공유결합에 의해 가전자 궤도는 8개의 전자만을 포함할 수 있기 때문에 과잉 전자 한 개는 [그림 1-13]의 에너지대에서와 같이 전도대(conduction band)에서 운동하지 않으면 안 된다. 전도대는 전자가 에너지 핵의 속박에서 벗어나 자유로이 이동을 할 수 있는 에너지대이다. 가전자대(valence band)는 전자가 가득 차 있는 에너지대이다. 전도대와 가전자대의 사이의 에너지 차이를 에너지 갭(energy gap)이라 하는데 이는 양자 역학적인 관계로 전자가 존재할 수 없는 금지대이다.

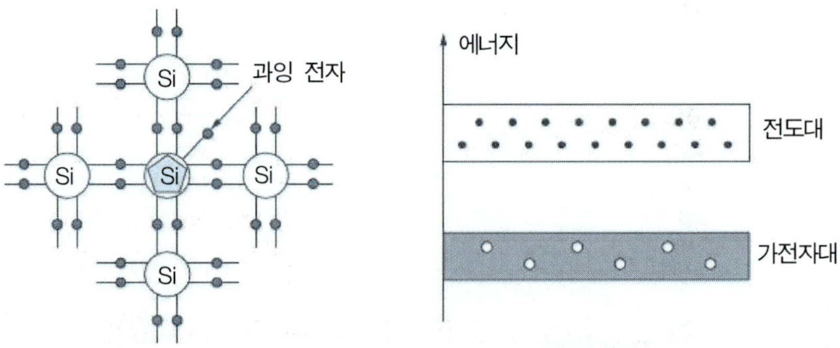

(a) n형 반도체의 결정구조 (b) n형 반도체의 에너지구조

[그림 1-13] n형 반도체 구조

여기서 불순물에 의해서 생성된 전도대의 전자의 수는 많으나, 햇빛 등의 열에너지에 의해서 생성된 정공은 몇 개에 불과하다. 이와 같이 반송자의 대부분이 전자인 반도체를 n형 반도체라 하고 전자를 다수 반송자, 정공을 소수 반송자라 한다.

그리고 n형 반도체를 만드는 불순물을 전도대에 전자를 준다는 의미에서 도너(doner)라고 한다.

② p형 반도체

진성 반도체에 가전자가 3개인 3가의 갈륨(Ga)을 혼합하면 아래 그림과 같이 갈륨 원자는 인접한 원자와 공유결합을 할 때 한 개의 전자가 부족하게 되고, 이 전자가 빈 공간에 정공이 생기게 된다. 그러므로 [그림 1-14]와 같이 가전자대에는 많은 수의 정공이 생기게 되고 오직 열에너지에 의해서 생성된 몇 개의 전자만이 전도대에 있게 된다. 이와 같이 반송자의 대부분이 정공인 반도체를 p형 반도체라 하고, 정공을 다수 반송자, 전자를 소수 반송자라 한다. 그리고 p형 반도체를 만드는 불순물을 정공이 재결합을 하기 위해서는 전자를 받아들일 수 있다는 의미에서 억셉터(acceptor)라고 한다.

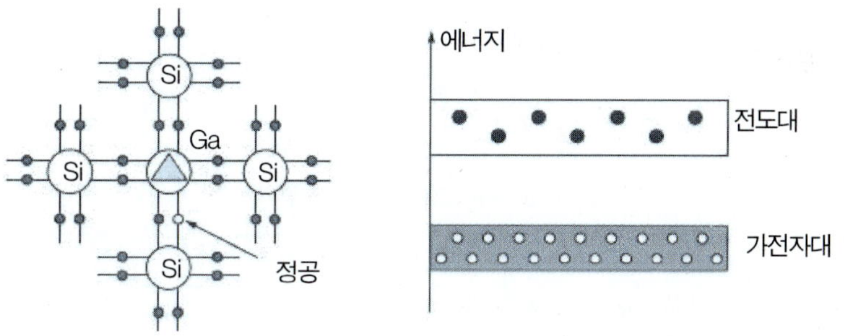

(a) P형 반도체의 결정구조 (b) P형 반도체의 에너지구조

[그림 1-14] p형 반도체 구조

2. 다이오드 구조와 원리

1) 다이오드의 구조 및 용도

다이오드(Diode)의 구조는 P형 반도체와 N형 반도체를 접합(junction)하여 만든 것으로, N형 반도체쪽을 캐소드(cathode)라고 하고, P형 반도체쪽을 애노드(anode)라고 한다.

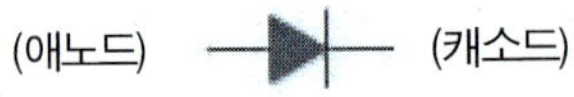

[그림 1-15] 다이오드 기호

다이오드의 전류는 애노드에서 캐소드로 흐른다, 즉 삼각형의 방향으로 흐른다. 극성이 반대로는 절대 흐르지 않는다.

다이오드의 특성은 순방향으로는 전류가 잘 흐르지만, 역방향으로는 전류가 잘 흐르지 않으며, 교류를 직류로 바꾸는 역할(정류 작용)을 한다.

다이오드의 주요 용도는 한쪽 방향으로만 하는 정류작용을 가지고 있어서, 전원장치에서 교류전류를 직류 또는 맥류 전류로 바꾸는 정류기, 핸드폰이나 DMB 등의 고주파에서 신호를 꺼내는 과정인 검파용, 전류의 ON/OFF를 제어하는 스위칭 용도 등으로 매우 다양하고 광범위하게 사용되고 있다.

〈표 1-3〉 다이오드의 기능(정류 작용)

반파정류	전파정류	브리지정류
교류의 양의 반주기 파형만 이용한다. 즉 양의 반주기동안 순방향이고 음의 반주기동안 역방향 바이어스이므로 개방상태로 출력전압이 0이 된다.	변압기의 2차 권선의 중간탭을 이용하는 장치로 교류의 전 사이클을 이용하며 음의 반주기 동안은 입력교류 위상을 180도 바꾸어 양의 값으로 출력한다.	2차 권선의 중간탭을 사용하지 않고 4개의 다이오드를 이용하여 전파정류를 한다.

2) 다이오드의 종류

다이오드 종류는 정류/스위칭 다이오드로서 PIN 다이오드, 쇼트키 다이오드, 접합 다이오드이고, 발진, 검파, 동조용인 고주파 다이오드는 쇼트키 다이오드, 터널 다이오드, 버랙터 다이오드, 건 다이오드이고, 정전압 용도인 전압 항복 효과 다이오드는 제너 다이오드, 애벌런치 다이오드이고 표시용 특수 다이오드는 발광 다이오드(LED), 광 다이오드, 레이저 다이오드이다.

① 정류 다이오드 : 교류를 직류로 변환할 때 응용
② 스위칭 다이오드 : 고속 on/off특성을 스위칭에 응용
③ 정전압(제너) 다이오드 : 정전압 특성을 전압 안정화에 응용
④ 가변용량 다이오드 : 가변 용량 특성을 FM변조 AFC동조에 응용
⑤ 터널(에사키) 다이오드 : 음저항 특성을 마이크로파 발진에 응용
⑥ MES(쇼트키) 다이오드 : 금속과 반도체의 접촉 특성을 응용
⑦ 발광(LED) 다이오드 : 발광 특성을 응용하여 광 센서로 사용
⑧ 수광(포토) 다이오드 : 광검출 특성을 응용하여 광 센서로 사용
⑨ 배리스터 다이오드 : 트랜지스터의 출력단의 온도 보상에 사용

〈표 1-4〉 다이오드 종류 및 기호

명 칭	회로도기호	약 호	기 능
범용 다이오드 PN 다이오드		D	정류, 스위칭, 검파용
제너 다이오드		ZD	정전압용 다이오드
쇼트키 다이오드		SD	고주파 스위칭용
바리캡		VD	가변 용량 다이오드 고주파 동조용
브리지 다이오드		DB	전원 정류용
발광 다이오드		LED	표시용 다이오드

3) 다이오드 특성(DIODE Characteristics)

(1) 이 론

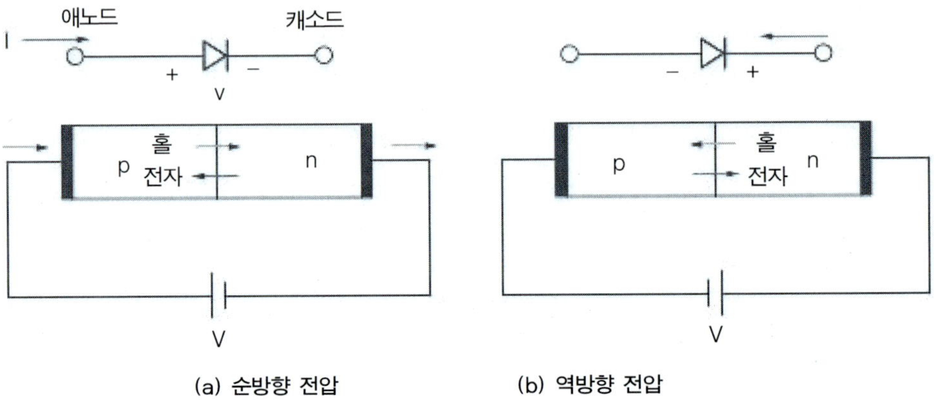

[그림 1-16] 순방향과 역방향 전압이 인가된 접합 다이오드

반도체 다이오드는 한쪽 방향으로는 전류를 잘 통과시키지만 반대 방향으로는 거의 전류를 통과시키지 않는다. 이것은 순방향 저항은 낮은 반면에 역방향 저항은 매우 높기 때문이다. 모든 반도체 다이오드는 대체적으로 단 방향적 특성을 가지고 있다.

(2) 순방향 전류

[그림 1-16](a)와 같이 전원을 PN접합 다이오드의 p형쪽에 +극을 n형쪽에 −극을 연결할 때 순방향전압(forward voltage) 또는 순방향 바이어스(bias)가 걸려있다고 말한다. 이 때 다이오드를 통하여 큰 전류, 즉 순방향 전류(forward current)가 흐른다. 이는 p영역의 정공이 n영역으로, n영역의 전자가 p영역으로 활발히 흐름으로 인해 p영역에서 n영역으로 큰 전류 I가 흐르게 된다.

(3) 역방향 전류

[그림 1-16](b)와 같이 PN접합 다이오드에 외부전압이 n형쪽에 +, p형쪽에 −가 되도록 가해질 때 역방향전압(reverse voltage) 또는 역방향 바이어스(bias)가 걸렸다고 말한다. 이때 다이오드를 통해 극히 미약한 전류, 즉 역포화 전류(reverse saturation current)가 n영역에서 p영역으로 흐른다. 이 전류는 낮은 역방향 전압에서

쉽게 최대치에 도달하며 역방향 전압을 높여도 그 이상 더 커지지 않으므로 역포화 전류(Is)라고 한다.

4) 제너 다이오드

(1) 제너 다이오드

기호 : 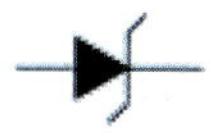

[그림 1-17] 제너다이오드 기호

제너 다이오드(ZENER Diode)는 역방향 전압 특성을 이용하는 다이오드이다. 역방향으로 전압이 가해졌을 경우 어떤 전압에서부터 전류가 흐르기 시작하는 성질을 이용한다. 전압의 변화는 거의 없는 것은 일정한 전압을 얻기 위해 사용한다. 즉 정전압 발생기로 사용하는 스위칭모드이다. 결국 스위칭 주파수를 포함한 출력을 내보내고 일반적인 전압기에서는 별 문제가 되지 않지만, 고주파수를 이용하는 센서의 전원회로에서는 이 스위칭주파수가 노이즈로 작용하는 결과가 발생한다. PN접합의 항복(Breakdown)영역에서 동작특성이 나타나도록 제작된 다이오드로 주로 정전압용으로 사용된다. PN반도체의 도핑레벨(Doupping Level)을 변화시켜서 2~200[V]의 항복범위를 갖도록 해당 전압별로 제작된다. 제너(Zener)항복은 애벌런치(Avalanche) 항복과 달리 다이오드가 강하게 도핑(Doupping)되면 공핍층이 대단히 좁아지므로 공핍층에서 생기는 전계의 세기가 300,000[V/cm]정도가 되면 가전자대 전자가 전도대로 충분히 끌어 올려지는데 이러한 형태에 의한 항복을 말하며, 고전계 방출(High Field Emission)이라고도 한다.

제너 다이오드의 특성에서 항복전압 Vz에 도달하기까지 역방향 전류는 무시할 수 있다. Vz에서는 급경사적으로 나타나므로 전류는 거의 수직적으로 나타난다. 대부분의 항복영역구간에 걸쳐 출력전압은 Vz와 같게 된다. 제너 다이오드의 소비전력 Pz는 Pz=Vz · Iz로 표현되는데 이 값이 최대(Data Sheet 상에 표시)이하인 경우는 제너 다이오드가 파손되지 않고 원상복귀된다. 제너 다이오드의 정격용량은 1/4~50[W] 정도이다.

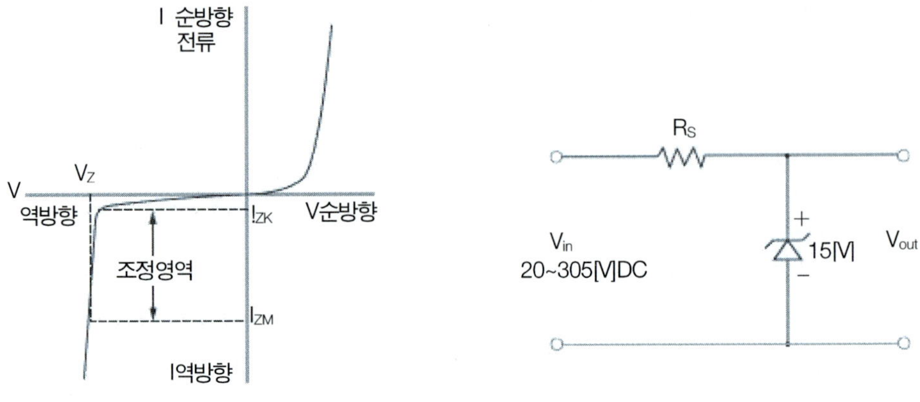

(a) 제너 다이오드의 특성곡선 (b) 제너 다이오드를 이용한 회로

[그림 1-18] 제너 다이오드의 특성곡선

제너 다이오드는 역방향 항복점을 이용하는 것을 제외하고는 보통의 다이오드와 비슷하다. 따라서 역방향 항복점은 제조과정에서 조심스럽게 조절되어지며, 이러한 제너전압은 2~3V로부터 200V 이상까지 어떤 값이나 얻을 수 있다.

그러므로 제너 다이오드는 출력전압을 조정하게 되며, 출력회로에 대하여 병렬로 놓여 있으므로 병렬조정기라고 부르기도 한다.

(2) 터널 다이오드

터널 다이오드는 발명자의 이름을 따서 에사키[江崎] 다이오드라고도 한다.

이 다이오드도 PN 접합을 이용하고 있는데, PN 접합의 p 및 n형 두 영역의 첨가 불순물의 농도를 {10^{19}개/cm^3} 정도 이상으로 높여 주면 P · N 두 영역 사이에서 터널 효과, 즉 전류반송파(電流搬送波)의 양자역학적인 관통현상효과가 생겨 PN 접합을 통한 전류반송파의 이동이 발생되며, 음성저항(陰性抵抗 : 전압은 증가하는 데 전류는 감소되는 특성)을 나타낸다.

(3) 포토 다이오드

포토 다이오드(photo diode : 光다이오드)는 PN 접합에다 빛을 쬐면 캐리어가 발생되어 전류 또는 기전압(起電壓)을 일으키는 현상을 이용한 소자이다.

(4) 쇼트키 다이오드

쇼트키 배리어형 다이오드(Schottky barrier)는 PN 접합 대신 반도체 표면에 금속막을 증착(蒸着)·도금 등의 방법으로 부착시켜서 만든 쇼트키형의 장벽을 통해서 반도체 속에 캐리어를 주입시킨다. 순방향 전압-전류 특성에서의 전류가 크게 상승하기 시작하는 전압의 값을 금속막의 종류에 따라 다르게 할 수 있다. 또 고주파수에서의 특성이 좋은 것, 고온처리가 필요치 않은 것 등의 특징이 있어 초고주파용을 비롯하여 많은 분야에서 쓰이고 있다. 또 이 소자에 대하여는 많은 연구가 진행되고 있어 앞으로 여러 가지 새로운 소자의 개발이 기대된다.

(5) 감압 다이오드

감압(感壓) 다이오드는 PN 접합의 전압－전류 특성이 그의 접합 부분에 가해진 변형력에 의하여 변화하는 현상을 이용한 전자소자이다.

(6) 특수 다이오드

특수구조로 된 접합 다이오드에는 PN 접합을 사용한 특수구조의 것과 PN 접합 이외의 다른 접합을 사용한 것들이 있다.

2중베이스 다이오드(double base diode)·4층 다이오드(4-layer diode : p-n-p-n 다이오드)는 다같이 음성저항(陰性抵抗) 소자이다.

감자기장 (感磁氣場) 다이오드는 p형층과 n형층으로부터 주입된 양공(陽孔 : 양전하의 캐리어)과 전자는 중앙의 i형 영역 내에서 외부로부터의 자기장이 충분히 강하게 되면 그 행로가 구부러져서 재결합면(층)에서 재결합되는 결과 전극 사이의 캐리어의 수가 감소되기 때문에 저항이 증대된다.

자기장이 약할 경우 또는 반대 방향의 자기장이 가해지면 캐리어는 궤도를 바꿔 재결합이 적으므로 전극 사이의 저항은 작아진다.

벌크 효과 다이오드는 반도체의 벌크 효과(bulk effect)를 이용한 것으로 앞서 기술한 다이오드와는 달리 반도체 결정에 2개의 전극이 접합을 형성치 않도록 이른바 옴(ohm)적 접촉을 이루도록 부착시켜 반도체 결정자체 내에서 생기는 각종 효과들을 이용한 소자이다.

① 크라이오서(cryosar)

p형과 n형의 불순물을 대체적으로 같은 양 첨가한 반도체(예를 들면 게르마늄)를 4.2K(액체 헬륨 온도)로 냉각하면 음성저항이 생기는 현상을 이용한 초전도(超電導) 전자소자이다. 이것은 고속의 스위치용(switching) 소자로서 컴퓨터 등에 많게 이용될 것으로 기대되고 있다.

벌크 효과를 이용한 소자 개발에 전기(轉機)를 이룬 것은 건(Gunn)효과의 발견이다. 갈륨비소 단결정 내에서의 전자의 이동도(移動度)는 전자속도가 어느 한계를 넘으면 전기장의 세기에 반비례하여 감소되며, 이로 인하여 이 단결정의 전압—전류 특성에는 음성저항이 나타나게 되어 발진(發振)이 일어난다. 이 발진주파수는 마이크로파에서 밀리(mm)파의 영역에 이르며, 이것은 재래의 고체 전자 소자로서는 이룩할 수 없었던 고주파 영역이다.

이와 같은 현상을 이용한 전자소자를 건 다이오드라고 한다.

② 태양전지

포토다이오드의 일종으로 태양광을 직접 전력으로 전환시키는 목적에 이용되고 있어, 대체 에너지원으로서 지상에서는 물론이고 우주개발을 위해서도 그 이용이 점차 확대되어가고 있어 전력용 전자소자로서 매우 중요하다. 그 구조도 PN 접합형, 쇼트키 배리어형 및 이종(異種)반도체의 접합으로 이루어지는 것 등이 있으며, 소재로서는 실리콘·갈륨비소 등의 결정체, 기타 각종 반도체가 광범위하게 이용되고 있다.

특히 근래에 와서는 다결정(多結晶) 실리콘이나 비정질(非晶質) 실리콘을 이용한 태양전지의 개발과 실용화가 크게 각광을 받고 있다.

(7) LED

발광(發光) 다이오드(Light Emission Diode : LED)는 PN 접합에서 주입된 전류 캐리어가 재결합하거나 에너지 준위를 바꿀 때 빛을 방출하는 소자인데, 손목시계 등 각종 표시장치(表示裝置)에 쓰인다.

또 이 소자는 그 형상을 광학적 공진기(共振器)를 구성할 수 있게 만들면 레이저 발광도 가능하다. 소재로서는 갈륨인(燐化갈륨 : GaP)·갈륨비소 등의 3족~5족 간의 화합물 반도체가 쓰이며, 이것들에 알루미늄 등을 첨가한 4원합금(四元合金)들도 발광 다이오드의 소재로서 각광을 받고 있다.

LED는 전류를 순방향으로 흘렸을 때에 발광(불이 켜지는)하는 다이오드이다.

기호 : 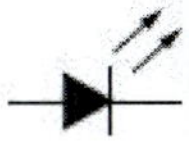

LED의 종류는 적색, 녹색, 황색, 그리고 청색 LED가 있으며, LED는 하나의 LED에 적색과 녹색의 것이 함께 들어 있는 것이다. 리드가 3개 있는데, 중앙이 공통이고, 한쪽이 적색용, 다른 한쪽이 녹색용이다. 제각기 점등시킬 수도 있고, 양쪽을 동시에 켜면 오렌지색으로 된다.

LED의 극성 확인 방법은 다음과 같다.

① LED의 리드선이 긴 쪽이 애노드(+), 짧은 쪽이 캐소드(−)이다.

② LED의 다리를 같은 길이로 잘라 버렸을 경우에는 LED의 한쪽이 밋밋하거나, 홈을 확인한다.

③ 반투명의 경우 "ㄱ"자로 꺾인 부분이 있다. 캐소드(−)가 애노드(+)형을 보고 인사를 하고 있는 것처럼 보인다.

④ 직접 전압을 걸어보면 이때는 3V가 넘기지 않는 것이 좋으며, 저항 하나를 연결한다. 그러면 공급전압의 일부는 LED에는 동작 전압만 걸리고, 나머지는 저항에 강하될 수 있도록 한다. 저항은 전류제한용으로 사용하지만, 전압에서는 이와 같이 해석할 수 있다.

⑤ 테스터를 저항 측정 레인지로 하거나, 요즘은 디지털을 많이 쓰니까 다이오드 방향을 검사하면 알 수 있다.

LED의 특이한 사용법으로 정전압을 얻기 위해 사용하는 경우도 있다.

이는 순방향의 전압강하(VF)가 거의 2V로 생각보다 일정하게 유지하고 있다. 일반적으로 5V에서는 330Ω을 LED에 직렬 연결해서 사용한다. 통상 수백 Ω을 사용하면 무난하지만, 동작 시 약 2V가 걸리고 약 10 mA가 흐른다면, R = V/I로 해서 전류 제한 및 나머지 3V의 전압강하를 일으키게 하기 위함이다.

(8) 가변용량 다이오드(배리캡 또는 버랙터 : varactor)

기호 : 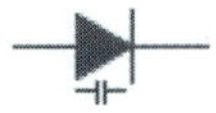

전압을 역방향으로 가했을 경우에 다이오드가 가지고 있는 콘덴서 용량(접합용량)이 변화하는 것을 이용하여, 전압의 변화에 따라 발진주파수를 변화시키는 등의 용도에 사용한다. 역방향의 전압을 높이면 접합용량은 작아진다. 콘덴서는 주파수를 가진 신호를 통과한다. 고주파에서서는 필터역할하고 필요 신호를 제거해 버리는 오동작을 하게 된다. 버랙터는 다이오드의 이런 용량을 이용하는 소자이다.

(9) 정류용/스위칭용/전압 안정용 다이오드

기호 : 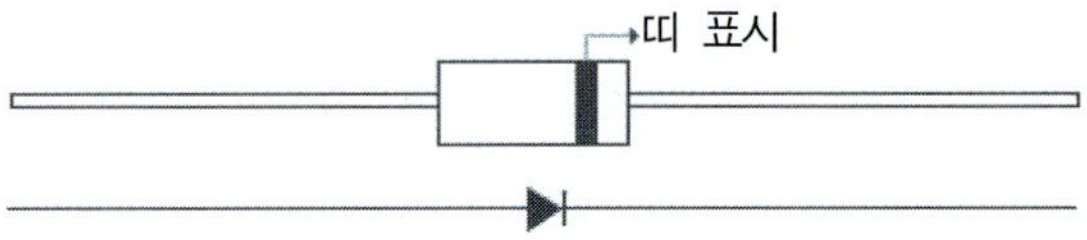

다이오드의 띠-마크는 캐소드(-)를 나타낸다.

위 그림을 보면, 우측에서 좌측으로만 전류가 흐른다(반대로는 흐르지 않는다. 하지만, 부전압은 반대로 흐를 수 있는 방향이 된다).

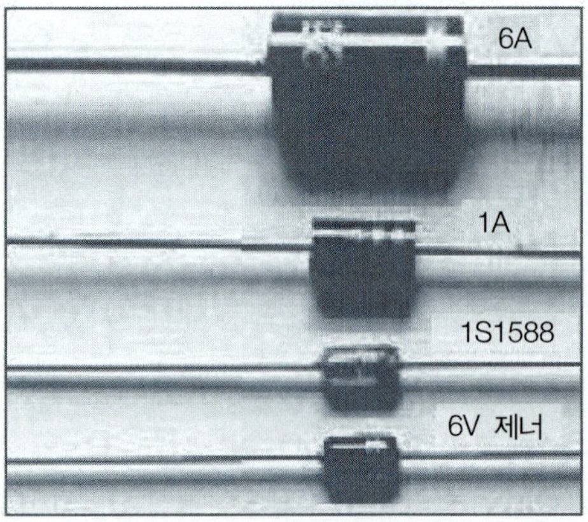

[그림 1-19] 정류용/스위칭용/전압 안정용 다이오드

[그림 1-19]에서 맨 위(6A)와 두 번째(1A)는 전류 정류용이다. 실제 사용시 최대 정격의 70% 정도 사용하는 편이다. 세 번째는 1S1588-스위칭 다이오드이다. 최대전류는 120mA이지만, ON/OFF의 전환을 고속으로 할 수 있기 때문에 스위칭용으로 사용되며, 디지털 회로에 흔히 사용한다. 역방향 전압의 최대 값은 30V로 되어 있다. 맨 아래는 제너 다이오드로 6V의 것이다. 역방향으로 전압을 가했을 경우 약 6V에서 일정하게 되며, 입력전압을 더욱 높이려고 하면 다이오드를 흐르는 전류가 증가하고, 전압은 변하지 않는다. 그러나 흘릴 수 있는 전류는 30mA 정도에서 파괴되므로 너무 흐르지 않도록 전류의 보호를 생각하지 않으면 안된다.

전원의 안정화에는 통상 3단자 레귤레이터(7805같은 정전압 IC)를 사용하기 때문에 이 다이오드의 용도는 순간적인 과전압으로부터 회로를 보호하는 용도 등에 사용한다. 3단자 레귤레이터는 내부에서 제너 다이오드를 사용하고 있다.

5) 다이오드 브리지

교류전압을 직류전압(주파수가 0인)으로 바꾸기 위해 정류용 다이오드를 사용한다. 하나의 다이오드는 반파정류(+와 −가 교대로 변화하는 전압의 + 또는 − 중에서 한쪽만 사용)밖에 할 수 없지만, 다이오드를 4개 조합하면 전파정류를 할 수 있다. 4개를 조합한 것이 다이오드 브리지(diode bridge)이다.

[그림 1-20]은 브리지 다이오드이다. 좌의 우측−1A의 다이오드 브리지로, 직경이 10mm, 높이가 7mm의 원주형으로 되어 있다. 좌의 좌측−4A의 다이오드 브리지로, 평판 모양을 하고 있다. 폭 19mm, 높이 16mm, 두께 6mm이다. 우측은 대전력용 다이오드 브리지이다. 전류용량은 15A까지 흘릴 수 있다. 또, 역전압 내압도 400V이다.

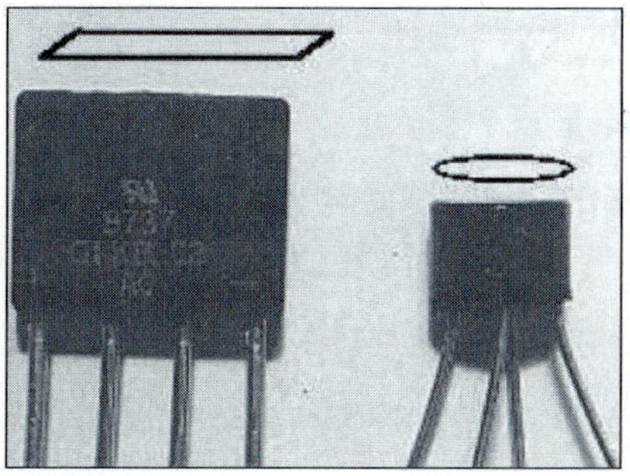

(a) 1A/4A 브리지 다이오드

(b) 대전격용 브리지 다이오드

[그림 1-20] 브리지 다이오드

중심에 나사를 통과시키는 구멍이 뚫어져 있으며, 이 정도의 전류용량이라면 방열을 하기 위해 금속판에 나사로 고정할 필요가 있다. 크기는 1변이 26mm, 모듈 부분의 높이가 10mm이다. 브리지 다이오드는 대부분 수100V의 역전압에 견디는 소자들이다.

4. 트랜지스터 구조와 원리

1) 트랜지스터의 개요

(1) 1948년 미국의 벨 전화 연구소에서 탄생

1948년에 트랜지스터가 발명되었으며 당시 전자 공업계에 상당한 충격을 주었다. 그로부터 전자 산업은 빠르게 발전하기 시작했으며 오늘날 일렉트로닉스 시대의 개막에 시초가 되었다. 그 후의 컴퓨터를 시작으로 전자공학의 급속한 발전은 우리의 생활을 편리하고 풍부하게 해주었다. 트랜지스터의 발명에 공헌한 세명의 물리학자(W. Shockley, J. Bardeen, W. Brattain)가 노벨상을 수상한 것은 어쩌면 당연하다 할 수 있겠다. 앞으로 트랜지스터에 필적할 정도의 것이 또다시 발명될 수 있을 것인지 아무도 장담할 수 없을 것이다. 그만큼 트랜지스터의 발명은 현대에 큰 영향을 주었다고 말할 수 있다.

(2) 게르마늄에서 실리콘으로 발전

트랜지스터는 당초 게르마늄이라는 반도체로 만들어졌으나 게르마늄은 약 80℃정도의 온도밖에 견디지 못하는 결점이 있었다. 이 때문에 지금에 와서는 거의 실리콘을 이용하고 있으며 실리콘은 약 180℃ 이상의 온도에도 견딜 수 있는 물질이다.

(3) 트랜지스터의 기능은 증폭과 스위칭

라디오를 예로 들면 공중을 통해 전해져 온 지극히 미약한 신호를 강하게 확대(증폭)하여 스피커에서 소리가 들리도록 한다. 이런 기능을 하는 것이 트랜지스터의 증폭작용이며 입력신호의 파형을 바꾸지 않고 전압이나 전류의 크기만을 확대하는 것이다. 이 경우는 아날로그 신호의 경우지만 컴퓨터 등에 사용되는 디지털 신호에서 트랜지스터는 0과 1을 설정하는 스위치의 역할을 하고 있다. IC나 LSI도 결국은 트랜지스터의 집합이며 기능의 기본이 되는 것은 트랜지스터의 증폭 작용이다.

(4) 저항과 트랜지스터

기판 상에서 실장되어 있던 저항과 트랜지스터를 하나의 칩에 내장한 것이 디지털 트랜지스터이다. 디지털 트랜지스터의 장점은 실장면적과 시간을 줄일 수 있는 등의 장점이 있다.

트랜지스터(Transister)는 기본적으로는 전류를 증폭하는 것이 가능한 부품이다. 아날로그 회로로는 상당히 많은 종류의 트랜지스터가 쓰여지지만 디지털 회로는 그다지 많은 종류는 사용하지 않는다.

디지털 회로에서는 대부분 ON 또는 OFF의 값을 취급하기 때문에 트랜지스터의 증폭 특성 차이는 그다지 관계없기 때문이다. 회로 기능의 대부분은 IC로 하는 것이 많다.

디지털 회로로 트랜지스터를 사용하는 용도는 릴레이라고 말하는 전자석 스위치를 동작하는 경우와 발광 다이오드를 제어하는 경우에 사용된다.

IC에서 공급하는 전류이상을 흘릴 때나 동작하는 전압과 구동전압이 틀릴 때 주로 사용된다.

회로 기호는 PNP 타입은 , NPN 타입은 로 표현한다.

트랜지스터(transistor)는 [그림 1-21]과 같이 PNP 또는 NPN 구조로 되어 있다. 아래 그림을 자세히 보면 양쪽 모두 베이스가 아주 얇게 되어 있는 것을 볼 수가 있다. 이것이 트랜지스터에서 중요한 것이다.

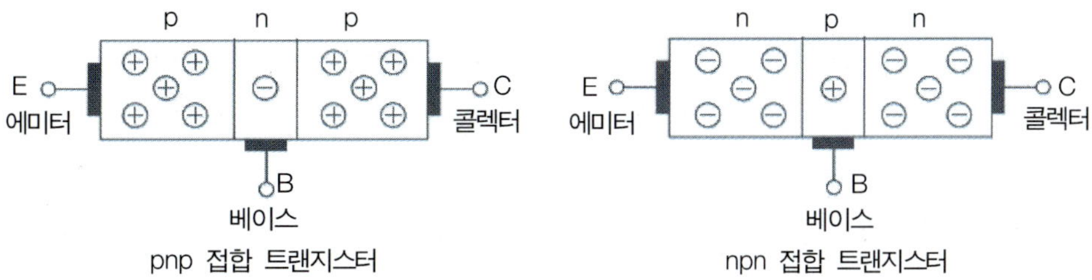

[그림 1-21] 트랜지스터의 구조

[그림 1-22]는 트랜지스터가 증폭하는 모양이다.

먼저 B의 전지는 연결하지 않고 A 전지만 연결해 보면 이것은 역방향 전압이므로 전류가 흐르지 않는다. 여기서 B의 전지를 연결하면 E(에미터)와 B(베이스)간에 순방향 전압이므로 전류가 흐르지만 원래는 B(베이스)로 흘러야 할 전류가 B(베이스)가 얇기 때문에 지나쳐 버리고 전류가 흐르지 않을 C(콜렉터)로 흐른다.

결론은 B(베이스)전류 I_B를 1mA 흘려주면 C(콜렉터)전류 I_C가 99mA 흘러 99배 증폭이 된다. 베이스는 수도꼭지 같은 역할을 한다.

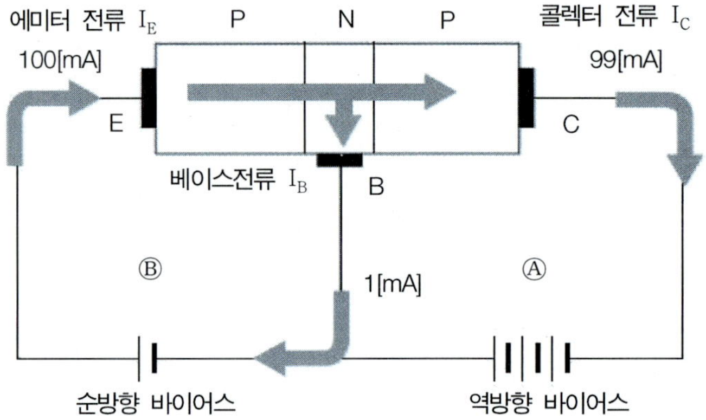

[그림 1-22] 트랜지스터 의 증폭원리 예

트랜지스터는 게르마늄이나 규소(실리콘)의 단결정 소편에 불순물을 첨가하되 불순물의 종류가 p형과 n형이 있기 때문에 PNP의 순서로 3층구조로 만들 때도 있는데, 각 층에서 단자(端子)를 내기 때문에 3단자의 소자이다.

PNP의 경우, 왼쪽단자와 연결된 p층에서 정공(正孔, hole : 격자 질서상 있어야 할 곳에 전자가 없는 상태)을 중간층(베이스층)에 방출하는데, 이 방출기능으로 해서 왼쪽 부분의 이름이 에미터이며, 중간층 베이스를 통과하여 가장 오른쪽 p형 부분에서 정공들이 수집되기 때문에 가장 오른쪽 부분을 콜렉터라고 한다.

npn형 트랜지스터의 경우는 에미터로부터 콜렉터로 가는 것이 정공이 아니고 전자가 되어 콜렉터에 양전위를 인가하여야 한다(pnp의 경우는 음전위).

pnp형 반도체의 조합은 서로 마주보고 있는 다이오드의 조합과 등가(等價)이다. 이 조합에 그림과 같이 전원을 연결하면 에미터－베이스 간에는 순방향, 베이스－에미터 간에는 역방향의 전압이 걸리게 된다. 에미터－베이스 간은 순방향이기 때문에 전기의 주된 운반체(carrier)인 정공이 에미터에서 베이스에 흘러들어가게 된다. 만일 베이스의 두께가 충분히 얇아 전자와의 재결합이 안 되는 양공이 대부분이라면, 에미터에서의 전류는 콜렉터의 전류와 거의 같아지는데, 이때 콜렉터에는 수~수십 V가 걸려 있기 때문에 쉽게 끌려가게 된다. 베이스층에서 전자와 결합된(극히 일부) 정공이 베이스 전류로 흐르게 되는데 작은 베이스전류로 큰 콜렉터전류를 지배할 수가 있다. 베이스에서 재결합하는 정공에 해당하는 전류와 콜렉터에 제대로 도달하는 정공 전류와의 비(比)를 그 트랜지스터의 전류증폭도라고 말하는데, 보통 제품에 있어서는 10~200이다. 콜렉터측에 적당한 부하저항을 결선하면 30~200의 전압증폭도를 얻을 수 있다. 트랜지스터는 증폭작용 외에도 변조 · 복조 · 발진 등에 이용할 수 있으며, 클립 · 슬라이스 등의 파형정형(波型整形)이나 스위칭은 진공관보다 더 성능이 좋다.

① 트랜지스터(transistor)명칭(형명)

트랜지스터(transistor)명칭은 전자기기 제품업체가 독자적으로 정한 것도 있으나 통일된 명칭으로는 미국의 전자공업회(EIA)의 명칭과 일본의 전자기계공업회(CES)의 표준 규격의 명칭이 있다.

미국 전자공업회(E I A)의 명칭						
2	N	3	9	0	4	
2	N	3	9	0	4	A
2	N	3	9	0	6	
2	N	3	9	0	6	A

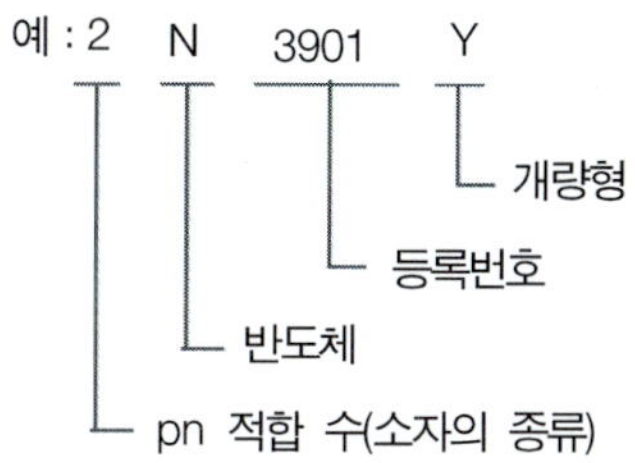

EIA 방식의 명칭은 숫자, 문자, 숫자순으로 되어 있고, 처음에 숫자는 PN의 접합수를 나타내고 있다.

처음 숫자가 1이면 Poto Transistor(광 트랜지스터 : 빛을 받아 받는 양을 비례하여 전류가 흐르는 트랜지스터)를 나타내고, 1일 때는 2극을 2일 때는 3극 트랜지스터를 나타내고 있다.

다음 영문자 N은 반도체 제품을 나타내며 그 다음 숫자는 품종을 구별하는 것으로 등록 번호이다. 만약 그 숫자 뒤에 영문자가 있을 때는 개량형임을 뜻한다.

일본 전자기계공업회(CES)의 명칭 예						
2	S	A	1	0	1	5
2	S	B	8	3	0	
2	S	C	1	8	1	5
2	S	D	8	8	0	

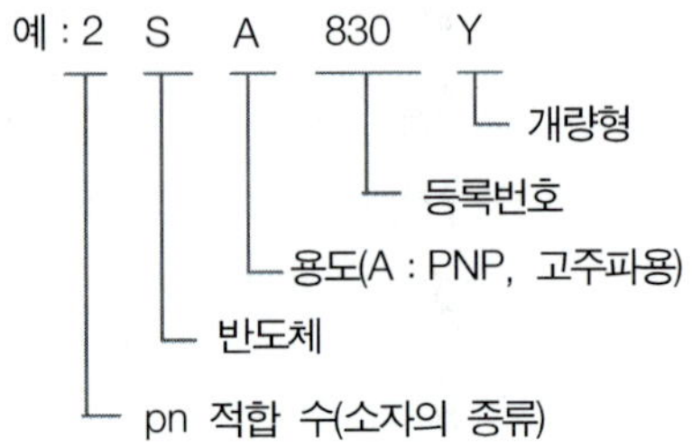

CES 방식은 숫자, S자, 문자, 숫자 순으로 되어 있는데 처음 숫자는 PN접합면의 수를 나타내는 것으로 1은 2극(일반적으로 Diode), 2는 3극 트랜지스터임을 나타낸다. S 자는 반도체(Semi-Conductor) 제품임을 표시하며 그 다음 문자가 A 면 PNP 타입으로 고주파용, B 면 PNP 타입으로 저주파용 C면 NPN 타입으로 고주파용, D 면 NPN 타입으로 저주파용임을 각각 나타내고 있다. 그리고 그 다음의 숫자는 품종을 구별하는 등록 번호이다.

최근에는 국내외 생산업체에서 독자적인 명칭을 붙이고 있기 때문에 위의 규칙을 적용하지 않는 제품들이 많이 있다.

② 트랜지스터의 외관

트랜지스터의 외관은 여러 가지가 있지만 2종류만 알아보자.

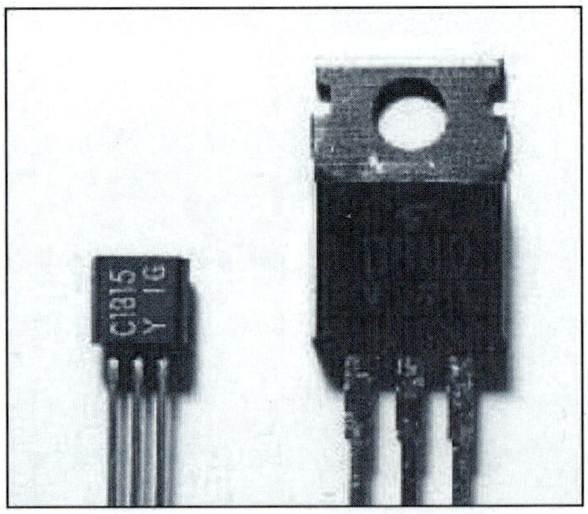

[그림 1-23] 트랜지스터의 외관

[그림 1-23]의 좌측은 2SC1815이라고 말하는 것이며, 디지털 회로에서 많이 사용한다. 우측은 2SD880이고, 큰 전류를 취급할 때에 사용한다.

③ 트랜지스터의 리드선

트랜지스터의 종류에 의해 리드선의 내용이 다르기 때문에 매뉴얼 등으로 확인할 필요가 있다.

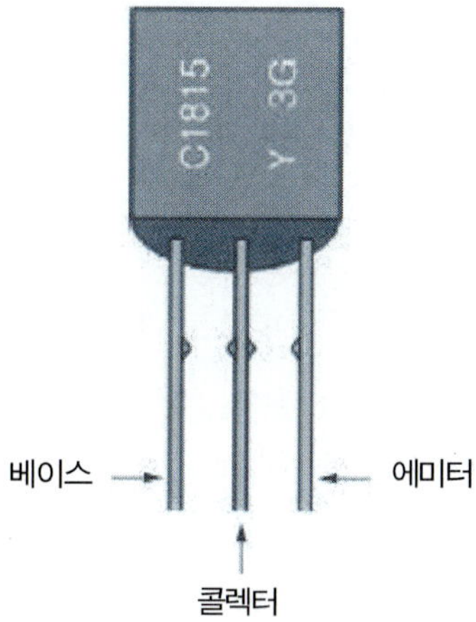

[그림 1-24] 2SC1815(NPN)인 경우의 리드선

품명이 인쇄되어 있는 평탄한 면을 앞으로 하고,

오른쪽이 베이스

가운데가 콜렉터

왼쪽이 에미터

2SC3198(NPN), 2SA1015(PNP), 2SA1266(PNP) 등이 같은 리드선이다.

[그림 1-25] 2SD880인 경우의 리드선

품명이 인쇄되고 있는 면을 앞으로 하고
오른쪽이 에미터
가운데가 콜렉터
왼쪽이 베이스
2SC1815와는 반대이다.

2) 트랜지스터의 분류

트랜지스터는 동작시의 전류방향으로 보아 크게 나누면, 콜렉터에 음의 전압을 걸어 사용하는 PNP형과 양전압을 걸어 사용하는 NPN형이 있으며, PNP형은 주로 게르마늄(Ge), NPN형은 주로 실리콘제의 경우가 많다. 게르마늄이나 실리콘 등 진성반도체(眞性半導體)를 순도 99.99999999%(9가 10자리 계속되기 때문에 ten nine이라고 한다) 이상의 고순도로 정제하여 이를 모체로 하여 p형 또는 n형이 되는 불순물을 섞어가며 단결정으로 성장시켜 p형 또는 n형의 반도체를 만든다.

(1) 구조에 따른 분류

트랜지스터의 동작구조상 차이에 따라 바이폴러(bipolar) 트랜지스터와 유니폴라(unipolar) 트랜지스터로 분류할 수 있다.

① 바이폴러 트랜지스터

Bi(2개) Polar(극성)의 의미로서 트랜지스터를 구성하는 반도체에 정공(플러스극성)과 전자(마이너스극성)에 의해 전류가 흐르게 되어 있는 것을 바이폴러 트랜지스터라고 한다. 일반적인 트랜지스터는 실리콘으로 되어 있는 바이폴러 트랜지스터를 가리킨다.

② FET

Field Effect Transistor의 약어로 전계 효과 트랜지스터라 하며 접합형 FET와 MOS형 FET 및 GaAs형 FET가 있다. 접합형 FET는 오디오 기기 등 아날로그 회로에 많이 이용되며 MOS형 FET는 주로 마이크로컴퓨터 등의 디지털 IC에 사용되고 있다. GaAs형 FET는 위성방송 수신 등의 마이크로파의 증폭에 사용된다.

MOS

Metal Oxide Semiconductor의 약어로 그 구조가 금속(Metal), 실리콘 산화막(Oxide), 반도체(Semiconductor)의 순으로 되어 있어서 MOS로 불리고 있다. MOS에는 P형과 N형, C형이 있으며 소비 전류를 작게 할 수 있기 때문에 마이크로컴퓨터 등 집적도가 높은 IC에 사용된다.

(2) 허용전력에 따른 분류

트랜지스터는 트랜스퍼(Transfer : 신호를 전한다)와 레지스터(Resistor : 저항기)의 합성어이다. 트랜지스터를 만드는 실리콘은 지구의 형태를 만들고 있는 암석 안에 많이 포함되어 있는 물질이다. 이 때문에 트랜지스터를 통칭[석]이라고도 한다. 과거에는 기기에 들어 있는 트랜지스터의 수에 따라 [몇 석...] 등으로 하기도 하였다. 예를 들어 7개의 트랜지스터로 만들어진 라디오를 [7석 라디오]라 하기도 하였다.

주로 최대정격의 콜렉터 손실 Pc에 따라 분류하는 방법이다. 크게 나누어 소신호 트랜지스터와 파워트랜지스터로 분류하며 일반적으로 파워트랜지스터라 하면 1 W이상의 것을 가리킨다.

① 소신호 트랜지스터

최대 콜렉너 전류(Ic max)가 500mA 이하, 최대 콜렉터 손실(Pc max) 1W 미만의 트랜지스터를 파워트랜지스터에 비해 소신호 트랜지스터로 부르며 일반적으로 수지 몰드 타입이 많은 것이 특색이다.

② 파워트랜지스터

일반적으로 파워트랜지스터라고 할 때는 Pc 1W 이상의 것을 가리킨다. 소신호 트랜지스터에 비해 최대 콜렉터 전류와 최대 콜렉터 손실이 크고 발열에 대비하여 형상도 크고 금속으로 쉴드되어 있거나 방열핀이 첨부되기도 한다.

(3) 집적성에 따른 분류

Discrete 타입 트랜지스터 외에 트랜지스터를 집적시킨 복합 트랜지스터가 있다. 저항을 내장 시킨 디지털 트랜지스터, 트랜지스터를 집합시킨 트랜지스터 어레이, 간단한 회로를 구성한 트랜지스터 유니트 등이 이것에 해당한다.

디지털 트랜지스터

저항을 내장한 트랜지스터로 회로설계시 자주 사용되는 부분을 표준화 한 것이다.

(4) 형상에 따른 분류

소비 전력이나 실장형태 등에 의해 트랜지스터의 외형이나 크기가 정해진다. 크게 나누어 리드 타입과 표면실장 타입으로 나눌 수 있으며 리드 타입을 세분하면 일반 삽입 타입과 고밀도 삽입 타입으로 나누어 생각할 수 있다.

3) 트랜지스터의 특징

트랜지스터는 반도체 다이오드의 기능을 포함시키면 증폭 · 발진 · 스위칭 · 정류 · 검파 등의 기능을 가지기 때문에 진공관과 다음과 같이 비교된다.

장점으로는 PNP와 NPN의 두 가지 종류가 있는 것, 저전압 · 소전력으로 동작시킬 수 있는 것, 형태가 매우 작은 것, 수명이 긴 것 등을 들 수 있다.

단점으로는 특성이 온도의 지배를 받기 쉬운 것, 고온에서는 동작하지 못하는 것, 초고주파 등에서 아직 전력이 약한 것 등을 들 수 있다.

(1) NPN 트랜지스터

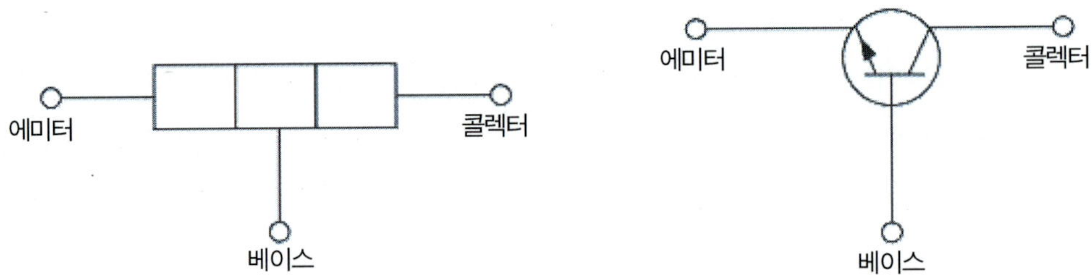

(a) NPN 구조 (b) NPN 기호

[그림 1-26] npn형 트랜지스터의 구조와 기호

트랜지스터는 두 개의 반도체 접합부를 서로 아주 근접하도록 형성시켜서 만든다. NPN 트랜지스터는 [그림 1-26](a)와 같은 두 개의 n형 물질과 p형 물질로서 구성되어 있다. n형물질의 한 영역을 콜렉터(collector), 그리고 또 다른 n영역은 에미터(emitter), 중앙에 있는 p형 영역은 베이스(base)라고 부른다. [그림 1-26](b)에서 에미터 단자의 화살표는 트랜지스터가 npn형 또는 pnp형인가에 따라 방향이 바뀐다. 다이오드에서와 마찬가지로 화살표의 앞부분은 에미터와 베이스 사이의 전류의 방향을 나타낸다.

트랜지스터의 에미터가 입력과 출력사이에 공통단자로 되었을 때를 공통에미터(common emitter ; CE)구조라고 부르며, 콜렉터는 출력 단자이고, 베이스는 입력단자가 된다.

(2) PNP 트랜지스터

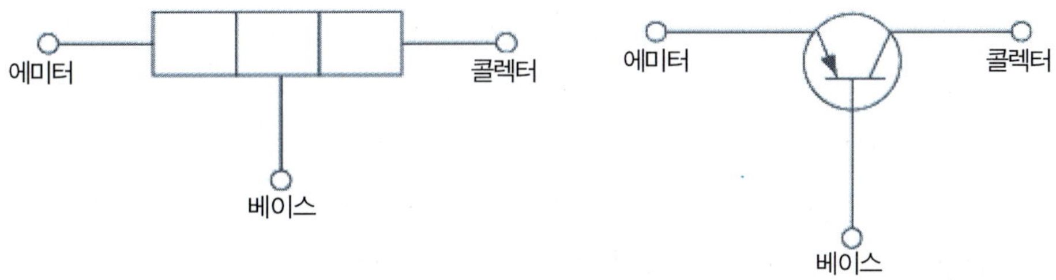

(a) PNP 구조 (b) PNP 기호

[그림 1-27] pnp형 트랜지스터의 구조와 기호

PNP트랜지스터는 [그림 1-27](a)과 같이 두 개의 p형 물질과 n형 물질로서 구성되어 있다. p형 물질의 한 영역을 콜렉터(collector), 그리고 또 다른 p영역은 에미터(emitter), 중앙에 있는 n형 영역은 베이스(base)라고 부른다. [그림 1-27](b)는 그 기호를 나타낸 것이다.

5. MOSFET 구조와 원리

FET(Field Effect Transistor)

단극성(전계효과)트랜지스터는 많은 전력 전자 응용 분야에 쌍극성 트랜지스터가 사용되고 있으나 고속 스위칭을 필요로 하는 응용 분야에는 단극성 트랜지스터를 사용하는 것이 보다 효과적인 응용 분야가 있다.

1) JFET

채널의 캐리어가 소스에서 드레인으로 흐를 수 있도록 전원 V를 공급하고 게이트-소스 간은 역바이어스를 공급한다. 역바이어스 전압을 변화시키면 공핍층의 폭이 변화되므로 전류가 흐를 수 있는 통로가 되는 채널폭이 변화되어 전류가 채널 폭의 넓이에 따라 변화하게 된다. 게이트란 단자 이름도 채널폭을 조절하여 전류 흐름의 통로를 조절하는 대문 같은 기능을 한다는 의미에서 붙여진 이름이다.

채널폭은 드레인쪽에 가까울수록 더 좁아진다. 이유는 드레인쪽에 가까울수록 채널의 저항이 커지므로 전압이 많이 걸리게 되어 게이트−채널간의 역바이어스가 드레인쪽에 가까울수록 커지게 되므로 공핍층이 넓어지기 때문이다. JFET는 입력전압을 변화시켜 출력전류를 제어하는 소자이며 입력전류가 없다는 것을 의미한다. 트랜지스터와의 차이점이다.

JFET(Junction Field Effect Transistor)는 n형 또는 p형 채널과 게이트(gate)라고 하는 채널과 반대되는 물질로서 이루어져 있다. 또한 FET의 3개 단자의 명칭을 나타내었다. 드레인(drain)과 소스(source) 단자는 흔히 서로 교환될 수 있으며, 이들 단자와 전원전압의 극성이 어떻게 연결되었는가에 따라 결정된다. n채널 소자에게 드레인은 전지의 정(+)측과 연결된 단자이며, p채널 소자에서는 부(−)측과 연결된다.

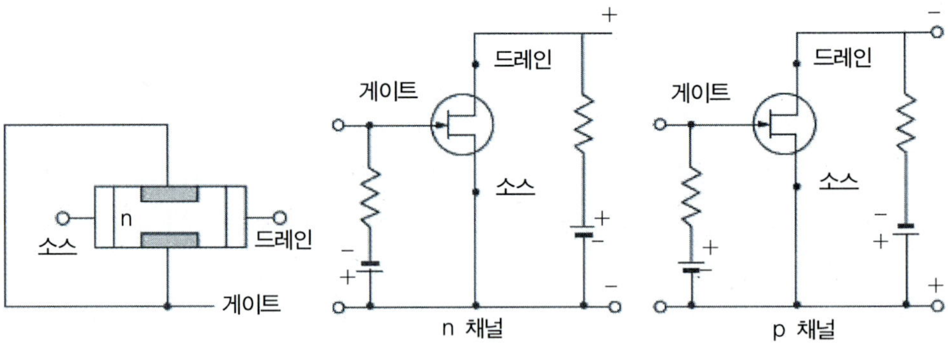

(a) n 채널 JEFT 구조 (b) JEFT의 기호 및 필요한 전압 극성

[그림 1-28] JFET의 구조와 전압 극성

JFET와 쌍극성 트랜지스터에서 게이트와 베이스, 드레인과 콜렉터, 그리고 소스와 에미터 사이에는 개략적인 유사성이 나타난다. 그러나 JFET에서의 전기전도는 게이

트–소스접합에 대한 역방향 바이어스 전압에 의하여 제어되며, 이에 따라 전계가 발생한다.

쌍극성 트랜지스터의 전도제어는 순방향 바이어스된 베이스–에미터접합에서의 베이스 전류에 의하여 이루어진다. 이러한 것은 JFET의 입력(게이트)이 역방향 바이어스된 접합이므로, JFET의 높은 입력임피던스에 대한 설명이 되는 것이다.

JFET는 n채널이든 p채널이든 상관없으나, 보통 n채널이 사용된다. p채널소자가 정공의 전도에 의하여 동작하는데 반하여 n채널에서는 전자에 의한 전도로 나타낸다. 다른 인자들은 모두 같으나 전자가 정공보다 이동도가 더 크므로, 더 높은 주파수에서 동작이 가능하다. 또한 p채널과 비교하여 회로에 더욱 적은 잡음이 전달된다.

2) MOSFET

MOSFET의 게이트는 매우 작고 뛰어난 특성을 갖는 커패시터이며, 채널을 통한 전도는 게이트와 소스 사이에 인가된 전압에 의하여 제어된다. 그러므로 MOSFET의 입력전류는 JFET에 비한다면 입력전류와 대립이 되는 커패시터의 누설전류로서, 이는 역방향 바이어스된 PN접합의 누설전류이다. 따라서 MOSFET의 입력임피던스는 JFET에 비하여 수십배 또는 그 이상의 큰 값을 갖는다.

MOSFET의 게이트는 절연 물질의 SiO_2층을 채널전면에 걸쳐서 침착시키는데 이러한 얇은 SiO_2층 위에 금속물질이 놓이게 된다. [그림 1-29]는 대표적인 MOSFET의 구조형태를 보인 것이다.

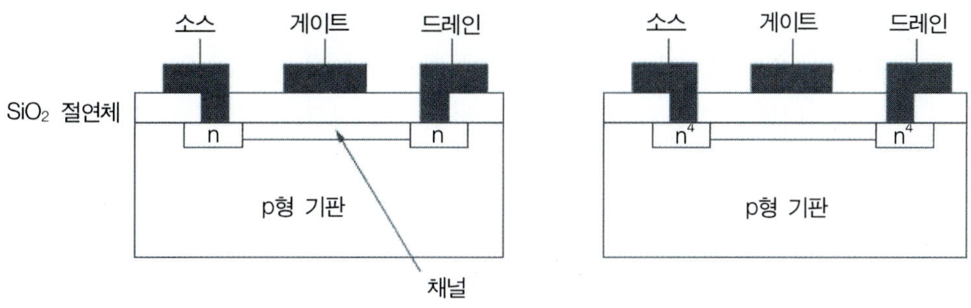

(a) 공핍형　　(b) 증가형

[그림 1-29] MOSFET의 구조

MOSFET의 동작 특성으로는 세부적인 구조에 따라 구분되는 공핍형(depletion-mode)이나 증가형(enhancement-mode)이 있다. [그림 1-30](a)는 n채널 MOSFET의 특성을 나타낸 것이다. 공핍형에서 채널은 정상적으로 도체이며, 이 때문에 JFET에서와 같이 전류의 흐름이 감소될 수도 있고, 충분한 게이트전압이 인가됨에 의하여 차단까지도 가능하다. 증가형에서는 채널이 정상적으로 차단상태이며, 게이트전압을 인가함에 따라 줄이거나 또는 늘릴(증가) 수 있으며, 제어할 수가 있게 된다. 공핍형 MOSFET는 [그림 1-30](d)에 나타낸 것처럼 증가형에서도 동작할 수 있다.

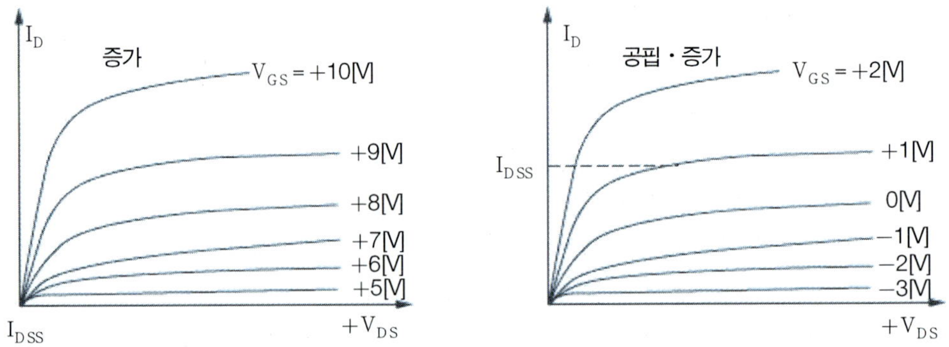

(a) n 채널 증가형 특성 (b) n 채널 공핍형 특성

[그림 1-30] MOSFET의 특성

게이트의 정전용량은 매우 작으며, 따라서 입력임피던스는 매우 높다. 그래서 게이트는 어떤 전압레벨 이상에서 매우 쉽게 하전될 수 있으므로, 커패시터의 좁은 SiO_2 유전체가 파괴될 수 있다. 대략 50V 정도의 전압으로 파괴되며, 이는 정상적인 취급에 따라 발생하는 정전하들에 의하여 쉽게 유도될 수 있음을 의미한다. 이러한 이유 때문에 이들 소자들은 리이드들을 서로 단락시켜서 흔히 패키지화한다.

게이트와 드레인 사이 및 게이트와 소스 사이의 고유의 정전용량(고주파응답을 제한)은 대체로 MOSFET에서 더 낮으므로, 일반적으로 고주파응답이 JFET에 비하여 더욱 좋다. JFET가 온도에 따라 지수적으로 증가하는 입력누설전류를 갖는데 반하여, MOSFET에서는 온도의 영향이 최소가 된다. MOSFET는 오늘날 보편적으로 이용할 수 있는 온도의 영향을 적게 받는 반도체소자이다.

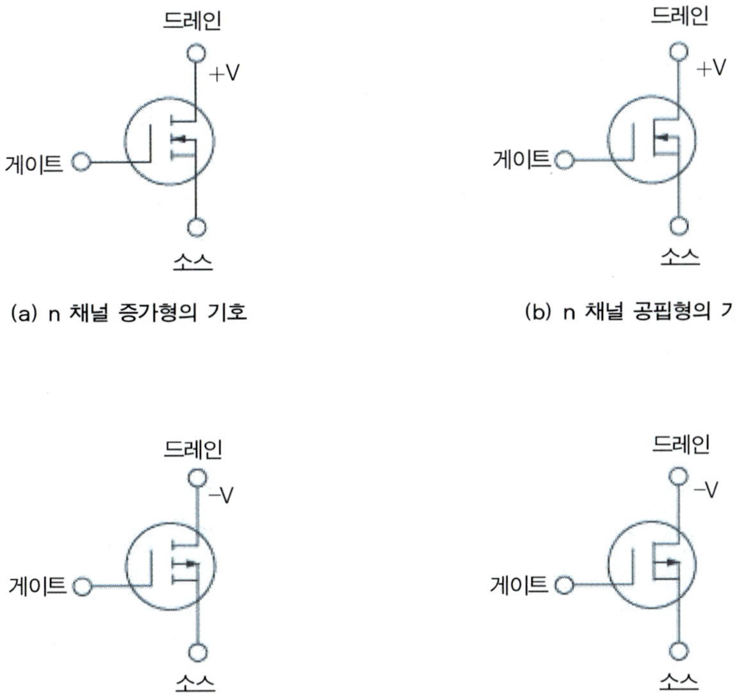

(a) n 채널 증가형의 기호 (b) n 채널 공핍형의 기호

(c) p 채널 증가형의 기호 (d) q 채널 공핍형의 기호

[그림 1-31] MOSFET의 기호

제2장

디지털 논리 회로

2.1 부울 대수

부울 대수(boolean algebra)는 논리 회로를 수학적으로 해석하기 위해 영국의 수학자 불(Boolean)이 제안했다.

컴퓨터는 디지털 회로로 구성된 디지털 시스템으로 참(true) 거짓(false), 0 또는 1, 전기 신호의 유·무 등 두 가지 상태로 표현하여 처리하는 2진 논리 회로로 구성되고, 이러한 2진 논리회로는 부울 대수식으로 관계를 표현하기 때문에 회로의 동작 원리를 나타내기 위해서는 부울 대수에 관한 이해가 있어야 한다.

구분	의미		구분	의미	
	0(on)	1(off)		0(on)	1(off)
전기 램프	(on)	(off)	스위치	(닫힘)	(열림)
천공 카드	(구멍 있음)	(구멍 없음)	펄스 신호	(펄스 있음)	(펄스 없음)

[그림 2-1] 2진 논리 회로의 동작 원리

현재 부울 대수는 논리 회로를 다룰 때 기본적으로 사용하고 있는데, 그 이유는 논리 변수가 가지는 0과 1의 값이 논리 회로에서 전기 신호 상태와 서로 대응되기 때문이다. 즉, 2개의 전압 레벨을 표현할 때 낮은 전압(0V)을 0, 높은 전압(5V)을 1로 대응되는 것을 의미한다.

이와 같은 표현을 정논리라 하고, 반대로 낮은 전압(0V)을 1, 높은 전압(5V)을 0으로 표기하는 방법을 부논리라 한다. 앞으로 특별한 경우 이외에는 정논리로 표현한다.

부울 대수의 기본 연산으로는 논리곱(AND), 논리합(OR), 논리 부정(NOT)의 세 가지가 있다. 이와 같이 각각의 부울 연산을 할 수 있도록 구성된 회로를 게이트(gate)라 부르며, 세 가지의 기본 연산은 논리 회로에서 AND, OR, NOT게이트에 의해 실현된다.

1. 부울 대수의 기본 성질

부울 대수는 논리적인 값을 구하고자 하는 체계로써 오로지 참(1), 거짓(0)을 구하기 위한 체계이다.

부울 대수에서 사용되는 연산자는 논리연산자로 AND, OR, NOT 세 가지의 연산자가 사용되며 수치는 0(거짓)(회로에서는 신호차단)과 1(참)(회로에서는 신호연결)) 두 가지만 사용된다.

연산자의 성격은 다음과 같다.

- AND : 두 개 이상의 조건 모두가 참일 때에만 결과가 참 하나라도 거짓인 조건이 있다면 거짓(회로에서 두 개 이상의 스위치가 있을 때 모두 연결되어야 신호가 통과됨)
- OR : 두 개 이상의 조건 중에서 하나라도 참이면 결과는 참, 두 개 이상의 조건 모두가 거짓일 때만 결과는 거짓(회로에서 두 개 이상의 스위치가 있을 때 모두 하나라도 연결되면 통과됨)
- NOT : 하나의 조건이 거짓일 때 참으로 변환(회로에서 스위치가 연결되면 신호가 도달하지 않고 연결되지 않으면 신호가 도착)

부울 대수 연산자를 이용한 부울 대수 공리의 예

–연산자 기호를 AND(×), OR(+), NOT(')으로 가정

–연산자 우선순위 NOT〉AND〉OR 순이다.

예 1) A×A = A : A가 0이면 0×0 = 0이므로 결과는 0
A가 1이면 1×1 = 1이므로 결과는 1

예2) A×0 = 0 : AND연산에서 하나의 값이 이미 0이므로 A가 0이든 1 관계없이 결과는 0

예3) A×1 = A : AND연산에서 하나의 신호가 1이므로 A의 값이 0이면 하나라도 0이므로 결과는 0, A가 만약 1이라면 모두 1이므로 결과는 1

이러한 원칙으로 전개되는 공리가 부울대수 공리이다.

부울 대수에서 10진수에서 허용되는 교환법칙, 결합법칙, 분배법칙 모두가 인정되며 분배법칙의 경우 우선순위가 낮은 연산자로 우선순위가 높은 연산자를 분배할 수

있다는 것이 특징이다.

부울 대수는 0 또는 1의 요소와 AND, OR, NOT의 기본 논리를 이용하는 대수로 다음과 같은 기본 가설에서 전개된다.

[공 리]

① $A \not\fallingdotseq 0$이면 $A=1,\ \overline{A}=0$
$A \not\fallingdotseq 1$이면 $A=0,\ \overline{A}=1$
② $0 \cdot 0=0,\ 0 \cdot 1=1 \cdot 0=0,\ 1 \cdot 1=1$
③ $0+0=0,\ 0+1=1+0=0,\ \ 1+1=1$
④ $\overline{0}=1,\ \overline{1}=0$

[기본 정리]

① $A+0=A \qquad A \cdot 0=0$
② $A+1=A \qquad A \cdot 1=A$
③ $A+A=A \qquad A \cdot A=A$
④ $A+\overline{A}=1 \qquad A \cdot \overline{A}=0$

[기본 법칙]

교환 법칙	$A+B=B+A$	$A \cdot B=B \cdot A$
결합 법칙	$(A+B)+C=A+(B+C)$	$(A \cdot B) \cdot C=A \cdot (B \cdot C)$
분배법 칙	$A(B+C)=AB+AC$	$A+BC=(A+B) \cdot (A+C)$
동일의 법칙	$A+A=A$	$A \cdot A=A$
흡수의 법칙	$A(A \cdot B)=A$ $0+A=A$ $1+A=1$ $(A+\overline{B}) \cdot B=AB$	$A \cdot (A+B)=A$ $0 \cdot A=0$ $1 \cdot A=A$ $A\overline{B}+B=A+B$
부정의 법칙	$\overline{A}=A$	
보수성의 법칙	$A+A=1$	$A \cdot \overline{A}=0$
드모르간의 정리	$\overline{A+B}=\overline{A} \cdot \overline{B}$	$\overline{A \cdot B}=\overline{A}+\overline{B}$

증명 1 $A+A=A$ 증명

$A+A=A(1+1)=A$

증명 2 $A \cdot A = A$ 증명

$A \cdot A = A(1 \cdot 1)A = A$

증명 3 $A \cdot (A+B) = A$ 증명

$$
\begin{aligned}
A \cdot (A+B) &= (A \cdot A)+(A \cdot B) \\
&= (A \cdot 1)+(A \cdot B) \\
&= A(1+B) = A
\end{aligned}
$$

증명 4 $A+A \cdot B = A$ 증명

$$
\begin{aligned}
A+A \cdot B &= (A+A) \cdot (A+B) \\
&= A(A+B) = AA+AB \\
&= A+AB = A(1+B) = A
\end{aligned}
$$

2. 쌍대성의 원리

부울 대수에서 두 논리식 사이에 다음과 같은 관계가 성립하면 두 논리식은 쌍대 관계에 있다고 하고, 쌍대 관계는 다음의 방법에 따라 대치하면 만들어 진다.

> 모든 부울 대수식에서
>
> 1) 모든 · 를 +로 변환
> 2) 모든 +를 · 로 변환
> 3) 모든 1를 0으로 변환
> 4) 모든 0을 1로 변환
> 5) 각 논리 변수는 그대로 둔다.

3. 드 모르간의 정리

드 모르간(De Morgan)의 정리는 논리 부정에 관한 정리이다. 논리식을 간소화시키는 데 널리 이용하는 것으로, 논리식에서 논리곱의 표현은 논리합으로, 논리합의 표현은 논리곱으로 상호 교환이 가능하도록 응용할 수 있는 정리이다.

모든 부울 대수식에서

1) 모든 · 를 +로 변환
2) 모든 +를 · 로 변환
3) 모든 1을 0으로 변환
4) 모든 0을 1로 변환
5) 각 논리 변수는 부정을 취한다.

드 모르간의 법칙은 집합, 조건(합성명제), 부울대수에 널리 사용되는 법칙이다.

2.2 기본 논리 게이트

논리 게이트(logic gate)란 0 또는 1로 구성된 2진 정보를 취급하는 논리 회로(logic circuit)로서, 일반적으로 2개 이상의 입력 단자와 하나의 출력 단자로 구성된다.

컴퓨터 회로를 구성하는 데 필요한 기본적인 논리 게이트에는 AND, OR, NOT 등이 있다.

1. 다이오드 논리 회로(diode logic)

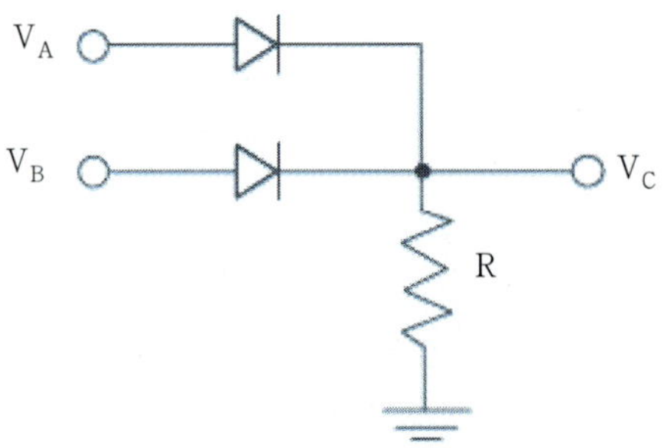

(a) 회로도

V_A	V_B	V_C
0	0	0
0	5	5
5	0	5
5	5	5

(b) 진리표

[그림 2-2] 다이오드를 이용한 AND 게이트

다이오드와 저항을 이용하여 디지털 논리 함수를 구현할 수 있다. [그림 2-2](a)는 OR 게이트를 나타낸다. "0"은 0V를 나타내고 "5"는 +전압(+5V)을 나타낸다. 여기서 $V_A = 0\mathrm{V}$ (논리 0) $V_E = 0\mathrm{V}$ (논리 0)일 때만 출력 $V_C = 0\mathrm{V}$ (논리 0)가 된다. 만일 V_A 또는 V_B(또는 둘다)가 고(High)레벨이라면, 이에 대응하는 다이오드가 도통될 것이고 출력은 고(High)레벨(논리 1)이 된다. 따라서 [그림 2-2](b)의 진리표를 따른다.

그러나 이러한 다이오드 논리 게이트는 문제점을 갖고 있다. 입력들 중 하나가 고레벨, 즉 +5V일 때 출력은 고레벨이 될 것이다. 그러나 그 크기는 다이오드의 전압강하(≒0.7V) 때문에 +5V보다 낮은 4.3V정도밖에 되지 않는다. 이 값은 +5V에 가까우므로 논리 1로써 정확하게 표시될 수 있다. 그러나 복잡한 디지털 시스템에서처럼 이런 게이트들 몇 개가 직렬로 연결된다면, 다이오드의 전압강하가 더해져서 그 레벨이 더 이상 1로 읽을 수 없을 정도로 낮아지게 되는 경우가 생길 수 도 있다. 이러한 경우에는 트랜지스터와 같은 증폭소자를 이용하여 적당한 값으로 복원시키므로 인해 해결할 수 있다.

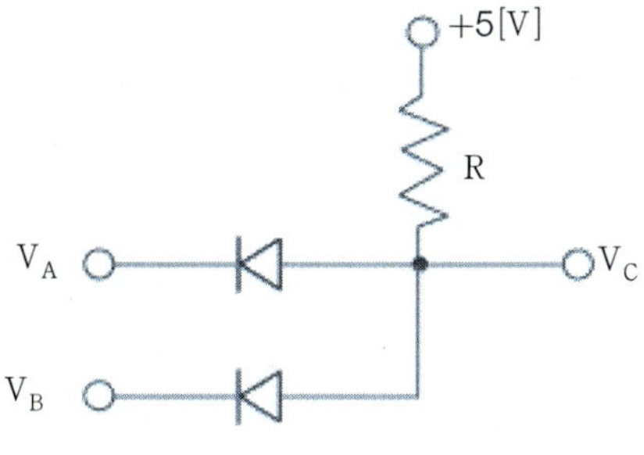

(a) 회로도

V_A	V_B	V_C
0	0	0
0	5	0
5	0	0
5	5	5

(b) 진리표

[그림 2-3] 다이오드를 이용한 AND 게이트

[그림 2-3](a)는 2개의 입력을 갖는 AND 게이트를 나타내었다. 2개의 입력을 갖는 진리표는 [그림 2-3](b)와 같다. "0"이 0V를 나타내고 "1"은 +5V를 나타내므로 AND 게이트 함수를 구현할 수 있다. 여기서 두 개의 입력중 하나라도 저(Low)레벨이면 이에 대응하는 다이오드가 도통되어 출력은 저(Low)레벨이 된다. 입력이 모두 고(High)레벨일 때만 두 개의 다이오드가 개방회로처럼 동작하여 전원전압과 같은 전압이 출력에 나타나게 된다.

다이오드의 전압강하 때문에 저(Low)레벨 상태에서의 출력전압은 0V가 아니고 약 0.7V가 된다. 이러한 레벨 하락은 OR 게이트와 비슷하며, 레벨 복원 회로를 이용하여 해결할 수 있다.

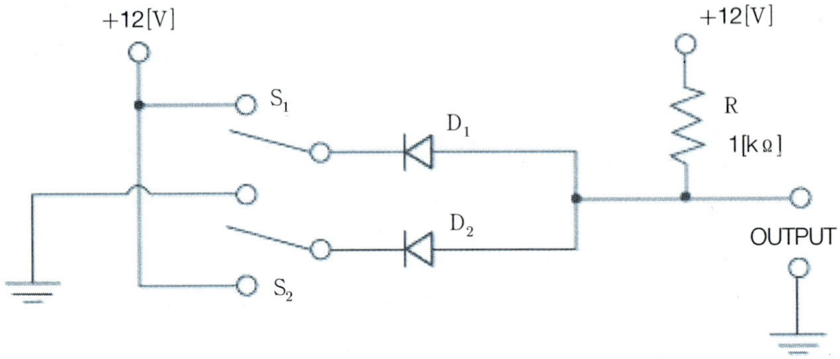

[그림 2-4] 다이오드를 이용한 AND 게이트

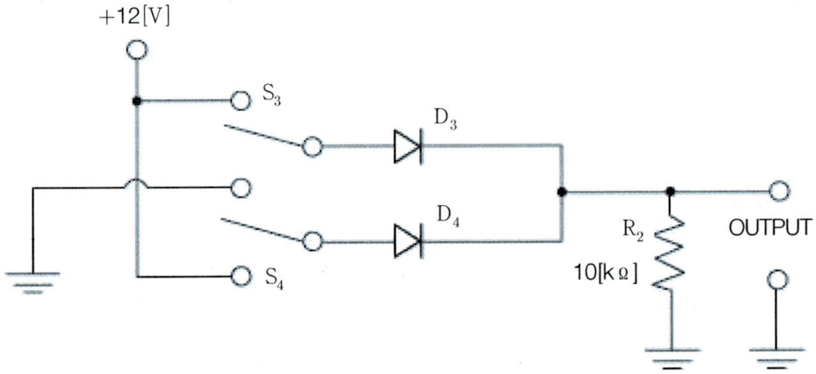

[그림 2-5] 다이오드를 이용한 OR 게이트

2. AND 게이트와 NAND 게이트(AND/NAND GATE)

논리곱은 입력되는 두 개 이상의 조건이 있을 때 입력 조건이 모두 참인 경우에만 출력이 참이 되고, 그 밖의 경우는 모두 거짓이 된다. 논리곱의 연산자는 " · " 가 사용된다.

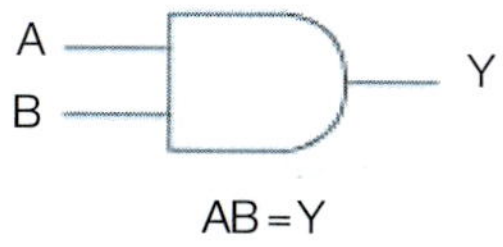

(a) AND 게이트 기호

A	B	Y
0	0	0
0	1	0
1	0	0
1	1	1

(b) 진리표

[그림 2-6] AND 게이트와 진리표

AND 게이트의 출력상태가 High Level이 되기 위해서는 모든 입력상태가 High Level이 되어야 한다. [그림 2-6]은 AND 게이트와 진리표를 나타낸다.

NAND 게이트는 NOT 게이트 바로 뒤에 AND 게이트가 이어지는 것 같이 동작한다. 두 개의 입력 모두가 "참"인 경우에만 출력이 "거짓"이 되고, 그렇지 않은 경우는 모두 "참"이다.

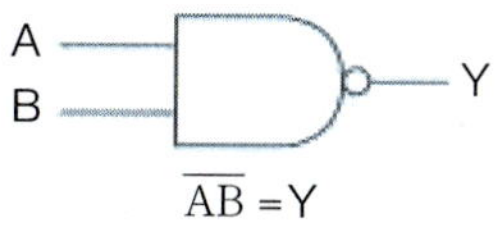

(a) NAND 게이트 기호

A	B	Y
0	0	1
0	1	1
1	0	1
1	1	0

(b) 진리표

[그림 2-7] NAND 게이트와 진리표

반면 NAND 게이트는 모든 입력이 동시에 High이면 출력은 Low가 된다. 그 외의 경우는 출력이 전부 High가 된다. [그림 2-7]은 NAND 게이트와 진리표를 보여준다.

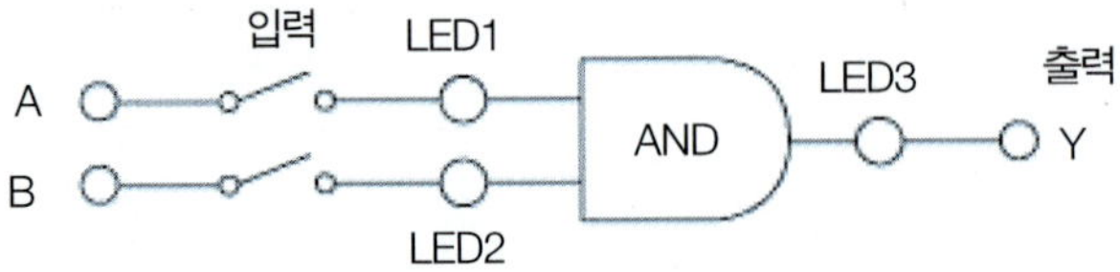

(a) 2-입력 AND 게이트

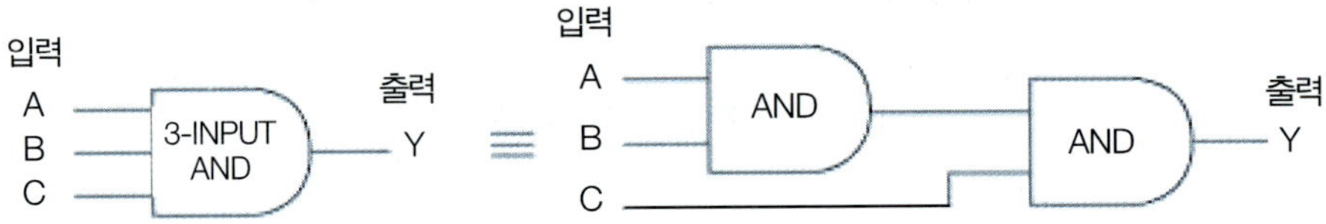

(b) 3-입력 AND 게이트

[그림 2-8] 2-입력 AND 게이트와 3-입력 AND 게이트

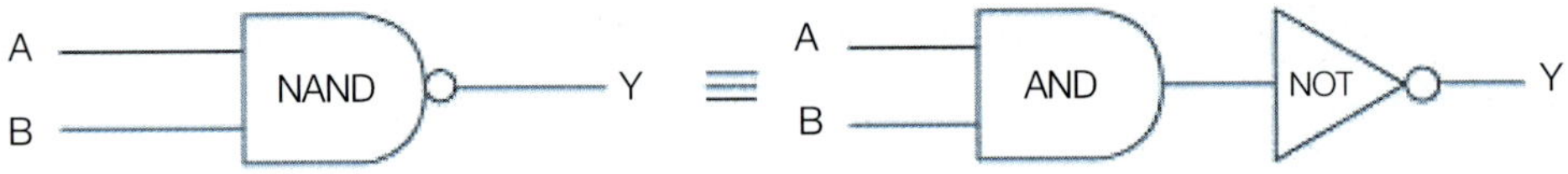

[그림 2-9] NAND 게이트

3. OR 게이트와 XOR 게이트(OR/EXCLUSIVE OR GATE)

논리합은 입력되는 두 개 이상의 조건이 있을 때 입력 조건 중의 참이 하나 이상 존재하면 출력이 참이 되고, 반대로 입력 조건이 모두 거짓이면 출력이 거짓이 된다. 논리합의 연산자는 "+"가 사용된다.

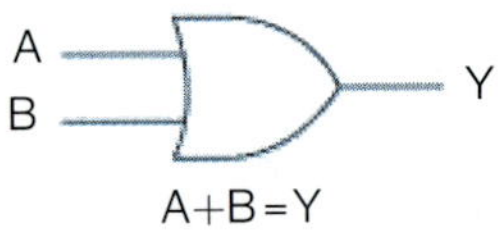

(a) OR 게이트 기호

A	B	Y
0	0	0
0	1	1
1	0	1
1	1	1

(b) 진리표

[그림 2-10] OR 게이트와 진리표

OR 게이트는 입력 중 하나만 High 상태이면 출력이 High가 된다. [그림 2-10]은 OR 게이트와 진리표를 보여준다.

NOR 게이트는 NOT 게이트 바로 뒤에 OR 게이트가 이어지는 것 같이 동작한다. 두 개의 입력이 모두 "거짓"인 경우에만 출력이 "참"이 되고, 그렇지 않은 경우는 모두 "거짓"이다.

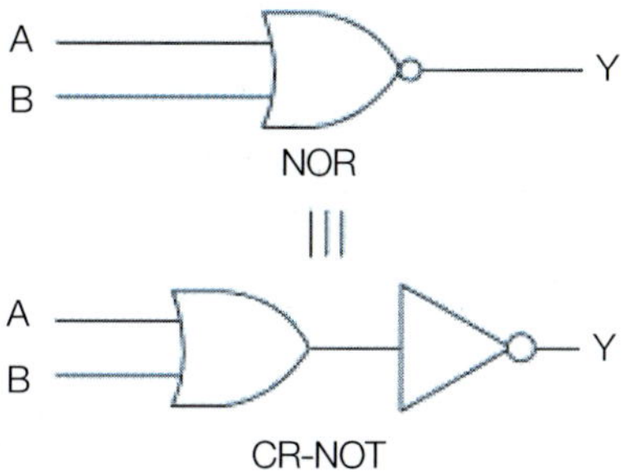

(a) NOR 게이트 기호

A	B	Y
0	0	1
0	1	0
1	0	0
1	1	0

(b) 진리표

[그림 2-11] NOR 게이트와 진리표

NOR 게이트의 특성은 OR 게이트 출력의 반대가 된다. [그림 2-11]은 NOR 게이트와 진리표를 나타낸다.

XOR 게이트는 논리의 "둘 중 하나"라는 식으로 동작한다. 즉, 두 개의 입력 중 하나가 "참"이면 출력도 "참"이 되고, 두 개의 입력 모두가 "거짓"이거나 또는 두 개의 입력 모두가 "참"이라면 출력은 "거짓"이 된다.

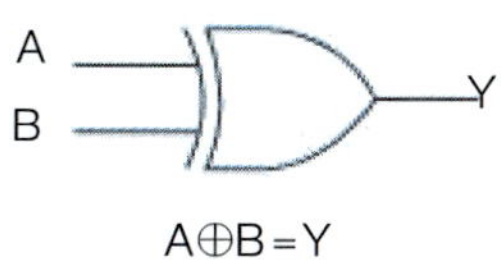

(a) XOR 게이트 기호

A	B	Y
0	0	0
0	1	1
1	0	1
1	1	0

(b) 진리표

[그림 2-12] 배타적 OR(XOR) 게이트

이러한 회로를 관찰하는 다른 방법으로는 두 개의 입력들이 서로 다르면 출력은

1이 되고, 두 개의 입력이 서로 같으면 출력은 0이 된다고 생각해도 된다.

EXCLUSIVE-OR(XOR) 게이트의 특성은 두 입력 상태가 서로 상반될 때만 출력이 High가 된다. 이것이 2 입력 OR 게이트와 다른 점이다. [그림 2-12]는 XOR 게이트와 진리표를 보여준다.

(a) OR 게이트 (b) XOR 게이트

[그림 2-13] OR 게이트와 XOR 게이트

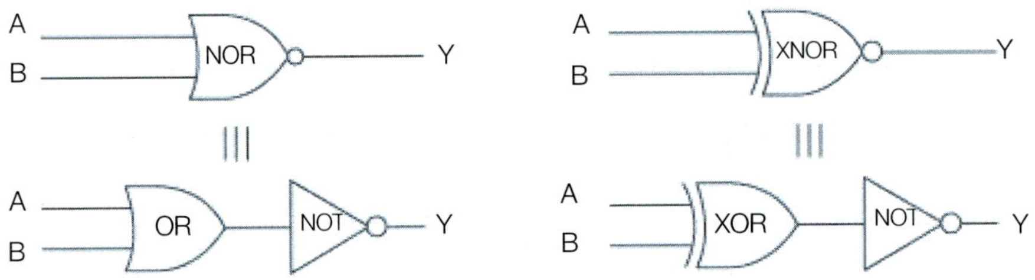

[그림 2-14] NOR 게이트와 XNOR 게이트

4. NOT 게이트(INVERTER)

논리 부정은 입력 조건이 참이면 출력이 거짓이고, 반대로 입력 조건이 거짓이면 출력이 참이 된다. 논리 부정을 표시할 때에는 A'와 같이 변수에 " ¯ " 또는 " ' "을 붙여 표시한다.

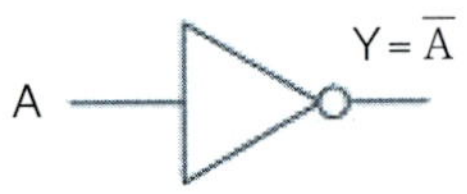

A	Y
0	1
1	0

(a) NOT 게이트 기호 (b) 진리표

[그림 2-15] NOT 게이트

NOT 게이트는 하나의 입력상태에 대해 하나의 출력 상태만 있으며, 그 상태는 서로 상반된다. [그림 2-15]는 NOT 게이트와 진리표를 나타낸다.

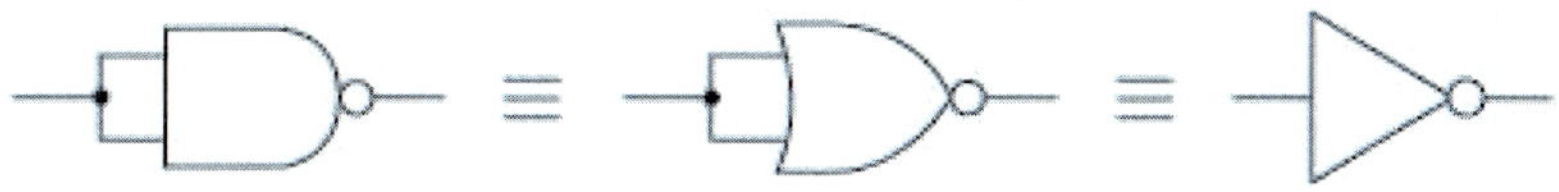

[그림 2-16] NAND 게이트와 NOR 게이트를 사용한 NOT 게이트

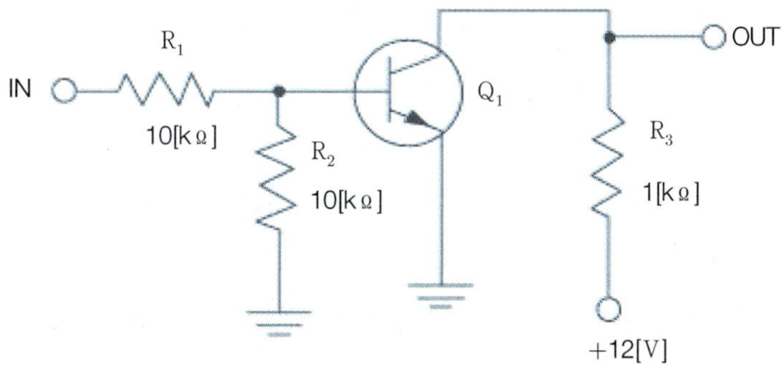

[그림 2-17] 트랜지스터를 사용한 NOT 게이트

5. 버 퍼

버퍼(buffer)는 입력된 신호를 변경하지 않고, 입력된 신호 그대로를 출력하는 게이트로서 단순한 전송을 의미한다. 즉, 입력 신호가 1인 경우에는 출력 신호는 1이 되고, 입력 신호가 0인 경우에는 출력 신호는 0이 된다.

X	S
0	0
1	1

(a) 진리표

(b) 논리기호

S=X

(c) 논리식

[그림 2-18] 버퍼의 진리표와 논리 기호 및 논리식

2.3 부울 대수의 간략화

1. 최소항과 최대항

논리 변수가 n개일 때 n개의 논리 변수가 모두 포함된 논리곱항을 최소항(minterm)이라 하며, 논리 변수의 형태는 원래 또는 부정의 형태 중 한 번만 포함된다. 즉, 논리 변수 A, B일 때 만들 수 있는 최소항은 AB, AB', A'B, A'B'의 4개이다.

논리 변수가 n개일 때 n개의 논리 변수가 모두 포함된 논리합항을 최대항(maxterm)이라 하며, 논리 변수의 형태는 원래 또는 부정의 형태 중 한 번만 포함된다. 즉, 논리 변수 A, B일 때 만들 수 있는 최대항은 (A+B), (A'+B), (A+B'), (A'+B')의 4개이다.

논리 변수가 3개(A, B, C)인 최소항과 최대항을 아래의 표에 나타내었다.

최소항의 값이 1일 때에는 각 변수가 가질 수 있는 값은 1가지이다. 즉, A'B'C'가 1일 때에는 A=0, B=0, C=0일 때 뿐이다.

최대항의 값이 0일 때에는 각 변수가 가질 수 있는 값은 1가지이다. 즉, A+B+C'가 0일 때에는 A=0, B=0, C=1일 때 뿐이다.

A	B	C	최소항		최대항	
			항	표시 기호(mj)	항	표시 기호(Mj)
0	0	0	$\overline{A}\,\overline{B}\,\overline{C}$	m_0	$A+B+C$	M_0
0	0	1	$\overline{A}\,\overline{B}\,C$	m_1	$A+B+\overline{C}$	M_1
0	1	0	$\overline{A}\,B\,\overline{C}$	m_2	$A+\overline{B}+C$	M_2
0	1	1	$\overline{A}\,B\,C$	m_3	$A+\overline{B}+\overline{C}$	M_3
1	0	0	$A\,\overline{B}\,\overline{C}$	m_4	$\overline{A}+B+C$	M_4
1	0	1	$A\,\overline{B}\,C$	m_5	$\overline{A}+B+\overline{C}$	M_5
1	1	0	$A\,B\,\overline{C}$	m_6	$\overline{A}+\overline{B}+C$	M_6
1	1	1	$A\,B\,C$	m_7	$\overline{A}+\overline{B}+\overline{C}$	M_7

최소항의 기호는 mj, 최대항 기호는 Mj이며, j는 최소항 또는 최대항에 해당하는 2진수를 10진수로 바꾼 숫자이다. 그리고 논리 변수가 n개이면 2^n개의 최소항 또는 최대항이 존재한다는 것을 알 수 있다.

또 표에서 알 수 있듯이 최소항은 그에 대응하는 최대항과 서로 보수이다. 즉, mj와 Mj는 서로 보수 관계이다.

2. 논리곱의 합형

논리 함수의 표현 방식으로는 진리표에 주어진 입출력 조건에 따라 논리 함수, 즉 논리식을 유도하는 방법으로는 논리곱의 합형(sum of products)과 논리합의 곱형(products of sum)으로 나타낼 수 있다.

A	B	C	Y
0	0	0	0
0	0	1	1→$\overline{A}\,\overline{B}\,C$
0	1	0	1→$\overline{A}\,B\,\overline{C}$
0	1	1	0
1	0	0	1→$A\,\overline{B}\,\overline{C}$
1	0	1	0
1	1	0	0
1	1	1	1→$A\,B\,C$
$Y=\overline{A}\,\overline{B}\,C+\overline{A}\,B\,\overline{C}+A\,\overline{B}\,\overline{C}+A\,B\,C$			

논리곱의 합형은 논리 함수를 최소항의 합, 즉 논리곱 항들의 합으로 나타내는 방식이다. 진리표를 보고 이에 대한 논리 함수를 유도하기 위해서는 출력이 1인 최소항들을 OR 연산, 즉 합하면 된다. 예를 들면, 다음 표에서 Y=1인 최소항을 논리적으로 합하면 된다.

예제 논리함수 $Y = \overline{A}B + AC$를 논리곱의 합형으로 표현하시오.

풀이 논리함수 $Y = \overline{A}B + AC$는 A, B, C 3개의 변수를 사용하는데, 첫 항 $\overline{A}B$에는 C가 빠져있고 두 번째항 AC는 B가 빠져있다. 따라서,

$$\overline{A}B = \overline{A}B(C + \overline{C}) \quad : (C + \overline{C} = 1)$$
$$= \overline{A}BC + \overline{A}B\overline{C})$$
$$AC = AC(B + \overline{B}) \quad : (B + \overline{B} = 1)$$
$$= ABC + A\overline{B}C$$

그러므로

$$Y = \overline{A}B + AC$$
$$= \overline{A}BC + \overline{A}B\overline{C} + ABC + A\overline{B}C$$

3. 논리합의 곱형

논리 함수를 최대항의 곱, 즉 논리합 항들의 곱으로 나타내는 방식이다. 진리표를 보고 이에 대한 논리 함수를 유도하기 위해서는 출력이 0인 최대항들을 AND 연산, 즉 곱하면 된다.

진리표로부터 논리 함수를 유도하는 논리곱의 합형과 논리합의 곱형은 그 때의 상황에 따라서 더 간편하고 논리게이트 수를 작게 할 수 있는 방법을 찾아 선택하는 것이 좋다.

예제 논리함수 $Y = A + BC$를 논리합의 곱형으로 표현하시오.

풀이 논리함수 $A + BC$가 논리곱의 합형이므로 논리합의 곱형으로 바꾼다.

$$A + BC = (A + B) \cdot (A + C)$$

이 논리함수는 A, B, C 3개의 입력 변수를 사용하므로, $(A + B)$는 C가 빠져있고, $(A + C)$는 B가 빠져있다. 따라서,

$$A + B = A + B + (C \cdot \overline{C}) : (C \cdot \overline{C} = 0)$$
$$(A + B + C) \cdot (A + B + \overline{C})$$
$$A + C = A + C + (B \cdot \overline{B}) : (B \cdot \overline{B} = 0)$$
$$= (A + B + C) \cdot (A + \overline{B} + C)$$

그러므로

$$
\begin{aligned}
Y &= A + BC \\
&= (A + B)(A + C) \\
&= (A + B + C)(A + B + \overline{C})(A + B + C)(A + \overline{B} + C) \\
&= (A + B + C)(A + B + \overline{C})(A + \overline{B} + C)
\end{aligned}
$$

4. 논리식의 간소화

논리식은 동일한 논리(출력)이면서도 다양하게 표현되는데, 여기서 불필요한 항과 변수를 제거하여 표현하는 것을 논리식의 간소화(minimization)라고 한다. 논리식을 간소화하는 방법은 다음과 같은 방법들이 있다.

- 부울 대수를 이용하는 방법
- 카르노맵(Kamaugh map)을 이용하는 방법
- 도표법(Quine - McCluskey법)을 이용하는 방법

부울 대수를 이용하는 방법은 부울 대수의 정리나 법칙 등을 이용하여 간소화시키는 대수적인 변환 방법으로, 논리식이 비교적 단순한 형태일 때에 사용된다.

카르노맵을 이용하는 방법은 논리 변수의 개수가 4개 이하일 때에 주로 사용되는데, 부울 대수를 이용하는 방법에 비해서 상대적으로 복잡한 논리식을 간소화시키므로 많이 사용된다.

도표법은 처음 고안한 사람의 이름을 따서 퀸 맥클러스키법이라고도 하는데, 지루하고 단조로운 절차 등으로 오류가 발생하기 쉽기 때문에 실용적으로 거의 사용되지 않는다. 이 방법을 적용하여 컴퓨터를 간소화시키는 방법을 만들어서 이용되기도 하는데, 이것은 알고리즘(algorithm)에 의한 방법으로 초대규모 집적회로(VLSI) 등의 설계환경에서는 CAD 툴을 일반적으로 사용한다.

2.4 조합 및 순서 논리 회로

1. 조합 논리 회로

조합 논리 회로는 논리곱, 논리합, 논리 부정의 세 가지 기본 논리 회로를 조합하여 구성한 논리 회로로, 입력, 논리 게이트, 출력으로 구성되며, 입력된 정보에 대해서 새로운 출력 정보를 제공하는 기능을 갖는 회로이다.

컴퓨터 내부에서 가장 기본이 되는 연산은 덧셈이므로, 조합 논리 회로의 대표적인 예로 가산기(adder)이다. 가산기의 종류에는 반가산기(half adder)와 전가산기(full adder)가 있다.

1) 개 념

- 출력신호가 입력신호에 의해서만 결정되는 논리회로이다.
- 입력변수와 논리 게이트, 출력 변수들로 구성된다.

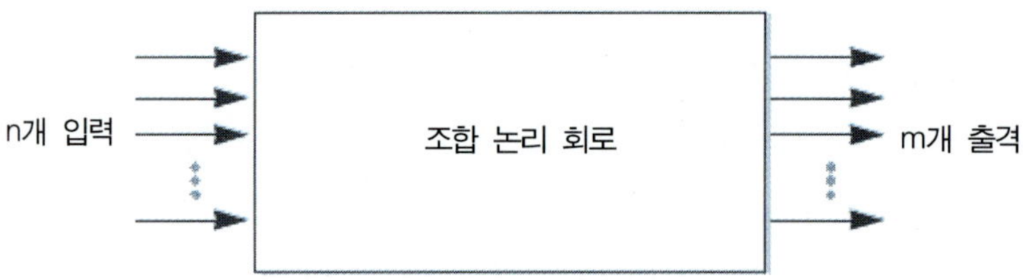

[그림 2-19] 조합 논리 회로

2) 종류

(1) 반/전가산기(감산기)

① 반가산기(Half Adder)

반가산기는 2개의 2진 입력과 2개의 2진 출력으로 구성된다. 입력 변수들은 피가수와 가수를 나타내고 출력 변수들은 합과 캐리를 의미한다. 일반적으로 두 입력을 x, y로 출력을 S와 C로 부른다. 입력과 출력에 대한 진리표는 〈표 2-1〉과 같다.

〈표 2-1〉 반가산기의 진리표

입력		출력	
X	Y	S	C
0	0	0	0
0	1	1	0
1	0	1	0
1	1	0	1

C는 입력들이 둘 다 1일 때만 1이 된다. S는 입력이 둘 중 하나가 1일 때만 1이 된다. 두 출력에 대한 단순한 부울 함수들은 진리표로부터 직접 얻을 수 있다. 곱셈의 단순화된 합은 다음과 같다.

$$S = \overline{X}Y + X\overline{Y} \qquad C = XY$$

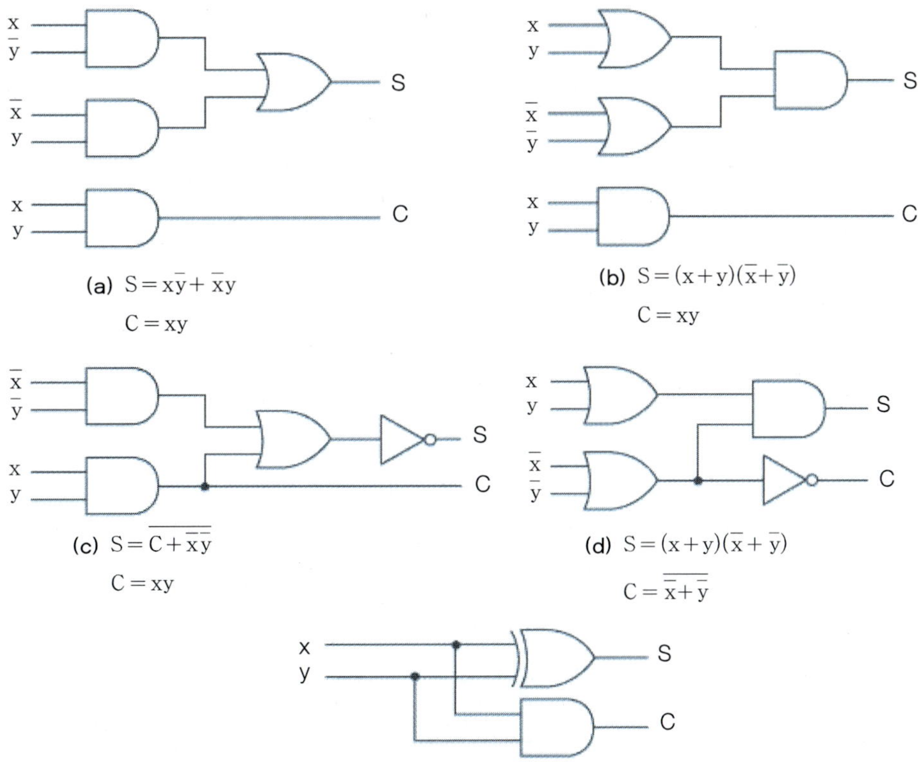

(a) $S = x\overline{y} + \overline{x}y$
$C = xy$

(b) $S = (x+y)(\overline{x}+\overline{y})$
$C = xy$

(c) $S = \overline{C + \overline{x}\,\overline{y}}$
$C = xy$

(d) $S = (x+y)(\overline{x}+\overline{y})$
$C = \overline{\overline{x}+\overline{y}}$

(e) $S = x \oplus y$
$C = xy$

[그림 2-20] 반가산기의 구현 방법

이것을 논리도로 표시한 것이 [그림 2-20]이며 반가산기에 대한 다른 4가지 논리도들도 [그림 2-20]에 있다. 이것들은 모두 입력과 출력의 작동에 관한 한 똑같은 결과를 산출한다. 이것을 볼 때 우리는 이와 같은 간단한 조합 논리 함수를 제작할 때조차 여러가지 다양한 선택이 있을 수 있음을 알 수 있다.

[그림 2-20](a)는 반가산기를 곱의 합으로 구현한 것이며, (b)는 합의 곱으로 구현한 것이다.

$$S = (X + Y)(\overline{X} + \overline{Y})$$
$$C = XY$$

(c)는 S가 x와 y의 Exclusive-OR이라는 사실에서 얻어진다. S의 보수는 x와 y의 동치이다.

$$\overline{S} = XY + \overline{X}\,\overline{Y}$$

그런데 $C = XY$ 이므로

$$S = \overline{C + \overline{X}\,\overline{Y}}$$

(d)에서 C를 합의 곱으로 표현하면 다음과 같다.

$$C = XY = \overline{\overline{X} + \overline{Y}}$$

반가산기는 (e)에서처럼 XOR 게이트와 AND 게이트로 실현할 수 있다.

② 전가산기(Full Adder)

전가산기는 3개의 입력 비트들의 합을 계산하는 조합회로이다. 전가산기는 3개의 입력과 2개의 출력으로 구성된다. x와 y로 표시된 입력 변수들은 더해질 현재 위치의 두 비트이며, z로 표시된 세 번째 입력 변수는 바로 전 위치로부터의 캐리이다. 3개의 비트를 더할 때 합은 0부터 3까지 나올 수 있고, 2와 3을 2진수로 표시하는 데 2개의 디지트가 요구되므로 2개의 출력이 필요하다. 두 출력 중 합에 대해서는 S라는 기호로 캐리에 대해서는 C라는 기호로 표시한다. 3개의 비트의 합을 계산하여 앞의 디지트는 출력 캐리 C가 되며 뒤의 디지트가 S로 표시된다. 전가산기의 진리표는 〈표 2-2〉와 같다.

〈표 2-2〉 전가산기의 진리표

입력			출력	
X	Y	Z	S	C
0	0	0	0	0
0	0	1	1	0
0	1	0	1	0
0	1	1	0	1
1	0	0	1	0
1	0	1	0	1
1	1	0	0	1
1	1	1	1	1

3개의 입력 변수들이 가질 수 있는 모든 가능한 1과 0들의 조합에 대해서 2개의 출력 변수는 1 또는 0의 값을 가진다. 모든 입력들이 0일 때 출력은 0 이된다. 출력 S는 1개 또는 3개의 입력들이 1일 때 1이 된다.

조합 회로의 입출력 비트들은 문제의 여러 단계에서 다르게 해석할 수 있다. 입력선의 2진 신호는 산술적으로 더해져 2 디지트 합을 출력선에 산출하는 비트로 간주한다.

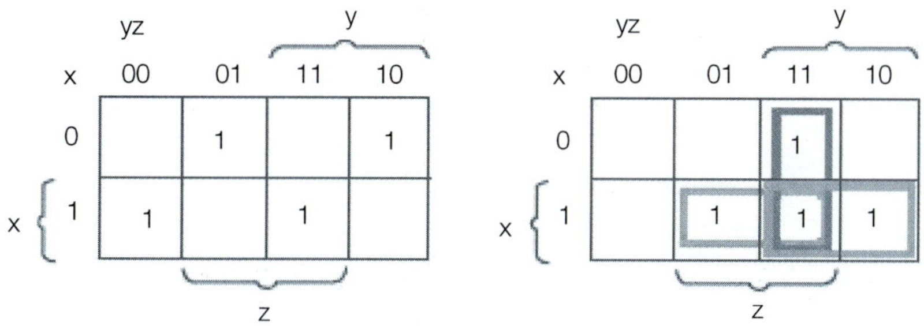

[그림 2-21] 전가산기에 대한 맵(map)

반면에 진리표로 표현할 때나 논리 게이트로 회로를 구성할 때에 앞 문장에서와 동일한 2진 값을 부울 함수의 변수로 볼 수 있다. 이렇게 이 회로에서 쓰이는 비트들이 2가지의 다른 해석을 할 수 있다는 것을 인식하는 것은 중요한 일이다.

전가산기 회로의 입출력 논리 관계는 각 출력 변수에 대해 하나의 부울 함수가 대응되므로 2개의 부울 함수로 표현될 수 있다. 각 부울 함수를 단순화시키기 위해 맵이 하나씩 필요하다. 각 맵은 출력이 세 입력 변수들의 함수이므로 8개의 사각형들로 구성된다. [그림 2-21]에 있는 2개의 맵들은 두 출력 함수들을 각각 단순화하는데 사용한다. 각 맵의 사각형 내에 표시된 1은 진리표로부터 직접 얻을 수 있다. 출력 S의 경우 1로 표시한 사각형들은 인접한 사각형과 결합할 수 없으므로 더 이상 단순화시킬 수 없다. 출력 C는 단순화되어져 6개의 문자로 된 표현을 얻는다. 곱의 합으로 전가산기의 논리도가 [그림 2-22]에 있다. 이것은 다음 부울 함수 표현을 사용한 것이다.

$$S = \overline{X}\,\overline{Y}Z + \overline{X}Y\overline{Z} + X\overline{Y}\,\overline{Z} + XYZ$$
$$C = XY + XZ + YZ$$

전가산기에 대한 다른 구성을 개발할 수 있다. 합의 적으로 표현할 경우 [그림 2-22]와 같은 수의 게이트를 사용하지만 AND 게이트와 OR 게이트의 수가 서로 바뀐다.

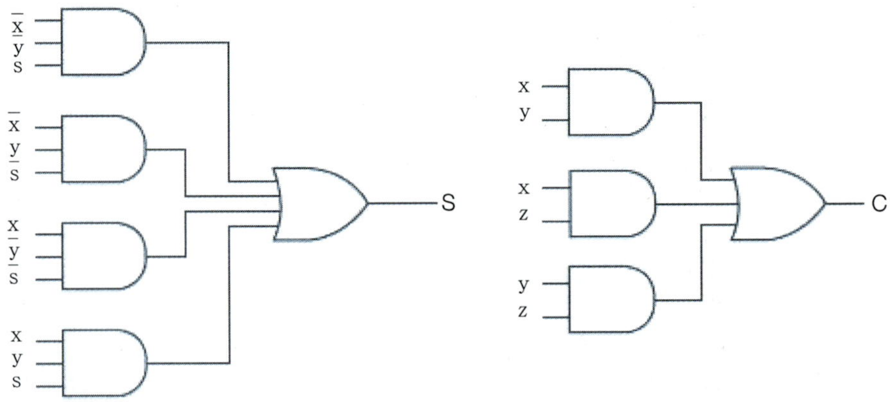

[그림 2-22] 곱의 합으로 구성된 전가산기

전가산기는 [그림 2-22]에서처럼 2개의 반가산기와 하나의 OR 게이트로 구현할 수 있다. 두 번째 반가산기의 출력 S는 첫 번째 반가산기의 출력과 z를 Exclusive-OR한 것이다. S와 C는 다음과 같이 부울 함수로 표현할 수 있다.

$$\begin{aligned} S &= Z \oplus (X \oplus Y) \\ &= \overline{Z}(X\overline{Y} + \overline{X}Y) + Z\overline{(X\overline{Y} + \overline{X}Y)} \\ &= X\overline{Y}\,\overline{Z} + \overline{X}Y\overline{Z} + Z(X\overline{X} + \overline{X}\,\overline{Y} + XY + Y\overline{Y}) \end{aligned}$$

$$= X\overline{Y}\,\overline{Z} + \overline{X}\,Y\,\overline{Z} + X\,Y\,Z + \overline{X}\,\overline{Y}\,Z$$

$$C = Z(X\overline{Y} + \overline{X}Y) + XY$$

$$= X\overline{Y}Z + \overline{X}YZ + XYZ + XY\overline{Z}$$

③ 반감산기(Half Subtracter)

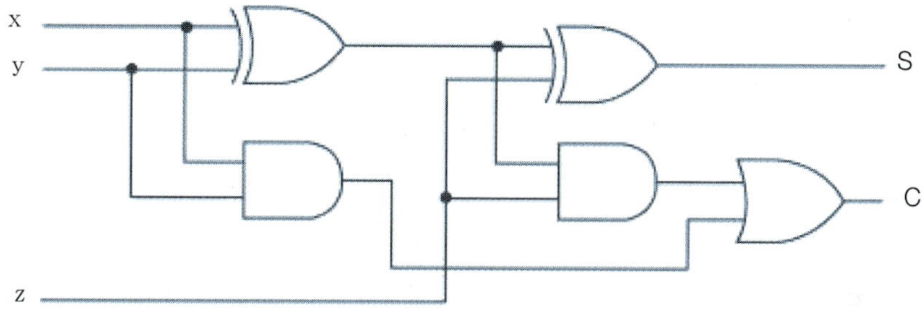

[그림 2-23] 2개의 반가산기와 하나의 OR 게이트로 구성된 전가산기

반감산기는 2개의 비트들을 빼서 그 차를 산출하는 조합회로이다. 이 회로는 1을 빌렸는지를 나타내는 또 하나의 출력을 가진다. x는 피감산 비트를 표시하는 데 사용하고 y는 감산 비트를 표시하는 데 사용한다. $x-y$를 수행하기 위해 우리는 x와 y의 상대적인 크기를 살펴보아야 한다. $x \geq y$이면 다음 세 경우가 가능하다. $0-0=0$, $1-0=1$, 그리고 $1-1=0$. 이 결과를 차 비트(difference bit)라 부른다. 만일 $x < y$ 인 경우, 즉 $0-1$일 때에는 바로 앞 자릿수로부터 1을 빌어야만 한다. 빌린 1은 2진수에서 2와 같으므로 감산수 비트에 더해져 결국 $2-1=1$이 된다. 반감산기는 2개의 출력이 필요한데, 하나는 차를 생성하여 기호 D로 표시하고 또 다른 하나는 기호 B로 받아내림(borrow) 표시하여 앞 위치의 디지트로부터 1이 빌어지는지를 표시한다. 반감산기에 대한 진리표는 〈표 2-3〉과 같다.

〈표 2-3〉 반감산기의 진리표

입력		출력	
X	Y	D	B
0	0	0	0
0	1	1	1
1	0	1	0
1	1	0	0

출력 B는 $x \geq y$이면 0이고 $x = 0$, $y = 1$에 대해서만 1이 된다. 출력 D는 산술연산 $2B + x - y$의 결과이다.

반감산기 두 출력에 대한 부울 함수들은 진리표에서 직접 구할 수 있다.

$$D = \overline{x}\,y + x\,\overline{y}$$

$$B = \overline{x}\,y$$

D에 관한 논리가 반가산기에서 S에 관한 논리와 동일하다.

④ 전감산기(Full Subtracter)

전감산기는 바로 전 낮은 단 위치의 디지트에 빌려 준 1을 고려하면서 두 비트들의 뺄셈을 수행하는 조합회로이다. 이 회로는 3개의 입력과 2개의 출력을 가진다. x, y, z는 각각 피감수, 감수, 그리고 전 자릿수로부터의 빌림(borrow)을 표시하는데 사용되는 출력기호이다. 전감산기의 진리표는 〈표 2-4〉와 같다.

〈표 2-4〉 전감산기의 진리표

입력			출력	
X	Y	Z	D	B
0	0	0	0	0
0	0	1	1	1
0	1	0	1	1
0	1	1	1	0
1	0	0	0	1
1	0	1	0	0
1	1	0	0	0
1	1	1	1	1

3개의 입력 변수들이 가질 수 있는 모든 가능한 1과 0들의 조합에 대해 두 출력변수의 값은 $x - y - z$의 결과에 따라서 "1"또는 "0"으로 결정된다. 입력 빌림(z)이 0이면 반감산기와 동일하게 된다. $x = 0$, $y = 0$, $z = 1$인 경우 바로 앞 디지트로부터 1을 빌려와야 한다. 그 경우 2가 x에 가해지므로 $2 - 0 - 1 = 1$이 되어 $D = 1$이고 이때 빌림이 있으므로 B도 1이 된다. $x = 0$, $yz = 11$일 때도 앞 디지트로부터 1을 빌어야 하므로 $B = 1$이고, x는 2가 더해져 D는 $2 - 1 - 1 = 0$에 의해 0이 된다. $x = 1$, $yz = 01$일 때 $x - y - z = 0$이므로 $B = 0$, $D = 0$이 된다. 마지막으로 $x=1$, $yz = 11$이면

앞 디지트로부터 1을 빌어 x는 2가 더해져 3이 되므로 D = 1, B = 1이 된다.

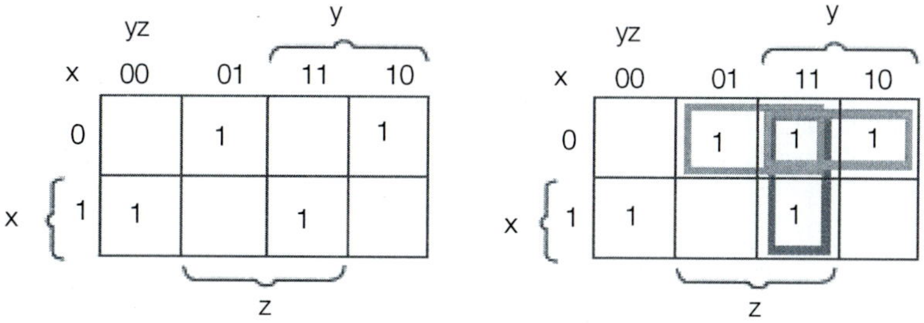

$D = \overline{x}\overline{y}z + \overline{x}y\overline{z} + x\overline{y}\overline{z} + xyz$ $B = \overline{x}y + \overline{x}z + yz$

[그림 2-24] **전감산기에 대한 맵(map)**

전감산기의 두 출력에 대한 부울 함수들은 [그림 2-24]의 맵에 있다. 이것을 단순화하여 적의 합으로 나타내면 다음과 같다.

$$D = \overline{X}\,\overline{Y}Z + \overline{X}Y\overline{Z} + X\overline{Y}\,\overline{Z} + XYZ$$

$$B = \overline{X}Y + \overline{X}Z + YZ$$

전가산기의 출력 S와 전 감산기의 출력 D는 동일하며 전감산기의 출력 B는 x를 $\overline{x}$로 대치하면 동일하게 된다는 사실이 흥미있는 일이다. 따라서 x의 보수를 캐리를 산출하는 게이트에 적용하면 간단히 전가산기를 전감산기로 바꿀 수 있다.

(2) 디코더

코드 형식의 2진 정보를 다른 코드 형식으로 바꾸는 회로가 디코더(decoder)이다. 다시 말하면, 2진 코드를 해독(decoding)하여 이에 대응하는 1개의 선택 신호로 출력하는 것을 말한다.

디코더는 컴퓨터의 중앙처리장치내에서 번지의 해독, 명령의 해독, 제어 등에 사용되며 타이프 라이터 등에서는 중앙처리장치로부터 들어온 2진 코드를 문자로 변환하여 인쇄할 때 사용되고 있다. 예로써 [그림 2-25]와 같은 2 × 4 디코더를 살펴보자. 이 디코더는 입력이 두 개, 출력이 네 개다. 이것은 가능한 한 2진 입력의 조합 만큼의 출력을 갖는다. 즉, n×2n 디코더는 n개의 입력이 들어가서 2n개의 출력이 나온다.

2 × 4 디코더와 진리표는 [그림 2-25]처럼 되며, 진리표에서 살펴보면 출력은 한 비트만이 1로 되어 있음을 볼 수 있다.

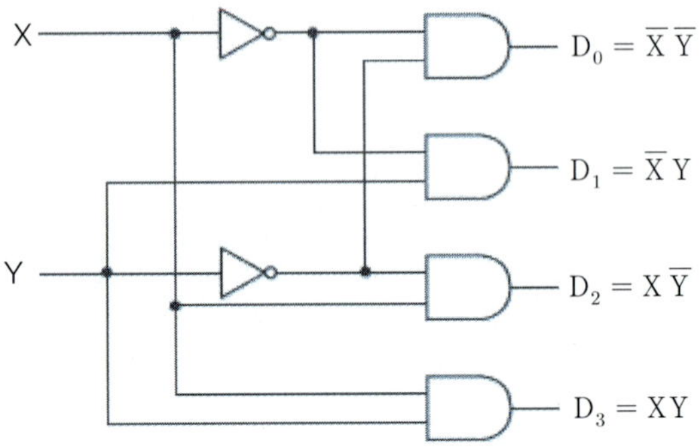

(a) 2×4 디코더의 회로

입력		출력			
X	Y	D_0	D_1	D_2	D_3
0	0	1	0	0	0
0	1	0	1	0	0
1	0	0	0	1	0
1	1	0	0	0	1

(b) 2×4 디코더의 진리표

[그림 2-25] 2×4 디코더의 회로와 진리표

한편 회로 동작을 제어하기 위해서 디코더에 인에이블(enable) 입력을 넣는 것이 때때로 편리할 때가 있다. 예를 들면, 인에이블 입력을 가진 3 × 8 디코더를 [그림 2-26]에 나타냈는데, 이 인에이블 입력이 "0"이면 모든 출력이 "0"이 되고, 인에이블 입력이 1일 때 디코더는 정상적인 동작을 하게 된다. 그리고 입출력 수가 많은 디코더는 하나하나 그리기가 복잡하므로 [그림 2-26](b)처럼 블록도로써 표시할 수가 있다.

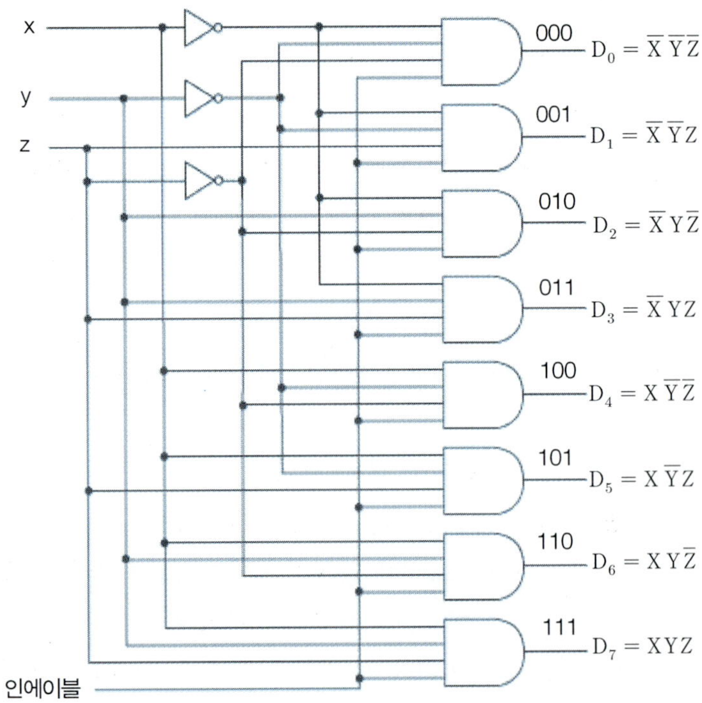

(a) 3×8 디코더의 회로

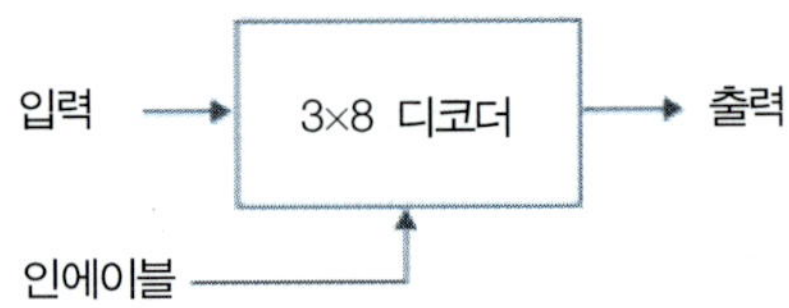

(b) 블록도

[그림 2-26] 3×8 디코더의 회로와 블록도

[그림 2-26](a)는 입력이 3개, 출력이 23 = 8개인 해독기로서 AND게이트로 구성되어 있다. 이것은 2진수를 8진수 또는 10진수로 변환할 때 사용된다. 예를 들면 인에이블이 1이고 x, y, z 입력에 2진 데이터 101 이 입력될 때 1은 x회선, 0은 $\overline{y}$회선, 1은 z회선을 따라 출력측 D_5에 전달되어 어떤 신호로 나타나게 된다. 이 신호는 (101)2이므로 8진수나 10진수로 해독되어 5라고 표시한다.

(3) 인코더

인코더(encoder)는 디코더의 역연산을 수행하는 디지털 함수이다. 인코더는 2^M개 이하의 입력선과 n개의 출력선을 가진다. 인코더의 예가 [그림 2-27]에 있다. 8진-3진 인코더는 8개의 디지트들 각각에 대해 입력이 필요하므로 8개의 입력이 있어야 하며 그 대응되는 2진수를 산출하기 위해 3개의 출력들이 있어야 한다. 즉, 인코더는 코드화기이다.

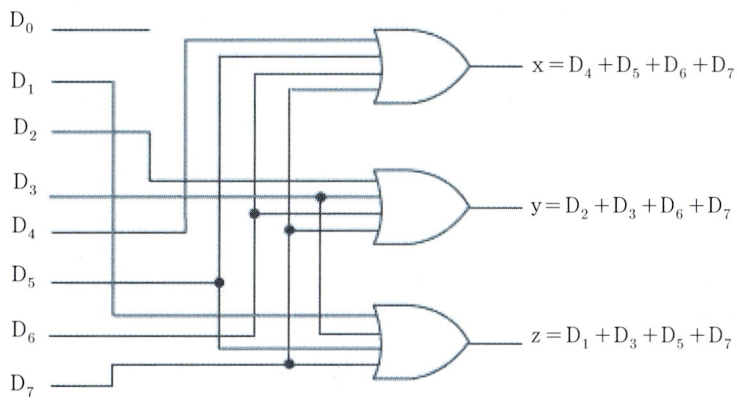

[그림 2-27] 8진-3진 인코더

입력								출력		
D_0	D_1	D_2	D_3	D_4	D_5	D_6	D_7	x	y	z
1	0	0	0	0	0	0	0	0	0	0
0	1	0	0	0	0	0	0	0	0	1
0	0	1	0	0	0	0	0	0	1	0
0	0	0	1	0	0	0	0	0	1	1
0	0	0	0	1	0	0	0	1	0	0
0	0	0	0	0	1	0	0	1	0	1
0	0	0	0	0	0	1	0	1	1	0
0	0	0	0	0	0	0	1	1	1	1

[그림 2-28] 8진-3진 인코더에 대한 진리표

그림에서 인코더는 OR 게이트들로 구성되는데 OR 게이트들의 입력은 [그림 2-28]의 진리표로부터 결정된다. 출력 z는 입력 8진 디지트가 홀수이면 "1"이 된다. 출력 y는 입력 8진 디지트가 2, 3, 6, 7이면 "1"이 된다. 또, 출력 x는 입력 8진 디지트가 4, 5, 6, 7일 때 "1"이 된다. D_0는 어떤 OR 게이트에도 연결되지 않았는데 이 경우 2진 출력은 모두 "0"이 되어야 하기 때문이다. 그러나 모든 입력들이 "0"일 때도 출력들은 전부 "0"이 된다.

이 모순성은 모든 입력이 "0"이 아니라는 사실을 지시하기 위해 추가의 출력을 하나 제공함으로써 해결한다.

[그림 2-27]의 인코더는 임의의 때 하나의 입력만 "1"이 될 수 있다고 가정한다. 그렇지 않으면 회로는 의미가 없다. 회로는 8개의 입력을 가지고 있다. 따라서 $2^B = 256$개의 입력 조합이 가능한데 단지 이들 중 8개만이 의미를 가진다.

인코더들은 입력 우선 순위를 정하여 가장 높은 우선 순위를 가지는 입력선만 해독한다. [그림 2-27]에서 높은 첨자를 가지는 입력이 낮은 첨자를 가지는 입력보다 우선순위가 높다고 하자. 만일 D_2와 D_5가 동시에 "1"이 된다면 D_5가 D_2보다 우선순위가 높기 때문에 출력은 [101]이 될 것이다.

(4) 멀티플렉서(multiplexer)

멀티플렉싱이란 많은 수의 정보 장치를 적은 수의 채널이나 선들을 통하여 전송하는 것을 의미한다. 디지털 멀티플렉서는 많은 입력선들 중에서 하나를 선택하여 출력선에 연결하는 조합회로이다. 선택선들의 값에 따라서 특별한 입력선이 선택된다. 정상적인 경우 2^M개의 입력선과 n개의 선택선으로 구성되어 있다. 이 때 n선택선들의 비트조합에 따라서 입력 중의 하나가 선택된다.

4×1멀티플렉서가 [그림 2-29](a)에 주어졌다. 4개의 입력선들 I_0에서I_3까지 각각은 각 AND 게이트의 한 입력이 된다. 선택선 S_1과 S_0는 특별 동작이 요구되는한 AND 게이트를 선택하기 위해 동작한다. [그림 2-29](b)의 함수표는 각 가능한 선택선들의 비트 조합에 대한 입출력 통로를 목록으로 작성한 것이다. 이 MSI함수가 디지털 시스템 설계에 사용될 때 [그림 2-29](c)에 있는 블록도로 표시한다. 회로 작동을 설명하기 위해 $S_1S_0 = 10$일 때를 살펴보자, 입력 I_2와 관련된 AND 게이트(A-2)를 보면 2개의 입력은 "1"이 되고 나머지 하나의 입력은 0이 된다.

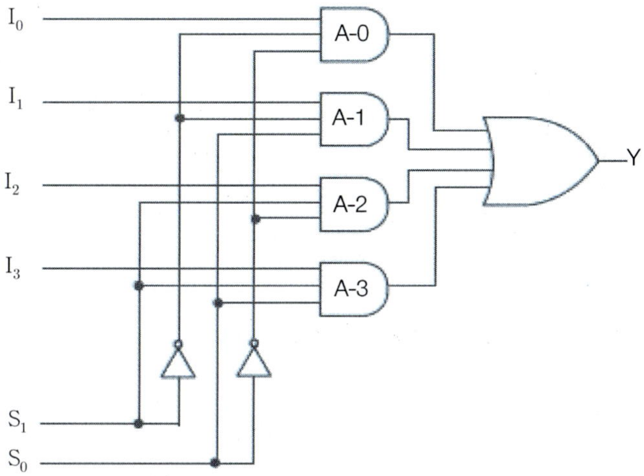

(a) 논리도

S_1	S_0	Y
0	0	I_0
0	1	I_1
1	0	I_2
1	1	I_3

(b) 함수표

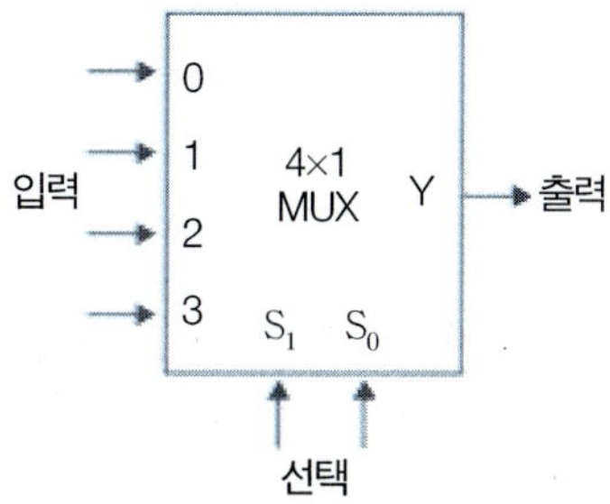

(c) 블록도

[그림 2-29] 4×1 멀티플렉서

나머지 3개의 다른 AND 게이트들은 적어도 하나의 입력이 "0"이 되어서 출력들은 모두 "0"이 된다.

따라서 OR 게이트의 출력은 I_2와 같게 된다. 즉 OR 게이트는 선택된 입력을 출력과 연결시켜 주는 통로 구실을 한다. 멀티플렉서는 많은 입력들 중 하나를 선택하여 선택된 입력선의 2진 정보를 출력선에 넘겨 주기 때문에 데이터 선택기라고 부르기도 한다.

(5) 디멀티플렉서

1개의 인에이블 입력을 가지고 있는 디코더는 디멀티플렉서로서의 기능을 수행한다. 디멀티플렉서(demultiplexer)는 정보를 한 선으로 받아서 2^M개의 가능한 출력 선들 중 하나를 선택하여 받은 정보를 전송하는 회로이다.

디멀티플렉서는 n개의 선택선들의 값에 의해 특별한 출력선이 선택된다. [그림 2-30]의 디코더는 만일 E가 입력선이고 A와 B를 선택선으로 취급한다면 디멀티플렉서와 같은 기능을 수행한다. 이것은 [그림 2-30](b)에서 볼 수 있다. 입력 변수 E는 모든 출력선으로 통하는 통로들을 가지고 있다. 그러나 입력 정보는 A와 B의 2진 값에 의해 결정되는 단 하나의 출력선에만 연결된다.

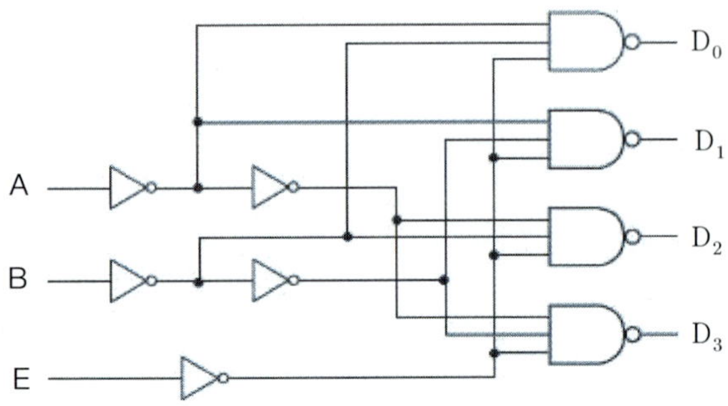

(a) 논리도

E	A	B	D_0	D_1	D_2	D_3
1	X	X	1	1	1	1
0	0	0	0	1	1	1
0	0	1	1	0	1	1
0	1	0	1	1	0	1
0	1	1	1	1	1	0

(b) 진리표

[그림 2-30] 인에이블(E) 입력을 가지고 있는 2×4 디멀티플렉서

이것은 [그림 2-30](b)에 있는 이 회로의 진리표로부터 증명될 수 있다. 예를 들어 선택선 AB = 10이면 D_2는 입력 E와 동일하게 되고 다른 모든 출력들은 "1"이 된다. 디코더와 디멀티플렉서 연산들은 동일한 회로에서 얻어지기 때문에 인에이블 입력을 가지고 있는 디코더는 디코더나 디멀티플렉서로 간주할 수 있다. 회로를 디멀티플렉서로 만드는 것이 바로 인에이블 입력이며 디코더 그 자체는 AND, NAND 또는 NOR 게이트들을 사용한다. 디코더/디멀티플렉서 회로들은 함께 연결되어 좀 더 큰 디코더 회로를 형성할 수 있다.

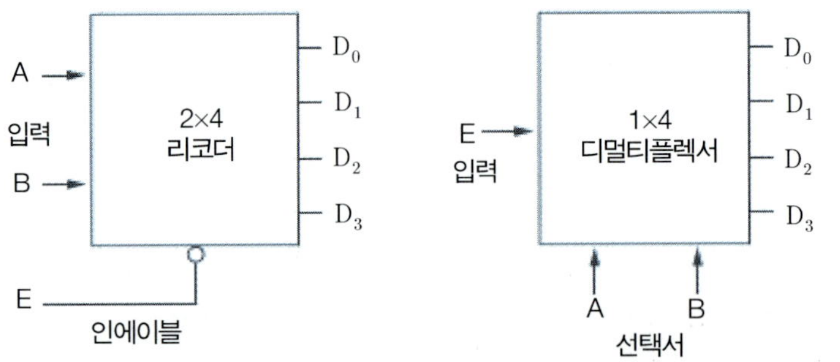

[그림 2-31] 디코더와 디멀티플렉서의 블록도

2. 순서 논리 회로

순서 논리 회로(Sequential Logic Circuits)의 특징은 기억을 할 수 있고 출력이 입력과 이전 출력(저장되어 있는 값)에 의해서 결정되고 기본 게이트와 플립플롭(Flip-Flip)으로 구성된다. 대표적인 종류는 2진 카운터, Shift Register, RAM 등이다.

조합 논리 회로와 피드백 기능을 결합하여 메모리 기능을 수행하는 논리 회로로 동기식 순서 회로와 비동기식 순서 회로는 출력 및 상태의 변화가 회로 전체의 동기 클럭의 일정시간에만 일어나는 순서 논리 회로 및 그렇지 않은 순서 논리 회로를 의미한다.

동기식의 경우는 동기를 위한 매스터 클럭이 존재하며, 비동기식의 경우는 피드백 경로를 갖는 것이 특징이다.

1) 개 념

- 출력신호가 입력 신호와 과거의 입력신호 혹은 논리회로의 현재의 상태에 의하여 결정되는 논리회로이다.
- 기억소자(플립플롭)와 조합 논리 회로로 구성된 기억 능력을 가지고 있는 논리 회로이다.

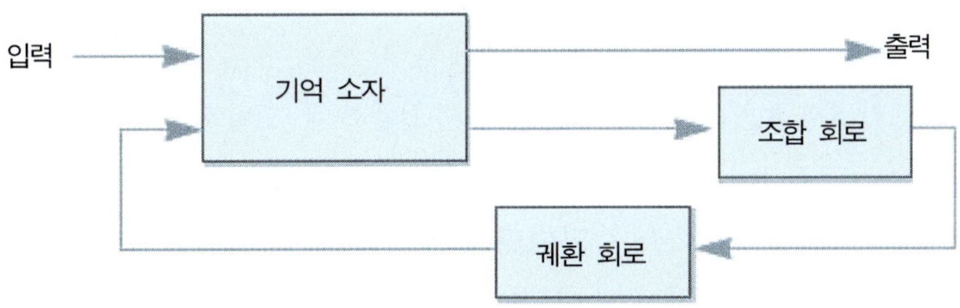

[그림 2-32] 순서 논리 회로

2) 플립플롭의 개요

플립플롭은 1bit를 기억하는 소자(0 또는 1)로써 Register를 구성하는 구성 소자이다. 1개의 안정 상태가 있을 때 한쪽 안정 상태를 정하는 입력이 인가되면 이어서 다른 쪽 안정 상태를 정하는 입력이 인가되기까지 그 상태를 유지하는 회로이다. 기본 플립플롭은 비동기식 순차논리회로이다. 기본 회로의 입력에 게이트를 추가해서 플립플롭이 한 클럭 펄스 발생기간 동안에만 입력에 응답하도록 만들 수 있다.

2개의 안정한 상태를 각각 1 또는 0에 대응시켜 1비트를 기억할 수 있다. 다중 바이브레이터로 플립플롭을 구성하는 경우에는 2안정 다중 바이브레이터라고 한다. 또 플립플롭의 입력 신호가 교류 결합 회로를 통하여 인가되는 형식의 것을 교류 결합 플립플롭, 직류 결합 회로를 통하여 인가되는 형식을 직류 결합 플립플롭이라고 한다.

또한 클럭 펄스 입력 단자로 클럭에 동기시켜 입력 신호를 주는 동기식의 플립플롭과 클럭을 이용하지 않고 입력 신호로 직접 설정하는 직접 세트형의 플립플롭 등이 있다.

3) 플립플롭의 종류

(1) RS 플립플롭

S와 R인 두 개의 상태 중 하나를 안정된 상태로 유지시키는 회로 S = Set(1), R = Reset(0)을 의미한다.

Q(t)는 현재 상태의 출력 값이고 Q(t+1)은 클럭 신호가 변한 상태의 출력 값이다. S = R = 1인 경우는 다음 상태가 비결정적이므로 불허(not allowed)한다.

[그림 2-33(a)의 클럭부 RS플립플롭은 기본 NOR 플립플롭과 2개의 AND 게이트로 구성되어 있다. 두 AND 게이트의 출력은 S와 R의 입력 값에 관계없이 클럭 펄스(clock pulse, CP)가 "0"으로 된 상태에는 "0"으로 유지하고 클럭 펄스가 1로 된 기간만 정보가 S와 R 입력으로부터 기본 플립플롭에 도달되도록 허용된다. 클럭부 RS플립플롭은 S = 1, R = 0일 때 CP=1이 되면 Q = 1로 되는데 이 상태를 세트(set)상태라 한다. 이 상태에서 CP=0이 되더라도 Q값은 바뀌지 않는다. 또한 S = 0, R = 1일 때 CP=1이면 Q = 0으로 되는데 이 상태를 클리어(clear)상태라 한다. 역시 CP=0이 되더라도 Q값은 변하지 않는다. 여기에서 주목할 것은 S=1, R=1일 때 CP=1이라는 상태이다.

이 때는 $Q = \overline{Q} = 0$이 되는 상태가 발생한다. 다음 순간 CP=0이 되면 플립플롭의 상태는 부정 상태로 된다. 즉, 펄스의 하강 모서리에서 기본 플립플롭의 세트 입력과 리세트 입력 중 어느 것이 더 오랫동안 1로 유지되는가에 따라 Q가 "0" 또는 "1"로 된다. 이것이 클럭부 RS플립플롭의 문제점이고 개선할 점이다. S=0, R=0일 때 CP=1이 되면 Q는 이전 상태를 유지한다. 즉, "1"이 출력되고 있었으면 Q = 1, "0"이 출력되고 있었으면 Q = 0이 된다. 역시 CP=0이 되더라도 Q값은 변하지 않는다.

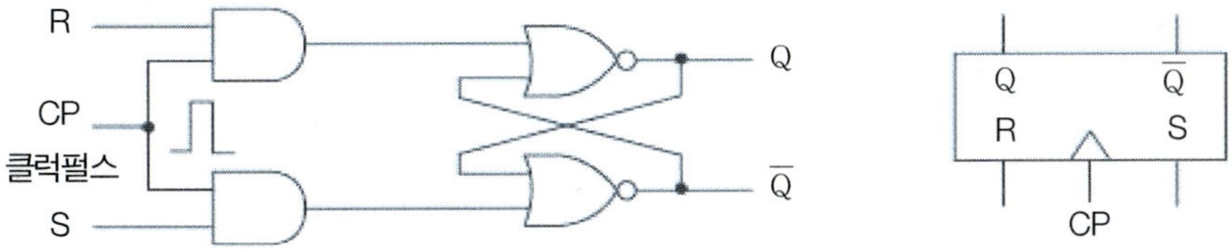

(a) 논리도 (b) 기호

x	y	z	Q(t+1)
0	0	0	0
0	0	1	0
0	1	0	1
0	1	1	부정(금지)
1	0	0	1
1	0	1	0
1	1	0	1
1	1	1	부정(금지)

(c) 특성표

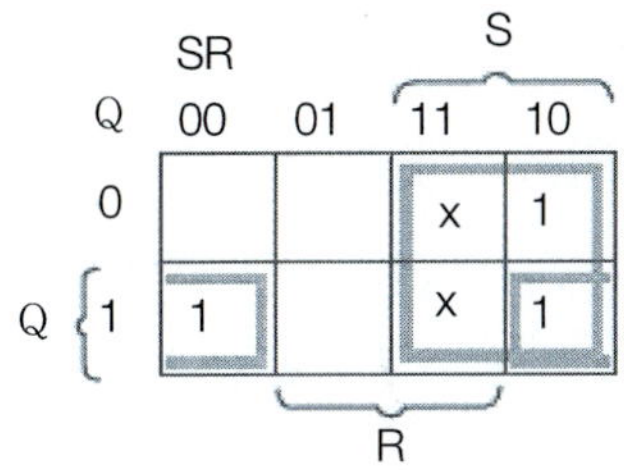

$$Q(t+1) = S + \overline{R}Q$$
$$SR = 0$$

(d) 특성방정식

[그림 2-33] 클럭형 RS 플립플롭

클럭부 RS플립플롭의 기호는 [그림 2-33](b)와 같고, 입력으로는 S, R, CP를 갖고 있다. CP 입력은 조그마한 삼각형으로 표시하기 때문에 사각형 내부에는 써넣지 않는다. 이 삼각형은 동적 지시(dynamic indicator)란 기호이며 입력 클럭 펄스가 낮은 전위(0)에서 높은 전위(1)로 변할 때 (↑) 플립플롭이 반응한다는 것을 나타낸다. 플립플롭의 출력은 사각형 안에 Q와 $\overline{Q}$로 표기되어 있다. 플립플롭은 비록 Q가 사각형 내에 적혀 있다 하더라도 다른 변수 명을 할당할 수 있다. 이 경우에 선택된 변수 명은 출력선을 따라 사각형 밖에 표기한다. 한 플립플롭의 상태 결정은 그의 정상적인 출력에서 Q의 값을 가지고 결정한다. 정상적인 출력의 보수(반대극성)를 얻고 싶으면 출력에 Inverter를 삽입할 필요없이 출력 $\overline{Q}$에서 직접 얻을 수 있다.

[그림 2-33](c)는 플립플롭의 특성표(characteristic table)이다. 이 표에는 플립플롭의 작동이 표 형식으로 요약되어 있다. Q는 주어진 시간에서의 플립플롭의 2진 상태이며(현재 상태라고도 함) S와 R 열은 가능한 입력 값을 나타낸다. Q(t+1)은 한 클럭 펄스가 발생된 후의 플립플롭의 상태이다(다음 상태라고도 함).

플립플롭의 특성방정식은 [그림 2-33](d)의 카르노 맵에서 유도한다. 이 방정식은 현재 상태와 입력의 함수로서 다음 상태의 값을 나타낸다. 맵에서 2개의 부정 상태는 "0"이나 "1" 중 어느 것으로도 될 수 있기 때문에 X로 표기된다. 관계식 SR=0은 S와

R이 동시에 "1"이 될 수 없다는 것을 나타내는 것으로서 특성 방정식의 일부로 포함시켜야 한다.

(2) JK 플립플롭

JK 플립플롭은 클럭부 RS 플립플롭에서 부정 상태를 없애고 일정한 값을 출력하도록 개량한 것이다. 입력 J와 K는 입력 S와 R과 마찬가지로 플립플롭을 세트하고 클리어(clear)시킨다(J는 세트에, K는 클리어에 대응된다).

J와 K에 동시에 1이 가해지면 플립플롭은 한 클럭 펄스 뒤에는 현재 상태의 보수를 취한다(클럭부 RS 플립플롭에서는 부정 상태였다). 즉, Q(t)= 1이면, Q(t+1)= 0이 되고 Q(t)= 0이었으면 Q(t+1)= 1이 된다.

[그림 2-34](a)는 클럭부 JK 플립플롭의 논리도이다. 이 그림의 구성을 보면 출력 Q는 K와 CP 입력을 AND시켜서 Q의 전 상태가 "1"일 때만 다음 클럭 펄스 기간에 플립플롭이 클리어되게 하였다. 마찬가지 방법으로 출력 $\overline{Q}$는 J와 CP 입력 AND시켜 $\overline{Q}$가 전 상태에서 "1"일 때만 클럭 펄스 기간에 세트(set)되게 하였다.

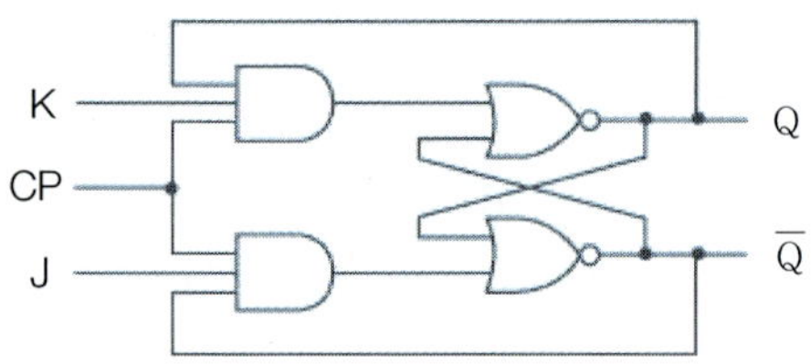

(a) 논리도

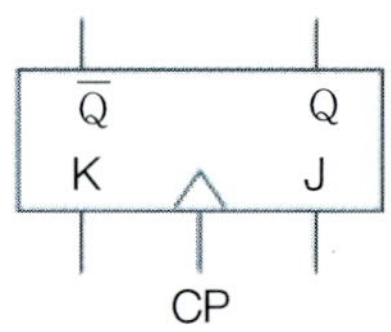

(b) 기호

Q	J	K	Q(t+1)
0	0	0	0
0	0	1	0
0	1	0	1
0	1	1	1
1	0	0	1
1	0	1	0
1	1	0	1
1	1	1	0

(c) 특성표

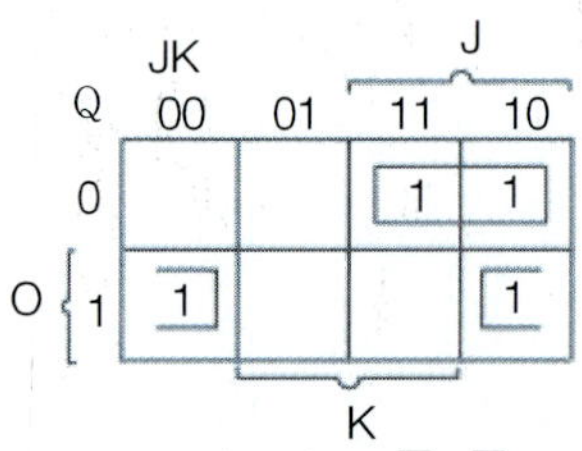

$Q(t+1) = J\overline{Q} + \overline{K}Q$

(d) 특성 방정식

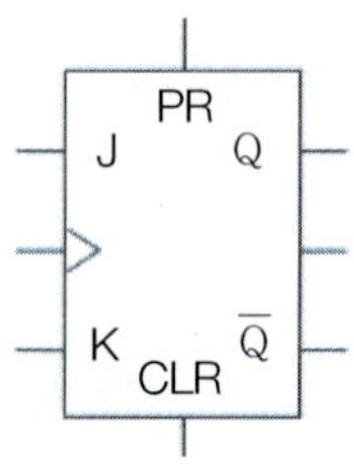

(e) PR/CLR형 JK F/F

[그림 2-34] 클럭형 JK 플립플롭

[그림 2-34](c)의 특성표에서 보듯이 JK 플립플롭은 J와 K가 모두 1인 때를 제외하고는 RS플립플롭의 작동과 똑같다. J와 K가 둘 다 동시에 1일 경우를 생각하면 클럭 펄스는 오직 AND 게이트, 즉 그것의 입력에 현재 플립플롭의 출력 "1"이 피드백된 게이트만을 통해서 전달된다.

예를 들어 Q(t) = 1이면 위쪽 AND 게이트의 출력이 "1"이 되어 플립플롭이 클리어[Q(t+1) = 0]된다. 어느 경우이든 플립플롭의 다음 출력 상태는 현재 상태의 보수가 취해진다. 그러므로 RS플립플롭의 불안상태를 개선한 것이 JK플립플롭이다. JK 플립플롭의 기호는 [그림 2-34](b)와 같이 표시하며 플립플롭의 상태값을 임의로 정할 수 있도록 PR(Preset)과 CLR(Clear)를 부착한 플립플롭은 [그림 2-34](e)와 같이 표시한다.

- JK플립플롭의 단점 : JK플립플롭의 피드백 연결 때문에 일단(J = K = 1일 때) 출력이 보수가 취해진 후에도, 클럭 펄스 CP가 계속 남아 있게 되면 다시 또 보수를 취하는 반복적이고 연속적인 출력의 변화를 야기할 것이다.

  이 바람직하지 못한 결점이 되는 상태를 피하기 위해 클럭 펄스의 지속 시간은 신호가 플립플롭을 통과하는 전파 지연 시간보다 더 긴 지속 시간을 가져야 한다. 이것은 회로의 작동이 펄스의 폭에 달려 있기 때문에 매우 제한적인 요소이다. 이러한 문제를 해결하기 위해 사용하는 것이 [그림 2-34]에 주어진 주종 JK플립플롭(Master-Slave JK Flip-Flop)이다.

(3) D 플립플롭

하나의 입력 단자만을 가지며, 입력된 것과 동일한 결과를 출력한다.

기호

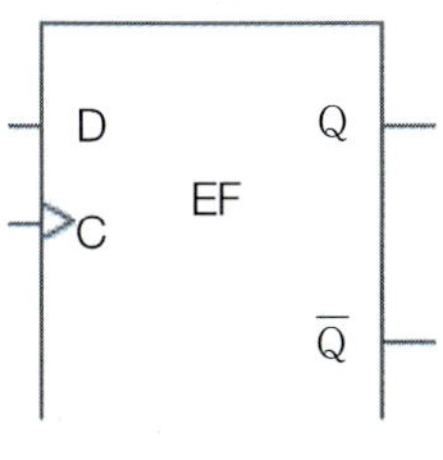

특성표

D	Q(t)	Q(t+1)
0	0	0
0	1	0
1	0	1
1	1	1

특성 방정식

Q(t+1) = D

[그림 2-35] D 플립플롭

- 하나의 입력만 가지는 장점이다.
- 불변 조건을 만들기 위해서는 클럭을 끊든지, 출력을 입력으로 되돌려야 한다.

(4) T 플립플롭

펄스가 입력되면 현재와 반대의 상태로 바뀌게 되는 토글(toggle) 상태를 만드는 회로이다.

기호

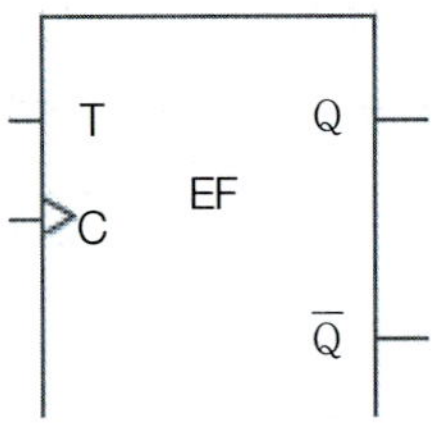

특성표

D	Q(t)	Q(t+1)
0	0	0
0	1	1
1	0	1
1	1	0

특성 방정식

$Q(t+1) = T\overline{Q}(t)$

[그림 2-36] T 플립플롭

4) 순서 논리회로의 종류

(1) 레지스터(register)

- 플립플롭들의 단순한 집합이다.
- 제어장치내의 임시 기억장치이다.
- 정보를 일시적으로 저장하거나, 입출력 정보를 바꾸거나, 저장된 정보를 다시 꺼내 쓰기 위한 용도로 사용하는 회로이다.
- n 비트 레지스터는 n 비트의 2 진 정보를 저장하기 위한 n개의 플립플롭과 데이터 처리를 위한 조합 논리 회로로 구성된다.
- 레지스터 예

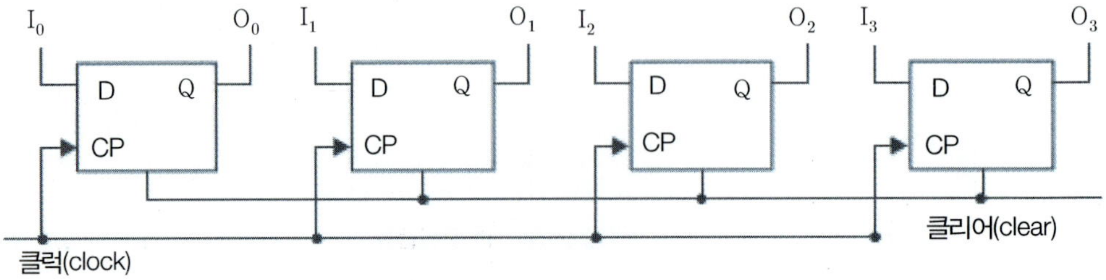

[그림 2-37] 비트 레지스터

① 시프트 레지스터(shift register)

시프트(shift)란 "위치를 바꾸다. 이동한다."는 뜻이며, 레지스터의 동작은 클럭 펄스(clock pulse)의 입력에 의해서 이루어진다.

여기서 시프트 레지스터의 동작 상태를 살펴보자. 만약 6비트의 데이터 101101이 시프트 레지스터에 축적되어 있다고 하자. 이 상태를 보인 것이 [그림 2-38](a)이다. 이 상태에서 클럭 펄스를 1개 받으면 [그림 2-38](b)와 같이 LSB(least significant bit)의 1은 밖으로 나와서 버려지고 각각의 비트는 1비트씩 왼쪽 숫자를 받는다.

이때, MSB(most significant bit)는 외부 데이터를 받는다. 그림에서는 외부 데이터는 모두 0이므로 1비트 우측 시프트가 행하여질 때마다 MSB에는 "0"이 들어온다. 이것은 우측 시프트(right shift)의 한 예이다.

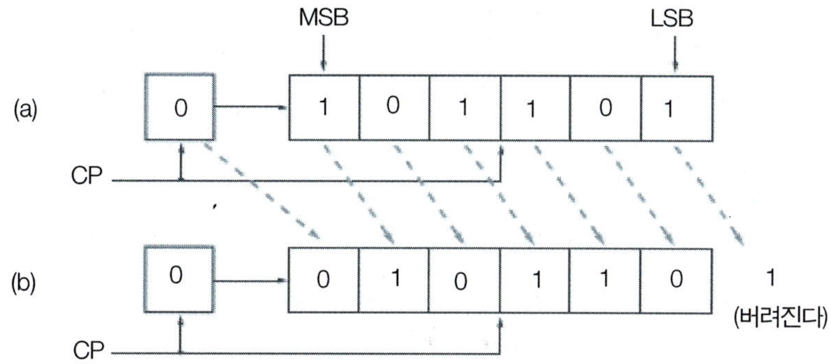

[그림 2-38] 6비트 시프트 레지스터의 동작

[그림 2-39](a)는 D 플립플롭을 이용해서 구성한 우측 시프트 레지스터(right shift register)이다. 여기서 각 단의 D 플립플롭에 현재 기억되어 있는 데이터값을 1010이라 하고, 새로운 외부 데이터 직렬 입력 11010이 D입력으로 입력될 때, 그리고 클럭 펄스(즉, 시프트 펄스)의 트레일링 에지(trailing edge)상태마다 오른쪽으로 한 비트씩 데이터가 이동된다고 할 때 그 동작 상태를 [그림 2-39](b)에 나타내었다.

시프트 레지스터를 이용하면 곱셈과 나눗셈을 할 수 있다. 즉, 왼쪽으로 한 번 시프트하면 2로 곱한 결과가 되고, 오른쪽으로 한 번 시프트하면 2로 나눈 결과가 된다. 예를 들면 5비트 2진 데이터값이 $(10000)_2$인 경우 오른쪽으로 한 번 시프트하면 (1000)2이 되고, 또 한번 오른쪽으로 이동하면 (100)2이 된다. 여기서 2진 데이터값을 10진수로 바꾸어 보면 5비트 (10000)2은 (16)10이 되고 (1000)2은 (8)10, (100)2은 (4)10가 된다.

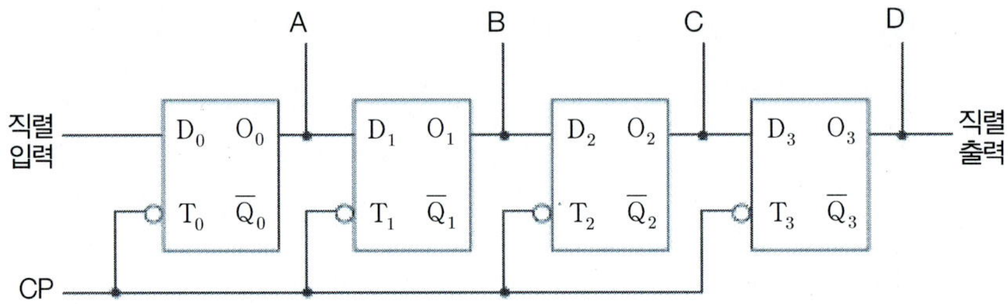

(a) D 플립플롭을 사용한 시프트 레지스터

클럭펄스 (CP)	직렬입력	레지스터상태(병렬출력)				직렬출력
		A	B	C	D	
처음	1	1	0	1	0	0
1	1	1	1	0	1	1
2	0	1	1	1	0	0
3	1	0	1	1	1	1
4	0	1	0	1	1	1

(b) 4비트 우측 시프트 레지스터의 상태표

[그림 2-39] 시프트 레지스터와 상태표

이는 16에서 1비트 오른쪽으로 이동하면 16 ÷ 2 = 8이 되고, 또 한 번 오른쪽으로 이동하면 8÷2 = 4가 된다는 것을 알 수 있다. 결국 오른쪽으로 1비트씩 이동하면 2로 나눈 셈이 된다. 또 이것을 왼쪽으로 한 비트씩 이동해 보면 2로 곱해지는 것을 알 수 있게 된다.

② 병렬 전송 레지스터

- 모든 비트를 동시에 입력하고 동시에 출력하는 레지스터이다.
- D 플리플롭을 이용한 4비트 병렬 전송 레지스터의 예

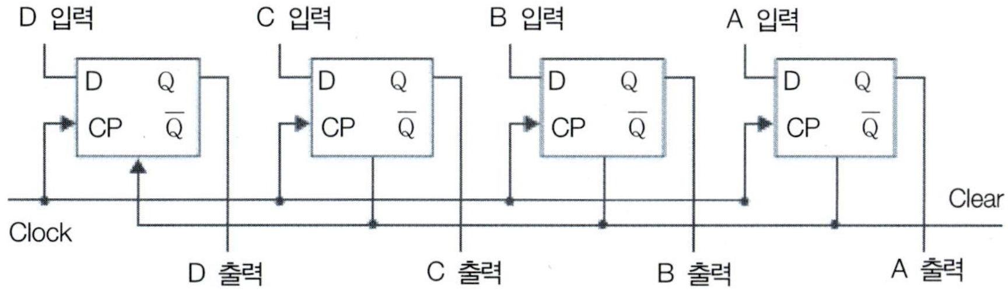

[그림 2-40] **4비트 병렬 전송 레지스터**

- 입력 데이터는 각 플리플롭의 입력 D 단자로 들어가며 출력은 각 플리플롭의 출력 Q 단자를 통해서 나온다.
- 모든 플리플롭은 클럭 펄스의 상승 에지에서 동시에 트리거된다.

(2) 카운터(counter)

- 입력 펄스에 따라서 레지스터의 상태가 미리 정해진 순서대로 변화하는 레지스터이다.
- 어떤 사건의 발생 횟수를 세거나 동작 순서를 제어하는 타이밍 신호를 만드는 데 사용된다.

① 2진 리플 카운터(binary ripple counter)

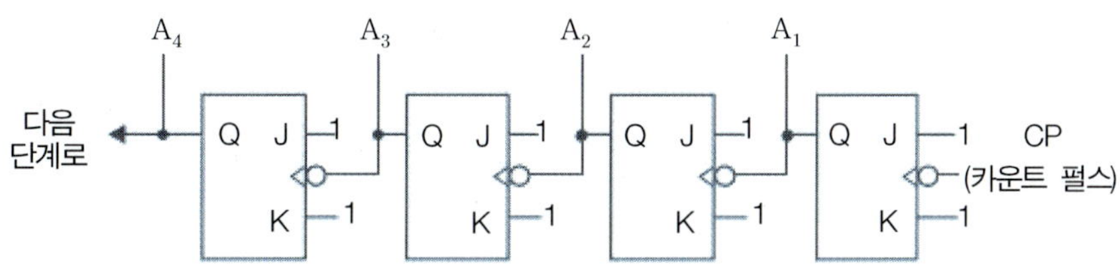

[그림 2-41] **4비트 2진 리플 카운터**

2진 리플 카운터는 보수로 만드는 기능이 있는 플립플롭들(T 또는 JK 형태)이 직렬연결되는, 즉 각 플립플롭의 출력이 바로 다음의 플립플롭의 입력 단자에 연결되어 구성되어 있다. 가장 낮은 자리의 비트를 저장한 플립플롭에만 카운터 펄스가 연결되어 있다. [그림 2-41]은 4비트의 2진 리플 카운터의 계통도로써 여기에 모든 J와 K의 입력단자에는 모두 1이 입력된다. CP입력 단자들에 표시된 작은 원은 하강 모서리, 즉 CP 입력단자에 입력되는 값이 "1"에서 "0"으로 변할 때 ( )플립플롭의 상태 값이 보수가 된다는 것을 표시한다.

셈 순선				플립플롭이 보수를 취하는 조건	
A_4	A_3	A_2	A_1		
0	0	0	0	보수 A_1	
0	0	0	1	보수 A_1	
0	0	1	0	보수 A_1	A_1이 1에서 0으로 바뀌며 보수 A_2는 보수를 취함
0	0	1	1	보수 A_1	
0	1	0	0	보수 A_1	A_2이 1에서 0으로 바뀌며 보수 A_3는 보수를 취함
0	1	0	1	보수 A_1	
0	1	1	0	보수 A_1	A_1이 1에서 0으로 바뀌며 보수 A_2는 보수를 취함
0	1	1	1	보수 A_1	
1	0	0	0	등등……	A_3이 1에서 0으로 바뀌며 보수 A_4는 보수를 취함

[그림 2-42] **2진 리플 카운터의 셈 순서**

2진 리플 카운터의 작동을 이해하기 위해 [그림 2-42]에 주어진 카운터 순차를 살펴보자. 가장 낮은 자리의 비트 A_1은 매 클럭 펄스마다 보수가 되어야 한다. A_1의 값이 "1"에서 "0"으로 변할 때마다 A_2의 값은 보수가 될 것이다. 또 A_2의 값이 "1"에서 "0"으로 변할 때마다 A_3의 값은 보수가 될 것이다. A_4도 마찬가지가 될 것이다. 예를 들어, 계수 0111에서 1000으로의 전이를 검사해 보자. 표에서 화살표는 이 경우의 전이들을 강조해서 표시한 것이다. A_1은 CP에 의해 보수가 된다. A_1의 값이 "1"에서 "0"으로 변하므로, 이것은 A_2의 레지스터를 작동시켜 A_2가 보수를 취하게 된다. 따라서 A_2의 값도 "1"에서 "0"으로 변하며 A_3를 보수시키고, A_3는 "1"에서 "0"으로 보수가 되면서 다시 A_4를 보수로 만든다. 만일 A_4가 다시 다음 순서의 레지스터에 같은 식으로 연결되어 있다고 가정하면 A_4의 출력값의 전이는 다음 레지스터를 작동시킬 수 없다. 왜냐하면, A_4의 출력값이 "0"에서 "1"

로 변하기 때문이다. 그리하여 1000이 된다. 이 카운터의 플립플롭들은 한 번에 하나씩 빠르게 연결해서 변화한다. 신호는 리플 형태로 카운터를 통과하여 전달된다. 리플 카운터는 때때로 비동기식 카운터라 부르기도 한다.

② 2진 역방향 카운터(binary down counter)

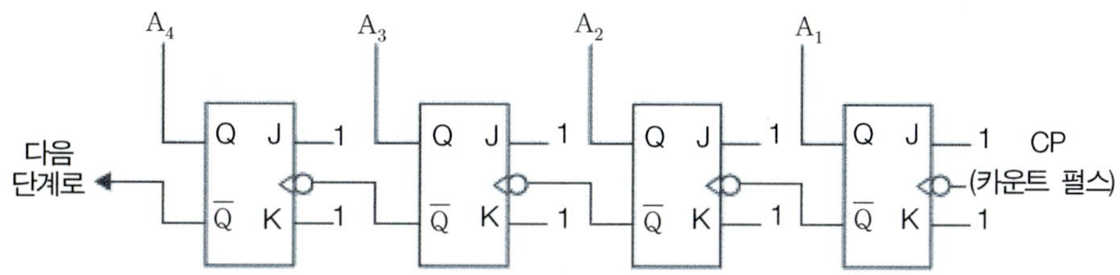

[그림 2-43] **4비트 2진 역방향 리플 카운터**

역순으로 카운트되는 2진 카운터(즉 1111에서 1110, 1101 순으로 감소하는 카운터)를 2진 역방향 카운터(binary down counter)라 한다. 역방향 카운터에서 2진 계수는 매 클럭 펄스마다 1씩 감소하여 간다. 4비트 다운 카운터 계수는 15의 2진수에서 출발해서 14, 13, 12, ..., 0으로 계속 계수되다가 15로 되돌아가서 다시 감소하며 계수된다. [그림 2-43]의 회로에서 출력들은 플립플롭의 보수 단자 $\overline{Q}$에서 빼낸다면 이 회로는 2진 다운 카운터로서 쓸 수 있다. 만일 플립플롭의 정상 출력 Q밖에 얻을 수 없을 경우, 그 회로를 다운 카운터로 쓰려면 다음과 같이 수정하여야 한다. 2진 다운 카운터의 카운트 순차를 생각해보면 우선 가장 낮은 자리의 비트는 매 CP마다 보수가 되어야 한다는 것을 알 수 있다. 순차 내에 있는 어떤 다른 비트이든지 그것보다 바로 낮은 비트의 값이 "0"에서 "1"로 변하면 이 비트는 보수로 되어야 한다. 그러므로 모든 플립플롭이 펄스의 상승 모서리에서 작동하도록 하여, (즉 플립플롭이 CP입력 단자에 있는 작은 원을 없애면) Q를 다음단 플립플롭의 CP로 사용하면 된다. 만일 플립플롭이 하강 모서리에서 작동한다면, 각 플립플롭의 CP 입력 단자에 바로 앞의 플립플롭의 출력 $\overline{Q}$를 입력시키면 된다. 그렇게 되면, Q가 0에서 1로 변할 때 $\overline{A}$는 1에서 0으로 변하게 되어 다음 플립플롭을 작동시킨다. 따라서 2진 카운터로서 사용할 수 있는 것이다.

③ 비동기식 10진(BCD) 카운터

10진 카운터는 0에서 9까지 10개의 상태를 카운트하는 것으로 10진수를 2진 코드로 표현하는 데는 적어도 4비트가 필요하므로 10진 카운터의 대표적인 것은 BCD 카운터이다.

10진 카운터의 카운트 순서는 2진 카운터와 비슷하다 단지 9에서 0으로 변화하도록 되어 있다.

[그림 2-44]는 10진(BCD) 카운터의 상태도를 보인다.

카운터 순서			
D	C	B	A
0	0	0	0
0	0	0	1
0	0	1	0
0	0	1	1
0	1	0	0
0	1	0	1
0	1	1	0
0	1	1	1
1	0	0	0
1	0	0	1

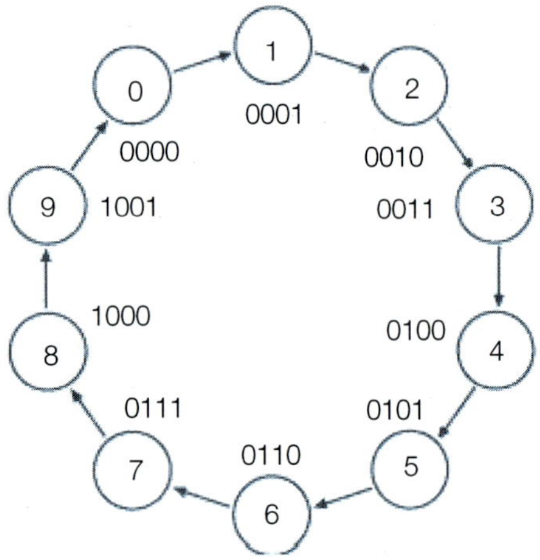

[그림 2-44] 10진(BCD) 카운터의 상태도

카운트 순서는 다음과 같다.

ⓐ 플립플롭의 출력은 매 클럭 펄스 때마다 상태를 바꾸므로 J와 K를 1로 하여 토글될 수 있도록 한다.

ⓑ 플립플롭의 출력은 D플립플롭의 출력이 0이고 A플립필롭의 출력이 1에서 0으로 바뀌면 상태를 바꾸며, D출력이 1이고 A출력이 1이면 B플립플롭의 출력이 0이 된다.

ⓒ 플립플롭의 출력은 B플립플롭의 출력이 1에서 0으로 변할 때 상태를 바꾼다.

ⓓ D플립플롭의 출력은 B와 C가 1이고 A가 1에서 0으로 변할 때 상태를 1로 바꾸고 B, C가 0이고A가 1에서 0으로 변하면 D플립플롭의 출력이 0이 됨을

알 수 있다.

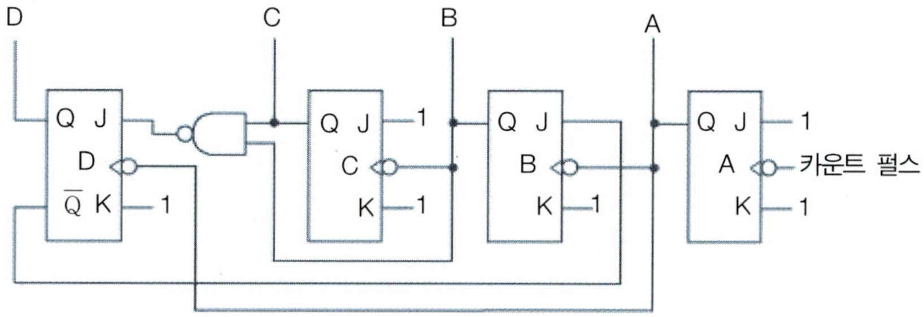

[그림 2-45] 10진(BCD) 비동기식 카운터

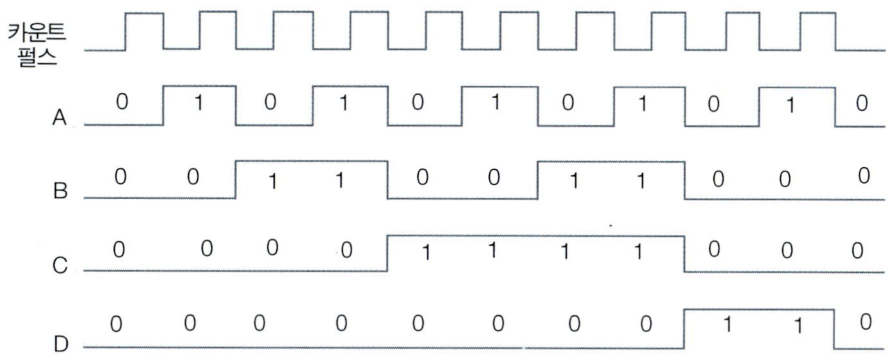

[그림 2-46] 10진(BCD) 카운터에 대한 타이밍도

이런 상황을 근거로 설계한 10진 비동기식 카운터를 [그림 2-45]에서 보여주고 있으며, 10진 카운터의 타이밍도를 [그림 2-46]에 나타내었다.

제3장

유비쿼터스의 개요

3.1 유비쿼터스의 역사

유비쿼터스라는 단어는 1988년 제록스사에 근무하던 마크 와이저(Mark Weiser)가 "유비쿼터스 컴퓨팅"이라는 개념으로 처음 제시하였다. 마크 와이저(Mark Weiser)의 약력을 보면, 1952년 7월 시카고에서 출생하였고, 21살에 회사를 설립하여 운영한 경험이 있다. 이후 미시간대학 Computer and Communication Sciences 분야에서 석사와 박사학위를 받았고, 36세가 되던 1987년에 제록스사에 연구원으로 참여하게 되었으며, 1988년에 유비쿼터스 개념을 제안하고 이후 여러 논문을 통하여 유비쿼터스 개념을 정립하였다.

[그림 3-1] 마크 와이저(Mark Weiser)

제록스사 근무시절 마크 와이저(Mark Weiser)가 유비쿼터스 컴퓨팅을 제시하게 된 상황을 구성해보면 다음과 같다.

"미국 제록스사의 팰러앨토연구센터(PARC : Palo Alto Research Center)에서 연구원으로 일하던 마크 와이저(Mark Weiser)라는 사람이 있었다. 그는 오랜 시간동안 다가올 미래의 전자문명의 화두가 무엇일까에 대해 고민했다. '분명 지난 30여 년 동안 설계되고 문명을 지배해온 컴퓨터 시스템과는 근본적으로 다르지 않겠는가' '아침에 현관에서 신문을 집어 들거나 출근 시 구두주걱으로 구두를 신을 때의 느낌처럼 사람과 사물 간에 인터페이스가 어떤 거부감도 없이 자연스럽게 연결될 수 있게 하는 기술이 필요하지 않을까' '그렇게 되려면 인간과 컴퓨터 그리고 네트워크가 서로 조화되어 나타날 지극히 인간화된 기술(Calm Technology)이어야 하지 않을까' 등 수

많은 추론과 질문을 던져보았다. 그러다 이것이 점점 구체화되기 시작하면서 지난 1988년에 비로소 본격적인 연구과제로 추진된다. 그 연구과제의 주제가 바로 '유비쿼터스 컴퓨팅'이었다.

1991년, 마크 와이저(Mark Weiser)는 미국의 대표적 과학저널 중의 하나인 Scientific American 1991년 9월호에 "21세기를 위한 컴퓨터(The computer for the 21st Century)"라는 논문을 발표하였다. 이 논문에서 유비쿼터스 컴퓨팅을 통해 대부분의 일상용품에 컴퓨터 장치가 들어가게 된다는 유비쿼터스 컴퓨팅 개념을 대외적으로 제안했다

1996년에는 그의 논문 'The Coming Age of Calm Technology'에서 많은 사람이 한 대의 대형 컴퓨터를 공유하던 메인 프레임 시대에서 1980년대부터 시작한 PC 시대, 분산 컴퓨팅을 제공하는 인터넷 시대를 거쳐 개개인이 환경 속에 편재돼 있는 여러 컴퓨터를 사용하는 유비쿼터스 컴퓨팅 시대가 도래할 것이라고 주장하였다.

1997년 ABC방송 Nightline의 컴퓨터 관련 기술을 소개하는 코너에 출연하여 유비쿼터스 컴퓨팅과 관련된 여러 기술을 소개하기도 하였다.

1999년에 일본 노무라연구소의 무라카미 데루야스 이사장은 "유비쿼터스 네트워크"라는 개념으로 마크 와이저(Mark Weiser)의 "유비쿼터스 컴퓨팅"을 재해석하였고 2000년 12월에는 노무라 종합연구소가 '유비쿼터스 네트워크'라는 연구보고서를 발간했다. 그는 유비쿼터스 컴퓨팅에서 특히 네트워크가 중요하다고 생각해 지금의 네트워크 인프라를 더욱 확장시킨 개념을 내세운 것으로 알려지고 있다. 무라카미 이사장은 스스로 유비쿼터스 네트워크를 세 단계 P2P(Person To Person), P2O(Person To Object), O2O(Object To Object)로 나누고 O2O 단계에서 비로소 유비쿼터스 컴퓨팅 시대가 도래 한다고 말한 바 있다.)

따라서 유비쿼터스 패러다임은 모든 사물에 컴퓨터와 네트워킹 기술이 적용되어 여러 곳에 존재하는 컴퓨팅 기반을 통해 사람과 컴퓨터 기기 및 환경이 서로 상호작용하여 컴퓨터가 사람의 필요사항을 알아서 처리하는 인간 중심의 컴퓨터 환경을 지향하고 있다.

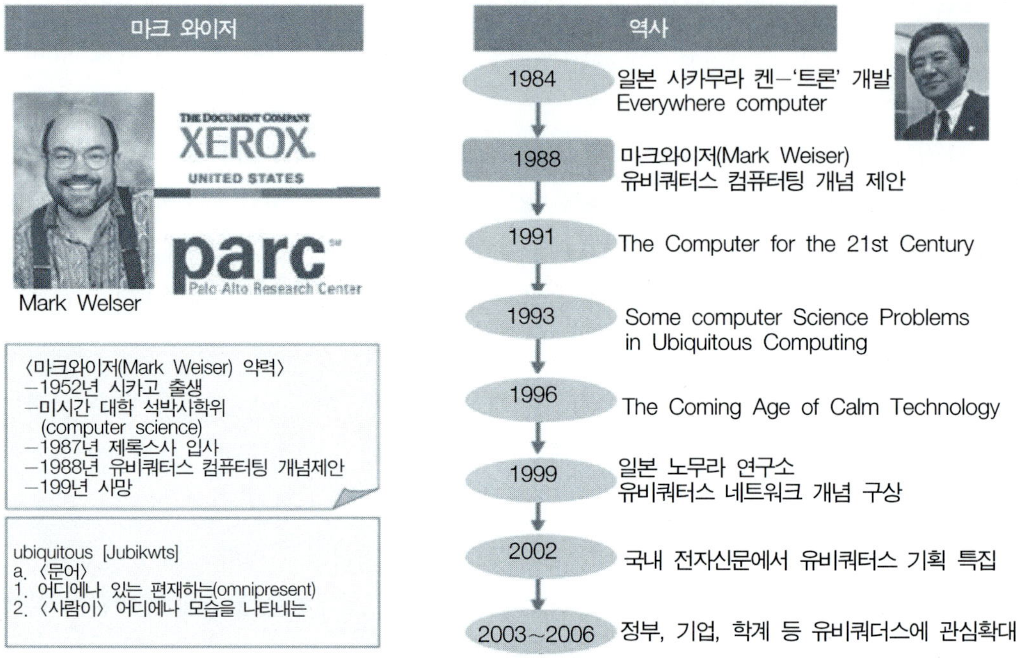

[그림 3-2] 유비쿼터스의 역사

3.2 제 3공간의 등장

물리적 공간이 제 1공간이라면 20세기말에 발견된 전자공간은 제 2공간이라고 할 수 있다. 전자 공간은 당초 금은보석을 품은 노다지로 이해되었으나 최근 들어 독자적으로 발전하는 데에는 한계가 있다는 점이 드러나기 시작하였다. 즉 물류시스템의 정비 없이 전자상거래가 활성화될 수 없으며 물리적 지원에 기초하지 않은 전자공간에서의 경제활동은 거품처럼 꺼지기 쉽다.

오디오 북이나 MP3플레이어의 경우에서처럼, 전자공간상의 신축적인 데이터라고 할지라도 하드웨어의 지원을 받을 때야 비로소 확산된다. 여기서 바로 전자공간과 물리공간의 결합이 요구된다. 전자공간과 물리공간의 결합으로 창출되는 새로운 공간이 제 3공간이다.

제 3공간은 '간 공간' 또는 '초 공간'으로도 쓰이며 이미 기술적으로 상당부분 실현되고 있다. 대표적인 사례가 위성위치측정시스템이다. GPS를 탑재한 차량은 물리공간을 질주하는 동시에 정보의 바다인 전자공간을 향해하는 것으로 이해할 수 있다. 제 3공간은 전자공간의 특성과 물리공간의 특성을 혼합하여 갖고 있다. 제 3공간은 정보적 공간인 동시에 물리적 실체성을 지니는 공간이다.

1) 제 3공간을 구성하는 요소

(1) 공간의 형태

물리공간이나 전자공간의 연계가 실현된 공간이다. 제 3공간의 성공은 공간의 형태가 어떻게 만들어지는 것이냐에 따라 달라진다. 따라서 제 3공간의 형태를 결정하는 것은 물리공간에 존재하는 환경과 사물(상품, 기계, 건조물, 생물 등)에 어떠한 기능을 가진 칩, 센서에 추적할 수 있는 기능의 범위와 주소체계(IPv6)의 활용여부, 그리고 어떠한 공간범주를 갖는 네트워크에 의해 접속되고 자유롭게 연결되도록 설계하는 것도 제 3공간의 형태를 결정한다.

(2) 활동과 기능

제 3공간의 활동과 기능을 한마디로 정의하면 그것은 '공간형 서비스 활동'과 '사물들 간의 기능공동체 고안'이다. 즉 사람이 원하는 활동과 기능을 목적으로 환경과 사물의 지능화는 물론 사물들의 네트워크화된 커뮤니티 공간을 다양하게 만들 수 있다는 것이다.

사물의 예로 들면 가정이라는 무리공간에 존재하는 모든 사람과 가전기기들에 컴퓨터가 내장되고 하나의 네트워크로 연결돼 커뮤니케이션이 가능한 가전제품 간 지능형 커뮤니케이션 공간이 애완동물의 위치, 상태감시, 원격진료와 처방 등을 휴대단말기를 통해 주고 받을 수 있는 애완동물 커뮤니티 공간 등이 가능하다. 특정 회사에서 생산한 상품, 부품, 장비 등의 가동 및 고장상태, 라이프사이클 등을 언제 어디서나 지각, 감시, 추적할 수 있는 생산물 커뮤니티 공간도 충분히 상상할 수 있다.

사람이 아닌 사물의 네트워크화된 커뮤니티 공간을 구성한다는 것은 매우 혁신적인 사건이다.

제 3공간의 가능성도 바로 여기에 있다. 사물간의 커뮤니티를 통해 사람이 일일이 신경써서 조작하거나 통제할 필요 없이 사물에 내장된 컴퓨터(임베디드 시스템과 지능형 에이전트)가 알아서 업무를 수행하고 정보 송수신을 처리해 주기 때문이다.

제 3공간의 물질적 커뮤니티 기능이 확대되면 'u-정부(government)', 'u-산업(industry)', 'u-커머스(commerce)', 'u-교육(education)', 'u-홈(home)' 등 국가적 사회경제적으로 보편적 기능공간의 재창조도 가능해진다.

(3) 수많은 기반구조

제 3공간의 기반구조는 유비쿼터스 정보기술을 근간으로 광역 유무선 네트워크 통합기반과 사물에 칩이나 센서 등을 탑재하는 기술, 위치확인 등의 응용기술, 사용자 편의성이 증대된 플랫폼과 다양한 기능의 단말기, 암호, 보안, 인증 등의 시큐리티 기반 등으로 구성된다.

2) 구성요소를 위한 결합의 원칙

① 무엇보다도 언제 어디서나 어떤 단말기로도 네트워크에 접속이 가능해야 한다.

② 의식하지 못하도록 조용하고 편안하게 접속해 이용할 수 있어야 한다. 특히 어떤 상황에서도 다차원 지속화(seamless)를 실현하고 물리공간과 전자공간, 그리고 휴대단말기를 서로 연결함으로써 제 3공간을 흘러 다니는 정보는 언제나 최신정보라야 한다.

③ 신선도 높은 지식은 제 3공간 시장을 더욱 확대시킬 것이다.

3) 기본구도

① 가능한 많은 물리공간의 구성요소들에 컴퓨터를 넣음으로써 모든 사물의 전자화, 지능화가 필요하다.

② 언제, 어디어서나, 무엇을 하던 네트워크에 접속, 연결될 수 있도록 유비쿼터스 개념과 정보기술 기반체계들을 정립하는 작업이 필수적이다. 여기서 중요한 것은 선도적인 정책과 기술개발, 상용화 실험, 국제 표준화 등 제 3공간을 개척하는 노력에 적극 동참하는 자세다.

③ 제 3공간의 애플리케이션 구도를 확립하는 작업이다. 국가, 경제사회, 개인과 같은 주체별은 물론, 정부, 산업, 금융 등 기능별로도 공간적 범주에 따라 제 3공간을 활용할 수 있는 구조가 된다.

〈표 3-1〉 물리공간, 전자공간, 제 3공간의 특성 비교

구 분	물리공간	전자공간	제 3공간
공간 원소	원자(ATOMS)	비트(bit)	원자(ATOMS) + 비트(bit)
공간 지각	만질 수 있음 (tangible)	만질 수 없는 공간 (intangible)	만지지 않아도 알 수 있는 공간
공간 형식	유클리드 공간, 실제적인 현실	논리적 공간, 컴퓨터상에서 가상적임(virtual)	지능적 공간, 지능적으로 증강된 현실(Intellectually augmented reality)
공간 구성	토지 + 사물	인터넷+웹	유비쿼터스 네트워크 + 지능화된 환경, 사물
공간 위상	주소/번지수	고정 IPv4	모바일 IPv6
가능 형성	공간에 사물이 심어짐 (things embedded in space)	컴퓨터에 가상사물이 심어짐(things embedded in computer)	컴퓨터가 사물에 심어짐 (computer embedded in things)
컴퓨터 활용	메인프레임(many person one computer)	PC(one person, one computer)	Ubiquitous-Pervasive-Disposable 컴퓨팅(one person, many computer)
공간 접속	only one access by oneself	Some access/by agents	Ubiquitous access/without oneself
기반 네트워크	도로망, 철도망	PC와 PC를 연결하는 인터넷	사물과 사물을 연결하는 인터넷
공간 개발 기술	토목, 건축	IT(컴퓨터+통신+방송) 융합	IT+BT+NT 융합
공간 경제 원리	규모와 집적 원리	네트워크 외부성 원리	공명성과 공진화 원리
산업 경제	유형의 1, 2, 3차 산업 (부동산, 제조, 서비스)	무형의 디지털 세계(ISP, 포털, 사이버 뱅킹 등)	모든 환경, 사물의 창조, 이동을 식별, 감식, 주적, 최적화하는 전 방위 공간 비즈니스, 산업
발전 과제	기간산업 육성과 지역 간 격차 해소	네트워크 기반과 이용자 확산, 디지털 격차 해소	모든 네트워크간 통합과 컴퓨터의 저가격화, 전자, 물리공간 사이의 기능연계 재배치
발전 정책	국토 종합 개발 계획	cyber Korea, e-Korea	전자, 물리공간 통합 U-Korea 종합발전계획
추진 시기	1972년부터 현재까지	1999년부터 2002년까지	2003년 이후

3.3 유비쿼터스 공간

1) 유비쿼터스 사회

유비쿼터스화된 생활공간은 언제, 어디서든 네트워크로부터 자신이 필요로 하는 정보를 얻을 수 있는 환경으로 정의할 수 있다. 유비쿼터스 생활공간 속에서는 환경과 사물들의 상태변화에 대한 정보를 개개인의 욕구에 맞게 실시간으로 획득하고 환경과 사물 스스로 사람에게 필요한 정보를 고지하거나 상황에 적절한 조치를 취할 수 있다. 즉, 도로 · 다리 · 터널 · 빌딩 · 건물벽 · 천장 · 화분 · 냉장고 · 구두 · 시계 · 종이 · 물컵 · 책상 등 도시공간을 구성하는 수많은 환경과 대상물 속에 보이지 않는 컴퓨터를 심는 것이다. 또 모든 사물과 대상은 지능화되고 전자공간에 연결되어 서로 정보를 주고받는 유비쿼터스 공간(Ubiquitous space)이 만들어진다.

그리고 언제, 어디서나 제한없는 접속(Ubiquitous access)이 이뤄진다. 이와 같이 유비쿼터스 사회를 앞당기기 위해 통신업계에서 보여지는 움직임은 유선망과 융합된 무선서비스를 들 수 있다.

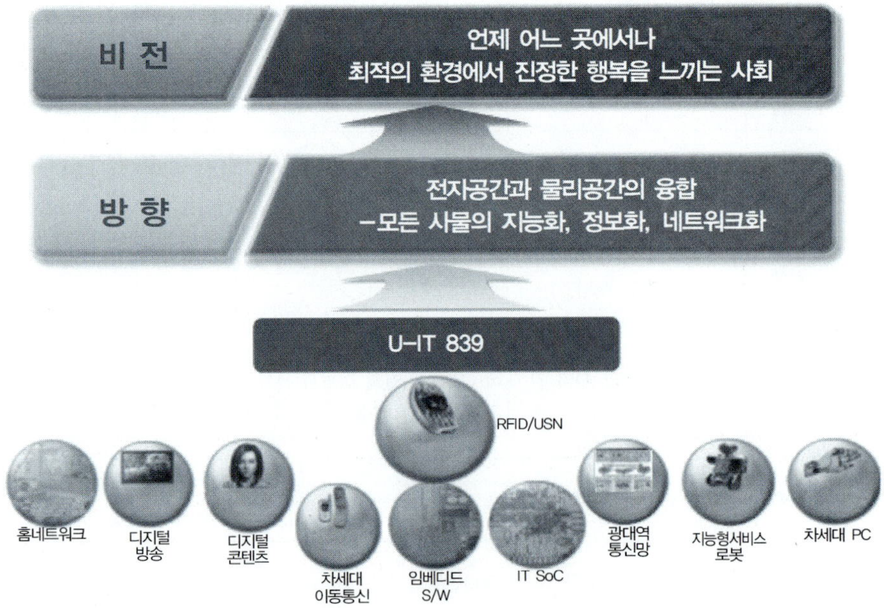

[그림 3-3] 유비쿼터스 사회

첨단 사무실의 각종 정보 기기들은 수많은 선으로 연결되어 있으나, 21세기 IT의 화두는 어떻게 복잡한 선들을 잘라버리고 무선의 시대로 넘어갈 수 있을 것인가에 집중되었다.

2) 유비쿼터스 컴퓨팅의 개념

유비쿼터스는 21세기 IT산업을 주도하는 핵심 키워드임에 분명하다. 세계 각국 정부들, 민간기업들, 연구소, 대학 등은 유비쿼터스 정보기술을 선점하기 위해 연구개발에 몰두하고 있다. 유비쿼터스(ubiquitous)란 용어의 사전적 의미는 라틴어 어원으로 물이나 공기처럼 시공을 초월해 '언제, 어디서나(anytime, anywhere) 동시에 존재한다'는 의미이다.

유비쿼터스 컴퓨팅은 유비쿼터스(Ubiquitous)와 컴퓨팅(Computing)이 결합된 단어로 '언제 어디서든 어떤 기기를 통해서도 컴퓨팅할 수 있는 것'을 의미한다.

유비쿼터스 환경은 언제, 어디서나 네트워크에서 접속할 수 있다는 뜻으로 우리가 살고 있는 주변환경과 물체 안에 컴퓨팅과 네트워킹 기능을 포함시켜 사물과 공간, 인간, 정보가 하나로 통합되어 효과적인 정보교환 및 활용을 가능하게 하는 기술 또는 환경을 의미한다. 이러한 유비쿼터스 컴퓨팅 환경의 구축은 유·무선 네트워크 접속기능을 갖춘 컴퓨터뿐만 아니라 네트워크와 교신능력을 가진 초소형 센서칩을 TV·냉장고·전자레인지 등 가전기기, 자동차, 진열대 등 모든 기기·사물에 내장해 각종 정보를 송·수신하여 생활을 보다 편리하게 해준다.

마크 와이저(Mark Weiser) 이후 관련 정보기술이 발전하면서 유비쿼터스 정보기술이라는 개념은 여러 방면에서 사용되어 온 동시에 의미도 조금씩 변화·확장되어 왔다. 처음 유비쿼터스 정보기술을 제창했던 마크 와이저(Mark Weiser)의 유비쿼터스 정보기술 개념은 우리가 생활하고 있는 물리적인 공간에 컴퓨팅 정보기술이 내재되어 있는 것을 의미하였다.

그러나 최근에는 이러한 유비쿼터스의 개념이 더욱 기술적으로 고도화되고 활용가능성이 높은 새로운 개념을 포함하는 확대된 의미로 사용되고 있다. 최근 휴대전화가 폭발적으로 보급되면서 휴대전화를 중심으로 하는 모바일 단말기에 컴퓨터 칩을 집어넣어서 '어디에서든' 사용할 수 있게 되면 이것도 유비쿼터스 영역에 포함되었다. 미래의 유비쿼터스 IT는 언제, 어디서나의 수준을 뛰어넘어 '무엇이든' 할 수 있는 기회를 제공할 것이다. 즉 초기의 유비쿼터스 개념은 단순히 물리공간에 편재된 컴퓨팅과 네트워킹을 상상했으나, 이후 모바일 컴퓨팅의 개념으로, 그리고 무한한 기회창출 가능성으로 그 영역이 확대되고 있다.

3) 유비쿼터스 컴퓨팅의 특성

유비쿼터스 컴퓨팅의 특징은 어떤 영역을 강조하는가에 따라 조금씩 차이가 있다. 마크 와이저(Mark Weiser)는 유비쿼터스 컴퓨팅의 특징으로

첫째, 다수의 작고 값싼 특수기능의 수많은 컴퓨터가 네트워크를 통해 언제나 연결되어 상호작용하고,

둘째, 이러한 컴퓨터들은 사용자의 눈에 보이지 않게 우리 생활 속에 파고들어야 하며, 셋째, 실제 생활 현장 어디에서나 컴퓨터 사용이 가능해야 하고,

넷째, 인간화된 인터페이스로서 조용하고 묵묵히 이용자를 지원해야 함을 지적하고 있다.

다른 학자들의 표현하는 유비쿼터스 컴퓨터의 특징으로서 네트워크에 연결되지 않은 컴퓨터는 유비쿼터스 컴퓨팅이 아니고, 인간화된 인터페이스로서 눈에 보이지 않아야 하며, 가상공간이 아닌 현실 세계에서의 어디서나 컴퓨터 사용이 가능해야 하고, 사용자의 상황(장소, ID, 장치, 시간, 온도, 명암, 날씨 등)에 따라 서비스는 변해야 한다고 한다.

유비쿼터스 컴퓨팅의 개념적 구성요소로서 편재성(pervasive), 기능성(embeded), 일체성(wearable), 자발성(silent), 경제성(disposable), 이동성(nomadic), 인간성(exotic), 지각성(sentient) 등을 들고 있다.

유비쿼터스 컴퓨팅의 또 다른 관점에서의 특징으로서 분산화로 모든 사물에 컴퓨터가 이식되어 사용자의 위치에 상관없이 빠르고, 효과적으로 별다른 노력없이 정보의 교환과 검색이 가능하고, 다양화로 특정 목적을 위한 특정 그룹 사용자의 요구사항에 컴퓨터는 물론 정보기기가 최적화된 성능, 가격, 기능 등을 제공하며, 간결성으로 스마트 디바이스의 활용과 연계에 의해 이전과 비교할 수 없을 정도로 다양한 인터페이스의 등장으로 사용자에게 편리하고 논리적이며 직관적인 인터페이스를 제공하고, 연결성으로 다양한 정보기기가 경계와 단절 없이 유·무선 통신망을 통하여 각

종 정보를 교환한다.

기존의 IT와 유비쿼터스 IT의 특징을 비교해 보면 〈표 3-2〉와 같이 정리할 수 있다.

〈표 3-2〉 유비쿼터스 IT 특성

구 분	정보화시대(기존 IT)	유비쿼터스 시대(U-IT)
처리대상	정보/지식	사물
목표	정보/지식의 유통 · 공유	기능 최적화
주요 분야	정보/지식관리	공간(환경/사물) 관리
핵심기술	인터넷 네트워크	센서, Mobile
경제원리	네트워크/지식기반 경제	공간 시너지 경제
사용자	기존 사용자 중심	원격사용자 지향
정부제공 서비스	one-stop, seamless 서비스	보이지 않는 실시간 맞춤 서비스
기업 관련 활동	거래(지불) 정보화	생산, 유통, 재고관리 전분야 무인화
개인이 추구하는 서비스	표준화된 서비스	지능형 서비스

유비쿼터스 컴퓨팅의 특징들 중에서 실제 생활에 적용할 때 중요시 될 수 있는 4가지 특성, 즉 인간중심적 컴퓨팅 환경, 사물들의 네트워킹, 사물의 지능화, 자율성 등 기능에 초점을 두고 있다.

첫째, 유비쿼터스 정보기술을 실제 적용할 때에는 인간중심적 컴퓨팅이 되어야 한다. 유비쿼터스 컴퓨팅의 궁극적인 모습은 상호 연결된 수많은 컴퓨터가 우리의 생활 주위에 편재되어 있지만, 결코 사용자를 귀찮게 하거나 불편하게 하지 않고 조용히 사용자가 자신을 이용해 주기를 기다리는 컴퓨팅 환경(calm & silent technology)이다. 인간이 컴퓨터의 존재를 인식하지 않으면서도 컴퓨터를 사용할 수 있도록 자연스럽게 주변상황에 파고들게 만드는 기술을 강조하고 있는 인간중심으로 유비쿼터스 기술개발이 이루어져야 한다.

둘째, 유비쿼터스 컴퓨팅은 물리공간의 모든 컴퓨터뿐만 아니라 컴퓨팅 기능이 내재된 모든 사물들이 서로 연결(connected)된 네트워킹(networking)이 되어야 한다.

유비쿼터스 네트워크 기반구조는 유무선 사이에 단절없는 통신망이 실현되고, 점조직과도 같은 무선망에 의해서 누구든지 언제 어디서나 네크워크에 접속된 단말기기를 사용하여 네트워크로부터 필요한 정보를 얻을 수 있는 등 우리 주변환경에 내재되어 모든 사물 및 사람이 보이지 않는 네트워크로 연결된 새로운 공간을 의미한다. 이러한 네트워킹을 위해서는 근거리에서 주변환경을 감지하는 센서(sensor) 기술의 발전이 필연적으로 요구된다.

셋째, 유비쿼터스 컴퓨팅은 특정한 기능이 내재된 컴퓨터가 환경과 사물에 심어짐으로써(embedded computing) 우리 주변의 모든 환경이나 사물 그 자체가 지능화될 필요가 있다. 유비쿼터스 컴퓨팅은 사물의 일부로서 사물 속에 내재화된 칩(chips)과 같은 작은 컴퓨터들은 주변공간의 상황을 인식할 수 있게 되며, 공간 속에서 주변 환경과 사물들의 변화를 어느 정도 떨어진 거리에서까지 지각 · 감시 · 추적(sensing, monitoring, tracking)할 수 있게 되는 환경이다. 사람들의 의도적인 조작이 없이도 정보접속이 가능하며, 사물 속에 내재되어 숨어있는 컴퓨터들과의 연결은 우리가 의식할 수 없을 정도로 조용하고 지능화되어야 한다.

넷째, 유비쿼터스 컴퓨팅은 장소에 구애받지 않아야 하며, 자연스럽게 존재해야 하며, 스스로 판단할 수 있는 자율성을 가져야한다. 특히 사람과 사물, 사물과 사물간 상호 연결되고 상황을 능동적으로 인지하고 반응하는 등 자율성과 지능성을 극대화하는 것에 초점을 두고 있다. 단순히 빠른 컴퓨터보다는 사람이 일일이 개입하지 않아도 스스로 알아서 일을 처리하고 인간이 감지하지 못했던 세세한 부분의 정보까지 획득하는 똑똑한 컴퓨팅 환경이 구현되어야 한다.

유비쿼터스 컴퓨팅은 크게 6단계를 거치며 발전하고 있다.

① 자동차, 전자 기기 등에 임베디드 프로세서인 MPU에 임베디드화하는 단계
② 기기의 지능화, 휴대폰 PDA, N/PC 등 휴대폰 정보 기기의 보급이 확대되는 단계
③ 모바일 단말기를 지나 면도기, 의류 등 일상생활용품에 센서 등을 임베디드화하는 단계
④ 컴퓨팅 기기를 이용하여 휴대의 부담감을 해소한 착용형 소자 단계
⑤ 생활공간에서 센서 및 컴퓨팅 기기가 내재화된 환경의 임베디드화 단계
⑥ 환경+사물+인간의 유기적이고 매듭이 없는 네트워크를 구성하는 단계로 유비쿼터스 컴퓨팅 환경으로 발전할 전망이다.

현재는 제 2단계에 해당한다.

유비쿼터스 컴퓨팅의 미래 모습은 정보가 자유롭게 흘러 다니고 인간과 사물 모두 살아있는 인터페이스의 주체가 되어 지금까지는 상상만 했던 생활이 우리에게 다가

올 것이다. 따라서 우리 주변 곳곳에 있는 모든 것이 유비쿼터스 네트워크로 연결될 것이다. '유비쿼터스 컴퓨팅의 아버지'라고 할 수 있는 마크 와이저 박사는 유비쿼터스 컴퓨팅의 특징에 대해 '모든 컴퓨터는 네트워크에 연결되고, 인간화된 인터페이스로서 눈에 보이지 않는다.'라고 설명했다. 그리고 마크 와이저는 미래의 컴퓨팅 환경이 2005년에서 2020년 사이에 본격적으로 '유비쿼터스 컴퓨팅'으로 일반화될 것으로 추정했다. 그의 말대로 이제 막 유비쿼터스 컴퓨팅의 세상이 열리고 있는 것이다.

4) 유비쿼터스 컴퓨팅 전략

유비쿼터스 컴퓨팅 혁명은 새로운 지식정보국가 건설과 자국의 정보산업 경쟁력 강화를 위한 중심 패러다임이라는 인식 하에 미국, 일본, 유럽의 정부, 기업, 주요 연구소들이 유비쿼터스 컴퓨팅 기술을 개발하고 있다.

여기서는 각 국의 유비쿼터스 컴퓨팅 기술개발 방향과 전략을 비교하여 살펴보기 위하여 유비쿼터스 컴퓨팅에 대한 미국, 일본, 유럽의 전략을 요약하면 〈표 3-3〉과 같다.

〈표 3-3〉 미국, 일본, 유럽의 유비쿼터스 컴퓨팅화 전략 비교

	미 국	일 본	유 럽
추진시기	1991년	2001년	2001년
추진주체	정부기관(DARPA, NIST)과 대기업 자금지원에 의한 민간주도(주요 대학과 첨단 IT 기업들)	정부주도에 의한 산 · 학 · 관 연합체	EU 주도에 의한 유럽국가간 협력
추진방향	유비쿼터스 컴퓨팅 기술과 응용 개발(HCI 기술과 표준 개발을 핵심요소로 인식)	마이크로 기술에 의한 유비쿼터스 네트워크 기술 개발	유비쿼터스 컴퓨팅 기술과 응용 개발
주 프로젝트	Smart Dust, CoolTown, Easy Living, Smart Tag, Oxygen, Things That Think	유비쿼터스 네트워크 기술의 장래전망에 관한 조사연구회	Smart its, Paper++, Grocer 등 16개 독립 프로젝트
주요 수행기관	Xerox, HP, MS, IBM, UC Berkeley, Univ. of Washington, MIT Media Lab.	NTT, NTT 도코모, NTT 텔레컴, 소니, NEC, 미쓰비시 전기, 마쓰시다 전기,	스위스 ETH, 독일 TecO, 핀란드 국립기술연구소

5) IPv6 보급 확산

차세대인터넷은 21세기 국가경쟁력을 좌우하는 핵심 인프라로서 인식되고 있으며 우리나라도 IT기반의 확대를 위하여 국가차원에서 전략적인 차세대인터넷 고도화를 추진할 필요성을 느끼고 광대역통합망(BcN)의 구축을 추진하고 있다.

우리나라는 인터넷 이용인구가 2,861만명에 이르고 초고속인터넷 가입가구가 1,100만을 넘어서는 등 인터넷 이용이 보편화되고 서비스 고도화에 대한 수요가 급증하고 있으나, 인터넷의 급격한 확산과 BcN 구축과 맞물려 2006년경부터는 현 인터넷주소(IPv4)의 고갈이라는 새로운 문제가 예견된다.

이에 정부는 인터넷주소의 부족문제를 근본적으로 해결하고 인터넷망의 고도화, 인터넷산업의 육성 및 인터넷 이용환경의 개선을 도모하고자 IPv6 보급 · 확산을 촉진하고 있다.

그 일환으로 2001년 2월 '인터넷 신 주소체계(IPv6) 도입을 통한 차세대인터넷 기반구축 계획'을 발표하고, 세부 실행계획으로 'IPv6 보급 · 촉진 계획'을 수립하였다.

IPv6의 주요 특징을 살펴보면, IPv6는 IETF가 '98년에 표준화한 128비트 주소의 차세대 인터넷 프로토콜로써 현재 사용하고 있는 IPv4의 주소길이(32비트)에서 4배가 확장되었다.

32비트 IPv4주소는 약 43억(232)개의 주소 생성이 가능하나 비효율적인 할당으로 현재 유효한 주소개수는 5~6억 개에 불과하며 무선인터넷, 정보가전 등의 신규 IP주소 수요가 증가하면서 주소 부족문제가 대두되었다.

〈표 3-4〉 IPv4와 IPv6 비교

구 분	IPv4	IPv6
주소길이	32비트	128비트
주소개수	약 43억개	약 3.4×10^{38}개 (거의 무한대)
품질제어	품질 보장이 곤란 (QoS 일부지원)	등급별, 서비스별로 패킷을 구분할 수 있어 품질 보장이 용이
보안기능	IPsec 프로토콜 별도설치	확장기능에서 기본으로 제공
자동네트워킹	곤란	있음 (Auto configuration 가능)
이동성지원	곤란(비효율적)	용이(효율적)

〈표 3-5〉 IPv6의 역할

구 분	IPv6의 역할
음성 · 데이터의 통합	VoIPv6를 활용한 유선전화 수준의 음성서비스 제공
유 · 무선 통합	모바일(Mobile) IP기술을 적용하여 유 · 무선 통합 IP망 구성
통신 · 방송 융합	멀티캐스팅(Multi-casting) 등을 활용하여 고품질의 주문형 양방향 인터넷방송 서비스 제공

〈표 3-6〉 IPv6의 특징

구 분	IPv6의 특징
새로운 기술 (New Technology)	· 무한 주소공간(Indefinite Addresses) · Built-in 보안(IP Security) 및 향상된 서비스품질(QoS) 제공 · 이동성(Mobile IP) 보장 및 자동네트워킹(Auto-configuration)
새로운 서비스 (New Service)	· 쉽고 편리하고 안전한 서비스(Easy and Safe Service) · 언제 어디서나 자유로운 통신서비스(Remote Mobile Access) · 유 · 무선 통합형 멀티미디어 서비스(Mulitimedia Service)
새로운 비즈니스 (New Business)	· 유 · 무선기반 다양한 멀티미디어 비즈니스(Various Multimedia Business) · P2P, 분산형 게임, 자동차 응용, 공장자동화 응용 등에 다양하게 적용
새로운 시장 (New Market)	· 고품질 콘텐츠 시장(New Contents) · 홈네트워크 및 정보가전 활성화(New Appliance) · 유 · 무선 통합형 Post PC형 단말기 분야(New Equipment)

그러나 128비트 IPv6주소는 약 3.4×10^{38}개의 주소를 생성할 수 있어 유비쿼터스 환경에서 필요한 충분한 주소자원을 제공할 수 있다.

IPv6가 가지고 있는 또 다른 주요한 특징은 기존 인터넷보다 보안성(Security)이 뛰어나고, 이동성(Mobility)을 지원하며 품질(QoS)에 대한 보증이 가능하다는 것이다.

IPv6의 보급 · 확산은 신기술을 지원하며, 새로운 서비스와 비즈니스 모델이 개발되고, 이를 활용한 새로운 시장을 창출되어 국민의 편익을 증진시킴에 따라 유비쿼터스 환경에서의 u-Life 형성에 기여할 것이다.

IPv6 보급 촉진을 통하여 차세대인터넷 산업과 서비스를 육성함으로써 인터넷 소비국에서 생산 강국으로 도약하는 것을 목표로 한다. 이를 위해

첫째, 특화된 분야를 선택하여 집중 개발함으로써 국내외 시장에서 경쟁력 있는

통신장비와 단말기를 개발하고,

둘째, BcN, 휴대인터넷, 디지털 가전 보급 등 유관사업과 연계를 추진하며

셋째, 정부, 공공기관 및 연구분야에 선도적으로 보급하여 초기시장을 조성,

넷째, 정부, 산업체, 연구계획 및 사용자와의 협력체계를 강화를 핵심 전략으로 세우고 있다.

IPv6 시대가 본격 도래하기에 앞서, IPv6 장비 구현을 위한 핵심기술을 확보하여 순수 국산장비로 IPv6 차세대인터넷 환경을 구축하고, 이를 바탕으로 해외 시장에서의 경쟁력 확보해야 한다.

관련 핵심 기술로는 민관 합동의 IPv4/IPv6 연동 기술 및 IPv6 서비스 기술, IPv6 차세대 라우터 개발 기술, BcN 고기능 IPv6 네트워킹 기술 등이 있다.

3.4 유비쿼터스의 개발 현황

1) 유비쿼터스 국내외 동향

(1) 미 국

자국의 정보산업 경쟁력 유지를 위해서 1991년부터 컴퓨팅 실현을 위한 활발한 연구개발을 추진하며 일상생활 공간과 컴퓨터간의 자연스러운 통합이 가능한 HCI(Human Computer Interface)기술과 표준 개발을 핵심요소로 인식하고 있다.

유비쿼터스 컴퓨팅의 주요 하드웨어, 네트워크, 소프트웨어 기술은 민간 기업체가 주도적으로 개발하고 있으며, 이를 기반으로 국방, 의료, 산업, 가정 그리고 사무실 등 사회 전반에 적용하는 프로젝트가 추진되고 있다.

그리고 장기적으로 초고속급 네트워킹 기술을 확보하여 고성능 컴퓨팅과 초고속 네트워크 간 컨버전스 기술 분야에서도 세계적 리더십 확보를 지향하고 있으며 전광통신 기술(All-Optical Networking)을 기반으로 무선·이동망 등을 언제, 어디서나 연결할 수 있는 하이브리드(Hybrid) 통신기술, 수십억 개의 임베디드화된 센서를 연결하기 위한 네트워크 기술, 그리고 신뢰성과 안전성을 제고하기 위한 각종 기술개발 등을 추진하고 있다.

(2) 일 본

우선 미국이나 유럽과 달리 국가 차원에서 정책으로 추진하고 있다는 점이 다르다. 미국 등에 비해 정보기술 분야에서 늦은 일본은 국가 차원의 정보기술 전략 추진을 법제화하여 정보기술 최첨단 국가로 진입하기 위한 전략을 수립해 나가고 있다.

일본의 정보기술 프로젝트 추진 예로서 동경대 트론(TRON : The Realtime Operating system Nucleus) 프로젝트로 '어디에서나 컴퓨팅(Computing Everywhere)'이라는 구성을 가지고 차세대 컴퓨팅을 구현하고자 시작하였으며 이는 기기에 내장하여 사용하는 내장 컴퓨터의 기본기술을 개발하는 시스템 프로젝트와 내장 컴퓨터의 미래 응용분야를 연구하는 응용 프로젝트로 크게 두 부분으로 나누어 진행되었다.

이 프로젝트의 궁극적 목표는 안전하고, 편리하고, 잘 작동하고, 인간의 생산성을 향상시켜 주는 광범위한 기능을 수행할 수 있도록 모든 컴퓨터들이 서로 연결된 편리한 생활과 작업공간을 개발하는 것이다.

(3) 유 럽

유럽의 유비쿼터스 관련 기술 개발 연구는 유럽연합이 중심이 되어 국가 프로젝트와 EU프로젝트가 연계되어 추진되고 있다.

유럽의 유비쿼터스 컴퓨팅 프로젝트는 정보기술을 일상사물과 환경 속에 통합하여 인간의 생활을 지원하고 개선하는데 주력하고 있다. 즉, 우리가 생활 속에서 흔히 사용하는 각종 사물에 센서, 구동기, 프로세서 등을 내장하여 사물의 고유 기능에 정보처리 및 네트워킹 기능이 증진된 정보 인공물을 개발하고 정보 인공물 상호간의 지능적이고 자율적인 감지와 무선통신을 통해 새로운 가능성과 가치를 창출하여 궁극적으로는 인간의 일상 활동을 지원하고 향상시킬 수 있는 환경을 구축하는 것이다. 이를 위해 일상 사물에 스마트한 기능을 내장하는 도구 및 방법의 개발, 일상 사물들간의 상호작용에 대한 새로운 기능과 용도 연구, 인간 생활이 스마트 사물 환경에 밀착되고 조화롭게 생활할 수 있는 방안 등이 연구되고 있다.

(4) 한 국

IT839 전략을 기반으로 광대역통합망(BcN), u-센서 네트워크 구축, 인터넷 신주소체계(IPv6)보급, 9대 IT성장 동력 개발 그리고 산업자원부의 지능형 홈 산업 발전전략, 과학기술부의 유비쿼터스 컴퓨팅 및 네트워킹 원천기술 개발사업 등을 중심으로 추진하고 있다.

2) 유비쿼터스의 응용 현황

(1) 유비쿼터스 헬스 케어

유비쿼터스 헬스 케어는 생활공간 곳곳에 의료서비스와 관련된 칩과 센서를 심음으로써 언제 어디서나 자연스럽게 의료서비스를 제공할 수 있다. 건강진단이나 질병관리, 응급관리, 의사와의 만남 등 그동안 병원에서만 이루어지던 의료 행위들이 유비쿼터스 헬스케어를 통해 자연스럽게 우리 일상생활 안으로 들어오는 것이다.

화장실 문에 심어진 센서나 카메라를 통해 건강상태에 관한 정보를 PDA로 제공받을 수 있다. 건강에 이상이 있으면 즉시 집에 가보라고 한다거나 투약시간에 약을 먹으라는 등의 필요한 행위를 제안해주는 서비스도 가능하다. 더 나아가 비상시 센서나 홈 로봇이 직접 119를 부르거나 주치의에게 연락해 원격진료를 받고 구급약을 투약하는 것도 충분히 상상할 수 있다.

유비쿼터스 헬스 케어 시대에는 질병관리도 새로운 형태로 이뤄진다. 기존에는 환자가 예약하고 병원 의사를 찾아가 진료를 받았지만 유비쿼터스 시대에는 의사가 환자를 찾아가고 u환자 모니터링이나 관리프로그램이 병원의 역할을 대신하기도 한다.

유비쿼터스 헬스 케어를 구현하려면 자신도 알지 못하게 건강상태를 측정하고 관리하는 무구속 · 무자각 생체계측기술의 개발이 필수적이다. 인간의 움직임과 생체변화를 감지할 수 있는 각종 센서는 다양한 경로를 통해 건강이나 약물투약 상태 등에 대한 데이터베이스를 구축한다. 그리고 수집되는 생체정보는 환자 본인은 물론 주치의에게 통보돼 상황에 따른 조치를 취할 수 있도록 해준다.

유비쿼터스 헬스 케어를 통해 우리는 시간과 공간의 제약 없이 주치의와 만난다. 병원은 더 이상 병에 걸려야만 가는 곳이 아니다. 1년에 한 번 받던 건강검진도 1년 내내 받을 수 있다. 유비쿼터스 혁명을 통해 의료서비스가 생활공간으로 조용히 스며드는 것이다.

(2) 스마트 타이어

타이어는 차량의 성능을 좌우하는 중요한 요소 중 하나다.

보통 사람들은 자동차의 신발인 타이어에 상대적으로 무관심하지만 자동차에서 유일하게 지표면과 접촉하는 타이어는 그 어떤 첨단 차량부품보다 운전자의 안전에 핵심적인 역할을 한다. 도로에서 타이어가 미끄러지거나 갑자기 펑크가 나면 제아무리 비싼 고급차라도 조종능력을 상실하고 치명적인 대형사고의 위험에 노출된다.

이처럼 타이어는 운전자의 생명과 직결되는 핵심요소지만 100년 전 공기가 들어간 차량용 타이어를 고안한 이래 타이어의 기본구조는 '질긴 고무풍선' 수준에서 그다지 진보하지 못했다. 이 '고무풍선'은 바람(공기압)이 빠지면 곧잘 터지거나 쉽게 미끄러져 각종 교통사고의 원인이 되지만 보통 사람들은 여간해서 이런 위험을 잘 눈치 채지 못한다.

이처럼 보수적인 차량용 타이어 분야에 최근 획기적인 기술혁명이 일어나고 있다. 능동적으로 위험을 감지하고 운전자의 안전을 보장하는 똑똑한 타이어, 일명 스마트 타이어가 상용화단계에 들어간 것이다.

스마트 타이어란 한마디로 고무 타이어에 각종 안전센서를 장착해 운전자에게 위험상황을 경고하는 기능까지 수행하는 미래형 타이어다. 실제로 주행 중인 타이어가 펑크가 나기 전에 타이어 공기압 정보를 운전자에게 알려주거나 노면조건을 감지하고 타이어 외부형태까지 바꾸는 꿈의 타이어 개발이 한창이다.

(3) 디지털 홈 프로젝트

홈 네트워킹을 기반으로 한 디지털 홈은 IT의 생활화 단계를 뛰어 넘어 유비쿼터스 IT환경의 확산으로 언제, 어디서나, 어떤 기기로도 원하는 미디어를 사용할 수 있는 형태로 발전하고 있다.

음성, 영상 및 데이터가 통합되어 실시간으로 어디에서나 네트워크 서비스가 가능한 서비스로 인간의 오감에 의한 정보를 받아들이고 처리할 수 있는 생체정보처리 서비스 구현된다.

① 편리한 가정

원격교육, 재택근무, 원격검침, 원격제어 등 그동안 영화 속에서나 볼 수 있었던 미래의 생활모습이 실제로 가능해진다.

외부에서 휴대폰을 통해 언제나 집안 내의 가전, 조명기기 등을 통합·관리할 수 있다. 또한 여기에 음성인식 기능이 추가되면 노인, 어린이, 장애인 등도 디지털 공간에 용이하게 발을 들여 놓을 수 있다.

② 즐거운 가정

선 없는 깔끔한 무선 통신 환경을 구축하여 집안 어디에서나 디지털 콘텐츠를 편리하게 공유할 수 있으며 고품질의 음향을 위한 홈 씨어터도 즐길 수 있다. 그리고 무선으로 프린트가 가능한 사무실 환경도 만들어 준다.

③ 안전한 가정

방범, 방재 등도 디지털 기기가 알아서 처리한다. 실시간으로 무인 감시와 녹화 시스템이 구축되어 외출 후 집안에 이상한 움직임이 포착되면 곧바로 관련 동영상을 사무실 컴퓨터나 휴대폰으로 보내준다. 이용자는 집안 상황을 원격지에서 파악하고 침입자임이 확인되면 단축키 하나로 인근 경찰서에 신고할 수 있다. 또 가스 누출 시 가스 탐지기가 탐지하여 자동으로 밸브를 잠그고 누출 사실을 가까운 관리 사무실에 자동으로 신고되어 대형 사고를 막을 수 있게 된다.

④ 윤택한 가정

디지털 홈이 구현되면 모든 경제활동을 안전하게 집안에서 처리할 수 있다. 은행은 물론 백화점에 갈 일도 크게 줄어들 전망이다. 홈쇼핑의 경우 브로드밴드 통신을 통해 상담원과 얼굴을 보고 대화하며 상품의 동영상을 직접 살펴본 뒤 구입할 수 있게 된다.

(4) 유비쿼터스 로봇의 출현

대중의 상상 속에서 미래 지능형 로봇이란 어김없이 두 발로 걸어 다니고 주인이 시키는 대로 척척 힘든 가사 일을 도와주는 하인과 같은 존재다. 집집마다 로봇하인을 부리면서 귀족처럼 편한 삶을 누리는 세상. 하지만 이처럼 즐거운 공상에는 치명적인 결함이 있다.

사람들이 로봇기술의 진보만 기다리는 동안 로봇을 둘러싼 기술 환경, 유비쿼터스 컴퓨팅이란 거대한 흐름이 밀려들면서 미래 로봇세상의 지형도가 전혀 다른 모습으로 바뀌고 있기 때문이다.

일상의 사물에도 지능과 네트워크 기능을 부여하는 유비쿼터스 환경이 점차 가시화되면서 첨단 로봇산업도 중요한 전환기를 맞고 있다. 주거공간의 컴퓨터 및 센서망과 연동해서 언제 어디서나 주인을 위해 일을 할 수 있는 유비쿼터스 로봇의 개념이 현실로 드러나고 있기 때문이다.

사람들은 그동안 가사 일을 도울 정도로 똑똑한 인간형 로봇이란 혼자서 주변상황을 인지하고 판단하며 기동성을 가져야 하고 당연히 복잡한 기계부품으로 꽉 들어찬 최첨단 제품이 될 것이라고 상상해왔다. 그러나 로봇에게 필수적인 인공지능과 감각기능을 로봇을 둘러싼 주변 환경 속에 분산시킬 수 있다면 굳이 값비싸고 덩치 큰 로봇가정부를 만들 필요가 없어진다. 소파와 옷장, 현관문까지 지능을 갖는 유비쿼터스 주거 환경 속에서 전통적인 가정용 로봇은 그저 주변 물건들이 시키는 명령을 최종적으로 수행하는 작업용 단말기(work terminal)에 불과하다.

이제 로봇은 네트워크를 통해 주변의 상황변화를 능동적으로 인식하고 자기의 임무를 알아서 처리할 수 있다. 유비쿼터스 세상에서 로봇이란 주인의 지시만 수동적으로 따르는 기계노예가 아니라 주인이 믿고 일을 맡길 수 있는 대리인(agent)의 단계로 진화하는 것이다.

또 유비쿼터스 환경은 로봇에게 무한한 이동의 자유를 부여한다. 유비쿼터스 로봇시스템의 두뇌역할을 해당하는 인공지능 생명체는 우리 주변을 둘러싼 유무선 네트워크를 통해 어디든 옮겨 다니면서 현장의 정보를 수집하고 작업단말기들을 마음대로 움직일 수 있다.

(5) 유비쿼터스 유통

유비쿼터스 유통의 개념은 유통의 인식에 걸리는 시간과 인력을 대폭 감소시키고, 물류의 신속성, 자동추적, 보안 등을 가능하게 하여 진정한 실시간 자동화 유통을 실현할 것으로 기대된다. 그뿐만 아니라 물품의 구입에서 결재까지 원스톱 쇼핑이 가능해져 소비자 편익의 측면에서도 큰 발전을 이룰 것이다.

'수확에서 식탁까지.' 언제 어디서나 필요한 물품을 빠르고 편리하게 거래하는 '유비쿼터스 유통' 시대가 성큼 다가왔다.

산지와 소비자를 최단시간으로 연결하는 유비쿼터스 유통은 유통시스템의 통합과 물류체계의 첨단화, 그리고 상품 바이어의 능력 등 삼박자가 맞아떨어졌을 때 가능하다. 또 모든 상품에 칩이 들어가고, 모든 통신기기에 ID가 채택돼 실시간으로 상품정보를 습득하고 이용할 수 있어야 한다. 이를 통해 유통비용 절감과 수익향상, 그리고 신선한 상품 구입이라는 유통산업의 궁극적인 목표가 실현된다.

실제로 E할인점은 최근 한국형 할인점 시스템의 특성을 집대성한 원스톱 운용체계 'e투데이(e-today) 시스템'을 개발, 가동에 들어갔다. 사이버 공간을 통해 고객과 협력

회사(산지), 그리고 이마트를 실시간으로 연결해 고객이 필요로 하는 모든 상품(식품, 비식품 포함)을 최적 · 최단시간에 제공하는 '1일 유통망' 시대를 여는 것이 이 시스템의 목표다.

또한 E할인점은 유통업계 최초로 '전자서명제도'를 전국 52개 모든 점포에 도입, 유비쿼터스 쇼핑을 구현하기 시작했다. 전자서명제는 신용카드 계산 시 출력 영수증에 개인이 서명하는 기존 방식이 아니라, 별도로 마련된 전자사인 패드에 전자펜으로 서명하는 방식이다. 따라서 계산 대기시간이 단축되고 전자 서명 시 계산원 모니터에도 서명이 동시에 나타나 부정카드 사용도 막을 수 있다.

유비쿼터스 쇼핑

유비쿼터스 시대가 오면 물건을 구입하고 소비하는 방식도 달라진다.

바쁜 아침시간, 맞벌이 부부들은 초등학생 자녀의 수업준비물을 책가방에 부착된 태그를 통해 파악한다. 그래서 곧바로 가까운 문방구에 접속해 전자화폐로 계산한 후 아이에게 문방구에서 직접 준비물을 챙겨갈 것을 알려준다.

일반 주부들도 쇼핑에 앞서 스마트냉장고가 자신의 단말기에 전달한 부족한 식료품 목록과 필요한 양부터 먼저 파악한다. 유치원에 다니는 아이의 언어학습용 장난감 로봇도 내부에 장착된 음성인식 부품이 고장났다는 정보를 보낸다. 주부는 수집한 쇼핑목록을 백화점 고객센터로 전송한 후 직접 자동차를 몰고 회원으로 등록한 백화점으로 향한다.

백화점으로 가는 도중 텔레매틱스 단말기로부터 교통사고로 인한 도로정체가 있으니 우회도로를 이용할 것을 조언 받는다. 우회도로에서는 길거리에 새로 생긴 채소가게가 강원도 무공해 농산물을 팔고 있다는 정보를 지역공동체 네트워크로부터 수신한다.

백화점에 도착하면 무선(RFID-태그)인식기가 부착된 쇼핑카트를 이용해 상품의 원산지 · 가격 · 보존기한 · 조리방법 등을 알아낸다. 자신이 선호하는 같은 종류의 다른 상품이 어디에 진열됐는지는 물론이고 상품정보까지 파악한 후 구매여부를 최종 결정한다. 쇼핑카트에 상품을 담는 순간 자동으로 결제가 이뤄져 계산대에 줄을 서서 기다릴 필요도 없다.

(6) u캠퍼스

학교 캠퍼스의 유비쿼터스화를 구현하는 것으로, 유비쿼터스 정보기술을 각종 학교 시설물과 교육매체에 접목함으로써 전체 시설물이 네트워크로 연결되어 지능화된 캠퍼스를 구현하는 것이다.

학회 행사 참석차 교수실을 비운 K교수는 지난주 리포트를 제출하지 않은 학생이 방금 자신의 연구실에 다녀갔다는 사실을 휴대폰으로 확인한다. 학생이 연구실에 부착된 컬러코드(color code)에 리포트를 늦게 제출해 죄송하다는 사과와 함께 오후에 다시 방문하겠다는 동영상 메시지를 남긴 것. 메시지를 확인한 K교수는 학회 행사가 오후 늦게까지 계속되므로 내일 다시 방문하라는 e메일을 학생에게 보낸다.

Y대학교가 오픈한 '유비쿼터스 캠퍼스(u-campus)'는 사람(people), 공간(place), 사물(thing)이 결합된 새로운 개념의 정보서비스다. u캠퍼스 내에서는 PC · 노트북 · 휴대폰 · PDA 등 어떤 단말기로도 정보를 수집하고 제공받을 수 있다. 특히 u캠퍼스는 사용자의 취향과 위치정보, 환경 등을 스스로 인지하고 특정 공간의 특정 물건에 따른 맞춤형 서비스를 제공한다.

u캠퍼스 구현을 위해 Y대는 교수별로 메시지 코드를 할당하고 학교 건물이나 강의실은 물론 개인 명함에까지 수십만 개의 이미지센서(컬러 코드)를 부착했다. 정보시스템 인프라는 기존 모바일 캠퍼스의 유무선 인터넷 환경과 데이터베이스(DB) 서버가 그대로 활용되고 u캠퍼스 구현을 위한 플랫폼도 대학 내에 설치된다. 따라서 교수 · 교직원 · 학생 등은 카메라가 내장된 휴대폰이나 PDA, 노트북에 별도의 코드 인식 소프트웨어만 설치하면 된다.

학교 도서관과 게시판의 이미지코드를 활용한 u이벤트(event)나 u도서관(library) 서비스는 빼놓을 수 없는 u캠퍼스의 장점이다. 학생회관 게시판에서 가수 보아(BoA)의 콘서트 포스터에 부착된 컬러코드는 콘서트에 대한 상세한 정보와 함께 콘서트 맛보기, 공연 예약 및 취소 등 다양한 서비스를 제공한다. 또 학교 도서관내 소장도서에 부착된 이미지코드를 활용하면 신간추천 정보나 대출상황은 물론 원하는 도서의 위치정보까지 확인할 수 있다.

유비쿼터스 교육

산업화시대의 학생들은 도서관과 교실을 찾아다니며 공부했다. 정보시대에는 인터넷을 통해 학습정보를 얻었다. 그러나 미래 유비쿼터스 시대에는 학습정보가 학생들을 스스로 찾아다니게 된다.

학생들이 언제 어디에서나 어떤 내용이건 상관없이, 어떤 단말기로도 학습할 수 있는 교육환경을 조성함으로써 더욱 창의적이고 학습자 중심적인 교육과정을 실현하는 것이 유비쿼터스 교육의 목표다. 유비쿼터스 교육환경은 획일적이거나 강제적이지 않다. 학생들은 각자의 개별화된 욕구에 따라 학습한다. 이 같은 학습 환경에서 부모와 교사들 간의 상호작용도 자연스럽고 편안하게 이뤄진다.

학습자가 사용하는 컴퓨터는 더 이상 책상에 고정돼 있지 않다. 인터페이스나 휴대도 편리하다. 이를 통해 컴퓨터는 학습자와 친밀한 상호작용을 돕는 학습 에이전트(learning agent)의 역할을 수행한다. 학습공간도 학교와 교실에 제한되지 않는다. 모든 실제 공간이 학습공간이 된다. 센서나 칩 형태로 컴퓨터가 심어진 지능화된 사물도 학습에 도움을 주고 학생들은 휴대하고 있는 학습 단말기를 통해서도 학습정보를 제공받는다.

(7) 유비쿼터스 도서관(u-Library)

u-도서관은 도서 및 시설물에 RFID 시스템을 구비함으로써 24시간 대출과 반납이 가능한 무인 시스템을 구축하는 것으로, 도서자료 분실의 차단 및 도서의 빠른 재배치 등으로 자료 관리의 효율성과 고객만족도를 제고시킬 수 있다.

우리나라 첫 유비쿼터스 도서관으로 기록될 은평구립도서관에서 책을 빌려보면 우선 은평 도서관내 도서실에 들어가 맘에 드는 책을 고른다. 입구에 마련된 현금지급기처럼 생긴 기계에 빌린 책을 가져다 댄다. 그리고 그냥 나오기만 하면 된다. 반납할 때 역시 같은 방식이다. 대출·반납 전 과정에서 도서관 직원과 한 번도 얼굴을 마주할 필요가 없다. 이를 실현시켜준 컴퓨팅은 바로 RFID(Radio Frequency Identification)다.

은평 도서관은 책에 RFID를 부착하고 이를 읽는 리더(해독기)를 통해 전체 도서관리 환경을 유비쿼터스화 했다. 반면 바코드는 판독 거리가 매우 짧고 판독 시 바코드가 인쇄된 면을 수작업으로 맞춰야하는 불편함이 있다. RFID는 이런 바코드의 불편함을 해소했다.

우선 이용자의 입장에선 도서의 대출 및 반납에 소요되는 대기 시간이 최소화되는 등 편의성이 증가된다. 그러나 이보다 도서관 사서의 역할 변화가 더욱 주목된다. 사서는 본래 도서관 이용자에 대한 자료 검색, 참고 봉사, 정확한 자료 선정 등이 주된 업무여야 한다. 그러나 실제로는 도서의 대출 및 반납 업무, 장서 점검(재고관리) 등 단순 반복 작업에 대부분의 시간을 할애하고 있는 것이 현실이다. 유비쿼터스 도서관은 사서를 본연의 업무에 충실할 수 있는 환경을 제공해준다.

국립중앙도서관은 전국 각 도서관을 연결하는 도서관 정보전산망의 운영 안정화, 전국 도서관 소장 자료의 국가자료 종합목록 데이터베이스 구축과 온라인 운영체제 정착, 그리고 국민이 인터넷을 통해 전국 도서관의 소장 자료를 손쉽게 찾아볼 수 있는 체제를 구축하기 위해 도서관 정보전산망을 구축하고 있다.

(8) 유비쿼터스 아파트

유비쿼터스 아파트(Ubiquitous Apartment)는 인터넷과 가전이 융합돼 TV로 전자상거래를 하고 인터넷으로 가스 밸브를 잠그는 신 개념 주거 환경이다. 가전기기 등 주변 사물이 스스로 주관을 갖고 움직이는 게 아니라 철저히 집주인의 의지를 반영해 맞춤형 환경을 구성한다.

실제로 S통신사는 고객이 소지한 휴대폰을 이용해 현관문이나 가스밸브가 잠겨있는지를 확인하고 원격으로 제어하며 불법 침입이나 가스누출 등 비상사태가 발생할 경우 이동전화단말기로 자동 통보해주는 네이트 홈 케어(NATE homecare) 서비스를 제공중이다.

(9) 유비쿼터스 교통

무선통신을 이용해 차량과 센터를 연결하여 차량 운행중 요구되는 각종 정보와 서비스를 제공하는 기술이다.

위치정보와 무선통신망을 이용하여 자동차 운전자에게 교통안내 및 긴급구난 정보를 제공하고, 동승자에게 인터넷, 영화, 게임 등의 정보 서비스를 제공한다.

(10) 유비쿼터스 농축수산

이것은 농축수산물의 생산에서 유통 및 소비에 이르는 단계별 정보를 체계적으로 통합 관리한다. 기존에 개별적으로 운영되던 각종 정보 업무를 통합해 공동 이용할 수 있도록 개별 단위 시스템간의 정보를 연계하고 통합·관리하는 것으로 정보를 데이터베이스화하여 신속하고 정확한 정보 활용이 가능하도록 한다.

(11) 응용산업

① 전력산업

전력산업은 언제 어디서나 어떤 장치를 가지고도 각종 전력설비나 기기 등에 탑재된 컴퓨터를 통해 실시간 정보를 인식해야 한다. 이에 대한 사업으로는 최근 전력계통에서 보호·감시·미터링·진단 등에 가장 많이 사용되기 시작한 'IED(Intelligent Electric Device)'로 유비쿼터스 환경에 가장 접근해 있다. 고주파인식시스템(RFID) 기술 및 지능형 기술을 소프트웨어와 결합하여 홈 네트워크 분야의 가전 기기, 에너지, 조명, 방범방재, PC 등과 어우러진 정보통신 분야와 기술간 융합을 통하여 유비쿼터스 환경으로 진화되고 있다.

② 위치기반 서비스(LBS)

LBS(Location Based Service)는 휴대폰 속의 칩을 이용해 가입자들의 위치를 반경 수십 센터에서 수십 미터 내에서 언제든지 확인할 수 있도록 해주며 사용자가 원하는 각종 정보를 개인화된 환경에서 서비스가 가능하도록 해준다. 서비스 방식에 따라 이동통신기지국을 이용하는 것과 위성을 활용한 GPS(Global Positioning Service)로 구분되며, 서비스 유형별로 위치추적 서비스, 공공안전 서비스, 위치기반정보 서비스 등으로 분류된다.

③ U 헬스 케어

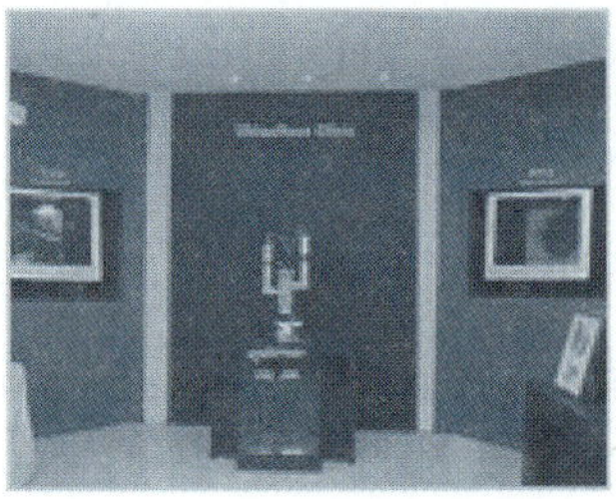

집안 곳곳에 있는 각종 센서를 통해 가족의 건강상태나 변화를 감지할 수 있는 센서와 기기가 설치되고 이를 통해 수집되는 각종 생체정보는 의료연구센터 내 중앙서버에 실시간으로 전송돼 건강상태를 점검하는 데이터베이스로 활용된다. 이와 같은 병원을 방문해 고정된 기기로 검사를 받아야 하는 현행 진단체계의 근본적인 변화와 함께 주변 생활 곳곳에 각종 의료용 칩과 센서를 부착하여 언제 어디서나 자연스럽게 의료서비스를 제공하는 유비쿼터스 헬스 케어 시대를 앞당기고 있다.

④ 스마트 타이어

스마트 타이어란 기존 고무 타이어에 각종 안전센서를 장착해 운전자의 위험상황을 경고하는 기능까지 수행하는 미래형 타이어로 실제 주행중인 타이어가 펑크가 나기 전에 타이어 공기압 정보를 운전자에게 알려주거나 노면조건을 감지하고 타이어 외부 형태까지 바꾸는 꿈의 자동차 타이어다.

⑤ 스마트 디스플레이

무선 랜이 장착된 터치스크린 형태의 화면은 한마디로 서버(PC)와 단말기(모니터) 간의 각종 입출력 정보를 무선 네트워크로 연결해 주는 역할로 집안에서 가전제품의 연결선(wire) 없이 집안 어디서나 인터넷을 즐기며 정보가전제품을 제어할 수 있는 쉽고 편안한 유비쿼터스 컴퓨팅 시대를 가능하게 해준다. 스마트 디스플레이는 사무공간의 유비쿼터스화에도 적용되어 사무실에서 장소를 이동하며 작업을 하거나 PC를 직접 들고 다니기 곤란할 때, 프린트할 때 등 언제 어디서나 자유로운 업무환경을 제공해준다.

⑥ UFID 프로젝트

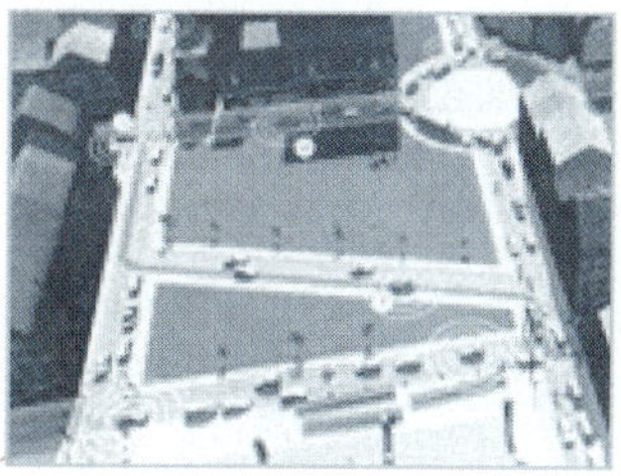

건물, 문화재, 도로, 교량, 하천, 호수 해안 등 인공 및 자연 지형지물에 부여될 전자식별자(UFID : Unique Feature Identifier)는 쉽게 말해 사람의 주민등록번호와 동일한 개념으로 지형지물 관리기관별로 관리해온 데이터베이스에 UFID를 주 검색기로 사용함으로써 국가기반시설물들을 통합 관리할 수 있게 한다. 따라서 UFID 활용체계가 구축되면 항목, 위치, 행정구역, 지도, 관리기관 등 개별 식별자만으로도 원하는 종류의 각종 속성정보를 검색하고 출력할 수 있다. 또한, 개별 관리되는 데이터베이스에 동일 지형지물의 정보를 중복 입력하지 않게 되므로 정보의 일관성을 유지하고 정보 수집 및 입력 시 중복 투자도 막을 수 있다.

⑦ FM라디오기반 데이터 방송

보통 라디오방송국에서 사용하는 FM주파수에는 다른 방송국들과 혼선을 막기 위해 음성정보가 실리지 않는 여분의 주파수 대역이 존재하는데 마이크로소프트사는 이 남은 FM주파수 대역을 이용해 초당 12Kbps로 데이터를 전송하는 '스폿(SPOT : Smart Personal Object Technology)' 이란 기술개발로 일상생활에서 필요한 뉴스, 날씨, 교통, 주식 및 기타 개인정보 등의 문자 메시지를 실시

간으로 받아볼 수 있도록 하였다. 현재 전국토의 80%를 서비스 영역으로 언제, 어디서나 온라인에 쉽게 접속하는 유비쿼터스 시대를 본격 구현하고 있다.

⑧ BMS 프로젝트

버스종합사령실(BMS : Bus Management System)은 위치측정시스템(GPS)과 무선송수신기를 장착하고 자신의 운행위치 및 상태와 배차간격, 도착 예정시간이 실시간으로 제공되며 원하는 목적지까지의 소요시간과 노선정보 등의 각종 정보를 스스로 수·발신하는 유비쿼터스 컴퓨팅 환경이다. 서울시는 버스사령실(BMS) 운영을 통해 편리하고 이용하기 쉬운 버스 운행 체계를 도입함으로써 버스 운행 관리·감독의 과학화를 실현하고 자가용 운전자의 교통 수요를 대중교통으로의 흡수효과 기대 및 특히 시내 도심지와 동북부지역의 교통난 해소에 큰 도움이 되고 있다.

⑨ 홈 네트워킹

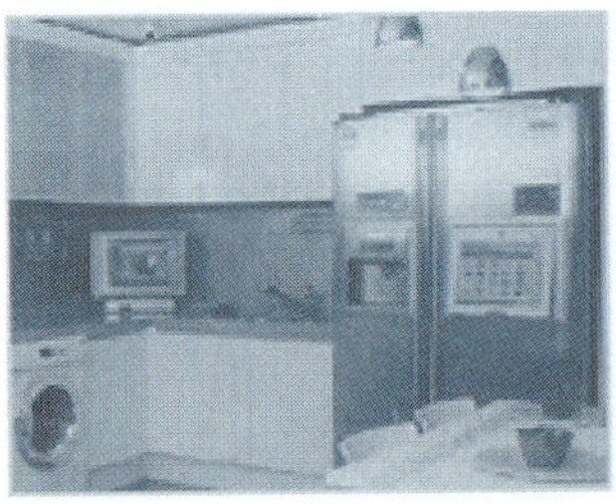

컴퓨터 칩의 소형화에 따라 급속히 전개되고 있는 디지털 컨버전스 홈네트워킹 혁명으로 조만간 구현될 디지털 홈은 정보기기와 통신기술의 급속한 발전에 따라 가정은 물론 교통·사회 인프라·전자상거래 등과 연계되는 미래 인텔리전트 사회의 도래까지도 예상케 하고 있다. 디지털 컨버전스 홈 네트워크가 발전한 미래의 모습은 '사물이 지능을 갖춤에 따라 인간과 인터페이스하고 교감하면서 인간의 생활을 더욱 윤택하게 해줄 수 있다'라고 하는 유비쿼터스 컴퓨팅의 전 단계라고 말한다.

⑩ 차세대 네트워크(NGN) 프로젝트

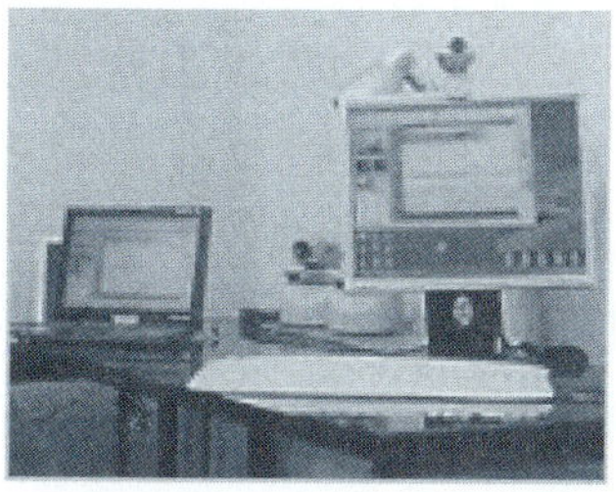

NGN(Next Generation Network)은 전화망(PSTN), 인터넷, ATM, FR, 전용망, 무선망 등의 서로 다른 망을 하나의 공통된 망으로 구조를 단순화해서 음성과 데이터를 통합한 다양한 멀티미디어 서비스를 통합적으로 제공할 수 있는 차세대 통신 네트워크를 말한다. NGN 환경에서는 사용자의 편의에 따라 어떤 단말기로 통신을 시도하더라도 콘텐츠와 전자기기들의 사용이 가능하며 초고속 광대역으로 통신을 할 수도 있다.

⑪ 스마트 웨어

스마트 웨어는 IT, BT, NT, ET 등 신기술을 결합해 전통적 섬유나 의복의 개념을 벗어난 새로운 개념의 미래형 의류를 말한다. 선진국에서는 이미 웨어러블 컴퓨터, 스마트 섬유, 스마트 패션 등 다양한 형태의 스마트 웨어(Smart wear) 관련 연구들이 가시화되고 있는데 스마트 웨어를 입으면 굳이 컴퓨터 앞이 아니더라도 언제, 어디서나 네트워크에 접속해 원하는 작업 처리가 가능한 네트워크의 중심이 됩니다. 스마트 웨어는 21세기에 들어 기술혁신과 전 산업분야에서의 기술융합이 가져온 대표적 산물로 미래 유비쿼터스 시대의 통신 주체이자 섬유, 패션 산업지도를 한순간에 바꿀 기폭제로 다가오고 있다.

⑫ 유비쿼터스 근무(u-Work)

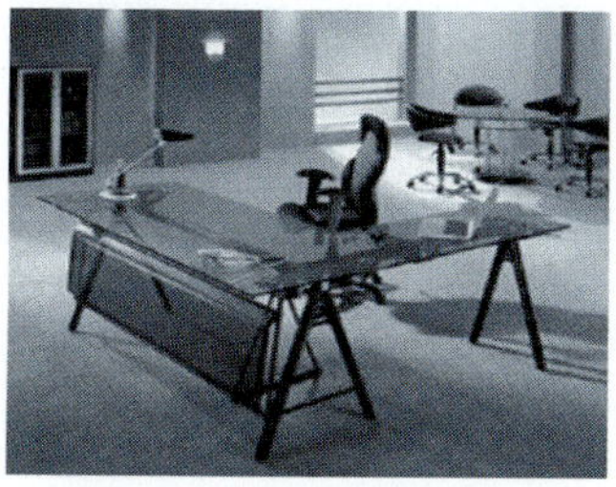

u-work는 유비쿼터스 환경 하에서 근로자가 언제 어디서나 다양한 정보통신 기술을 활용하여 업무를 수행할 수 있는 근로형태를 의미한다. u-work는 다른 u-분야와 접목하여 향후 노동시장뿐만 아니라 경제, 사회적으로 많은 변화를 가져올 것으로 예측되며 그 효과는 근로자, 기업, 사회의 3측면에서 나타난다.

⑬ 유비쿼터스 아동보육(u-childcare)

u-childcare는 정보통신기술을 활용하여 아동보육 및 복지 서비스를 이용할 수 있도록 하는 것을 말한다. 여성의 사회참여 증가 및 핵가족화의 심화 등으로 가족구조가 변화되어 자녀양육 문제는 사회와 국가적 차원에서 해결해야 할 주요 현안으로 대두되고 있다. 이에 정보화를 통한 아동보육문제의 효과적인 해결 수단으로 여성인력의 사회참여 확대를 통한 지식기반사회 견고화 및 아동의 삶의 질 제고에 기여할 것이다.

⑭ 유비쿼터스 교육(u-Education)

유비쿼터스 정보기술의 발전 및 정보인프라의 구축, 인터넷을 통한 커뮤니티의 활성화, 교육 콘텐츠의 다양화 등 지식정보화 사회의 환경 변화는 기존의 e-러닝보다 교육 범위의 확대를 가져왔다. 즉, 새로운 교육환경을 창조하고, 컴퓨터, 학교, 학생, 학부모, 교사들 간의 관계를 재정립하는 미래의 교육시스템인 유비쿼터스 교육시대를 열었다. u-교육은 기존의 e-러닝뿐만 아니라 u-캠퍼스, u-교육학습 시스템을 포함한 다양한 인간개발 프로그램(평생교육, 인성교육, 직무교육)을 포함하는 의미이다.

⑮ 유비쿼터스 박물관(u-Museum)

박물관의 유물과 건축물에 RFID칩을 부착하고 관람객들에게는 박물관 유물들에 대한 정보를 제공해 줄 수 있는 모바일 기기를 보급하여 다양한 정보 제공과 체험식 박물관 관람이 이루어질 수 있도록 하는 것이다. u-박물관의 구현은 관람객들에게 보다 양질의 문화향유 기회를 보장할 수 있으며 유물의 체계적인 보존 관리도 가능할 것이다.

⑯ 유비쿼터스 여가활동(u-Recreation)

u-여가활동은 u-관광, u-게임, u-스포츠 등을 포함하는 복합적인 의미이다. u-관광은 고궁, 건축물, 거리 등 유·무형의 역사물에 RFID 칩을 설치하여 휴대폰, PDA 등 모바일 단말기가 자동인식하게 함으로써 해당 역사물의 안내와 디스플레이 서비스가 이루어지게 하여 국민들의 여행과 여가활동이 원활히 이루어질 수 있도록 하는 것이다. u-게임은 시공간적 제약을 극복한 현실감 있는 입체형 게임을 즐길 수 있도록 하는 것이고, u-스포츠는 개개인의 기호와 건강 상태에 적합한 스포츠 활동이 이루어질 수 있도록 하는 것이다.

제4장

유비쿼터스 핵심기술

4.1 유비쿼터스 핵심기술 개요

유비쿼터스의 핵심 기술은 통합된 테크놀로지 환경에서 센서, 인식, 상황인지, 상호 연결, 반응 생성 등의 커뮤니케이션을 통한 디스플레이 기술에 초점이 맞춰져 있다. 그리고 응용기술 같은 경우는 첨단 공학적 기술 이외에도 인지과학이나 심리학과 같은 학문과의 결합이 요구된다.

유비쿼터스 컴퓨팅 또는 유비쿼터스 사회 시스템을 구현하는데 필요한 기반기술 분야를 도출해 보면 다음과 같다. 우선 사물에 내제되어 있는 초소형 기기를 만들기 위한 기반기술로 디바이스 기술이 필요할 것이다. 다음으로 이런 컴퓨팅 기술들이 외부의 변화를 감지하여 정보를 얻기 위해서는 센싱 기술이 필요하다. 이렇게 받은 데이터를 분석하고 판단하기 위해서는 실시간 운영체제(Real Time OS)와 같이 간단한 구조를 가지고 있는 작은 운영체제가 필요하다. 처리된 정보는 인터페이스 기술을 통해 사람에게 인간 친화적이고 지능화된 형태의 디스플레이를 통하여 전달된다. 또한 받은 데이터를 컴퓨터 상호간에 교환하고 실시간으로 변하는 사물들의 위치 정보를 동적으로 연결하기 위해서 네트워크 기술이 필요하다. 이렇게 네트워크를 통하여 정보가 도처에 존재함으로써 기본적으로 보안에 대한 필요성이 커지게 되고, 보안의 취약성을 극복하기 위해서는 생체인식과 같은 인증 기술이 필요하게 된다.

아래에서 유비쿼터스 핵심 기술의 종류를 정리해 보도록 하자.

〈표 4-1〉 유비쿼터스 핵심기술

유비쿼터스 기반기술	세부 기술 내용
인터페이스 기술	차세대 디스플레이, 포스트 PC, 디지털 TV
네트워크 기술	IPv6, Ad-hoC, UWB, QoS, 그리드, 홈네트워킹, USN, 인터넷전화
실시간 OS기술	임베디드 OS
센싱 기술	상황인식, RFID
디바이스 기술	IT SoC, MEMS, 차세대 전지, 지능형 서비스 로봇
보안 기술	생체인식, DRM

유비쿼터스 사회를 구현하기 위한 기술분야로는 디바이스(Device) 기술, 센싱(Sensing) 기술, 실시간 OS(RealTime OS) 기술, 네트워크(Network) 기술, 인터페이스

(Interface) 기술, 보안(Security) 기술, 애플리케이션(Application) 고도화 기술로 크게 7가지 기술분야로 나눌 수 있다.

- 디바이스(Device) 기술분야는 물리적 디바이스를 구성하는 기술분야로써 IT SoC, MEMS, 나노, 차세대 전지와 같은 기술요소가 필요하다.
- 센싱(Sensing) 기술분야는 외부의 변화를 감지하는 유비쿼터스 컴퓨팅의 입력장치에 해당하는 기술분야로써 RFID, 상황인식과 같은 기술요소가 필요하다.
- 실시간 OS(RealTime OS) 기술분야는 센서를 통해 얻은 데이터를 분석하고 판단하는 기술분야로써 임베디드 소프트웨어와 같은 기술요소가 필요하다.
- 네트워크(Network) 기술은 사물간의 의사소통을 위한 기술분야로써 IPv6, Ad-hoc, Bluetooth, UWB, QoS, 그리드와 같은 기술요소가 필요하다.
- 인터페이스(Interface) 기술은 사용자에게 보여주기 위한 기술분야로써 차세대 디스플레이와 같은 기술요소가 필요하다.
- 보안(Security) 기술은 안전한 통신을 위한 기술분야로써 생체인식, DRM과 같은 기술요소가 필요하다.
- 애플리케이션(Application) 고도화 기술분야는 여러 기술요소들이 결합된 기술분야로서 차세대 PC, 휴대인터넷, 지능형 로봇, LBS, VoIP가 해당된다.

4.2 디바이스(Device) 기술

1. IT SoC

컴퓨터통신방송의 융합으로 진전되고 있는 IT 산업에 있어서 각종 시스템이나 기기들이 복합적이며 다양한 기능향상에 따라 단순기능의 ASIC에서 복합 고성능의 SoC로 진화되고 있다. 또한 경박단소화 및 고기능화에 따른 IT 제품의 경쟁력은 핵심 기술이 집약된 SoC 채용여부에 크게 좌우되고 있다. 특히 제품의 적기 출시를 위해서는 SoC 하드웨어가 객체화된 IP를 조합하여 결합하는 형태로 설계방식이 변화하고 있고, 칩에 내장되는 임베디드 소프트웨어의 중요성 또한 크게 부각되고 있다.

전세계적으로 지속되는 경기침체와 더불어 반도체 경기의 회복 속도가 완만하게 진행되는 가운데, 메모리 및 비메모리의 구분없이 새로운 영역으로 등장한 SoC 분야에 있어서 세계 유수의 반도체 경쟁사들의 제품개발과 시장전략이 급속하게 진전되고 있는 실정이다.

인텔이나 Texas Instrument, 퀄컴과 같은 비메모리 분야의 대표주자들은 CPU와 DSP 등의 주력 기술을 내세워 메모리까지 통합한 차세대 모바일 SoC를 잇따라 출시하고 있으며, 부족한 기술력은 대규모 인수 합병이나 강자들간의 기술제휴로 해결하고 있다.

또한 최근 수 년간 IC 설계에 있어서 높은 기술력과 확고한 경제적 베이스를 지닌 대만기업의 SoC 개발분야 참여도 괄목할 만한 성장을 보이고 있다. 민생기기나 인터넷 정보기기 제품용이 주류인 SoC 솔루션은 PC 관련 제품과 비교할 때 아직은 세력이 약하지만 대만기업들은 유연성이 풍부한 SoC 솔루션 개발 프로세스에 많은 경험을 갖고 있다.

발전도상국의 대만 SoC 반도체 산업계에 세계 IP 및 코어 솔루션 벤더로부터의 파트너 요청이 지속되고 있다. 작년에 대만에 오피스를 개설한 미국의 밉스 테크놀러지사는 TSMC, UMC 등의 대만기업과 8개의 라이센스 계약을 체결하였으며, 현재 대만 벤더들에게 가장 대표적인 애플리케이션으로는 무선 LAN과 네트워킹 제품들이 중심이 되고 있다.

그 밖에 싱글칩 솔루션을 저가에 고기능의 DVD 기기용이나 LCD 모니터 애플리케이션용으로 제품화하고 있으며, 박형 TV, 차량 PC용, 포터블 단말용 등이 제안되고 있다.

한편, 국내 반도체 산업계에서도 D램산업에서 쌓아올린 설계, 공정, 재료 기술을 바탕으로 300mm웨이퍼시대를 열었으며, 90nm급 초미세회로공정 기술도 확보해 놓고 있다. 삼성전자는 D램과 플래시메모리 등에서 쌓은 미세회로설계 및 공정기술을 바탕으로 PDA에 적용할 수 있는 모바일용 SoC를 개발, MS사로부터 전략적 제휴 업체로 선정되었으며, LG 전자는 홈네트워크 시대를 미리 예견하고 1990년대 중반부터 디지털 TV용 SoC 개발에 힘을 쏟아 높은 수준의 기술력을 확보하고 있다. 이오넥스 같은 벤처기업에서도 퀄컴에 도전할 3세대 휴대폰용 베이스밴드칩을 내놓고 차세대 단말기 개발을 진행 중이다. 그밖에 LCD구동 드라이버 IC, 카메라폰용 애플리케이션 IC 등은 국내 벤처기업이 개발한 제품으로 우수한 성능을 보이고 있다.

SoC가 ITRS(국제반도체기술로드맵)에서 기술지표로 소개된 이래, 많은 반도체 벤더들에게 있어서 SoC 애플리케이션 개발이 사업의 중핵으로 등장하고 있다.

SLI(System Level Integration)는 SoC에 SW설계까지 포함한 넓은 의미로 사용하고 있으며, 연산엔진(마이크로프로세서 코어, DSP 코어, MPEG 코어, 그래픽 코어 등), 메모리, 로직 등을 하나의 칩에 포함하고 있는 특정 애플리케이션 전용으로 사용되는 IC를 뜻한다. SLI의 두 가지 유형에는 ASIC과 ASSP(Application-Specific Standard Product)가 있다.

SLI/SoC 시장을 주도하는 애플리케이션은 셀룰러 폰 부문으로서 셀룰러 폰 시장이 이처럼 SLI/SoC 기기를 주도하고 있는 것은 최대 볼륨의 애플리케이션이면서 모든 셀룰러 폰에 온 칩 마이크로프로세서 코어와 DSP 코어가 내장되기 때문이다. 그밖의 SLI/SoC 수요처로는 비디오 게임, 스토리지 그리고 셋톱 박스 등이 있다.

SLI/SoC 시장의 절반 이상은 ASSP가 차지하고 있으며, 특히 디지털 셀룰러 폰 부문의 경우 각 세트마다 온 칩 프로세서 코어가 내장되는 특성 때문에 2001년 전체 SLI/SoC 시장의 4분의 1에 가까운 가장 큰 규모를 차지하였는데 2006년에는 이같은 양상이 더욱 두드러질 것으로 예상되고 있으며, IT SoC는 비메모리 반도체의 대표적인 제품으로서, 국내 시장은 IT 시스템 산업 활성화에 의해 연간 20%이상 급성장할 전망이다. 하지만 현재 외산 제품이 80% 이상의 내수 시장을 잠식하고 있으며, 우리나라의 세계 시장 점유율은 2% 수준에 불과한 것으로 보고되고 있다.

우리나라는 관련 핵심 SoC를 수입하여 제품을 조립 생산하는 완제품 위주의 IT 산업구조를 지니고 있다. 그 이유는 SoC를 개발하여 양산에까지 이르는 기업은 세계적으로도 평균 1~2개 정도의 기업에 지나지 않을 정도로 그 개발에는 많은 노력과 위험 부담이 따르기 때문이다. 또한 우리나라에는 현재 100여 개 정도의 SoC 설계전문업체가 활동하고 있으나 대부분 규모가 적은 중소벤처기업으로 시스템업체와의 연계성이 취약한 편이다. 이러한 산업 구조는 장기적으로 IT 제품의 경쟁력 및 부가가치 창출을 제약시키는 요소로 작용할 것으로 예상된다.

2. MEMS

미국의 MEMS(Micro Electro Mechanical Systems) 기술개발 프로그램은 1980년대 중반 미국과학재단(NSF)이 UC Berkeley, Michigan 등 미국 대학의 기초기술개발지

원을 시작으로 하여 NIH, DoD 등의 정부지원 프로그램으로 확대되었다. 미국 정부의 MEMS 프로그램 중에서는 1993년부터 시작된 DARPA의 국방분야 MEMS 프로그램이 최대 규모이며, 국방분야 응용을 목적으로 한 극소형 소자의 기능과 성능 고도화, 그리고 현 기술의 한계 극복과 기술융합을 통한 상승효과를 꾀할 수 있는 핵심요소 개발을 목표로 하고 있다.

유럽에서는 독일, 스위스, 스웨덴, 네덜란드, 프랑스, 영국 등 거의 모든 나라에서 개발연구가 활발히 전개되고 있으며, 이 중 독일과 스위스의 활동이 두드러진다. 유럽에서의 MEMS 기술개발은 1991년 개시된 독일 연방 연구기술부 주도의 MEMS 기술지원 프로그램에 의해 본격적으로 추진되었다.

일본에서는 1991년 시작된 Micromachine Project(1991~2000년, 10년간 250억엔 규모)를 계기로 본격적으로 시작하였다. 이 사업은 통상산업성이 주도가 되어 국가적 차원에서 지원이 이루어지고 있으며, 대부분의 연구개발자금은 MMC(마이크로머신 센터)를 통해 주요 기업체의 기술개발 활동에 집중 투자되고 있다.

국내의 MEMS 기술은 저변이 낮고 연구인력이 부족한 상황이지만, 1980년 후반부터 대학을 중심으로 MEMS 분야의 연구가 개시되어 미국, 일본 및 유럽 등 기술 선진국과의 격차를 좁히고 있다. 1995년부터 선도기술개발 사업을 통해 초소형 정밀 기계기술 개발을 체제적으로 수행하여 기틀을 마련하였으며, 1997년 산업기반기술 사업을 통해 서울대학교 반도체 공동연구소 내에 MTEC(Microsystem TEchnology Center)를 설립하여 국내 산학연 연구자들이 손쉽게 MEMS를 설계 · 제작하고 정보를 공유할 수 있는 장을 마련한 바 있다. 또한 프론티어 연구개발 사업의 일환으로 2000년부터 10년간의 지능형 마이크로시스템 과제를 통해 체내 자율주행 내시경과 극소형 마이크로 PDA 개발에 약 2,000억원의 연구비가 투입되는 등 다양한 국책 프로그램을 통해 MEMS 기술 개발이 활성화되고 있다.

현재 국내에서는 1995년부터 추진해온 초소형 정밀 기계기술개발 사업에 참여한 삼성전자, 메디슨, 삼성전기, 한국전자 및 케피코 등이 잉크젯 헤드, 의료용 내시경, 고집적 HDD, 대면적 디스플레이용 마이크로 반사경, 캠코더용 자이로 센서, 자동차용 압력 센서 등 다수 제품을 개발하여 상용화하였고, 삼성전자, 오리온전기, 동양산전, 한국코어 및 대우전자 등이 실리콘 미세가공을 위한 SOI 및 Isolation 기술, 미세방전 가공기술, 미세가공 접합 및 패키징 기술, 자기변형 박막가공 및 응용기술, 진공 전자소자용 접합기술, 그리고 표면 미세가공 기반기술 등 6개 기술을 개발 완료하였다. 또한 이 사업을 통하여 정보통신 및 의료분야에서 마이크로솔루션스, 엠투엔, 엠플루이딕스, MEMSware 및 아이큐리랩 등 20여 벤처기업의 창업과 이들의 기술기반 구축을 지원한 바 있다.

애플리케이션 분야별로는 승용차, 트럭 및 모터사이클이 포함된 자동차 분야가 2001년 12억 2,340만달러(30.8%), PC와 주변기기가 포함된 컴퓨터 분야가 10억 4,100만달러(26.2%), 그리고 홈 정보단말, 상용 광학기기, 농업, 환경, 에너지, 공장자동화, 중장비, 수송, 인프라, 우주항공 및 국방 등 포괄적인 산업 분야가 10억 890만달러(25.4%)의 매출을 기록하여 3강 구도를 형성하였다. 2006년까지 광섬유망과 무선 핸드셋이 포함된 통신 분야가 124.2%의 복합연평균 성장률을 기록하면서 20억 2,850만달러 규모의 시장으로 급성장하고 의료 분야도 10억달러 이상의 시장 규모를 기록하는 등 전분야에 걸쳐 커다란 시장이 형성될 것으로 보인다.

국내 시장에서는 현재 대기업과 함께 벤처기업이 공동으로 휴대단말기용 고주파부품, 광통신용 부품 및 모듈, 적외선 이미지 센서, 그리고 반도체 검사용 프로브 카드 등을 개발하고 있는 상황이기 때문에 구체적인 국내시장 규모 파악은 시장이 본격적으로 형성되기 전에는 어려울 것으로 보인다.

한편, 2001년 40여 개에 달했던 MEMS 벤처기업은 2002년에 들어와 약 20% 정도가 타업종으로 전환하거나 도산한 것으로 파악되고 있는데, 이러한 현상은 대내외적인 MEMS 기술 산업화가 더디게 진행되면서 국내 벤처기업들이 아직까지 뚜렷한 수익원을 창출하지 못한데다 창업투자회사 등이 단기적으로 자금회수를 할 수 있는 종목으로 투자 정책을 전환하면서 신규 자금유입이 사실상 중단된 것이 크게 작용한 것으로 보인다.

3. 나노 기술

미국에서 눈길을 끄는 연구 현황으로는 양자컴퓨터, 양자연결기술(Quantum Cellular Automata), 나노전기기계소자(NEMS), 결함을 포함하는 연결 소자 및 논리회로, 분산 지능 등이 있다. 이러한 과학 기술은 각각이 나노 과학 기술이 산업화되었을 때 가장 중요한 핵심 기반 기술들이다.

일본이 추진하고 있는 나노과학기술 연구분야 중 강점 분야는 나노 분석 및 조작을 위한 주사 탐침 현미경(STM), 단전자 소자와 같은 나노전자공학, 탄소나노튜브 및 나노 구조체 그리고 나노 분말과 같은 나노소재, 연산나노 과학 등을 꼽을 수 있고, 이미 몇몇 나노 관련 제품을 생산하는 일본기업들은 상당한 시장을 확보하고 있는 상태이다.

유럽도 역시 나노과학기술에 많은 투자를 하고 있으며, 지원의 형태는 유럽 연맹에서 약 2,900만달러 그리고 각 국에서 특성에 맞는 분야를 선택하여 집중적인 지원을 하고 있다. 2000년 유럽 전체의 나노과학기술 분야에 대한 투자액 규모는 1억 8,400만달러 수준이었다.

독일은 에너지, 환경, 정보 및 건강 4대 분야에 연구 개발 초점을 맞추고 있으며, 특히 나노기술을 이용한 장비나 장치 개발에 주력하고 있다. 프랑스는 CNRS를 중심으로, 약 40개의 연구소나 약 20여 개의 화학 관련 연구소에서 나노입자 및 나노구조화 소재에 관한 연구사업을 진행하면서, 집중연구 분야로는 분자전자공학, 반도체 및 나노자성, 촉매, 나노필터 등이며, 특히 지금까지 구축한 생명공학 분야에 나노기술을 접목한 연구 분야에 집중하고 있다.

스위스의 경우는 핵심 주력인 정밀 가공과 의약 산업에 바탕을 둔 나노과학 기술에 주력하고 있다. 반면 영국은 나노과학 기술에만 관련된 개발 투자 사업은 하고 있지 않지만, 최근에 나노 바이오 분야에 약 2,500만달러 정도의 정부 지원금으로 Oxford와 Cambridge 대학을 중심으로 협동 연구 과제를 수행 중에 있다.

우리나라에서도 향후 국가 발전 경쟁력을 확보하기 위해서 중점 개발해야 할 여섯 가지의 기술을 선정하고 이에 대한 지원이 2002년부터 시행되고 있다. 6T중 나노과학기술이 선정되었음은 물론이며, 나노기술 핵심기반 기술개발사업으로 연간 200억원의 연구개발비가 지출되고 있으며, 이외에도 과학기술부와 산업자원부 등이 중심이 되어서 나노입자 제어기술, 초미세 표면과학연구, 극미세 구조기술 개발, 분자과학연구, 테라급 나노소자 개발, 소재, 환경, 공정, 생체과학 소자·시스템, 고기능 나노복합체, 나노 메카트로닉스, 나노 소재 등 대형 국가 연구개발 사업이 현재 진행 중에 있다. 이외에도 창의적 연구진흥사업 및 국가지정연구실의 많은 연구 과제가 나노 과학의 원천기반 기술개발에 박차를 가하고 있다.

나노과학 및 기술이 가져올 시장은 지금까지 보아왔던 닷컴, 텔레콤, 바이오테크놀로지 등의 기술이 가져다준 시장과는 전혀 다른 시장을 형성하게 될 것이다. 이는 나노과학기술이 가지는 전 영역의 핵심기반 기술의 성격이 산업의 기술 및 경제적 구조에 변화를 가져올 수 있기 때문이다. 예를 들면 기존의 전통 산업으로부터 앞에서 언급한 하이테크 산업까지 막대한 영향력을 미치게 될 것이다.

고기능성 신소재 산업, 소형 고속 저소비전력의 전자정보 산업, 그리고 질병 진단과 치료학, 생명공학에 관련된 산업 등에 기술 집약적인 새로운 산업 창출과 인력 시장 구조의 고도화가 예상되며 국내에 나노기술은 전통 산업이라고 여겨지는 구조 재료 산업에 사용되는 나노 복합체이다. 나노 입자나 혹은 나노 fiber가 혼합된 나노 복합체는 높은 강도 대 무게 비와 아울러 기체를 효과적으로 가둘 수 있기 때문에 자동차에 여러 가지 부품으로 사용되고 있다. 이러한 소재 관련 산업의 예는 중소기업 투자자들에게 높은 관심의 대상이 되고 있으며, 나노 기술의 개발로 기존 산업의 부가가치를 높이게 될 전망이다.

4. 차세대 전지

리튬이온 2차전지는 각종 휴대용 정보통신기기(노트북PC, 휴대폰, PDA, IMT-2000 등)와 전지, 전자제품(MP3, 디지털카메라, 캠코더 등)의 고성능, 경량화, 장기연속 사용을 실현시키는 가장 중요한 요소이며, 동 산업의 경쟁력을 좌우하는 핵심부품으로 간주되어, 선진국에서는 공동기술개발 체제를 구성하여 정책적으로 지원 육성하고 있다.

특히 미국과 유럽은 리튬이온전지의 세계시장을 독점하고 있는 일본을 견제하고 향후 2차전지 산업에서 우위확보를 위하여, "리튬이온폴리머전지" 분야에 대한 연구개발을 매우 적극적으로 추진하고 있고 소형보다는 대형 2차전지에 중점을 두고 있다.

중국의 경우는 확인되고 있지는 않지만, 차세대 2차전지를 연구하는 곳만 약 1,000여개 사가 넘는다고 할 정도로 많으며, 정부차원에서 전폭적으로 지원하고 있다.

일본의 경우, 10개사 정도가 리튬이온전지 시장에 참가하였으나 도중에 사업화를 중지, 또는 전략을 전환한 메이커도 있고 사업화마저 할 수 없었던 곳도 있었다. 이러한 곳의 경우, 그 대안으로 '포스트 리튬이온전지'에서 재기를 모색하여 왔고, 리튬이온 전지 시장에서 수익을 올린 회사들 역시 다음 세대의 패권을 유지하기 위해서 '포스트 리튬이온전지'에 대한 연구개발에 매우 적극적이다.

국내는 리튬 2차전지 개발을 위한 기술은 제조기술, 부품소재기술, 생산장비기술로 구분할 수 있는데 국내 제조기술은 1994년도부터 기초연구를 시작하였으며, 2000년에는 LG화학과 삼성SDI가 리튬이온 고분자 2차전지(LIPB) 양산설비를 구축함으로써 양산에 나서 있는 상태이고, SKC는 월 150만셀 규모의 2차전지 생산체제를 구축할 예정이며 로케트전기는 리튬폴리머전지를 월 60만셀 이상 생산할 수 있는 양산체제를 구축하였으며, 제일모직, 금호석유화학, 한국유미코아, 제이스컴, 카보닉스, 한화석유화학 등이 2차전지용 재료 생산시스템을 구축하였다.

생산장비기술은 LIPB의 생산장비는 대부분 고정밀도, 고가의 전용설비들로서, R&D의 막대한 자금과 오랜 개발기간, 그리고 장기간의 Field Test 등 개발 기업의 위험부담 가중으로 개발투자가 지연되었으나 1997년도부터 본격적으로 개발을 시작하여, LIPB용 laminator, 전극용 Mixer & Mill, pouch machine, electrode puncher 등을 개발하였으며, 특히 2차전지 산업의 특성으로 인하여, 일본과 같이 국내에서도 2차전지 관련업체에서 LIPB를 개발하고 있다.

부품, 소재기술은 1997년도까지는 국내시장의 불확실성과 기술적 취약 및 막대한 R&D 경비부담 가중 등으로 상용화 개발투자가 적극적으로 이루어지지 않았으나, 2000년도 LG화학과 삼성 SDI가 양산설비를 도입하고 그 외 2~3개사가 추가로 생산계획을 발표하고 양사가 국산화 개발업체를 발굴하면서 중소기업들의 개발의욕이 고취되어, 현재는 LIPB용 양극재료인 LiCoO2와 LiMn2O4를 비롯하여 전해액, 고분자전해질용 고분자 등 많은 부분에서 개발에 투자하고 있으며, 일부는 생산이 되고 있다.

세계 2차전지 산업은 80년대 이전까지 자동차용 납축전지를 중심으로 발전하여, 1997년 세계 2차전지 시장은 41억달러 규모로 전체 전지시장의 74%를 점유했는데, 이중 리튬이온전지가 전체의 40.8%를 차지하면서 시장 확대를 주도하고 있다.

2차전지 용도별 시장규모는 휴대전화와 노트북 PC가 전체 수요의 90%를 차지하고 있으며, 2000년을 전후로 세계 2차전지 시장은 휴대정보 단말기의 급격한 수요 증가로 일본 기업들이 90%의 점유율을 기록하였으나, 최근 한국과 중국 등 신규 2차전지 업체의 시장진입과 과잉생산, IT경기 위축에 따른 2차전지 수요 부진 등으로 업체간 경쟁이 심화되고 있다.

일본의 IT전문 시장조사기관인 IT연구소 자료에 따르면, 99년 53억달러 규모였던 세계 2차전지 시장은 세계 IT경기 침체와 세계 2차전지 업체간의 가격경쟁에 의한 가격하락으로 2001년에는 45억달러로 축소되었다가 2003년 55억달러 내외로 유지되면서 2차전지 시장은 금액면에서 지난 4년간 침체상태가 지속된 것으로 분석되었는데, 이는 90년 중반 이후 일본기업들이 공격적인 설비 증대와 우리나라 및 중국의 대대적인 생산능력 확대에 따른 공급과잉 구조가 기업간 경쟁 심화와 맞물려 2차전지의 고성능화에 따른 가격 상승 요인에도 불구하고 2차전지의 가격인하를 가져왔기 때문이다. 이에 따라 산요, 소니 MBI 등 세계 2차전지 기업들이 설비증설 확대, 고객 확보 및 생산성 향상 등의 경쟁력 강화 노력에도 불구하고 2001년 대부분의 업체들이 적자를 내는 등 향후 경쟁구도의 전개상황에 따라 세계 2차전지 업계의 생존 경쟁이 더욱 치열해질 것으로 전망된다.

국내 2차전지 산업은 삼성 SDI와 LG화학과 같은 2차전지 셀 제조업체와 부품/소재 및 장비업체 등 30여 개 업체로 구성되어 있는데, 특히 삼성 SDI와 LG화학은 1차전지 생산 경험이 없는 토대에서 리튬계 2차전지 산업에 성공적으로 진입하였으며, 적극적인 투자와 대규모 생산라인 증설을 통하여 생산량 확대와 매출액 증대로 국내 2차전지 산업을 이끌고 있다. 그리고 삼성 SDI와 LG화학은 외형적인 생산량 증가뿐만 아니라 수출 향상과 전지 부품 및 소재 개선을 통하여 원가절감 노력에도 주력하고 있으며, 중대형전지와 연료전지와 같은 차세대 전지개발에도 적극 나설 계획이다.

차세대 2차전지로 각광을 받고 있는 리튬폴리머전지는 현재 국내 업체가 세계 1위인 일본과의 격차를 줄이고 있다. 더불어 삼성 SDI와 LG화학 등 국내 리튬폴리머전지 업체가 연말까지 생산라인을 증설하고 있어서 국내 업체의 월 생산량이 685만 셀로 증가하게 될 것이다. 또한 SK, 코캄엔지니어링 등 후발 업체들도 2004년 상반기까지 100만 셀 이상의 대규모 생산라인 증설을 계획하고 있어서, 소니를 제외하고는 이렇다 할 증설 계획이 없는 일본을 곧 추월할 것으로 전망된다.

국내 리튬폴리머전지 업체가 적극적인 시장 공략을 펼치고 있는 것은 휴대폰 등 모바일 기기가 갈수록 다기능화되면서 배터리 수명이 긴 리튬폴리머전지를 채택하는 사례가 증가하고 있기 때문으로 볼 수 있고, 또한 SK는 2003년 10월말 일본의 소니와 산요를 제치고 미국 국방부의 리튬폴리머전지 공급 업체로 선정되어, 향후 1억달러에 달하는 물량을 수주할 것으로 예상되고 있어, 국내 업체가 생산량뿐만 아니라 제품의 질 측면에서도 일본을 앞지를 것으로 기대된다.

4.3 센싱(Sensing) 기술

지능형 환경 사람의 활동과 명령에 반응하기 위한 감지장치 기술로서, 바이오 칩, MEMS, 비디오 카메라, 트래킹 카메라, 마이크 등의 감지장치들이 있다.

〈표 4-2〉 센서의 종류

검출대상	센서명	소자 및 센서(유닛명)
광	광센서	포토다이오드, PIN포토다이오드, 포토애벌런치 다이오드, 포토트랜지스터, 솔라배터리, CdS 셀, 셀렌, CCD, CPD, CID, 광전관, 포토멀, 촬상관, PSD
자기	자기센서	홀소자, MR소자, 자기헤드(검출 코일형 및 반도체형), 영구자석, MD(마그넷 다이오드), SQUID(초전도양자 간섭장치, 조셉슨 소자) 광파이버(광패러데이 효과를 사용한 자기장 센서), 자침, 인덕토신, 자기 트랜지스터, 자기형 근접스위치(리드 스위치), 자성유체(자기 시트), 전자기 유도형 근접스위치(코일), 자기 파라메트릭 센서, 커런트 트랜스, 자외선
온도(적외선 포함)	온도센서	서미스터(양, 음 특성), 감온저항(백금), 서모커플, 수정진동자, 초전형 적외선 센서, IC화 온도센서, 트랜지스터, 광전관, 다이오드(VBE, VF 이용), 포토다이오드, 포토트랜지스터, SMA(형상기억 합금), 감온 페라이트, 액정, 수은(알코올), 온도계, 양자형 적외선 센서
압력	압력센서	스트레인 게이지(로드셀), 압전소자, 코일 스프링, 판스프링, 가압도전시트(고무), 감압 폴리머(중합체), PD(감압다이오드), IC압력 센서, 다이어프램(박막형 압력센서, 확산형 압력센서), 차동트랜스(토크 트랜스듀서), 토션 바(광학 위상식 및 자기 위상식)
진동(음파포함, 초음파)	진동센서	마이크로폰(전자기식, 압전식), 페라이트, 티탄산바륨, 라믹스(가속도 센서), 다이어프램, 압전소자, 자외선(탄성파), 지진계(진자의 지진동에 대한 상대운동)
기체/냄새	가스센서	세라믹센서, 반도체식 센서, 산화주석, 산화철 센서, 후막구조 세라믹스(습도센서), 기타의 화학반응을 사용한 센서(전해질 셀, 접촉 연소식), 바이오 케미컬 센서, 지르코니아 산소 센서, 백금선, 산화아연

1. RFID(Radio Frequency Identification)

해외에서는 미국, 일본, 유럽 등을 중심으로 전파식별에 대한 기술 개발과 국제 표준화가 오래 전부터 활발히 진행 중이며, 2005년 1월 Wall Mart의 전파식별 기술도입과 독일 Metro Group의 2007년 전파식별 기술도입 등 유통·물류 분야에서의 본격적인 적용이 이루어질 전망이다.

미국은 전 세계 주요 기술의 표준화를 선도하고 있으며 EPC 글로벌에는 TI, 필립스, Intermec, Matrics, Alien 등이 세계표준 경쟁 및 시장 선점 등의 주도권 경쟁을 벌이고 있다. MIT가 주도하는 Auto-ID센터와 일본 기업들이 중심이 된 유비쿼터스 ID센터는 두 진영의 RFID 칩 규격을 동시에 수용하는 공용 단말기 시제품을 출시하기로 하였다. UHF용 전파식별 시스템은 미국의 Intermec사, Matrics사, Alien Technology사 등을 선두로 많은 기업들이 상용화 개발 중이며 특히 Intermec은 세계 최초로 휴대용 단말기를 개발하여 출시한 상태이다.

일본에서는 현재 Hitachi가 전 세계에서 최소형인 2.45GHz의 주파수 대역에서 동작하는 전파식별 뮤칩 태그를 개발한 상태이며, 금년 하반기에 UHF대역 전파식별 태그를 개발할 예정이다. 유비쿼터스 ID센터를 설립하여, 다양한 실증 실험 진행과 병행하여 기반기술과 보급을 목표로 진행 중이며, 일본 유비쿼터스 네트워킹 연구소에서는 최근 멀티밴드(13.56MHz, UHF, 2.45GHz 대역) 휴대용 PDA 단말기를 개발하여 상용화를 진행 중이다. 일본 총무성 주관 하에 2006년 중반까지 세계 최저가(5엔대) 전파식별 태그를 개발 완료하여 전 세계에 보급할 예정으로 개발 추진 중이다.

유럽의 Philips, EM Micro 등에서는 UHF용 전파식별 칩을 출시하고 많은 관련 기업들이 전파식별 단말기 시스템 기술을 개발 진행 중에 있다. 유럽의 경우 ETSI에서 865MHz~868MHz 대역에 유통 · 물류 관리용 전파식별기술을 위한 법제도화를 마련하고 현재 초안이 나온 상태이다.

현재 국내 RFID관련 기술개발은 정부와 국책연구기관을 주도로 추진되고 있는 중에 있다. 연구개발 체계는 국제공동연구를 통해 기술력의 차이를 극복하고 상용화를 위해 산업체와 공동개발을 추진한다는 계획이다.

2. 상황인식

전세계의 상황인식 컴퓨팅 연구의 약 60% 이상을 수행하는 곳은 미국으로 현재 미국 내에서 이 분야를 주도하는 연구그룹은 Berkeley 대학과 MIT가 있다. MIT의 경우, Media Lab내의 Context-Aware Computing 그룹의 Ted Selker 교수를 중심으로 관련 기업 연구소가 공동 참여하여 상황인식의 기반 기술, 응용 기술 등을 대상으로 여러 프로젝트를 수행하고 있다.

한편 다양한 상황인식 응용 연구가 병행하여 추진 중에 있으며, 이 분야의 이해를 돕기 위하여 Georgia 공대에서 수행한 2종류의 상황 인식 프로젝트를 소개하고자 한다.

- 회의 칠판(Meeting Board)([그림 4-1] 및 [그림 4-2] 참조)
- 출입 상황 안내(In/Out Board)([그림 4-3] 참조)

[그림 4-1]의 경우, 사용자는 자신의 ID를 칠판에 인식한 뒤 칠판에 회의 내용을 발표한다. 사용자의 발표 내용은 음성과 그림 형태로 칠판 뒤에 설치된 컴퓨터 시스템에 시간대별로 저장되어 회의 참여자간의 의견 교환과 관련 정보 검색 및 활용에 사용된다.

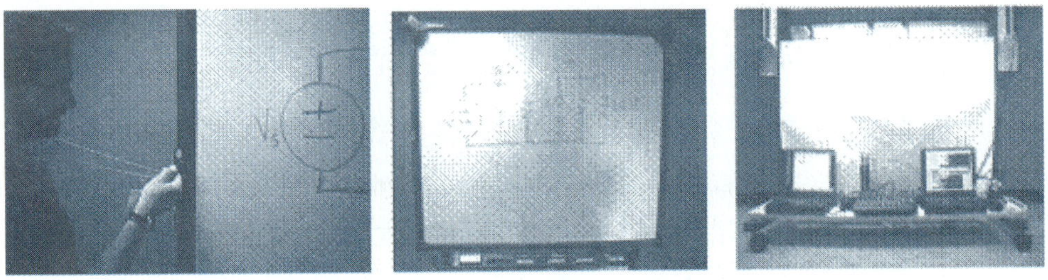

[그림 4-1] 회의 칠판 프로젝트 결과물

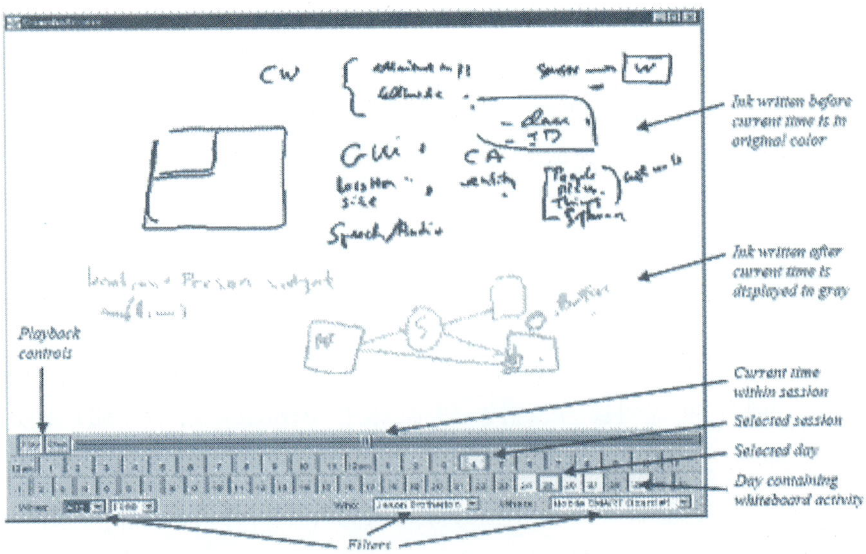

[그림 4-2] 회의 상황에 대한 서비스 화면

[그림 4-2]의 경우, 회의 칠판에서 회의 참가자의 발표 내용 등을 통하여 회의가 진행되고, 이를 실시간 또는 회의 종료 후 사용자 및 참가자들이 회의 내용을 공유하여 활용하는 서비스 화면을 보여준다. 참여자별로 칠판에 그린 그림의 색을 달리하고 발표한 음성을 재생할 수 있는 서비스를 보여준다.

[그림 4-3]의 경우, 사용자 식별 리더기(RFID 또는 IC 카드)를 이용하여 사용자가 특정 공간을 출입할 때 인식기에 사용자의 신원을 확인하도록 하여 사용자의 재실 상황과 부재시 언제부터 부재 중인지를 알 수 있도록 안내 화면에 사용자의 상황을 보여주는 결과 화면이다.

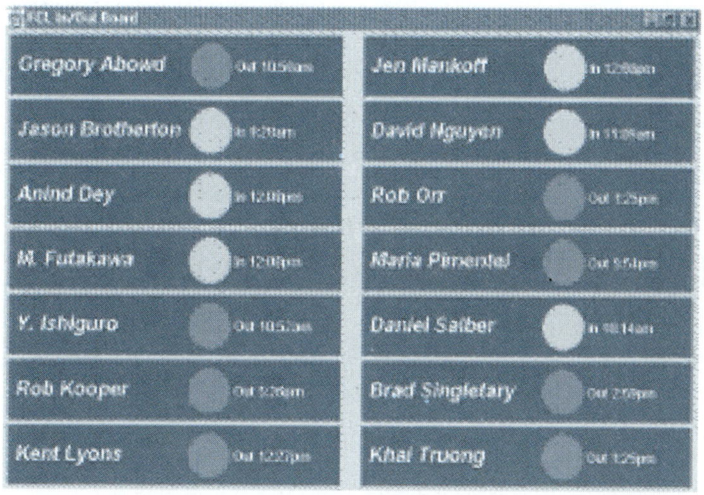

[그림 4-3] 출입 상황 안내 화면

이러한 상황인식 컴퓨팅 기술은 MIT Media Lab의 MiThril 프로젝트에서 비디오 카메라와 컴퓨터, 센싱 시스템이 결합되어 동적으로 실시간 비디오, 오디오 정보를 감지하여 보여주는 상황인식 시스템 및 착용형 컴퓨터 플랫폼 기술을 제안하고 있다.

또한 BodyMedia사는 착용형 컴퓨터를 휴대 의료용 기구로 적용시켜 운동이나 평상시 건강을 모니터링하며 Levis사는 이동단말기나 MP3 플레이어 등을 자켓과 같이 의복에 부착하거나 시계, 귀걸이, 반지 등의 장신구에 컴퓨팅 기능을 내장하여 상황인식을 활용한 건강 관리 기술의 가능성을 보여주고 있다.

독일의 프라운호퍼 기술 연구소(FIT)의 경우, 'Situation Awareness in Motion (SAiMotion)' 프로젝트를 수행 중에 있으며, Context modeling과 이에 연관된 Human-

Computer Interaction을 집중적으로 연구하고 있다. 현재까지의 연구 결과는 'Context Typology'를 도출하여 사용자에게 적응할 수 있는 사용자 적응형의 '상황 기술(Context Description : Contextualisation)' 모델의 초기 버전이며, 이를 지속적으로 보완 중에 있다.

유럽 연합 차원의 FP-6(Framework Program) 내의 '지식 기반 사회의 국민 및 통치 행정' 부문 중 국민을 위한 시스템 및 서비스로 선정된 '건강, 장애자 및 노약자, 행정, 환경 및 교통-관광' 5개 분야에 적용하는 기술 가운데 행정 분야를 제외한 4개 분야에서 수행중인 약 279개 프로젝트의 내용에 Context-Aware 관련 지능 시스템 기술이 포함되어 추진 중에 있다.

국내는 광주과기원에서는 U-VR 연구실 중심으로 유비쿼터스 컴퓨팅 분야 중 사용자 인식 기술과 그 응용 기술에 대한 연구를 진행 중이며, 홈 네트워크 환경에서 사용자 인식을 위한 상황인식 기술을 적용하기 위하여 연구 중에 있다. 성균관대학교에서는 센서 네트워크 기반 모빌 홈 케어 시스템 연구 과제를 학교 내 정보통신공학부, 의과대학 및 (주)올 메디쿠스와 공동 과제로 수행중이며, 이 과제에는 생체 신호 분석, 처리, 전달 관련 기술을 이용, 혈당 합병증 자가 진단을 자택 또는 이동 환경에서 실시간 임상 모니터링 서비스 형태로 제공하는 것을 목표로 연구 중에 있다.

4.4 실시간 OS(RealTime OS) 기술

1. 임베디드 OS

미국, 유럽 및 일본 등 선진국가에서는 미래의 유비쿼터스 사회에 대비하여 임베디드 소프트웨어 기술 개발을 정책적으로 집중 투자하고 있다. 미국의 국가과학기술자문위원회(NTSC)는 Blue21 보고서에서 임베디드 소프트웨어를 21세기 주요 R&D 분야로 지정하여 DARPA 및 NSF 등을 통하여 연구를 추진하고 있는데, NSF에서는 2002년 약 1억 4,000만달러를, DRAPA에서는 2002년 약 1억 7,000만달러를 NEST (Network Embedded Software Technologies) 등 임베디드 소프트웨어 기술개발에 투자하고 있다.

일본에서는 1984년부터 TRON(The Real-time Operating system Nucleus) 협회를 통해 유비쿼터스 사회 건설 실현에 필요한 모든 임베디드 소프트웨어, 도구, 응용기기 및 생활환경을 구성하는 임베디드 시스템의 표준화를 수행하고 있다.

인터넷 기기, 정보가전 기기 등 내장형 시스템의 용도가 다양해짐에 따른 운영체제 기능의 다양화가 요구되고 있고, 전용 RTOS 개발은 퇴조하고 있으며, Windows CE, 임베디드 리눅스와 같은 PC 운영체제 기반의 내장형 운영체제가 시장에 진입하고 있다. VxWorks, pSOS와 같은 전통적인 RTOS도 eNavigator, ZINC, ICEsoft 등의 기술 인수를 통해 인터넷, 그래픽, 자바 솔루션 제공을 위해 노력하고 있으며, PC용 운영체제와 같은 독점 체제를 구축하고 있지 못하며 향후 다양성을 유지할 것으로 예측된다.

최근의 임베디드 소프트웨어 솔루션은 임베디드 OS에 다양한 미들웨어 기능이 추가된 임베디드 표준 SW 플랫폼으로 발전하는 추세이다.

국내는 일반적인 컴퓨터가 아닌 각종 전자제품이나 정보기기 등에 설치도어 있는 마이크로프로세서(Microprocessor)에 미리 정해진 특정한 기능을 수행하는 SW를 내장시킨 시스템을 임베디드 시스템이라 하고 여기에 내장된 OS가 바로 임베디드 OS이다. 초창기 임베디드 소프트웨어는 간단한 제어 프로그램만으로 산업용 기기를 제어하는데 그쳤으나, 최근에는 멀티미디어 처리와 같은 점차 복잡한 기능을 위해 멀티태스크 및 네트워크 기능을 제공하는 임베디드 OS를 이용하고 있다.

정보가전용 확장 가능 표준의 국내 기술은 자체 개발보다 VxWorks, pSoS, Windows CE 등 대부분 외국기술의 상용화된 운영체제를 활용하고 있어서 기술료 지급의 문제와 제품의 time-to-market 지원이 어려운 상황이다. 최근에는 팜팜테크 등 국내 PDA 제조업체에서 임베디드 리눅스를 채택하고 있고, 아델 리눅스 등 임베디드 리눅스 개발 업체가 증가하고 있다.

현재 상용화되고 있는 주요 제품은 VxWorks, pSOS, QNX, Windows CE, Embedded Linux, EPOC, BeOS 등이 있다.

정보가전 분야에서는 멀티미디어 기능과 네트워크 기능 강화에 따라 기존 OS 위주에서 미들웨어, 각종서비스를 포괄하는 플랫폼 기술이 중요하게 대두되고 있다. 현재에는 개발도구와 멀티미디어 기능이 강력한 WinCE가 시장을 장악해가고 있으며, 실시간 OS인 임베디드 리눅스도 기능이 보완됨에 따라 시장 규모가 급격하게 커지고 있다.

4.5 네트워크(Network) 기술

1. IPv6

미국은 국방망에 IPv6를 채택하려는 움직임이 활발히 진행되고 있다. 이를 통해, 기존의 통신망을 IPv6를 활용하여 고도화함으로써 분산형처리가 가능하며 보안성을 강화한 형태의 통신망으로 발전시켜, "폐쇄적 시스템 연결 구조"에서 "차세대 개방형 시스템형의 네트워크"로의 전환시키고자 하고 있다. 이를 위해, 2003년 가을까지 IPv4 장비 구매를 점차 줄이고, 차세대 인터넷을 위한 IPv6 기반 장비와 응용 구매 확대하여, 세계 최대 규모(연간 IT 예산 : 300억달러 이상)의 미국방정보망 전체를 2008년까지 완전 IPv6 망으로 전환하고자 하고 있다. 기술개발은 Cisco, Juniper, MS, SUN과 같은 민간기업 위주로 활발히 진행되고 있다. Cisco는 2001년 상용화된 IPv6 IOS를 출시한바 있으며, 전 제품의 IPv6화를 추진 중이다. Juniper는 작년에 JUNOS를 통해 전제품에 하드웨어 기반의 IPv6 지원을 완료한 상태이다.

유럽은 1998년부터 IPv6 Taskforce, 6INIT, 6WINIT, Euro6IX, 6NET 등 IPv6 관련 40개 이상의 프로젝트를 수행하면서 차세대인터넷 망구축 및 관련 기술개발, 이동통신에 IPv6 적용 등의 다양한 연구과제를 추진 중이다. 특히 Ericsson과 Nokia를 중심으로 모바일 기술 및 서비스 개발에 주력하고 있다.

일본은 1998년부터 WIDE, KAME 등의 프로젝트를 통해 IPv6 기본 기술을 개발 중에 있으며, NTT, IIJ 등은 이미 상용망을 구축하여 서비스 제공 중이다. 2002년에는 800억 규모의 정부지원으로 IPv6 위원회(IPv6 Promotion Council)를 구성하여 IPv6의 시범 서비스 및 응용 서비스 개발을 지원하고 있으며, Sony, Hitachi, Fujitsu, Yamaha 등에서는 IPv6적용 네트워크 장비를 적극적으로 개발하고 있다. 이를 뒷받침하기 위해, 정부는 2001년 모리총리의 IPv6 추진연설, 2003년 1월 IT투자촉진세제 신설, 장비개발 및 채택에 대한 세금우대정책 등을 시행하고 있다.

중국은 2000년부터 자국의 연구교육망인 CERNET을 통하여 IPv6 테스트베드 구축과 관련 기술개발을 시작하였으며, 정보산업부(CATR of MII) 주관으로 2002년에 6TNET(IPv6 Telecom Trial Network)을 구축하여 상용화를 목적으로 하는 IPv6 망 기술 및 응용 개발을 본격화하였다. 또한 유럽, 일본 등과의 국제협력을 바탕으로 하는 IPv6 기술 개발 및 도입을 추진함과 동시에 IPv6 Council을 설립하여 민간주도의 IPv6 보급 활동을 진행 중에 있다. 특히 군사·공안에 활용하고 미국 주도의 인터넷 환경에서 독립하기 위하여 중국독자표준으로 IPv6를 개발 중이다.

국내는 2001년 2월 정부에서는 인터넷주소의 부족문제를 근본적으로 해결하고 인터넷·IT산업의 육성, 인터넷망의 고도화, 인터넷 비즈니스의 활성화 및 인터넷 이용 환경의 개선을 도모하고자 "인터넷 신 주소체계(IPv6) 도입을 통한 차세대인터넷 기반구축 계획(안)"을 수립한 바 있으며, 이의 집행을 위해 IPv6 관련 기술을 개발에 정부 차원의 많은 노력을 기울이고 있다.

한국전자통신연구원은 '선도기반개발사업'의 일환으로 2000년부터 2002년까지 기초기술개발 및 표준화를 추진한 바 있다. 이를 통해, 국내 IPv6 시험망인 6Bone을 구축 및 운영, IPv4망과 IPv6 망과의 호환을 위한 6Talk이라는 IPv6 전환장치를 개발하였다. 현재, 2005년을 목표로, IPv6 차세대 라우터용 핵심서비스를 개발 중에 있다. 또한 아시아와 유럽사이에 TEIN망을 중심으로 IPv6 native 망을 구축하고 비디오 컨퍼런싱과 Mobile IPv6와 같은 IPv6 응용을 개발하여 시험하고 있다.

한국전산원은 IPv6 활성화를 촉진하고 차세대 응용서비스 개발을 위해 2000년부터 '차세대인터넷기반구축사업'을 추진하고 있다. 현재, 차세대인터넷교환노드(6NGIX) 및 차세대가입자망(6KANet)의 구축/운영, 관련 응용서비스를 조기에 개발하기 위한 연구활동 지원 및 IPv6 동향 등 IPv6관련 기술 발간사업을 통한 IPv6 기반여건 조성에 힘쓰고 있다.

KT의 KOREN IPv6 네트워크는 1994년 ATM 기반으로 구축된 선도시험 네트워크인 KOREN을 기반으로 1999년 Native IPv6 방식의 연결을 제공하는 것을 목표로 서울-대전 구간에 구축하였다. 이를 위해, APNIC을 통해 확보한 sTLA 2001 : 220::/32를 KOREN IPv6 네트워크에 할당하였다. 이는 국내 최초의 Native 네트워크로서 외부 라우팅 연동은 BGP4+, 내부 라우팅 연동은 RIP와 Static을 사용하고 있으며, IPv6 DNS 서비스는 IPv4 DNS 서비스와 함께 제공하고 있다. 전반적으로, KT는 IPv4망에서 IPv6망으로 자연스럽게 진화시키기 위한 전환기술 확보와 응용서비스 개발에 역점을 두어 연구 및 사업을 진행하고 있으며, 2010까지 4단계로 나누어 IPv6 서비스를 도입할 계획으로 사업을 추진하고 있다. 2004년까지 1단계로 IPv6 주소할당 정책 및 라우팅 정책을 수립하고 시범서비스망을 운영할 계획이며, 2006년까지 2단계로 접속망에 IPv4/IPv6 듀얼스택을 도입하고 이동 IP기반의 이동성 서비스를 제공을 위한 환경을 구축할 예정이다. 2009년까지 3단계로 백본망에 점진적으로 듀얼스택을 도입하고 기존의 IPv4 서비스를 IPv6 서비스로 전환을 유도함으로써 IPv6 응용서비스 개발을 촉진하며 2001년 이후는 4단계로 접속망에서 백본망으로 점진적으로 IPv6 only 장치로 전환하여 유무선통합 All-IP 서비스 제공을 목표로 하고 있다.

데이콤은 2000년 9월 APNIC으로부터 IPv6 공식주소를 할당받아 시험 네트워크를 구축하였고, 6NGIX를 통하여 6Bone 등의 외부 IPv6 망와 순수 IPv6 및 IPv4/IPv6 전환 방식으로 두 가지 형태로 연결되어 구축된 시험망에서 DNS, 웹, 전자 메일, Quake, FTP 등의 IPv6 응용시험을 하고 있다. 하나로 통신은 2002년 12월까지 IPv6 시험망을 점진적으로 확장하고 다양한 IPv6 관련 프로토콜을 시험하여 2003년 1월 1일부터 2개월간 서초구 센트럴시티 내 Hot Spot 4개소에서 IPv6 무선 인터넷 접속 서비스를 시행한 바 있다. SK 텔레콤은 2000년에 분당 연구소에 시험 네트워크를 구축하고 Tunneling 방식을 이용하여 ETRI와 연동하고 있으며, 2001년에는 KRNIC을 통하여 IPv6 공식 주소를 확보하여 IPv6 핵심 기술 축적과 IPv6 확산에 주력하고 있다. 향후, 유무선망에 IPv6 도입을 위한 망 진화 전략을 수립하여, 동기(CDMA2000) 및 비동기(WCDMA) 방식의 IMT-2000, 홈네트워킹, 무선랜 등 다양한 무선환경에서의 통합 IPv6 서비스를 구상하고 있다. 삼성전자는 IPv6 조기 활성화 및 All IP 기반 기술을 확보하기 위한 연구개발을 활발히 진행 중이다. 현재 삼성전자에서 진행 중인 IPv6 관련 프로젝트는 IPv6를 지원하는 고속 라우터 기술개발 과제 및 디지털 홈 서버 개발 과제 등이 있다. 고속 라우터는 IPv6 전용 장비라기보다는 차세대 인터넷망에 적용할 수 있는 액세스, Edge 및 백본급 라우터를 개발하는 과제의 일환으로써 IPv6를 지원하고자 하는 것이다. 연구개발은 크게 3단계로 나눌 수 있으며, 1단계는 2003년 말까지 MPLS 등 기능이 포함되는 10기가급 IPv4 기반 라우터 개발 기술 및 플랫폼을 확보하는 것이다. 2단계는 이를 기반으로 2004년 6월까지 IPv6 기능 및 10기가 이더넷 구현기술을 추가로 개발하는 것이고, 3단계는 2004년 말까지 스위칭 용량 160G 이상으로 확장하는 기술을 개발하는 것이다. 또한 홈 네트워크 구축의 중추적인 역할을 담당할 홈 서버를 개발하고 있으며, 다양한 유무선 인터페이스뿐만 아니라 홈 네트워크 인터페이스를 수용하고 통신/방송 미들웨어 및 다양한 서비스 응용을 갖추도록 개발되며 차세대 네트워크에 필수적인 IPv6를 지원을 목표로 하고 있다. 연구개발은 크게 3단계로 나눌 수 있으며, 2005년 상반기 최종단계에서 가정내의 모든 기기(TV, PC, 가전기기, 전등 등)가 하나의 네트워크로 구성되어 기기에 관계없이 서비스 가능하고 또한 지능화되어 음성인식 등 다양한 편리성이 지원되는 방송, 통신 융합 멀티미디어, 홈오토메이션 및 디지털 방송 서비스 제공 등이 가능한 Home Server가 개발될 것이다. [그림 4-4]는 이와 같은 여러 기관들의 활동을 요약한 것이다.

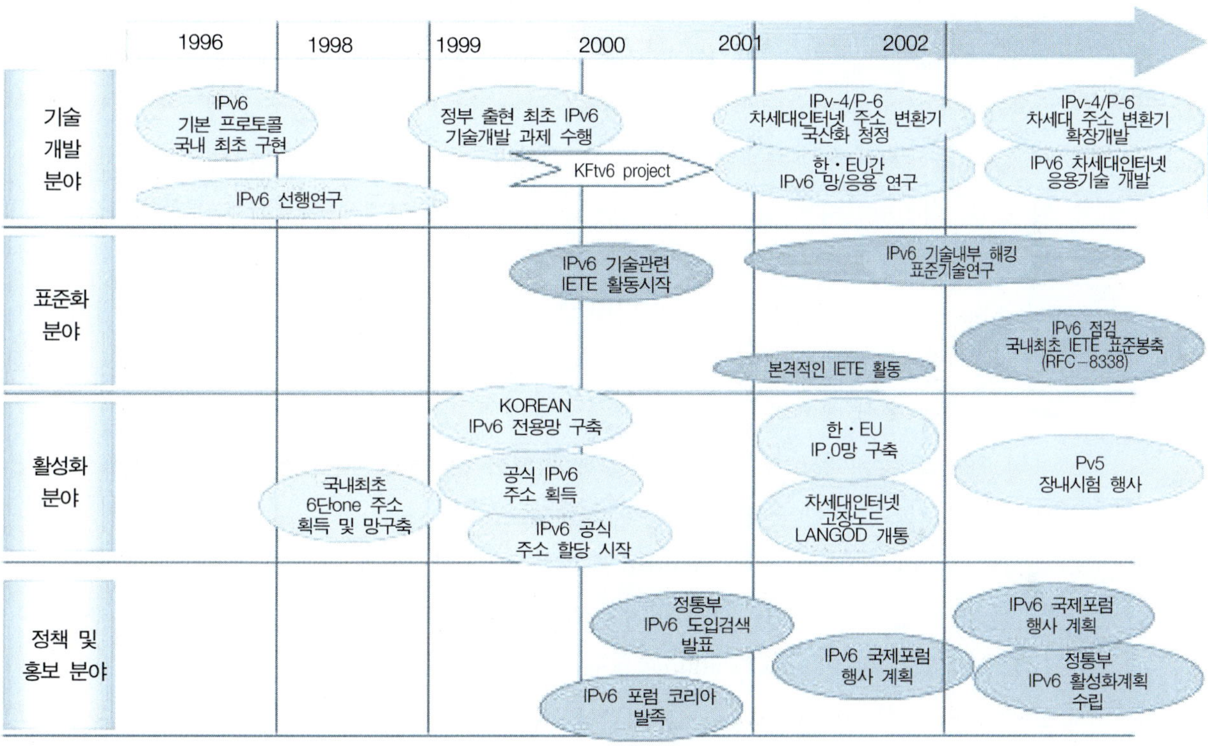

[그림 4-4] **국내 IPv6 기술개발 및 망구축 현황**

차세대인터넷의 핵심기술인 IPv6는 독립적으로 시장성을 논할 수 없기 때문에, 현재의 IPv4 기반의 인터넷을 IPv6 기반으로 전환하기 위하여 필수적으로 변경되어야 하는 라우터 시장의 규모를 살펴보고자 한다. LAN 스위치에 밀려, LAN 환경에서의 영향력을 상실하고 있는 라우터는 이제 서비스 제공자 네트워크 장비로 진화할 것이다. 따라서 많은 통신 사업자들과 서비스제공자들은 기업 및 개인 사용자들의 인터넷 접속 통합 및 제어, 다른 서비스 제공자에 트래픽 제공, 그리고, 네트워크 코어에서 대량의 IP 패킷 처리 등을 목적으로 기가비트급 이상의 초고속 라우터를 구입하여 사용하는 추세이다.

2. Ad-hoc

미국 DARPA(Defense Advanced Research Projects Agency)의 PRN (Packet Radio Network)에서 군사 목적의 통신 시스템 개발을 위해 시작되었으며 매체 접속 및 다중 접속 제어와 노드의 이동성 대응 등이 중점적으로 연구, 에러 및 흐름 제어, 라우팅에 이르기까지 다양한 기반 기술의 연구가 진행 중이다.

DARPA에서 진행된 군사 통신용 프로젝트는 SURAN(Survivable Adaptive Networks)을 거쳐 1994년부터 GloMo(Global Mobile) 프로젝트로 이어지고 있다. 무선 망 구축에서부터 프로토콜, 알고리즘 개발, 저비용과 저전력의 고성능 이동 노드의 개발, 이질망간의 연동, 그리고 개발 환경 및 툴의 설계에 이르기까지 다양한 영역에서 연구를 진행하고 있다.

Ad-hoc 통신망에 관한 연구는 인터넷 IETF(Internet Engineering Task Force)에서 MANET 작업반(Mobile Ad-hoc NETworks Working Group)을 통해 표준화 활동을 활발히 진행 중에 있으며 주로 라우팅 프로토콜에 관한 표준을 정하고 있다. 물론 라우팅 프로토콜 외에도 Ad hoc 통신망에 적합한 매체 접근 제어(MAC) 프로토콜과 TCP 프로토콜에 관한 연구도 활발히 진행되고 있다.

NIST(National Institute of Standards and Technology)는 다양한 무선 접속 기술 및 엔지니어링 과학을 연구하는 미국 상무부 기술관리국 소속 연구기관으로서 NIST 산하의 WCTG(Wireless Communications Technologies Group)에서 Ad-hoc 네트워크에 관련된 활동을 진행하고 있다. DARPA GloMo 프로젝트에서 개발된 Seamless 네트워크 모델링과 시뮬레이션 툴의 검증을 수행하고 있다.

BAHAMA(Broadband Ad-hoc ATM Anywhere)는 미국의 AT&T Bell Lab에서 수행한 ATM 무선 LAN을 위한 프로젝트로써 백본망 또는 기지국이 없어도 이동 호스트 간의 통신이 가능한 ATM 기반의 무선 LAN을 구축하고 있다. WWRF는 3G 이후의 무선 통신의 비전을 위해 UMTS 포럼, ETSI, IETF의 ITU 등의 협력 하에 Wireless World 의 일관된 견해의 개발 및 유지를 위하여 2000년에 결성되었다. WG4에서는 Ad-hoc 네트워크와 Self-organizing Multi-hop Wireless Systems 관련 연구를 수행하고 있다.

우리나라에서도 이제는 ICU, KAIST, 서울대 등 대학을 비롯한 많은 기관에서 실용적인 연구를 하기 시작하였고, 한국전자통신연구원에서도 상용화 추진을 목표로 장기적인 연구 개발을 시작하였다.

이동 Ad-hoc 네트워크는 초기 군사적인 목적에서부터 연구가 시작되어 앞으로 다양한 응용 분야로의 적용이 예상되고 있다. 그러나 아직까지 우리 실생활에 응용되어 사용되고 있는 경우는 거의 없는 실정이다. 이동 Ad-Hoc 네트워크 기술이 다양한 응용 분야에 실제 적용되기 위해서는 라우팅 프로토콜에 대한 연구뿐만 아니라 무선 접속 기술에서부터 응용 계층 기술에 이르기까지 다양한 분야에 걸친 지속적인 연구가 필요할 것으로 판단된다.

3. 블루투스(Bluetooth)

1999년도의 초기 블루투스 SIG 프로모터(Promoter)로서 미국 IBM, 인텔 등이 참여하여 블루투스 1.1 규격 작성에 관여했으나 고속 블루투스 규격 제정에는 소극적이며, 인텔은 무선 LAN 및 UWB, WiMAX 기술에 주력하면서 블루투스 개발에 적극적으로 대응하고 있지 않다. 대신 텍사스 인스트루먼트(TI)와 브로드컴, 실리콘웨이브, 지보 등 기업들이 블루투스 1.1 규격의 RF와 베이스밴드를 단일칩으로 통합하고 저전력화한 시스템온칩(SoC) 및 솔루션을 개발하여 상용화하고 있다. 현재 기업들의 개발 방향은 블루투스 1.2 규격의 네트워크 기능이 향상된 멀티미디어 칩 개발과, 저전력화, 무선 LAN/블루투스 이중모드 기술, 보안기능 강화, 다중모드 휴대단말 내장 기술 등이다. 블루투스 1.2는 전송률이나 라디오 규격에서 큰 변화없이 기존 1.1의 일부 기능을 약간 개선한 것으로서, 블루투스의 등장 이래 끊임없이 논란거리가 되어 온 무선 LAN과의 간섭 문제를 해결하기 위해 무선 LAN 점유 대역을 회피하는 AFH(Adaptive Frequency Hopping) 기법을 도입하고 블루투스의 문제점으로 지적되어 온 최대 4초에 이르는 긴 초기 접속 시간을 단축하기 위한 faster connection 기법, 스트리밍 오디오 등의 멀티미디어 기능 강화를 위한 향상된 SCO 기능(eSCO), 피코넷 관리 기능 강화 등 주로 프로토콜 SW 및 firmware 부분을 개선한 것이다.

반면에, 고속 블루투스는 전송률을 포함한 물리계층 규격이 기존 블루투스와 완전히 다르고 프로토콜 스택 등의 상위 계층은 기존 브루투스의 특성을 계승할 수 있도록 한 기술이다. 대부분의 미국 기업들이 블루투스 1.2 및 중속(MR) 블루투스 개발에는 적극적이나, 고속 블루투스에는 소극적인 입장이다.

블루투스 발표 초기부터 상용화에 관한 한 일본은 매우 적극적이다. 도시바는 블루투스 SIG 프로모터로서 규격 개발에도 적극적으로 참여해 왔으며, 소니, 타이요유덴 등 다수 기업들이 미국이나 유럽의 핵심 칩셋을 기반으로 모듈 및 응용 제품 개발을 주도해서 2003년 초까지 일본의 블루투스 인증제품은 285개에 이르러, 세계에서 가장 많은 인증 제품을 보유하고 있다. 그러나 고속 블루투스 분야에서는 특별한 활동이 없으며, 표준화와 관련한 원천 기술은 물론, 모뎀 및 RF 기술도 대부분 미국 및 유럽 기업들에 의존하고 있다.

유럽은 블루투스 도입부터 상용화에 이르기까지 전세계에서 가장 적극적이다. 에릭슨, 노키아, 필립스, 지멘스 등 주요 기업들이 초창기부터 블루투스 SIG를 주도해 왔으며, 영국 CSR사는 1999년에 이미 세계 최초로 CMOS 공정 기반의 블루투스 단일 칩을 상용화하여, 블루투스 반도체 기술을 선도하고 있다. 유럽에서는 반도체 지적재산(IP)을 라이센싱하는 기관들이 있으며 블루투스용 모뎀 및 RF 칩 개발에 필요한 핵심 TP들은 오스트리아의 NewLogic, 영국의 Parthus 등에서 제공하고 있다. 노키아 등의 휴대 단말 업체는 블루투스 헤드셋 등 응용제품 기술에서 앞장서고 있으며, 유럽 휴대 단말기에는 블루투스 기능이 기본적으로 내장되는 추세이다. 그러나 고속 블루투스 기술 개발은 이루어지지 않고 있으며, 무선 LAN 등에 적용가능한 일반적인 RF 집적회로 기술이 발달해 있다.

블루투스 도입 초기부터 국내의 다수 기업들이 칩, 프로토콜 스택, 응용 SW 등 다양한 기술 개발을 진행해 왔으며, 블루투스 SIG 인증을 받은 제품도 다수 출시된 상황이다. 1Mb/s급 블루투스 1.1 규격에 대해서는 블루투스 SIG에서 인증기관을 두고, 여기서 각종 적합성, 상호 운용성 시험을 통과한 제품에 대해서 블루투스 로고를 붙일 수 있도록 하고 있으며, 따라서 인증을 받았다는 것은 해당 분야에서 기술 수준이 완성단계에 이르렀고 곧 상용화 가능함을 의미한다.

핵심 칩 HW 분야에서는 GCT 반도체가 RF/BB 칩 전체를 국내에서 유일하게 2002년도에 인증을 받았고, 세트리 마이크로시스템은 BB 칩에 대해서 인증을 받았다.

블루투스 칩 가격 하락과 신뢰성 개선에 따라, 휴대전화, 헤드셋, PDA, 노트북, 액세스포인트, 프린터 등 블루투스 칩을 내장한 각종 애플리케이션 제품들이 점차 증가하고 있다. 1990년대 후반 블루투스에 대한 초기 개념을 도출하게 했던 휴대전화 부분에서는 주로 유럽 지역에서 보급률이 높은데, 2002년도에 이미 1천만대 이상의 휴대폰에 블루투스 칩이 내장되었고, 2003년에는 6천5백만대, 2006년에는 10대 중 8대의 휴대폰에 블루투스가 내장될 것으로 전망하고 있다.

자동차 분야도 블루투스의 킬러 애플리케이션으로 주목되고 있는데, 블루투스를 이용함으로써 차내 배선을 줄일 수 있고, 이동성이 상대적으로 높기 때문이다. 향후에는 차량 진단, 안전시스템, 차량간 통신, AV 제어 등의 다양한 분야에 활용이 예상된다. 미국에는 이미 다임러크라이슬러가 블루투스 탑재 차량을 제공하며 있으며 유럽에서는 아우디, BMW, 푸조, 사브 등에서 블루투스 핸즈프리 카 킷을 옵션으로 제공하고 있다. ABI에서는 2007년 경에 전세계적으로 신규 출하되는 차량 10대 중 2대에 블루투스 모듈이 1개 이상 사용될 것으로 전망하고 있다.

4. UWB(Ultra Wide Band)

Intel, Sony, Time Domain, Motorola(XtremeSpectrum), Kodak, Samsung, Philips, Sharp 등의 업체들이 참여하고 있는 UWB 관련 산업체 콘소시엄인 WiMedia Alliance에서는 2004년 4월 15일 MBOA가 제안하고 있는 UWB 기술을 승인하고 동 단체 및 그 무선 기술 규격에 대한 지지를 정식으로 표명하였다.

멀티밴드 OFDM 연합(MBOA : Multi-Band OFDM Alliance) 진영의 개발 현황 및 계획을 살펴보면 원 제안사인 Texas Instrumens사의 기술을 기반으로 2004년 하반기 샘플 칩 출시와 더불어 UWB 관련 제품을 빠르면 2005년 중으로 시장에 출시할 것으로 전망된다.

디지털 비디오와 같은 고용량의 파일 처리를 지원하는 실리콘 칩을 2004년 4분기부터 출고할 예정이며, 2005년 1분기에는 통합 모듈 등을 발표하고 2005년 2분기부터 UWB 기술이 채용된 전자제품을 시장에 선보일 예정이다. 2004년 2월 미국 San Francisco에서 열린 2004 춘계 IDF(Intel Developers Forum)에서 Intel사는 UWB 무선 기술을 위한 범용 플랫폼 구축에 적극적으로 나서겠다는 계획을 발표하였다. 또한 Intel사는 삼성전자, Agere, HP, Microsoft, NEC, Philips사 등과 함께 무선 USB 프로모트 그룹을 결성하고 2004년 말까지 무선 USB 기술의 세부 사양을 확정할 예정이다.

Motorola 진영의 개발 현황 및 계획을 살펴보면 현재 100Mbps까지 지원하는 상용화 칩셋을 개발했으며 향후 1년 내에 400Mbps까지 지원 가능한 상용화 제품을 개발하여 출시할 예정이다. 이를 통해 자사의 기술을 사실상의 표준으로 홍보할 계획이다.

MBOA 및 Motorola 진영에 의해 개발될 UWB 제품은 초기 $20정도의 가격을 형성하며 기저대역, MAC, LNA(Low Noise Amplifier), RF 등의 기능 블록으로 구성된 3칩 Add-On 형태가 주류를 이루겠지만, 기저대역/MAC+RF의 2칩 솔루션을 거쳐 궁극적으로 단일칩 또는 기저대역/MAC 기능 블록이 가전제품 호스트 컨트롤러로 통합되는 진화 단계를 거칠 것으로 예상된다.

USB 2.0이나 IEEE 1394의 유선은 자연스럽게 무선으로 대체될 것으로 보아 차세대 근거리 WLAN이나 홈네트워킹 분야에서는 UWB가 가장 경쟁력 있는 기술로 자리잡을 것으로 예상된다.

최근 유럽무선통신사무국(ERO : European Radio Communications Office)의 발표에 따르면, 향후 UWB 시스템의 주요 응용 분야로서 실내 무선 홈네트워크 및 이동통신과 같은 통신 분야가 약 98%의 대부분을 차지할 것으로 예상되고 있으며, 이와 관련된 UWB 시장은 2003년부터 2010년까지 매년 약 61%의 급속한 성장률을 보일 것으로 예상된다.

한편, UWB와 직접적으로 관련된 칩셋 및 전자 제품의 수요는 상용화를 기점으로 한 2004년 약 100만개 가량에서 2007년 4500만개 가량으로 지수적으로 급속히 증가할 것으로 예상된다. 또한 현재 Panasonic, Toshiba, Fujitsu 등을 비롯한 여러 회사에서는 UWB를 기반으로 하는 멀티미디어 데이터 스트리밍의 연구 개발에 박차를 가하고 있으며, Time Domain, XtremeSpectrum, AetherWire, Multispectral Solutions 등의 벤처기업들은 각자의 원천 기술과 응용 분야를 기반으로 100Mbps급 UWB 칩셋 및 제품, UWB 관련 기술 특허들을 선보이고 있다.

5. QoS(Quality of Service)

국외에서는 IETF NSIS WG을 중심으로 차세대 QoS 시그널링 기술의 요구사항 및 프레임워크에 대한 표준화가 진행되고 있으나 아직 시그널링 프로토콜 자체에 대한 표준화가 초기 단계에 있어 본격적인 기술개발이 이루어지고 있지 않으며, 국내에서의 기술개발은 전무한 상태이다.

또한 차세대 시그널링 프로토콜 자체에 대한 표준화 작업이 초기 단계에 있으며, 기술 자체에 대한 시장도 구체적으로 형성되어 있지 않으나 QoS 기술이 향후 필수요소기술이 될 것으로 전망되기 때문에 라우터 시장 규모에 비례하는 규모를 가질 것으로 예상된다. 특히 무선 인터넷 시장 규모나 성장률이 매우 높은 것을 고려할 때 무선 환경에서의 QoS 시장 전망은 밝다고 할 수 있다.

기술 자체에 대한 시장도 형성되어 있지 않으나 QoS 기술이 향후 필수 요소기술이 될 것으로 전망되기 때문에 라우터 시장 규모에 비례하는 규모를 가질 것으로 예상된다. 특히 무선 인터넷 시장 규모나 성장률이 매우 높은 것을 고려할 때 무선 환경에서의 QoS 시장 전망은 밝다고 할 수 있다.

6. 그리드 기술

Grid 네트워킹 기술 중 그리드 APME(Applications and Programming Environments)에서 Grid Checkpoint/Recovery의 현 상태 및 향후 발전 방향은 GGF5에서 BOF 단계에 있었으며, GGF6에서 워킹 그룹으로 승인된 상태로 GGF6에서 Checkpoint Recovery API에 대해서 논의를 진행했고, 애플리케이션과 시스템 행위자들간의 GridCPR 운영 시나리오에 따라 개발 및 시나리오 카탈로그에 제공될 API 기능들의 범위를 정의했다. GGF7(2003 봄)에서는 GridCPR API 스펙에 대한 드레프트 단계 진행에 관한 토의와 스케줄링과 회계시스템에 기초한 인터페이스를 포함한 GridCPR 서비스의 요구사항들과 대응되는 그리드 자원에 대한 토의가 이루어졌다.

GGF8(2003 여름)에서는 GridCPR API 스펙의 드레프트의 구현 개념에 대한 증명에 관한 토의가 이루어졌으며 GGF9(2003 가을)에서 Grid Checkpoint Recovery/Service 스펙 1.0이 발표될 예정이다.

그리드 네트워킹의 여러 서비스들의 상호관계와 그리드 동작의 전체 구조에 대한 개념적 프레임워크를 정의하기 위한 그리드 Architecture 영역은 GPA(Grid Protocol Architecture)에서 글로버스 프로젝트가 수행되었으며, 그 결과 2002년 2월, GGF4에서 OGSA(Open Grid Services Architecture) Draft가 발표되었고, Grid Service Specification에 대한 정의 작업을 OGSI 워킹 그룹을 구성하여 수행하고 있다. 이 밖에 NPI와 JINI 그룹이 그리드에서의 요구사항 등을 정의하기 위해 참여하였고, NASA를 중심으로 ACCT(Accounting Models) 연구그룹이 활동 중이다. 특히 OGSA의 경우, IBM과 글로버스 프로젝트 그룹이 주도하고 있으며, Sun, MS 등에서도 깊은 관심을 가지고 투자하고 있는 중요한 기술이다. 그리드 Architecture 영역 중 웹서비스는 새로운 시스템을 구축하는 것이 아니라 기존에 존재하는 시스템을 통합 운영함으로써 IT 및 관련 산업에 큰 영향을 미칠 것으로 전망이 되는데 2002년 Gartner에 따르면 웹서비스 세계시장 규모는 2001년 현재 20억달러에서 2006년 350억달러에 이를 것으로 전망하고 있으며 2004년까지 SI와 미들웨어 업체의 90%가 웹서비스 기술을 사용하게 될 것이며, 포춘 2000 기업들의 새로운 애플리케이션 솔루션이 될 전망이다. 주요 기술 동향으로는 웹 서비스 구현 기반 기술인 SOAP, UDDI, WSDL 등은 MS와 IBM 주도로 어느 정도 표준이 제정된 상태이나, WSDL은 호환성 문제가 논의되고 있고 웹서비스의 주요 사업자(제품)는 MS의 닷넷(.net), Sun의 썬원(Sun-One), IBM의 웹스피어(WebSphere) 등이며, BEA(Web Logic), Oracle(9i), HP(e-Spoke)를 비롯한 다수의 업체들이 웹서비스 시장에 참여하고 있다.

특히 그리드 컴퓨팅기술 개발기업들은 그리드가 성능을 발휘하기 위해 필수적으로 필요한 미들웨어의 소스를 공개하면서 사용자의 확보에 나서고 있다. IBM의 경우 On Demand 비즈니스 전략의 일환으로 그리드 컴퓨팅과 웹 서비스를 실제 비즈니스와 그리드 네트워킹을 통해 연결하는 방안을 모색하고 있다. 또한 Globus 프로젝트 팀과 공동으로 인터넷을 통해 애플리케이션 및 컴퓨팅 자원을 공유할 수 있는 새로운 개념의 플랫폼을 개발하고 컴퓨팅과 웹 서비스의 장점을 조화시킨 OGSA(Open Grid Service Architecture)를 공개해 그리드 컴퓨팅과 실제 비즈니스 애플리케이션을 접목하는 시도를 해 나가고 있다. SUN은 다른 IT 업체들과는 달리 독자적으로 그리드 노선을 추진하고 있는데 Globus 툴킷 대신 자사가 개발한 그리드 엔진 5.2.3을 활용하고 있으며, 이 그리드 엔진은 SPARK칩이 탑재된 플랫폼에서만 활용 가능하고 지원 OS도 솔라리스와 일부 리눅스를 지원하고 있다. 또한 국내에서 표준화 연구 활동이 GGF와 TTA를 중심으로 여러 단체에서 지속적으로 연구되고 있다.

전세계적으로 그리드 시장의 대표적인 Vendor들로는 IBM, HP, SUN, Gateway, Dell, Microsoft, Platform, Avaki, Entropia, networking, storage 및 다수의 업체들이 있으며 연구 및 정부 프로젝트로는 Globus, GGF, OGSA, NSF's TeraGrid, UK's E-science 등이 있다.

4.6 보안(Security) 기술

인식 기술이란 어떠한 물체의 위치나 특징, 현재의 상태를 감지할 수 있는 기술로서, 인간의 음성 명령을 인식하기 위한 음성인식 기술, 주변 환경을 인식하기 위한 문자인식 기술, 감정을 인식하기 위한 얼굴 표정 인식 기술, 인간의 행동 및 명령을 인식하기 위한 제스처 인식 기술 등이 있다.

1. 음성 인식 기술

1) 음성 인식 기술의 개요

음성은 인간이 사용하고 있는 통신의 매체 중 가장 자연스러운 형태이다. 즉, 자신의 의사표명 혹은 정보의 생성에 있어서 음성을 이용하는 비중이 매우 높다. 따라서, 음성을 매체로 한 인간-기계간 대화(Man-Machine Interface)의 필요성이 크게 대두되었으며, 1970년대 중반 이후 음성인식에 대한 연구가 활발히 전개되어 오고 있다. 초기(1980년대 초반까지) 음성인식 시스템은 주로 인공지능 기법에 기반을 두고 개발되었는데, 이는 실제 사람이 음성을 인식하는데 적용하는 지식을 컴퓨터에 구현한 것이었다. 그 뒤, IBM에서는 HMM(Hidden Markov Model)이라는 통계적 기법을 이용하여 대규모의 음성인식 시스템을 개발하였는데, HMM은 1980년대 중반 이후 거의 모든 대형 음성인식 시스템에서 채택되어 음성인식 기법의 대표주자로 자리잡고 있다. 1990년대 이후의 음성인식은 단순히 인식의 차원을 뛰어넘어, 주어진 음성의 뜻을 파악하고 그에 맞는 대응을 수행하는 음성이해의 단계에 와 있는데, 이는 음성 인식 기술과 자연어 처리 기술의 결합으로 이루어지고 있다.

2) 음성인식 기술 종류

음성인식 기술은 그 분류기준에 따라 여러 가지 종류로 나뉜다. 우선 인식의 대상으로 삼는 화자에 따라 화자독립과 화자종속 인식 기술로 분류된다. 먼저, 화자종속 시스템은 특정 화자의 음성을 인식하기 위한 시스템으로, 현재 휴대폰에 탑재되어 사용되는 음성 다이얼링(Voice Dialing) 시스템이 대표적인 예이다. 화자종속 시스템에서는 일반적으로 시스템의 사용전에, 사용자의 음성을 저장, 등록시키고, 실제 인식을 수행할 때는 입력된 음성의 패턴과 저장된 음성의 패턴을 비교하는 패턴매칭(Pattern Matching) 기법이 사용된다. 반면, 화자독립 시스템은 불특정 다수 화자의 음성을 인식하기 위한 것으로, 화자종속 시스템에서와 같이 사용자가 시스템의 동작전에 음성을 등록시켜야 하는 번거로움이 없다. 화자독립 시스템은 다수화자의 음성을 수집하여 통계적인 모델을 학습시키고, 학습된 모델을 이용하여 인식을 수행하게 된다. 따라서, 각 화자의 특징적인 특성은 사라지고 각 화자간에 공통적으로 나타나는 특성이 부각된다. 같은 어휘를 대상으로 같은 양의 학습데이터를 사용한다면 대체적으로 화자종속 시스템의 성능이 화자독립 시스템 보다 높게 나온다. 그러나, 화자종속 시스템의 경우, 음성이 등록된 화자 이외의 사람이 시스템을 사용한다면 인식률은 크게 저하된다. 따라서, 최근에는 화자독립 시스템을 구축하고 실제 사용할 때는 사용자의 음성에 적합하도록 인식 모델을 변형하는 기법들이 개발되고 있는데, 이를 화자적응 기술이라 하며, 이러한 시스템을 화자적응 시스템이라 부른다.

다음으로는 발음의 형태에 따라 고립어인식 시스템과 연속어 인식 시스템으로 나뉜다. 고립어인식 시스템에서는 각 단어가 또박또박 발음되고 각 단어 사이에는 충분한 길이의 묵음구간이 존재한다고 가정한다. 따라서, 인식의 초점이 각 단어가 다른 단어와 얼마나 다른가에 있고 인접한 단어의 영향은 무시된다. 현재 휴대폰에서 널리 채용되는 음성 다이얼링이 고립단어 인식의 좋은 예라 할 수 있겠다. 이에 반해, 연속어 인식 시스템은 문장 단위로 인식을 수행하는 시스템을 의미한다. 각 문장은 평상시와 같이 발음되며 특별히 단어 사이의 묵음은 첨가되지 않는다. 연속어의 경우, 한 단어의 특성이 인접한 단어의 발음에 의하여 영향을 받는데 이를 조음효과(Coarticulation Effect)라 부르며, 이러한 조음효과는 연속어 인식을 어렵게 만드는 큰 요소로 자리잡고 있다. 일반적으로 연속어 인식에서는 각 단어 모델을 연결하여 검색 공간(Search Space)를 구성하고, 비터비 복호(Viterbi Decoding) 기법을 사용하여 단어의 순서를 찾아나가는 방법을 사용한다.

마지막으로는 인식의 대상이 되는 어휘수에 따라 소용량 시스템과 대용량 시스템으로 구분된다. 소용량 시스템은 어휘수가 수백개 이하인 경우로, 각 단어를 별개의 모델로 구성하는 것이 일반적이다. 반면, 대용량 시스템은 인식 대상 어휘수가 수천에서 수십만에 이르는 시스템으로, 이 경우 각 단어를 별개의 모델로 표현하는 것은 현실적으로 어렵다. 따라서, 각 단어를 음소와 같은 정해진 기본단위(Subword-Unit)

으로 구성한 후, 각 기본단위를 하나의 모델로 지정하는 기법을 사용한다.

음성인식 기술은 위에서 언급한 바와 같이 분류기준에 따라 여러 종류로 나뉜다. 분류된 각 기술은 모두 고유의 장, 단점을 지니고 있기 때문에 어느 하나가 다른 것보다 우월하다고는 얘기할 수 없다. 따라서, 음성인식 시스템을 구현하려고 할 때는 적용분야의 특성과 구현될 시스템의 경제성을 고려하여 적절한 방식을 선택하여야 한다.

3) 음성 인식 기능의 상용화 추세

국내에 한국어-일본어 자동통역 시스템 및 음성인식 전화기, 음성인식 컴퓨터, 음성인식 자동차 등의 제품이 등장하여 음성인식에 대한 일반인들의 관심이 높아지고 있으나 아직 음성인식 기술이 우리 생활의 깊숙한 곳까지 자리잡고 있지는 못하다. 다시 말해 음성인식을 이용한 제품이 우리 주변에는 별로 없으며 그 제품을 사용해도 별 이점이 없다는 것이다. 한편 외국의 경우에는 음성인식을 이용한 통신 서비스 및 제품이 벌써 많이 등장하였다. 외국의 음성인식에 대한 연구가 이미 40년 이상이라는 사실을 감안해 볼 때, 이러한 응용 제품의 출현은 타 기술에 비해 늦었다고 할 수 있다. 그리고 공상과학 영화에서는 음성인식이 미래 사회의 필수적인 기술로 항상 등장한다. 이것은 음성인식 기술이 일상 생활에서 많은 편리함을 줄 수 있다는 가능성을 나타낸 것이다.

4) 음성 인식 기술의 응용 분야

음성인식 기술이 응용되는 분야는 크게 다섯 가지로 나누어 볼 수 있다.

- 사무 분야 : 데이터 입력, 데이터베이스 처리, 키보드 대체
- 제조 분야 : 아이프리(Eyes-Free), 핸즈프리(Hands-Free), 공장자동화
- 통신 분야 : 음성 다이얼링, 오퍼레이터 지원, 상품 주문, 700서비스, 증권안내, 부서안내
- 의료 분야 : 진료 카드 작성, 진료 청구, 진단서 작성
- 기타 : 장난감 로봇, 자동차, 가전제품

  (단, 위의 분류는 지금까지의 응용분야를 기준으로 나누었기 때문에 음성인식 기술 전 분야를 망라하지 못하였음을 알아두자.)

음성 인식 기술의 최대 장점은 손이나 시선을 자유롭게 할 수 있다는 점이다. 불편하거나 바쁜 손과 눈을 음성으로 대신할 수 있다. 예를 들면, 데이터 입력 작업시 키보드를 통해 입력하는 것보다 음성으로 입력시키면 훨씬 편리하다. 그리고 요리사, 응급실 의사, 전투기 조종사, 자동차 운전자 등이 음성을 입력하여 제어한다면 상당히 편리할 것이다.

2. 생체 인식 기술

1) 생체 인식 기술의 개요

PC와 인터넷의 대중화와 함께 정보통신이 빠른 속도로 발달함에 따라 정보의 관리 및 보안에 대한 중요성이 부각되고 있다. 이와 관련되어 출입통제 시스템, 인증 시스템 등에 대한 보안의 방법으로서 개인 신분 확인 기술이 곳곳에 적용되고 있다. 여기에 사용되는 기술 중 사람의 고유한 신체 특징을 이용하는 생체 인식 기술이 최근 부각되고 있다.

생체 인식 시스템은 전통적인 출입통제 시스템에 적용되어 왔으며 근태관리, 현금자동지급기, PC 데이터 관리, 전자상거래 인증 시스템 등에 사용되고 있다. 국내에서는 출입통제 시스템 응용분야에서 지문인식기술이 미국, 프랑스, 일본과 함께 높은 성능의 기술을 보유하고 있으며, 정맥 인식, 홍채 인식 관련 제품도 출시되고 있다.

2) 지문인식 기술

지문(Fingerprint)인식 기술은 사람의 지문이 모두 다른 모양이라는 점에서 발달된 생체 인식 기술이다. 지문인식 방식은 여러 방법으로 캡처를 한다. 최근 기술의 추세는 광학방식을 포함하여, 초음파나 반도체 칩에 기초한 기술이 있다. 광학방식은 지문감식의 초기기술이고 보편적으로 사용된다.

지문의 형태를 감지하는 방법은 현재 대표적으로 광학방식(Frustrated Total Internal Reflection)과 실리콘 칩(Silicon Chip Sensing) 또는 반도체방식 2가지가 있다.

- 광학식 지문인식기를 이용한 방식은 가장 보편적으로 널리 사용되고 있는 방

식이다. 강한 빛을 플래이튼(Platen)에 쏘아 플래이튼에 놓여진 손 끝의 지문 형태를 반사하게 되고 이 반사된 지문 이미지는 고굴절 렌즈를 통과하여 CCD에 입력된다. 또한 플레이튼에 놓인 손가락의 지문에서 반사되어져 나온 이미지를 홀로그램막에 투영하여 이미지를 획득하는 방법도 있다. 그리고 이 입력된 지문 이미지는 특수한 알고리즘에 의하여 디지털화 되어지는 것이다. 지문의 모양을 보다 정밀하게 이미지화함에 있어 특수한 방식이 따로 있는 것이 아니라 지문 자체에 있는 수분이나 기름성분이 굴절률을 변화시켜 지문 이미지를 정밀하게 CCD에 맺히게 하는 것이다.

[그림 4-5] 광학식 지문인식 기술을 이용한 도어락과 지문의 모양

- 반도체식 지문인식 방식은 실리콘 칩(반도체)을 이용한 방식은 피부의 전기전도 특성을 이용하여 실리콘 칩 표면에 직접적으로 손 끝을 접촉시키면 칩 표면에 접촉된 지문의 특수한 모양을 전기적 신호로 읽어 들이는 것이다. 칩 표면에 놓여지는 손가락의 압력과 열상에 따른 센서 애레이에 전하량의 변화를 읽어서 지문정보를 얻는 방법과 전기장 또는 초음파를 사용하여 얻은 지문이미지를 전기적신호로 변환하여 지문을 획득하는 방법이다. 한마디로 생체학적 특성(Biometrics)을 그대로 이용한 것이라 할 수 있다. 이 반도체 칩방식은 알고리즘이 제조회사마다 상이 하겠지만 기본 구조는 단순하기 때문에 가장 안정적이다.

3) 얼굴인식 기술

얼굴인식 기술은 사람의 얼굴을 기계가 알아보는 얼굴인식 시스템은 사용자 편의성 면에서 가장 탁월한 시스템이다.

사용자는 단지 카메라를 바라보기만 하면 되므로 양손에 짐을 들고 있을 경우에는 이 시스템만한 것이 없다.

하지만 얼굴의 각도, 표정, 나이에 따라 계속 변하기 때문에 실용화 하기는 쉽지 않다.

기계에 접촉하지 않고 카메라를 입력된 얼굴 형상을 데이터베이스와 비교하는 방식으로 사용자의 표정이 바뀌거나 주위 조명의 영향을 많이 받는다는 단점이 있으며 처리 속도가 빠르지만 빛이나 얼굴의 굴곡으로 인한 일그러짐, 머리카락의 변화 및 안경 착용 등의 이유로 인증 오류나 위장술에 대한 사칭을 분별하기 어려움

가장 중요하고 어려운 문제 가운데 하나는 입력된 영상으로부터 처리대상인 얼굴영역을 추출하는 방법으로 얼굴의 열상을 이용하는 방식과 3차원 얼굴 영상을 이용하는 방식으로 크게 구분된다.

얼굴의 열분포를 이용하는 방식은 얼굴 혈관에서 발생하는 열을 적외선 카메라로 촬영, 디지털 정보로 변환해 저장하는 것으로 얼굴에 외과적인 손상이 발생하더라도 변하지 않는 것이 장점이다.

얼굴은 유전성이 강하므로 FAR과 FRR이 상용성을 갖기 위해서는 소규모 DB에서만 가능하며 현재 WEB에서 본인인식에 실험적으로 사용하기는 하고 몇몇 제품이 나와 있으나 FBI나 한국경찰에서 용의자를 공항에서 검색해내는 자동 감식 제품은 실제적으로 정확성을 기대하기는 거의 힘들 것이라고 한다.

4) 망막인식 기술

망막인식은 안구 배면에 위치한 모세혈관의 구성이 사람마다 다르다는 것을 이용한 것으로 망막 패턴을 읽기 위해 미약한 강도의 연필 지름만한 적색 광선이 안구를 투시하여 망막에 있는 모세혈관에 반사된 역광을 측정하는 방식이다. 이 기술은 고도의 보안성을 보장할 수 있는 기술이며 인식 오류를 크게 줄일 수 있는 장점이 있지만 사용상 불편함과 두려움을 유발할 수 있으며 가격이 비싸다는 단점이 있다.

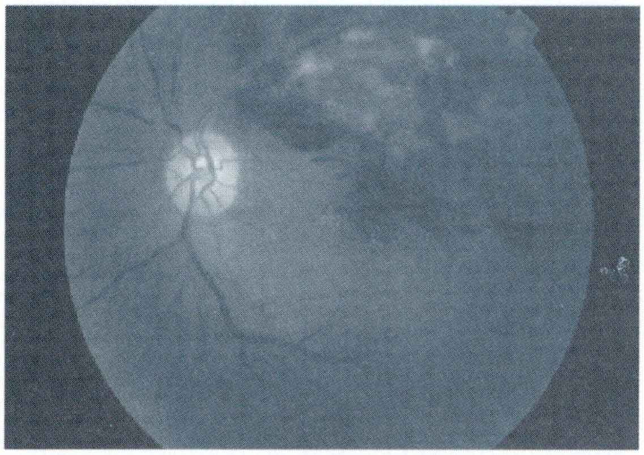

[그림 4-6] 망막의 실제 모양

5) 홍채인식 기술

홍채인식 기술은 안구의 홍채 모양을 이용해서 신원을 확인하는 기술이다. 홍채인식은 자연스러운 상태에서 획득된 영상을 이용하기 때문에 망막 인식에서와 같은 인식의 불편성을 줄여주며 안구 내 질병의 영향을 받지 않고 눈의 충혈과 관계 없이 인식이 가능하다. 또한 망막인식과 같이 보안성이 높으므로 상대적으로 인식 오류는 크게 낮다. 지문인식 시스템과 비교해 볼 때는 인식하는 특징점이 256가지로 지문에 비해 9배정도 많다. 하지만 가격이 비싸고 일반 사람들이 사용상 거부감을 느낄 수 있다는 단점이 있다.

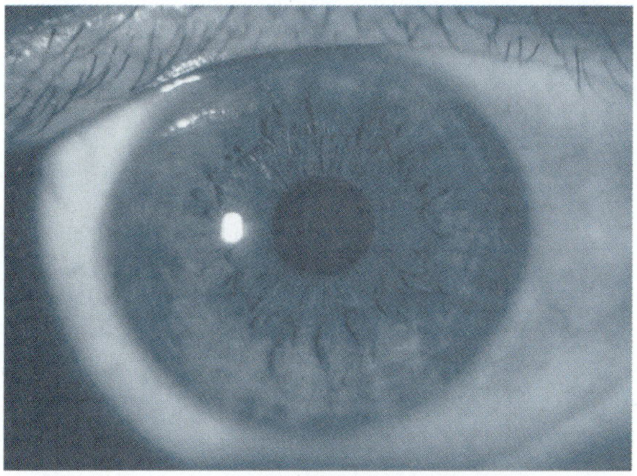

[그림 4-7] 홍채의 실제 이미지

6) 정맥인식 기술

정맥인식 기술은 손등의 정맥 패턴을 미리 등록한 손등의 영상과 일 대 일로 비교하는 방식이며, 적외선 조명을 조사하여 CCD 카메라에 잡히는 정맥의 형상을 가지고 비교한다. 이 방식은 개인의 데이터 크기가 256Byte 미만으로 관리에 부담이 없으며 간단한 상처나 일반적인 광투과성 물질에 의한 오염 등에도 양호한 영상을 얻을 수 있다는 장점이 있다. 또한 복제가 거의 불가능하여 높은 보안성을 가지고 있으며 망막이나 홍채인식 기술에 비하여 사용자의 거부감도 적다. 하지만 혈관 분포 영상을 얻는 방법이 보통 적외선 조명과 광학 필터를 사용하는 방법인데, 손등의 피부 배경으로부터 정맥의 패턴을 분리하여 추출하는 것이 쉽지는 않고, 하드웨어의 구성이 복잡하여 비용이 비싸다는 단점이 있다.

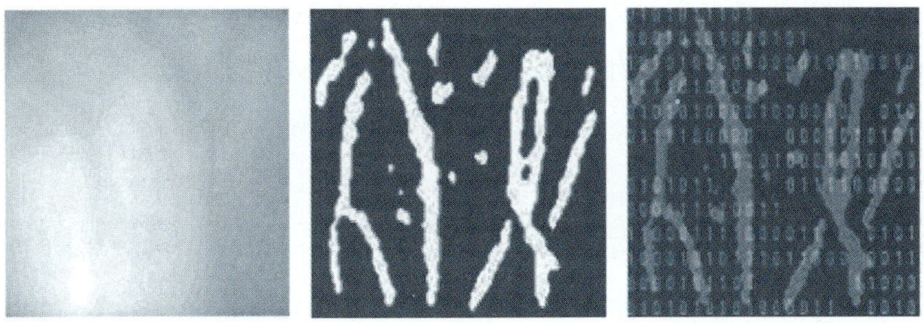

취득된 손등영상 추출된 손혈관 패턴 바이오정보 암호화

[그림 4-8] 정맥 인식 과정

3. DRM 기술

초기에는 InterTrust, ContentGuard 등 선도기술을 보유한 DRM업체가 DRM 시장을 리드해왔으나, 최근에는 Vender DRM(기존의 자신의 제품에 DRM을 추가하는 시스템을 의미)이 나오면서 이들 DRM업체가 DRM시장을 점차 장악하고 있는 추세이다. MS의 Microsoft Media Player가 대표적인 Vender DRM으로서, Microsoft Media Player에는 WMT(Window Media Technology)라는 DRM 기술이 추가되어 있다. 현재 WMT는 MS Media Player의 인지도를 발판으로 오디오/비디오 시장의 de facto 표준으로 등장하고 있다. 전자책 시장의 사실표준으로 자리잡고 있는 Acrobat

Reader 역시 Vender DRM으로 볼 수 있으며, Adobe PDF기반의 DRM인 ACS (Acrobat Content Server)를 출시하여, 시장 장악에 박차를 가하고 있다. InterTrust는 비록 시장 확보에는 MS에 뒤지고 있지만, DRM 선도기술업체로서의 우수한 기술력과 경험을 바탕으로 협력업체를 꾸준히 확장하면서 비즈니스 범위를 점차 확대해 나가고 있다. ContentGuard 역시 DRM판내 실적이 크게 두드러지지는 않지만, 공개한 권리표현 언어인 XrML이 널리 활용되고 있고, 나아가 표준으로 채택될 가능성이 높아짐에 따란 새로운 비즈니스의 가능성이 점쳐지고 있다. 현재 DRM 기술을 개발, 판매하는 개발 업체와 DRM 벤더업체가 자사 기술의 산업 표준을 목표로 경합을 벌이는 구도를 보이고 있다. 〈표 4-3〉과 〈표 4-4〉는 DRM 기술 개발 업체 및 특성과 DRM 벤더 업체 및 특성을 보여준다.

〈표 4-3〉 DRM 기술 개발 업체 및 특성

업체명	특 성
InterTrust	1990년 설립된 InterTrust는 멀티플 디바이스와 OS를 통합하는 일반 DRM 플랫폼을 제공하는 회사로서 DRM영역의 선도 기업이라고 할 수 있다.
ContentsGuard	DRM에서의 상호운용성 확보를 위한 권리 기술언어인 XrML개발 업체로서, Xerox사에서 분사하여 마이크로소프트사의 재정적 지원을 받아 2000년 4월 설립되었다.
DigiMarc	이미지 워터마킹 기술을 기반으로 여러 관련 업체(Adobe, hp 등)와 협력관계를 맺고 디지털 영상에까지 영역을 넓히고 있으며, 여권 위조 방지 등의 솔루션을 선보였다.

〈표 4-4〉 DRM 벤더 업체 및 특성

업체명	특성
Microsoft	OS 시장의 성장을 촉진하는 도구로써 DRM의 중요성을 인식하고 윈도우 미디어 파일의 유통 보안을 위해 Windows Media Technology를 개발하였다.
Adobe	Adobe의 DRM 기술인 Adobe PDF Merchant DRM은 전자출판의 흐름을 타고 디지털 콘텐츠를 위한 전반적인 과정을 담고 있다.
IBM	OS 시장의 성장을 촉진하는 도구로써 DRM의 중요성을 인식하고 윈도우 미디어 파일의 유통보안을 위해 Windows Media Technology를 개발하였다.

현재 국내 DRM 업체로는 디지캡, 파수닷컴, 콘텐츠코리아, 마크애니, 드림인테크, 디지털이노텍, 메타라이츠, 실트로닉스, 디지트리얼테크놀러지 등이 있고 대부분 저작권보호 기술업체로 시작한 업체들이 많다. 대부분 업체들이 복제방지 기술뿐 아니

라 콘텐츠 비즈니스를 활성화할 수 있는 통합 DRM 솔루션을 개발함에 따라 국내의 DRM 시장도 크게 성장할 것으로 전망된다. 국내에서 개발된 대부분의 DRM 제품들은 시스템 형태의 솔루션이나 SDK 형태의 제품으로, 단품 형태의 제품은 출시가 되지 않은 실정이다. DRM 적용 기술로는 대부분 워터마킹이나 암호화를 사용한 복제 방지기술이 대부분이다. 최근에 들어서는 콘텐츠의 생성에서부터 이를 이용하는 사용자에 이르기까지 모든 유통과정을 포함하는 인프라스트럭처의 개념이 연구 개발에 부분적으로 적용 중에 있다.

4. 상황 인지 기술

상황 인지 기술은 유비쿼터스 환경의 각 요소들이 자신의 역할을 지능적으로 수행하기 위해 필요한 정보를 외부로부터 수집할 수 있는 기술로서 감지 대상자의 위치, 현재 상태, 명령 등을 감지할 수 있다. 음성에 의한 명령 인지, 행동에 의한 명령 인지등의 기술이 이에 해당된다.

5. 유비쿼터스 보안 모델

유비쿼터스 보안 인증 요구사항은 크게 2가치 측면을 모두 고려해야 한다. 즉 유비쿼터스 서비스 모델이 어떠한 형태가 되어지더라도 보안적 측면에서 만족되어져야 하는 보안 요구사항은 장비 인증과 사용자 인증을 모두 만족할 수 있어야 한다.

제안하는 기본적인 유비쿼터스 환경은 일반적인 생활 공간에 널리 분포되어져 있는 다양한 객체 정보를 실시간적으로 획득하고 이러한 공간에 존재하는 사용자가 장소와 시간적 제약 없이 네트워크 접속을 통한 서비스 제공을 목적으로 볼 수 있다.

이러한 목적을 실현하기 위에 접근방법 중 하나는 RFID 기반의 객체 정보 획득 환경과 장소와 시간에 구애 받지 않는 즉 유/무선 인터넷 기술을 이용한 네트워크 접속 및 응용 서비스를 제공하는 것이다.

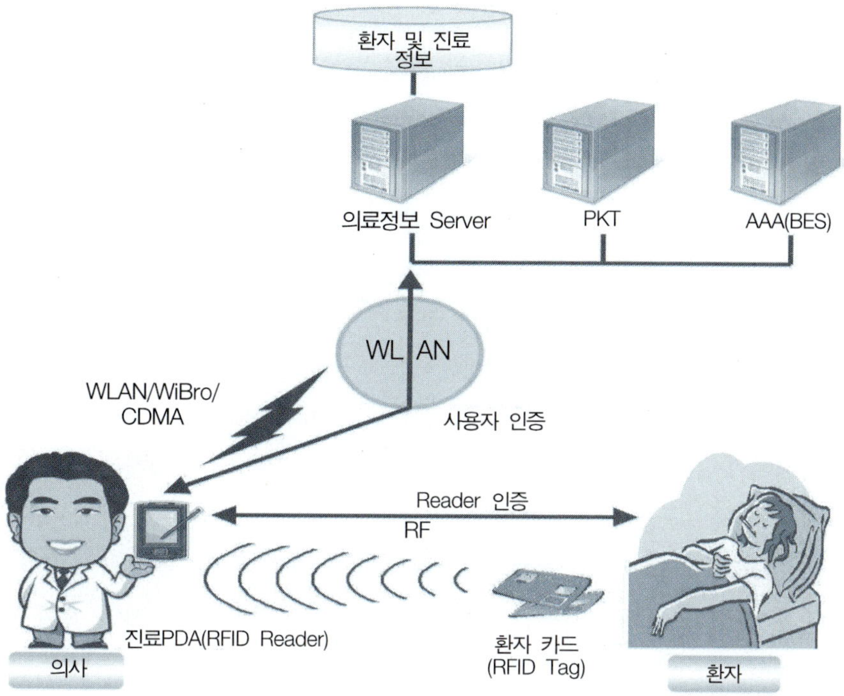

[그림 4-9] 유비쿼터스 보안을 위한 적용 모델 1

유비쿼터스 서비스 시험 모델을 통한 보안 요구사항을 도출하고 이에 적합한 보안 인증 기술을 제안하고자 한다.

첫 번째로 제안하는 유비쿼터스 시험 모델은 의료 기관에 적용하기 위한 것으로 PACS(Picture Archiving & Communication System), LIS(Laboratory Information System), OCS(Order Communication System), EMR(Electronic Medical Record) 등으로 전자화되어진 다양한 응용을 보다 효율적이고 편리하게 이용하기 위해 유비쿼터스 환경 모델로 제시한다.

적용 모델 1은 의료 기관에서 유비쿼터스 개념의 진료 서비스에 대한 개념도이다. 그림에서와 같이 의사 및 의료진은 자신의 의료 장비(PDA, PC 등)을 이용하여 등록된 환자에게 RFID Tag가 부착된 환자 카드를 발급해 주고 진료 시 환자 카드를 보유한 환자에 대한 신원 정보를 자동으로 읽어서 내부 의료 정보 시스템으로부터 진료 정보를 얻는다. 이때 의료진이 보유한 장비는 RFID Reader를 통해 환자 카드 내 Tag 정보인 환자 신상 정보를 자동으로 획득하는 구조를 갖는다. 이 때 의료진이 보유한 RFID Reader는 환자가 보유한 의료 카드 내 tag 정보를 얻기 위한 적절한 인증 처리가 있어야 하며 이에 대한 장비 인증이 필수적으로 요구되어진다.

일단 환자 신상 정보를 획득한 의료진은 자신의 신원 정보를 의료 정보 시스템으로부터 사용자 인증 처리가 이루어진 후에 진료 정보를 획득하도록 해야 한다. 즉 사용자 인증에 대한 보안 기능이 만족되어져야 한다.

이 때 사용자 인증 처리를 위한 메커니즘으로 제안하는 것은 AAA 서비스 프레임과 PKI 보안 메커니즘이다. 즉 의료진에게 신원 확인용 인증서를 발급하고 이에 대한 인증 및 인가에 대한 서비스 모델은 AAA 구조로 하여 유비쿼터스에서 요구되어지는 사용자 인증을 완벽히 제공하도록 한다.

두 번째는 사용자가 보유하고 있는 Cellular Phone이나 인터넷 기능을 갖는 손목시계에 Tag Reader 장비가 부착되어져 일정 지역 내 존재하는 장비(인터넷 가전, 출입통제 출입구 등)에 부착되어진 Tag를 인식할 수 있도록 하고, 홈 서버(Back End Authentication Server)는 서비스 개시 전에 개인 소유 장비에 부착되어진 Reader 인증을 수행하여 Tag 인증을 위한 사전 처리를 완료한다. 개인 소유 장비는 무선 홈 네트워크에 적용되어지는 무선 기술이나 휴대/무선 인터넷 기술을 통한 Back End Server와 연결되어 다양한 서비스를 수행한다.

일단 Tag에 대한 식별 정보를 수집한 인가된 휴대 장비는 자신의 인증 정보와 함께 Back End Authentication Server로 전송하고 등록된 보안 서비스 정보를 기반으로 출입 통제 서비스, 인터넷 TV 채널 서비스 등을 제공할 수 있다.

모델 2의 기본적인 시나리오 절차는 다음과 같다.

① 이동 장비(Cellular Phone, 인터넷 시계 등)는 Back End Server에 장비(인터넷 가전 등) 인증/사용자 인증 처리(EAP_TLS, WPKI/PKI, 생체 인식 메커니즘 등)
② 이동 장비는 Domain 내 Tag 인식
③ 감지 대상인 Tag는 Back End Server DB를 이용한 이동 장비 인증을 통한 Tag 식별 정보 전송
④ Tag가 부착된 시스템은 인증된 이동 장비의 Control 정보 수신 대기
⑤ Tag와 Back End Server에 인증된 이동 장비는 통제하고자 하는 시스템에 대한 다양한 통제 정보를 전송하여 유비쿼터스 서비스 수행

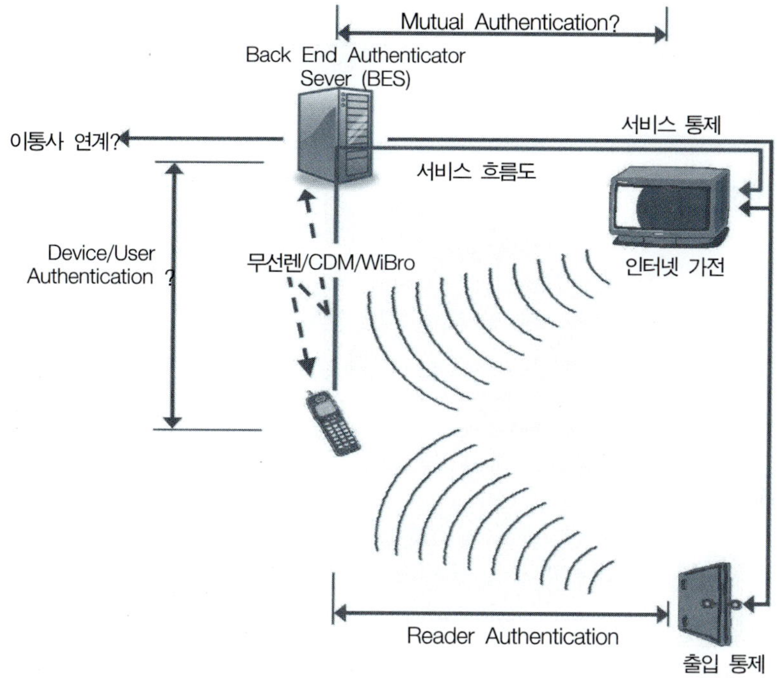

[그림 4-10] 유비쿼터스 보안을 위한 적용 모델 2

두 번째 서비스 모델에서는 홈 네트워크에서 사용하기 적합한 유비쿼터스 개념이다. 사용자는 자신의 사무실이나 집에서 다양한 장비를 자신이 보유하고 있는 휴대장비(PDA, MS, 손목 시계)를 통해 손쉽게 통제할 수 있는 편리성과 인증 절차를 통한 물리적 보안 기능도 제공할 수 있다. 설명한 바와 같이 두 번째 모델도 사용자가 보유하고 있는 reader 장비에 대한 인증 처리와 사용자가 통제권을 가질 수 있도록 BES(AAA) 서버에 사용자에 대한 인증 처리가 필수적으로 요구된다. 즉 사용자와 장비(Tag reader)에 보안 인증 처리가 이루어져야 한다.

4.7 인터페이스(Interface) 기술

1. 차세대 디스플레이

유기 EL 관련 업체는 유기 EL의 가치사슬에 따라 크게 유기물질을 공급하는 재료 공급업체, 장비업체, 디스플레이 제조업체로 구분할 수 있다. 재료 공급업체로 가장 대표적인 기업은 저분자 유기 EL을 처음으로 고안해 낸 이스트만 코닥사로 저분자계의 기본 특허기술을 보유하고 있으며, 산요, 파이오니아, TDK, 마쓰시타 전기, 미쓰비시 화학 등의 업체에 라이선스를 부여하고 있다. 고분자계에서는 캠브리지 디스플레이 테크놀로지(CDT)를 중심으로 인텔, 듀폰, 필립스, 세이코 엡슨 등 여러 업체가 서로의 기술을 공유하는 형상으로 진행 중이며, 협력체계를 통하여 소재에 대한 기술개발을 활발하게 하고 있다. 다음으로 장비업체는 그리 많지 않으며, 일본의 TOKKI, ULVAC, 미국 H.W.Sands, Kurt Lesker 그리고 한국의 신한광진공, ANS 등을 꼽을 수 있다. 마지막으로 유기 EL의 가장 전방에 위치하고 있는 디스플레이 제조업체로는 세계적으로 유기 EL을 첫 상용화한 파이오니아를 필두로 소니, 산요, 세이코엡슨, TDK, 엘디스, SK디스플레이 등이 있다. 또한 최근 코오롱이 유기 EL사업에 진출을 전격 선언하여 이 산업에서 본격적인 시장 선점 경쟁이 전개될 것임을 예고하고 있다.

제5장

BcN과 IPTV

5.1 BcN의 개요

1. BcN의 정의

광대역 통합망(BcN)이란 통신, 방송, 인터넷이 융합된 품질보장형 광대역 멀티미디어 서비스를 언제, 어디서나, 끊김없이(seamless) 안전하게 광대역으로 이용할 수 있는 차세대 통합 네트워크를 말한다.

즉, 다양한 서비스를 용이하게 제공할 수 있는 개방형 플랫폼(Open API) 기반의 통신망과 네트워크 단말에 구애받지 않고 다양한 서비스를 끊김없이 이용할 수 있는 유비쿼터스 서비스 환경을 지원하는 통신망이다.

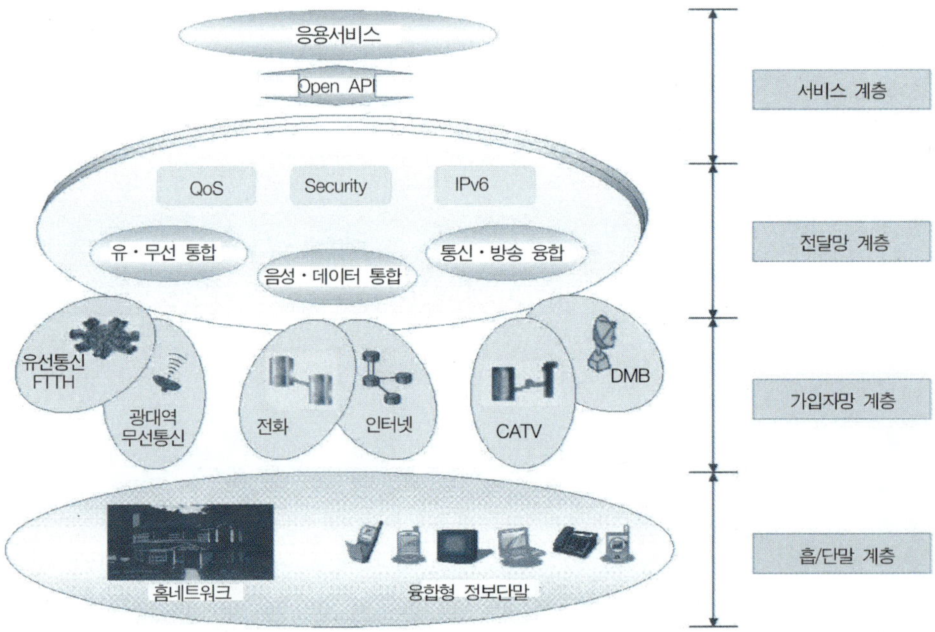

[그림 5-1] BcN 구성 개념도

BcN의 의미를 살펴보면 수 십년간 이어 오던 텔레콤망이 데이터 기반 유선 인터넷뿐만 아니라 3G/4G 및 무선 인터넷이 결합하여 네트워크 융합(Network Convergence) 및 서비스 융합(Service Convergence)을 통하여 새로운 수익 모델을 창출하기 위함이다. 또한 기존 망 사업자는 음성 전화의 재원(cash cow)가 사라지고 있는 상황에서 고품질의 융합 서비스를 통한 신규 수익을 창출할 수 있는 망으로써 BcN을 고려하고 있다. 특히, 정보화 사회가 진화됨에 따라 기존 산업 사회의 비즈니스보다는 사이버 네트워크 상의 멀티미디어 비즈니스가 훨씬 많은 수익을 가져다 줄 것으로 예상하여, 정보통신망을 활용한 사이버 시장을 보다 적극적으로 발굴하기 위한 노력의 일환이다. 즉, BcN의 전략적인 개념은 [그림 5-2]에서와 같이 기존의 ISDN/B-ISDN 등과 같이 기술 개발 측면에서 출발한 것이 아니라 정보화 사회의 새로운 사이버 시장을 창출하고자 하는 비즈니스 및 사회적인 측면에서 출발한 것이다.

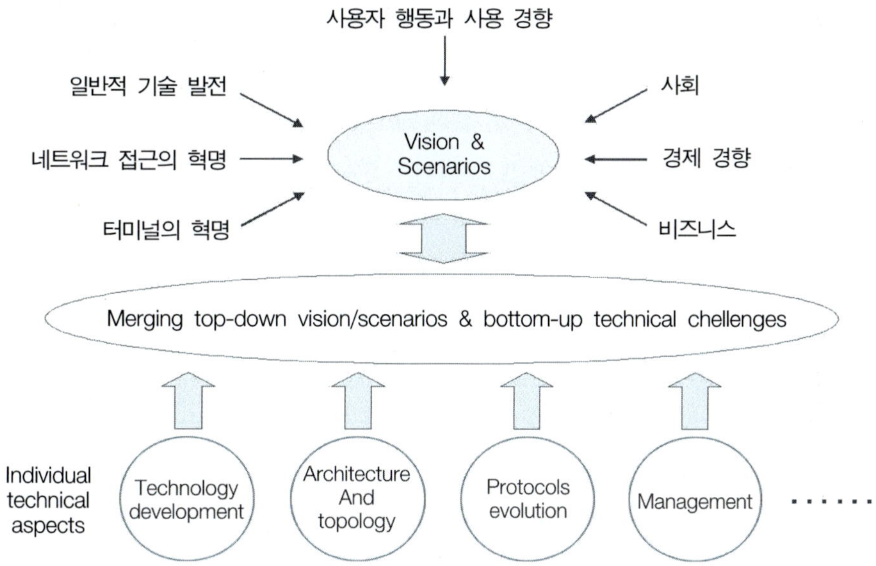

[그림 5-2] BcN 전략적인 비전 및 시나리오

이러한 정보통신 산업 전략에 따라 정부는 통신사업자들이 미래를 걸게 할 새로운 성장동력원으로 BcN을 제시했다. BcN은 기존에 음성전화시장으로 상징되어 온 기존의 통신시장 구도를 유무선 통합, 통신과 방송 융합 등 새로운 컨버전스 시대로 전환하게 될 것이다. 이를 통하여 2010년까지 유선과 무선에서 각각 50Mbps급 이상의 광대역 통신망을 구축하고 다양한 컨버전스형 서비스를 확산시키겠다는 게 정부의 BcN 전략이다.

5.2 BcN 서비스의 전망 및 유형

1. BcN 서비스 전망

초기 광대역 통합 서비스는 이용자 중심의 서비스 환경 요구와 사업자의 새로운 수익 창출 동기에 의해 융합형 멀티미디어 서비스가 활성화되면서 통신대역폭은 2010년까지 50~100Mbps급 품질보장형 서비스를 제공하게 될 것이다.

통신사업자들의 서비스가 음성에서 데이터로 전환됨에 따라 수익 창출 및 비용절감을 위해 기존의 음성을 IP망으로 통합해 VoIP, 멀티미디어 영상전화, 통합메시징, 다자간통화 등 다양한 IP 기반의 고속 고품질 멀티미디어 서비스가 등장할 것이다. 또한, 유·무선 서비스 결합을 통한 새로운 수익모델 창출을 위해 휴대인터넷, 웹폰(Web-Phone) 서비스, 평생번호 서비스, 통합 VPN 등 다양한 통합 서비스가 등장할 것이다.

2. BcN 서비스 유형

BcN의 통합 서비스 유형은 다음 3 가지 형태로 나타날 것이다.

1) 음성데이터 통합 서비스 분야

음성데이터 통합 서비스 분야는 IP를 기반으로 음성, 데이터, 영상을 통합하여 제공하는 서비스로, 음성 서비스의 경우 최소 기존 PSTN망 품질수준 보장이 가능하여야 하며, 다양한 단말을 통해 고품질 XoD(VoD, MoD, GoD 등) 서비스가 있다.

2) 유·무선 통합 서비스 분야

유·무선 통합 서비스 분야는 통합단말을 통해 정지 혹은 이동 중에 네트워크에 접속할 수 있도록 하는 서비스와 유선의 광대역과, 무선의 이동성을 상황에 따라 최적의 접속환경으로 제공하는 서비스가 해당된다. 유무선간 영상전화, 휴대인터넷 등이 있으며 All IP 유무선 통합 서비스가 있다.

3) 통신 · 방송 융합 서비스 분야

통신 · 방송 융합 서비스 분야는 한 개의 매체로 D-TV(Video), 인터넷(Data), 전화(Voice) 서비스를 동시에 제공하며, 디지털 방송 및 기존 방송망으로 정보를 수신하고 통신망으로 정보를 송신하는 양방향 서비스, TV를 이용한 홈쇼핑, 홈뱅킹, 금융 등의 전자상거래(T-Commerce) 및 전자정부 서비스(T-Government) 등이 있다.

5.3 BcN 기술 개요

1. BcN 기술의 주요 개념 및 특징

광대역 통합망은 궁극적으로 사람들이 거주하는 모든 가정 및 사무실에 광대역으로 네트워크 접속을 허용하고, 이동 중이거나 고정된 상태이거나 관계없이 항상 네트워크 접속이 가능하게 하는 것이다. 나아가 네트워크에 접속되어 있는 자신이 소유하고 있는 장비를 네트워크를 통하여 제어하는 것이 가능하게 하는 것이다.

이러한 광대역 통합 서비스 개념은 모든 형태의 정보통신 서비스에 대한 지원이 가능하고, 네트워크 인터페이스에 대하여 개방되고 공정하게 이용할 수 있도록 하며, 각기 다른 네트워크에 대하여 공통의 구조를 채택하여 이를 통합할 수 있도록 한다. 또한 기존 서비스뿐만 아니라 신규 서비스에 대하여 어떤 시간이나 어떤 장소에서나 멀티미디어 서비스를 제공 가능하게 하는 것을 목표로 한다.

광대역 통합 서비스를 위한 단말 사용자 요구사항을 보면, 첫째로 어떠한 제약이 없이 중단 없이 서비스가 가능하게 되어야 하며, 둘째로 유선이든 무선이든 관계없이 통합 단말기를 용이하게 사용할 수 있어야 한다. 셋째로 동일한 번호 계획과 네이밍 시스템을 사용해야 하며, 넷째로 서비스 등급에 따라 차등적인 과금이 가능해야 한다.

한편 광대역 통합 서비스를 위한 망 공급자 요구사항을 보면 서로 다른 망 사업자 간에 자원 효율을 높일 수 있도록 경제적인 투자가 이루어져야 하며, 서비스와 망 장비 간에 개방형 인터페이스 플랫폼을 제공하여 서비스 제공 비용을 최적화해야 한다. 또한 망 사업자 간에 통합 과금 시스템을 도입하여 상호 정산을 위한 부가적인 부담을 줄이고, 중단 없는 서비스를 위하여 이동성이나 로밍 서비스를 지원해야 한다.

여기서 특기한 사항은 향후 정보통신 서비스는 플랫폼 개념이 개방형 인터페이스(Open API : Application Program Interface)를 가장 중요한 항목으로 취급을 하는데 이는 망구조와 기능 구성에 있어 개방적이고 경쟁력이 있는 환경을 제공할 수 있기 때문이다. 또한 Open API는 새로운 신규 서비스를 개발하는 환경에 가장 효과적인 인터페이스라고 판단하고 있다. 또한 BcN이 향후에 등장할 모든 형태의 정보통신 서비스를 수용할 것을 가정한다면 전화에서부터 멀티미디어에 이르기까지 모든 서비스 유형뿐만 아니라 실시간, 차등적인 서비스 품질, 일대일 및 일대다중 연결 등과 같은 다양한 전송 특성을 제공해야 한다. 이와 같이 다양한 정보통신 서비스를 위하여 BcN에서는 서비스를 네트워크로부터 분리하려는 개념이 강하게 등장을 하는데 이는, 즉 서비스 기능을 전달 능력으로부터 분리를 시키고, 서비스는 망 하부구조에 관계없이 그 자체 진화적인 요소로 도입이 되어야 할 것으로 분석되고 있다.

2. BcN 기술 발전 전망

현재 네트워크 환경을 보면 기존의 전통적인 전화망과 사설 전용선망, 위성방송망, 케이블망 및 무선/이동 통신망을 비롯하여 최근 인터넷까지 다양한 형태의 망이 공존하고 있다. 최근의 인터넷과 무선/이동 통신망이 급속히 확대됨에 따라 기존 개별 통신망과 융합하려는 BcN의 탄생은 어쩌면 당연한 것으로 생각된다. 광대역통합망이 완성이 되면 일반 가입자는 자신이 소유하고 있는 단말기 형태에 무관하고, 유선이든 무선이든 접속된 망에 관계없이 언제 어디서나 자유롭게 대화하고 필요한 정보를 원하는 품질로 얻을 수 있을 것이다.

BcN에서 품질보장 서비스가 제공되면 사용자가 원할 때 99.999 % 가용도(이는 1년에 접속 불량 시간이 10 분 이하인 경우임)를 가지고 항상 망에 접속할 수 있으며, 내가 원하는 데이터, 음성 및 영상 정보를 내가 원하는 시간 이내에 다양한 품질로 받을 수 있다. 또한, 보안 측면에서 정보의 유출을 걱정하지 않고 마음 놓고 은행 업무도 볼 수 있는 여건이 조성된다. 이는 모든 개인과 회사의 비즈니스 업무에서 공기나 물과 같이 가장 필요로 하는 신뢰하는 네트워크 환경이 구축되게 된다.

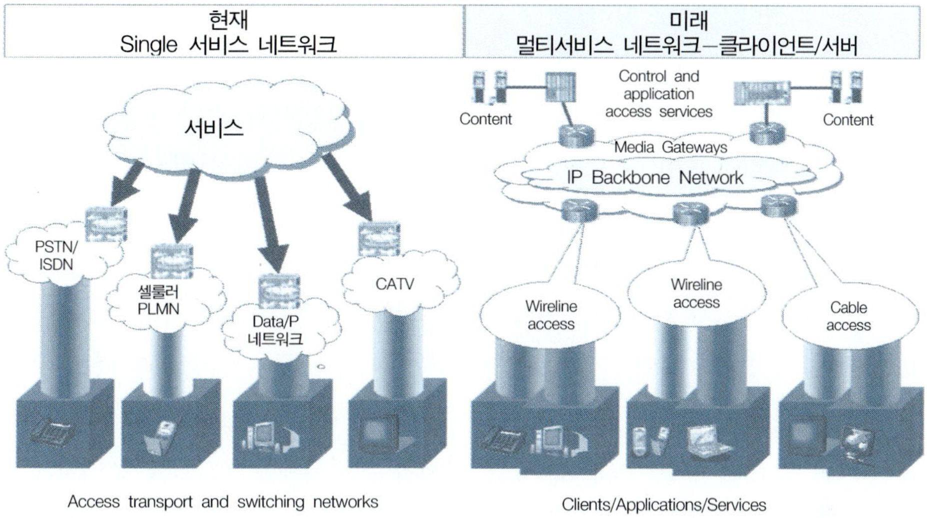

[그림 5-3] 멀티 서비스 통합망으로 망구조 전환 개념

현재 유선 또는 무선 인터넷은 급속히 보급되고는 있으나 종단간의 서비스 품질을 보장을 해주지 못해서 새로운 정보통신 비즈니스의 걸림돌이 되고 있다. 이는 현 인터넷이 네트워크 이용을 위해 사전 예약하는 기능이 없고 현재 가용한 리소스 상태에서만 상호 접속이 가능하기 때문이다. 인터넷 연구그룹에서 검토하고 있는 Diffserv 서비스 또는 Intserv 서비스 모델은 실질적으로 망에서 운용이 곤란하다. 왜냐하면 차별화된 우선순위를 주거나 대역을 보장하기 위해서는 이에 상응하는 요금을 받으면서 이를 운용하고 감시할 수단이 있어야 하는데 이를 위한 마땅한 수단이 없기 때문이다. 또한 현재 가장 시급히 요구되고 있는 정보 보안 능력도 가입자 단말 서비스 간에는 가능하나 네트워크 측면의 적절한 보안 능력을 제공하는 것은 현 인터넷 구조에서는 매우 어렵다.

따라서 통신망 사업자 측면에서 기존 인터넷 망은 서비스 품질을 제어할 수가 없어서 엄청난 시설 투자에도 불구하고 가입자로부터 품질 불만을 사고 있는 실정이다. 더구나 현 인터넷이 데이터중심으로 설계되어 점차적으로 대용량의 파일이나 음성, 영상 및 방송 트래픽을 전달하는 데는 많은 기능의 보강이 요구되고 있다.

품질 보장 측면에서 광대역통합망의 진화 방향은 다음과 같은 요구사항을 가지고 있다. 첫째로 다양한 서비스 등급에 따라 최적으로 망 자원을 제어하고 관리가 가능한 네트워크가 필요하다. 이는 모든 형태의 정보통신 트래픽을 동시에 수용함에 따라 각 서비스 별로 망 이용 요구사항이 서로 상이하기 때문이다. 즉, 영상 및 비디오 트래픽은 일정한 대역의 지연 편차가 거의 없는 서비스를 요구하고, 대용량 파일 전송의 경우에는 약간의 전달 지연은 허용할 수 있으나 전달 손실은 거의 없기를 요구한다. 따라서 서비스 요구사항과 특성에 따라 다양한 서비스 등급으로 나눌 필요가 생기게 된다. 둘째로 앞으로 대부분 사람 들이 이동 중에도 또는 출장이나 휴가 등으로 인해 다른 장소에서도 자신이 사용하던 네트워크 환경을 그대로 유지를 하기를 바란다. 따라서 단말 서비스 환경에 관계없이 중단 없는 서비스 연결성을 유지하고, 어느 지역에서나 안정적인 서비스 품질을 제공받는 것은 매우 중요하다. 셋째로 향후 네트워크 기술은 수십 년 또는 수백 년을 지속적으로 발전을 할 것이므로 새로운 기술 발전을 촉진하고, 정보통신 사회가 진전됨에 따라 이를 용이하게 받아들일 수 있는 개방형 구조를 가져야 한다. 이는 광대역통합망이 누구에게나 개방됨에 따라 누구나 자신이 원하는 서비스 품질로 새로운 응용 서비스를 개발하는 것이 용이하기 때문이다.

광대역통합망의 서비스 품질 요구사항을 살펴보면

첫째로 서비스 측면에서 데이터, 음성, 오디오 및 방송/영상 서비스에 따라 서로 다른 전달 요구사항을 수용할 수 있어야 하며, 서비스를 제공함에 있어 사용자와 망 간에 SLA(Service Level Agreement) 계약을 따라 적절한 과금 능력을 가져야 하며 필요시 트래픽 모니터링 능력이 필요하다.

둘째로 망구조 측면에서 광대역통합망은 제어가 가능한 안정된 네트워크가 필요하다. 또한 사용자가 요구하는 다양한 액세스 제어 능력, 필터링 능력 및 우선 순위 제공 등과 같은 정보 처리 능력을 제공하고, 필요로 할 경우 임의로 특정 가입자의 전달 대역을 제어한다. 그밖에 접속된 모든 가입자의 상태를 보관하고 이에 따라 지능적으로 서비스 능력을 제공해 줄 수 있도록 가입자 상태 정보를 유지할 필요가 있다. 이를 통하여 송신 가입자별로 개인화된 서비스 능력을 제공할 수 있고, 정보 흐름에 따라 가상 사설망과 유사한 지능적인 정보 전달 능력을 제공할 수 있다. 나아가 TV, PDA 또는 PC 등과 같은 단말 유형에 따라 필요한 응용 서비스 레벨의 필요한 능력을 제공할 수 있다.

광대역통합망의 트래픽 엔지니어링 기술은 기존 전화망 또는 인터넷, 무선망과 차별화시킬 수 있는 가장 중요한 기술이다. 이는 망의 서비스 품질 제공 능력을 해당

망을 다른 망과 차별화시키는 데 가장 중요한 변수가 되며, 특히 전자상거래 등과 같은 미래의 통합 서비스 환경을 구축하는 데 가장 중요하다. 이는 단말기 또는 응용 서비스 특성에 맞게 망 자원을 최적으로 제어 해주기 때문에 가장 경제적인 망을 구축 및 운영할 수 있다.

다음으로 서비스 품질 제공 방식은 크게 자원을 예약하는 QoS(Quality-of-Service) 등급과 자원 예약 없이 서비스 품질을 제공하는 CoS(Class-of-Service) 등급으로 구분할 수 있다.

첫째로 자원을 예약하는 QoS 등급은 ATM과 같이 가상 채널이나 흐름 단위로 종단간에 서비스 품질이 보장이 된다.

둘째로 자원 예약 없는 CoS 등급은 단순히 유형별로 우선 순위를 가지고 망 자원을 이용하게 하는 방식이다. 이 경우는 많은 사용자가 동일한 망 자원을 동시에 이용하고자 할 경우에는 폭주가 발생하고 망 사용상에 적절한 규칙이 없으면 품질을 만족할 수가 없다.

세 번째로 광대역 통합망은 단순히 이종의 다양한 물리매체를 사용하는 기존의 유선망, 무선망 그리고 방송망을 통합하는 의미를 넘어서 사용자의 서비스 요구사항을 최적으로 만족시키면서, 망 자원을 가장 효과적으로 사용하게 하는 제어가 가능한 품질 보장망을 구축하는 것이 매우 중요하다. 이러한 품질 보장망의 의미는 먼저 정보 전달을 통한 비즈니스를 지원하는 의미가 가장 크다고 할 수 있다. 이는 정보를 생성하고, 정보를 수집 및 처리하고, 정보를 전달하고, 그리고 정보를 이용하는 정보 먹이사슬 관계에서 안정되고 고품질의 통신망을 통하여 새로운 비즈니스를 창출할 수 있는 환경을 구축하는 것이다. 이는 네트워크가 단순히 정보를 공유하는 수단이 아니라 정보 자체의 가치를 매기는 수단이 되는 것이다. 이는 현재 인터넷이 단순히 접속 속도에 따라서 요금을 부과하는 것이 아니고, 이용하는 정보의 형태와 사용 시간 그리고 정보량에 따라 가치를 매길 수 있다. 그밖에 고품질 광대역통합망을 통하여 지금까지 응용 서비스 사업자나 개인으로 하여금 서로가 필요로 하는 정보 거래가 이루어질 수 있으며, 상호간에 많은 수익을 창출할 수 있다.

이러한 고품질 광대역통합망의 효과는 단순히 정보통신 산업뿐만 아니라 교통, 은행, 교육, 물류, 환경, 및 여행 등과 같은 타 산업의 생산성을 더욱 촉진시키는 의미가 있다.

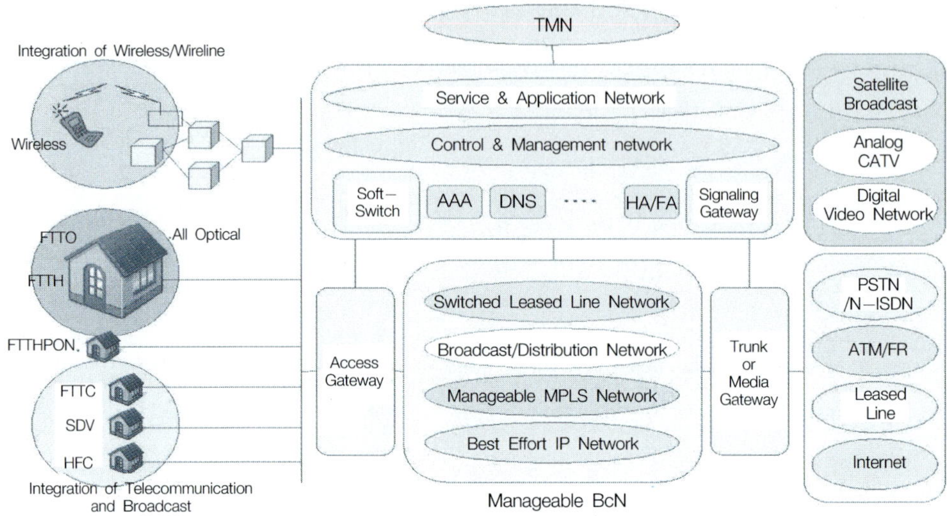

[그림 5-4] BcN 망구조 개념

5.4 BcN 추진 동향 및 전망

1. 각국의 NGN 추진 동향

먼저 미국은 ATIS 표준화 단체를 중심으로 라우터 기반의 유선 인터넷과 셀룰라의 2G/3G뿐만 아니라 무선 인터넷을 결합된 망을 중점적으로 검토하고 있다. 특히, 라우터 개발 업체는 기존 라우터에 망 운영 관리 기능을 탑재하고, IMS(IP Multimedia Subsystem)를 포함하여 무선 이동 서비스를 수용하여 NGN 요구사항을 수용하는 방향으로 개발하고 있다. 무선 장비는 IP 프로토콜뿐만 아니라 이동단말의 요구사항을 수용하도록 개발 진행 중이다.

일본은 광네트워크 구축을 통하여 QoS 제공 측면에 집중하고 있으며, 최근에는 전달망에 유무선 통합을 포함한 IMS 개념의 도입을 추진 중이며, IMS 기술이 아직 검증이 되지는 않았지만 기존 PSTN/ISDN망과 연동하는 데 매우 효과적일 것으로 보고 있다.

독일은 3GPP망과 기존 ATM망 및 IP망은 당분간 통합없이 별도 구축을 추진중인 것으로 파악되고 있으며, 향후 NGN 도입방향은 결정하지 못하고 NGN 표준화 동향을 예의 주시하고 있다. 영국 BT와 프랑스 FT는 현재 운용중인 ATM 망 구조를 NGN 개념으로 고도화시키는 것과 동시에 기존 인터넷망에 MPLS 기술을 적용하여 고품질의 이동 및 무선 접속 능력을 강화하는 작업을 진행 중이다.

2. BcN 시스템 개발 동향

현재 세계의 주요 업체는 IP 응용 서비스 및 보안 능력을 포함한 미들웨어 기술개발에 매우 적극적이며, 또한 이를 확산하기 위해 개방형 서비스 개념을 도입하기 위해 노력 중이다. TISPAN을 중심으로 한 3GPP 그룹은 IETF 등의 IP 응용 서비스를 IMS 플랫폼에 지원하도록 관련 시스템을 적극적으로 개발 중이다. IP 라우터는 차세대 유·무선 통합 환경을 지원하기 위해 기존 라우터에 제어 기능을 탑재한 softrouter 형태가 우세하다. 이는 라우터 망의 제어 계층으로 망 리소스 및 QoS 제어를 위한 시스템을 구축하여 다양한 서비스 제공 환경에 대응한다는 전략이다. 또한, IMS 기반 세션 제어 환경과 IETF에서 개발 중인 다양한 IP 멀티미디어 서비스를 수용하는 형태로 개발하는 추세이다.

제5장

액세스 망은 기존에 적용 가능한 모든 액세스 장비에 End-to-End QoS 제어를 위한 수단을 갖는 형태가 사용될 전망이다. 이는 셀룰라 기반 3GPP 기반의 장비에 한정되지 않고 Wireless LAN/MAN, 휴대인터넷까지 포함한 무선 액세스 장비가 적용될 것이다.

3. 국내 BcN 구축 전망

BcN 시범사업자로 선정된 KT, SK텔레콤, 데이콤 등 3개 컨소시엄은 20여개 전후의 통신/방송 서비스업체, 방송장비, 솔루션 및 콘텐츠 제공업체들을 파트너로 확보, 2005년 말까지 다양한 형태의 컨버전스 서비스에 나설 계획이다.

이들 사업자들이 BcN 시범 서비스를 거쳐 본격 상용화 할 신규 서비스들은 전 세계적으로 볼 때 가장 빠른 것이다. BcN 시범사업자들은 현재 음성을 위주로 한 시내외 전화개념을 IP망을 기반으로 한 VoIP(음성데이터통합), 멀티미디어영상전화(MMoIP), 유무선 통합폰 서비스로 전화시킬 계획이다. 특히, 3개 컨소시엄 모두가

BcN 통합형 서비스를 지원하기 위한 플랫폼 개념으로 멀티미디어 영상전화(MMoIP) 서비스에 주력할 방침이다.

이들 사업자들이 구상하고 있는 MMoIP 서비스는 단순히 영상통화를 지원하는 수준에서 벗어나 영상단말기에 당뇨수치, 혈압 등을 원격으로 관리할 수 있는 헬스케어 솔루션과 홈 시큐리티, 비디오 홈 뱅킹 등을 통합, BcN 통합 플랫폼으로 활용하겠다는 것이다.

5.5 추진 방안

BcN 시장확산을 통해 향후 2010년까지 50~100Mbps급의 서비스를 제공받는 유무선 가입자가 각각 1,000만 명, 새로 형성되는 BcN 장비시장만도 26조 원, 수출효과는 135억 달러에 이를 것으로 예측하고 있다.

그러나 이는 외형적으로 드러나는 시장규모이고, BcN 시장확산을 통해 유무선 통합, 통신/방송 융합형 서비스상품의 출연으로 인한 부가가치 효과 등을 감안하면, BcN 시장확산으로 인한 산업유발효과는 120조 원에 달할 것이란 게 전문가들의 계산이다.

이를 지원하기 위한 정부의 재정지원 계획도 정식으로 마련돼,, BcN 시범 서비스 사업을 비롯해 초기 융합형 서비스 제공을 위한 1단계 지원사업, BcN 상용 서비스를 본격화 하기 위한 2단계 사업, 3단계로 통합망을 완성하기 위한 사업 등 2010년까지 총 2조 1,000억 원에 달하는 정부 및 민간 재원이 BcN 프로젝트에 지원될 전망이다.

BcN은 하부구조 측면에서 IPv6 표준과 유비쿼터스 센서 네트워크 표준과 긴밀한 협조를 할 필요가 있다. 특히, BcN의 가장 기본적인 전달 수단인 IPv6를 통하여 망 제어 및 보안 능력의 개선 측면에서 긴밀한 협력이 필요하다. 홈 네트워크 및 유비쿼터스 환경에서 BcN 환경에 맞는 새로운 서비스 수요를 빨리 BcN 장비 및 서비스에 반영할 필요가 있다. USN은 Open API 개념의 개방형 데이터베이스 관리 및 물류 관리 등과 같은 신규 서비스 창출을 위해 협력이 필요하다.

기타 정보통신 산업뿐만 아니라 9대 신성장 산업에 하부구조 제공하거나 타 산업에서 요구하는 새로운 서비스 요구사항을 파악할 필요가 있다. 또한, BcN 기술과 서비스를 9대 신성장 산업 분야와 협력을 통하여 상호 활용 방안을 발굴할 필요가 있다.

5.6 IPTV)

1. IPTV 등장 배경

IPTV(Internet Protocol Television의 등장 배경은 기술적, 경제적 측면의 공급측 요인과 쌍방향성, 편리성의 소비자측 요인으로 나눌 수 있다. 공급측 요인으로는 첫째 [그림 5-5]에서와 같이 네트워크 발전에 따라 서비스의 질적 향상이 이루어지고 있으며 초고속 인터넷 기술의 발전으로 인한 데이터 전송속도 증가가 IPTV의 가장 큰 성장 동력이 되고 있다. 최근 초고속 인터넷의 발전과 함께 동영상 콘텐츠를 스트리밍 형태로 제공하는 것이 점차 일반화 되고 있다. HD급이나 VoD(Video on Demand)를 재생하기 위해서 약 20Mbps의 대역폭이 필요한 것을 감안하면 현재의 VDLS급의 초고속 인터넷은 이를 충분히 제공할 수 있을 정도이다. 향후 100Mbps 이상의 FTTH(Fiber to the Home)가 보편화되면 초고속 인터넷을 통한 동영상 서비스는 더욱 활성화될 것으로 전망된다. 둘째는 산업 전반에 걸친 컨버전스 지향에 있다. 기존의 잘 갖춰진 통신 인프라의 활용을 높이고 범위의 경제 효과를 높이기 위해 통신사업자는 방송과 통신의 융합화를 시도하였고 새로운 신규시장을 창출하여 동영상, 방송 등의 부가 서비스를 제공함으로써 매출을 확대하는 동시에 설비 활용도를 높이는 등 일석이조의 효과를 노리고 있다.

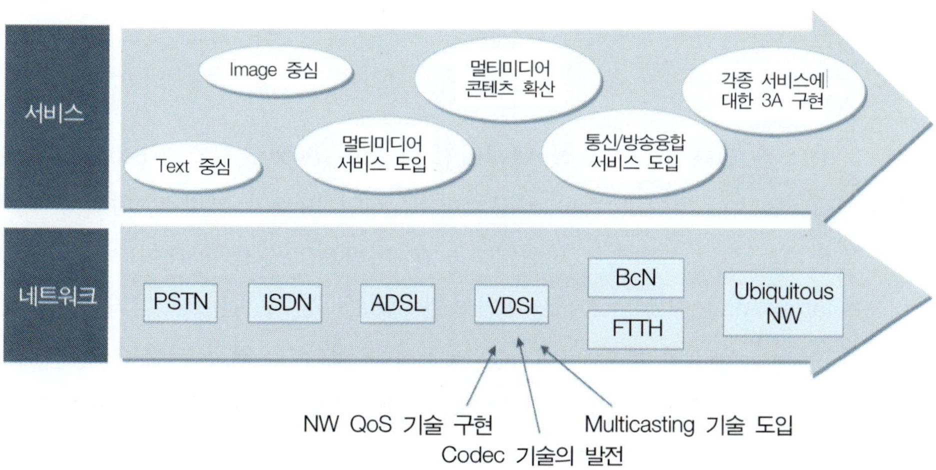

[그림 5-5] 통신망 발전에 따른 서비스 제공 추세

소비자측 요인으로는 첫째, 소비자는 기존 PC 사용을 통해 원하는 콘텐츠만 선택해서 보는 쌍방향 서비스에 익숙하다는 점이 IPTV의 출현을 앞당기고 있다. 인터넷의 등장과 함께 소비자들은 원하는 정보와 콘텐츠를 적극적으로 찾아보고 있으며 게임과 같은 쌍방향 서비스에 몰입하고 있다. 방송의 경우에도 소비자는 모든 사람에게 동일하게 제공되는 콘텐츠에 만족하지 않고, 원하는 방송을 원하는 시간에 골라서 보는 것을 원한다. 둘째, 소비자가 융합형 서비스의 편리성을 요구하고 있다는 점이다. 지금까지 소비자는 전화, 초고속 인터넷, 방송 서비스를 개별적으로 이용하여야 했지만, PC라는 단말기 사용의 어려움과 사용연령층의 한계를 극복하고 한층 더 편리한 서비스의 대한 요구가 증가하였다. 이에 IPTV는 방송과 양방향 서비스를 동시에 제공하고 홈네트워크 서비스및 VoIP 서비스 등을 부가적으로 서비스할 수 있는 체제를 갖추었다.

이처럼 공급자측과 소비자측의 요구가 맞물려 IPTV는 등장하게 되었고, 현재 방송과 통신 산업 전반에 걸쳐 가져올 파급효과는 매우 크다.

[그림 5-6] 통신과 방송의 융합 서비스 출현

2. IPTV 정의

IPTV란 인터넷 프로토콜 텔레비전(Internet Protocol Television)의 약자로 초고속 인터넷을 이용하여 디지털 영상서비스, 개인 맞춤형 서비스, 양반향 데이터 서비스 등을 제공하는 서비스를 말한다. 즉 IP 기반으로 쌍방향 데이터 서비스가 가능하고, Point-to-Point 전달방식으로 개인화된 채널을 볼 수 있으면 기타 SMS, 메신저, VoIP를 이용한 양방향 통신 서비스를 제공하는 것이다. 최근 디지털 컨버전스에 따른 통신과 방송의 융합이 가속화되면서, DMB 서비스 및 Wibro 서비스와 함께 IPTV는 "방송과 통신의 융합 서비스"로 분류되고 있으며 고객의 요구에 따른 다양한 서비스들이 선보이고 있다. 기존의 TV와 비교했을 때 IPTV가 갖는 큰 변화는 단방향성 서비스만을 제공해오던 기존의 방송과는 달리 대화형 서비스 기능을 구현할 수 있는 " 인터랙티브(Interactive) 서비스"를 이용할 수 있다는 점이다. 다음절에서 인터랙티브 기술을 적용한 다양한 IPTV 서비스에 대해서 설명하겠다.

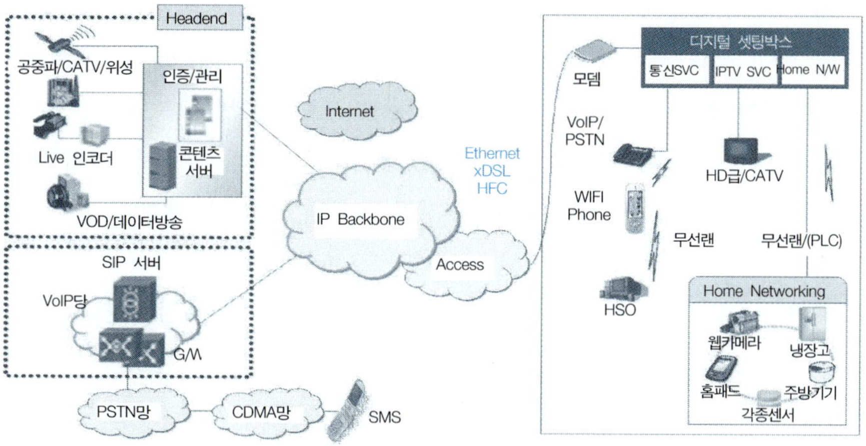

[그림 5-7] IPTV 개념도

- Access : VDSL, FTTH. 초고속 인터넷 망
- 비디오 압축 기술 : MPEG, H.264
- IP Set-Top : 가입자들이 채널을 선택하고, 쌍방향 대화형 서비스에 접근하고 게임수행 및 인터넷에 액세스 할 수 있는 사용자 그래픽 인터페이스를 지원하는 단말 장치

5.7 IPTV 서비스

1. IPTV 서비스 종류

IPTV 서비스는 고화질 SD 및 HD급의 다채널 방송 서비스를 제공하며, TV 기반 완전한 양반향 서비스를 제공하고 디지털 위성방송이나 디지털 케이블에 비해 기존

의 초고속 망을 사용하여 보다 저렴한 요금으로 서비스할 수 있다. 다시 말해 IPTV의 서비스 특징은 선명한 화질, 다양한 양방향 서비스, 저렴한 요금으로 설명할 수 있다.

IPTV는 기존의 디지털 위성과 디지털 케이블과 차별화 되는 서비스 영역을 제공하여 고객의 호응을 얻고 있다. IPTV 제공 서비스 영역은 기존의 인터넷을 통한 채팅 및 메일 등의 커뮤니케이션 서비스, 게임, 오락 서비스 및 각종 Portal 서비스 등의 전통적인 통신 서비스와 다채널 방송서비스를 융합한 통신/방송 연계형 서비스 등 신규 영역으로 확대되었다. 이런 새로운 시장 창출은 초고속 인터넷망의 확충, IPTV 단말기 기술의 발전, 각종 콘텐츠 시장의 확대 등 연계 사업의 확대로 이어지는 효과가 있다.

IPTV 서비스는 기존 통신과 방송의 연계형 서비스 특징을 가진다. IPTV 서비스는 [그림 5-8]과 같이 TV 기반의 SD/HD의 디지털 영상 서비스는 물론 T-인포메이션(뉴스, 날씨, 교통 등), T-엔터테인먼트(게임, 노래방, T-모바일 등), T-커머스(증권, 뱅킹, 쇼핑 등), T-커뮤니케이션(SMS, 메일, 메신저, 영상전화 등), T-러닝(어학, 초중고 방송교육, 영유아 교육 등) 등의 양방향 데이터 서비스와 EPG, VOD, PPV, PVR 등의 다양한 개인 맞춤형 서비스로 구성되어 있다.

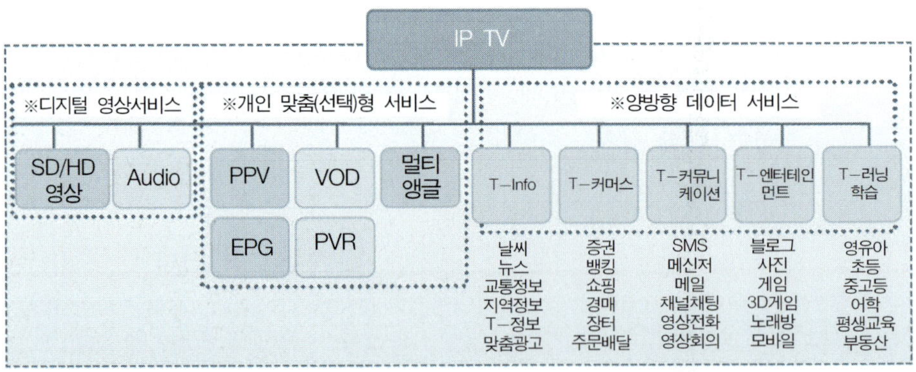

[그림 5-8] IPTV 서비스

[그림 5-8]의 각각의 서비스의 구체적인 내용은 다음 〈표 5-1〉에서 볼 수 있다.

〈표 5-1〉 IPTV 서비스 구성 내용

서비스	콘텐츠 구성 내용
T-Internet	• SMS(단문 메시지) : TV 및 핸드폰으로의 문자 전송, 확인등 • TV 메신저 : TV, PC, Mobile을 연계한 메시징 서비스 • T-Mail : TV를 통한 이메일 확인 및 발송 서비스
양방향 부가 서비스	• 생활정보 : 날씨, 교통, 뉴스, 영화/연극, 요리정보 • GAME : TV를 통한 다양한 보드게임 및 Network 게임 제공 • 참여형 : TV 설문, TV 퀴즈, 노래방, 예약예매, 대정부/국민서비스 • e-Learning : TV 양방향 원격교육으로 수능 및 자격증 교육
T-Commerce	• 양방향 광고(i-AD) : TV 배너, DAL, PHP광고등 • 쇼핑 : TV mail, 공동구매, 경매, 벼룩시장 및 채널 연계 쇼핑 • T-Banking : 계좌 조회/확인, 계좌 이체등 거래/ 결제 서비스
TV-VOD	• Video on Demand : 다양한 장르 동영상을 VCR처럼 제공 • SVOD : 영화, 교육 등 동영상의 패키지 형태 제공
T-Channel	• Digital 영상채널 : SD, HD급의 다양한 Digital 채널의 실시간 제공 • Digital Audio 채널 : 5.1 채널품질의 다양한 오디오 채널서비스

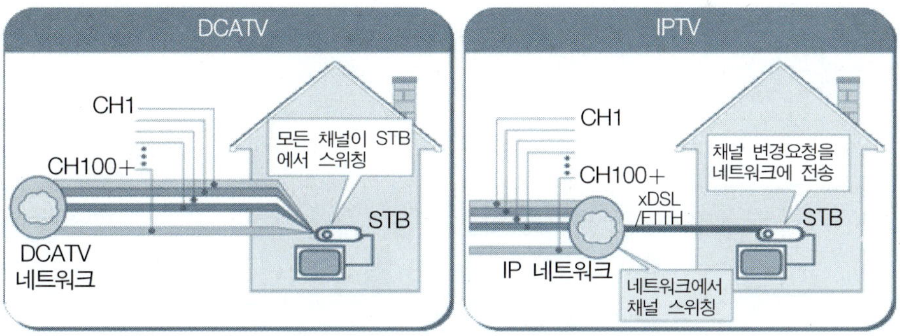

· 케이블방송은 모든 채널을 STB까지 보내서 수용자가 이를 튜닝하는 방식으로 광대역이 필요함
· IPTV는 수신하는 방송채널만을 보내주는 방식

[그림 5-9] 디지털 케이블 TV와 IPTV 방식 비교

2. IPTV 서비스 제공

IPTV 서비스는 [그림 5-10]에 제시된 바와 같이 크게 콘텐츠, 플랫폼, 네트워크, 단말기의 순차적 흐름을 통해 제공된다. 콘텐츠 부분에서는 기존 방송 콘텐츠와 인터

넷 상의 풍부한 콘텐츠가 TV에 맞게 재구성되며, QoS가 보장되는 네트워크 부분에서는 TV에 맞는 융합 콘텐츠가 초고속 인터넷망으로 전송되어, 단말부분인 STB기반의 TV로 사용자에게 전달된다.

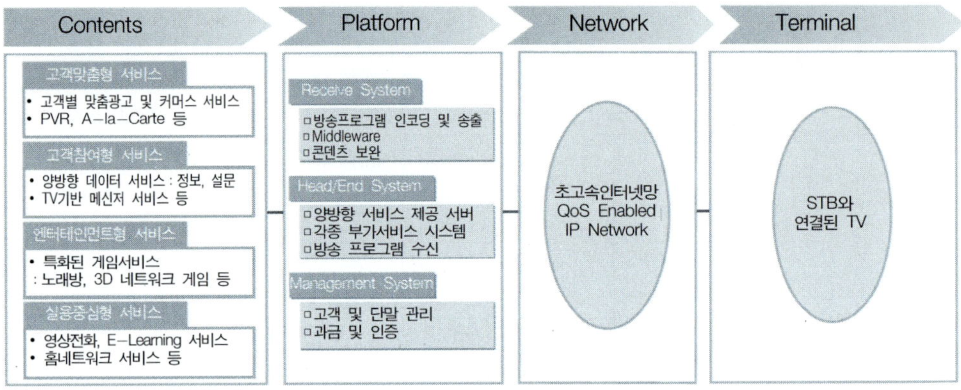

[그림 5-10] IPTV 서비스 제공 모델

5.8 IPTV 시스템 기술

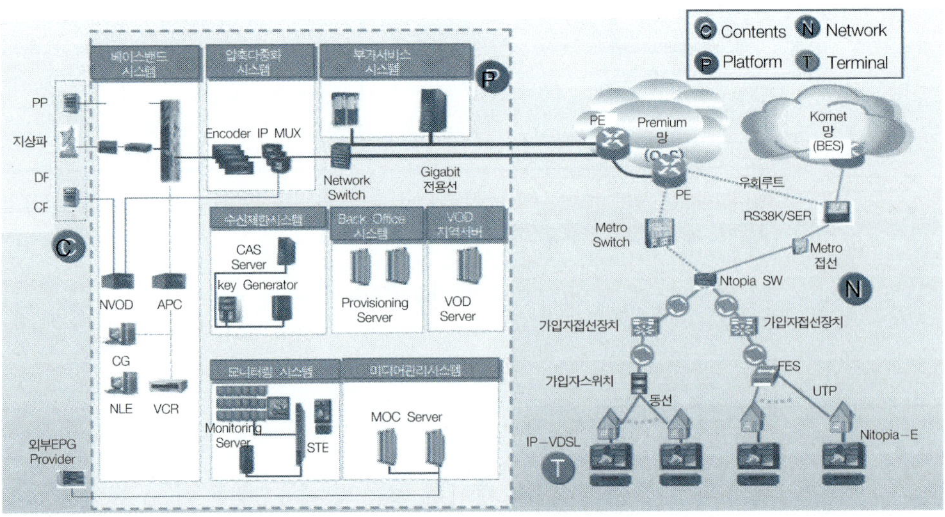

[그림 5-11] IPTV 시스템 구성도

[그림 5-11]은 IPTV 시스템 구성도이다. IPTV 서비스를 위해선 콘텐츠(C : Contents)를 수신, 가공(압축/암호화)하여 송출하는 플렛폼(P : Platform)과 콘텐츠를 전달하는 네트워크(N : network) 및 콘텐츠를 역변환하여 수신하고 송신하는 터미널(T : Terminal)로 구성된다.

1. IPTV 요소 기술

IPTV 사업의 성공을 위하여 사업자 측면에서는 네트워크의 효율성, 적시 이용성, 시스템 안정성, 서비스 보안성이 필요하며 고객 측면에서는 고품질의 서비스, 경제성, 서비스의 다양성 등이 필요하다. 위와 같이 IPTV 서비스의 안전성, 경제성 확장성을 확보하기 위해서는 가장 적합한 요소기술 선정이 필요하며, 다음은 최근에 가장 이슈화된 요소 기술들이다.

1) 미디어 포맷으로 H.264 vs VC1

기존 IP 또는 케이블망에서 제한된 대역폭에 대한 부담을 감소시키고 IPTV의 서비스 품질을 크게 향상시킬 동영상 압축 기술은 현재 H.264와 VC1이 대표적이다.

(1) VC1

VC1은 마이크로소프트의 독자적 방식으로 MS의 Windows Media 9를 방송용으로 변경하였으며 SMPTE(Society of Motion Picture and Television Engineers)를 통해 표준 제정 되었다. 압축 표준은 WMT-9 압축 코덱으로 MS-TV2 및 MS-DRM과 호환성이 우수하고 홈네트워킹에 장점을 활용할 수 있으나 로열티와 비표준에 따른 투명성 논란이 있다. VC1은 HD DVD players/recoders와 케이블망을 통한 HD 비디오 전송의 표준으로 채택될 전망이 있다.

(2) H.264

H.264는 ITU-T와 ISO/IEC JTC1의 두 표준화 기구가 공동으로 팀을 결성하여 2003년에 표준화되었다. H.264는 객체 기반 고품질 고압축 미디어 포맷의 오픈 소스로 기존 MPEG2 방송 시스템과 호환성이 우수하다. 전송표준으로는 MPEG2 TS로 압축

률이 SD 1~2Mbps, HD 5~7Mbps를 나타내며 채널 변경 시간이 우수하다. H.264는 저대역폭 통신망(xDSL) 통한 콘텐츠 전송의 사실상 표준으로 될 것이다. 현재 시스템의 차이는 있으나 H.264는 국내외 위성 및 지상파 DMB(Digital multimedia Broadcasting)와 IPTV에서 사용중이며 프레임 부호와 필드 부호화, 픽처 레벨 필들 및 프레임 적응 부호화, 매크로 블록 레벨 필드/프레임 적응 부호화 등을 통해 격행 주사방식의 신호를 취급함으로써 영상회의, 방송전송, 저망미디어에 활용된다.

2) 보안 솔루션 CAS vs DRM

디지털 미디어 압축 기술과 더불어 요즘 많이 주목받고 있는 기술이 디지털 콘텐츠 보호 기술이다. 디지털 방송 콘텐츠를 보호하는 기술은 크게 CAS(Conditional Access System)와 DRM(Digital Rights Management)으로 나눌 수 있다. CAS는 방송 콘텐츠 자체를 암호화하여 전송하면 다양한 TV 콘텐츠에 대한 요금 정책을 지원할 수 있게 되었다. DRM은 말 그대로 디지털 콘텐츠에 대한 올바른 관리를 할 수 있도록 지원하는 기술이다. DRM은 방송 콘텐츠보다는 인터넷을 통해 전달되는 다운로드 콘텐츠 또는 VOD 콘텐츠를 보호하는 용도로 많이 활용되고 있다. 최근에는 DRM을 이용한 방송 콘텐츠 보호 기술이 많이 제시되고 있다.

(1) CAS

CAS는 인증된 사용자만이 콘텐츠를 사용할 수 있도록 스마트 카드(Smart Card)를 이용한 실시간 인증 시스템으로 H/W 및 S/W방식의 이중 암호화를 적용하였으며 다단계 키 및 알고리즘을 사용한 복잡한 암호화 방식으로 보안성이 우수하다. 검증된 보안 시스템으로 다양한 방송 콘텐츠의 확보가 용이하다.

(2) DRM

암호화 기술을 이용하여 디지털 콘텐츠의 불법복제 및 유통을 방지하는 기술로 일반적으로 1개의 라이센스 키로 암호화된 콘텐츠를 복호화한다. 콘텐츠 접근/배포 권한 제어가 우수하고 솔루션 비용이 저가이나 시스템 자체적으로 제공할 수 있는 부가기능이 미약하고 S/W 방식의 단일 암호화 적용으로 보안성이 취약하다.

3) 관리 솔루션 TCS vs iTV M/W

(1) TCS

TCS는 시스템으로부터 고객의 채널 패키지 가입 내역을 받아서 CAS로 전달해주거나, 외부 사업자로부터 방송 스케줄을 전달받아 CAS에 전달해 주며 방송 채널의 편성 및 각 EPG (SI/PSIP 정보) 정보를 합성하거나 양방향방송의 데이터 방송과의 융합(muxing)을 제어하기 위한 시스템으로 미디어 센터의 업무를 총괄하고 시스템 간 연동 및 제어 관리하는 시스템이다. TCS는 채널 관리 및 헤드엔드(Head End) 관리, 방송채널 편성관리, 미디어 및 콘텐츠 관리 상품관리 등의 역할을 하는 관리 솔루션이다.

(2) iTV M/W

iTV 미들웨어는 TCS 같은 관리 시스템이지만 TCS 시스템과는 달리 양방향 데이터 서비스를 관리하고, VOD 카달로그 생성 및 구매 프로세스를 처리하며 사용자 및 STB 관리하는 시스템이다. 채널 및 헤드엔드 관리는 TCS와 동일하지만 콘텐cm 배포 및 VoD 관리, EPG 및 STB 관리, 양방향 서비스 관리 등 고객관리 및 VoD 관리 기능에서 더 우수하며 채널 서비스보다는 고객 맞춤형 서비스에 더 적합한 시스템이다.

4) 데이터 미들웨어 ACAP vs OCAP vs MHP

양방향 데이터 방송 기술은 독립형, 대화형 및 A/V 프로그램 연동형의 다양한 부가 서비스를 제공하기 위해 필요한 미들웨어 기술이다. 이 기술은 크게 저작검증 기술, 송출기술, 응답기술로 나뉜다. 저작/검증 기술은 응용 애플리케이션을 제작하고 생성하는 것이다. 송출기술은 중앙관리 시스템과 연동하여 정해진 스케줄에 따라 PSI/SI(Program Specific Information/Service Information) 정보 및 데이터 인코딩된 콘텐츠/애플리케이션을 송출하는 기술이다. 응답 기술은 사용자 응답수신과 처리 및 해당 결과를 사용자 단말기에 제공하는 기술이다.

초기의 양방향 데이터 방송 미들웨어 기술은 Open TV, Canal+ Technology, Liberate 등 비교우위에 있던 특정회사 중심이었으나, 보다 많은 기업의 시장진출이 자유로워지고 데이터 방송 콘텐츠의 공유가 활성화되면서 오픈 소스기반의 국제표준으로 발전하였다. 대표적인 Open Standard의 개방형 표준으로는 유럽전기통신표준협회(ETSI)의 승인을 통해 유럽의 지상파, 케이블, 위성용 데이터 방송 미들웨어 표준으로 활성화된 DVB-MHP, 미국 ANSI의 승인과 Cablelabs/SCTE(Society of Cable Telecommunications Engineers)에서 추진되고 MHP1.0기반을 확장하여 케이블용 데이터방송 표준이 된 OCAP(Open Cable Applications Platform), 미국 ATSC (Advanced Television Systems Committee)를 통해 추진되어 DASE(DTV Application Software Enviroment)를 확장하고 MHP, OCAP 일부를 포괄하여 현재 지상파/케이블용 데이터방송 미들웨어 표준이 된 ACAP(Advanced Common Application Platform) 등이 있다.

IPTV에 대한 국내 양방향 데이터 방송 미들웨어 표준은 아직 결정되지 않았으며 IPTV 데이터 방송 표준은 연구 기관과 서비스 제공자의 요구사항을 수용하여, 기존의 데이터 방송 표준에 IP 기반의 Multicast/ Unicast 기술 및 SI 전송 기술을 적절히 융합하여 추진될 것이다. 특히 국내에서 지상파 데이터 방송 표준이 ATSC의 ACAP 표준으로 확정되면서 콘텐츠 수용의 용이성을 위해 ACAP 을 수용하면서도 IP 특성에 맞도록 관련 기술이 추가 개발될 전망이다.

〈표 5-2〉 플랫폼 구분

구분	ACAP	DVB-MHP	OCAP
표준화 단체	ATSC	DVB	Cablelabs
지원 가능네트워크	지상파(위성, 케이블)	위성(지상파, 케이블)	케이블
표준화 채택기관	KBS, MBC, SBS, EBS	SKY Life	CJ Cablenet, KDMC
기술 기반	JAVA TV, GEM, HAVI	JAVA TV, GEM, HAVI	JAVA TV, GEM, HAVI

2. 헤드엔드 기술

헤드엔드 기술은 콘텐츠를 수신, 가공(압축, 암호화), 송출하는 역할과 각종 부가서비스가 구현된 기술이다. 방송 콘텐츠는 다양한 채널을 통해 전송받을 수 있는데, 최근 일부사업자는 위성방송을 통한 콘텐츠 수집방식을 이용하고 있다. 이러한 경우 위성방송신호를 수신하고 처리하는 위성방송 수신처리기술이 필요한데 이것이 고주파 복조기술, 베이스밴드 처리기술, 복호화기술 등이 있다. 일반적으로 영상데이터는 용량이 크기 때문에 적적한 채널 전송을 위해서는 압축방식이 필수적으로 요구된다. 또한 네트워크에 적절하게 전송되도록 IP 패킷화하는 다중화 기술이 사용된다. 추가

- 오디오/비디오 데이터의 동기화 및 최종 출력

인터넷망을 통해 전송된 멀티미디어 스트리밍 데이터는 전송대역폭의 관점에서 효율적인 전송을 위해 압축된 형태의 포맷으로 초고속 인터넷망을 통해 IP Set-top로 전송된다. 이 과정에서 IP Set-top은 수신 신호를 정확하게 복원하기 위한 복조기술을 필요로 한다. IPTV 데이터 패킷은 IP 패킷의 형태로 전송받기 때문에 IP헤더를 제거하기 위한 IP Decapsulation 과정과 UDP 헤더를 제거하기 위한 UDP Decapsulation 과정을 수행하게 된다. MPEG형태의 압축방식을 통해 압축된 데이터는 셋탑박스에서 압축이 해제되고 이용자의 제어에 따라 채널의 데이터를 동영상 또는 오디오의 형태로 출력된다.

IP Set-top 설계시 고려해야 할 주요항목들은 다음과 같다.

- 멀티캐스팅
- 네트워크에서 처리할 수 있는 최대 정보량의 사이즈
- 네트워크 혼잡에 따른 전송지연이나 링크 단절과 같은 네트워크상의 문제
- 사용자 주문형 인터페이스 환경
- 네트워크를 통한 자동 업그레이드 시스템

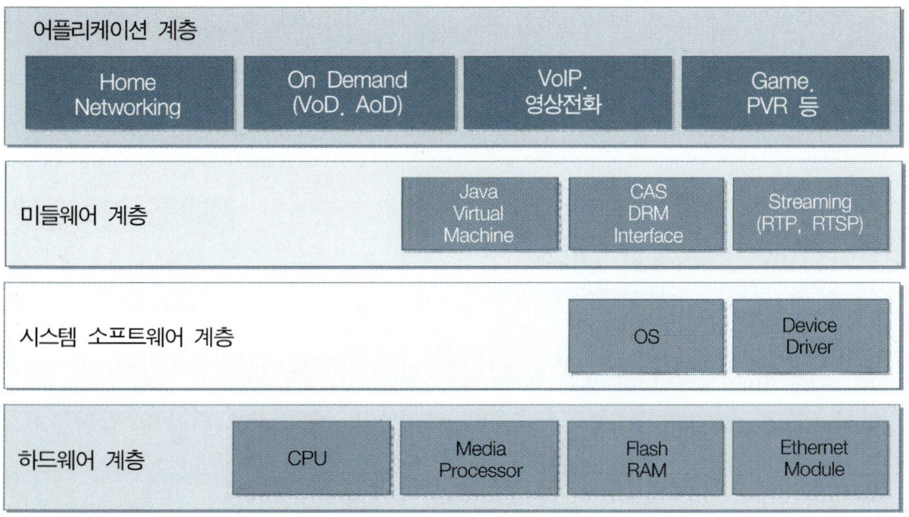

[그림 5-24] IP STB 구조

〈표 5-4〉 디지털 케이블 TV와 IPTV의 비교표

구분		디지털 케이블 TV	IPTV
기술 기준 측면	압축방식	비디오 : MPEG2 오디오 : AC3-Dolby	비디오 : MPEG2.4,H264 오디오 : MPEG2AAC
	전송/ 다중화구조	Opencable방식의 QAM/MPEG2 TS	IP방식의 Multicasting/MPEG2 TS
	Qos	QoS보장형	QoS보정이 필요함
	수신장치	STB형식승인 필요 (STB+Cablemodem)+TV	STB형식승인 필요없음 (IPTV용 STB+TV)
	미들웨어	OCAP(국가기술기준)	ACAP(사업자내부표준)
	시스템구성	분리형 POD의무장착 (유선방송국 설치 등에 관한 기술기준 준수, 준공검사)	국가기술표준(사업자자율) 표준규격부재로 오픈아키텍처 구현 어려움
사업 및 서비스	사업자지역	지역단위서비스(77권역)	전국단위 서비스 준비중
	제공채널수	비디오채널 100여개/음악채널 30여개/데이터채널 15여개, VoD채널 20여개	60-100여개 비디오채널 및 오디오데이터, VoD채널
	부가서비스	게임, 날씨, 여행정보, TV뱅킹, TV메일, T-Commerce, T-Govement 및 기타 부가정보서비스 등 양방향 데이터방송 및 SMS, VoIP연계	T-communication(메신저, SMS, Mail) 등 디지털 케이블 TV 데이터 방송서비스와 대부분 동일
	서비스요금	방송위원회 승인	미정, 현재 승인사항이 아님

추가적으로 IP Set-top에는 VoIP 서비스를 위한 디지털 신호 처리시스템 기능이 추가되어야 하며, 장기적으로 볼 때는 홈네트워크에 필요한 기능들이 추가되어 홈네트워크의 Gateway 서버의 일부 기능을 담당할 수 있다.

5.9 IPTV 국내외 현황

제공하는 서비스의 수준과 형태는 다양하지만, 현재 IPTV 서비스 제공 현황을 한국, 홍콩, 이탈리아, 미국, 일본을 중심으로 살펴보면 다음과 같다.

1. 국내 IPTV 서비스 동향

국내에서는 KT, 하나로텔레콤, 데이콤 등 유선통신 사업자들이 BcN 사업의 비즈니스 모델로서 IPTV를 준비하고 있으나, 제도적 준비 미흡, 케이블 TV 사업자들과의 규제 형평성 문제 등으로 본격 상용화는 지연되고 있는 실정이다. 그러나 사업자들의 노력이 본격화되면 국내에서도 IPTV가 유료방송 시장을 빠르게 잠식할 것으로 예상된다. 통신사업자들이 IPTV 사업화를 적극 추진할 경우, 2009년경에는 약 200만 명 이상의 가입자 확보도 가능할 것으로 전망된다.

KT는 2005년 12월 FTTH 네트워크를 기반으로 MPEG2 기반의 IP 멀티캐스팅 방식의 IP 미디어 시연 서비스를 실시하였으며, 현재 서울, 경기 지역을 대상으로 시험서비스를 제공중이다. 본격적인 IPTV 서비스를 위하여 H.264 기술을 적용할 예정이며, ACAP 기술 적용으로 지상파 데이터 방송 수용이 가능하도록 하고 있다. KT는 IPTV 서비스 브랜드를 '메가패스 TV'로 확정하고, 오락위주의 홈엔 콘텐츠를 최신 영화나 TV 드라마와 같은 영상 콘텐츠와 교육용 콘텐츠로 대폭 보강하였으며, 연내 6만 명 이상의 가입자를 확보할 예정으로 2006년 9월 상용 서비스에 들어갔다.

하나로텔레콤은 콘텐츠 분야의 경쟁력 있는 사업자와의 전략적 제휴로 1단계 온디맨드 서비스를 제공하고, 제도가 확정된 이후 IP 방송을 제공할 예정이다. 하나로텔레콤은 IPTV 서비스를 제공하기 위하여 현재 주문형 비디오 서비스를 중심으로 TV 포털 방식인 '하나 TV' 서비스를 제공중에 있으며, 초고속망 기반 네트워크 PC 등 다양한 부가 서비스를 준비중이다.

LG데이콤은 실시간 지상파 방송을 포함한 IPTV 서비스를 제공하기 위해 2007년 4월까지 미디어시스템을 구축하고, 성능시험을 겸한 시범 서비스를 거친 뒤 2007년 8월에 정식 서비스를 제공할 예정이다.

2. 홍 콩

홍콩은 인구수가 약 700만 명인데 이 중 케이블 TV, IPTV, 위성방송 등의 유료 방송(pay TV) 가입률이 40% 이상이다. 유료 방송 가입률이 우리 나라보다 낮고, 4개의 무료 채널을 제공하는 지상파 방송의 점유율이 높은 편이다. 홍콩의 유료 방송 가입자 중 케이블 TV 가입률 64%, 위성방송 가입률 2%, IPTV 가입률 34%로 우리나라와 일본에 비해 IPTV의 경쟁력이 매우 크다. 5개의 무료 지상파 방송, CATV와 위성방송 등 30여 개의 유선방송 사업자가 있는 홍콩의 대표적인 IPTV 서비스는 PCCW가 제공하는 NOW Broadband TV이다.

PCCW는 2002년 9월부터 ADSL 기반으로 23개 채널을 제공하기 시작하여, 2004년 말 현재 36만 1,000명의 가입자를 확보하고 있다. 최근 PCCW가 발표한 IPTV의 운영 결과에 따르면, 초기 서비스의 확산을 위해 셋탑박스와 기본 채널을 무료로 제공하고, 추가 채널에 대해서만 수신료를 부과하였다. 또한 유료 채널의 경우에는 이용자들이 원하는 채널을 한달 기준으로 시청할 수 있도록 한 전략에 힘입어 유료 채널 이용자가 2003년 말 20% 정도에서 2004년 말에는 53%로 급증하였다.

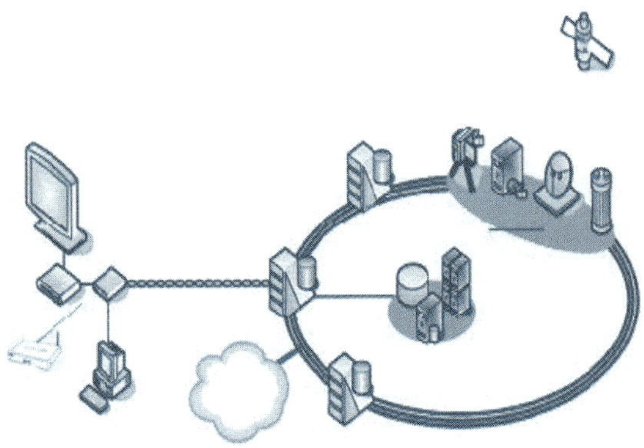

[그림 5-25] PCCW IPTV 네트워크 방식

3. 이탈리아

이탈리아의 FastWeb은 밀라노지역 전력회사 AEM과 미디어 재벌 e.Biscom이 1999년 9월 공동으로 설립한 회사(2004년 12월에 e.Biscom과 Fast-Web이 합병하여 회사명을 FastWeb으로 정함)로서 광네트워크를 설치하는 것이 주요 업무였다.

FastWeb은 20개의 무료채널, 40개의 프리미엄 채널, 그리고 다양한 VoD 서비스를 제공하여 16만의 유료 가입자를 확보하였으며, IPTV 수입의 3분의 1이 VoD에서 창출되고 있다. FastWeb의 VoD 서비스 역시 '다양성'에 초점을 맞추어 14개의 주제하에 700개의 헐리우드 영화와 수천 개의 주문형 콘텐츠로 구성되어 있다.

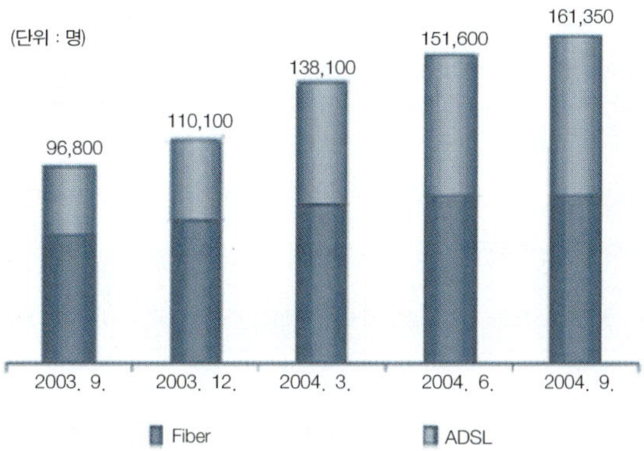

[그림 5-26] FastWeb사의 IPTV 서비스 가입자 수

2001년 11월 이탈리아 경쟁당국(IAA; Italian Antitrust Authority)의 규칙에 따라 FastWeb은 Telecom Italia와 Telecom Italia가 설치한 Socrate duct를 사용할 수 있는 협정을 체결하면서 독자적으로 추진하려던 Cable TV Project는 포기하고 VoD 뿐만 아니라 TV 서비스를 제공하기 시작하였다.

2003년 FastWeb은 이탈리아 리그 축구경기를 생중계로 주택용 고객에게 제공하면서 가입자를 확대하였으며, 2004년 말 현재 가입자는 49만 6,000명(2003년 말 33만 1,000명에 비해 50% 증가, 2004년 전망치 48만 명에 비해 3% 증가)에 이른다. 이외에도 Telecom Italia가 2004년 9월 Microsoft의 IPTV SW를 이용하여 IPTV를 제공하겠다는 계획을 발표하였다.

4. 미 국

미국은 현재 도입 초기 단계에 있으며 MSO 진영이 적극적으로 IPTV 도입을 추진하고 있어 향후 고성장이 기대되고 있다. 거대 RBOCs들은 위성 재판매 형식을 통한 방송 서비스의 제공과 FTTP의 구축에 중심을 두고 있어 주로 SureWest와 같은 소규모 독립 통신 회사들이 주도하고 있다. 또한 RBOCs 진영은 위성방송(EchoStar, DirecTV) 번들링 제공에 국한되었으나, 마이크로소프트와 IPTV 계약을 체결하면서 2005년 12월 상용화를 예정하고 있다.

미국은 지역 유선전화 사업자인 SBC 커뮤니케이션스와 버라이즌은 2005년 말 미국 시장에서 처음으로 IPTV 서비스를 실시하며 벨사우스도 시범 서비스를 진행중이며 SBC와 버라이즌은 올 연말 각자 전화 서비스의 주도권을 갖고 있는 지역에서 최초로 시험(파일럿) 프로그램을 시작한 후 내년부터 서비스를 본격 확대할 계획이다.

미국의 경우 2005년부터 Telco들의 본격적인 IPTV 서비스 시장 진입이 이루어질 것으로 기대되었으나 Texas 법안 부결 이후, 평균 6~18개월을 기다려 각 지방자치제에서 총 8천개 이상(Verizon)의 허가증을 얻어야 하는 상황이다. 또한, 올해 중반에 예정되어 있던 SBC IPTV 시범 서비스가 MS IPTV Edition과의 문제로 인하여 지연되기고 하였다.

미국의 대표적인 몇몇 벤더 들의 동향을 살펴보면 다음과 같다.

1) Lucent

Lucent는 다른 통신 장비 벤더들과 마찬가지로 Telefornia 등에 IPTV 인프라를 제공하는 등 IPTV 서비스 시장에서 활동 중이지만, 현재까지 이렇다 할 영향력을 행사하지 못하고 있다. 하지만, 최근에 위성 사업자인 SES Americom와 공동으로 IPTV 서비스를 개발하기로 하면서 앞으로의 IPTV 서비스 개발을 낙관하고 있으며, 유럽뿐만 아니라 북미 시장에서도 10~15%의 서비스 가입자를 유치하겠다는 입장이다. 이와 같은 계획은 프랑스의 유명 통신장비 업체인 Alcatel과의 합병으로 인해 더 큰 힘을 얻고 있다.

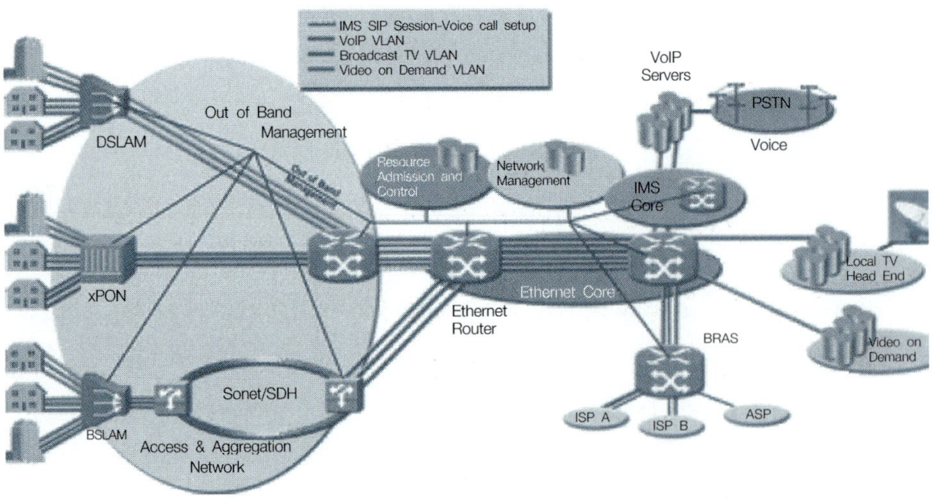

[그림 5-27] Ethernet-Based Triple-Play/IPTV 구조

2) Microsoft

Microsoft는 Microsoft TV라는 제품으로 IPTV 시장에서 가장 활발하게 활동하는 업체 중 하나이다. Microsoft TV는 [그림 5-28]과 같은 IPTV 아키텍처에서 IPTV를 서비스하기 위한 미들웨어, 응용프로그램, 장치관리 등을 모두 담당하는 통합 플랫폼이다.

기존 TV 프로그램을 수신할 수 있을 뿐 아니라고 화질 HD 프로그램, 양방향 TV, 디지털 비디오 리코더(DVR), 주문자 비디오 서비스(VoD) 등의 서비스를 제공할 수 있는 Microsoft TV의 주요 특징은 다음과 같다.

- Time-shifting of live broadcasting
- Easy navigation via EPG
- Fast channel zapping
- One-touch channel recording
- On-demand programming from a video library

현재는 AT&T, Verizon, 스위스콤 등이 Microsoft TV의 IPTV 플랫폼으로 상용 서비스를 진행하고 있다. 뿐만 아니라, 최근에는 Deutsche Telecom 등의 주요 통신사업자들이 Microsoft TV의 IPTV 플랫폼으로 수십만 명의 사용자에게 서비스할 계획이고, 2010년까지 Microsoft TV의 IPTV 사용자는 3,780만 명이 될 것이라고 예측하고 있다.

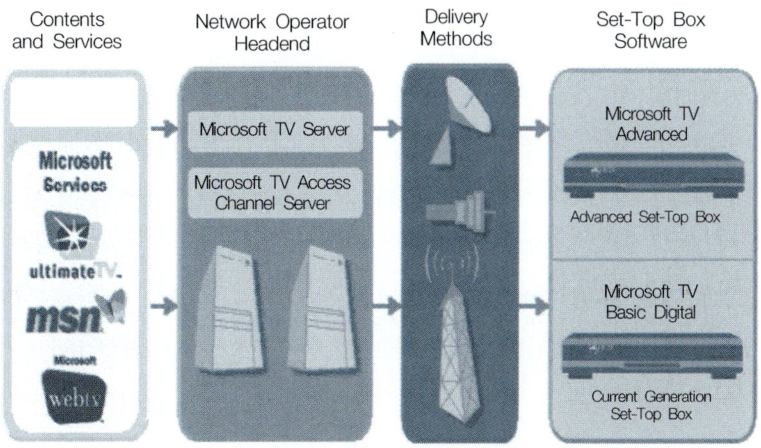

[그림 5-28] 마이크로소프트 TV 플랫폼

5. 일 본

브로드밴드의 비율은 65.0%로 거의 3분의 2를 차지하고 있지만, 전년 대비 증가율은 3.0%로 작다. 광회선의 이용률이 2004년 6.1%에서 14.8%로 두 배 이상 증가한 한편, DSL 회선의 이용률은 39.2%에서 34.2%로 감소되었다. 일본의 IPTV(Broadband 방송)의 제공방식은 IP 방식과 QAM 방식이 있으며 IP 방식은 '통신', QAM 방식은 '방송'으로 간주되고 있다. IP 방식은 저작권 문제로 아날로그 지상파 재송신이 인정되지 않은 상황이기 때문에 콘텐츠의 대부분이 기존매체(BS, CS 방송)에 뒤져 가입자 증가가 순조롭게 진행되지 못하고 있다.

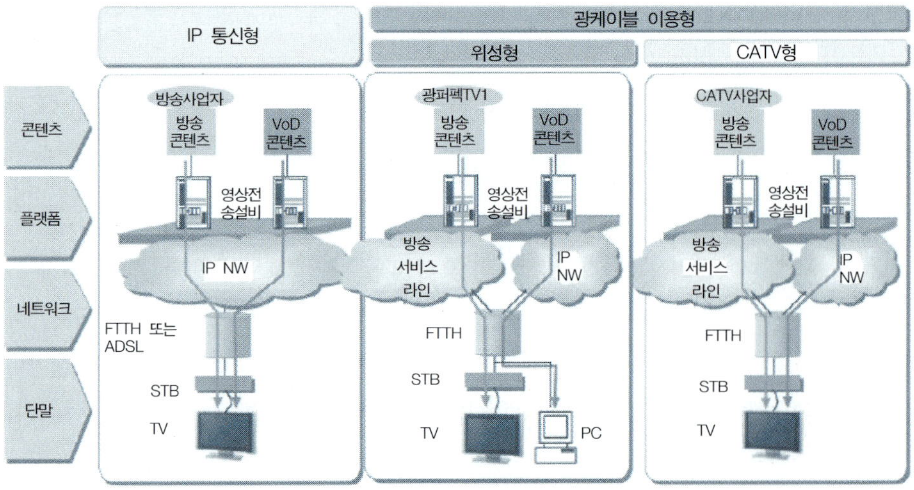

[그림 5-29] 일본의 서비스 제공방식

현재 유럽이나 홍콩 등에 있어서의 제 1세대 IPTV의 성공이 주목을 받고 있으며, 제 2세대 IPTV가 미국을 중심으로 개시되고 있을 단계에서 서비스 내용은 채널 서비스가 중심으로 변화되어 가고 있다. 앞에서 서술한 것과 같이 트랜드나 요인을 생각해 본다면 제 3세대에 있어 타임 시프트나 TPO 시프트가 본격화되어 무선·브로드밴드에 의한 휴대 단말을 위한 전송을 하거나 종래의 단말로부터 휴대 단말기로의 콘텐츠 이동을 기대되며, 타임 시프트, TPO 시프트에 의한 IPTV 시장이 확대될 것으로 기대하고 있다.

〈표 5-5〉 일본 IPTV 서비스의 전망

서비스 세대		서비스 형태	요구 포인트	과제
제1세대	브로드밴드 · 네트워크에 의한 동영상 전달(채널 서비스)	• 주로 DSL 전송 • SD 채널(텔레비전 방송의 동시 재발송신)	• 손쉬움(STB) • 케이블이나 위성방송에 대한 저렴한 느낌(트리플플레이 등)	• IP 멀티캐스트 방식(SD 전송)의 확립
제2세대	브로드밴드 · 네트워크에 의한 동영상 전달(채널 서비스)	• 주로 FTTH 전송 • HD 채널	• 고화질화(HD) • 다채널화	• IP 멀티캐스트 방식(HD 전송)의 확립
제3세대	타임 시프트, TPO 시프트	• 무선 브로드밴드 전송 • 휴대 단말 전용 • 녹화 서비스 • 포드 캐스팅 서비스	• 타임 시프트 시청(녹화, 포드 캐스팅) • TPO시프트(단말간 콘텐츠 이동)	• CAS의 표준화 • DRM의 표준화

제6장

RFID와 USN

6.1 RFID의 개론

1. RFID 역사

RFID(Radio Frequency Identification)는 초기의 군사용 신분확인체계에 근거해서 1940년대 초 기술혁신의 토대에서 역사를 찾을 수 있다. 1948년 해리 스탁맨(Harry Stockman)의 무선신호의 반향을 이용한 대상물 확인하는 논문과 1950년의 해리스(D.H.Harris)와 버논(F.I.Vernon)의 투과된 무선신호가 확인가능하고 인식이 가능한 응답신호를 만드는 시스템인 전파탐지기(Rader : radio detection and ranging)에 대한 기술로써 RFID의 기술적인 선구자인 레이더가 탄생하게 되었다. 결국 레이더의 개발에 자극을 준 것은 2차 세계대전이었다.

제2차 세계대전 중에 영국군이 항공기 피아식별용으로 사용한 Chain Home 레이더가 그 효시이며, 군사 목적으로 전파를 사물의 식별에 이용하는 RFID 기술이 발전을 하게 되었다. 이것의 발전에 기인한 4개의 문자코드 "스쿼어크(squawk)코드"는 오늘날 항공통신에 이용된다.

그러므로 레이더와 RFID의 관련성이 매우 유사하다. 수동형 RFID태그는 레이더 시스템이 찾아내려고 노력했던 목표물과 매우 흡사하다.

레이더 이후의 개발 노력들은 1960년대의 현대적인 컴퓨터의 탄생, 반도체 IC, 레이저의 탄생, 디지털 자료망의 완성 등으로 과학세계를 사로잡았다. 로버트 리차드슨(Robert Richardson)의 원격조정 무선주파수 전력장치(1963), 빈딩(J.P.Vinding)의 질의 응답 신분확인 시스템(1967)을 포함한 매혹적인 연구들이 개발되었다.

상업적 목적으로 사용한 것은 1960년대 도난 방지 목적으로 개발된 전자 상품 감시 시스템(Electronic Item Surveillance)이 시작이며 이후 1970년대의 로스 알라모스 과학 연구소(Los Alamos Scientific Laboratory : LASL)는 현대적인 RFID 시스템 개발의 중심점이었고 1980년대를 거치면서 RFID에 대한 연구가 꾸준히 이루어져 통행료 자동 인수, 출입 통제 등으로 그 활용 범위가 확대되었다.

1990년대에 접어들면서 RFID 시스템은 더욱 정교해져 가축 개체관리, 부품관리 등으로까지 그 영역이 확대되었으며 상품의 추적 관리 분야에 RFID를 이용하는 연구가 본격화되면서 RFID의 발전 가능성이 더 많은 주목을 받게 되었다.

현재 RFID는 미국, 일본 등 선진국을 중심으로 관련 기술이 활발하게 개발되고 있으며 보다 효과적인 보급을 위하여 하드웨어 및 시스템 관련 표준 제정을 위해 많은 연구 개발이 진행 중이다.

2. RFID의 주요 기술 발전

① 사람, 동물, 상품 등에 대한 자동식별 방법은 과거에 여러 가지 방식이 개발되어 사용한 대표적인 예인 바코드 시스템은 일용품 산업계 요구에 의해 1976년에 설계된 것으로 13개의 디지트로 구성되며 지난 20년간 가장 성공한 자동 인식 시스템이며 광문자 인식(Optical Character Recognition)은 1960년도에 처음 사용되었으나 다른 자동인식 시스템에 비해 고가이며 복잡하다.

② 스마트카드는 전자식 데이터 저장 시스템이며 1984년에 처음으로 공중전화 스마트카드에 사용 접촉부분을 통한 직렬 인터페이스를 통해서 카드와 리더 간에 쌍방향으로 데이터 전달이 이루어지며 메모리카드와 계산가능 카드로 세분된다.

③ 과거의 식별 시스템 혁명을 주도했던 현존하는 바코드 라벨은 매우 저렴하지만 저장 능력이 적고 재프로그램이 불가능하여 현재 여러 분야의 수요에서 적당치 않은 점들이 지적되고 있다. 기술적으로는 실리콘칩에 데이터를 저장하는 것이 효과적이며 전화카드나 은행카드와 같은 접촉방법에 의한 스마트카드를 생각할 수 있으나 이 카드 사용을 위한 체계적인 접촉은 실용적이지 못하다.

제6장

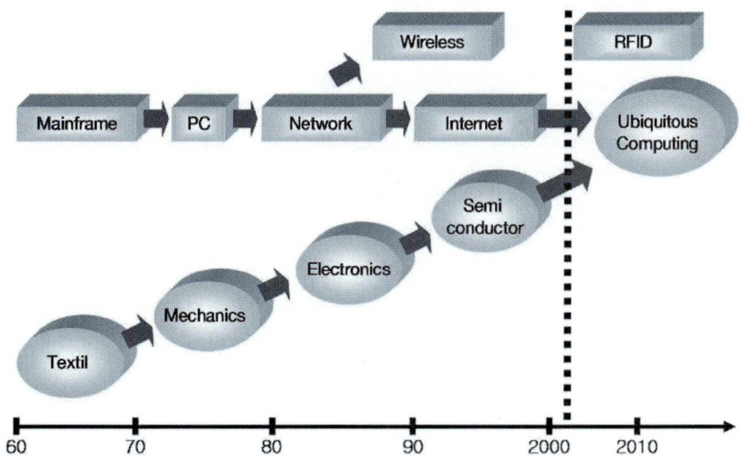

[그림 6-1] RFID 기술의 발전 방향

④ 데이터 운반장치와 리더(Reader) 간의 비접촉식 데이터 전달이 보다 더 실용적이며 이와 같이 전원과 데이터를 전달하기 위해서 사용되는 절차 때문에 비접촉식 식별 시스템을 RFID 시스템이라고 한다.

⑤ 기술이 발전될수록 Ubiquitous Computing 기술로 변하고 생산력이 높아지고 의학 분야에서도 많이 응용될 가능성이 있으며, 〈그림 6-1〉에서 RFID기술의 발전 방향을 나타낸다.

3. RFID 개요

[그림 6-2]처럼 RFID는 가청 주파수 대역인 무선 주파수(RF : Radio frequency, MHz · GHz)와 제품에 붙이는 태그(Tag)에 생산, 유통, 보관, 소비의 전 과정에 대한 정보와 연동되는 식별자인 전자 칩을 이용하여 물체(물건, 사람 등)를 식별할 수 있는 기술로써 자체 안테나를 갖추고 있으며, 리더로 하여금 이 정보를 읽고, 인터넷과 이동통신망이나 인공위성 등의 다양한 네트워크를 통해 정보시스템과 통합하여 사용되는 시스템을 말한다. 용도 및 형태에 따라 RFID, 무선 주파수 인식 시스템, 전자태그 등 다양한 명칭으로 불리고 있다. 다른 인식 시스템과의 RFID 시스템과의 여러 조건에 따라 관계를 〈표 6-1〉에 나타내었다.

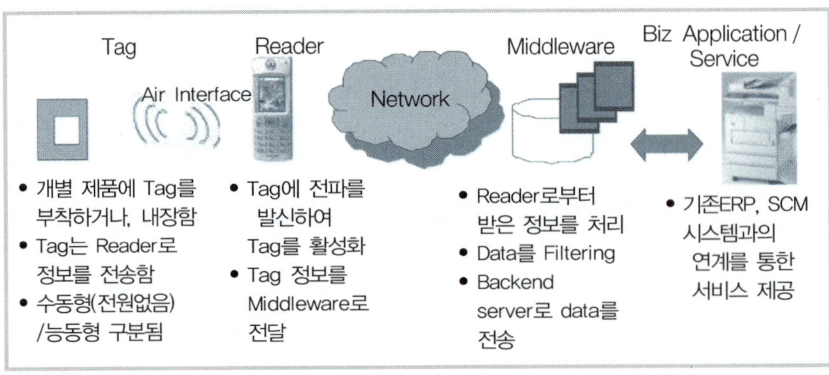

[그림 6-2] RFID 시스템

〈표 6-1〉 다른 인식 시스템과 RFID 시스템과의 비교

시스템 항목	바코드	OCR	음성 인식	생체 인식	스마트 카드	RFID 시스템
전형적인 데이터 크기(byte)	1-100	1-100	—	—	16-64k	16-64k
데이터 밀도	낮음	낮음	높음	높음	매우 높음	매우 높음
기계적인 인식률	좋음	좋음	낮음	낮음	좋음	좋음
사람에 의한 인식	제한적	간단함	간단함	어려움	접촉식의 경우 가능함	불가능
오염물질에 의한 영향	매우 높음	매우 높음	—	—	—	영향이 없음
시야 가림에 대한 영향	완전 차단	완전 차단	—	가능		영향이 없음
방향과 위치에 의한 영향	낮음	낮음	—	—	단방향성	영향이 없음
마모성	제한적	제한적	—	—	접촉에 의함	중간
가격	매우 낮음	중간	매우 높음	매우 높음	낮음	없음
운영비용(예, 프린터)	낮음	낮음	없음	없음	중간(접촉식)	
비인가 복사/수정 가능성	약간	약간	가능 (오디오 테이프)	불가능	불가능	불가능
인식 속도 (데이터 운반 포함)	낮음 ~4초	낮음~3초	매우 낮음 〉5초	매우 낮음 〉5-10초	낮음 ~4초	매우 빠름 ~0.5초
최대 인식거리	0~50cm	〈1cm 스캐너	0-50cm	직접 접촉	직접 접촉	0-5m, 마이크로파

RFID 시스템은 하드웨어(태그, 리더기, 안테나, 호스트컴퓨터)와 소프트웨어(운영체계, 미들웨어, 호스트 어플리케이션)로 구성된다.

RFID 시스템의 하드웨어 구성은 트랜스폰더(Transponder; 태그), 리더(reader)와 안테나(결합장치; coupling device)로 구성된다.

RFID 시스템은 ISM(Industrial, Scientific, and Medical) 주파수 대역에서 135 kHz, 13.56 MHz, 433 MHz, UHF(860~960 MHz), 2.45 GHz 대역의 주파수를 사용한다.

〈표 6-2〉처럼 태그가 송신하는 전파의 에너지원(전원)을 얻는 동작 방법에 따라 수동형(passive)과 능동형(active)으로 구분하고, 수동형은 리더기로부터 수신되는 전파에서 송신 전원을 얻고, 능동형은 별도의 배터리에서 송신 전원을 얻는다. 리더기는 수집된 정보를 네트워크를 통해 센터에 전달한다.

〈표 6-2〉 RFID 시스템의 주파수별 구분

주파수	저주파	고주파	극초단파		마이크로파
	125kHz,135kHz	13.56MHz	433.9MHz	860~930MHz	2.45GHz
인식거리	60Cm 미만	60Cm까지	50~100m	3.5~10m	~1m이내
일반특성	• 비교적 고가 • 환경에 의한 성능 저하 없음	• 저주파보다 저가 • 짧은 인식거리와 대중 태그인식이 필요한 응용 분야에 적합	• 긴 인식거리 • 실시간 추적 및 컨테이너 내부 습도, 충격 등 환경 센싱	• IC기술발달로 가장 저가로 생산 가능 • 다중태그인식 거리와 성능이 가장 뛰어남	• 900MHz 태그와 유사한 특성 • 환경에 대한 영향을 가장 많이 받음
동작방법	• 수동형	• 수동형	• 능동형	• 능동형/수동형	• 능동형/수동형
적용분야	• 공정자동화 • 출입통제/보안	• 수화물관리 • 대여물품 관리 • 교통카드 • 출입통제/보안	• 컨테이너 관리 • 실시간 위치 추적	• 공급망 관리 • 자동통행료 징수	• 위조방지

태그는 사용목적과 크기에 따라 Chip형, Chip-less형, 센싱 및 초소형 태그, 태그 안테나 등이 있다. Chip형 태그는 현재 500원 이하의 가격을 목표로 하고 있으며, Chip-less형은 100원 이하를 목표로 기술을 개발하고 있다. 또 RFID는 부착물의 특성 및 주변 환경에 매우 민감함에 따라 각각의 특성에 적합한 패키징 기술도 연구되고 있다. 태그에 저장 가능한 데이터 용량은 ISO(International Organization for Standardization) 18000-6 시리즈와 EPC global에서는 태그에 저장 가능한 기본 데이터 용량을 최소 64비트에서 최대 256비트로 정의하고 있다. 현재 구입 가능한 태그는 태그 제조업체에 따라 사용자 영역이 최소 32비트에서 최대 1,024비트까지 제공되고 있다.

RFID 리더는 태그 신호충돌 방지 알고리즘을 채용해 현재 초당 100개까지 인식이 가능한 수준이며, 수백 개 이상을 목표로 기술이 개발되고 있다. 아울러, 여러 대역에서 인식이 가능한 멀티밴드, 멀티 프로토콜 리더기도 개발되고 있다.

현재 리더기는 인식성능을 높이기 위해 2~4개의 안테나를 배열해 사용하고 있으나, 앞으로 주변 환경에 적응해 빔을 제어할 수 있는 안테나 기술도 개발되고 있다.

RFID시스템의 결합방식은 전자파를 이용하는 방식(후방 산란 결합, backscatter coupling)과 자장을 이용하는 방식(상호 유도 결합, inductive coupling)이 있다.

RFID를 이용해 사물의 식별이 가능해야 하므로 용도에 따라서 단위지역 또는 전 세계적으로 유일한 인식번호를 부여하는 식별체계를 정립해야 한다.

현재 유럽표준화기구(EAN)와 북미표준화기구(UCC, Uniform Code Council)가 공동 제안한 EPC(Electronic Product Code)와 일본에서 제안한 u-ID 체계가 있으며, 국제표준화가 진행되고 있다. 한편 인터넷 주소체계로는 IPv6를 추진하고 있어 EPC와 연계를 위한 코드체계의 표준대응방안을 수립할 필요가 있다.

리더기가 읽은 RFID 정보를 이용해 다양한 상품정보를 사업응용에 연계해주는 미들웨어도 개발되고 있다.

RFID 시스템은 인간중심의 유비쿼터스 컴퓨팅 환경 실현을 위한 차세대 핵심 기술이며 2000년대 들어 무선 인식 기술의 중요성이 부각되면서 크게 주목받기 시작하여 물류, 유통 분야에 본격적으로 도입되기 시작하였다. 최근 정보통신 분야의 최대 화두는 사람과 사람, 사물과 사람, 나아가 사물과 사물 간에 의사소통이 가능한 유비쿼터스 사회를 실현하는 것이다.

유비쿼터스 컴퓨팅이 가능하기 위해서는 가장 기본적으로 사람 혹은 사물을 유일하게 식별하고, 이를 바탕으로 서비스되어야 한다는 점이다. RFID는 자동인식 및 데이터획득 기술의 하나로, 사람의 작업이나 판단을 궁극적으로 배제하고 객체의 ID를 자동적으로 취득, 온라인으로 관련정보를 자동 처리하는 기술이다. 즉, 차세대 유비쿼터스 기술의 핵심기반 기술이며, 가장 가시적인 성과를 낼 수 있는 기술인 셈이다.

RFID 분야의 중요한 이슈로는 비용, 주파수 규제, 상호 운영성, 보안 및 사생활침해 문제, 표준화 문제 등을 꼽을 수 있다.

비용 면에서 RFID 태그의 가격이 최소한 50원 이하로 형성돼야만 비로소 RFID시장이 본격적으로 활성화될 것으로 판단된다.

주파수 규제에 관해서는 기존의 서비스를 위해 사용되는 주파수와 RFID 서비스간의 간섭이 발생할 것으로 예상됨에 따라 관계자간의 의견 조정이 요구된다.

RFID의 시장은 1996년 이후 매년 25% 이상 성장하여 세계시장의 경우 2005년 30억 달러 규모에서 2010년 100억 달러 규모로, 국내시장은 2007년 3,180억 원 규모로 성장할 것으로 예상된다. RFID는 단순한 상거래뿐만 아니라 일반적인 기업경영, SCM(Supply Chain Management), CRM(Customer Relationship Management), 자산관리, 현장인력관리, 지식관리, 유통관리, 안전관리 등 거의 모든 비즈니스 활동에 혁신적으로 적용되어 미래 IT시장을 주도해 나갈 것으로 예상된다. 우리나라에서도

RFID 기반의 통합 인프라 구축에 대한 요구가 증가하고 있으며 제품의 제조에서 소비자에 이르는 상품 라이프사이클에서 발생하는 물류정보의 통합관리 솔루션의 개발이 필요한 시점이다. RFID 기반의 상품 라이프사이클 물류정보 통합관리 솔루션의 개발은 국내 제조, 유통 물류뿐 아니라 우리나라 경제의 큰 부분을 차지하고 있는 수출입 물류까지 고려되어 Global visibility 확보와 함께 국가 산업 구조를 개선하여 전 산업에 걸쳐 비즈니스 효율을 향상시키는데 기여할 것이다.

4. RFID의 중요성

RFID 기술에 대한 관심이 최근 몇 년 동안에 크게 늘어났으며 많은 기업과 정부 기관들이 RFID 기술을 차세대 핵심 기술 분야로 선정하여 집중 투자하고 있는데 그 이유는 유비쿼터스 컴퓨팅을 위한 핵심 기술 확보 및 제조, 물류, 유통 등의 산업 분야의 업무 효율 향상을 위한 핵심 기술 확보와 새로운 국제 표준에 대한 대비 등이다.

1) 유비쿼터스 컴퓨팅을 위한 핵심 기술 확보

RFID 기술은 인간의 중요한 가치 향상을 위해서 컴퓨터 능력을 활용하는 유비쿼터스 컴퓨팅의 실현을 위한 핵심 기술로서 제품의 자동 인식, 현황 파악, 상품 정보 관리 등에 쓰일 핵심 기술이다. RFID 기술을 확보하는 것은 곧 유비쿼터스 컴퓨팅 실현을 위한 핵심 기술을 확보하는 것으로 이를 통해 우리나라가 IT 선도 국가로서의 위치를 더욱 확고하게 할 수 있다.

2) 제조, 물류, 유통 등의 산업 분야의 업무 효율 향상을 위한 핵심 기술 확보

RFID는 비접촉형 인식, 긴 도달거리, 다른 통신망과의 연계 및 통신 가능성 등에 의한 확장성으로 인해 물류, 유통, 제조 등 다양한 비즈니스 영역에서 킬러 어플리케이션으로서 파급효과가 매우 클 것으로 예상된다.

제조, 물류, 유통 등의 산업 분야가 총 망라된 Visibility의 확보로 금융 분야 등과의 긴밀한 협업체계가 확립되고 이에 따라 전 산업에 걸친 비즈니스 시너지가 발생할 것으로 예상된다.

3) 새로운 국제 물류 시장에 대비한 표준화

RFID 기술은 작게는 바코드를 대체할 새로운 상품 인식 기술로서 차세대 국제표준으로 자리 잡을 것이 확실시되며 넓게는 세계 물류의 핵심 표준이 될 것으로 예상된다. 따라서 RFID 기술 표준에 대한 대비는 향후 원활한 수출입 물류와 함께 국내 상품 라이프사이클 관리에도 매우 중요하다.

6.2 RFID 특징 및 기술 동향

1. RFID의 특징

RFID는 리더를 통하여 접촉하지 않고 태그의 정보를 판독하거나 기록하는 시스템으로써, 주로 ISM 주파수 대역을 통하여 태그의 IC 칩에 있는 데이터를 인식하여 관리 및 제어를 할 수 있는 기술이다.

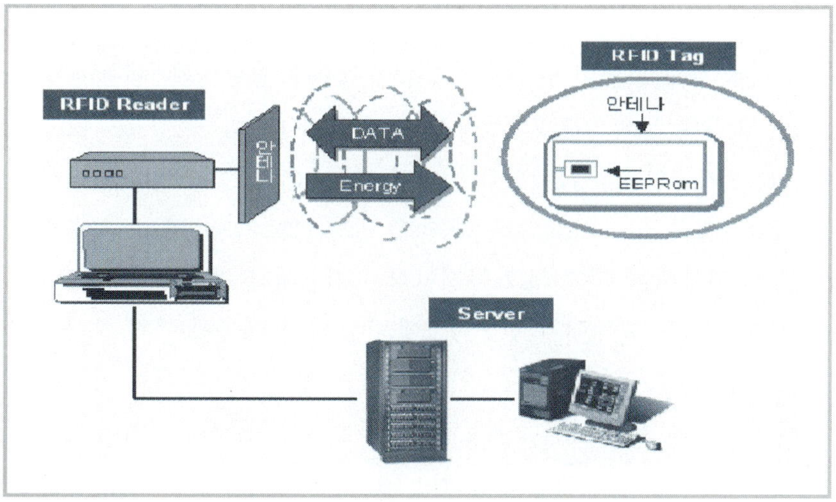

[그림 6-3] RFID 시스템 주요 구성도

RFID 시스템은 〈그림 6-3〉처럼 흔히 태그라 불리는 고유 정보를 저장하는 트랜스폰더, 판독 및 해독 기능을 하는 송수신기(리더기 또는 판독기), 호스트컴퓨터(서버), 네트워크, 응용프로그램(ERP, SCM)으로 구성된다.

RFID기술의 특징은 데이터정보 인식을 레이저와 같은 광학적 인식방식과 달리 가시성을 확보해야 하는 단점이 없고, 무선전파영역에 위치하면 쉽게 비접촉으로 전계 혹은 자계의 세기변화에 의해 RF 태그의 정보 판독이 가능하다.

종래의 접촉식 바코드나 광학적 판독방식과 달리 데이터의 판독 및 쓰기도 가능하다. 그러므로 읽기/쓰기가 가능한 RF태그는 몇 번이고 저장된 데이터의 판독 및 수정이 가능한 이점을 갖는다. 또한 바코드에 비해 고속으로 정보처리가 가능하며 내구성이 뛰어나고 정보량이 바코드에 비하여 월등히 크다.

종래의 상품 패키지에 사용되고 있는 바코드는 제조국, 제조자 및 상품명 등이 표시되고 있으나 상품종류 단위로 관리하기가 어려웠다.

이에 비하여 RF 태그의 특징으로는 대용량 데이터 보유, 데이터 입력 및 수정이 가능하므로 상품관리, 물류관리 및 리스크관리 측면에서 매우 상세한 데이터베이스 처리가 가능하다. 상품 하나하나에 대하여 개별코드를 부여할 수 있기 때문에 제조공장, 제조연월일, 물류이력, 유통이력 등의 데이터관리가 가능하여 물류관리에 유효한 툴이 된다.

또한 화물의 출하로부터 분배 등을 취급함에 있어서 효율적이고 이력이 투명하게 되며 RF 태그에 보안기능을 부여하는 경우에 도난방지, 위조방지가 가능하게 된다. 또한 인터넷 등에 연동된 서비스 제공이 가능하다.

RFID 기술의 또 다른 장점은 여러 개의 RF 태그 데이터를 동시에 판독이 가능하다. 즉 1개의 RF 태그를 판독하는 수 ms이므로 수십 또는 10개 이상의 무선 태그를 동시에 판독하는 다수 태그 동시인식이 가능한 장점을 갖는다. 이러한 다수 태그 동시인식 기술은 데이터의 전송속도에 비례하기 때문에 특히 주파수가 높은 마이크로파 방식 RFID 시스템에서는 수백의 무선 태그 동시인식이 가능하며 주파수가 낮은 저주파 RFID 방식에서는 수십 개의 무선 태그 동시인식이 가능하다.

RFID는 많은 기능에서 우월하나 여러 가지 가능성을 갖는 RF 태그는 현재로서는 비용이 우선 IC 칩 가격이 고가인 상태이다. 바코드 시스템의 대체에 관하여 논의하기 위하여는 우선 비용이 검토되어야 한다.

RF 태그 가격이 내려가긴 하였어도 현재 500원 정도인 점에 비하여 바코드는 수

원 정도에 발행되고 있어 시스템 도입시에 초기 비용이 크게 된다. 그러나 IC 칩은 10만회 이상 메모리 쓰기가 가능하기 때문에 정보변경을 위한 바코드를 재발행하는 경우를 고려하면 장기적으로 운용비용의 절감이 가능하다.

그 외에 RF 태그의 특징으로는 메모리의 대용량, 복수동시 판독 및 표면에 설치할 필요가 없는 장점이 있어 운용측면에서 전체 비용대 효과가 경제적인 경우가 있기 때문에 시스템운용 측면에서 종합적으로 검토되어야 한다.

요약하면 RFID는 이와 같은 네트워크로부터 얻는 이점이 있기 때문에 공급하는 측에서 본 사용하는 측의 운용성을 충분히 이해하여 쌍방이 협력하여 이와 같은 성능을 충분히 운용할 수 있도록 노력하는 일이 매우 중요하다.

〈표 6-3〉 RFID 시스템의 주파수별 특징 및 응용 비교

주파수	주요특징	사용분야
저주파(LF) 135KHz 이하	• 1980년대부터 쓰이기 시작해 현재 널리 사용 • 금속과 액체 주위에서도 인식률이 매우 높다 • 데이터 전송 속도가 느리다 • 10cm 정도의 인식거리	• 동물 식별 • 산업 자동화 • 출입관리
고주파(HF) 13.56MHz	• 1990년대부터 쓰이기 시작해 현재 널리 사용 • 세계표준 • LF보다 긴 인식 거리(1M이상) • LF 태그에 비해 태그 가격이 싸다 • 금속 주위에서 성능이 좋지 않다.	• 결제 카드와 포인트 카드(스마트카드) • 출입 관리 • 위변조 방지 • 책, 수화물, 보석과 같은 물품단위를 추적하는 애플리케이션 제작이 가능하다. • 지능형 선반 • 사람 식별 및 모니터링
극초단파 (UHF) 433MHz, 860~930MHz	• 1990년대 후반부터 사용되었다. • HF보다 긴 인식 거리 (3M이상) • 능동형 433MHz 시스템의 데이터 전송거리는 수십 m가 넘는다. • 대형 소매업체에 납품하는 업체는 RFID의 무화에 따라 세계적으로 각광받고 있다. • 태그 가격이 가장 저렴할 것으로 예상된다. • 지역별 법규 차이에 따른 비호환성 문제가 있다. • 액체와 금속으로 인한 간섭 가능성이 높다.	• 다음의 공급망과 물류 분야 - 재고 관리 - 창고 관리 - 자산 추적
마이크로파 2.45~5.8GHz	• 수십년 전부터 사용되었다. • 빠른 데이터 전송 속도 • 일반적으로 능동형 또는 반능동형이다. • 인식 거리는 UHF와 유사하다. • 액체와 금속 주위에서 성능이 좋지 않다.	• 출입 관리 • 전자 통행료 징수 • 산업 자동화

즉, 단순히 바코드를 대체하는 경우만을 고려하지 않고 본질적으로 RFID로부터 얻는 여러 장점을 활용하지 못하면 새로운 비즈니스 모델은 생성될 수 없다.

LF(125/135kHz)/HF(13.56MHz)/UHF(433MHz, 900MHz, 2.45GHz) 대역의 반송파를 사용하는 RFID 시스템은 전통적인 자동인식(AIDC : Automatic Identification and Data Capture)기술의 한 종류로서 마이크로칩을 내장한 태그, 카드, 라벨 등에 저장된 데이터를 허용 대역 주파수의 무선 전파에 실어서 비접촉 방식으로 읽어낸 다음, 그 읽힌 ID 정보들을 지정 컴퓨터로 처리하여 물품들의 진위 여부를 식별하고, 해당 물품의 이력을 자동으로 관리할 목적으로 생산시점에서 해당 물품에 부착되거나 내장되는 반도체 칩 태그들, 관리하는 공간에 설치된 리더(ID 판독기), 그리고 리더들의 데이터를 수집 처리하는 호스트 서버로 구성된다. 사용주파수별 대표적인 RFID 태그 제품명과 제조업체를 〈표 6-4〉에서 비교하였다.

〈표 6-4〉 주파수별 RFID 태그 제품 및 업체 비교

대역	주파수	제품명	메모리 용량	제조업체
장파대	125/135kHz	HITAG	32bytes	Philips
		V700	112bytes	OMRON
단파대	13.56MHz	I-CODE	48bytes	Philips
		my-d	256bytes	Infinion
		Tag-It	32bytes	Texas Instruments
		FeliCa	4000bytes	Sony
UHF대	915MHz(860~930 MHz)	Auto-ID추천	96bits	
		유비쿼터스 ID 추천	128bits	
마이크로파대	2.45GHz	μ 칩	128bits(read only)	히타치
		Intelitag	1024bits	Intermec Technologies
		유비쿼터스 ID추천	128bits	톳판 인쇄(T-Junction) etc

현재 마이크로파 대영역인 2.45GHz onechip은 일본 히타치 제작소에서 뮤칩〈표 6-5〉이라고 하여 mode 1에 해당하는 수동형 태그용칩이 있다. 그 외에는 직접 쓸 수 있는 칩은 custom 제작하여 RFID 업체들이 태그로 조립하여 판매하고 있는 실정이다. 필립스의 I-code와 EM microelectronics 사의 EM4223, EM4422 UHF chip을 적절히 개조하여 사용할 수도 있다고 생각된다. 리더용 OneChip은 계속 개발되고 있다. 히타치제작소가 개발한 무선자동인식 IC 태그용 '뮤칩'은 아래의 [그림 6-4]와 같이 가

로, 세로 0.4mm의 집적회로(IC) 칩과 안테나가 연결된 뮤칩 태그를 리더와 호스트 서버 또는 유/무선 인터넷을 경유한 u-ID 서버를 구성하여 활용한다.

〈표 6-5〉 뮤칩사양

항 목	설 명
사이즈	0.4 × 0.4mm
심플한 기능	독해 전용, congestion 제어 없음, 제품 관리 대응 가능(저비용)
데이터 격납	128비트 유니크 ID(제조시 설정) 네트워크 베이스의 상품 정보 관리
통신특성	주파수 2.45GHz, 최대 거리 약 30cm(외부 안테나 첨부)
수동형	전지 없이 동작

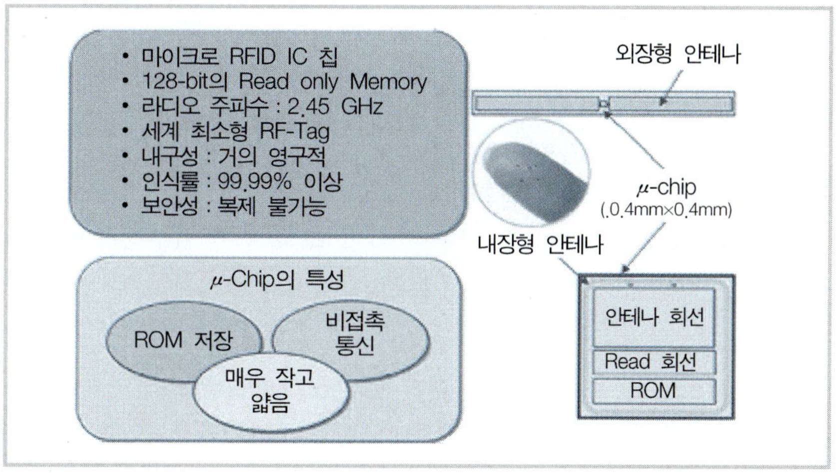

[그림 6-4] 히타치 뮤칩

지금까지 뮤칩은 2.45GHz 대역의 무선주파수를 사용하고, 뮤칩은 제조공정 시에 128비트의 ROM(Read Only Memory) 영역에 고유의 '뮤 ID(μID)' 데이터를 내장시켜, 데이터를 변조하거나 임의의 데이터를 재기입하는 것이 불가능하여 완벽한 보안성을 보장한다. 뮤칩에 사용하는 고유식별자인 128비트의 뮤 ID는 헤드, 서비스 ID, 실행 데이터로 구성되어 있다. 히타치의 뮤 ID는 독자적인 체계를 가진 것으로 추정된다. 지금까지 극소성, 집적성, 비접촉형 등의 특징을 살리고, 물품관리 태그 등에 이용되고 있으며 종이에 내장시켜 이용하는 서비스도 가능하다.

2. EPC의 개요

MIT Auto-ID센터가 개발, 세계 표준화를 추진하고 있는 EPC(Electronic Product Code)라 불리는 4 단위 ID 시스템은 헤더 8비트, 제조업자 24비트(16미터 이상의 다른 항목), 제품 24비트, 일련번호 40비트(십억 이상의 다른 항목)로 구성되어 96비트 메모리칩에 저장한다.

EPC(EPC는 웹 어드레스와 같은 기능)에 의하여 각각의 태그를 부착한 아이템의 정보는 구별되어 하나의 데이터 파일 포맷으로 정보전송이 가능케 되는데 이러한 파일 정보를 규정하는 언어 방식으로 MIT Auto-ID센터는 널리 사용되는 XML을 응용한 PML(Physical Markup Language)를 개발하였다. 이 PML 파일은 PML 서버에 저장되어 HTTP를 이용 관리할 수 있으며, 또 아이템의 정보뿐만 아니라 각각의 아이템을 구별하여야 하는데 이러한 정보를 저장하기 위하여 MIT Auto-ID센터는 DNS 개념과 비슷한 ONS(Object Name Service)를 개발하였다.

아이템의 정보를 활용한 응용을 위하여서는 백-엔드 시스템과의 연동이 필요한데 이러한 인터페이스를 미들웨어라 한다.

EPC글로벌에서는 RFID의 다양한 특징 및 용도를 기준으로 RFID를 Class 0, 1, 2, 3, 4, 5로 구분하여 각각의 특성에 따라 다양한 분야에 적용 가능하도록 하고 있다.

〈표 6-6〉 EPC글로벌 태그분류

<table>
<tr><th></th><th>Class 0</th><th>Class 1</th><th>Class 2</th><th>Class 3</th><th>Class 4</th><th>Class 5</th></tr>
<tr><td>개요</td><td>제조사입력/읽기전용</td><td>사용자입력/읽기전용</td><td>읽기쓰기가능형/수동형</td><td>반수동형/읽기쓰기가능</td><td>능동형/읽기쓰기가능</td><td>능동형/독립형/읽기쓰기가능</td></tr>
<tr><td>능동형/수동형</td><td colspan="3">수동형</td><td>반수동형</td><td colspan="2">능동형</td></tr>
<tr><td>읽기/쓰기</td><td colspan="2">읽기전용</td><td colspan="4">읽기쓰기가능</td></tr>
<tr><td>전송 성공률</td><td colspan="3">낮다</td><td colspan="3">높다</td></tr>
<tr><td>배터리</td><td colspan="3">없음</td><td colspan="2">리튬/마그네슘 전지</td><td>전원확장성 용이</td></tr>
<tr><td>수명</td><td colspan="2">길다</td><td>짧다</td><td colspan="3">길다</td></tr>
<tr><td>도달거리</td><td colspan="2">짧다</td><td>길다</td><td>중간</td><td colspan="2">길다</td></tr>
<tr><td>무선망 네트워크</td><td colspan="5">기능 없음</td><td>네트워크 구성가능</td></tr>
</table>

3. 기술 동향

IC 태그는 2005년경부터 본격적으로 보급될 것이라는 견해가 강하다. 선구자적인 IC 태그 제조업체로서는 필립스 반도체(Philips Semiconductors)와 텍사스 인스트루먼트(Texas instruments, TI)가 있다.

필립스는 'I-CODE'를 자사 제품의 중심으로 하여 RFID 토탈 솔루션을 제공하고 있으며, TI사는 'Tag-it'에 대응한 태그나 리더/라이터 등을 자사 제품의 축으로 하여 RFID 토탈 솔루션을 제공하고 있다. 히타치, 미쓰비시 매터리얼사(Mitsubishi Materials) 등도 자사 제품을 중심으로 RFID 토탈 솔루션을 제공하고 있다.

필립스는 오래전부터 비접촉형 카드 및 RFID 태그의 개발을 준비하여 왔다. 필립스의 UCODE HSL(High frequency Smart Label)은 수동형 태그와 라벨 칩이다. UCODE HSL은 0~8m 전후의 거리에서 동작 가능하며, 특히 미국의 공급망 관리와 물류 응용에 적합하다. 이 제품은 충돌 회피와 충돌 조정 기술을 사용하여 같은 안테나로 다양한 태그의 읽기/쓰기가 가능하다. 스마트 라벨 또는 태그가 리더기(읽기/쓰기 장치)의 가독 범위 내에 있을 때 고속의 양방향 데이터 전송이 가능하다. UCODE HSL은 공급사슬 관리, 자산 관리, 컨테이너 신원, 팔래트 트래킹(pallet Tracking) 등의 응용에 활용된다.

TI에서는 비접촉형 IC 태그인 Tag-it 스마트 라벨은 ISO 15693 규격을 따르는 태그 및 트랜시버를 제공하고 있다. Tag-it은 13.56MHz 주파수 대역을 사용하며 사용자 메모리가 256비트의 TI 오리지널 제품(HF)과 2,048 비트의 ISO/IEC 15693 제품(HF-I)을 제공하고 있다. Tag-it은 무전원의 저가격 수동형이기 때문에 2차 미디어에 내장하기에 적합하다.

① Basic : 물류관리, 출입보안, 주차관리, 항만관리, 공장자동화, 동물관리
② Automotive Transponder : 자동차 도난방지, 타이어관리, 카드키 출입, 원격시동
③ ARC Transponder : 주유 무인 정산제, 슈퍼마켓 고객관리, 놀이공원관리
④ Tag-it Transponder : 항공화물, 우편물, 교통티켓
⑤ AVI Transponder : 자동(무선) 요금징수(915MHz, 5.8GHz)-태그형, OBU형

IC 태그는 통신사의 문제로 종이나 플라스틱이 아닌 금속에는 장착하기가 어려웠다. 그러나 미쓰비시 매터리얼사는 축적된 재료 기술력을 기반으로 금속에 부착 가

능한 태그와 광범위한 통신거리를 갖는 IC 태그를 개발하여 2001년 10월 세계 최초로 13.56MHz 주파수 대역의 온메탈(on metal) IC 태그 제품을 발표하였다([그림 6-5 참조]). 그때까지 125kHz 주파수 대역의 IC 태그가 주류를 이룬데 반하여 13.56MHz 주파수 대역은 일본 전파법의 규제완화에 의해 개방된 새로운 주파수 대역으로, 곡면을 포함하는 다양한 형상의 금속에 온메탈 태그를 용이하게 부착할 수 있게 하였다. 또한, 내열 태그의 개발이나 타사의 기존 IC 태그의 온메탈화도 가능하게 하였다.

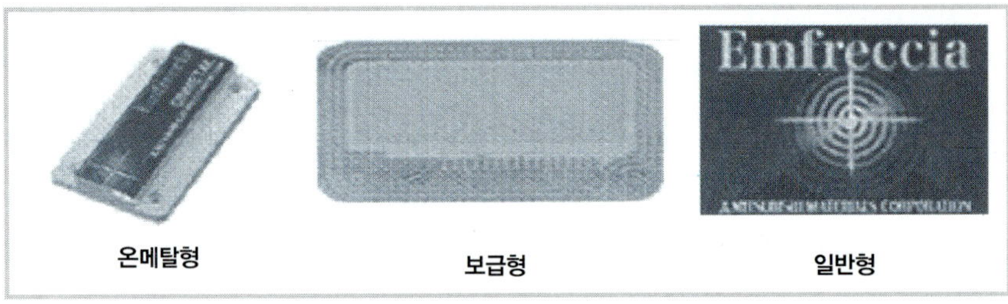

[그림 6-5] 금속대응 온메탈 태그

현재 미쓰비시 매터리얼사의 온메탈 IC 태그인 '엠프레시아 온메탈(Emfreccia ONMETAL) 시리즈'는 각종 형태를 선택할 수 있으며, 무전원 태그이기 때문에 설치 장소나 용도에 대한 제한을 받지 않는다. 따라서 금속제품을 다루는 자동차의 생산 라인이나 유통 · 물류 · 각종 대여업 등의 다양한 응용에 적용 가능하다. 13.56MHz 주파수 대역은 125kHz 주파수 대역과 달리 전파가 수분에 흡수되지 않기 때문에 태그가 인체에 접촉된 상태 또는 태그가 비에 젖은 상태에서도 인식이 가능하다. 미쓰비시 매터리얼사의 'BitTag 시리즈'는 다양한 통신 거리 및 환경에 대응 한 IC태그로 라벨형, 카드형, 코드형, FA용 내열 태그 등 다양한 형태가 있다.

RFID기술은 유통 물류 분야에 핵심기술로 부상하면서 2003년도에 미국의 Matrics, Alien 사에서 EPC 규격의 3m 이상의 인식이 가능한 UHF대역의 단일 칩 제품의 태그와 시스템을 발표하면서 전 세계적으로 개발의 열기가 가속되어 2004년에는 국제표준(ISO)이 확정되어 Philips, EM, ST Micro에서 UHF대역의 태그용 단일 칩을 발표하고, 2005년 가을에는 IMPing에서 EPC C1G2(ISO type C)규격의 태그용 단일 칩 발표를 시작으로 Philips, TI사 등이 출시하고 그 외 많은 대형 반도체기업에서 출시를 발표하고 있다.

2004년 3월부터 착수한 ETRI 중심의 국내 RFID/USN 기술개발도 2년 차의 종반에 있으며, 시작 당시 해외선진국에 비해 3년 정도 뒤진 것으로 분석되었던 UHF대역 RFID 기술은 많은 참여업체와 독자적인 기술개발되고 있다.

1) UHF 태그칩

기능, 성능, 가격과 글로벌 마켓의 확보가 경쟁력의 관건이지만 안정적 공급을 위한 대체 수단과 핵심기반 기술의 확보라는 측면에서 국내 기술개발이 중요하다. ETRI는 Gen 2 1.04 버전의 칩을 개발하여 기본적인 시험을 완료했으며, 최종 버전인 Gen 2 1.09(type C) 칩은 2차년도 중에 시제품을 완성할 계획으로 국내유수 반도체 업체인 '메그나칩'을 공동개발에 참여시켜 상용화와 양산에 대비하고 있고, 삼성전자도 유사한 일정으로 UHF태그 칩을 개발 중이다.

2) 태그 안테나 개발과 패키징 기술

태그를 부착할 물품의 전기적, 구조적, 환경적인 특성에 적합한 안테나와 패키지가 개발되어야 하고, 글로벌한 유통을 위한 광대역 태그의 개발이 필수적이다. ETRI는 국외에서 도입한 C0, C1 칩을 사용하여 종이, 목재, 금속 부착형 등 다양한 태그 안테나를 개발했고, 특허기술을 이용한 60MHz이상의 광대역 태그도 다수 개발해 3개 업체에 기술을 이전하였다. 앞으로 Gen 2(Type C)칩을 이용한 100MHz의 광대역 안테나를 개발하고 시범사업에서 발견된 현장 애로기술의 개발에 역점을 두고 있으며, 패키징은 삼성테크윈, LS산전, 알에프캠프 등 국내유수업체들이 생산설비를 구축하고 대량생산을 준비 중이다.

3) UHF 리더 기술

국내에서도 다수 업체들이 EPC 글로벌, C0, C1와 ISO 18000-6A/B 규격의 리더를 개발 발표하였고, 2005년에 발표된 Gen2(ISO type C) 규격을 지원하는 멀티프로토콜 리더, 모델의 다양성 및 대외 경쟁력 확보가 필요하며, ETRI는 기존 규격을 지원하는 멀티프로토콜 리더를 개발하여 4개 업체에 기술 이전을 하였고 리더아날로그 칩을 개발 중이며, 핸드 핼드형 리더의 경쟁력을 향상시키기 위한 아날로그, 디지털 칩을 개발 중이다.

4) UHF 미들웨어와 네트워크 기술

식별코드를 관리하고 응용서비스를 지원하기 위한 미들웨어와 인터넷망을 통한 물품 정보를 구축, 관리 및 이용이야 말로 부가가치를 창출하는 가장 중요한 기술로 ETRI는 휴먼테크, 코리아컴퓨터 등을 포함한 다수 국내업체와 공동으로 멀티리더 프로토콜 지원, 리더 인터페이스, 태그 데이터 필터링 및 요약, 차세대 주소체계인 IPv6 연계 오브젝트 네임(Name) 서버(ONS), 규칙기반 실시간 비즈니스 프로세스 연동기능을 가진 자동식별 미들웨어 기본기술을 개발하고 있다. 2005년부터는 능동형 태그 메모리 데이터 저장 및 관리, 전자태그 객체 정보관리, 플로(Flow) 기반 실시간 비즈니스 프로세스 연동, 경량(Light-Weight) 키 관리서버 기능을 가진 자동식별 미들웨어 확장기술과 USN의 게이트웨이를 위한 상황인식 미들웨어를 개발 중이다.

5) 433MHz 능동형 RFID 기술

433MHz 능동형 RFID 기술은 항운, 항공 물류 관리는 물론 군사, USN 등 다양한 응용분야가 있으나 수요가 가장 많은 항만물류용 컨테이너 관리를 위한 기술개발에 중점을 두고, ETRI는 ISO 18000-7 규격의 433MHz 능동형 태그와 리더를 개발하여 3개 참여기업과 개발하였고, 2005년부터는 전자 실(e-seal)형 태그개발, 환경시험, 응용프로그램개발, 시스템 및 서비스시험 등을 수행중이며, 컨테이너위치 확인을 위한 2.45GHz RTLS(Real Time Location System) 기술개발도 진행 중이다.

6) 스마트 액티브 라벨(SAL), USN 기술

국내 RFID 기술은 선진국에 비해 진입시기가 늦었으나 SAL, USN 기술은 기술선도가 가능하다는 판단 하에 금년부터 본격적으로 기술개발에 착수되었으며, 센서와 배터리가 부착된 얇고 유연성이 있는 SAL(반능동형 태그, Smart Active Label)은 인식거리, 부착 물체 영향 등 RFID의 단점을 보완하고 간단한 센싱 기능을 부가할 수 있는 기술로 ETRI는 2006년 말까지 SAL 기술을 개발 완료하여 실용화한다는 계획으로 추진 중에 있다. 모든 곳에 스며들어 있는 센서 노드에서 획득한 실시간 데이터를 어디서나 다양한 분야에 활용하기 위한 USN 기술의 응용은 실로 광범위하며 유비쿼터스 사회의 기반으로 센서 노드를 위한 소형 운영체제(OS), 저전력 프로세서, 전지기술, 무선통신기술, 애드혹(Ad-hoc)네트워크 기술과 패키징 기술 등 핵심기술을 중점

개발하고 2006년까지는 산업적 파급효과가 큰 3~4개 서비스를 선보인다는 계획이다.

7) 모바일 RFID와 관련 기술

휴대폰에 RFID 리더를 장착하여 태그가 부착된 광고물, 물품 등에 관한 정보를 이동통신 네트워크에서 가져다 보여주고 구매 등을 할 수 있게 하는 기술로 이 분야는 세계적인 이동통신 인프라를 갖추고 있는 우리나라가 기술을 선도할 수 있으며, UHF 모바일, RFID는 노키아 등이 추진하는 근거리통신 기술인 NFC에 비해 인식거리가 1m까지로 훨씬 길기 때문에 다양한 서비스 발굴, 기술의 표준화 리더 시스템 온칩(SoC) 기술개발이 성패의 관건이다.

8) RFID 핵심 반도체

RFID 관련 기기산업은 핵심 칩을 해외에서 수입하여 재가공하거나 주요 부품을 수입하여 단순 조립하는 수준으로서 2004년 '삼성전자'에서 13.56MHz태그 칩을 발표하였고, 중소기업인 '3A 로직스'에서 13.56MHz 리더용 칩을 개발하여 공급하고 있으며 그 외 전량 수입에 의존하고 있다.

9) 정보보호기술

RFID 정보보호기술은 태그와 리더구간의 도청방지기술과 불법적인 리더의 접근방지기술 리더와 로컬서버구간의 접속환경문제, 네트워크 인프라 보안기술적용, DNS 시스템 보안방법도입, 정보서버에 저장된 데이터, 실질적인 RFID 정보보호의 핵심내용, 시스템 보안방법 도입의 필요 등이 있다. 망을 국내외 업체들이 RFID 정보보호를 위하여 RF 태그와 보유자 밀 리더 등 구성환경에 대한 연구가 활발히 진행되고 있다.

4. 경쟁기술

1) 2차원 바코드 기술

RFID와 유사한 기능을 하는 기술로 현재는 2차원 바코드가 있다. 1차원 바코드는 바(Bar)와 스페이스(Space)를 조합하여 구성된 심볼로 제한된 텍스트 정보만 표현할 수 있었지만, 2차원 바코드에 비해 100배 이상의 고밀도 정보를 2차원 형태의 심볼로 코드화가 가능하고 문자, 숫자, 사진, 지문, 서명, 심지어 간단한 소리까지 포함하는 대량의 정보를 표현할 수 있다. 〈표 6-7〉은 이들을 비교하였다.

〈표 6-7〉 IC 태그와 바코드, 2차원 코드의 주요 차이

비 교 항 목	IC 태그	바코드	2차원코드
1한개 당 가격	고가	염가	
장거리 인식	가능	곤란	
더럽혀졌을 때의 인식	가능	곤란	
인식 자동화	비교적 용이	비교적 곤란	
정보의 재입력	가능	불가능	
복수 일괄인식	가능	불가능	
기록 가능한 최대 정보량	수십 킬로바이트	수십 바이트/수 킬로 바이트	

[그림 6-6] 2차원 바코드

또한 정보가 훼손되더라도 상당부분 복구가 가능하며, 자체에 정보를 저장할 수 있기 때문에 데이터베이스와 연동하지 않고서도 해당 정보를 파악할 수 있는 potable data file의 기능과 전기적으로 연결되지 않은 두 컴퓨터 사이에서 데이터 교환의 가교 역할을 할 수 있는 기능도 동시에 가지고 있다.

1차원 바코드는 인식매체 가운데 제조 원가가 가장 싸고, 세계 표준이 제정되어 있어 가장 널리 사용되고 있는 기술이다. 그러나 2차원 바코드는 1차원 바코드에 비해 가격은 다소 비싸지만 많은 정보를 저장할 수 있기 때문에 1차원 바코드 시장을 대체하고 있다.

2차원 바코드는 1차원 바코드의 사용영역이던 유통·물류 분야 외에도 금융서비스, 문서 및 신분증 코드화 등의 고도서비스와 행정 분야에도 적용이 가능하고 많은 응용분야에서 활용이 가능하다.

현재 2차원 바코드는 국제표준규격〈표 6-9〉으로 등재되었으며, KS 규격은 1999년 제정된 'Data Matrix', 'Maxi code'와 2002년 10월에 제정된 'PDF417', 'QR 코드'를 합쳐 모두 4종이다. 특히 'PDF417', 'QR 코드'는 한글표기가 가능하고 태그, 라벨, 용지인쇄 등 모든 용도에서 활용이 가능해 RFID가 활성화되기 전까지 국내에서 사용이 많이 증가할 것으로 기대된다.

2차원 바코드가 1차원 바코드에 비해 정보 저장능력이 향상되었으나, RFID에 비해 저장용량이 작고, 장애물 투과 능력이 없는 등 자동인식 능력이 떨어지는 단점이 있다. 또한 현재 국내의 2차원 바코드 판독 기술수준은 외국에 비해 낮은 수준이다. 카메라가 연결된 PC를 통한 판독은 가능하지만, 핸드헬드 기기를 통한 판독은 초기 수준이고, 판독 기술의 상당부분을 외국 원천기술에 의존하고 있는 실정이다.

RFID의 태그 가격이 현재 2차원 바코드 생산수준으로 낮아지면 자동인식능력이 뛰어난 RFID기술이 2차원 바코드 시장을 대체할 것으로 판단된다.

현행 바코드와 RFID 기술과의 차이〈표 6-8〉는 바코드와 비교하여 장점은 바코드는 눈으로 볼 수 있는 위치에서 하나씩 스캐닝되어야 하고, 인쇄된 종이가 찢어지거나 훼손되면 사용이 불가능하지만, RFID는 눈으로 직접 볼 수 없는 지역이나 거리가 상당히 떨어진 위치에서도 인식할 수 있다. 또한, 한 번에 대량으로 인식가능하며 메모리도 내장하고 있어 태그에 다른 데이터도 저장할 수 있다.

특히, 고속 정보처리가 가능하며, 바코드와 달리 상품 각각에 개별코드를 부여하여 물류관리 도구로 유효하게 사용가능한다.

〈표 6-8〉 바코드와 RFID의 비교

구 분	바코드	RFID
인식방법	광학식 Read Only	무선 Read/Write
정보량	수십단어	수천단어
인식거리	최대 수십Cm	최대 100m
인식속도	개별 스캐닝	최대 수백 개
관리레벨	상품그룹	개개상품(일련번호)
가격	라벨인쇄 10원 미만	태그 수백원이하('07년 50원 목표)

제6장

〈표 6-9〉 2차원 바코드의 국제표준/KS 규격 현황

CODE명	Data Matrix	Maxi code	QR code	PDF417
심 볼				
개발회사	미국(1987) International Data Matrix	미국(1987) UPS	일본(1994) Denso	미국(1987) Symbol Technologies
특 징	• 고밀도기록중점 • 심볼의 극소화 가능 • 이미지 판독만 가능	• 택배 화물의 고속분류용 • 이미지 판독만 가능	• 해독이 쉽고 대용량화 • 심볼 모서리에 3개의 파인더에 의한 고속 판독 • 일본시장에서 주로 사용 • 이미지 판독만 가능	• 대용량화 • 2D코드 시장의 60~70% 점유 • 파손 오염시 복구율 가장 유효 • 레이저스캐너 및 이미지 판독
용 도	• 전자부품에 사용 • 소품에 직접 마킹, 라벨인쇄	• UPS • 택배라벨	• 태그, 라벨 용지인쇄 등 모든 용도	• 태그, 라벨 용지인쇄 등 모든 용도
최대 정보량	• 숫자(3,116) • 영문숫자(2,335) • 2진 1,556바이트	• 숫자(138) • 영문숫자(93)	• 숫자(7,336) • 영문숫자(4,464) • 2진 3,096바이트	• 최대문자(2,725) • 영문숫자(1,850) • 2진 1,108바이트
KS 현황	KS X6721 (한글불포함)	KS X6720 (한글불포함)	KSX ISO IEC18004 (한글포함)	KSX ISO IEC15438 (한글포함)
한글표기	부적격	부적격	적 격	적 격

2) 컬러코드와 아이콘

〈표 6-10〉 컬러코드(Color code)와 [그림 6-7]에서 나타낸 아이콘(icon)은 인터넷 환경을 기준으로 설계되어 콘텐츠, URL 등의 실제 정보는 인터넷 상에 위치하고 컬러코드나 아이콘은 그 정보들을 불러주는 역할을 하도록 하는 새로운 개념의 인식 기술이다. 국내에서 개발된 이 두 기술은 코드의 초기 생성, 정보의 업데이트, 정보의 이용권한 조정 등에 매우 유연한 대응 가능하도록 하는 장점이 있다.

컬러코드는 기존의 1차원 바코드보다 정보량을 10배 가까이 늘린 첨단 컴퓨터 인식 기술로서 가로×세로 각 3mm인 사각형 안에 적 · 녹 · 흑 · 청 4가지 색깔을 조합하여 나오는 경우의 수를 이용하여 각종 정보를 인식한다.

〈표 6-10〉 컬러코드의 종류

Code 종류	5×5 ColorCode	5×8 ColorCode	5×5 GrayCode	5×8 GrayCode
Pattern수	약 170억 개	약 7,2경 개	약 8,600만 개	약 22,8조 개
	Code의 cell 수를 늘리면 pattern수는 더욱 증가			
Code Size	최소 : 3mm x 3mm 최대 : 제한 없음			

컬러코드는 10만 화소 이상의 일반 PC카메라가 장착된 PC, 노트북에서도 인식이 가능하며, 무선 인터넷 환경의 경우 10만 화소 이상의 카메라가 부착된 PDA, 카메라 폰으로도 인식이 가능하다. 카메라가 없는 경우에는 컬러코드 하단의 숫자를 이용해 인식할 수 있다.

아이콘은 19개의 원이 육각형 모양으로 배열된 코드로, 각각의 원의 크기 차이로 정보를 저장한다. 컬러코드와 마찬가지로 2차원 코드 형태의 아이콘에 비추기만 하면 손쉽게 해당 인터넷 사이트 등에 자동 접속할 수 있는 On-Off Line 자동연결 서비스에 주로 사용되고 있다. 정보의 저장용량은 원의 개수와 원의 크기, 단계를 늘림으로써 정보의 양을 확장시킬 수 있다.

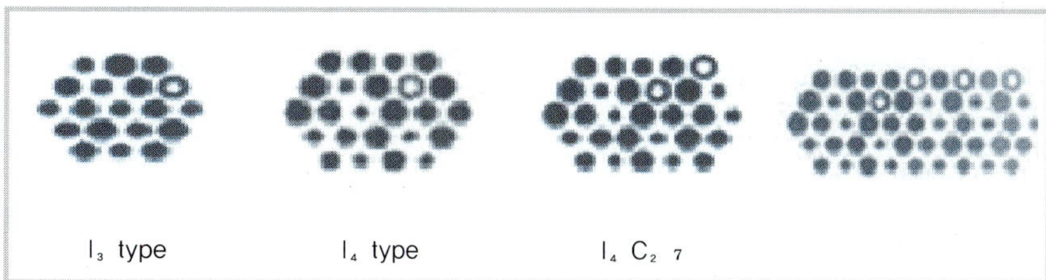

[그림 6-7] 아이콘 모형

아이콘은 원의 형태를 채택하고 있기 때문에 초점이 맞지 않거나 카메라를 비스듬하게 대는 경우에도 화상의 왜곡을 매우 안정적으로 인식할 수 있고, 어느 각도에서 인식하더라도 동일한 결과를 얻을 수 있다. 또한 컬러코드와 마찬가지로 카메라 인식을 목적으로 설계되어 최소 10,000화소의 저해상 CCD/CMOS 센서로도 인식이 가능한 장점이 있다.

컬러코드와 아이콘 등 특수코드는 저렴한 일반 저해상 PC카메라 및 휴대폰카메라 등으로도 인식이 가능하기 때문에 바코드처럼 고가의 전용 스캐너가 필요 없고, 별도의 입력장치도 필요 없으며, PDA, 휴대폰 등으로도 효과적으로 이용될 수 있어 모바일 상거래가 활발해질수록 점차 수요가 증가할 것으로 보인다. <표 6-11>에 인식매체별 비교를 나타내었다.

〈표 6-11〉 인식매체별 비교

	컬러코드	바코드	RF 태그
인식기	10만 화소급 이상의 일반 PC 카메라, 카메라 부착 단말기	고가의 전용 스캐너	고가의 전용 인식기 인식 거리도 중요
패턴 수	5×5의 경우 170억개	Size에 따라 다름	1,038
통신환경	필요	불필요	필요
발행 cost	저가	최저가	고가
보안	낮음	중간	높음

그러나 특수코드는 암호화가 힘들어 보안상의 문제점을 안고 있다. 또한 동일한 사이즈 상에서의 정보의 집적 밀도 면에서 2차원 바코드보다 취약하다.

6.3 RFID의 응용

RFID는 상황, 환경의 인식기술이나 필요한 정보의 추출, 분석기술에 의해 다양한 사회의 경제활동에 있어서 이용자 요구에 보다 가까운 고도화된 서비스를 제공할 수 있다. 이에 따라 공공행정, 경제 산업, 개인생활 분야의 각종 생산, 수요, 공급과정에서 이용자 상황이나 환경에 입각한 IT 이용의 고도화를 도모할 수 있다. 이러한 특징에 따라 응용분야를 분류하면 [그림 6-8]과 같다.

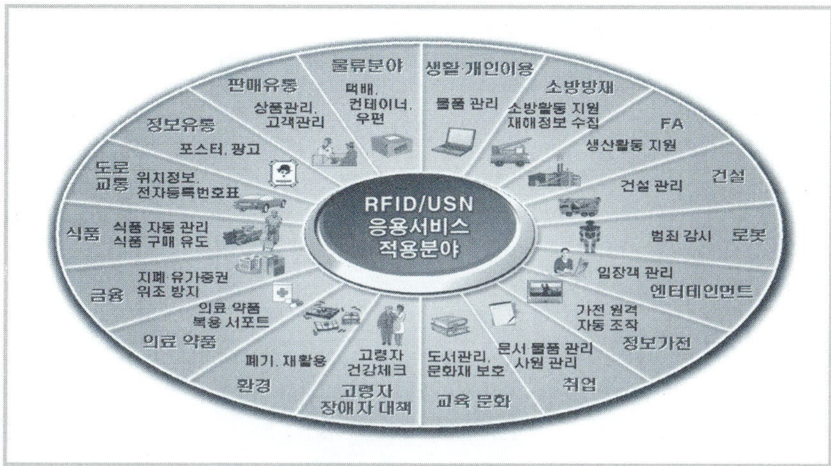

[그림 6-8] RFID/USN 응용서비스 적용분야

〈표 6-12〉

주파수	활용분야	원리	
125kHz	동물관리		출생내력 등 식별정보가 입력된 칩을 동물에 이식하여 혈통관리 및 위치파악에 활용
133kHz	스키어 관리시스템		스키장 통로에 수직 게이트형 안테나를 설치해 스키어들의 입장확인
133kHz	마라톤선수 추적시스템		가벼운 무선태그가 선수 운동화에 부착되며 루프안테나가 마라톤 주행도로의 출발선, 중간 반환점, 결승선 등에 설치되어 선수의 기록을 관리

주파수	활용분야	원리	
13.56MHz	교통카드		카드를 리더에 가까이 대면 카드에 내장된 RFID 칩이 리더와 무선으로 교신하여 자동으로 요금을 징수
13.56MHz	주차관리		태그가 부착된 차량이 접근하면 자동으로 출입통제 장치가 자동으로 개폐
13.56MHz	도서관리		도서에 RFID 칩을 삽입하여 도서 부당 반출 시 경보음 울림
13.56MHz	출입통제		신원정보가 입력된 칩이 내장된 카드를 리더에 가까이 대면 출입자격 여부를 조회하여 출입문 개폐
UHF	물류창고 관리시스템		팔레트/박스 단위로 태그를 부착해 자동 입출고 처리 및 공급체인을 경유하는 상품의 실시간 위치추적 및 재고관리
UHF	농산물 이력관리		RFID 태그에 농산물의 원산지와 생산자에 대한 정보를 입력하여 농산물의 이력 추적 및 관리

주파수	활용분야	원리	
UHF	고속도로 전자요금 징수시스템		고속도로 톨게이트에 태그가 부착된 차량이 접근하면 자동으로 요금이 징수되는 시스템
900MHz/ 2.45GHz	타이어 이력관리		타이어에 RFID 태그를 부착해 생산공정에서 생산/품질 이력 정보를 기록하고, 불량품을 자동적으로 선별하며 개별 타이어에 대한 재고 상황을 관리
2.45GHz	항공 화물처리		항공 수화물의 보다 신속 · 정확한 판독과 분류, 위험 물품 재검사
2.45GHz	의약품 위변조 방지	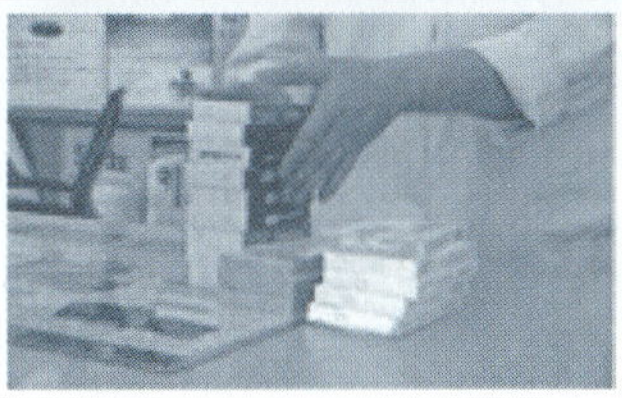	의약품 생산과정에서 RFID를 부착하여 생산공정 관리에 활용하고, 제품이 판매된 후에도 RFID 추적 시스템을 통해 유통 경로를 투명화하고 해당 제품의 진품여부를 판단

6.4 유비쿼터스 센서 네트워크(USN)

1. USN의 개요

최근 정보통신 환경에서는 음성 데이터, 영상 멀티미디어 등 모든 정보의 디지털화를 바탕으로 네트워크 기술의 적용 범위를 일반 생활의 영역으로 확장시켜 가고 있다

유비쿼터스 센서 네트워크(USN : Ubiquitous Sensor Network)란 '필요한 모든 곳에 전자태그를 부착하여 사물의 인식정보를 기본으로 주변의 환경정보(온도, 습도,

오염정보, 균열정보 등)까지 탐지하고, 이것을 실시간으로 네트워크에 연결하여 정보를 관리하는 것'을 말한다. 이것은 궁극적으로 모든 사물에 컴퓨팅 및 커뮤니케이션 기능을 부여하여 언제, 어디에서나, 모든 통신이 가능한 환경을 구현하기 위한 것이다.

USN 기술은 다가올 유비쿼터스 사회에서 사회적 기반 환경이 될 중요한 기술 중의 하나로서, 이를 통해 전반적인 산업구조 및 시장 구조의 큰 변화를 주도할 기술이다. 그러나 USN 기술 하나로는 큰 변화를 주도하기에는 부족하다. 즉, 정부의 IT839 전략의 3대 인프라인 BcN, IPv6, USN의 통합이 이루어져야 한다.

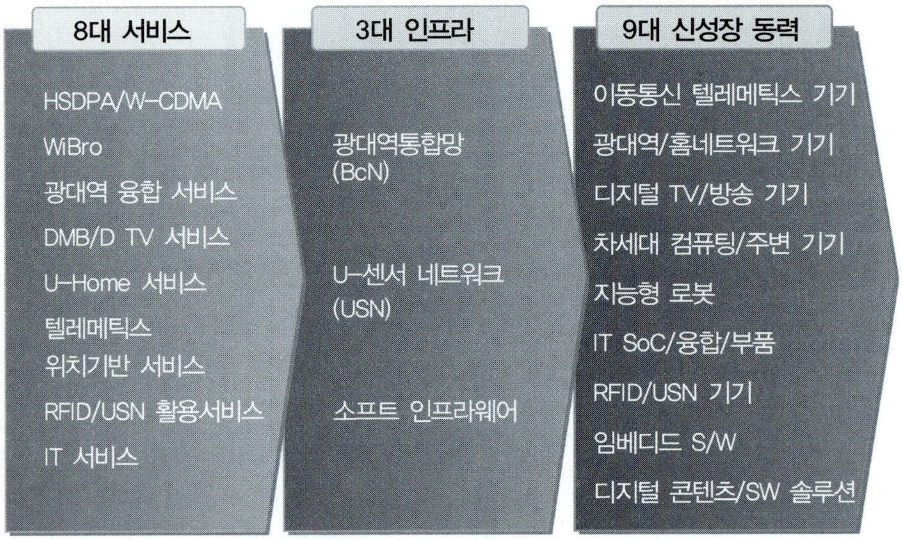

[그림 6-9] U-IT839 전략

USN은 정부 중심으로 이루어지고 있는 IT839전략의 핵심인 3대 인프라의 구성요소 중 하나로 모든 사물에 전자태그 또는 센서를 부착하여 사물과 환경 정보를 수집하고 네트워크를 통하여 실시간 정보를 구축 · 관리할 수 있는 환경을 제공함에 목표를 두고 있다. 또한, USN은 다양한 분야에 대한 자동화가 가능하게 하며, 이러한 기술을 통해 텔레매틱스, 홈네트워크, 재고관리, 환자관리, 동물관리, 자연재해관리, ITS 시스템 등 인간에게 편리한 다양한 서비스를 제공할 수 있다.

USN에 관련된 연구, 즉 센서 및 센서 네트워크에 대한 연구는 오래 전부터 계속되어 왔다. 국내에서뿐만 아니라 국외에서는 이미 WSN(Wireless Sensor Networks)이라는 이름으로 많은 연구가 진행되어 오고 있다.

USN 분야에 가장 대표적인 것으로 ZigBee Alliance를 꼽을 수 있다. ZigBee는 물리 계층과 데이터 링크 계층을 IEEE 802.15.4 기반으로 네트워크 계층부터 상위 계층을 구축한 저전력 센서 네트워크로 AA 배터리 두 개만으로 몇 달 동안의 수명을 유지할 정도로 전력 효율이 높다. 또한 ZigBee는 블루투스보다 더 큰 PAN(Personal Area Network)을 구성할 수 있다.

USN은 5가지 기술이 합하여 형성된다.

① 브로드밴드(broadband)를 통하여 동영상을 이용하는 정보량이 풍부한 통신
② 모바일 단말기를 통한 '언제 어디서나'의 실현
③ 상시접속에 의한 자연스러운 통신
④ 배리어프리(barrier-free) 인터페이스로 어린이, 고령자, 장애인 모두 쉽게 이용
⑤ IPv6를 채용하여 ID가 부여된 단말기 수의 대폭적인 증가

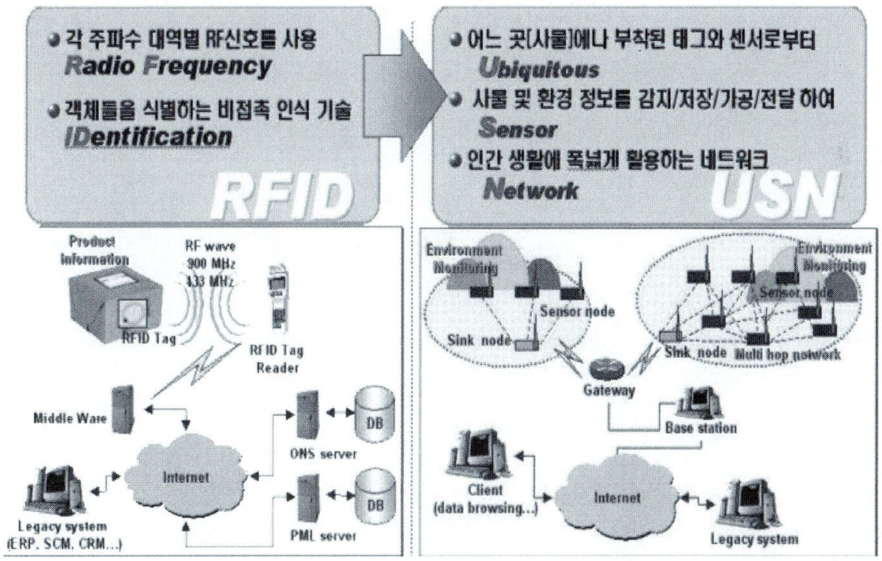

태그	수동형(Read/Write) 능동형(Battery : Long range)
리더	제품정보 인식
미들웨어	수집된 상품 정보 데이터 처리

센서 노드	센서, 통신 모듈, 배터리 포함, 환경정보 센싱/전달
싱크 노드	외부 네트워크 통신을 위한 중계 노드
USN 미들웨어	대량의 센서 데이터를 수집/필터링
USN 응용 플랫폼	다양한 산업 분야에 응용 서비스 제공을 위한 플랫폼

[그림 6-10] USN의 개념

USN은 5가지 요소가 맞물려 ① '브로드밴드'를 통해 유선 · 무선, 통신 · 방송을 불문

한 다양한 네트워크상에서 ② 데스크톱 및 모바일 PC는 물론 휴대전화, PDA(Personal Digital Assistant), 카내비게이션 단말기, 정보가전 등 소위 '모바일' 정보통신 기기가 'IPv6'로 접속되어 ③ '상시접속'과 '배리어프리 인터페이스'에 의하여 지금과 비교하면 훨씬 더 자유롭고 쾌적한 콘텐츠를 양방향으로 이음매 없이 주고받는 환경을 창출할 수 있다.

[그림 6-10] USN의 개념은 어느 곳에서나 부착된 태그와 센서로부터 사물 및 환경 정보를 감지/저장/가공/전달하여 인간 생활에 폭넓게 활용하는 네트워크를 말한다. [그림 6-11]은 USN의 구성을 센서노드, 서비스플랫폼, 응용으로 구성되어 있다.

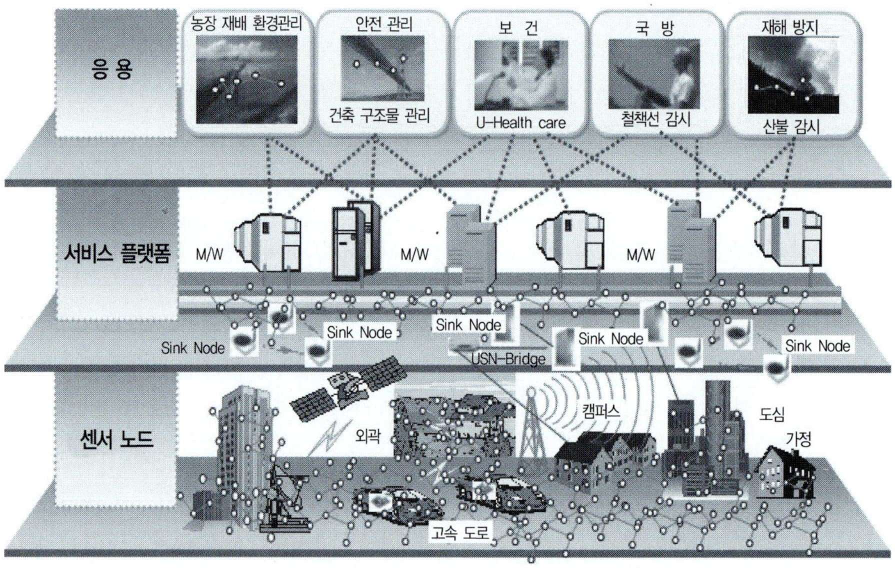

[그림 6-11] USN의 구성

그 결과 브로드밴드가 가져오는 '유통 콘텐츠의 대용량화', 모바일, IPv6가 가져오는 '네트워크에 접속되는 기기의 증대', 상시접속, 배리어프리 인터페이스가 가져오는 '사용자와 네트워크 관계성의 다양화' 등의 변화가 일어난다. 이러한 변화는 각각 독립적으로 일어나는 것이 아니라 복합적, 상승적으로 일어나고 있다.

2. USN의 특징

① 저가이며 공격받기 쉬운 많은 센서 노드로 구성

- 10～100,000개의 노드
- 센서 노드의 위치는 사전에 정해지지 않음
- 각 센서 노드는 저가로 구현되어야 함
- 간섭 저항하는 노드를 구성하기 어려움

② 저전력 소비 특성

- USN의 노드의 구조 및 특성은 소비전력에 크게 의존
- USN 토폴로지 및 동작 특성 등은 소비전력에 크게 의존

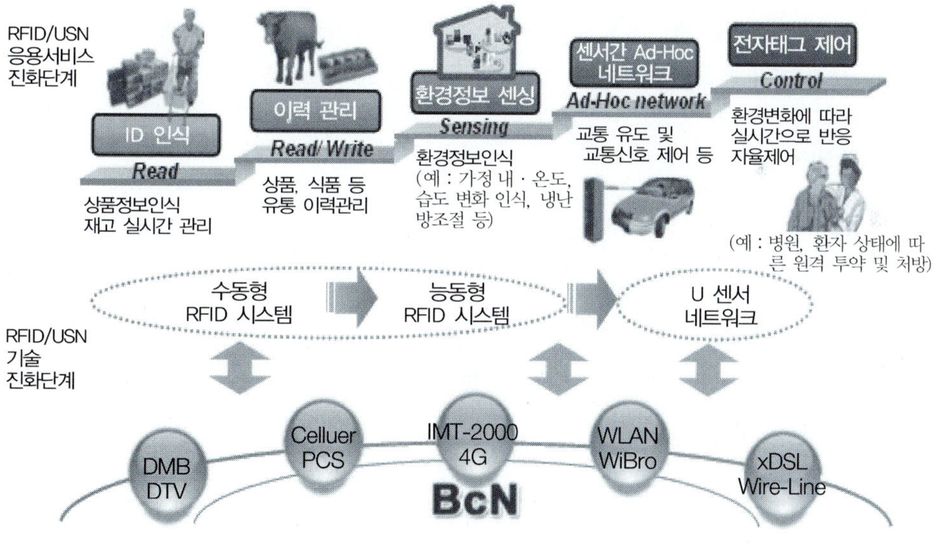

[그림 6-12] RFID/USN의 기술전망

③ 자가 설정이 가능한 네트워크

- 수많은 노드 및 복잡한 네트워크 구성으로 인해 사전 구성이 어려움
- 센서 노드의 실패 가능성 및 새로운 센서 노드 추가시 USN 설정이 가능해야 함
- Ad-hoc 네트워크 특성을 가짐

제6장

④ 보안 특성 및 협력적 특성

- 기존의 보안 위협(도청, D.S 공격, 프라이버시 침해 문제) 및 USN만의 보안 위협이 존재함
- 지엽적 동작들이 협력적으로 수행되어 어떤 원하는 동작을 수행하게 됨

3. USN의 구성

유비쿼터스 센서 네트워크의 궁극적인 목적은 모든 사물에 컴퓨팅 능력 및 무선통신 능력을 부여하여 '언제, 어디에서나' 사물들끼리 통신할 수 있는 유비쿼터스 환경을 구현하는 것이다.

유비쿼터스 센서 네트워크는 유비쿼터스 환경을 구성하는 초소형, 저가격, 초저전력 센서 소자의 무선통신 네트워크 기술을 말한다. 기본적으로 센서 필드 안에 있는 센서 노드는 감지된 정보를 베이스 스테이션(기지국/0)으로 전달하고, 베이스 스테이션은 인터넷과 같은 기존의 네트워크를 통해 사용자에게 해당 정보를 제공한다.

유비쿼터스 센서 네트워크를 구성하는 3가지 노드들로서

① 순간적으로 환경정보를 감지하고 변환하여 임시로 저장하는 센서 노드
② 센서 노드를 다양한 동기로 자극하여 정보를 취득하고 상황을 인지하며 사용자 명령에 따라 보고하는 싱크 노드
③ 센서 네트워크를 관리하고 정보 취득 명령을 내리며 보고를 접수하여 사용자에게 표현하는 사용자 노드가 있다.

이것들이 외부의 인터넷과 연결되기 위해서 필요한 게이트웨이 또는 사용자 노드가 수시로 요구하는 네트워크 채널, 다수의 센서 노드들과 싱크 노드가 요구하는 센서 채널이 존재하는 시간 동안 센서 네트워크는 정보를 송수신한다.

이러한 센서 네트워크를 구성하기 위해 필요한 요구사항은 다음과 같다.

① 대규모 센서 노드의 배치(수천 개나 수만 개의 센서 노드 배치)
② 저전력 에너지 소모로 인한 센서 노드 수명 최대화
③ 네트워크 토폴리지 변화의 수용 및 자가구성(self-organization) 네트워크
④ 제한된 병렬 처리능력과 하드웨어 제어구조

4. Ad-hoc 네트워크

센서 네트워크에서의 주요 이슈는 기기의 소형화, 센싱능력, 그룹관리, 안전하고 효율적인 라우팅이며 표준화를 위한 아이템으로는 그룹관리를 위한 키관리와 안전한 라우팅을 위한 전송 프로토콜 분야가 주요 이슈가 된다.

라우팅은 상황인지(context aware)라는 새로운 인자가 부가되어서 소규모 컴퓨팅 환경에서 어떻게 상황인지를 하여, 이웃의 센서 기기의 오동작을 인식하여 우회루트 발견을 실시간적으로 처리할 수 있는 경량의 프로토콜 개발을 목표로 한다. 현재 각광받고 있는 표준은 저전력 저속 무선 네트워크 규격인 ZigBee이다.

이 규격은 Ad-hoc 기반의 무선 링크 계층 기반 네트워크와 상위응용과의 관계를 기술하고 있다. 그러나 P2P(Peer-to-Peer) 프로토콜로는 수많은 센서 기기들과의 통신을 완벽하게 관리한다는 것은 그 전제부터가 어려움에 부딪히게 된다. 만약 센서 기기의 수를 P2P 프로토콜이 관리할 수 있는 한계 수준 이하로 제한한다면 문제를 해결할 수 있지만 그 수보다 많은 센서 기기를 이용하는 환경이 전개가 된다면 네트워크 토폴로지에서부터 문제점을 발생하게 된다.

제6장

이러한 관점에서 센서 네트워크와 Ad-hoc 네트워크와의 차이점을 비교하면 다음과 같다.

① 센서 네트워크의 센서 노드의 수가 Ad-hoc 네트워크에서 사용하는 노드 수의 수배가 될 수 있으며,
② 센서 노드는 밀집되어 분포가 되며,
③ 센서 노드의 오동작을 허용하며,
④ 센서 네트워크의 토폴로지는 매우 수시로 변화를 하며,
⑤ 센서 노드는 브로드캐스트 통신 환경을 사용하며,
⑥ 전력, 컴퓨팅 능력과 그리고 메모리에 제한적이며,
⑦ 센서의 개수와 오버헤드 때문에 센서 노드는 글로벌 인식자(ID)를 갖지 않아야 할 것이다.

Ad-hoc 네트워크는 AP가 없이 흩어져 있는 무선으로 통신이 가능한 노드들끼리 서로 통신하는 네트워크 구조이다. 이 구조에서는 중간에서 제어하는 노드가 없으므

로 각 노드들은 자신이 가질 수 있는 정보를 최대한 활용하여 네트워크에서 통신이 가능하도록 라우팅해야 한다.

이러한 통신특성 때문에 센서 네트워크에서 노드들 간의 무선통신은 Ad-hoc 통신으로 이루어진다. 즉, Ad-hoc 네트워크의 경우에는 이동단말들이 유선환경에 기반을 둔 기지국이나, AP를 중심으로 구성되는 인프라가 있는 네트워크와는 완전히 다르다.

즉, Ad-hoc 네트워크로, 무선 센서 네트워크 시스템에서는 센서 필드 안에 있는 센서 노드들이 네트워크를 구성할 때 사용되는 네트워크 방식이다.

이러한 Ad-hoc 네트워크는 다음과 같은 몇 가지의 주요한 특징을 가지고 있다.

① 유선 기반망 없이 무선이동 호스트로만 구성
② 각 호스트는 라우터의 역할 병행
③ 유선망을 구성하기 어렵거나 단기간 사용에 적합
④ 호스트의 이동에 제약이 없음
⑤ 빠른 망구성과 비용의 저렴화
⑥ 용도-긴급구조 상황, 전쟁, 착용가능 컴퓨팅(wearable computing)

5. Ad-hoc 네트워크의 응용 분야

Ad-hoc 네트워크의 응용 분야는 기존의 기반 통신시설을 배제한다. 그리고 순수한 이동 Ad-hoc 네트워크로만 구성할 수 있는 서비스에는 회의 및 그룹통신 서비스, 긴급구조 서비스, 그리고 군용통신 서비스 등이 있다.

다음은 미국의 표준연구원(NIST, http://www.antd.nist.gov/wahn.home.shtml)에서 요약한 무선 Ad-hoc 센서 네트워크의 응용 분야이다.

① 적의 침투나 이동, 폭발과 같은 정보를 얻거나 감지하기 위한 군사용 센서 네트워크
② 화학적, 생물학적, 방사선, 핵과 같은 공격이나 물질을 감지하기 위한 센서 네트워크
③ 평원, 숲, 대양에서의 환경적 변화를 모니터하거나 감지하기 위한 센서 네트워크
④ 고속도로나 도시의 혼잡지역의 교통량을 모니터링하기 위한 무선 교통 센서 네

트워크

⑤ 쇼핑몰, 주차장, 주유소 등과 같은 곳의 안전을 위한 무선 감시 센서 네트워크

⑥ 어느 곳이 비어 있고, 어느 곳에 주차되어 있는지를 결정하는 무선 주차 센서 네트워크

6.5 유비쿼터스 센서 네트워크의 주요 프로젝트 및 응용

1. USN의 주요 프로젝트

유비쿼터스 센서 네트워크는 유비쿼터스 네트워크에 적용되는 범위로 실생활의 모든 분야에 적용할 수 있다. 스마트 홈, 물류/유통, ITS, 헬스케어, 국방, 환경, 로봇, 자동차, 공장자동화 등에 주로 응용한다.

〈표 6-13〉 USN의 주요 프로젝트

프로젝트명	주관 회사	주요 내용	관련 사이트
Future Store	Metro Group SAP, Intel 등	소비자의 구매 편리성을 증대하고 소매업 내부에서 발생하는 프로세서 향상	www.future-store.org
Smarts-Its	ETH(스위스) 칼스루헤대학(독일) VTT(핀란드) 랭커스터대학(영국) 등	일상 사물에 칩, 센서, 프로센서 등을 포함한 smart-its를 식재하여 위치, 시간 등에 따른 상태 변동을 감지할 수 있는 환경을 구축	www.smart-its.org
ParcelCall	EU에서 태그업체, 대학 등의 9개 컨소시엄	수·배송/물류 영역과 통신 네트워크 기술의 통합을 통한 새로운 기회의 발견 및 전 세계적인 지능추적 시스템 실현	www.eltrun.aueb.gr/mygrocer
6Smart Dust	미국 국방성, 버클리대학	실리콘 mote라는 입방체안에 자율적인 센싱과 통신 플랫폼 능력을 갖추어 에너지 관리, 제품의 품질 관리 및 유통 경로 관리, 군사 목적으로 이용	robotics.eecs.berkeley.edu/~pister/SmartDust

1) 스마트 유치원 프로젝트

미국 UCLA의 '스마트 유치원(smart kindergarten)' 프로젝트(http://nesl.ee.edu/projects/smartkg)는 유비쿼터스 컴퓨팅과 센서 기반의 무선 네트워크를 통해 유치원이라는 물리 공간 속에서 유치원 원아들이 어떻게 학습하는지를 규명하기 위한 연구이다. 이 프로젝트는 원아들이 어떻게 말을 배우고, 장난감을 어떻게 활용하면서 학습하며, 원아들 간 또는 원아들과 선생님 간에 어떤 상호작용이 일어나고, 그것이 아동에게 어떤 영향을 미치는지를 분석하고 있다.

즉, 스마트 유치원 프로젝트에서의 무선 인식 기술을 활용하여 센서 네트워크 기술로 아이배지(iBadge)를 부착한 아동과 장난감의 이름과 위치를 실시간으로 파악하고, 상황인식(context awareness) 기술을 통해 원아들이 사용하는 언어인식, 상호작용 특성, 행동감지와 동태적인 변화도 추적했다.

2) 스마트 더스트 프로젝트

미국 버클리대학에서 1999년부터 추진된 '지능화된 먼지(smart dust)' 프로젝트(http://robotics.eecs.berkeley.edu/~pister/SmartDust)는 공중에 뜰 정도로 미세한 입자에 컴퓨터, 센서, 태양전지 등을 쌓고 다수의 입자가 서로 통신하면서 자유도가 높은 센서를 만들고, 이를 이용하여 센서 네트워크를 구현하는 시스템이다. 먼지 크기의 매우 작은 센서들을 건물, 도로, 의복, 인체 등에 먼지처럼 뿌려서 주위의 온도, 습도, 가속도, 압력 등의 정보를 무선 네트워크로 감지 및 관리할 수 있다는 개념의 기술을 구현하려고 했다.

스마트 먼지는 크기가 1~2mm로 매우 작은 먼지이다. 또한 센서, 컴퓨팅 능력, 양방향 무선통신, 태양전지 등의 전력공급 장치를 갖춘 지능형 센서를 구현하려는 프로젝트 명칭으로, '스마트 먼지'라고도 한다. 스마트 먼지 또는 모트(motes)들은 데이터를 수집하고, 간단한 데이터 분석 등의 컴퓨팅을 수행하며, 무선통신으로 서로 30m 거리에서 정보를 교환한다. 그리고 여러 개의 먼지들이 주변의 무선 LAN, 블루투스, 초광대역(UWB) 모듈 등과 함께 상황에 따라 Ad-hoc 네트워크를 구성하거나 코어 네트워크에 직접 연결될 수 있다. 또한 아주 작고 가볍기 때문에 공기 중에서 떠다닐 수도 있는데 주로 군사적인 용도로 응용되며, 일상생활 속에서도 응용할 수 있도록 고안되었다. UC 버클리대학의 Kris Pister 교수를 중심으로 Dust Networks(www.dustnetworks. com)

를 설립하여 현재 1.2인치×1.1인치 크기의 초소형 센서 노드인 '모트'를 사용했다. 현재는 이것을 빌딩 자동화, 공업용 모니터링, 안전 시스템에 응용하는 것을 목표로 상용화하고 있다.

3) Smart Its 프로젝트

Smart Its 프로젝트는 스위스 취리히의 연방기술연구소 산하 분산 시스템 연구 그룹에서 프리드만 머턴의 주도로 진행되었다.

이 프로젝트는 유럽연합의 정보사회기술(IST) 연구 프로그램의 지원을 받아 수행되고 있는 '사라지는 컴퓨터 이니셔티브(disappearing computer initiative)'의 16개 연구 프로젝트(http://www.disappearingcomputer.net/projects.html) 중에서 가장 대표적인 것이다.

Smart Its 프로젝트의 목적은 사람 주변의 모든 사물들에게 센서와 스스로 정보를 처리할 수 있는 마이크로컨트롤러, 무선통신 및 전력을 공급할 수 있는 장치들을 삽입하여 스마트 사물들 간의 협력상황을 인식시키고 활동하게 하는 것이다. 특히 사물들 간의 의사소통과 관련하여 라벨처럼 부착할 수 있는 RFID 기술의 개발, 블루투스 무선통신 기반, 위치 및 안정성, 스마트 사물과 환경과의 상호작용 등에 관한 연구에 중점을 두고 있다.

4) Habitat Monitoring 프로젝트

인텔이 지원하고 있는 센서 네트워크의 대표적인 프로젝트인 'Habitat Monitoring on Great Duck Island'는 미국 메인주 앞바다의 작은 섬(great duck island)에서 서식하고 있는 바다제비의 생태를 원격지에서 모니터링할 수 있는 거대한 무선 센서 네트워크의 프로젝트 테스트베드로 구축되어 진행 중이다.

5) 교량의 안전도 모니터링 프로젝트

2004년부터 UC 버클리대학의 연구팀(http://www.cs.berkeley.edu/binetude/ ggb)은 미국 캘리포니아의 상징이라고 할 수 있는 금문교(golden gate bridge)의 구조의 안정성과 지진이 발생했을 때의 피해정도를 점검하고 있다. 또한 교통을 통제하기 위해 강풍에 의해 주 교각과 상판의 최대 흔들림 정도를 모니터링하기 위해 교량의 각 요소에 MEMS 가속도 센서와 무선 센서 노드를 설치하여 센서 네트워크를 형성했다. 이것을 이용하여 실험하고 있는데, 이러한 센서 네트워크로 구조 안정성을 모니터링할 수 있다는 것을 실제로 증명하고 있다.

6) 송유관의 테러 모니터링 프로젝트

미국의 오하이오주와 UC 버클리대학팀은 송유관을 테러로부터 보호하고 모니터링하기 위한 실험으로 약 25km에 이르는 송유관을 중심으로 송유관 주변 500m를 400노드/km^{2}의 밀도로 총 1만 개의 노드를 분포 설치하여 실험했다. 이때 무선 센서 노드 하나의 가격은 150달러로, 하나의 노드를 이용하여 사방으로 50m까지의 침입을 탐지할 수 있었다. 이 실험의 목표는 긴 파이프라인 구조에서 무선 센서 노드로 Ad-hoc 통신의 기능성을 테스트하는 것이었다.

7) 유비쿼터스 헬스케어 프로젝트

유비쿼터스 헬스케어와 관련된 대표적인 프로젝트는 유럽연합에서 추진하고 있는 Mobile Health 프로젝트와 하버드대학의 Code Blue 프로젝트가 유명하다. 이 밖에도 GMP Wireless Medicine과 Health Frontier, Nonin Medical 회사 등에서 무선통신 기법을 이용한 의료계측 시스템을 활발하게 개발하고 있다.

(1) MobiHealth 프로젝트

MobiHealth 프로젝트는 'mobile health care'를 의미한다. 이것은 EU로부터 '정보 사회 기술' 프로그램의 일환으로 재정지원을 받으면서 EU 5개국으로부터 14개의 관련 기간이 컨소시엄의 형태로 참여하고 있다. 이러한 관련 기관들 중에는 병원, 의료 서비스 공급사, 대학, 모바일망 사업자, 모바일 기기사업자 등이 포함되어 있다.

이 프로젝트는 'MBU(Mobile Base Unit)'라고 부르는 중앙통제부, 센서 및 액추에이터(actuator)와 다양한 멀티미디어 장치들로 구성되어 있다. MBU는 센서 및 액추에이터와의 상호작용 기능, 계산(computation)과 통신기능을 갖는다. 또한 Native OS, java VM과 BAN ware로 구성된 BAN(Body Area Network) 운영체제(OS)도 MBU에서 기능을 제공받는다.

시스템의 동작은 MobiHealth BAN을 통해 측정한 ECG와 혈압에 대한 센서 정보를 MBU에 전달하면서 이루어지는데, 이러한 정보는 그대로 병원이나 건강센터에 전달된다. MobiHealth 시스템은 환자가 건강을 모니터링하는 동안에 일상생활에 전혀 불편함을 느끼지 않으면서 자유롭게 이동할 수 있도록 환자에게 꼭 필요하면서도 적합한 아주 가벼운 시스템으로 구성된다. 이 시스템은 환자에게 응급상황이 발생했을 때 빠르게 대응하면서 처치를 가능하게 하고, 환자의 상태나 질병의 진행상황을 연속적으로 모니터링할 수 있는 상황을 목표로 하고 있다.

(2) Code Blue 프로젝트

하버드대학에서 추진 중인 Code Blue 프로젝트는 센서 네트워크를 기반으로 하는 아주 대표적인 헬스케어 프로젝트이다. 이 프로젝트에는 하버드대학과 보스턴 메디컬센터뿐만 아니라 미국 국가과학재단, 건강연구소(national institutes of health), 미국방성, 선마이크로시스템즈, 마이크로소프트 등이 참가하고 있다. 이 프로젝트는 무선 센서 네트워크 기술을 의료영역까지 확장한 것으로, 병원에 오기 전과 병원에서의 응급처치 및 응급대처 상황, 발작 환자의 재활 등에 활용하기 위해 계획되었다. 즉 건강신호를 자동적 · 지속적으로 수집하고, 병원기록과 장기적인 관찰 등을 합쳐서 실시간 처치에 활용할 수 있게 지원하는 것이 목표이다.

Code Blue 프로젝트에서는 센서 노드 플랫폼인 Mica2, MicaZ(Crossbow회사, 미국)와 Telos(Moteiv회사, 미국)를 기반으로 하는 초소형의 웨어러블 환경의 무선 plus oximeter와 2-lead EKG를 개발했다. 이 장치는 심전도, 혈중 산소포화도(SpO2)와 EKG 데이터를 측정할 수도 있고, 실시간으로 PC/PDA를 통해 센서 데이터를 디스플레이할 수도 있다.

〈표 6-14〉 센서 노드 플랫폼의 주요사항

시스템	주요 스펙
저전력 마이크로컨트롤러	Atmel Atmega128L 또는 T1 MSP430
저전력 RF 모듈	Chipcon CC2420 compliant with IEEE 802.15.4, 2.4GHz
프로그래밍	TinyOS
배터리	2개의 AA 배터리로 동작수(수개월~수년)
센서 인터페이스	MicaZ와 Telos의 노드에 센서 인터페이스 부착

가속도 센서, 회전 센서, 근전도 센서 등이 부착되어 있어서 뇌졸중 등의 치명적인 발작증세가 나타났을 때 신속하게 대처할 수 있다. 즉, 착용이 가능한 초소형 맥파 산소포화도 메터와 2선 EKG 센서 노드를 개발하고, 이들 소자를 이용해서 심장박동수, 산소포화도, EKG의 데이터를 약 100m 안에 위치한 PDA, 랩톱 컴퓨터, 구급차를 기반으로 하는 터미널로 전달하는 시스템을 구성했다.

이 데이터는 실시간으로 보여지거나 선병원 보호기록에도 저장된다. 센서 소자들은 응급상황의 위기신호에서는 경고를 발생하여 주위에 있는 구급의료진이나 준의료종사자에게 그 신호를 전달할 수 있게 구성되었다. 여기에서 'Code Blue'는 이러한 무선 의료 소자를 위한 '계량 가능한 소프트웨어 인프라스트럭처(infrastructure)'를 의미하는 약어이다. Code Blue 프로젝트에서 구현한 센서 노드 플랫폼의 주요 사양은 〈표 6-14〉와 같다.

(3) UbiMon 프로젝트

영국 런던의 임페리어대학에서 진행 중인 UbiMon은 'Ubiquitous Monitoring Environment for Wearable and Implantable Sensors'의 약어로, 환자와 관련된 착용하거나 이식된 센서로부터의 모바일 모니터링을 위한 프로젝트이다.

UbiMon 프로젝트는 부정맥 심장병을 가진 환자를 지속적으로 모니터링하고 관리하기 위한 시스템에 적용할 수 있다. 즉, 심장혈관 관련 질환은 처치방법과 진료기술이 크게 진보했어도 여전히 치명적이면서도 사망률이 매우 높은 질환으로 남아 있기 때문에 임상적으로 이러한 환자를 위해 자연적인 생리학 상태에서 연속적으로 모니터링하여 환자의 상태를 감지 및 예측할 수도 있는 것이다. 또한 수술 후의 환자에게 센서를 주입하여 환자를 관할하는 연구도 수행했다. UbiMon은 학제 간의 컨소시엄의 형태로 수행되었는데, 연구에는 컴퓨팅, 전자공학, 생체공학, 의학에 관한 전문가들이 참여했다.

UbiMon 시스템은 크게 5부분, 즉 LPU(Local Process Unit) 또는 베이스 스테이션(기지국), 데이터 처리역할을 하는 중앙 서버, 환자의 데이터베이스부, 모니터링을 담당하는 워크스테이션으로 구성되어 있다.

BSN 노드는 이 프로젝트에서 사용하는 센서 노드를 말한다. 이 노드는 기존의 센서 노드의 기능과 같이 배터리를 장착한 초소형의 모듈로서 환자의 상태정보(ECG, SpO2, 체온 등)를 모니터링한다.

BSN 노드에 장착된 ECG 센서 인터페이스에서 획득한 ECG에 대한 생체정보를 베이스스테이션 역할을 하는 PDA쪽으로 전송한다. 이 정보는 PDA뿐만 아니라 PC에서도 실시간으로 생체정보를 디스플레이할 수 있다.

이 연구를 위해 환자의 몸에 부착할 수 있는 BSN 노드는 크기가 26mm^{2}로 아주 작다.

〈표 6-15〉 UbiMon 프로젝트의 사양

시스템	주요 스펙	
마이크로컨트롤러	T1 MSP430	
저전력 RF 모듈	Chipcon CC2420 compliant with IEEE 802.15.4, 2.4GHz	
플래시 메모리	64KB+256B 플래시 메모리	
프로그래밍	TinyOS 기반 프로그래밍 지원	
전력 소모	Active 모드	280uA at 1MHz 2.2V
	Idle 모드	1.6uA
	Sleep 모드	0.1uA
거 리	50m	
채 널	6개의 채널	

UbiMon 프로젝트에서는 BSN에 대한 연구가 활발하게 진행 중이다. 그리고 2004년에 처음 워크샵을 개최했고, 매년 워크샵 행사를 열었다. 또한 매년 BSN 플랫폼에 대한 강의도 개최하고 있다.

(4) Smart Medical Home 프로젝트

아침에 일어나 화장실문을 여는 순간 손잡이에 장착된 센서는 혈압과 체온상태를 체크한다. 변기에 배설하는 소변을 통해 당뇨를 검사하고, 스마트거울에 부착된 센서를 통해 심장박동률을 체크한다. 이러한 검사결과는 주치의의 단말기에 전달되고, 주치의는 원격검진을 받아볼 것을 제안한다. 개인의료상담(PMA : Personal Medical Advisor) 시스템은 자연스럽게 대화할 수 있는 인터페이스를 제공한다. 환자의 데이터를 전달받은 의사, 간호사, 간병인은 처방전을 회신하거나 상황에 따라서는 가정방문도 할 수 있다.

로체스터대학의 미래건강센터는 완전한 개인건강 시스템(personal health system)

을 개발하는 것이 목표이다. 가정의 공간을 그대로 본떠서 설계된 스마트 의료 홈은 5개의 방으로 이루어졌고, 적외선 센서와 컴퓨터, 바이오센서, 비디오 카메라 등으로 구성된다. 이 시스템을 이용하면, 개인이 집에서 건강을 유지하면서 사전에 병을 찾아낼 수도 있고, 건강상태를 체크할 수도 있다. 또한 치밀한 사전 건강관리로 병을 미리 예방할 수도 있고, 자기 집에서 건강관리를 받을 수도 있다. 미래건강센터에서는 이 시스템을 통해 의료영상 저장 및 전송 시스템, 처방전 전달 시스템 및 전자 의무기록 차트를 도입했다. 그리고 집에서 행동하는 여러 가지 모습－걷는 모양, 행동 원형, 수면 포즈, 기타 일반 행위－을 통해 컴퓨터로 자료를 수집하여 가장 먼저 혈압, 맥박 등 기본적인 건강을 측정한다.

스마트 의료 홈을 구성하는 개별사업 중에서 스마트 밴드 프로젝트(Smart Bandage Project)가 가장 두드러진다. 이 프로젝트는 초소형 센서(micro based sensor)를 이용하여 몸에 침투하거나 생성된 각종 유해 바이러스를 찾아낸다. 스마트 양말(smart socks)은 혈압 센서가 포함된 직물로 만들어져서 양말을 신으면 혈압을 체크할 수 있다. 여기서 더 발전된 형태는 두통이 있을 때 어떤 약을 복용해야 하는지 거실에 달린 LCD를 통해 이야기하면 화면에 컴퓨터가 추천한 약이 나타나는 것이다.

이와 같이 스마트 의료 홈이 실현되면, 거주하는 공간 자체가 자신의 건강까지 책임지는 장소로 변한다. 그래서 큰 병이 아니라면 특별히 병원을 찾을 일이 없는 것이다. 하지만 이러한 특화된 기술에도 불구하고 스마트 의료 홈은 아직까지 사생활 보호 차원과 의료 서비스에 대한 가격 측정기준이 없어서 인프라를 구축하는 데 많은 시간이 필요하다. 바로 이러한 이유 때문에 유비쿼터스 기술은 이렇게 발전가능성이 무궁무진한 환경을 구축할 것으로 기대된다. 왜냐하면 유비쿼터스는 인간 중심형 환경이기 때문이다.

(5) Smart Toilet 프로젝트

일본의 거대 전자회사인 마쓰시타의 Smart Toilet 프로젝트는 센서와 마이크로칩을 장착한 변기에 앉으면 체중과 체지방, 당뇨수치 등을 자동으로 측정하여 매일 건강상태를 확인하고, 네트워크와 연결되어 건강과 식단에 대한 정보를 제공해주는 시스템이다.

이밖에도 헬스 케어 관련 프로젝트에는 2000년 9월 미국 오레곤주 밀워키에 설립된 엘리트 케어(Elite Care) 프로젝트가 있다. 이 시설은 은퇴 후의 노년층이나 장애를 가진 노년층을 위한 시설로서 집단 노년층 거주지에서 거주자를 위한 지속적인 모니터링과 간호를 제공한다. 그리고 가족 포털 서비스를 이용하면 인터넷을 이용하여 어디에서든지 노인들의 건강상태를 모니터링할 수 있다.

(6) 무선병원 프로젝트

무선병원(wireless hospital) 시스템은 세계 최초로 핀란드에서 추진되고 있는 프로젝트이다. 이 프로젝트의 최종목적은 환자와 각종 계측장치 사이에 있는 '선'과 병원의 데이터베이스 시스템과 계측장치 사이에 있는 '선'을 없애는 것이 목표이다.

이러한 프로젝트의 목적은 환자가 자유롭게 움직여도 병원이나 병원 밖에서도 필요한 진단결과가 무선으로 병원 서버에 연결되어 DB로 저장되는 것이다. 그래서 의사나 간호사가 필요할 때마다 언제든지 PDA 등을 이용하여 환자의 데이터를 점검할 수 있다. 특히 병원 서버에 데이터 마이닝(data mining) 인공지능 소프트웨어를 설치해서 특정한 위험이 발생했을 때 환자와 의사, 간호사에게 메시지를 전달하는 것이 가능해진다.

무선병원 프로젝트는 핀란드의 수도 헬싱키로부터 북쪽으로 600km 떨어진 오울루 지역에서 대학-산업체-연구소-병원의 컨소시엄 형태로 추진되고 있다. 이 프로젝트는 오울루 지역에 무선병원 시스템을 적용할 파일롯 병원을 만들고 있다.

오울루 지역은 핀란드의 최고의 테크노파크인 오울루 테크노폴리스와 세계최대의 셀룰러폰 회사인 노키아가 있다. 또한 국정 연구기관인 VTT 일렉트로닉스와 핀란드 제 2의 대학인 오울루대학이 최고의 산학연 컨소시엄을 이루고 있는 지역이다. 무선병원 프로젝트는 크게 다음과 같이 나누어져 있다.

- 환자의 무선 모니터링 장치 및 시스템 개발
- 환자와 의료장비 사이의 무선 모니터링 인터페이스
- 병원 데이터 시스템 개발 분야

무선병원 프로젝트는 앞으로 무선 센서 기술과 유비쿼터스 컴퓨팅 기술의 발전에 따라 병원에서 24시간 환자를 관리해야 하는 시스템이 필요할 때 더 많이 이용할 것으로 예상된다. 또한 통합 데이터 자동관리 시스템의 필요성이 증가되고, 노령인구의 증가에 의한 '지능형 홈에서의 헬스케어' 기술 분야의 필요성에 따라 이러한 무선병원 기술은 전 세계적으로 더욱 크게 확대될 것이다. 한편 이 프로젝트에는 국내의 대학 연구팀이 공동 연구팀의 일원으로 참가하고 있다.

8) 입는 컴퓨터 프로젝트

영화 속에서나 볼 수 있었던 일들이 눈앞의 현실로 다가오고 있다. 1990년대에 들어 엄청난 속도로 발전해 온 컴퓨터가 이제는 '입는 컴퓨터(wearable computer)'로 거듭나면서 또 하나의 혁명을 예고하고 있다. 인간은 컴퓨터와 더욱 밀접한 관계를 유지하기 위해 책상에 올려놓은 모니터나 키보드가 아니라 스스로의 몸을 커뮤니케이션의 장소로 활용하려는 것이다.

입는 컴퓨터는 컴퓨터의 배터리와 CPU, OS 등을 초절전·초소형화하여 옷 속에 분리하여 장착한 상태에서, 각종 컴퓨터의 기능을 수행할 수 있는 컴퓨터를 말한다. 각각의 독립적 기능을 수행할 수 있는 구성단위인 모듈별로 컴퓨터를 분해한 후 마치 안경이나 의복을 착용하는 것처럼 신체에 편하게 부착해서 첨단기술을 활용하는 것이다. 얼굴에는 모니터가 내장된 안경, 등에는 배낭형태의 소형 컴퓨터, 허리에는 벨트전지, 머리에는 헤드 마운티드 디스플레이(HMD, 머리에 쓰고 화면을 볼 수 있는 디스플레이), 손목에는 터치패드나 키보드, 그리고 어깨에는 무선통신 모듈 등을 부착하여 컴퓨팅 시스템으로 온 몸을 무장하는 것이다.

매우 복잡한 비행기를 수리할 때는 입는 컴퓨터를 이용하여 실시간으로 원하는 부분의 매뉴얼을 읽거나 멀리 떨어져 있는 수리전문가의 도움을 받을 수 있다. 이 밖에도 입는 컴퓨터는 비상통신 수단이 필요한 군인이나 경찰, 비상 의료기술자 및 환자, 소방수 등에게도 매우 유용하다. 그러므로 환자의 건강상태나 군인이나 경찰 같은 특수임무를 수행하는 사람들의 상황을 인지할 수 있는 착용형 컴퓨터는 반드시 상용화되어야 한다.

만약 개인이 착용하는 컴퓨터가 지리정보 시스템 등과 통합되어 운용된다면 개인적으로 처하는 심각한 상황을 같은 단체의 다른 멤버들이 쉽게 알 수 있다. 그래서 그들이 어떻게 위기상황에 대처할 것인가를 판단하는 데 큰 도움을 줄 수 있을 것이다.

특히 의료 분야에서 입는 컴퓨터에 대한 기술동향은 미국 피츠버그 소재 Body Media의 스마트 밴드(smart band)를 예로 들 수 있다. 팔뚝의 위쪽 부분에 찰 수 있는 이 스마트 밴드는 사용자의 체온과 관련된 건강상태를 수집한다.

입는 컴퓨터 기술의 의료 분야 응용에서 사용되는 Life Shirt는 ECG, 혈압, 맥박 산소 측정 등과 같은 환자의 상태를 모니터링할 수 있는 시스템이다.

입는 컴퓨터의 주요 프로젝트를 살펴보면 다음과 같다.

(1) MIT의 입는 컴퓨터 프로젝트

1960년대부터 MIT에서 연구해 온 입는 컴퓨터가 1990년대부터 비약적으로 발전하면서 군사 및 항공 분야에서 상용화되었다는 것을 알 수 있다. 현재 입는 컴퓨터는 조지아 공과대학, 토론토대학 등 여러 대학과 소니, MS, IBM, HP, 에릭슨, 노키아 등의 기업으로부터 꾸준한 관심을 받고 있다.

(2) MIT 공대의 스마트 칩이 내장된 Build-a-Bag 프로젝트

MIT 공대의 아주 작은 스마트 칩이 내장된 Build-a-Bag이다. 이 시스템은 전기전달체인 Velcro와 조립되어 하나의 가방에 들어간다. 스마트백은 지갑이나 우산을 깜빡 잊고 나가면 알려주고, 필요한 음악을 스카프에 업로딩해주는 시스템이다.

MIT의 MIThril은 조끼와 재킷 형태로 만들어진 옷으로, 이 옷에는 '3대'의 컴퓨터가 장착되어 있다. 하지만 이들 모두 신용카드 크기의 보드형태로 만들어져서 보통 옷과 전혀 구분할 수 없는 정도이다. 새끼손가락 크기의 액정화면을 사용한 표시장치는 안경에 붙일 수 있어서 안경을 쓰면 화면을 볼 수 있다. 심지어 자신의 감정까지 휴대폰으로 전송하여 볼 수 있게 하는 시스템도 개발되었다.

미국이나 유럽에서는 이미 수년전부터 스마트 웨어(입는 컴퓨터)와 관련된 연구개발 프로젝트를 대대적으로 추진해서 이미 상용화 단계에 이르렀다. 미국의 국방부나 우주항공국(NASA) 등에서는 엄청난 연구개발비를 투자하여 컴퓨터 기술과 특수의복 기술을 결합하는 연구를 수행하고 있다.

(3) 핀란드의 스노모빌용 옷 프로젝트

눈이 많이 오는 핀란드의 연구팀도 '입는 컴퓨터' 형태의 스노모빌용 옷을 개발했다. 이 옷에는 휴대폰, 위치추적 동작온도 센서, 전기전도도 센서, 가속도 센서(충돌센서) 등이 스노모빌용 옷에 들어 있어서 움직일 경우 재킷이 자동으로 이것을 감지한다. 그래서 휴대폰의 문자 메시지 서비스를 이용해서 병원과 경찰에 스노모빌을 운전하는 사람의 위치와 심장 상태, 주변의 날씨 등의 데이터를 보내 응급구조를 요청한다.

(4) 독일의 인피니온 '컴퓨터 내장형 카펫'과 '오디오 재킷' 프로젝트

독일의 인피니온도 '컴퓨터 내장형 카펫'과 '오디오 재킷'을 발표했다. 이 카펫은 원하지 않는 침입자의 움직임을 감지하면서 화재가 발생했을 때 출구로 탈출할 수 있게 길을 밝혀 준다.

(5) 국내의 프로젝트

삼성종합기술원에서 몇 년째 이 분야를 계속 연구하고 있고, 국내대학에서도 119 구급대원용 '패트롤 재킷'을 개발하여 상용화를 추진하고 있다. 산업 분야에서 입는 컴퓨터의 가장 커다란 장점은 핸드프리와 장소나 시간에 구애받지 않고 빠르게 데이터를 수집 및 액세스하는 것이다. 그래서 양손을 이용하여 작업하는 작업자에게 실시간으로 생산라인 상태나 기계 상태에 대한 정보를 제공하여 컨설팅할 수 있게 만든다. 또한 입는 컴퓨터는 복잡한 기계에 대한 수리나 운영 분야에도 효과적으로 이용할 수 있다.

2. USN 시스템의 응용

온도와 습도, 이동 특성, 빛, 압력, 소리, 객체의 유무, 물리적인 접촉, 속도, 방향 등과 같은 외부 환경정보를 원격으로 센싱하여 특정 목적에 활용하고 있다.

Great Duck Island 프로젝트와 같은 환경 모니터링 및 위치 추적 등이 개발되고 있으며 최근 들어 지능형 환경인식으로 그 범위가 확대되고 있다.

Intel, Crossbow, moteIV, Microsoft 등 산업들도 개별적인 연구팀을 구축중이며 Millennial Net과 같은 벤처기업에서도 빌딩 및 공장자동화를 위한 센서 네트워크 기술을 개발하고 있다.

유럽이나 일본도 EYES 프로젝트나 TRON 프로젝트 같은 대규모 프로젝트를 통해 시스템 소프트웨어 및 요소 기술 그리고 응용들을 개발하고 있다.

센서 네트워크 응용 제품군은 생태 모니터링 프로젝트[Great Duck Island(UC Berkeley), CORIE(Oregon Graduate Institute), The Most Sensed Campus(CMU), REM(University of Western Australia)], 위치추적 프로젝트[Counter sniper System

(Vanderbilt), RADAR(Microsoft), Cricket(MIT), Active Badge(AT&T), MoteTrack (Harvard), AHLOS(UCLA) 등, 지능형 환경인식 프로젝트[Smart Kindergarten (UCLA), Proactive Agriculture(Intel), Active Visitor Guidance System(USC), Surveillance System(Arkansas) 등], 기타 유비쿼터스 컴퓨팅 등 Smart Brick(UIUC), Structural Monitoring(USC), Cabled Ocean Observatories(University of Washington), Robomote(USC), HM of Highway bridges(UCSD)으로 구분할 수 있다.

① 환경 응용

- 시설물 안전 모니터링 및 관리, 도로 환경 모니터링 등
- 농업 응용 및 산불 감시, 홍수 감시 등
- 수해 방지 및 감시, 오염 관리, 생태학 및 지구 물리학 응용 등

② 헬스 응용

- 장애인 및 노약자, 어린이 모니터링, 인식 등
- 인간의 건강 상태 모니터링 등

③ 홈 응용

- 홈네트워크 응용
- 스마트 빌딩 및 홈오토메이션 등

④ 군사용

- 휴전선 무인 감시 및 침입 탐지, 추적용 등

1) 시설물 안전 모니터링 및 관리 시스템

① 댐, 교량, 건물 등 대규모 시설물에 기울기 변화, 진동감지, 온도변화 등의 센서를 설치
② USN을 통해 관련 정보를 수집, 시설물의 균열, 붕괴를 조기 진단 및 사전 관리
③ 긴급상황으로 판단시 재해 관리 기관에 경보를 전달 재난을 방지
④ 대규모 시설물의 안전관리 및 USN을 이용하여 비용절감 및 다양한 응용 서비스 개발 가능

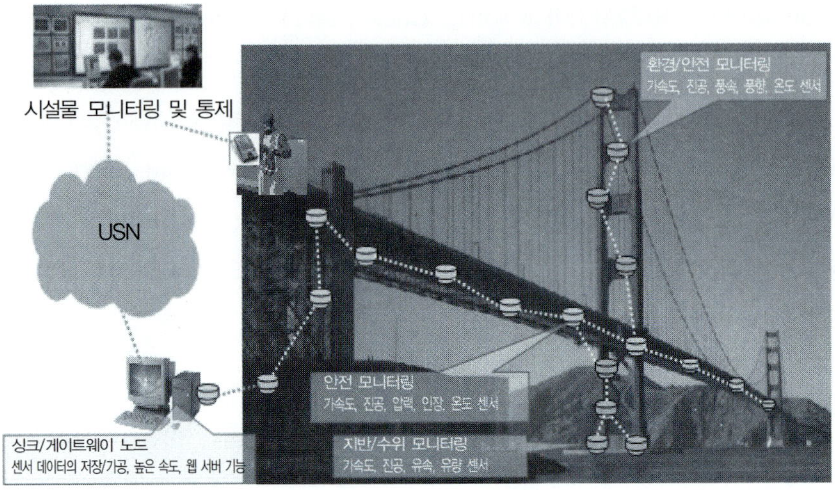

[그림 6-13] 시설물 안전 모니터링 및 관리 시스템

2) 산불 등 실시간 화재 감시 시스템

① 산불 및 화재 발생 빈도가 높은 지역에 산불감지 센서가 부착된 센서노드를 설치

② 소방시스템과 연계 실시간 산불(화재) 발생을 모니터링 및 초기 진압 대응체제 구축

③ 산불 및 화재 발생에 신속히 대응함에 따라, 이로 인한 재산 및 인적 손실 감소

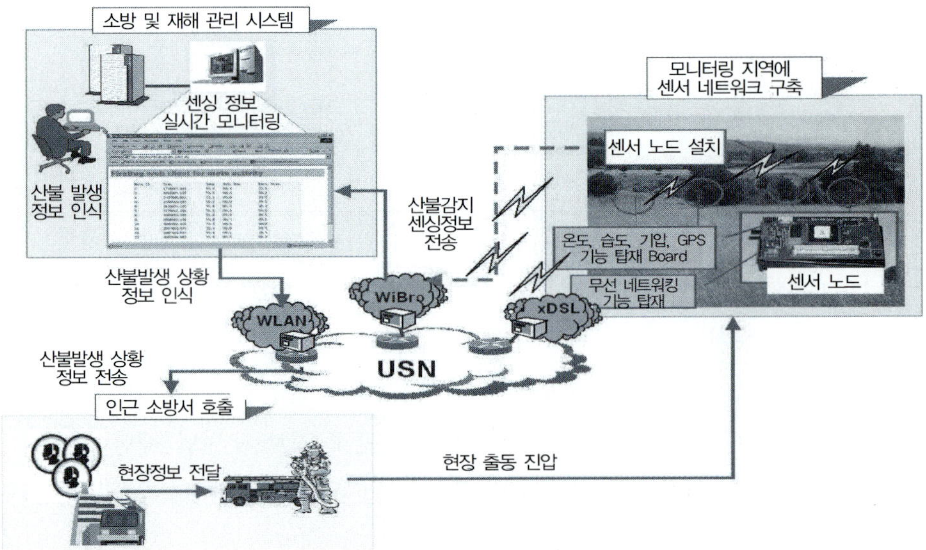

[그림 6-14] 산불 실시간 화재 감시 시스템

3) 수해 방지 및 감시 시스템

① 수해 피해 다발 지역 인근 하천, 댐 등지에 강우량 및 유속, 유량 측정 센서 노드를 설치 실시간 상태 모니터링

② 신속 조치 및 시설 제어를 통해 대규모 피해 방지

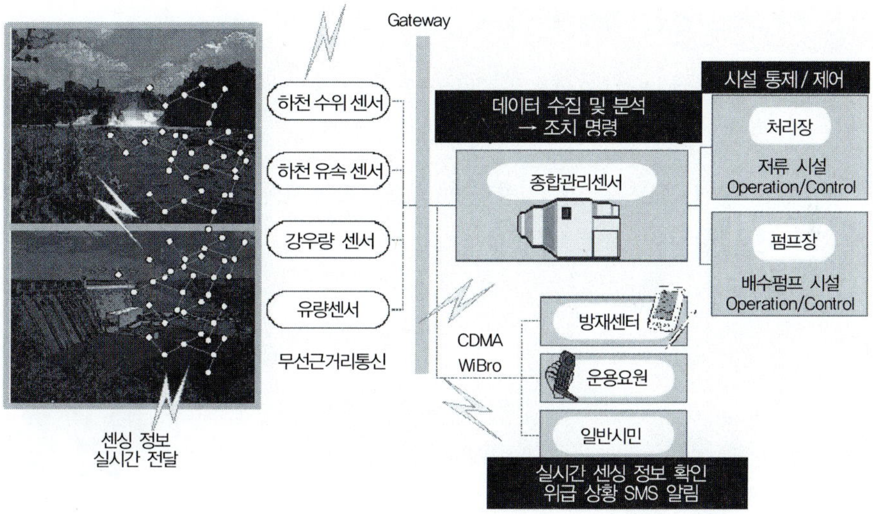

[그림 6-15] 수해 방지 및 감시 시스템

4) 휴전선 무인 감시 시스템

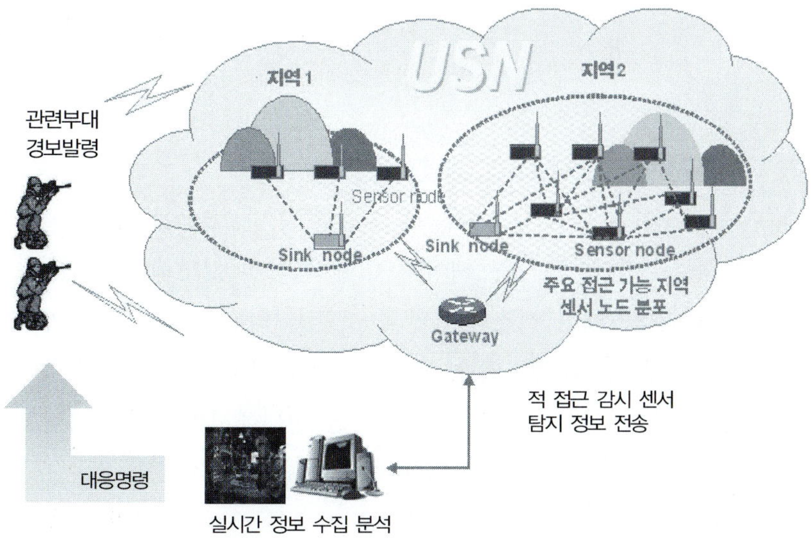

[그림 6-16] 휴전선 무인 감시 시스템

① 휴전선에 감시 및 정찰 기능을 수행하는 센서 설치, 적 침투 조기 발견, 신속하게 대응할 수 있는 시스템 구축
② USN을 이용한 군사지역 감시 관리를 통해 군의 주·야간 전투력 향상 및 각종 시설물에 대한 무인 감시 관리 영역으로의 발전 가능

5) 노인 건강 이상 관리 시스템

- 노인들에게 심박동수, 근전도, 산소농도 등의 데이터를 수집할 수 있는 센서를 부착
- 관련 정보를 인근 병원/보건소, 간호사에게 통보하여, 건강 이상시 대응
- 노인들의 건강 이상을 실시간으로 관리, 이상 발생시 신속한 대응 가능한 서비스 제공

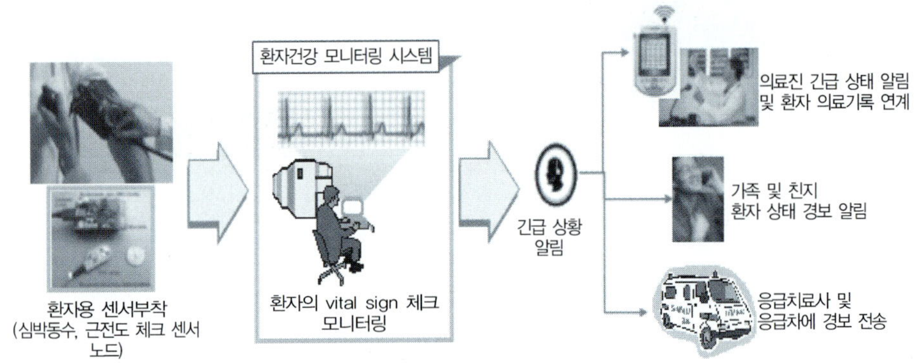

[그림 6-17] 노인 건강 이상 관리 시스템

(1) 유비쿼터스 헬스케어의 개념과 필요성

최근 급성장하고 있는 BT, NT, IT 기술을 기반으로 언제, 어디에서나 진료 및 상담이 가능한 유비쿼터스 헬스케어에 대한 관심이 고조되고 있다.

유비쿼터스 헬스케어 시스템은 생활 곳곳에 의료와 관련된 칩과 센서들의 도움으로 언제, 어디에서나 자연스럽게 의료서비스를 제공받을 수 있다. 건강진단이나 질병관리, 응급관리, 의사와의 만남 등 그 동안 병원에서만 이루어지던 의료행위가 유비쿼터스 헬스케어를 통해 자연스럽게 우리 일상생활 안으로 들어오는 것이다.

유비쿼터스 헬스케어 시스템의 개념은 기존의 생체계측기와 치료기기의 크기와 중량을 최소화하여 사용자가 항상 휴대하게 한 후 언제, 어디에서나 질병 및 건강을 모

니터링하고, 위험상황을 미리 예측하여 통지할 수 있게 만든 시스템이다.

따라서 이 시스템을 이용하면 응급상황이 발생했을 때 자동으로 구조요청을 하고, 경우에 따라 치료까지 가능하다.

현재까지의 헬스케어 시스템들은 유선으로 연결된 시스템을 이용해서 건강을 진단했다. 하지만 최근에는 기존의 유선방식과는 달리 사용자가 의식하지 않는 상황에서 건강상태를 모니터링하기 위해 모바일 기술을 기반으로 하고 있다. 즉, 유비쿼터스 컴퓨팅 기술과 헬스케어 기술을 접목한 유비쿼터스 헬스케어 기술이 크게 발전할 것이다.

현재의 의료 서비스는 특정 장소(병원)에 한정하여 의료진을 중심으로 대형의 실험실 장비를 이용한다. 하지만 앞으로 실현될 유비쿼터스 헬스케어 기술을 융합시켜 유비쿼터스 헬스케어로 발전할 것이다. 그래서 미래에는 언제, 어디에서나 무선 인터넷과 모바일 환경에서의 질병 및 건강상태를 모니터링하는 것이 가능해진다.

(2) 유비쿼터스 헬스케어 시스템

유비쿼터스 헬스케어 시스템은 크게 '센서 노드'와 '베이스 스테이션', 그리고 생체 정보를 디스플레이할 수 있는 'PC/PDA'로 구성된다.

환자의 몸에 부착된 센서 노드에 대한 생체정보는 BAN(Body Area Network)를 통해 기지국으로 전달된다. 그리고 이렇게 전달된 생체정보는 인터넷이나 IEEE 802.11 무선랜을 통해 PC나 PDA에 디스플레이된다. 환자의 몸에 부착된 센서(심전도, 혈압, 체온, 산소포화도 등)는 병원에서 무구속, 무자극 형태로 생체정보를 센싱하여 병원의 데이터베이스 서버로 전송된다. 그러면 병원의 의사나 간호사는 전송된 생체정보를 바탕으로 환자를 치료하는 것이다. 이러한 시스템을 구축하면 환자는 언제, 어디에서나 자신의 몸상태를 검진할 수 있다. 또한 수시로 건강상태를 체크해서 몸상태를 검진할 때 축적된 데이터를 바탕으로 이전의 건강상태 데이터까지 참고하여 좀더 정확하게 검진할 수 있다.

센서 노드들 간의 BAN은 센서 노드들의 구성범위 인체로 한정된 초근거리망 통신 기술을 기반으로 하는 센서 네트워크를 의미한다. 그리고 개인영역 통신망인 PAN(Personal Area Network)보다 더 작은 범위의 영역을 말한다. PAN은 대개 10m 안팎의 개인영역 안에 있는 정보 기술 장치들 간의 상호 통신을 말한다.

〈표 6-16〉 생체 센서의 종류

생체 신호	종 류
전기신호	심전도, 호흡, 체지방, 스트레스, 요실금
자기신호	심자도
호기가스	폐활량, CO_2, O_2
광학신호	SpO_2, 체온, 맥파, 체지방, 혈당, 레이저 치료
압력신호	혈압, 요실금
초음파신호	혈압, 요실금, 심음, 미용

유비쿼터스 헬스케어용으로 사용하는 생체 센서의 종류는 매우 다양하다. 그래서 심전도, 맥박, 체온, 혈압, 혈중 산소포화도 등 사용자의 몸상태에 대한 파라미터를 통해 예방 및 진단이 가능하다. 유비쿼터스 헬스케어를 위한 생체 센서의 종류는 〈표 6-16〉과 같다.

6) 스마트 오피스/빌딩 관리 시스템

- 쾌적한 환경, 효율적인 에너지 사용, 구조물의 안전 등과 관련된 정보를 수집
- 침입/화재와 같은 긴급 상황으로 판단시 관련 기관에 경보를 전달, 피해 미연 방지

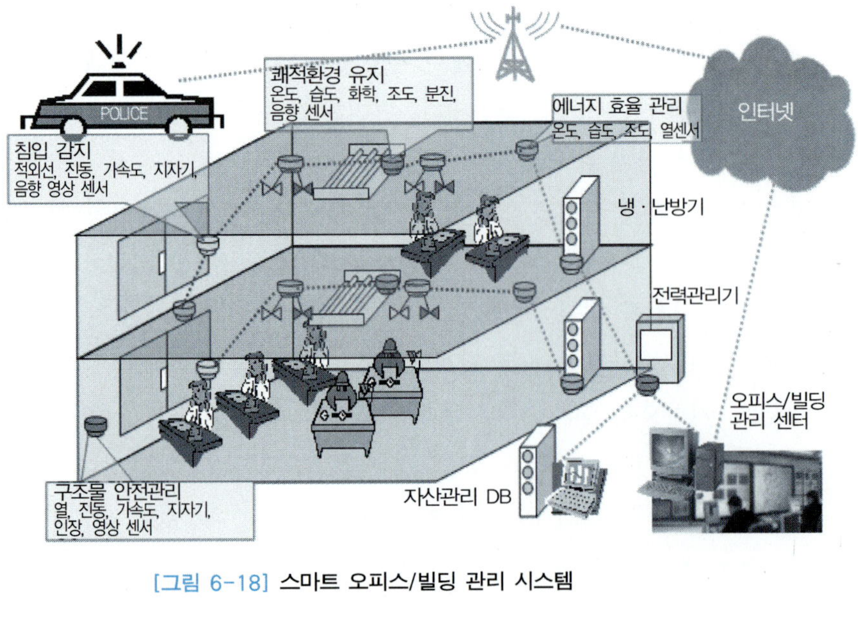

[그림 6-18] 스마트 오피스/빌딩 관리 시스템

7) 도로 환경 모니터링 시스템

- 사고 다발지역 등지에 기상 변동에 따른 도로 노면 상태 모니터링
- 도로상태 정보 실시간 확인 가능, 사고 예방 및 제설 작업 등 신속한 조치

(1) 텔레매틱스

이제 자동차를 운전하면서 인터넷에 접속도 하고 사무도 볼 수 있는 텔레매틱스(telematics) 시대가 도래하고 있다.

텔레매틱스는 '통신'을 의미하는 'telecommunication'과 '정보과학'을 의미하는 'informatics'가 결합된 용어이다.

텔레매틱스는 위치정보와 무선통신망을 이용하여 자동차 운전자에게 교통을 안내하고, 긴급구조 정보와 원격차량 진단 서비스를 제공하며, 동승자에게 인터넷이나 영화 또는 게임 등 인포테인먼트(infortainment) 서비스를 제공하는 '차량용 멀티미디어 서비스'를 말한다.

따라서 텔레매틱스 서비스가 실현되면, 유 · 무선통신 및 방송망을 통해 자동차를 사무실과 가정에 이어 제3의 인터넷 공간(connected car)으로 재구성할 수 있을 것이다. 그래서 이종(異種) 통신 및 방송망과 지능형 단말기를 통해 홈네트워크나 사무자동화 등과 연계하여 가정과 사무실에서 이용하는 서비스를 자동차에서도 이용할 수 있다.

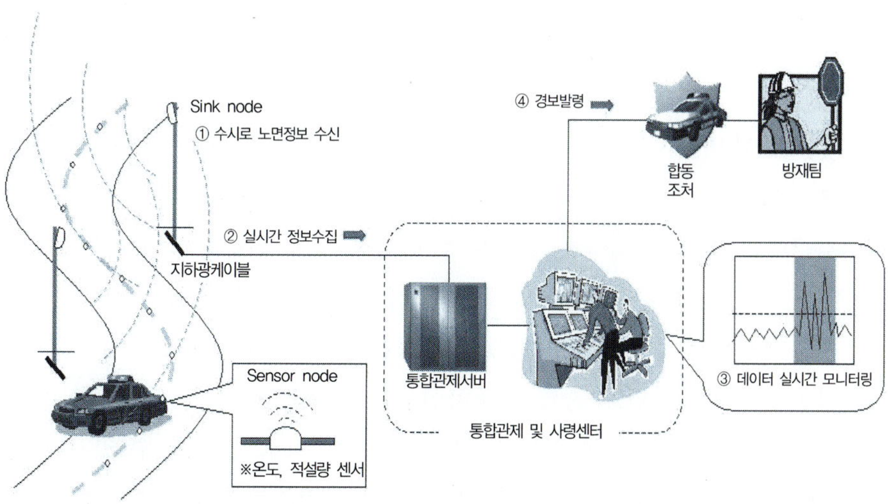

[그림 6-19] 도로 환경 모니터링 시스템

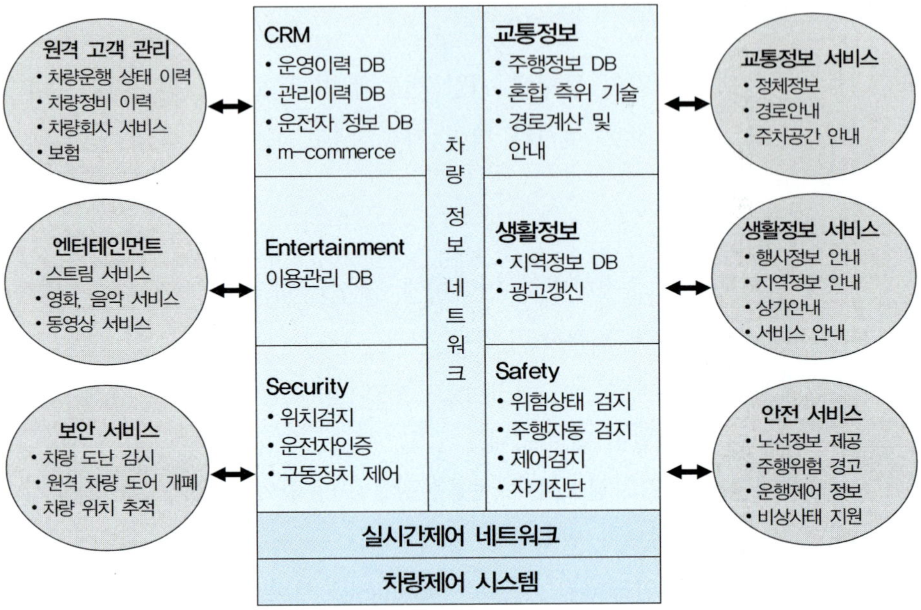

[그림 6-20] 텔레매틱스의 구성

텔레매틱스 시대에는 운전석에 앉아 인터넷과 비즈니스도 척척할 수 있다. 이 서비스가 본격화되면, 시간과 장소에 구애받지 않고 비즈니스를 할 수 있어서 일상생활에서 자동차가 차지하는 비중이 더욱 커질 것으로 예상이 된다. 텔레매틱스는 자동차에서 인터넷 등 외부세계와 접속해 운전 외에도 다양한 작업을 할 수 있게 하므로 자동차를 더 이상 이동수단으로만 머물게 하지 않을 전망이다. 결국 '자동차의 사무실' 화가 실현되는 것이다.

앞으로 내비게이션, PC 게임기, 인터넷, 전자메일, 차량고장 진단, DVD 플레이어, MP3, CDP, 라디오, 텔레비전 등에 텔레매틱스 서비스를 이용할 전망이다.

최근에는 국내 기업들이 홈네트워크 기술과 텔레매틱스 기술을 조합해서 달리는 차에서 집 현관문이나 전등 등을 제어하는 기술을 개발하고 있다.

우리나라에서 텔레매틱스가 크게 주목받는 이유 중의 하나는 이제까지 서로 다른 산업이었던 세계적인 수준의 자동차산업과 정보통신산업이 융합되어 시너지 효과를 극대화할 수 있는 새로운 개념의 부가가치 서비스를 창출할 수 있기 때문이다. 특히 우리나라는 이동통신 서비스 이용률이 높고, 인터넷과 자동차가 빠르게 보급되었기 때문에 텔레매틱스 서비스를 활성화하기 위해 필요한 매우 유리한 여건을 가지고 있다. 이렇게 텔레매틱스를 이용하면, 자동차산업의 경쟁력강화를 통한 새로운 마케팅

기회와 수익도 제공할 수 있다. 뿐만 아니라 성장정체 상태에 이른 이동통신 사업자에게 새로운 사업기회 및 발전가능성도 제공할 것으로 기대하고 있다.

(2) LBS를 응용한 표적 마케팅

위치 기반 서비스(LBS : Location Based Service)는 이동 중인 사용자에게 위치와 관련된 정보를 제공하면서 부가가치를 창출할 수 있는 정보까지 제공하는 서비스이다. LBS는 'L—커머스(Location-Based Commerce)'의 약자로서 휴대폰이나 PDA 등의 이동통신 단말기의 위치를 기반으로 개인의 위치정보를 이용해 광고하고, 현장에서 각종 상품을 구매하게 만드는 상거래를 말한다. 예를 들어 서울 종로의 한 식당에서는 LBS를 활용하여 12시 10분 전에 식당에서 500m 안에 있는 휴대폰 소지자에게 식당의 메뉴를 SMS로 보내는 광고를 할 수 있다.

LBS가 급속하게 확대되면서 이러한 서비스가 광고, 게임, 엔터테인먼트, 보안, 전자상거래 등에 걸쳐 산업 전반으로 크게 확산될 것이라고 전망되고 있다. 이러한 흐름 속에 모바일을 이용한 상거래인 M—커머스의 장점인 이동성과 특정한 장소, 특정한 시간대의 고객만 상대하는 1대 1마케팅을 충분히 활용할 수 있게 해 준다.

차를 몰고 직장으로 가던 중 특정 지역에 들어서자 휴대폰 배경화면이 갑자기 바뀌면서 그 지역 캐릭터와 함께 특산물이 소개된다. 그리고 휴대폰에 뜬 화면을 보여주면 구매할 때 쿠폰을 제시한 것처럼 할인을 받을 수 있다.

8) 도시환경 통합관리 시스템

- 아파트 단지나 빌딩의 상하수도, 가로등, 가로수, 기타 전기 시설 등을 제어하는 센서 노드를 설치하여 관리부서에서 실시간 모니터링 제어
- 에너지 절감 및 효율적인 단지 운영 관리 가능

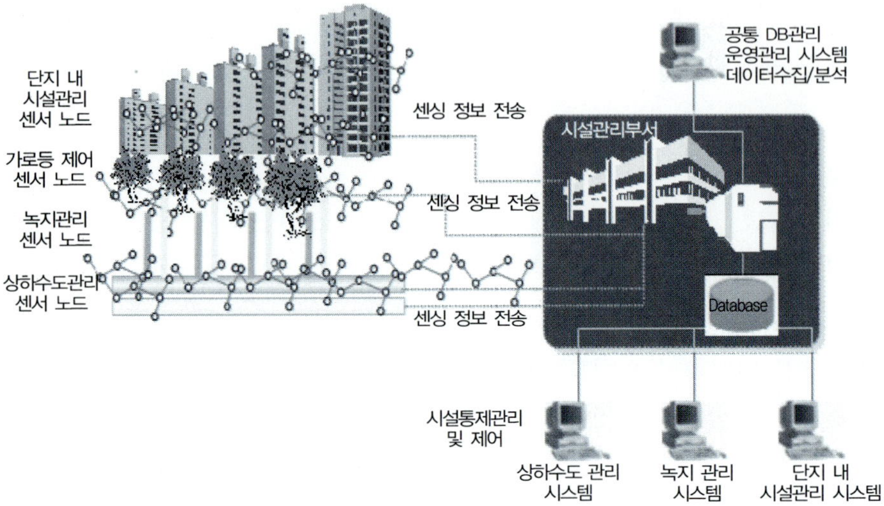

[그림 6-21] 도시환경 통합관리 시스템

제7장

차세대 이동통신과 WiBro

7.1 차세대 이동통신

이동통신 시스템은 현재의 3세대 IMT-2000 시스템에 이르기까지 지속적인 진화를 거듭하였고 이제 사용자의 다양한 이동통신 서비스 요구 및 기대치를 충족시키기 위한 4세대 이동통신 시스템 및 서비스에 대한 관심이 지속적으로 증가하고 있다. ITU-R WP8F에서는 "보다 빠른 데이터 전송속도의 지원"과 "서로 다른 유무선 접속 시스템과 융합(convergence)"을 목표로 시간과 장소 및 대상의 구속이 없이 언제 어디서나 누구와도 고속 멀티미디어 통신 서비스를 지원하는 것을 차세대 이동통신 시스템의 비전으로 설정하고 있다. 이러한 차세대 서비스 비전을 실현하기 위하여 현재 WWRF, WWI, FMS, mITF, FuTURE Forum 및 NGMC Forum과 같은 주요 연구 단체는 개인의 관심사, 환경, 일상생활이 고려된 각 개인의 통신 공간에서 상황에 따라 변화하는 개인의 요구사항이 반영된 차세대 서비스에 대한 연구를 수행하고 있다. 이 후로는 앞서 언급한 각 연구 단체가 수행중인 주요 연구 내용을 살펴보고자 한다.

1. 차세대 이동통신의 개요

이동통신 시스템은 3세대 멀티미디어 시스템에 이르기까지 지속적인 진화를 거듭하였고 현재 다양한 무선 전송 기술의 발전, 모바일 단말의 다기능 및 고성능화, 네트워크 및 서비스들간의 컨버전스 기술의 개발이 가속화되면서 가까운 미래에 차세대 이동통신 시스템이 실현될 것으로 예상된다. 현재 몇몇 이유로 인해 3세대 IMT-2000 서비스의 상용화가 크게 활성화되지 못하고 있으나, 사용자의 변화하는 이동통신 서비스 요구를 충족시키기 위한 4세대 이동통신 시스템 및 서비스에 대한 관심이 지속적으로 증가하고 있다.

현재의 연구 동향을 분석해 보면, IMT-2000 이후의 차세대 이동통신 시스템은 유무선 컨버전스 네트워크를 형성하고 고속의 데이터 전송속도 지원으로 고속 고품질의 멀티미디어 동영상, 영화, 방송과 같은 다양한 멀티미디어 서비스뿐만 아니라 사용자 위치 기반의 이동성 서비스, 다양한 디지털 가전 및 센서의 융합을 통해 사용자에게 상황인식 서비스를 제공할 것으로 전망된다. 미래의 생활 속에 다양한 모습으로 스며들어 있는 사용자의 기대치를 만족시키기 위하여 세계 각국에서는 B3G(Beyond

3 Generation) 시스템이 미래의 일상생활에 미치는 영향, 사용자가 요구하는 서비스 및 이러한 서비스를 제공하기 위한 기술적 요구 사항들을 연구 중이다.

ITU-R WP8F에서는 차세대 이동통신 시스템의 비전으로 "보다 빠른 데이터 전송속도의 지원"과 "서로 다른 유무선 접속 시스템과 융합"을 목표로 시간과 장소 및 대상의 구속이 없이 언제 어디서나 누구와도 고속 멀티미디어 통신 서비스를 지원"하는 것을 목표로 한다. 즉, 4세대 이동통신은 기존의 통신 서비스와 더불어 사용자의 생활에 없어서는 안될 필수요소로서 이로써, 언제 어디서나 사용자의 상황에 적절한 서비스의 제공이 가능한 유비쿼터스 시대로 진화하는 기반이 될 것이다.

특히, 차세대 이동통신 시스템은 통신 관련 서비스뿐만 아니라 안전한 생활(긴급통신, 재난/응급 구조), 즐거운 생활(영상, 음악, 게임), 건강한 생활(telemedicine, virtual medicine), 지능적인 상황인식, 편리한 u-커머스(banking, shopping), 풍부한 콘텐츠 제공 등 일상생활 전반에 걸친 다양한 서비스를 제공할 것으로 기대된다.

향후 개발될 차세대 이동통신 및 서비스를 위한 명확한 정의가 없어 아직 차세대 모바일 서비스에 대한 연구가 활발하지 않으나 앞서 설명한 차세대 이동통신의 비전을 실현하기 위하여 ITU-R의 WP8F, WWRF, WWI, FMS, mITF, FuTURE Forum 및 NGMC Forum 등 여러 국제 표준화 기구 및 연구 단체에서 관련 기술의 선구자적인 연구를 수행하고 있다.

주요 연구 단체의 미래 서비스 비전 및 이를 실현하기 위한 관련 기술의 연구 등 차세대 서비스 연구의 주요 내용을 간략히 살펴보도록 하겠다.

7.2 차세대 이동통신 서비스 연구

1. WWRF(Wireless World Research Forum)

WWRF는 2001년 시작된 유럽의 개방형 포럼으로 UMTS Forum, ETSI(European Telecommunications Standards Institutes), 3GPP(The 3rd Generation Partnership Project), IETF(The Internet Engineering Task Force), ITU 등 관련 단체들과의 협력을 통해 B3G의 무선통신 세계에 관한 전략적인 연구 방향에 대해 공통적인 비전을

체계화하고 이동 및 무선 시스템 기술에 대한 연구 분야 및 기술적 동향을 생성하고 정립하여 이를 활성화시키는 것을 목적으로 한다.

WWRF의 조직은 6개의 워킹 그룹과 3개의 Special Interest Group으로 구성되며 WWRF의 서비스 관련 연구 내용은 2000년 4월에 시작된 IST(Information Society Technologies)-FP5 하의 WSI 프로젝트에서 수행한 연구 결과물인 'The Book of Visions 2000'의 내용을 기반으로 한다. WSI의 Working Party 2는 'Sphere of the Wireless World' 컨셉을 통해 사용자가 생활 속에서 경험할 수 있는 여러 communication contexts를 개인영역, 로컬영역, 글로벌영역으로 구분하였으며 미래 무선 세계의 Communication Element(CE)를 계층적인 4개의 building blocks(사이버 세상, 열린 서비스 플랫폼, 상호연결, 액세스)과 CE 내부 및 CE 간의 인터랙션을 위한 Reference Points(RP)로 구성하고 이를 실현하기 위한 technology enablers를 도출하여 각 구성 요소별 기술 로드맵을 작성하였다.

WSI 'Think Tank'는 2001년에 개방형 포럼 형태의 WWRF 조직으로 변경되었으며 그 이후의 contributions을 정리하여 'The Book of Visions 2001', 'Technologies for the Wireless Future 2004'의 결과물을 발표하였다. WWRF의 'The Book of Visions'의 주요내용을 살펴보면, WG1은 미래 무선 세계에서 지원될 '나'와 여러 다른 통신 관계를 [그림 7-1]과 같이 사용자 중심 접근방식을 적용하여 6단계의 다중 영역 참조 모델(The PAN(1단계), 즉각적 환경(2단계), 즉시의 파트너(3단계), 무선접속(4단계), 상호연결(5단계), 사이버 세상(6단계))을 제안하였다.

[그림 7-1] 다중 영역 참조 모델(6단계)

[그림 7-2]는 'Human Perspectives' 연구를 통해 제안된 B3G 시스템을 위한 사용자 관점의 참조 모델로서 사용자의 요구사항과 이에 따른 각 기능을 나타낸다.

미래의 서비스는 상황에 따라 변화하는 개인의 요구를 적극 반영할 것이며 통신 시스템은 개인의 관심사, 환경, 일상생활을 고려한 각 개인의 통신 공간을 모델링하기 위해 필요한 능력을 제공할 것으로 예측된다. I-Centric 서비스는 통신 시스템과 상호 작용하여 실제 환경에 관한 정보를 감지하고 사용자의 프로파일과 서비스 역량을 기반으로 특정 시점의 사용자에게 개인화된 서비스를 제공하는 것으로 적응성, 개인화, 주변인식의 특성을 지원한다.

I-centric 통신은 일상생활의 다양한 문제를 해결하기 위해 각 상황에 적합한 통신 공간에서 개인이 사물과 통신하는 행위로부터 시작되며 이러한 개념은 전통적인 통신시스템의 융합, 인터넷 기반 시스템 및 새로운 응용의 출현으로 무선 비즈니스 모델의 변화를 가져올 것이다. 즉, 네트워크 제공자와 콘텐츠 제공자, 서비스 제공자 등의 전통적인 역할의 경계가 모호해지고 비즈니스 모델의 중심인 사용자가 여러 다양한 역할을 수행할 수 있게 될 것이며 이들 사이의 RP는 비즈니스 파트너들 사이의 정보 교환 및 접촉의 기준점 역할을 하게 될 것이다.

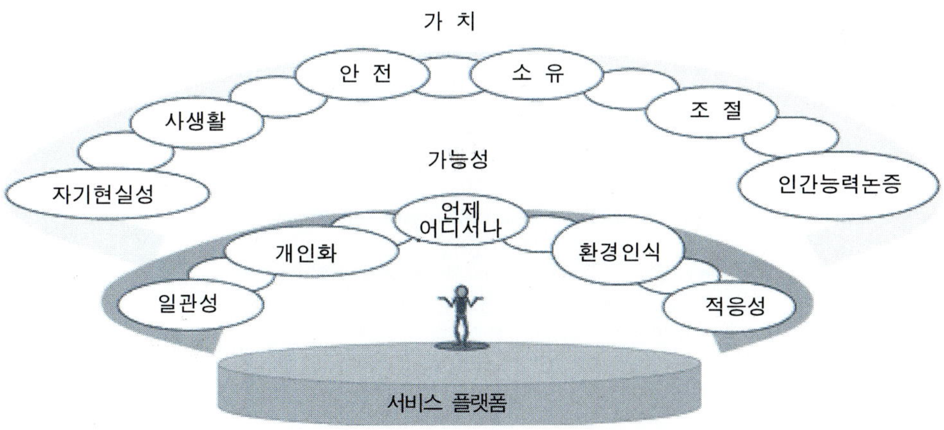

[그림 7-2] 사용자 중심의 사이버 세상 참조 모델

[그림 7-3]은 WG2에 의해 제안된 시나리오 기반의 비즈니스 모델인 'I-centric 통신을 위한 참조 모델'을 나타낸다. 다음의 참조모델은 'I-centric 비전'으로서 개인이 자신의 통신 공간에서 특정 상황정보를 통해 사물과 상호 작용하는 관계를 나타내는 최상위 계층으로부터 시작되며 모든 계층에 I-centric 통신의 주요 특성인 주변인식,

개인화, 적응(adaptation)을 반영하여 I-centricity를 지원한다.

계층별 역할을 정리하면 다음과 같다.

- 포괄적인 서비스 구성요소 계층 : 모든 계층에서 구현될 공통 기능으로 복잡한 서비스를 조합하거나 실행
- 서비스 플랫폼 계층 : 개인 통신 공간, 상황정보, 개인 기호 및 주변 정보를 기반으로 I-centric 시스템을 형상화
- IP 기반의 통신 하부조직 계층 : 다른 사물과의 연결을 제공
- 유/무선 통신 계층 : 다른 사물과의 모든 물리적 연결 구현
- 장비와 통신의 종단 시스템 계층 : 모든 계층을 관할하는 물리적 하부구조 제공

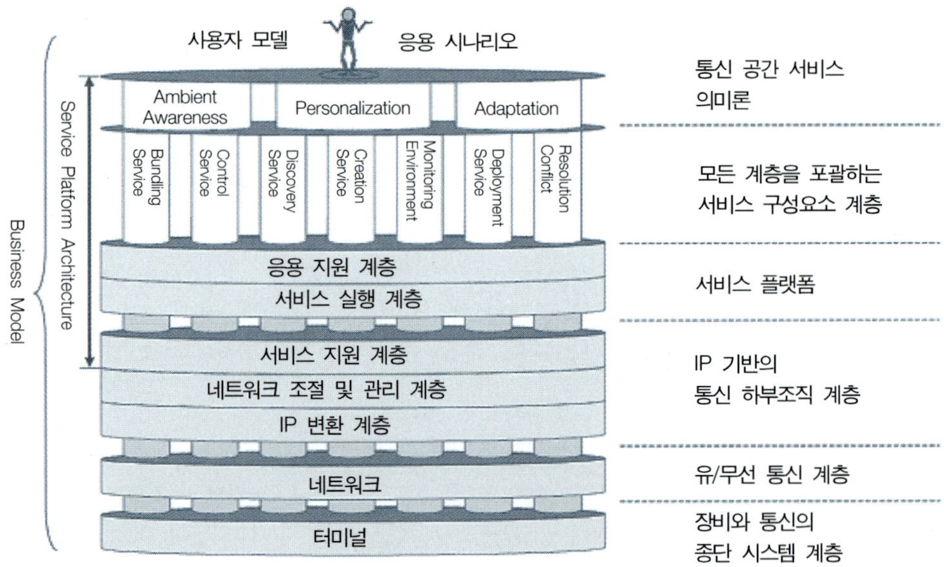

[그림 7-3] I-centric 통신을 위한 참조 모델

이러한 비즈니스 모델을 통해 I-centric 통신을 위한 기술적 이슈, I-centric 시스템 내에서의 다른 역할간의 관계 및 정보 흐름, 관련 엔티티 간의 참고 부분을 정의함으로써 I-centric 서비스를 다양한 비즈니스 도메인에서 적용할 수 있게 된다. 현재 WG2의 Service-personalization, Ambient-awareness, Service-adaptation에 관한 백서가 완성되었으며 Service Architecture, Service Creation, Service Semantics에 관한 백서를 추가 작성하기 위한 작업이 진행되고 있다. 또한, 2006년 4월 제 16차 WWRF

회의를 통해 발표된 'Technologies for the Wireless Future 2006'(vol.2) 결과물(WWI 연구 내용 반영)에 의하면, [그림 7-3]의 참조모델에서 WG2가 수행할 서비스 플랫폼 아키텍처의 연구범위를 명시하고 이를 위한 요구사항 및 enabling technologies와 관련된 연구가 체계적으로 진행되고 있다.

2. WWI(Wireless World Initiative)

WWI는 B3G 시스템 컨셉에 대한 공통 비전을 정립하여 World-wide 기반의 비전 공유 및 선(pre-)표준화 활동의 촉진을 목표로 2004~2007년 동안 MobiLife, Ambient Networks (AN), Wireless World Initiative New Radio(WINNER), Endto-End Reconfigurability (E2R), The Mobile Cooperation and Coordination Action(MOCCA) 및 Service Platform for Innovative Communication Environment(SPICE) project를 수행하고 있다.

2006년 1월에 시작된 SPICE 프로젝트는 Operator(Manufacturer) perspectives를 고려한 서비스 플랫폼에 관한 연구를 수행하고 있으며 "Advanced B3G service delivery environment"를 목표로 'An extendable overlay architecture and framework'를 위한 프로토타입 개발을 위한 기본 컨셉이 완성된 상태이나 특별한 연구수행 결과는 아직 미비한 상황이다.

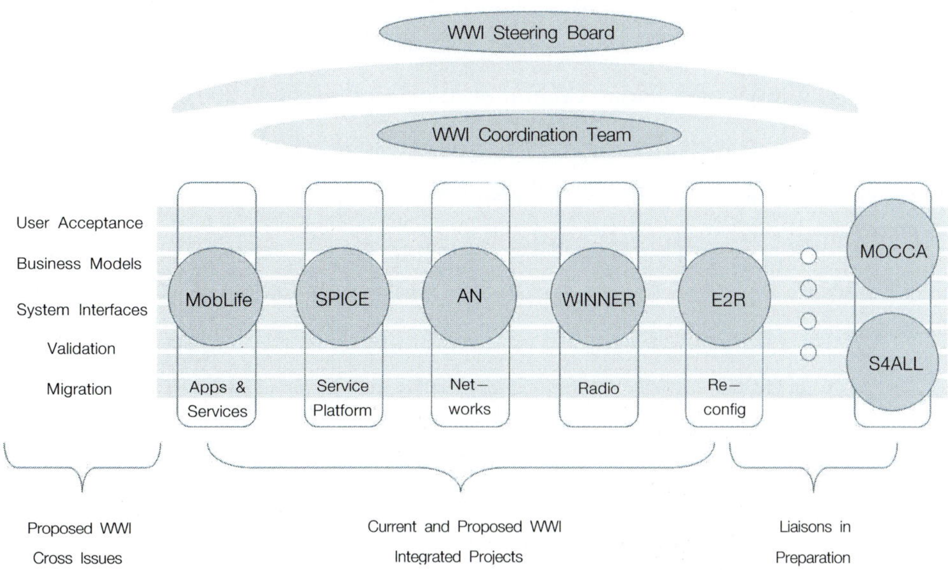

[그림 7-4] WWI 프로젝트 - Phase 2

MOCCA project는 시스템 레벨의 요구사항, 아키텍처, end-to-end 기능과 같은 WWI 내의 프로젝트들 간의 상호 연관 이슈를 다룬다. [그림 7-4]는 WWI의 연계 프로젝트를 나타내며 현재 수행중인 프로젝트들의 주요 내용을 간략히 살펴본다.

MobiLife project는 3G 이후의 시스템의 능력에 기반을 둔 새로운 애플리케이션과 서비스를 통해 사용자의 일상생활에서 유비쿼터스 서비스를 가능하게 하는 차세대 서비스 연구를 수행한다. MobiLife는 WWRF의 I-centric 통신을 위한 서비스 아키텍처를 가능하게 하는 service provisioning architecture에 관한 연구를 진행중이며 User-centricity, Services and Applications, Architectures and Technologies, Evaluation and Take-up의 연구 분야를 통해 사용자 경험, 개인 및 그룹을 위한 애플리케이션 및 서비스, 유비쿼터스 모바일 애플리케이션 및 서비스, 기술적이고 구조적인 측면의 서비스 라이프사이클, 통합 및 시험, 표준화 등에 관한 연구를 수행한다. 또한, 기존 및 새로운 서비스 구성요소, service enablers, 기술을 통합 개발하고 아울러, 그러한 애플리케이션 및 서비스 배포의 주요 장애를 분석하고 개인화, 적응, 프라이버시와 신용(trust), 상황 인식, 서비스 간의 시맨틱 상호 이용(semantic interoperability) 등에 중점을 두어 사용자 중심의 새로운 애플리케이션과 서비스 프레임워크를 2006년 9월까지 개발 완료할 예정이다.

WINNER project는 ITU-R M.1645 "Framework and overall objectives of the future development of IMT-2000 and systems beyond IMT-2000"을 바탕으로 차세대 이동 통신 서비스를 보다 효율적으로 제공하기 위한 새로운 무선 기술을 개발하고 이를 WRC(World Radio Communication Conference) 2007에 기고하여 세계 표준에 대비하는 것을 목표로 한다. WINNER는 새로운 무선 인터페이스를 위한 요구사항을 도출하기 위하여 구체적인 미래의 서비스 시나리오와 사용자의 요구사항을 정리하고 좁은 범위부터 광범위한 지역을 커버하는 하나의 유비쿼터스 무선 액세스 시스템에 필요한 무선 인터페이스, 유비쿼터스 커버리지를 제공하기 위한 무선 네트워크 토폴로지와 다양한 RAN(Radio Access Network) 간의 협력 메커니즘, 채널 모델 등을 정의할 예정이다. 또한, 정의된 스펙트럼 요구사항과 무선 접근 시스템 개념을 국제 표준에 반영시킬 계획이다.

AN project의 목적은 기존 네트워크 구조를 확장하는 데 따른 수정 작업을 줄이기 위하여 동적 구성이 가능한 네트워크에 기반한 혁신적이고 산업적으로 생존 가능한 새로운 네트워크 비전을 제시하는 것이다. 이는 즉각적인 네트워크간의 협약 설정을 통하여 이동 개인네트워크를 포함한 어떤 네트워크로도 접속이 가능하도록 하는 것이다. 광범위한 서로 다른 응용들과 air interface 기술들을 위한 공통제어 기능을 제공하는 수평적 구조의 이동 시스템 설계 패러다임을 선택한다. 이러한 근본적인 변화는 새로운 인터페이스를 정의하고, 미래의 미디어 인식, 상황 인식, 다중 도메인 이동네트워크의 주된 영역에서 다양한 표준을 요구한다. AN project는 강력한 산업체 주도의 컨소시엄을 통해 3G 이후의 이동 무선 네트워크를 개발할 것이며 이로써, 확장 가능하고 적절한 무선 통신이 가능하게 될 것이다.

E2R 프로젝트는 3세대 이후의 네트워크의 진화에 초점을 맞추어 현재의 이동통신 시스템보다 더 나은 유연성, 확장성, 구성가능성, 정보처리 상호운용 가능성 등을 제공하기 위하여 다중 접속/다중사용자 환경에서의 reconfigurable 시스템의 비즈니스 모델 및 end-to-end reconfigurable 시스템을 위한 유럽의 시범 환경을 제공하는 것을 목표로 한다.

E2R 프로젝트는 8개의 워킹 그룹과 프로젝트 관리 워킹 그룹으로 구성되며 E2R의 인식 시스템 구조를 통해 향후 사용자는 인식 가능한 단말을 가지고 언제 어디서든 원하는 서비스를 제공받을 수 있는 환경을 가지게 되며 사업자는 확장 가능하고 재구성이 가능한 infrastructure를 통해 비용을 절감할 수 있게 될 것이다.

또한, 서비스 제공자는 유연성 있는 플랫폼을 구축하여 사용자의 선호도와 프로파일, 네크워크/단말 능력을 고려한 진보된 서비스를 제공할 수 있으며 제조업자는 단일 플랫폼의 공유로 인해 비싼 infrastructure나 mobile devices에 대한 위험 부담을 최소화하고 기존 시장을 확장하여 고객 맞춤 서비스를 제공할 수 있게 될 것으로 전망된다.

3. FMS(Future Mobile Communications Markets & Services)

FMS project는 2004년 9월에 시작된 EC-JRCIPTS 산하 프로젝트로서 향후 2010, 2015, 2020년경 EU 지역의 무선 통신 서비스에 대한 요구를 예측하고 이를 분석한 결과를 WRC 2007의 System beyond IMT-2000을 위한 스펙트럼 요구사항에 반영하는 것을 목표로 한다. FMS의 최근 연구 결과물인 "2005 유럽의 미래 이동통신 시장과 서비스에 대한 요구" 기술 보고서는 미래 EU시장의 무선 서비스를 전망하기 위한 연구의 수행 결과물로서 잠재적인 사용자의 패턴, 서비스 특성, 이를 지원할 기술,

트래픽량 및 비즈니스 모델 예측을 포함한다. 미래의 서비스는 공급 경제학이나 기술중심 관점이 아니라, 사회 경제적 기반이 되어야 한다는 '사회 경제적 요인 기반의 접근방식'의 유용성 및 필요성을 제안하고 미래에 성공 가능한 서비스의 특성으로 사용자를 위한 효용 가치, 가능성, 유용성(언제 어디서나 접근 가능한)을 정의하였다.

FMS는 유럽의 시장과 서비스를 예측하기 위한 방법론으로서 ITU 권고안의 방법론을 적용하되 시나리오 분석을 가미한 '시나리오 기반의 ITU Methodology'를 통해 사용자의 요구가 반영된 모바일 서비스를 생성하고 그에 요구되는 스펙트럼을 도출하였다.

FMS는 6단계 프로세스를 통해 2020년까지의 EU 지역의 사회 · 경제적인 이슈를 반영한 5가지 시나리오(smooth development, economic stagnation, constant change, financial meltdown, disaster incident)를 작성하고 각 시나리오에 따라 정책 및 사용자, 서비스 등이 다양하게 진화될 것으로 예측하였으며 각 시나리오의 분석과 설문조사를 실시하여 그 결과, traffic volumes 산정 및 4세대 네트워크를 위한 비즈니스 모델링을 정리하였다.

4. mITF(Mobile IT Forum)

mITF는 2001년 6월에 설립된 일본의 연구단체로 2010년경의 미래의 생활상 및 차세대 이동통신 시스템의 비전을 제시하고 이동통신 서비스의 개발과 핵심 기술에 관한 규격화 작업을 수행하고 있다.

4세대 이동통신 시스템의 개발을 염두에 둔 구체적인 접근을 통해 차세대 이동시스템의 목적과 목표를 명확히 정의하고 이의 실현에 장애가 되는 요소들에 대한 연구 및 국제협력을 통한 차세대 목적 실현을 위한 개발, 사회 및 인간에게 이로운 차세대 이동통신 시스템의 개발을 통해 미래의 이동통신 환경에 기여하는 것을 목표로 한다. mITF는 4개의 위원회로 구성되며 이중 4세대 이동통신 위원회 에서 수행한 차세대 이동통신 시스템 및 애플리케이션 연구 결과를 바탕으로 'Flying Carpet V1.0' 보고서를 작성하였다. 2004년 4월 갱신된 'Flying Carpet V2.0'에 의하면, 차세대 이동통신 시스템의 비전으로 향후 10년간의 새로운 생활상을 10가지의 이미지(education, artsand science, business use, entertainment, visual communication, mobile commerce, daily life, work, nursing and health care, emergency medical treatment, utilization in a disaster)로 제시하고 이면에서 그러한 생활을 지원해주는 이동통신 기술을 예측한다. 즉, '4세대 모바일을 위한 service & features'로부터 '4세대 모바일에 의해 실현되는 새로운 생활상'을 도출하여 차세대 이동통신시스템에 대한 사용자의 기대치를 분석하였다. 이를 기반으로 여러 가지 미래 서비스 시나리오를 분석하여 각 응용분야(12가지 사회 활동 분야)에 대한 22가지 애플리케이션 모델을 생성하고 각 엔티티(이동통신에서의 사용자, 제조업자, 이동통신 사업자, 서비스 제공자, 공공서비스 제공자 등) 간의 관계를 나타낸 개념모델(비즈니스 모델)을 제시하였다. [그림 7-5]는 7가지 비즈니스 모델 중 'food manager'를 구성하는 엔티티 간의 흐름을 나타낸다.

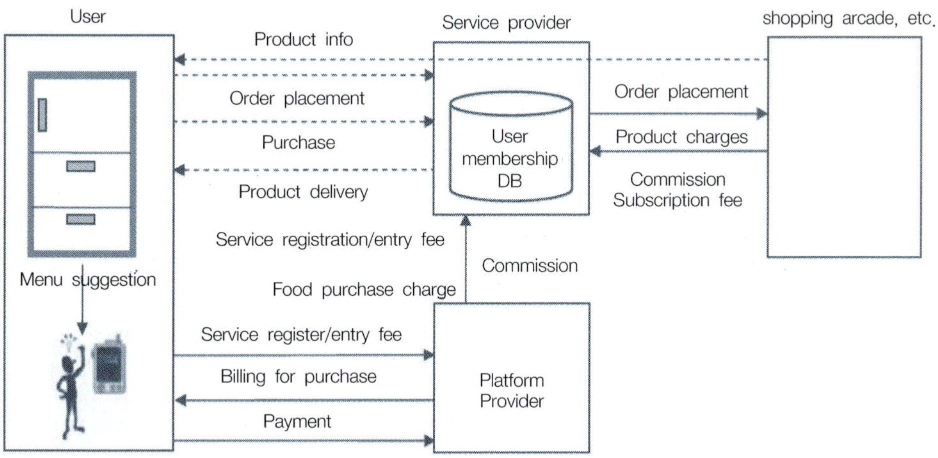

[그림 7-5] 푸드 매니저(Conceptual Drawing)

앞서 제안된 애플리케이션의 실현을 위한 요구사항을 도출하고 이를 지원하기 위하여 system infrastructure 및 서비스 플랫폼의 기능 카테고리(19가지)를 정의하고 기술적 연구 내용을 구체화하였다. 또한, 서비스 플랫폼을 위한 요구사항의 분석을 통해 도출된 기능 카테고리를 활용하여 기술 로드맵 "Functional Roadmap toward 4G Mobile Systems" 및 "Roadmap of Element Technologies of Important Research Subjects for 4G Mobile Systems(4가지 측면)"을 작성하였다.

4세대 시스템은 다음의 3가지 특성을 가질 것으로 정의하고 4세대 이동통신 시스템의 실현을 위한 관련 기술을 구체적으로 분류하였다.

- 사용자에게 높은 공통 서비스와 애플리케이션을 제공한다.
- 패킷 네트워크를 통한 시스템 간의 상호접속 및 끊김 없는 서비스를 실현한다.
- 새로운 무선 액세스의 성능은 높은 공통성을 지원하는 무선 인터페이스에 의해 실현된다.

[그림 7-6]은 mITF가 제안한 4세대 이동시스템을 위한 참조 모델로서 4가지 도메인(service & application, service platform, packet-based core network, new radio access)을 포함한다.

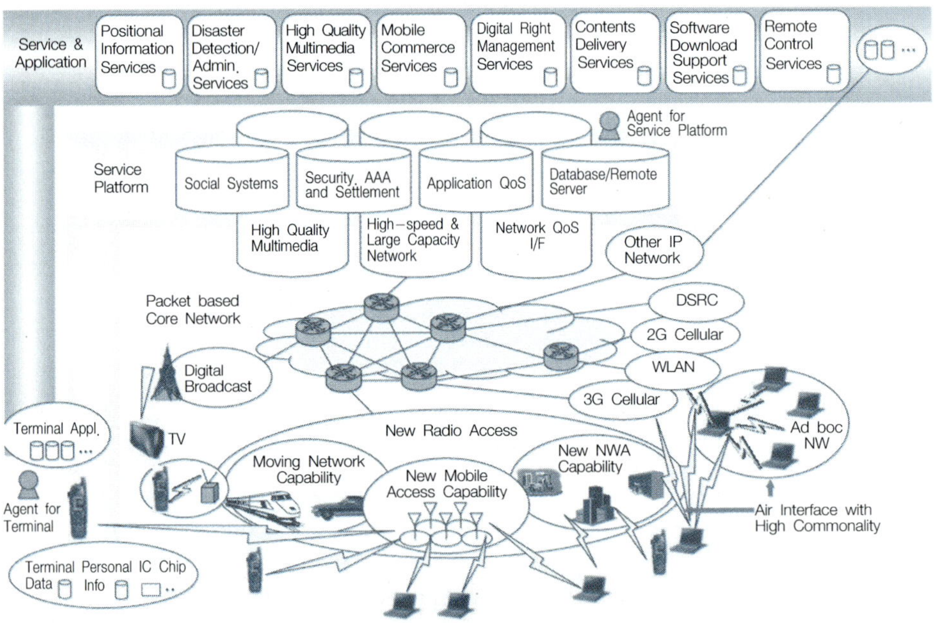

[그림 7-6] 4G 모바일 시스템의 참조 모델

이중 서비스 플랫폼 참조 모델은 이동 단말, 차세대 이동 인프라, 서비스 플랫폼으로 구성되며 사용자의 편의성, 진보된 서비스, 시스템 관리의 3가지 측면에서 참조 모델을 제안하였다. 'Flying Carpet V2.0' 결과물 이후 현재 4G 모바일 시스템 요구사항, 모바일 커머스의 최근 동향 및 4G 기술 연구 보고서 등이 추가로 작성되었으며 제안된 미래 생활상의 다각적인 관련 기술의 실행 가능성에 대한 연구가 진행 중이다.

5. FuTURE(Future Technologies for Universal Radio Environment) Forum

중국 정부의 지원으로 1992년 시작된 863 프로그램 중 FuTURE 프로그램은 2005~2010년에 필요한 무선통신연구 분야 요소기술의 개발을 목표로 3단계(FuTURE, FuTURE+, FuTURE II)로 추진 중이며 주요 연구 영역은 네트워크와 스위칭, 응용 멀티미디어, 광통신 및 무선 이동통신 등의 다양한 연구 개발 프로젝트를 수행하고 있다.

FuTURE 단계(2001년~2003년)에서는 핵심 기술을 연구하고 FuTURE+단계(2004년~2005년)에서는 데모 시스템 및 응용에 대해 연구를 수행하며 마지막으로, FuTURE II 단계(2006년~2010년)에서는 미래의 애플리케이션 수요를 만족시킬 수 있는 통합된 무선 시험 환경(trial & pre-commercial 시스템)에 대한 연구를 수행할 계획이다.

2005년 10월에 설립된 FuTURE Forum은 6개의 WG(User & System Requirements WG, Service and Applications WG, Network Architecture WG, Spectrum Allocation & Radio Propagation WG, Radio Access Techniques WG, Radio Resource Management WG)으로 구성되며 앞서 언급된 FuTURE 프로그램의 연구수행 결과물의 논의 및 차세대 이동통신 연구를 위한 국제적인 협력의 도모를 목표로 한다.

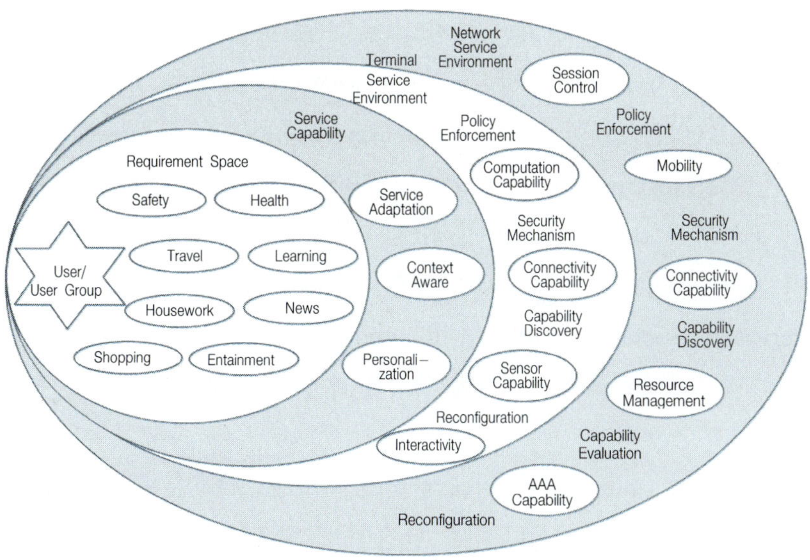

[그림 7-7] MUSE 참조모델

FuTURE Forum은 '미래의 이동통신 시스템은 인간과 그 주변간의 상호작용을 위해 다양한 이종 망 및 장치간 협력을 통해 사용자에게 늘 최고의 경험을 제공한다'는 차세대 비전을 목표로 유비쿼터스 컴퓨팅의 특성, 사회적/산업적 요구와 경제 발전 및 기술적인 동향을 고려하여 중국의 현재 상황에 가장 적절한 "China of B3G"의 비전으로서 [그림 7-7]과 같이 MUSE(Mobile Ubiquitous Service Environment) 모델을 제시하였다.

FuTURE Forum은 2015년 이후 MUSE 환경의 구현을 목표로 하며 MUSE를 통해 지원되는 새로운 서비스는 '네트워크 서비스 환경과 단말 서비스 환경 간의 협력' 및 '네트워크 서비스 환경과 단말 서비스 환경의 상황인식'의 특성을 제공할 수 있을 것으로 전망하고 MUSE의 애플리케이션 시나리오를 10개의 카테고리로 분류하였다. FuTURE Forum은 이러한 연구를 기반으로 향후 비전문서를 작성할 계획이다.

6. NGMC(Next Generation Mobile Communication) Forum

2002년 2월 구성된 한국의 4세대 이동통신 비전 연구위원회는 2003년 9월 차세대 이동통신(NGMC)포럼으로 조직이 구성되어 현재 한 · 중 · 일 4세대 이동통신 공동 실무위원회, ICB3G 컨퍼런스 개최 및 Cross-Forum(한 · 중 · 일 · 유럽) 회의를 통해 차세대 이동통신을 연구하는 주요 단체(WWRF, mITF, FuTURE)와 협력하고 있다. NGMC 포럼은 2개의 분과위원회(market & service, system & technology)와 2개의 임시 그룹(spectrum, system requirement)로 구성되며 현재까지 차세대 이동통신 비전 문서와 3개의 NGMC 백서(시스템 기술 백서, air-interface 기술백서, 단말기 기술 백서)가 작성되었다. NGMC 포럼이 2005년에 발표한 "CoPE(Convergent and Pervasive u-society Enabler) Unlimited : NGMC Vision Book 2005"는 차세대 서비스의 핵심 service enabler로서의 역할을 수행하게 될 차세대 이동통신에 대한 비전을 제시하고자 한다.

즉, 'CoPE Unlimited'는 미래 사회의 다양한 생활 환경 속의 융 · 복합화되어 있는 다양한 서비스 도메인이나 기술 환경 속에 내재되어 사용자의 삶의 질을 향상시키는 service enabler로서의 차세대 이동통신의 역할을 나타내며 사용자가 기대하는 미래의 무선 서비스는 저렴한 비용, 높은 속도, 환경인식, 집중성, 개인성, 적응성, 끊임없는 연결성, 가상 현실감, 사생활 보호의 특성을 가질 것으로 예측하였다. 미래의 삶의 질에 대한 사용자 기대치를 인간 중심의 관점 즉, 인간을 둘러싼 사회적 욕구를 안전한 생활(MSL-More Safe/Secure Life), 건강한 생활(MHL-More Healthy Life), 편리한 생활(MCU-More Convenient u-Commerce), 지능화된 환경(MIA-More Intelligence Ambience), 풍요로운 정보생활(MAC-More Abundant Contents), 즐거운 문화생활(MEC-More Enjoyable Cultural Life), 친밀한 인간관계(MIR-More Intimate Relationship)와 같은 7가지 측면의 미래 생활상으로 제시하였다. CoPE에 대한 개념 모델은 [그림 7-8]의 "CoPE Wheel"을 통해 정리될 수 있다.

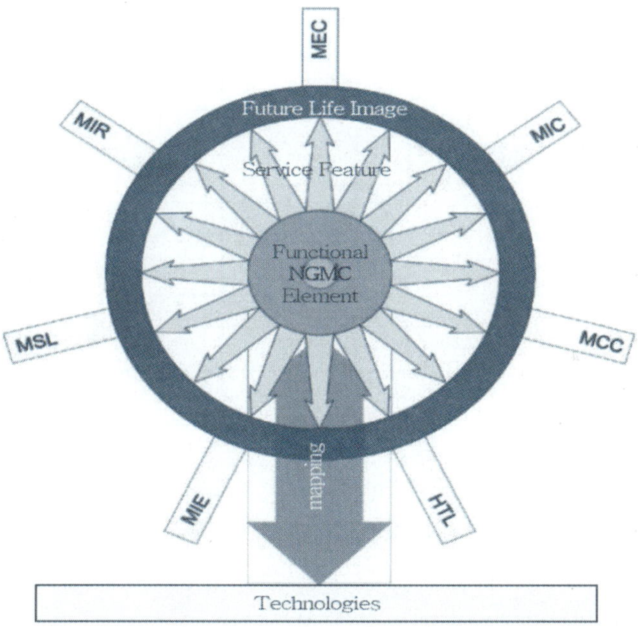

[그림 7-8] CoPE Wheel : Toward an Enhanced QoL Ocean

"인간 중심의 행복한 삶"을 추구하는 미래 생활상으로부터 service framework를 도출하는 방법론은, 차세대 이동통신이 pervasive하게 service enabler로서의 역할을 수행하는 차세대 서비스에 대한 비전 제시(1단계), 미래 생활 이미지 제시(2단계), 서비스 상황 시나리오 정의(3단계), 단위 서비스 정의(4단계), service feature 정의(5단계), 기능적 구성요소 정의(6단계), 도메인별 요구사항 정의(7단계), 서비스 구조 제시(8단계)와 같이 총 8단계로 구성된다. 즉, 각각의 서비스 상황 시나리오로부터 주요 단위 서비스를 도출하고 이러한 단위 서비스에 공통적으로 적용할 수 있는 19개의 service feature들을 정의하고 다시 각 service feature의 구현을 위한 세부적인 기능적 요구사항을 나타내는 53개의 기능적 구성요소들을 도출하였다. 이를 기반으로 차세대 이동통신을 3가지 도메인(터미널, 네트워크, 서비스)으로 분류하고 차세대 이동통신 서비스를 위한 도메인별 각 기능적 구성요소의 요구사항을 정리하였다.

[그림 7-9]는 3개의 계층으로 나뉘어 배치되어 있는 functional element를 통해 전체적인 차세대 이동통신의 서비스 프레임워크를 나타내는 참조모델로, 19개의 service feature를 3개의 계층에 매핑시키고 이를 다시 3개의 도메인으로 분류하여 53개의 기능적 구성요소를 [그림 7-9]와 같이 총 9개의 카테고리로 나누었다.

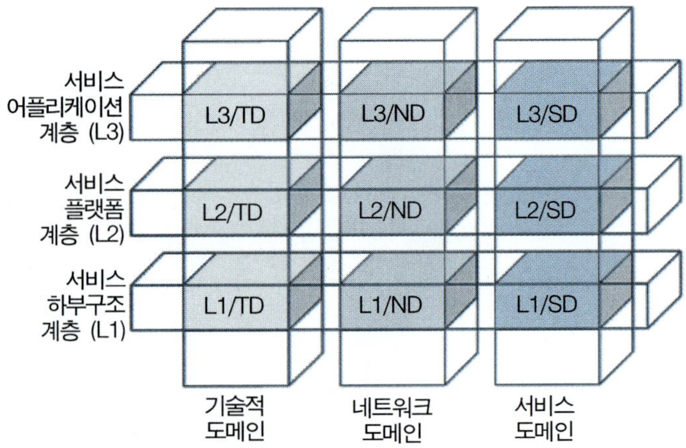

[그림 7-9] 서비스 하부구조 참조 모델(SFRM)

또한, 9개의 카테고리 각각에 분산 배치되어 있는 53개 전체의 기능적 구성요소를 보여주는 '19개 각각의 service feature를 위한 Functional Element Reference Model(FERM)'을 제시하였다.

7.3 차세대 이동통신의 발전 방향

앞서 설명한 차세대 이동통신 서비스 연구 동향을 살펴보면, 미래의 무선 시스템은 beyond 3G 시스템의 능력에 기반을 두고 시간과 장소 및 대상의 구속이 없이 언제 어디서나 누구와도 고속 멀티미디어 통신 서비스를 지원하는 것을 목표로 하며 개인의 관심사, 환경, 일상생활이 고려된 각 개인의 통신 공간에서 상황에 따라 변화하는 개인의 요구사항이 적극 반영될 것으로 기대된다. 이를 위하여, 주요 연구 단체들은 미래 생활상을 예측하여 향후 무선세계의 비전을 제시하고 미래 사용자의 기대치를 반영한 상황 시나리오 분석을 통해 사용자 중심의 무선 시스템과 서비스를 도출하고 이를 실현하기 위한 핵심 기술에 관한 연구를 지속적으로 수행하고 있다.

또한, ITU-R(International Telecommunication) WP8F(IMT-2000 and systems beyond IMT-2000) 회의를 통해 각국의 무선 통신 서비스에 대한 요구의 예측 및 분석 결과를 WRC 2007의 System beyond IMT-2000을 위한 스펙트럼 요구사항에 반영하기 위한 준비 작업을 비롯하여 4세대 이동통신의 선표준화를 위한 끊임없는 노력이 진행되고 있다. 이러한 4세대 이동통신 시스템 및 서비스에 관한 연구는 향후 '언제 어디서나 사용자의 상황에 적절한 서비스의 제공'이 가능한 유비쿼터스 시대로 진화하는 기반이 될 것이다.

제7장

7.4 와이브로(WiBro)의 개요

1. 와이브로(WiBro)의 개념

언제, 어디서나 인터넷을 즐길 수 있는 휴대인터넷은 유비쿼터스 환경을 구축하는 핵심적인 인프라다. 휴대인터넷 가운데 와이브로(WiBro)는 순수 국산기술로 개발되어 장차 세계 휴대인터넷 시장을 선점할 가능성이 높은 신성장 동력 중 하나이다.

유무선 인터넷 이용자 분석을 통해 소비자들이 자유롭게 콘텐츠를 검색하고 활용하는 범용 콘텐츠에 대한 욕구가 커서 와이브로의 사업성이 밝다.

와이브로는 집안에서 PC를 이용해 초고속인터넷을 쓰듯, 달리는 열차 안에서도 인터넷을 자유롭게 이용할 수 있는 혁명적인 서비스다. 기존에 이동통신사에서 제공하는 무선인터넷 서비스나 넷스팟과는 차원이 다른 서비스이다.

와이브로는 통신 서비스 업체가 방송시장에 진입하는 데 좋은 도구가 될 수 있다. 와이브로의 기술 기반은 유럽의 이동방송 규격이자 IP 멀티캐스팅 기술인 OFDM을 따르고 있기 때문이다. 와이브로를 이용하면 사업자들은 전화+방송+인터넷을 통합하여 서비스를 제공할 수 있다. 와이브로 기술이 방송 기술에 바탕을 둔만큼 푸시 기술을 활용해 DMB와도 경쟁할 수 있다. 인터넷에 몇 개의 관심 채널을 설정하면 자동으로 정보를 전송받을 수 있다.

2. 와이브로(WiBro)의 기대효과

와이브로 서비스는 오는 2009년까지 약 22조원의 생산유발, 약 10조원의 부가가치 창출, 약 7조6,000억원의 수출유발 효과, 약33만 명의 신규 고용창출 효과가 기대되는 신성장 동력이다. 이처럼 눈에 보이는 효과뿐만 아니라 통신 산업 전반에 걸쳐 상당한 파급효과가 있을 것으로 예상된다. 특히 와이브로는 기존 통신서비스의 한계를 극복하는 대안이자 컨버전스형 통신 기술의 근간이 된다는 점에서 큰 의미가 있다. 와이브로 서비스로 파생되는 기대 효과는 크다.

첫째, 와이브로는 유무선 통합을 주도해 새로운 시장 수요를 창출한다. 홈네트워킹 · 텔레매틱스 · 위성 DMB 등과 연계되어 가전, 교통, 금융, 방송과 같은 다른 산업과 융합을 촉진시킬 것으로 예상된다. 현재의 유무선 서비스를 4세대 멀티미디어 통신서비스와 연결시키는 가교 역할을 하며 유비쿼터스 네트워킹을 실현해 나갈 것이다.

둘째, 유무선 통신사업자의 수익기반을 강화시키는 효과가 있다. 기존의 콘텐츠를 다양한 유무선 단말기에서 이용할 수 있어 콘텐츠 제공업자의 생산성을 높여 우수한 콘텐츠 생산을 촉진시킨다.

셋째, 와이브로는 유무선 사업자의 핵심역량을 바탕으로 유무선 통합 환경에서 경쟁우위를 표출하는 경쟁 양상을 촉발해 전체적인 생산의 효율성을 가져온다.

넷째, 와이브로는 서비스 품질 향상, 서비스 요금인하, 라이프스타일의 변화를 주도함으로써 이용자의 편의와 삶의 질을 향상시켜 나갈 것이다.

마지막으로 국내 IT 산업의 글로벌 경쟁력을 높인다. 현재 휴대인터넷은 일부 국가를 제외하고 아직 상용화되지 않은 미개척 서비스이기 때문에 기술 표준화를 이루고 노하우를 축적한다면 해외 수출도 가능하다.

7.5 와이브로 서비스 및 기술 현황

1. 와이브로 서비스－유/무선 서비스의 결합

와이브로 서비스가 시작하면 가입자들은 화상전화, 금융거래, MMS(Multimedia Message Service), 이메일, SMS 등은 물론 초고속 인터넷으로 즐길 수 있었던 영화나 스트리밍, 고용량 VoD, 파일 다운로드 등 고속데이터 서비스를 언제 어디서나 즐길 수 있다. 또한 이동 중에 실시간 교통정보 안내를 받을 수 있는 텔레매틱스 서비스와 멀티캐스트 · 브로드캐스트 기술을 이용해 DMB 서비스도 이용할 수 있다.

와이브로는 유무선 결합 서비스 시대를 여는 주역이다. 핫스팟존과 이동통신망을 모두 이용하므로 서비스 지역이 넓고, 월3만원에 모든 콘텐츠를 이용할 수 있다는 장점이 있다. 특히 통신서비스와 방송서비스를 '원스톱'으로 즐길 수 있다. 통신업체들은 유무선 서비스에 상관없이 입맛에 맞는 맞춤형 서비스를 제공할 수 있고 다양한 결합상품을 개발해 경쟁력을 높일 수 있다.

2006년 상용 서비스 정부는 와이브로에 대한 시험 서비스를 시작하여 와이브로 상용시스템을 개발하고, APEC(아태경제협력체) 회의에서 서비스를 시연하였다. 이를 위해 와이브로 장비 제조업체들과 서비스 업체들에게 실험국용 주파수를 허가하고, 망구축 작업을 하였다.

2. 기술 현황

와이브로는 2002년 TTA(Telecommunications Technology Association)에서 개발이 시작된 이후 사업자 선정과 표준화 제정이 마무리된 상태로 현재 관련 장비와 부품 개발이 진행되고 있다. 국내는 물론 세계는 지금 휴대인터넷 표준화와 시스템 개발에서 우위를 차지하기 위해 경쟁하고 있다.

1) 표준화 동향

2003년 6월 제33차 정보통신표준총회에서 TTA 휴대인터넷 그룹(PG05)이 신설되어 총 52개 기관, 약 235명이 참여해 표준화 활동을 시작했다. PG5는 2004년 3월 PG302로 명칭을 변경했다. 이 그룹은 2004년 6월 1단계 30Mbps급 TTA 표준(Phase I)을 완성했고 이 표준은 물리 계층(TTAS.KO-06.0064)과 매체접근 제어 계층(TTAS.KO-06.0065)으로 구성되어 있다. 2004년 7월부터 2단계 50Mbps급 TTA 표준(Phase II)에 대한 논의가 진행되고 있으며, 고속 데이터 전송을 보장하는 기술에 중점을 두고 있다. 와이브로라는 공식명식은 사용한 것은 2004년부터다.

2004년 7월 정보통신부는 IEEE 802.16e와 호환되고 5가지 조건을 만족시키는 국내 표준기준을 발표했다.

다섯 가지 조건은 시속 60km로 이동시 최소 하향 512kbps, 128kbps의 전송 속도 구현, 9MHz 이상의 채널 대역폭, 사업자 장비간 로밍, TDD 방식, 주파수 재사용 계수 1 등이다. TTA에서는 와이브로와 IEEE 802.16e와의 호환성 문제를 검토해 두 방식 사이의 차이점에 대한 해결책을 찾고 있다.

현재 휴대인터넷의 국제 표준화 활동은 미국의 IEEE 802.16과 IEEE 802.20을 중심으로 진행되고 있다. IEEE 802.16은 최근 표준화 작업을 완료하고 IEEE 802.16-2004를 배포했다. 인텔이 중심이 된 와이맥스(WiMax) 포럼도 결성되어 IEEE 802.16a의 표준화 작업을 진행하고 있고 인텔이 와이맥스 칩을 개발한 상태다.

와이브로와 가장 유사한 규격은 IEEE 802.16e다. IEEE 802.16e의 경우 올 상반기에 완료될 것으로 보이며 다중화 방식으로 TDD, FDD를 지원하고 변조 방식으로 SC2, OFDM, OFDMA 등을 지원한다. 주파수 대역은 2~6GHz이고 채널 대역폭은 가변적으로 할당할 수 있다.

2) 와이브로의 핵심 기술-다중접속

다중접속은 시간, 주파수, 부호 등의 한정된 무선 자원을 여러 사용자나 시스템이 공유 및 분할하여 사용하는 것을 말한다. 다중접속을 위해 고려해야 할 사항은 듀플렉스 방식과MAC 및 PHY 계층이 있다. 듀플렉스 방식은 크게 FDD 방식과 TDD 방식이 있다. MAC 계층에서는 트래픽에 따라 효율적으로 자원을 할당하는 방식이 사용되며 IP 및 QoS를 지원해야 한다. 공정하고 효율적으로 스케쥴링을 수행할 수 있어야 하며 통신 환경을 모니터링하고 보고하는 기능을 해야 한다. PHY 계층은 주파수 재사용 효율을 증대시킬 수 있어야 하며 고속의 데이터를 전송할 수 있어야 한다. 채널 단위의 세분화 및 제어의 효율성이 뛰어나야 한다. 간섭에 강한 다중접속 기술을 제공해야 하며 이동성 및 핸드오프를 지원해야 한다.

와이브로는 듀플렉스 방식으로 TDD 방식을 채택하고 있으며 다중접속 기술로 OFDMA 방식을 사용하고 있다. TDD 방식은 비대칭적인 트래픽에 유연하게 적응할 수 있으며, 핫스팟 혹은 마이크로 셀에 사용하기에 적합하다. 상/하향 링크에서 발생하는 간섭을 제거하기 위해 보호 시간을 사용하며, 동일한 주파수 대역을 사용하므로 채널 추정과 링크 적응에 유리하다.

그러나 심볼 동기가 정확해야 하고 핸드오프 과정이 복잡하며 FDD에 비해 링크 버짓이 3dB 감소한다는 단점이 있다. OFDMA 방식은 시간과 부반송파를 적절히 분할하여 부채널을 형성하고 이를 사용자에게 할당해 주는 방식으로 채널 제어의 유연성이 뛰어나 최대 동시 사용자 수를 증가시킬 수 있다. 또한, 시간과 부반송파의 채널 할당을 제어하거나 전송률을 조정하여 다양한 QoS를 지원할 수 있으며, 셀 내의 사용자들에 의해 발생하는 간섭이 거의 없다. 반면, 소프트 핸드오프가 복잡하고 고속 이동시 부반송파간 직교성이 파괴되어

간섭이 발생할 수 있으며 셀간 간섭의 영향을 받을 수 있다.

3) 주파수 분배 방식

휴대인터넷 서비스는 2.3GHz 대역(2.30~2.40) 주파수를 사용하며 총 가용 주파수 대역폭은 100MHz다.

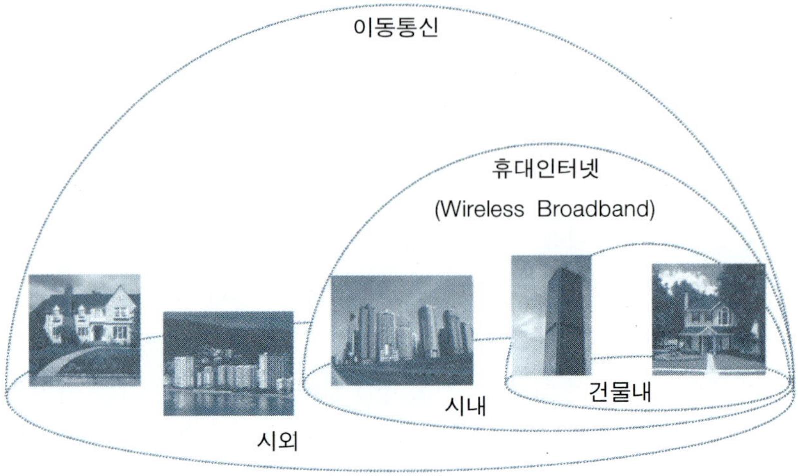

[그림 7-10] 휴대인터넷의 서비스 영역

당초 2.3GHz 대역 주파수는 1998년에 가입자와 전화 국간의 전화 회선을 무선으로 연결하는 WLL(Wireless Local Loop)용으로 KT와 하나로통신에게 할당되었으나 WLL 시스템 개발에 실패해 활용되지 못하고 있었다. 정통부는 2002년 10월 2.3GHz 주파수 이용 정책 추진 방안을 확정하고 2.3GHz 주파수 분배표를 고정 가입자 회선에서 고정 및 이동 휴대인터넷 용도로 변경했다.

4) 시스템 및 장비 개발 현황

현재 삼성전자, 포스데이타, LG전자를 비롯한 일부 중소기업 등이 휴대인터넷 기술 표준을 반영한 시스템과 단말기를 개발하고 있다. 삼성전자는 2003년부터 휴대인터넷 장비를 개발하고 있고 올해 11월 BMT용 시스템과 노트북형 단말기를 출시할 예정이다. 포스데이타는 OFDMA 관련 기술을 보유한 미국의 Walbell과 협력해 휴대인터넷 장비 개발을 추진하고 있다. LG전자는 2006년 와이브로 상용화 시점에 맞춰 IEEE 802.16e 표준에 맞는 장비 개발 계획을 발표했다. 내년중 모듈을 확보하고 '06년 2분기에 PDA 타입, 3분기에 DBDM(CDMA+와이브로) 타입의 와이브로용 단말기를 출시한다는 계획이다. 외국기업들의 경우 인텔, ArrayComm, Adaptix, 노텔 등이 IEEE 802.16e 표준을 만족하는 시스템과 단말기 개발을 진행하고 있다. 인텔, 후지쯔, 필립스 등도 IEEE 802.16e 표준 칩을 개발 중이다. 휴대인터넷은 TDD 방식으로 기존 FDD 방식의 이동통신 시스템과 달리 기술적으로 난이도가 높은 TDD 방식 중계기의 개발이 필요하다. KT는 휴대인터넷용 TDD 방식 중계기 개발에 착수해 휴대인터넷용 디지털 광중계기, 아날로그 광 중계기, 고출력 RF 중계기, 소출력 RF 중계기 등 4종의 중계기 개발을 완료했다.

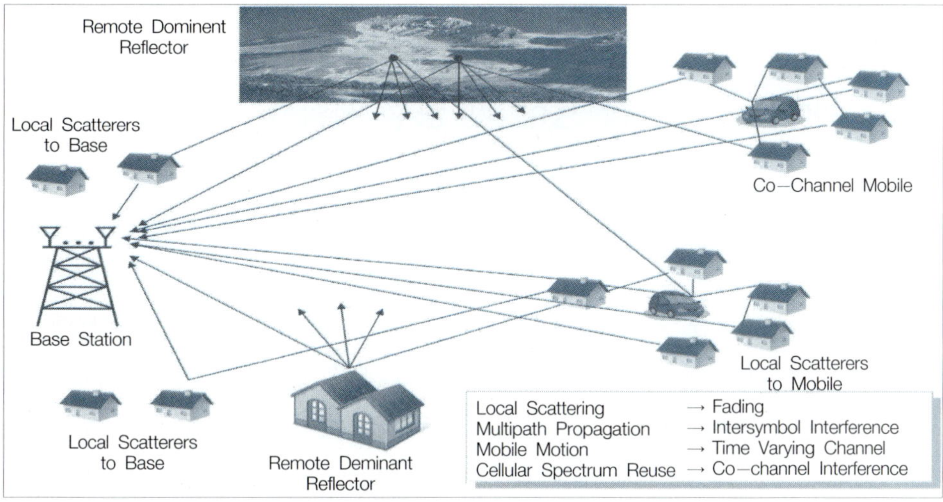

[그림 7-11] 다중 경로 전파 환경

5) 해외 개발 동향

현재 휴대인터넷 기술의 표준화 작업은 IEEE 802.16 및 IEEE 802.20 등에서 꾸준히 진행되고 있다. 미국, 호주, 뉴질랜드, 영국, 독일, 일본, 말레이시아 등에서는 이미 서비스가 시작됐다. 반면 우리나라는 휴대인터넷 분야에서 선진국들에 비해 3년 이상 출발이 늦은 상태다.

유럽의 경우 AirData AG, Irish Broadband, UK Broadband 등이 2.6GHz와 3.5GHz 대역에서 상용 서비스를 제공하고 있다. 단 독일, 영국, 아일랜드는 기지국간 핸드오프 기능을 금지하고 있어 단말기 이동성이 부여된 무선인터넷 서비스는 원천적으로 불가능하다.

미국의 경우 Nextel, US Wireless 등이 1.9GHz와 2.5GHz 대역에서 상용 서비스를 제공하고 있다. 특히 Nextel은 다른 이동통신 사업자의 EV-DO 서비스에 대응하기 위해 도입하는 것으로 알려져 있다. 호주의 경우 PBA, Unwired Australia 등이 1.9GHz와 3.5GHz 대역에서 상용 서비스를 제공하고 있다.

일본의 경우 Softbank, IP Mobile, e-Access 등 ISP 업체들이 IPWireless, Navini 장비를 이용해 현장시험을 하고 있고, 무선인터넷 서비스 활성화를 위해 IMT-2000 TDD 주파수(15MHz) 할당을 정부에 요구하고 있다.

7.6 와이브로의 시장 동향 및 향후 계획

1. 국내 와이브로의 시장 동향

KT, SK텔레콤, 하나로텔레콤 등 3개 와이브로 사업자 중 하나로텔레콤이 사업권을 포기하면서 한때 '와이브로의 위기설'이 있기도 했다. 하지만 와이브로는 무선인터넷에 가장 적합한 기술로 여전히 경쟁력을 갖고 있다. 특히 KT와 SK텔레콤이 하나로텔레콤의 사업권 포기에 동요하지 않고 서비스 준비에 박차를 가하고 있다.

KT는 와이브로를 SK텔레콤은 HSDPA(고속하향패킷접속)에 주력하는 등 치열한 주도권 싸움이 예상된다. KT는 초고속인터넷 가입자 600만명을 기반으로 휴대인터넷 시장을 주도하면서 동시에 HSDPA 사업도 SK텔레콤에 대항한다는 전략이다.

반면 SK텔레콤은 이동통신 가입자 1,800만명을 기반으로 HSDPA 시장을 주도하고 동시에 휴대인터넷 사업에 참여해 KT를 견제한다는 전략이다. SK텔레콤은 HSDPA 망은 전국망으로 구축하고, 휴대인터넷망은 광역시에만 구축하기로 했다.

향후 휴대인터넷 시장은 KT가 주력하고 있는 와이브로와 SK텔레콤의 HSDPA 싸움이 될 가능성이 점쳐진다. 하지만 와이브로와 HSDPA는 각기 장단점이 있어 보완재가 될 것이라는 전망이 우세하다. 와이브로는 데이터 전송에 특화된 기술인 반면 HSDPA는 음성과 데이터를 동시에 처리하는 기술이어서 안정성과 전송속도는 와이브로에 비해 떨어진다. 휴대인터넷의 수요를 좌우할 요금면에서도 기술적 특성상 와이브로가 훨씬 저렴하다. 즉 HSDPA가 음성전송에 적합한 기술이라면 와이브로는 데이터 전송 전용이다.

따라서 시장에서 두 기술은 공존할 가능성이 높다. 이는 KT의 전략을 보아도 쉽게 알 수 있다. KT는 올해 와이브로에 2,000억원 정도를 집행할 예정이지만 전체 설비투자(CAPEX)는 2조2000억원 수준을 유지할 계획이다. 와이브로는 대도시를 중심으로 대용량 데이터 사용자들을 대상으로 서비스하고, HSDPA은 음성 고객을 대상으로 서비스하겠다는 전략이다.

KT는 와이브로를 미래 핵심사업으로 적극 육성하겠다는 전략이다. 내년 4월에 상용서비스를 실시하고, 내년말까지 서울과 수도권을 중심으로16만명의 가입자를 확보한다는 목표를 세웠다.

또한 SK텔레콤은 와이브로를 통해 기존 무선인터넷 서비스의 한계로 지적되는 비싼 요금과 낮은 전송속도를 극복해 무선인터넷 시장을 활성화하겠다는 전략이다. 와이브로가 이동전화처럼 10조원대의 시장을 형성하진 못하겠지만 시장에 새로운 활력소가 될 것으로 기대하고 있다. SK텔레콤은 와이브로와 HSDPA 비중에 차이를 두지 않고 서비스 특성에 따라 차별화된 마케팅을 펼치겠다는 전략이다.

2. 와이브로의 발전 전망

WiBro(휴대인터넷) 주파수 정책의 주요한 내용으로는 사업자간 보호대역, 타업무와의 보호대역 및 1개 채널의 대역폭 등의 결과를 토대로 사업자 선정에 필요한 주파수 할당 시나리오를 도출하였으며, 주파수 할당 시나리오에 다른 부하율과 주파수 이용의 효율성을 분석하는 등 WiBro 서비스 제공의 효율성을 기하도록 하였다. 향후, 주파수 이용정책에 맞추어 기술기준을 마련할 계획이며, WiBro 서비스 제공에 원활을 기하기 위하여 기존 대역에서 운용중인 일부 간섭이 예상되는 도서통신시설 이전을 사업자 협의를 통해 추진할 계획으로 있어, WiBro 서비스의 활성화로 주파수 이용효율이 극대화될 것으로 기대된다. WiBro와 같은 새로운 서비스 용도의 주파수 발굴을 시작으로 앞으로도 이용실적이 저조한 주파수에 대하여는 이를 보다 더 경제적이고 효율적으로 사용하는 것이 가능하도록 관련 제도를 마련 또는 보완하여 유한한 전파자원의 진흥을 도모하고 공공복리 증진에 이바지할 수 있도록 계속 노력할 것이다.

제8장

DMB

8.1 DMB 정의 및 탄생

1. DMB의 정의

DMB(Digital Multimedia Broadcasting)는 CD 수준의 음질과 데이터 또는 영상 서비스 등이 가능하고 고정 및 이동 수신의 우수한 품질을 제공하는 디지털 방식의 멀티미디어 방송으로 정의하고, 전송 수단에 따라 지상파 DMB와 위성 DMB로 구분한다.

DMB는 미국, 유럽, 캐나다 등에서 DAB(Digital Audio Broadcasting), DAR(Digital Audio Radio), DRB(Digital Radio Broadcasting), DSB(Digital Sound Broadcasting), DMB 등으로 불리며, 국내에서는 디지털 오디오 방송(DAB)으로 명명되었으나 오디오 이외에 비디오 및 데이터를 포함해서 DMB로 사용하고 있고 우리말로는 '디지털 멀티미디어 방송'으로 명명한다.

지상파 DMB 시스템은 국내 아날로그 TV 방송에서 사용하는 VHF(초단파 방송)주파수 대역을 이용하여 유럽의 EUREKA-147 DAB 시스템에 멀티미디어 데이터 서비스를 부가한 것으로, 휴대전화, 혹은 차량 이동 수신용의 각종 정보 단말기에 응용되고 있다.

2. DMB의 탄생

DAB는 1987년부터 유럽에서 결성한 EUREKA-147(EUropean REsearch Coordination Agency project-147) 공동 프로젝트의 고유명칭이며, 이동 수신 상태에서 고음질의 오디오 서비스를 제공하는 디지털 오디오 방송을 말한다.

1993년 ITU-R에서 EUREKA-147의 고유 명칭으로 DAB를 명명했으며, 개발 초기 시스템은 오디오 및 데이터 방송을 목적으로 차량을 이용하여 이동 수신하도록 한 것이다. 1995년 2월에 DAB 규격이 완성되었으며, 1995년 9월에는 영국의 BBC에서 세계 최초로 DAB 방송 시작되었다.

1997년 3월에 정보통신부와 산업자원부에 의해 '디지털 라디오 방송'의 도입에 관한 논의가 있었고, '지상파 디지털 라디오 방송 추진 전담반'을 구성했고, 2001년에는 '디지털 라디오 방송'의 방식으로 EUREKA-147방식을 국내 표준으로 잠정 결정하였다.

2002년 12월 17일 정보통신부는 '디지털 라디오 방송' 공청회를 열어 DAB를 영문으로 DMB, 우리말로 '디지털 라디오 방송'으로 명명하였다. 즉 오디오, 비디오 및 데이터 방송을 합친 광의의 개념이다. 정보통신부는 오디오 중심의 DAB를 비디오 중심의 DMB로 명칭을 바꾸고 유럽의 EUREKA-147방식을 국내 표준으로 채택하였다.

2003년 1월 5일, 정보통신부는 DAB에 비해 오디오는 물론 TV 방송과 데이터를 포괄하는 멀티미디어 방송 서비스를 나타내는 용어인 DMB를 DAB 대신 지칭하기로 공식적으로 발표했다.

2003년 2월 24일, 방송위원회에서는 '디지털 라디오 방송(DMB)'이 협의의 개념인 오디오로 주로 사용되며 데이터 방송 등 멀티미디어 서비스의 특성을 표현하는데 한계가 있다고 판단해 오디오, 비디오 및 데이터 방송을 포괄하여 영문으로는 DMB, 우리말로는 '디지털 멀티미디어 방송'으로 명명하기로 통일하였다.

2004년 3월 2일, 16대 임시국회에서는 방송법 개정(안)을 통과시키면서 DMB를 '이동 멀티미디어 방송'으로 새롭게 규정했고, 방송위원회에서는 2004년 3월 22일 '이동 멀티미디어 방송'의 근거 규정을 마련하였다.

2004년 7월 8일에는 '디지털 TV 비교 시험 추진 4인 위원회'에서 디지털 TV의 이동수신 보완용으로 일부 채널을 디지털 TV 재전송용으로 지상파 DMB의 용도를 변경하였으며 지상파 DMB와 병행해 DVB-H 도입을 추진하기로 하였다.

이동 멀티미디어 방송 중 지상파 DMB와 위성 DMB, 그리고 DVB-H는 모두 다채널, 다매체 및 휴대형 방송의 3가지 공통된 특성을 갖고 있다. 현재는 통신과 결합하여 리턴 채널(return channel)을 통한 양방향 데이터 방송도 추진되고 있다.

8.2 서비스 개념

DMB 서비스는 첨단 반도체 기술에 힘입어 디지털 방송 기술을 바탕으로 세계 수준의 통신기술을 접목한 서비스이다. 즉 아날로그 라디오 방송을 디지털화하여 이동 중(최대 200km) 언제 어디서나 CD급 고품질의 라디오, TV 동영상 및 문자 방송을 수신할 수 있으며 그 서비스 개념도는 [그림 8-1]과 같다.

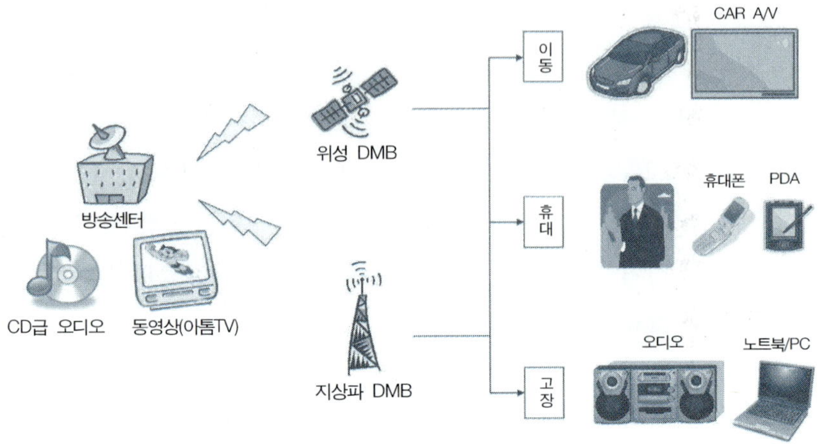

[그림 8-1] DMB(지상파와 위성 DMB) 서비스 개통도

DMB는 뛰어난 이동 수신 특성을 바탕으로 음악, 문자, 동영상 등 다양한 콘텐츠를 소형 TV, 휴대전화, PDA등의 휴대용·고정용 단말을 통해 전송하는 것이다.

지상파 DMB에 대한 검토는 1997년 정보통신부 주관 'DAB 도입연구반'이 구성되면서 본격적으로 논의되기 시작했다. 즉 유럽 방식인 EUREKA-147과 미국 방식인 IBOC(In-Band-On-Channel) 그리고 한국전자통신연구원(ETRI)에서 미국 방식을 변형하여 제안한 IBAC(In-Band Adjacent-Channel0를 검토하여 비교 평가 작업을 실시하였다.

2000년 말에는 유럽을 중심으로 한 여러 나라의 상용 서비스를 통해 검증되었고, 가장 넓은 주파수 대역폭을 갖고 다채널의 음성 및 데이터 서비스를 수용할 수 있는 유럽 방식인 EUREKA-147을 국내 표준방식으로 결정하였다.

지상파 DMB는 비디오 송·수신을 위해 MPEG-4 AVC(advanced Video Coding)기술을 적용하고, 음성 신호 압축을 위해 MPEG-4 BSAC(Bit Sliced Arithmetic Coding) 기술을 적용한다.

위성 DMB는 위성을 통해 방송 콘텐츠를 송출하여 가입자들이 옥외 또는 이동 중에 무지향성 수신 안테나를 장착한 개인 휴대용·차량용 수신기를 통해 비디오, 오디오 및 데이터 등 다양한 멀티미디어 방송을 다채널로 시청하거나 청취할 수 있는 방송 서비스를 말한다. 즉 위성 DMB는 지상의 지구국에서 프로그램 공급자로부터 수신한 고품질의 다채널 오디오 방송을 다양한 멀티미디어 정보를 위성으로 보내고 위성 중계기를 통하여 L 밴드(1~2GHz) 또는 Ku 밴드(12~14GHz) 대역의 주파수로 전환시켜 지상으로 송신하는 방송 기술 및 서비스를 의미한다.

방송을 수신할 때 지상 대부분의 지역은 위성에서 직접 수신이 가능하나 위성의 LOS(Line of Sight)를 벗어나는 빌딩 내(in-building), 지하 공간 및 고층 건물에 의한 음영 지역 등 직접 수신이 불가능한 도심 내의 지역은 지상 중계기(gap filler)를 사용하여 수신한다.

위성 DMB는 2001년 ITU-T(International Telecommunications Union-Telecommunication Standardization Sector)에 등록 요청했던 2.6GHz 상위 대역인 S 밴드상의 25MHz 대역(2630~2655MHz : 대역폭 25MHz)을 사용하여 일본식의 시스템 E방식에 따라 서비스를 수행한다.

〈표 8-1〉 위성 DMB와 지상파 DMB 기술 비교

항 목		위성 DMB	지상파 DMB
전송 방식		시스템 E(일본 방식)	시스템 A(유럽 방식)
용도		위성용으로 표준화	지상파, 위성 모두 가능
동영상 가능 여부		가능	가능
지상 중계기(gap filler) 사용		가능	가능
고속 이동 수신		가능	가능
상대적 장점		전력 효율이 우수	주파수 이용 효율이 우수
주파수 이용 효율		0.4~0.7 bits/Hz	0.5~1.1 bits/Hz
전송	위성(수신/송신)	CDM 및 TDM/ CDM 및 TDM	OFDM/OFDM
	지상 중계기(수신/송신)	TDM/CDM	OFDM/OFDM
오류 정정		RS(204, 188), Convolutional code	Convolutional code
다중화		MPEG-2	MPEG-2
변조		QPSK	DQPSK
오디오 부호화 방식		MPEG-4 AVC(H.264)	MPEG 계층 II (MUSICAM)과 MPEG-4 BASC
비디오 부호화 방식		MPEG-4 AVC(H.264)	MPEG-4 AVC(H.264)
주파수		대역폭 : 25MHz -2,630~2,655MHz	대역폭 : 12MHz -CH12 : 204~210MHz -CH8 : 180~186MHz
전송 용량		전송 용량 : 7.68Mbps	전송 용량 : 6.912Mbps -사업자당 : 1.152Mbps

시스템 E 방식은 CDM(Code Division Multiplex) 기술을 사용한다. 또한 비디오 신호는 지상파 DMB와 동일한 MPEG-4 AVC 압축 기술을 사용하지만, 오디오 압축 기술은 지상파 DMB와 다른 'MPEG-2의 AAC(Advanced Audio Coding) SBR(Spectral Band Replication)'을 채택하고 있다.

2003년 11월 5일, SK텔레콤이 위성 DMB 컨소시엄을 구성하였으며 2004년 1월 1일에는 TU미디어(SK텔레콤 위성 DMB 법인)가 공식 출범했다. 그 후 2004년 3월 13일 오후 2시 40분 세계 최초의 위성 DMB용 위성인 '한별'을 발사하여 성공했으며, 2004년 3월 29일 오후 5시 55분(한국 시각) '한별'이 지름 12m 대형 송신 안테나를 펼침으로써 발사 작업이 성공적으로 완료되었다.

방송사마다 비디오, 오디오 및 데이터 채널 각각에 대해 1~4개 채널을 사용하는 지상파 DMB와 달리 위성 DMB는 25MHz 대역 안에 비디오 11채널, 오디오 26채널, 데이터 1채널이 정해져 있다. [표 8-1]은 위성 DMB 기술의 주요 규격 및 지상파 DMB의 기술 규격을 비교한 것이다.

8.3 국내외 DMB 서비스 동향

1. 국내 서비스 동향

DMB 서비스를 위해 2004년 3월에 방송법을 개정하여 DMB 사업 환경이 정비되었다. 2004년 12월에는 위성 DMB 사업자로 SK텔레콤의 계열사인 TU미디어가 선정되었고, 2005년 3월말에 6개사의 지상파 DMB 사업자가 결정됨으로써 세계 최초로 위성과 지상파 DMB 이동 TV 서비스를 동시에 시작하게 되었다.

위성 DMB 사업자인 TU미디어는 일본의 MBCo(Moblie Broadcasting Corporation)와 공동으로 2004년 3월에 위성을 발사했으며, 2005년 1월 10일 시범 서비스를 시작하여 5월에는 한 달간 무료 본방송 서비스로 4만 2천 명의 가입자를 확보했고 비디오 8개 채널과 오디오 24개 채널로 본격 유료 서비스에 돌입하였다. 위성 DMB는 사업자당 10여개의 TV 방송, 20여개의 라디오 방송, 3~4개의 데이터 방송을 제공할 수 있으며, 광고 수익과 함께 가입비, 월정액의 이용 요금 등을 추가로 징수하여 운영하고 있다. 한편, '한별(MBSat)'을 함께 띄운 일본의 MBCo는 2004년 6월 1일부터 시험 서비스를 시작, 10월 20일부터 상용 서비스를 시작했다. 이 때 운용 채널은 비디오 9개, 오디오 55개, 데이터 타이틀 60개로 서비스를 시작하였다.

위성 DMB 사업자는 사업의 성패라고 할 수 있는 지상파(KBS, MBC, SBS) 재전송 허용이 사실상 결정(2005. 4. 19)되었기 때문에 지상파 DMB 서비스와의 차별화를 모색해 적극적인 서비스를 추진하고 있다. 지상파 재전송이란 케이블이나 위성 방송을 통해 KBS, MBC, SBS 방송 등을 실시간으로 보는 것처럼 DMB 수신기로 지상파 방송을 보여주는 서비스이다.

반면, 지상파 DMB의 경우 2005년 3월말에 TV 한 채널(6MHz 대역)에 3개의 DMB 사업자를 할당하여 2개 채널, 6개 사업자가 선정되었다. 선정된 사업자는 지상파 TV 계열군으로 KBS, MBC 및 SBS, 그리고 비지상파 TV 계열군으로 YTNDMB, 한국 DMB(1to1) 및 KMMB(U1 미디어)이다. 2005년 9월부터 수도권 사업자를 중심으로 실질적인 지상파 DMB 시범 서비스가 시작되어 12월부터 본방송 서비스를 시작하였다. 한 사업자는 1개의 TV 방송과 3개까지의 라디오 방송, 1개(또는 3개)의 문자 방송을 제공할 수 있다. 특히 지상파 DMB 방송은 무료로 제공하되 주로 광고 수익으로 운영되고 있다. 물론 처음에는 전파 음영 지역 해소를 위한 중계망 구축 등의 이유로 음영 지역의 유료화를 검토했으나, 2005년 8월말 단말기 제조업계와 방송사가 지하 중계망 구축과 단말기 보급 촉진을 위해 협력하기로 합의함으로써 9월 시험 방송과 12월 1일 본방송이 가능하게 되었다.

지상파는 DMB가 차량 이동 수신뿐만 아니라 휴대 이동 수신까지 가능토록하기 위해 송신 출력을 1kW에서 2kW로 높이고 송신소를 관악산뿐만 아니라 남산, 용문산 등을 SFN(Single Frequency Network)으로 구성하고, 지상 중계기(gap filler) 구성을 위해 이동 통신사와 연결하는 등 휴대 수신까지 영역을 넓히고 있기 때문에 위성 DMB와의 경쟁이 불가피하게 전개되고 있다.

〈표 8-2〉 위성 DMB 사업자

구분	사업자	주도 업체	제휴/협력 업체
위성 사업자	TU미디어	SK텔레콤	SBS, MBC, CJ미디어, YTN, 한경와우, MBN 등

〈표 8-3〉 지상파 DMB 6개 사업자

구분	사업자	주도업체	제휴/협력업체
지상파 TV 계열	KBS	KBS	비지상파 사업자군에 2TV 채널 위탁 운영
	MBC	MBC	MBN, 아리랑TV 등
	SBS	SBS	교통방송, 경기방송, LG텔레콤 등
비지상파 TV 계열	YTNDMB	YTN,이즈온	TBN, 쌍용정보통신, 기륭전자 등
	한국 DMB(1to1)	옴니텔, CBS	일간스포츠, 노아테크놀러지, 다날 등
	KMMB(U1미디어)	피에스케이이, 넥앤티비	씨앤씨엔터프라이즈, 퍼스널텔레콤, 한겨레 등

위성 DMB와 지상파 DMB의 서비스 영역의 차이가 없어지면서 휴대 전화의 DCS(Digital Celluar System)와 PCS(Personal Communication Services) 경쟁처럼 사실상 차별성이 없어지고 있다. 초기에는 위성 DMB는 손에 들고 다니는 휴대 수신용으로, 지상파 DMB는 차량에 부착해 다니는 차량이동 수신용으로 각기 다른 시장에서 초기 서비스가 이루어질 것으로 예상했지만, 최근 지상파 DMB 사업자와 소비자가 휴대형 단말기에 의한 휴대 수신을 선호하면서 위성 DMB와의 차별성이 사라지고 있다.

TU미디어도 휴대전화 결합 단말기와 함께 서비스 초기부터 차량 장착용 단말기를 일제히 보급할 계획을 세워놓고 있다.

위성 DMB 서비스가 2005년 5월에 시작되었고, 지상파 DMB의 서비스는 2005년 12월에 시작되어 서비스 시점의 차익이지만 시장 선점 차원의 경쟁력에서도 차별화가 크지 않다고 할 수 있다.

또한 지상파 재전송이 결정됨에 따라 지상파 방송이 DMB 서비스로 가능해져 방송 콘텐츠의 차이가 크지 않을 것으로 예상된다. 이와 같이 서로 이질적이던 위성 DMB와 지상파 DMB의 관계는 동일한 형태의 단말기, 동일한 시장 그리고 동일한 소비자를 대상으로 한 상호 대체적 경쟁 관계로 전개되고 있다.

2. 해외 서비스 동향

유럽은 지상파 DMB 위주로 서비스사 전개되고 있으며, 미국은 위성 DMB가 주도권을 잡고 있다. 한편, 극동 아시아 지역에서는 이동 TV 서비스를 포함한 멀티미디어 서비스가 세계 최초로 제공되고 있다.

1) 미 국

IBOC(In-Band-On-Channel) 체제의 독자 표준 기술을 채택한 DAB(이하 DMB)서비스를 실시 중이며, 1992년 세계 최초의 위성 DMB 서비스를 실시한 월드 스페이스를 비롯해서 XM Radio(전 American Moblie Radio), Sirus Radio(전 CD Radio) 등 세계의 주요 위성 DMB 사업자들이 경쟁 구도를 형성하고 있다.

지상파 DMB의 경우 유럽식 시스템 A와 미국 독자의 IBOC 방식간 표준 선정 문제 및 시스템 검증 문제, 입법 문제들로 난항을 겪으면서 위성 DMB보다 상용화 시기가 늦어졌다. 현재는 IBOC 방식으로 지상파 DMB 표준 기술을 선정한 상태이며, 2002년부터 표준 규격에 대한 국제 승인을 차례로 받고 있다. 따라서 위성 DMB 시장 성숙도는 다른 나라에 비해 높은 수준을 보이고 있다. 지난 1992년 월드 스페이스가 위성 DMB서비스를 시작한 이후, 1997년 FCC는 XM Radio와 Sirus Radio에게 주파수경매를 통해 위성 DMB 사업 허가를 승인했다. 이에 따라 XM Radio는 2001년 5월에 Sirus는 3개의 위성을 통하여 2001년말부터 사업을 개시해 자동차 제조 업체와 전략적 제휴 관계를 체결하고 자동차 운전자를 주요 고객층으로 본격적인 위성 DMB 서비스를 실시하고 있다.

2) 영 국

1995년 세계 최초로 DMB 서비스를 상용화했는데, 7개의 민영 지역 멀티플렉스 운용 사업자와 1개의 전국 사업자가 약 82%의 시장 점유율을 차지하고 나머지 18%는 공영 방송이 서비스를 제공한다. 전국 규모의 사업자는 BBC의 DMB인 Digital Radio와 민영사업자인 Digital One으로, 2003년 현재 전체 DMB 시장의 약 80%를 점유하고 있다. 이들 사업자는 총 300여개 이상의 디지털 라디오 방송국을 전역에 구축해 놓은 상태이다.

그 동안 다수의 디지털 라디오 서비스가 존재한 반면에 상대적으로 데이터 서비스 등 부가적인 서비스 채널은 그다지 활성화되지 않은 편이었다. 그러나 최근 들어 Digital One Network가 Digizone이라는 이름으로 전국 규모의 상업 데이터 방송 채널을 운용하면서, 게임 뉴스, 클래식 및 최신 음악과 관련된 정보등을 대화형 서비스 형태로 제공하고 있으며, 2002년말부터 Capital Radio와 Chrysails Radio가 세계 최초의 DMB 프로그램 EPG(Elecronic Program Guide) 서비스를 출시하는 등 부가 서비스가 차츰 늘어나는 추세이다.

한편, BBC는 한국형 지상파 DMB로 2006년 4월부터 실험 방송을 실시할 예정이다. 이번 실험 방송은 ETRI와 삼성, LG, 퍼스텔, 온타임텍, 픽스트리 등 한국 기업과 BBC, BT오렌지(Orange), 채널 4, 프론티어실리콘(Frontier Silicon)등의 영국 기업이 참여할 예정이다.

3) 독 일

독일은 2003년 현재 약 150여개의 방송국이 지상파 DMB 라디오 서비스를 제공하며, 서비스 영역은 전국 인구의 65%에 달한다. 독일은 8천만명의 거대 잠재시장, 3,800만 가구 및 4,200만대의 자동차를 보유하는 등 유럽 DMB 서비스의 성공을 좌우하는 프로그램 제공사의 대한 허가권이 분리되어 있다. 독일 바이에른주는 국내 지상파 DMB 기술을 도입하여 2005년 6월 시험 방송을 거쳐 2006년 상용 서비스와 함께 독일 월드컵 중계 방송을 실시하였다. 또한 2006년 1월에는 독일 레겐스부르크 시에서 실험 방송도 실시하였다.

4) 유 럽

프랑스에서는 지상파 DMB 서비스 영역이 전국 인구의 25%인 약 1,500만명에 달하며, Lyon, Marseille, Nantes 및 Toulouse 지역에서 DMB 서비스를 제공한다. 프랑스 방송위원회(CSA)가 2005년 10월 프랑스의 지상파 DMB 컨소시엄이 제안한 한국형 지상파 DMB 서비스에 대한 시험 방송국의 운영을 허가함으로써 삼성전자를 비롯해 TFI, VDL, 부이그텔레콤 등의 방송사들이 참여한 컨소시엄이 2005년 12월부터 한국형 지상파 DMB의 시험 방송을 실시하였다.

이탈리아에서는 1995년부터 지상파 DMB 서비스를 시작했으며, 서비스 영역은 전국인구의 30%에 달한다. 현재 5개의 전국 국영 방송사에서 서비스를 제공중이며 민영 멀티플렉서에서 6개이 상용, 2개의 비영리 방송국을 운영중이다.

5) 일 본

일본에서는 1998년 5월에 도시바가 위성 DMB 방송 사업을 위해 SK텔레콤, 도요타 자동차, 후지쓰 등과 함께 MBCo를 설립하였다. 그 후 2004년 3월에 위성 DMB의 위성체를 발사해서 2004년 10월 20일부터 동영상 등 총 40개 채널을 제공하는 이동 휴대 방송인 '모바HO' 서비스를 시작했다.

6) 중 국

중국에서는 관둥성 불산시의 YueGuang Multimedia에서 2003년 6월부터 EUREKA-147을 기반으로 207~215MHz 대역에서 DMB 시범 서비스를 실시중이다. 주로 버스 등 대중교통 수단에 단말기를 설치하여 광고료 수익을 목표로 하고 있다.

베이징에서는 2005년 12월부터 한국형 지상파 DMB 시험 방송을 실시했으며 2006년 4월부터 TV 채널 6개 및 라디오 채널 6개, 데이터 채널 1개로 지상파 DMB 본방송을 실시하였다.

8.4 국내외 DMB 표준화 동향

1. 세계 DMB 표준화 동향

현재 상용화된 지상파 DMV(DAB 전송 시스템은 크게 EUREKA-147, BIOC, ISDB-TSB(Terrestrial Sound Broadcasting)의 세 가지로 구분된다.

EUREKA-147 방식은 유럽통신표준국과 EBU에서 1987년부터 개발을 시작하여 1991년까지 기본 시스템을 개발하고 1994년에 표준화를 완료하였다. 전송 방식으로는 직교 주파수 분할 다중 경로 왜곡이나 페이딩 환경에 강한 성능을 보인다. 현재 유럽 대다수 국가를 비롯하여 오스트레일리아, 캐나다 등에서 DMB(DAB) 표준으로 채택한 상태이다.

IBOC는 기존의 FM 대역을 사용하여 아날로그 방식과 동시에 방송되는 대역 내(in-band) 방식이다. 따라서 DMB 구현 비용이 최소화되는 반면, 아날로그 FM 방송과의 간섭과 데이터율의 제한으로 서비스 발전 가능성에 장애가 예상된다. 유럽의 EUREKA-147에 대응하기 위하여 미국에서 개발한 방식으로, 2002년 미국의 지상파 DMB를 표준으로 채택되었다.

ISDB-TSB 방식은 1994년부터 일본 TTC(Telecommunication Technology Council) 주도하에 기술적 검토가 시작되었으며, 1998년 ISDB-TSB라는 독자적인 방식으로 표준화가 완료된 후 일본의 지상파 DMB 표준으로 채택되었다. 하나의 채널을 여러 개의 세그멘트로 분할하여 사용하는 BST-OFDM 변조 방식과 여러 채계의 오류 정정 부호 방식을 채택함으로써 다양한 멀티미디어 서비스를 제공할 수 있다.

한편, 현재 ITU-R 기준의 위성 DMB 시스템은 디지털 시스템 A, 디지털 시스템 B, 디지털 시스템 Ds, 디지털 시스템 Dh 및 디지털 시스템 E가 있다.

2. 국내 지상파 DMB 표준화 동향

지상파 DMB 표준은 유럽 DAB 표준인 EUREKA-147을 기반으로 고속 이동 중에도 멀티미디어 수신이 가능하도록 국내에서 개발한 방송 표준이다. 우리 나라는 2003년에 이동 멀티미디어 방송의 전송 표준을 OFDM을 적용하는 유럽 방식의 EUREKA-147로 선정하였다. 그리고 한국전자통신연구원(ETRI)과 삼성전자 등을 중심으로 'MPEG-4' 압축 기술과 '비트 오류 정정 기술'을 추가함으로써 주파수 효율을 높이고, 이동 중에도 TV 동영상 서비스가 가능한 기능을 개발하여 세계 최초로 검증하고 표준화하였다.

2001년 8월부터 차세대 디지터 방송 표준 포럼에서 국내 DMB 표준안 작업에 대한 논의가 시작되었다. 2002년 12월에는 정보통신부에서 지상파 DMB 기술 개발 추진 계획을 발표했으며, 2002년 10월에 지상파 DMB 규정에 대한 기술 기준 초안 3건(초단파 디지털 라디오 방송 송 · 수신 정합 표준, 비디오 송 · 수신 정합 표준, 데이터 송 · 수신 정합 표준)이 완성되었다. 2003년 6월에 '초단파 디지털 라디오 방송 송 · 수신 정합 표준'이 정보통신부 고시에 포함되어 확정되었고, 2003년 10월에 TTA(Telecommunications Technology Association) 단체 표준으로 확정되었다. 또한 2004년 8월에는 지상파 DMB '비디오 송 · 수신 표준'이 확정되었고 12월에 월드 DAB 포럼의 기술 표준으로 승인되었다.

한편, 2004년에 제정한 TTA 지상파 DMB 표준'은 2005년 6월 29일 유럽형표준화기구(ETSI)로부터 국내 휴대 이동 방송용 표준으로 채택되었다. 채택 표준 명칭은 ' 디지털 오디오 방송(DAB), DMB 비디오 서비스(ETSI TS 102 428)'로 정해졌다(전자신문 : 2005.6.30)

국내 지상파 DMB 표준의 기본적인 오디오 서비스는 CD급으로 MPEG-1/2 오디오 계층 II이며, 멀티미디어 서비스는 MPEG-4 Part 10 AVC를 적용하여 VCD급 화질을 구현한다. 멀티미디어 서비스의 오디오는 MPEG-4 Part 3 BSAC(Bit Sliced Arithmetic Coding)를 적용하여 CD급 음질을 제공하며, 데이터는 MPEG-4 Part 1 BIFS(Binary Format for Scenes)를 적용하여 텍스트 및 그래픽 서비스가 가능하게 된다.

8.5 국내외 DMB 기술 개발 동향

1. 위성 DMB용 칩 국산화

위성 DMB에 사용되는 주요 반도체의 국산화가 이루어짐에 따라 위성 DMB 서비스와 함께 세계 시장을 주도함으로써 국내업체들이 기술을 선도하게 될 전망이다. 일반적으로 휴대전화의 3대 핵심 칩은 전파를 수신하는 튜너, 수신된 전파를 처리하는 베이스벤드(CDM) 칩 및 멀티미디어 데이터를 다루는 칩을 말한다. 위성 DMB에서도 마찬가지로 튜너 칩이 방송 신호에서 필요한 정보를 분리하면 CDM 칩이 복호화 등의 신호 처리를 수행한다. 처리된 신호중에서 DMB 서비스의 영상과 음성을 멀티미디어 칩이 재처리하여 디스플레이와 스피커와 같은 외부장치로 전송한다.

베이스밴드 부분에서는 삼성전자가 원천 기술 보유 업체인 도시바와 경쟁을 벌이고 있다. 도시바사 제품보다 성능이 우수하고 크기와 가격면에서도 경쟁력이 있는 것으로 검증되고 있다.

멀티미디어 부문에서는 국내 비메모리 반도체의 대표업체인 엠텍비젼과 코아로직의 멀티미디어 전문 칩이 TI의 '오맵', 르네사스의 'SH모바일', 퀄컴의 'MSM6xxxx' 시리즈 등과 주도권 싸움을 벌이고 있다.

DMB 단말기의 초기 모델은 TI 및 르네사스의 멀티미디어 프로세서로 설계될 가능성이 크며, 향후 국내 주요 제조업체들이 본격적으로 다양한 제품을 출시하게 되면 국산 부품 채택이 유력시된다. 또한 이미 DMB 서비스가 시작되었고 보다 대중화되면 국내업체의 제품이 외국 제품에 비해 가격 경쟁력, 서비스 경쟁력 등에서 우위를 점할 것으로 기대된다.

단말 부문에서는 2004년 하반기에 A/V 칩 기반의 지상파 및 위성 DMB 단말기 시제품이 국내 기술진에 의해 출시되었고, 2005년에는 3칩(RF, Baseband, A/V) 기반의 단말 시제품이 삼성전자와 LG전자를 중심으로 개발되었다. 삼성전자는 2005년 1월, 국내 첫 위성 DMB폰을 출시한 후 6월에 2차 모델을 선보였다. LG전자는 6월 초 첫 모델을 출시하였다. 또한 SK텔레텍은 2005년 4월에 위성 DMB폰을 출시했으며 팬택앤큐리텔이 2006년 1월에 출시하였다.

2. 지상파 DMB용 칩 개발

지상파 DMB 단말기 개발을 주도해 온 LG 전자는 지상파 DMB용 베이스밴드 칩을 개발하고 이를 이용하여 자사의 지상파 DMB폰에 적용했으며, 향후 차량용 단말기, PDA형 단말기, 텔레메틱스 등 모든 지상파 DMB 관련 단말기에 자체 개발한 칩을 적용할 계획이다.

삼성전자도 2004년 6월에 지상파 DMB 베이스밴드 칩 개발에 성공했다. 지상과 DMB 베이스밴드 칩 시장은 유럽의 프런티어실리콘(Forntier Silicon)과 아트멜(ATMEL) 등이 디지털 오디오 방송(DAB) 단말기 시장에서 앞서가지만 아이앤씨테크놀러지 놀러지와 인터그란트 등 국내 벤처업체들도 적극 개발하고 있어 지상파 DMB 단말기를 개발 중인 업체들은 선택의 폭이 넓다고 할 수 있다.

지상파 DMB와 위성 DMB가 이동 방송 수신 서비스 시장을 놓고 격돌을 펼치는 가운데 단말기 제조업체 사이에는 지상파 DMB와 위성 DMB의 복합 단말기에 대한 관심이 높아지고 있다. 삼성전자와 LG전자는 2006년도 이후의 중장기 DMB 로드맵(roadmap)에서 개발을 추진하고 있다.

8.6 DMB 서비스와 단말기 상품 동향

1. DMB 서비스 개시

위성 DMB는 2005년 11월을 기준으로 비디오 11개, 오디오 26개 채널이 서비스되고 있다. 비디오의 경우는 교육, SBS와 MBC 드라마, 뉴스, 영화, 스포츠. 경제 정보, 게임, 애니메이션 채널이 있다. 오디오는 가요, 팝, 클래식, 트로트 등의 장르별 음악과 영어 · 중국어 회화 등의 교육 프로그램, 스포츠와 연예 등의 프로그램으로 구성되어있다. 지상파 DMB와 비교하면 유료 서비스인 만큼 채널이나 프로그램이 다양한 것이 장점이다.

지난 2001년 디지털 TV 전송 방식을 미국 방식과 유럽 방식 중 어떤 방식으로 선택할지 논쟁하던 끝에 탄생한 지상파 DMB의 본방송 서비스는 2005년 12월 1일부터 수도권을 중심으로 시작되었다. 중계망 구축과 유료화 여부로 시간이 지연된 DMB 서비스는 위성 DMB보다 7개월이나 늦게 출발했다. 중계망 구축 문제는 삼성전자와 LG전자 등 휴대전화와 제조업체의 부담으로 약 300억원을 들여 구축하기로 하면서 해결되었다. 한국전파기지국(KRT)은 지상파 DMB 본방송에 앞서 서울 남산과 용문산에 지상 중계 시스템을 설치하고 2006년 6월까지 수도권 지하철 구간의 중계기 구축하였다. 지하철의 경우 5~8호선은 2006년 1월 말까지, 1~4호선은 2006년 6월 말까지 구축하였다.

단말기 유통 문제가 해결되어 DMB폰이 공급되고 있지만 초기에는 서비스가 수도권에 제한되며, 지상파 방송의 재전송이 많은 부분을 차지함으로써 지상파 DMB만의 신규 프로그램도 접하기 힘들고 이동 수신 환경과 양방향 서비스는 좀 더 시간이 필요한 상황이므로 당분간 시험 방송에 무게 중심이 있다고 할 수 있다. 또한 지상파 DMB 사업자들이 아직은 DMB용 콘텐츠나 DMB용 뉴스 제작에 적극적으로 참여하지 못한 것은 수익성 보장이 불확실하기 때문이다.

지상파 DMB 6개 사업자 중 KBS, MBC 및 SBS 지상파 3개사와 YTNDMB는 2005년 12월 1일 오후 4시를 기해 본방송을 시작하였다. U1미디어(KMMB)는 2006년 3월 2일에, 한국 DMB(1to1)는 2006년 3월 1일부터 본방송을 실시하였다. 서울과 수도권을 대상으로 한 지상파 DMB 서비스는 12번 채널을 공중파 3사가, 8번 채널은

YTNDMB, 한국DMB(1to1) 및 U1미디어가 사용한다. 한편, 지상파 DMB의 전국 서비스 개시는 2007년 1/4분기에 시작했다. 지상파 DMB는 먼저 전체적으로 비디오 7개 채널, 오디오 13개 채널, 데이터 방송8개 채널로 서비스를 시작하였다. 비디오 방송은 지상파 3사의 경우 대부분 공중파 방송을 재편성해 송신하고 있다. YTNDMB는 뉴스 프로그램 위주로 운영하면서 70% 정도를 재전송하고, 나머지는 별도로 제작한 교통 정보, 공익 방송, 영화, 스포츠, 오락 프로그램 등을 방송사마다 차별화해서 제공할 예정이다.

2. DMB 단말기 시장 동향

삼성전자와 LG전자는 세계 최초로 지상파 DMB 겸용 휴대전화(T-DMB폰)를 개발하였다. 특히 삼성전자와 LG전자는 2004년 5월 세계 최초로 위성 DMB 폰 개발에 성공했으며, 휴대 이동 방송 규격인 노키아 진영의 DVB-H, 퀄컴의 미디오 플로(media FLO) 단말기 개발에도 앞서 나감으로써 세계의 휴대 이동 방송용 휴대전화의 주도권을 쥐고 있다. LG전자는 2004년 11월 14일, 세계 최초로 지상파 DMB폰을 개발했으며 삼성전자 역시 2004년 11월에 휴대 이동 방송 기능을 지상파 DMB폰으로 구현한 휴대 전화 3개 모델을 개발했다. 삼성전자는 2004년 8월 29일에 위성 DMB 폰(모델명 SCH-B100)을 개발하고 2005년 1월 9일 시장에 출시한 데 이어 2005년 2월에는 지상파 DMB 폰(모델명 SPH-B1200)을 개발했다. 한편, 지상파 DMB 서비스 환경이 정리되어 가는 2006년 1월에는 삼성전자, LG전자, 팬택앤큐리텔 등이 지상파 DMB폰을 출시하였다.

DMB 휴대전화의 외에도 PMP, PDA, 노트북 등에 내장형 수신기를 탑재한 제품, 차량용 단말기, PC 등에 연결해서 사용하는 외장형 수신 단말기 등도 개발되었다.

DMB 단말기를 두 종류로 대별하면 디스플레이까지 탑재한 일체형 단말기와 수신 기능만 있는 제품으로 나눌 수 있다. 수신 기능만 있는 제품은 비디오 출력 단자를 기존의 아날로그 TV와 연결해서 DMB 방송을 시청할 수 있다. 일체형 단말기로는 휴대전화, PMP, PDA, 차량 전용 단말기 등이 있으며, 디스플레이가 없는 수신 전용 장치로는 셋톱박스 형태의 수신기, PC 외장형 수신기(USB) 등이 다양하게 선보이고 있다.

다음은 DMB 단말기 종류별 개발현황은 다음과 같다.

1) DMB 휴대전화

2006년 1월부터 위성 DMB 폰은 약 10개 모델로 판매를 시작했으며, 출시 예정 모델도 약 10종에 이른다. 출시 예정인 제품들까지 포함할 경우 삼성전자가 12종, LG전자가 4종, 팬택앤큐리텔이 2종의 위성 DMB 폰을 상품화했다. 또한 싸이버뱅크가 위성 DMB 수신 기능을 채용한 스마트폰(POZ-B300)을 선보였다.

지상파 DMB 폰은 삼성전자가 2종, LG전자가 2종, 팬택앤큐리텔이 2종 등 6가지 모델을 시장에 출시한 상황이다.

2) 자동차용 단말기

자동차용 DMB 제품은 수신 기능만 내장한 셋톱박스 형태와 7~8인치급의 액정 화면까지 일체형으로 설계된 단말기로 나눌 수 있다. 자동차용 아날로그 TV 수신기가 있는 경우 수신기를 이용하여 기존의 TV와 연결한 후 DMB 방송을 즐길 수 있다.

지상파 DMB용 수신기로는 퍼스텔(DMR432), 이피루스(CRUZEN D-10), 원텍(TDMB-5000), 지티전자(NDT-H1004) 등이 제품을 출시했으며, 위성 DMB용 수신기는 이노에이스(IDC-1100), 현대디지털테크(HDMB-1000)등이 제품을 선보였다.

액정 디스플레이 일체형 단말기는 지상파 DMB의 경우 지엔스테크(GTN-7600), 노바 일렉트로닉(SN-7000A), 현대테크노(HDT-8000NT), 지티전자(NDM-7100) 등이 제품을 선보였고 위성 DMB용으로는 이노에이스(IDC-2100), 중앙시스템(HN-3000) 등이제품을 출시했다. 일체형 단말기 중에는 제품에 떠라 네비게이션 기능을 내장한 모델도 있다.

3) 휴대용 단말기 및 수신기

휴대용 전용 단말기를 비롯해 PDA, PMP 및 노트북에 DMB 수신 기능을 내장한 제품들이 개발되었다. 전용 단말기는 지상파의 경우 삼성전자(DMB-T450)와 퍼스텔(DMR132)이 있으며, 위성의 경우에는 유비스타(센시오) 등이 시판 중이다. 이들 제품은 2.5~5인치 크기의 액정 디스플레이를 탑재하고, 제품에 따라 FM 라디오, MP3 재생 등의 부가 기능을 제공한다.

DMB 수신 기능을 내장한 PMP(Personal Multimedia Player)로는 SK C&C의 씨앤씨(C&C)가 위성 DMB를, 삼성전자의 YM-PD1이 지상파 DMB를 지원하는 모델이 출

시되었다. 또한 PDA 결합형 모델은 지상파 DMB 수신이 가능한 LG전자의 포켓 PC PM 80이 시판되었다. PM 80에 내장된 지상파 DMB 수신 기능은 와이드 매칭형 안테나를 채용해 8번과 12번 채널을 모두 시청할 수 있는 것이 특징이다.

휴대전화와 PDA 기능에 위성 DMB 수신 기능까지 제공하는 싸이버뱅크위 POZ-B300은 현재 판매 중이다. 지상파 DMB 수신이 가능한 노트북의 경우 LG전자의 X노트 익스프레스 LW20/LW40과 삼성전자의 센스 Q30/센스 X1 등의 제품이 개발되었다.

한편, 지상파 DMB 본방송이 시작되면서 특히 주목을 받는 것이 PC와 노트북에 간편하게 연결해서 사용할 수 있는 USB 방식의 외장형 수신기들이다. 가격은 10~15만원대로 비교적 저렴하고, 휴대성이 우수하다. 에이치텔레콤(HTV-100), 퍼스텔(DR-402), 메리테크(모티브 5), 코발트테크놀로지(DMB 스틱-K1) 등에서 지상파 DMB용 외장형 수신기를 출시하였다.

8.7 지상파 DMB 기술

1. 지상파 DMB 개요

20세기 말 IT 산업의 급속한 성장으로 산업 전반에 걸쳐 디지털화가 이루어졌다. 우리나라는 컴퓨터 통신망 등 통신 인프라가 초고속화와 함께 광대역화되고 있으며 디지털 이동 분야는 세계적인 기술 수준에 도달했다.

이와 같은 디지털 기술의 급속한 발전으로 우리는 아날로그 시대에는 상상하기 힘든 다양한 콘텐츠 개발이 이루어짐에 따라 짧은 기간에도 불구하고 디지털 서비스의 홍수 속에 살고 있다. 초기의 디지털 시대에는 음성 및 문자 위주의 단순한 서비스였지만 영상을 포함한 멀티미디어 서비스로 급속히 발전했고, 고정 통신은 물론 이동 통신 서비스로 연결되었다. 최근까지의 통신서비스가 주로 인간 중심이었다면 앞으로는 차츰 인간과 장치간의 디지털 세상은 본래의 응용 영역 구분을 부정하고, 서로 결합하는 디지털 컨버전스(digital convergence) 시대로 바꾸어 놓았다.

디지털 융합 기술은 초기의 장치 기능 외에 새로운 기능을 만들어냈다. 디지털화로 인해 모든 장치가 인터넷 속으로 들어 간 것이다. 이로써 언제 어디서나 누구와도 통신이 가능한 유비쿼터스(ubiquitous) 세상이 생활 주변에 자리잡고 있다. 디지털 기술의 새로운 패러다임, 즉 디지털 컨버전스의 핵심 속에 통신과 방송이 결합한 것이다.

그런데 아날로그 방송으로는 고품질의 음악, 멀티미디어 등 다양한 서비스 요구에 적절히 대응하지 못하는 근본적인 한계가 있다. 이것은 PMP(Portable Multimedia Player) 등 신규 디지털 미디어의 등장과 고속화되는 통신 서비스 등의 경쟁 매체에 대한 경쟁력이 없기 때문이다. 또한 FM 방송에 대한 신규 수요는 지속적으로 증가하는 반면, FM 주파수 자원은 거의 고갈되었기 때문에 이의 효율적 사용을 통해 신규 수요를 수용해야 할 방안이 필요하게 되었다. 이러한 주파수 자원 문제를 해결하여 다양한 서비스 요구를 충족시키고 방송 서비스 산업과 디지털 기기 산업의 활력을 불러일으킬 수 있는 디지털 방송을 도입하게 된 것이다.

이러한 디지털 기술의 발전에 힘입어 디지털 라디오와 디지털 TV 방송 신호의 접목이 이루어지면서 디지털 멀티미디어 방송 서비스뿐만 아니라 이동 수신 서비스 욕구가 더욱 증대되었다. 따라서 디지털 라디오와 TV를 묶어 이동 서비스를 할 수 있는 이동 멀티미디어 방송인 DMB 서비스가 도입된 것이다.

지상파 DMB는 아날로그 TV 방송에 이용되는 초단파 대역을 통하여 이동 중에도 선명한 화질을 수신할 수 있는 일종의 디지털 TV 서비스라고 할 수 있다. NTSC 방식에 의한 아날로그 TV를 차량 내에서 이동 중에 수신할 경우 화면 떨림, 이중상(ghost) 현상 등으로 인해 선명한 화질을 얻을 수 없다. 또한 1980년대 말부터 아날로그 TV를 디지털화하려는 노력의 결과로 아날로그 TV가 디지털 HDTV로 전환되었으며, HDTV는 고정 수신의 경우에는 선명한 화질을 수신할 수 있다. 반면에 DMB는 이동 수신을 위해서 개발된 것으로, 한 개의 안테나만으로 폭넓은 지역을 서비스할 수 있으며 이동 방송 매체로서의 고정용 TV방송을 보완할 수 있다.

무선 이동 통신 기술이 발전함에 따라 사용자들은 이동 중의 정보 통신 서비스에 익숙해져 오디오, 비디오 및 다양한 데이터 콘텐츠를 휴대 단말을 이용하여 이동 중에 서비스받고자 하는 욕구가 급증하고 있다. 그러나 휴대전화를 통한 멀티미디어 서비스는 전송 대역폭이 제한적일 뿐만 아니라 가격이 매우 비싸기 때문에 일상적으로 즐기는 부담이 적지 않다.

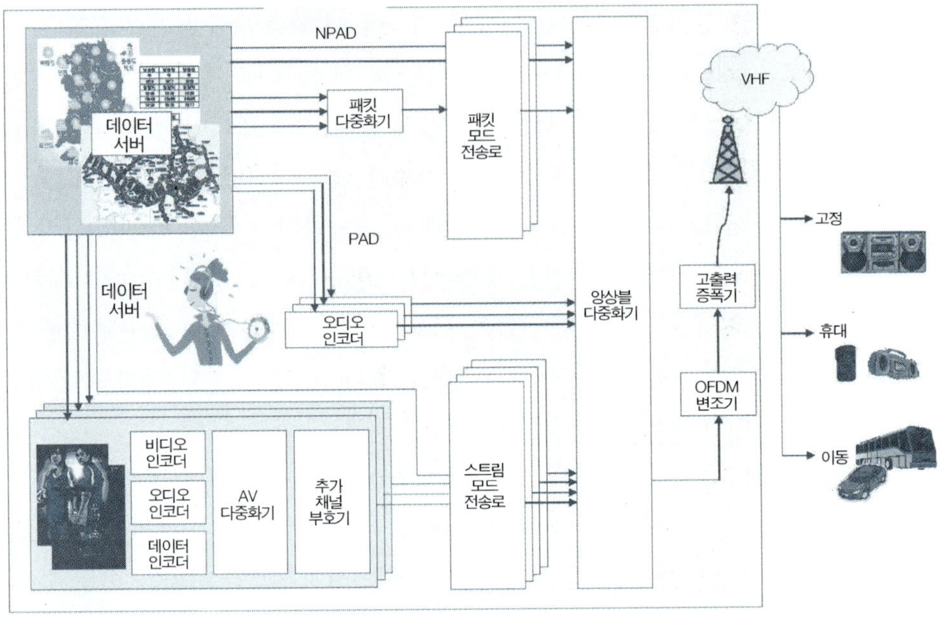

[그림 8-2] 지상파 DMB 서비스 개념도

지상파 DMB는 이러한 문제들에 대한 해결책을 제시할 수 있는 뉴미디어로서 현재의 라디오와 디지털 TV를 대체하기 위한 것으로, 우수한 휴대성과 이동성의 장점을 갖고 있으며 7인치 이하의 TV액정이 있는 휴대용 단말기로 통신 서비스와 결합된 이동 방송 서비스를 제공한다. 지상파 DMB의 특징과 비전으로는 '상대적으로 매우 적은 투자'를 통하여, '이동 수신 성능이 탁월한 내 손안의 디지털 TV, '무료 멀티미디어 서비스', '무료 대용량 데이터 서비스', 'CD급 음질의 오디오 전용 방송' 등이라고 할 수 있다.

2. 지상파 DMB용 주파수 분배 현황

국내 방송 주파수 분배 현황은 〈표 8-4〉와 같이 TV방송에 총 354MHz(VHF 72MHz, UHF 282MHz) 대역폭을 분배하여 아날로그/디지털 TV의 동시 방송에 이용하며, FM 아날로그 방송에 VHF 대역 총 20MHz 대역폭을 분배하여 이용하고 있다.

〈표 8-4〉 국내 방송 주파수 분배 현황

대역	VHF				UHF	S-Band
용도	TV (CH 2→4)	TV (CH 5→6)	FM 방송	TV (CH 7→13)	TV (CH 14→60)	위성 DAB
주파수	54→72 MHZ	76→88 MHZ	88→108 MHZ	174→216 MHZ	470→752 MHZ	2,535→2,655 GHz

DMB 서비스를 국내에 도입하기 위한 전체적인 주파수 대역 설정은 TV의 디지털 전환이 완료되는 시점에서 가능하다. 우리 나라의 경우 유럽에서 사용중인 L-Band (1,452~1,492 MHz)는 고정·이동용으로 사용하기 때문에 지상파 DMB의 주파수 특성 등을 고려하여 Band-Ⅲ(CH 7~13, 174~216MHz)를 〈표 8-6〉과 같이 DMB 대역으로 설정하였다. 그리고 디지털 TV로 전환되기 전에 잠정적으로 채널 12번과 8번을 이용하여 지상파 DMB 서비스를 시작한 것이다.

DMB 전국 방송에 필요한 채널 수는 서비스 단계와 신규 방송국의 수에 따라 가변적이나 TV 채널(6MHz)을 기준으로 볼 때 4~7개 정도로 추정된다. 채널 수 산출은 1개 채널에 3개의 DMB 블록이 할당되는 것을 기준으로 하여 DMB1개 블록당 유효 전송률을 1.2Mbps로 하고, 블록당 CD 수준의 서브 채널을 운용하는 것으로 가정하였다.

또한 각 지역별 배치에 따른 주파수 보호 대역과 재사용 등을 고려한 것이다.

그런데 디지털 TV 전환기에는 Band-Ⅲ 내에서 권역별로 1개 TV 채널(6MHz)을 할당하여 DMB 서비스를 단계적으로 실시하기로 하였다. 수도권은 12번을 통해 서비스를 추진하고, 특정 목적을 위해 사용 중인 채널 8을 추가로 할당하였다. 지방은 5~6개 권역(충청, 전라, 강원, 경남/경북, 제주)으로 구분하여 각 권역에 1~2개의 TV 채널을 할당할 계획이다. 다만, 지방의 경우 기존 TV 중계국과의 주파수 조정이 필요함에 따라 DMB용 주파수 할당을 위해 기존 TV 중계국의 주파수 이전을 해당 방송사와 협의하여 단계적으로 추진할 것이다.

또한 방송망의 구성 형태도 주파수 가용 상황에 따라 시기적으로 다르게 구성한다. 현재 주파수 현황을 고려할 때 TV의 디지털 전환이 완료되어 DMB용 핵심 주파수 대역을 재정리하기 전에는 전국적 SFN 구성이 불가능하므로 권역 단위로 SFN망을 구성하고, 디지털 TV 전환 완료 시기에 DMB용 핵심 대역을 설정하면서 주파수를 재배치하여 일부 채널은 전국적인 SFN망의 형태로 구성할 계획이다. 즉 전국을 대상으로 하는 방송 채널은 SFN으로 구성되도록 하고 지역성을 지닌 방송은 권역별로 방송망을 구성하는 것이다.

현재로서는 DMB를 통한 FM 방송의 디지털 전환은 주파수 확보가 불가능하므로 그 시기를 디지털 TV 전환 완료 시기로 한다. TV의 경우 아날로그 방송의 중단 시기를 디지털 TV 보급률이 95% 이상인 때를 기준으로 하며, 약 2010년으로 예상하고 있다. 이에 따라 FM 방송의 전환 시기를 2010년으로 가정할 수 있으며 이에 필요한 주파수 분배 및 제도적 정비를 2007년부터 검토해 나갈 계획이다. 이 때 FM방송의 디지털 전환에 따른 기존 아날로그 대역의 주파수는 디지털 전환 정도를 고려하여 회수하고, 회수된 주파수는 당시의 기술 수준 및 서비스 수요를 고려하여 재분배할 것이다.

3. 지상파 DMB 기술 규격

국내 지상파 DMB는 유럽의 디지털 라디오 방송 시스템 규격인 EUREKA-147 DAB(Digital Audio Broadcasting)를 전송 규격으로 채택하고 있다. EUREKA-147 DAB전송 규격은 〈표 8-5〉와 같이 4가지 모드로 나눈다. 국내 지상파 DMB에서 채택한 방식은 전송 모드 I이며 대역폭은 1,536MHz이다. 또한 서비스 목적에 따라 선택 가능한 채널 부호화 기술, 시간 및 주파수 영역의 인터리빙 기술, 그리고 다중 경로 페이딩(multipath fading) 영향에 강한 OFDM(Orthognal Frequency Division Multiplexing) 전송 기술을 특징으로 하며 뛰어난 이동 수신 성능을 갖는다.

[그림 8-2]는 국내 지상파 DMB 규격을 시스템 구조로 나타낸 것으로, 크게 3가지 규격 영역으로 나눌 수 있다.

1) 영상/음성 압축 규격

압축 기술로 비디오는 MPEG-4 AVC(Advanced Video Coding), 오디오는 MPEG-4 BSAC-ER(Bit Sliced Arithmetic Coding-Error Redilient)을 채택하였다.

2) 동기/다중화 규격

MPEG-4의 다양한 멀티미디어 처리 기술을 위해 OD(Object Descriptor)/BIFS (BInary Format for Scences)와 SL(Synchroniztion 계층) 패킷화를 채택했으며, 디지털 TV에서 사용 중인 MPEG-2 TS(Transport Stream) 기술을 조합하여 서비스의 확장성과 안정성을 도모하였다.

3) 채널 부호화 규격

오디오 서비스는 비트 오류율(BER : Bit Error Rate)이 $2 \times 10E^{-4}$, 비디오 서비스는 약 1×10^{-8} 정도 이하가 되어야 안정적인 수신이 보장되므로 이 성능을 만족시키기 위한 채널 부호화 규격을 적용하였다.

〈표 8-5〉 EUREKA-147 전송 시스템 파라미터

파라미터	전송 모드 I	전송 모드 II	전송 모드 III	전송 모드 IV
응용	지상파(SFN)	지상파	지상/케이블	지상파
반송파 주파수	〈375MHz	〈1.5GHz	〈3GHz	〈1.5GHz
부반송파 수	1,536	384	192	768
부반송파 간격	1KHz	4KHz	8KHz	2KHz
보호 구간 지속 시간	246us	62us	31us	123us
유효 심벌 지속 시간	1ms	250us	125us	500us
전송 프레임 지속 시간	96ms	24ms	24ms	48ms
널 심벌 길이	1,297ms	324us	168us	648us
프레임당 심벌 수	76	76	153	76
채널 부호화	RS code + Convolutional code			
오디오 부호화	MPEG 계층 II (MUSICAM)			

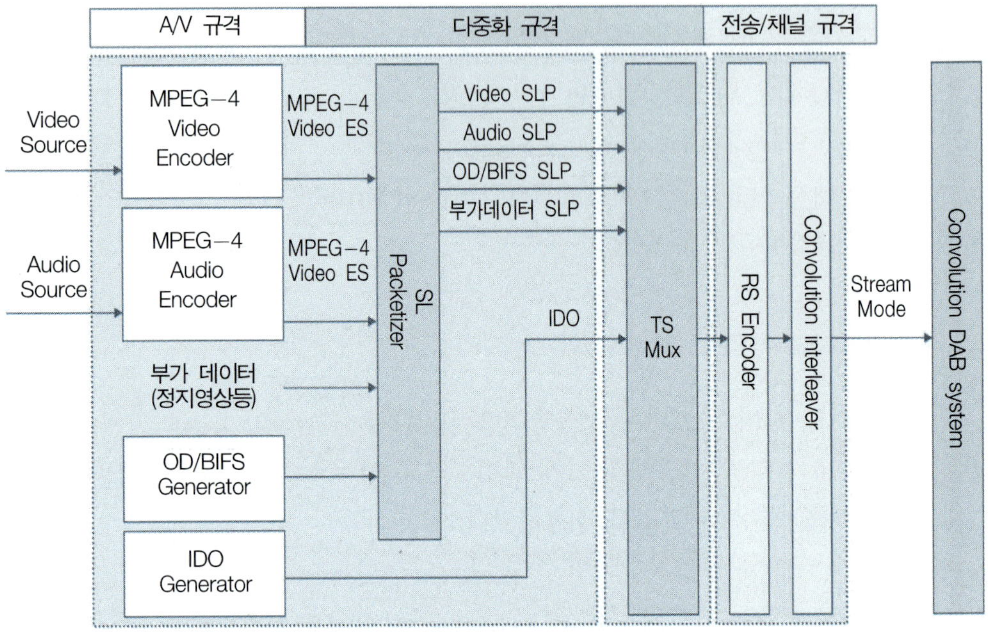

[그림 8-3] 국내 DMB 기술 규격 구조

〈표 8-6〉 지상파 기술의 표준 특징

기 술	기술 표준	비 고
DAB 시스템의 기반 기술	유럽 방식의 DAB	ETSI EN 300 401
비디오 서비스	MPEG-4 AVC 또는 H.264	최대 352×288@30fps
오디오 서비스	MPEG-4 BASC-ER	
데이터 서비스	MPEG-4 BIFS	
비디오 다중화기	ISO/IEC 14496-1, ISO/IEC 13818-1	

따라서 국내 규격에서는 DAB 전송 규격에 디지털 TV에서 검증된 채널 부호화 기술과 인터리버 기술을 추가하여 오디오 성능과 유사한 비디오 성능을 갖도록 하였다.

DAB는 기본적으로 디지털 오디오 방송 규격으로, 오디오 스트림 모드 전송 방식에 기반하여 압축 방식과 다중화 방식을 규정하고 있다. 따라서 비디오 서비스를 위해서는 오디오와 같은 스트림 모드 전송이 불가피하며, 적절한 비디오 부호화와 다중화 규격을 정의하게 되었다.

이상과 같은 DAB 동영상 서비스는 국내에서 독자적으로 개발한 기술로서 2005년

6월 29일에 월드-DAB 포럼에서 국제 규격으로 채택되었다.

[그림 8-4]는 지상파 DMB의 프로토콜 구조를 나타낸다. 오디오, 비디오와 같은 계층의 MOT(Multimedia Object Transfer) 프로토콜은 데이터 서비스를 위한 프로토콜로 현재 표준화가 완료되었다.

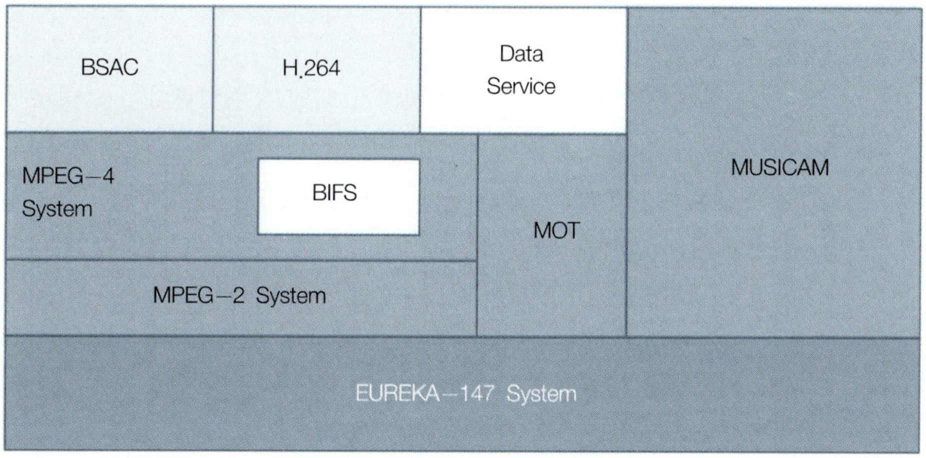

[그림 8-4] 지상파 DMB 프로토콜 구조

① MOT(Multimedia Object Transport) 프로토콜

초단파 디지털 라디오 방송의 데이터 채널을 이용하여 파일 형태의 멀티미디어 객체 전송, 객체에 대한 기본적인 표현 및 조작에 관한 규칙을 포함하는 멀티미디어 객체 전송 프로토콜이다.

MOT 프로토콜에는 MOT 디렉토리 모드가 있다. '디렉토리' 포맷은 MOT 객체를 데이터 캐로셀로 방송하기 위한 관리 메커니즘을 제공한다. 데이터 캐로셀은 애플리케이션 서버가 특정객체 집합을 애플리케이션 복호기에 표현하도록 하는 전달 메커니즘으로 캐로셀의 콘텐츠를 주기적으로 반복하여 전송한다.

② MOT 슬라이드쇼(Slide Show)

슬라이드쇼는 서비스 제공자가 그림, 사진 또는 텍스트 등의 정보를 순차적인 정지 영상의 형태로 제공하는 서비스를 말한다. MOT 슬라이드쇼 사용자 애플리케이션은 MOT 프로토콜을 이용한다. 슬라이드쇼 MSC 스트림 모드 오디오 서브 채널의 PAD 부분이나 MSC 패킷 모드 데이터 서브 채널로 전송된다.

제8장

③ EPG(Electronic Program Guide : 전자 프로그램 안내)

시청자들을 위한 방송 프로그램을 안내해주는 기능을 제공하는 프로토콜이다. PP(Program Provider)가 보내 온 각종 프로그램에 대한 정보(성격, 줄거리, 출연자 등에 대한 정보)를 전자적으로 변환시킨 프로그램의 채널과 그와 관련된 서비스 안내를 말한다.

④ IP 터널링(IP tunneling) 프로토콜

터널링은 시작 지점에서 목표 지점까지 터널을 형성한다는 의미로서 어떤 프로토콜의 패킷을 다른 프로토콜의 패킷안에 넣어서 송신하는 것을 말한다. IP 터널링(IP encapsulation)은 IP 데이터그램 안에 IP 데이터그램을 넣는 기술로서, 어떤 IP 주소를 향하는 데이터그램을 감싸서 다른 IP 주소로 재지향한다. IP encapsulation은 현재 엑스트라넷, 모바일-IP, IP-멀티캐스트, 터널 호스트나 네트워크 등에 일반적으로 사용된다.

⑤ TDC(Transparent Data Channel) 프로토콜

스트림 기반의 응용을 지원할 수 있도록 스트림 형태의 데이터를 초단파 디지털 라디오 방송 스트림 모드, 패킷 모드 및 X-PAD(eXtended Programe Associated Data) 채널로 전송할 수 있게 하는 표준이다.

⑥ DLS(Dynamic Label Segment) 프로토콜

일정 분량의 보여주는 문자 방송 서비스로서 오디오 스트림 서비스의 X-PAD에 제공하여 음악 제목, 가수 정보, 교통 정보 등을 알려주는 데이터 전송 프로토콜이다.

⑦ TPEG(Transport Protocol Expert Group)

교통 정보 및 여행 정보를 방송이나 인터넷에 제공할 때 사용하는 프로토콜이다. DMB 단말기를 통해 지리적으로 가장 가까운 길안내, 밀리는 길표시, 시간적 최단거리를 단말기에 표시하는 등 각종 교통 정보를 표현할 수 있다. 또한 목적지 근처의 주차장 내 빈자리나 대중교통 정보, 여행지 숙박 현황, 날씨 등도 제공해 준다.

⑧ BWS(Broadcasting Web Site)

멀티미디어 객체 전송(MOT) 프로토콜을 이용하여 전송된 웹 사이트에 관련된 모든 파일을 수신기가 미리 수신하여 저장해 둠으로써 역방향 채널이 없더라도 인터넷 웹 서비스와 유사한 형태의 서비스를 받을 수 있는 방송 서비스를 의미한다.

4. 지상파 DMB 서비스 채널 구성

수도권 지상파 DMB 사업자 중 지상파 TV 사업자군 MBC, SBS 및 KBS와 비지상파 TV 사업자군 YTNDMB, 한국DMB 및 UI미디어(KMMB)가 고품질의 서비스를 무료로 준비하여 각 사업자마다 4~5개의 채널을 제공한다.

〈표 8-7〉 지상파 DMB 방송사 채널별 프로그램

방송사	채널 수	용량	채널별 프로그램
KBS	비디오 채널 1개	548Kbps	• KBS-Mobile : 텔레비전 방송(종합 채널)
	오디오 채널 3개	각 128Kbps	• KBS-Mobile3 : 라디오 방송(음악 전문) • KMMB-R(KMMB) : 라디오 방송(생활 경제 전문) • OZIC(CJ미디어) : 라디오 방송(음악 전문)
	데이터 채널 1개	220Kbps	• KBS 텔레비전 방송(종합 편성)
MBC	비디오 채널 1개	548Kbps	• MBC 텔레비전 방송(종합 편성)
	오디오 채널 3개	각 128Kbps	• SBS 라디오(종합 편성) • MBN 라디오 방송(경제 전문) • 아리랑 영어 라디오 방송(한국문화 전문)
	데이터 채널 1개	220Kbps	• MBC 데이터 방송(종합 편성)
SBS	비디오 채널 1개	544Kbps	• SBS DMB 텔레비전(종합 편성)
	오디오 채널 3개		• SBS DMB 라디오(종합 편성) • TBS DMB 라디오(교통 전문) • 경기 방송 DMB 라디오(문화 · 예술 전문)
	데이터 채널 3개	96Kbps(2개)	• LG텔레콤 DMB 데이터(레저 · 엔터테인먼트 전문) • 한겨레 DMB 데이터(직업 · 교육 전문)
		32Kbps(1개)	• SBS DMB 데이터(신기술과 뉴서비스 개발/실험용)
YTN DMB	비디오 채널 1개	512Kbps	• YTN 플러스 : 텔레비전 방송(종합 편성)
	오디오 채널 2개	각 160Kbps	• TBN 한국교통방송 : 라디오 방송(교통 전문) • Satio+ : 라디오 방송(음악 전문)
	데이터 채널 1개	320Kbps	• YTN 프리미엄 : 데이터 방송(종합 편성)
한국 DMB (1to1)	비디오 채널 1개	548Kbps	• 한국 DMB TV : 텔레비전 방송(종합 편성)
	오디오 채널 2개	각 512Kbps	• 아이포유i4U : 라디오방송(생활 교양) • 라이브포유Live4U : 라디오 방송(공연문화 · 음악 전문)
	데이터 채널 1개	128Kbps	• KMMB-Data : 데이터 방송(종합 편성)
U1미디어 (KMMB)	비디오 채널 2개	각 512Kbps	• KMMB TV : 텔레비전 방송(종합 편성) • KBS-Mobile2 : 텔레비전 방송(가족문화 전문 편성)
	데이터 채널 1개	128Kbps	• KMMB-Data : 데이터 방송(종합 편성)

지상파 TV 사업자들은 기존 자사 TV와 라디오 프로그램을 재가공하여 공급함으로써 공영성을 확보하고 오락성을 조화롭게 배치한다는 전략으로 채널을 구성하였다. 한편, 비지상파 TV 사업자들은 지상파 TV 사업자들의 프로그램과 차별화된 콘텐츠를 공급한다는 전략으로 3~4개의 채널을 구성하였다. 〈표 8-7〉은 6개 지상파 DMB 방송사의 채널별 프로그램 편성을 나타낸다.

1) 지상파 DMB 시스템 개요

지상파 DMB 시스템은 유럽의 EUREKA-147 시스템에 기본을 두고 있다. 유럽의 DAB 시스템은 기존의 AM 및 FM 방송의 디지털화를 통해서 오디오 및 데이터 서비스를 제공한다. 국내 지상파 DMB는 유럽 DAB 시스템의 오디오와 데이터 서비스외에 DAB시스템의 스트림 모드를 이용하여 이동 멀티미디어 서비스를 제공한다.

지상파 DMB는 유럽의 DAB 스트림 모드 데이터 채널을 통해 비디오 서비스 신호를 안정적으로 전송하기 위해 MPEG-2 TS를 사용하고 그 상위 계층에 멀티미디어 압축 기술인 H.264 비디오 부호화 및 BSAC 오디오 부호화 기술을 적용한다.

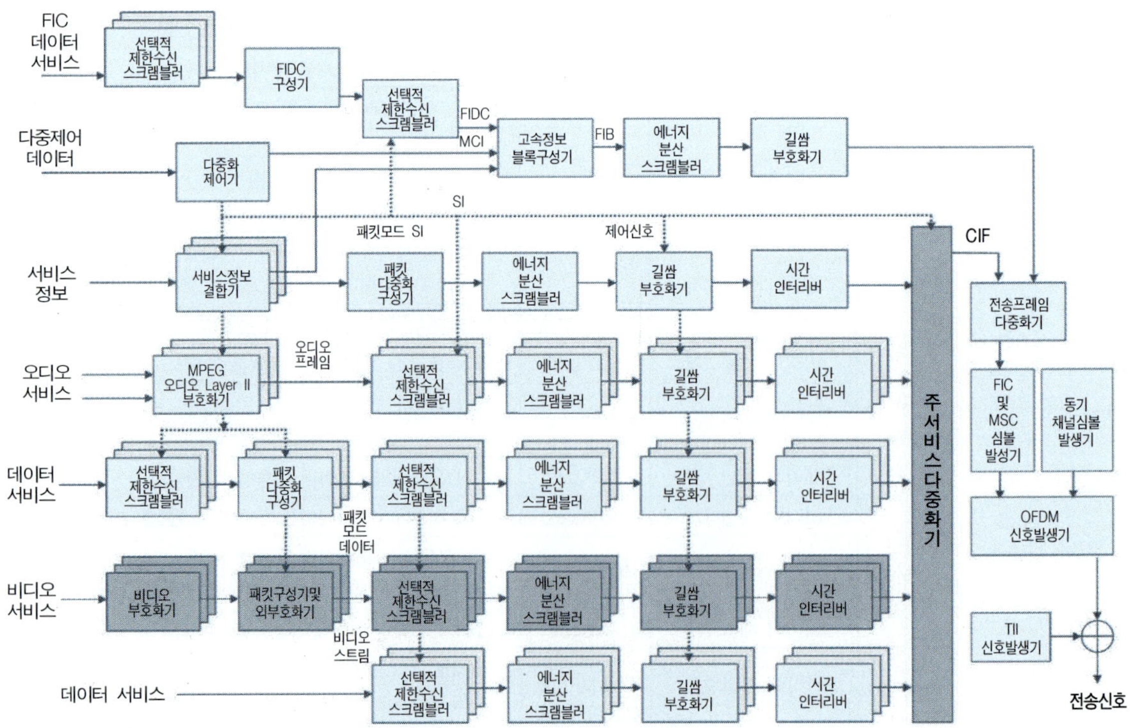

[그림 8-5] 지상파 DMB 송신 구조

전송방식은 OFDM에 DQPSK(Differential Quadrature Phase Shift Keying) 변조방식을 사용한다. DAB의 4개 전송 모드 중에서 VHF 채널의 이동 멀티미디어 서비스에 적합한 전송 모드 I를 사용한다. [그림 8-5]는 지상파 DMB의 송신 구조를 나타낸다.

일반적으로 MUSICAM이라고 하는 기본 오디오 서비스에는 MPEG-1/2의 계층 II 압축 방식을 사용하고 오디오 스트림으로 전송한다. 그 외에 데이터 서비스는 패킷 모드 또는 스트림 모드를 사용하여 다양한 데이터 스트림 및 데이터 객체를 전송할 수 있다.

2) 지상파 DMB 시스템 송신 구조

고속 정보 채널(FIC : Fast Information Channel) 데이터 서비스는 고속 정보 채널을 통하여 교통 정보나 긴급 경고 등의 서비스처럼 작은 대역으로 서비스가 가능한 데이터들을 전송할 수 있다. 다중 제어 데이터는 DMB 시스템을 통하여 전송되는 서비스의 다중화 정보를 담고 있다. 서비스 정보는 프로그램에 관련된 부가 적인 정보들을 포함하는데, 고속 정보 채널을 통하여 다중화 정보 등과 함께 전송된다.

오디오 서비스는 CD급 음질의 오디오 서비스를 제공하기 위해 독립적인 채널을 통하여 전송한다. 데이터 서비스는 오디오 서비스의 노랫말 등과 같은 문자 데이터의 전송에 이용될 수 있다. 비디오 서비스는 자체적으로 동영상, 오디오 및 다중화·동기화 정보를 포함하기 때문에 DMB 시스템에 입력되기 전에 비디오 다중화기를 통하여 하나의 스트림으로 만들어진 후 DMB의 스트림 모드를 이용하여 하나의 서브채널로 전송된다. 여기서 기본 오디오, 데이터 및 비디오 서비스는 다중화기에서 주 서비스 채널(MSC : Main Service Channel)에 다중화된 후 전송 프레임 다중화기에서 고속 정보 채널로 전송되는 데이터와 하나의 프레임으로 묶여 물리적 채널을 통하여 전송된다. 또한 제한 수신 기능이 필요한 경우 DMB의 선택적 제한 수신(conditional access) 스크램블러를 통하여 이루어진다.

3) 비디오 다중화기 구조

[그림 8-6]은 DMB의 이동 멀티미디어 서비스를 제공하기 위해 필요한 여러 스트림을 다중화하여 하나의 스트림으로 만들어 주는 비디오 다중화기의 구조를 나타낸다. IOD(Initial Object Descriptor)는 관련된 모든 스트림의 첫 접근 지점으로 OD(Object Descriptor) 또는 BIFS(BInary Format for Scene)의 ES_ID(Elementary Stream_ID)를

알려주는 역할을 하고, OD는 객체를 구성하는 ES_ID를 알려주며 BIFS는 화면에 객체를 배치하는 기능을 수행한다.

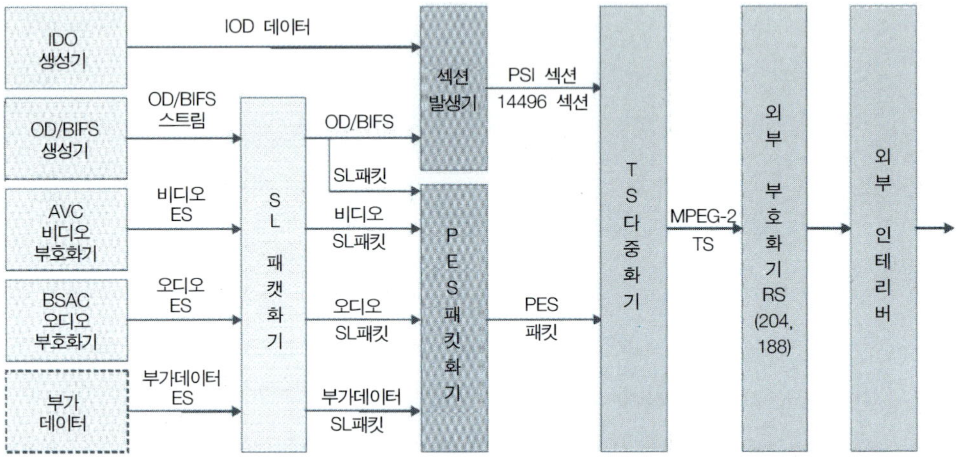

[그림 8-6] 비디오 다중화기 구조의 개념도

또한 SLP(Synchroniztion Layer Packet)는 기술자(descriptor)를 포함해 멀티미디어 스트림의 동기화를 가능하게 해준다. 비디오 ES는 MPEG-4 AVC, 오디오 ES는 MPEG-4 BSAC를 통하여 각각 부호화된 스트림들이다. 섹션(section) 발생기, PES(Packetized Elementary Stream) 패킷화기, TS 다중화기는 MPEG-2 시스템에 쓰이는 요소들이다. 섹션 발생기는 주로 다중화 정보를 관리하고 PES 패킷화기는 각 ES에 대하여 독립적인 스트림을 생성하면서 미디어 동기를 일치시키는 기능을 갖는다. TS 다중화기는 PES 및 섹션 정보를 하나의 스트림으로 묶어 전송에 용이하도록 하고 시스템의 동기를 맞추는 기능을 갖는다. RS및 인터리버 부호기는 DAB 표준에서 사용되는 기술로, 오류에 강한 전송을 위해 필요한 통신 기술이다.

4) 지상파 DMB 전송 및 시스템

(1) 전송 시스템

지상파 DMB 시스템은 데이터 다중화 방식으로 OFDM을 사용한다. OFDM 기술은 고속으로 전송하는 데이터열을 다수의 캐리어로 분산하여 저속으로 전송한다. 이는 고정 수신시 문제가 되는 다중 경로 페이딩 현상 및 이동 수신 문제에 원인이 되는 도플러 효과에 의한 레일리 페이딩 현상 등을 극복할 수 있는 성능을 얻기 위한 것이다. 또한 각 캐리어에 대한 변조 방식은 QPSK 변조보다 성상도(constellation)상의 긴 거리(distance)를 사용함으로써 전송 효율을 높인 DQPSK를 사용하였다.

채널 부호화 방식으로는 부호율 1/4 및 구속장 K=7인 길쌈 부호(convolutional code)를 모부호로 하는 RCPC(Rate Compatible Punctured Convolutional code)를 적용하여 길쌈 부호율을 다양하게 변화시키도록 하였다. 또한 서비스 데이터의 구조상 중요도에 따라 길쌈 부호율을 차동 적용하는 UEP(Unequal Error Protection), 균등 부호화율을 적용하는 EEP(Equal Error Protection) 방법이 있다. MUSICAM 오디오 서비스의 경우 UEP를 적용하고 그 외 데이터 및 비디오 서비스에는 EEP를 적용한다. [그림 8-7]은 UEP와 EEP 개념을 나타낸다.

임펄스 잡음 등에 의한 오류를 분산시키기 위해서 16개의 논리 프레임 구간에 시간 인터리빙을 적용하고, 주파수 선택적 페이딩 등의 채널 열화에 의한 오류를 분산시키기 위해서 주파수 인터리빙 기술을 적용한다.

DMB 신호의 유효 심벌구간은 1ms인데 심벌간의 간섭을 방지하기 위하여 246㎲의 보호구간을 둔다. 또한 주파수를 분할하여 발생할 수 있는 캐리어간 간섭을 피하기 위하여 직교성을 확보할 수 있도록 캐리어 간격을 1kHz로 한다.

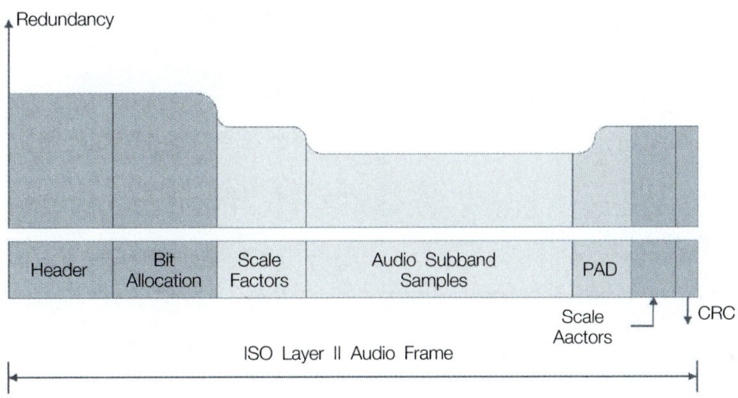

[그림 8-7] UEP와 EEP 개념

(2) 비디오 서비스 기술

비디오 서비스를 수신한 DMB 비디오 시스템은 [그림 8-8]와 같이 스트림 모드의 데이터 오류를 부호화를 통해 정정한 다음, 전송 계층(delivery layer)에서 MPEG-2 TS 역다중화를 통해 분리하고 MPEG-4 동기 계층(synchronous layer)에서 데이터를 다캡슐화(decapsulation)해서 MPEG-4의 압축 계층(compression layer)에서 비디오, 오디오, 데이터 등의 콘텐츠를 처리한다.

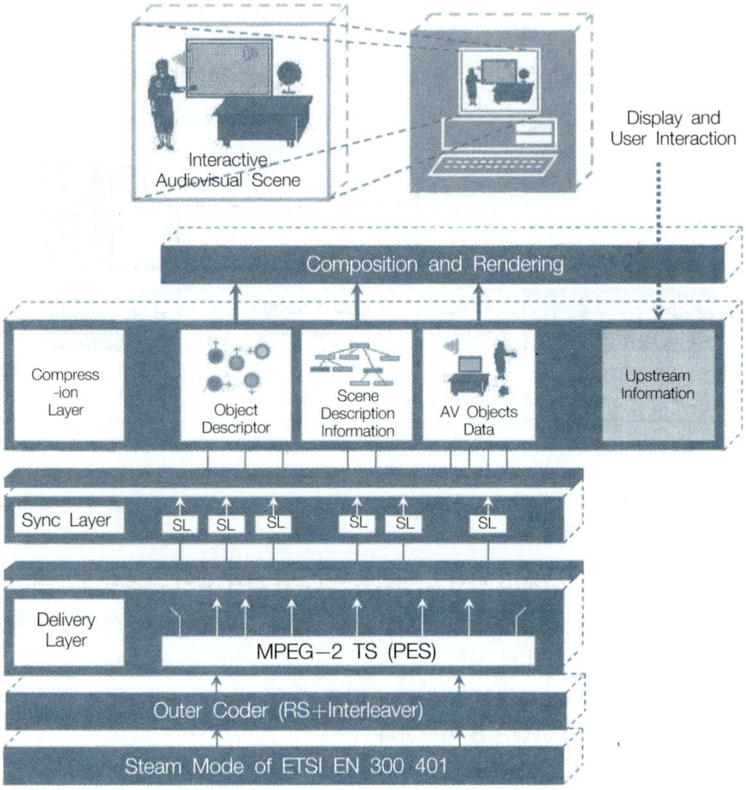

[그림 8-8] 비디오 서비스 스트림의 수신 계층 구조

① 비디오 압축 기술-AVC

지상파 DMB에 채택된 비디오 신호 압축 기술은 AVC(Advanced Viedo Coding, ITU-T Rec. H.264/MPEG-4(ISO/IEC 14496) Part 10 AVC)이다. AVC는 VCL(Video Coding Layer) 계층과 NAL(Network Abstraction Layer) 계층의 2계층으로 구성된다. [그림 8-9]는 AVC 2 계층 구성도를 나타낸다. 비디오 압축기술에 NAL과 같은 네트워크 적응화를 위한 기술이 적용된 것은 다양한 디지털 통신망과 프로토콜이 존재하는 전송 환경 적용에 용이하도록 하기 위함이다.

NAL_Unit 슬라이스 데이터, 파라미터 집합(parameter set), SEI(Supplemental Enchancement Information)라는 부가 정보로 구성된다. 슬라이스 데이터와 파라

미터 집합은 VCL에서 영상 복호화에 사용되고, SEI 정보는 일반적으로 복호화된 영상을 활용하는 응용 계층에서 소비되며 극히 일부는 복호화 과정에 사용되도록 VCL 계층에 전달된다.

지상파 DMB에 적용되는 AVC의 특징은 다음과 같다. 즉 입력 색상 형식으로 4 : 2 : 0 YCrCb 한 가지 형식만을 지원하며, 픽처 타입으로 I 및 P 프레임이 정의되어 있다. B프레임은 사용하지 않는다. 재생 화질의 개선을 목적으로 하는 AVC에서는 표준 복호처리 과정에서 프레임 재생에 디블로킹 필터(deblocking filter)를 사용할 수 있도록 하며, 엔트로피 부호화 방식으로 CAVLC(Context Adaptive Variable Length Coding) 방식을 사용한다. 지상파 DMB는 AVC의 베이스라인 프로파일의 레벨 1.3을 채택한다. 또한 방송에 차질이 없고 수신기에 부담이 없는 범위에서 추가 제약 사항을 정의한다.

- 베이스라인 프로파일의 ASO, FMO, RS, DP 기능은 허용하지 않는다.
- MaxDPB(Maximum Decoded Picture Buffer) = 445.5kB(CIF 3프레임에 해당)
- 수직 방향 움직임 벡터 탐색 범위 : -64~63.75
- 지원 해상도 : QCIF, QVGA, CIF, WDF(384×224) 지원
- 프레임률 : 최대 30(frame per second)

제8장

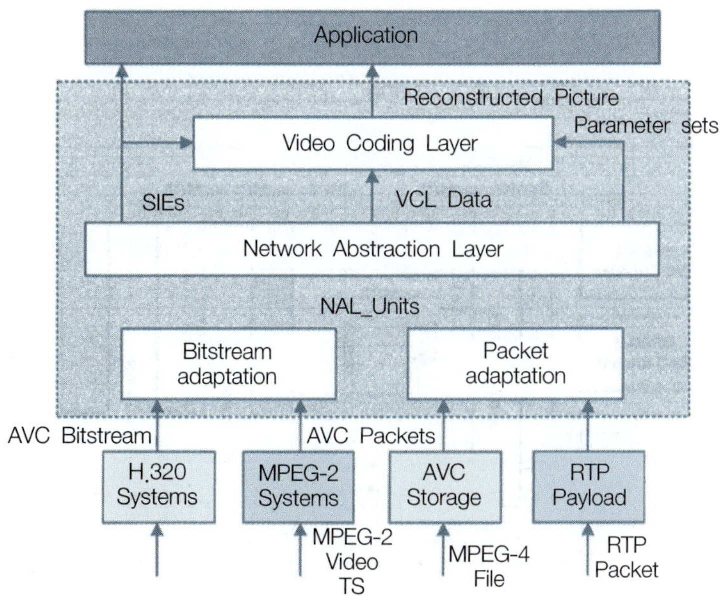

[그림 8-9] AVC 2 계층 구성도

② 오디오 압축 기술—BSAC

현재 국제 표준으로 사용되는 오디오 압축 알고리즘으로 MPEG-4 AAC, BSAC, TwinVQ, aacPlus 등이 있다. 지상파 DMB에서는 BSAC기술을 채택한다. 일반적인 오디오 압축 기술은 심리음향 모델 (psuchoacoustic model)에 기반하여 인간의 청각에 민감하지 않는 신호들을 규칙에 의하여 제거하는 방법을 사용한다. BSAC의 경우 대부분의 기술은 AAC(Advanced Audio Coding) 알고리즘을 사용하며 후반의 무손실 부호화 단계에서 허프만 부호화(Huffman coding)대신 산술 부호화(arithmetic coding)방법을 사용하여 미세한 계층 스케일러빌리티를 제공한 것이다.

BSAC은 2계층으로 구성된다.

- 기본 계층(base layer) : 프레임 헤더 정보 및 부가 정보 등의 부호화를 위한 중요한 정보
- 강화 계층(enhancement layer) : 계층별 부가 정보 및 실제 부호화된 데이터 (채널당 1Kbps 수준의 더 작은 계층을 나눌 수 있음)

③ MPEG-4 over MPEG-2 TS 기술

일반적으로 MP4 on MP2라고 하는 이 기술은 객체 기반의 MPEG-4 데이터를 방송환경의 전송 시스템에 적용하기 위한 규격이다. MPEG-4 over MPEG-2 기술은 MPEG-4 데이터를 MPEG-2 TS 패킷으로 전송한다.

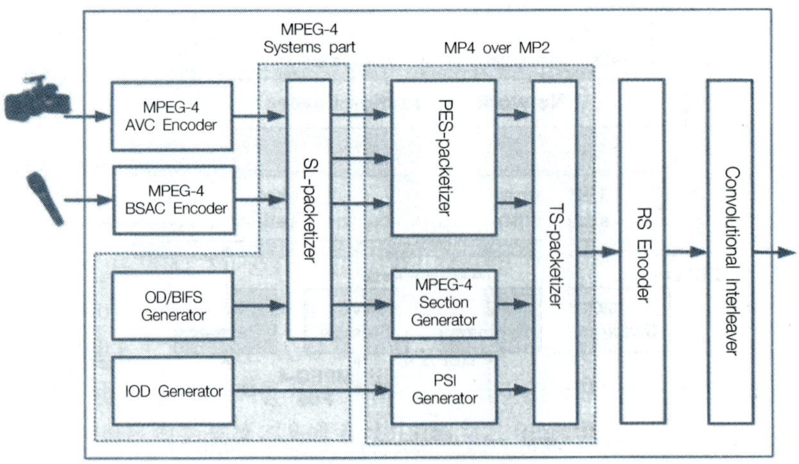

[그림 8-10] MP4onMP2 개념도

이 전송 시스템에서 MPEG-4 시스템 정보와 비디오 및 오디오 스트림은 SL 패킷, 14496 섹션 패킷 등의 단계를 거쳐 MPEG-2 TS로 캡슐화된다.

[그림 8-10]은 MP4onMP2의 개념도를 나타낸다.

[그림 8-11]은 DMB 패킷 구조를 나타낸다. OD/BIFS 스트림, 비디오 및 오디오 ES등의 MPEG-4 콘텐츠 스트림을 받은 MPEG-4 SL은 스트림 별로 SL 헤더(header)를 붙여 MPEG-2 전송계층의 PES(Packetized ES)패킷의 페이로드(payload)로 입력된다. PES 패킷층은 각각의 SL층의 페이로드 데이터에 PES 헤더를 붙여 PES 패킷을 만든 다음, MPEG-2 TS 다중화기로 보내고 고정 길이의 188바이트 패킷을 만든다. 이렇게 만들어진 188바이트 스트림 데이터의 신뢰성 있는 전송을 하기 위해 RS 외부호를 수행한다. RS 외부호는 16바이트의 오류 정정 정보를 추가하여 전체 204바이트 데이터를 만들고 길쌈 인터리버(convolutional interleaver)에서 바이트 단위의 인터리빙을 수행하여 EUREKA-147 전송 시스템을 거쳐 송신된다.

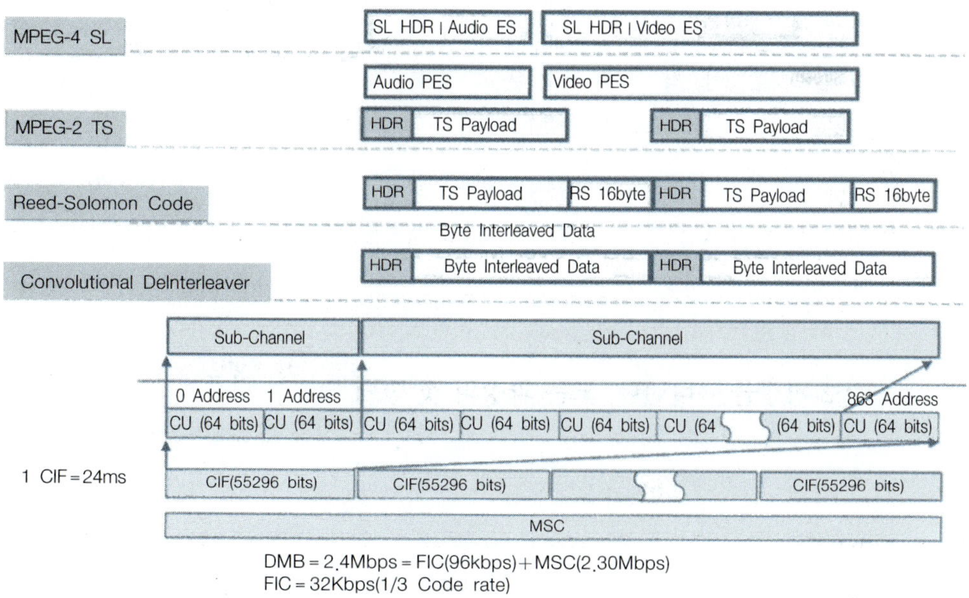

[그림 8-11] DMB 패킷 구조(Packet Structure)

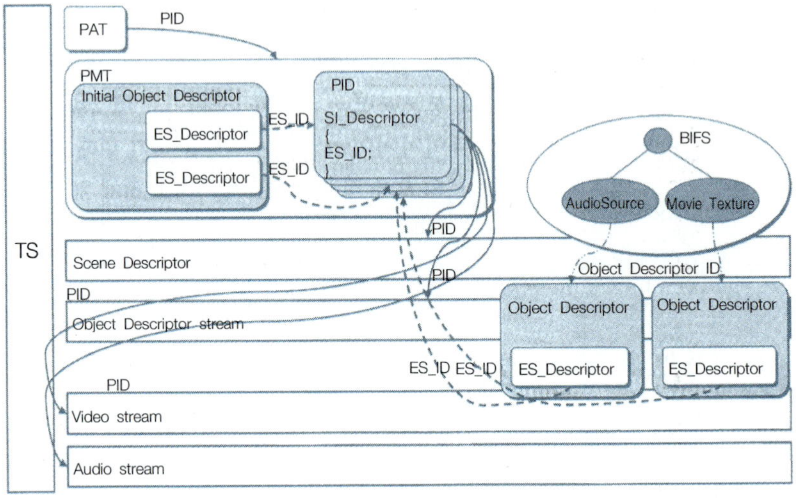

[그림 8-12] PSI(Program Specific Information)의 구성도

[그림 8-12]는 부호화된 MPEG-4 멀티미디어 콘텐츠에 접근하기 위한 부호화 관점에서의 Mpq4onMp2 과정을 나타낸다.

모든 과정의 첫 번째 순서는 다중화 정보의 시작 지점인 TS의 PAT(Program Association Table)를 찾는 것이다.

PAT에서 PMT(Program Map Table)의 위치를 알 수 있고, PMT에는 사용자가 콘텐츠를 시청하기 위해 필요한 모든 스트림이 비디오나 오디오의 ES(Elementary Stream)지만 DMB 시스템에서는 그 사이에 MPEG-4 시스템이 존재하기 때문에 ES가 아닌 SLP(Sync, Layer Packet) 스트림이나 IOD/OD/BIFS 스트림과의 연결 관계가 PMT에 기술된다.

따라서 PMT를 읽어 들인 후에는 MPEG-4 시스템에서의 콘텐츠 접근 유사하다. 즉 PMT의 첫 위치가 IOD가 들어 있고 IOD 내부에 OD와 BIFS의 ES_ID를 알 수 있으며, 나머지 PMT에 PID와 연결되는 스트림 종류와 각각의 ES_ID 정보가 포함되어 있다. IOD에서 추출해낸 ES_ID에 접근하기 위해 PMT의 IOD 이후의 부분들을 검색하여 ES_ID와 연결관계가 있는 PID를 찾고 그 PID의 스트림을 찾는다. 그 순서를 보면 IOD에 기술된 BIFS와 OD를 구성하는 ES_ID에 해당하는 스트림을 찾아 부호화하여 최종적인 콘텐츠를 볼 수 있다.

(3) 오디오 서비스 기술

지상파 DMB의 오디오 서비스는 비디오 서비스의 오디오 신호와 달리 FM이나 AM 라디오의 오디오 서비스에 해당한다. 압축 알고리즘은 MPEG-4 계열의 압축 방식보다는 압축 효율이 낮지만 기존의 DAB 시스템에서 안정성이 검증되었고, PAD (Program Associated Data) 및 DLS(Dynamic Label Service) 등의 부가 데이터방송이 가능하다는 장점을 갖고 있다.

MUSICAM 오디오 프레임은 헤더, 스케일 팩터(scale factor) 정보, 서브 밴드 샘플 및 보조 데이터로 구성된다. 보조 데이터는 길이를 가변할 수 있으며 기존의 오디오 프레임과 'trade-off' 관계에 있다. 즉, 보조 데이터의 용량이 커지면 오디오 데이터의 용량이 감소하며, 그 역도 성립한다. 보조 데이터 채널을 사용하여 오디오 서비스에 대한 간단한 텍스트 정보를 전달하는 DLS 서비스, 방송되는 음악과 관련된 시각적인 정보들을 보낼 수 있는 PAD 서비스 등이 가능하다.

(4) 데이터 서비스 기술

지상파 DMB 시스템이 제공할 수 있는 데이터 서비스 표준으로는 데이터 전송 프로토콜인 MOT 프로토콜, IP 터널링, 투명 데이터 채널(TDC) 등이 있고, 세부 응용 서비스로서 MOT 슬라이드쇼, 방송 웹 사이트 서비스, XML 기반 EPG 서비스, 음성 기반 EPG 서비스 등이 있다. 또한 DMB를 이용한 양방향 서비스에 대한 표준안도 검토되고 있다.

지상파 DMB의 데이터 서비스는 전송 방법에 따라 크게 두 가지로 구분된다. 첫 번째는 기본 오디오 서비스인 MUSICAM 오디오에 함께 다중화되어 전송되는 PAD이며, 두 번째는 독립적으로 전송되는 NPAD(Non-PAD)이다. 앞에서 언급된 서비스 표준들은 기본적으로 독립 데이터 서비스인 NPAD에 해당하며 MOT 슬라이드쇼와 방송 웹 사이트 서비스 등은 PAD에도 적용될 수 있다.

8.8 위성 DMB 기술

1. 위성 DMB 개요

독립된 영역으로 발전해 온 방송과 통신은 기술의 발달과 수요의 다양화에 힘입어 뉴미디어인 이동 멀티미디어 방송(DMB)으로 융합되면서 서비스 융합, 네트워크 융합 및 사업자 융합이 이루어졌다. 이같은 결과는 광대역 통합망(BcN)의 급속한 확대와 함께 통신과 방송 콘텐츠 및 단말기의 컨버전스로 인해 기존의 통신과 방송의 경계가 허물어지면서 가능하게 된 것이다.

위성 DMB는 디지털화된 방송 콘텐츠를 위성으로 송출하고 다시 위성에서 개인 휴대용 또는 차량용 수신기로 전송하여 방송을 시청할 수 있게 하는 새로운 디지털 멀티미디어 방송 서비스이다. 위성 DMB는 방송을 시청할 수 있게 하는 새로운 디지털 멀티미디어 방송 서비스이다. 위성 DMB는 방송을 디지털화함으로써 CD 수준의 음질, 다양한 데이터 서비스, 양방향 서비스, 우수한 이동 수신 품질 등을 제공하게 되고, 기존의 '공동체 공간 미디어' 개념을 '개인 휴대 미디어'로 확장시켰으며, 데이터 방송을 통해 음악 방송 이외에도 뉴스, 교통 정보, 기상 정보, 지리 위치 정보, 동영상 정보 등 다양한 멀티미디어 정보를 문자와 그래픽으로 전송한다.

위성 DMB는 국지적인 성격의 지상파 DMB와 달리 전국 어디서나 동시에 수신이 가능한 전국 서비스라는 점과 채널 수도 훨씬 많다는 장점을 가지고 있다. 지상파 DMB의 경우 수도권을 중심으로 시작해서 주파수 사용 계획에 따라 지방의 권역별 서비스를 할 예정인 반면, 위성 DMB는 동시에 전국 서비스가 가능하므로 수해나 재해 발생시 긴급 방송을 편성해 서비스할 수 있다. 또한 다양한 채널을 활용해 특화된 콘텐츠를 제공하는 유료 채널 등으로 다변화할 수 있다.

위성 DMB는 SK텔레콤이 2001년 9월에 ITU에 등록을 요청했던 2.6GHz 상위 대역 S밴드상의 25MHz 대역(2,630~2,655MHz : 대역폭 25MHz)을 사용하며, 일본식의 시스템 E방식을 따르고 있다. 2003년 11얼 5일, SK텔레콤이 위성 DMB 컨소시엄을 구성했으며, 2004년 1월 1일에 TU미디어(SK텔레콤 위성 DMB 법인)가 공식 출범했다. 위성 DMB의 비디오 신호는 지상파 DMB와 동일하나 오디오 압축 기술은 'MPEG2의 AAC+(Advanced Audio Coding) SBR(Spectral Band Replication)'를 채택하고 있어서, 바로 이것이 지상파 DMB와 구분되는 하나의 차이점이다.

위성 DMB와 지상파 DMB는 각각 유료와 무료의 서로 다른 서비스 방식을 택하고 있다. 따라서 지상파 DMB 서비스의 수익 모델은 광고가 될 것이며, 위성 DMB의 수익 모델은 광고수신료, 유료 채널 서비스 등으로 다각화할 수 있다.

2. 위성 DMB 서비스 현황

위성 DMB 서비스는 기본적으로 위성을 통해 CD 수준의 음질을 갖는 오디오 방송을 제공하는 DAB 서비스에서 출발하여 다양한 멀티미디어 콘텐츠를 이동 중에도 시청 할 수 있도록 하는 서비스이다. 지상의 지구국에서 프로그램 공급자로부터 수신한 다양한 멀티미디어 정보를 위성으로 보내고 위성 중계기를 통하여 L 밴드(1GHz~2GHz), S 밴드(2GHz~4GHz) 또는 Ku 밴드(12GHz~14GHz) 대역의 주파수로 전환시켜 지상으로 송신하는 방송 서비스를 의미한다.

위성 DMB 서비스는 지상파 DMB보다 훨씬 높은 대역인 극초단파(UHF)의 2,630~2,655GHz 대역을 사용한다. 지상파 DMB는 지상의 송신소를 통해 이루어지는 반면, 위성 DMB는 대기권 밖의 인공위성이 중계기 역할을 수행한다. 지상의 방송 센터에서 각종 멀티미디어 콘텐츠를 위성 주파수(Ku 밴드, 12~13GHz)를 통해 위성으로 쏘아 올린다. 이어 위성은 이를 DMB 주파수인 S 밴드(2,630~2,655GHz)를 통해 지상의 단말기로 전송하는데, 위성 신호를 직접 받기가 어려운 고가도로 밑이나 지하 공간에서는 지상 중계기(gap filler)를 통해 방송 신호를 보내고 지상 중계기에서 가입자의 단말기까지는 S 밴드를 통해 서비스가 제공된다.

무지향성 안테나를 사용해 이동 수신의 장점을 살리도록 한 위성 DMB의 경우 Ku 밴드의 주파수 특성으로 인해 음영 지역의 경우 지상 중계기가 있어야 멀티미디어 방송이 가능하다.

특히, 위성 DMB는 한국에서 세계 최초로 이동 방송 시장을 대상으로 멀티미디어 서비스를 수행하는 표준을 진행했으며, 이동 통신망을 리턴 채널(return channel)로 이용할 경우 양방향 서비스도 가능한 통신 · 방송 융합 서비스이다.

[그림 8-13]은 위성 DMB 서비스 개념도이다.

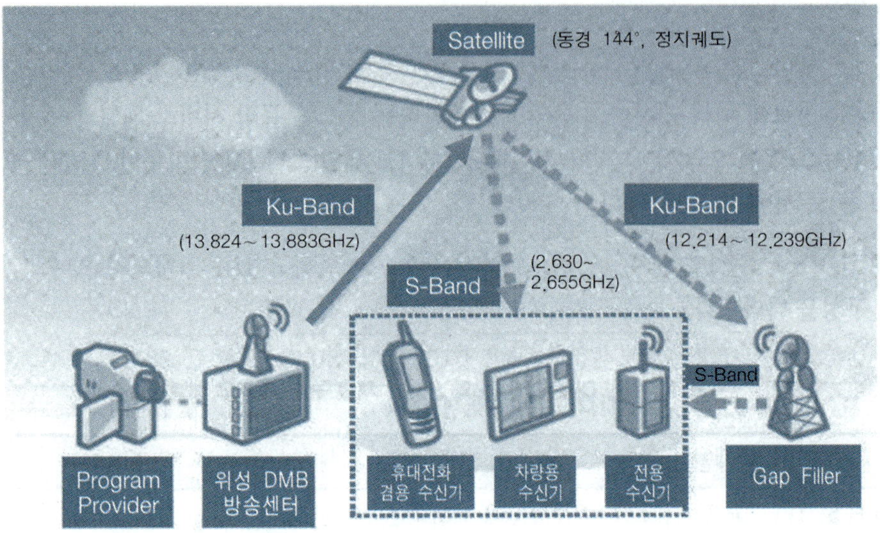

[그림 8-13] 위성 DMB 서비스 개념도

〈표 8-8〉 위성 DMB 비디오 채널 구성

채널	채널명	채널 내용	방송 시간
CH 5	교육	우수한 교육 프로그램을 내손안에	24시간
CH 6	SBS 드라마	함께하면 즐거운 sbs 드라마~	
CH 7	ch.BLUE	TU만의 종합 엔터테인먼트 채널	
CH 8	뮤직	나만이 즐기는 음악 방송	
CH 11	MBC 드라마	즐거움이 가득한 MBC 드라마~	12시간(15시~03시)
CH 12	뉴스	깨어있는 뉴스 전문 채널	24시간
CH 13	영화	영화 매니아를 위한 TU 극장	
CH 14	스포츠	보고싶은 경기를 놓칠 순 없다	
CH 16	경제	가까워진 경제 이야기	12시간(04시~16시)
CH 17	게임	앞서가는 나는 TU 게임족	12시간(16시~04시)
CH 19	애니메이션	애니메이션 TU 속으로 ~~	8시간(14시~22시)

위성 DMB 단말기는 차량용 단말, 고정 단말, 휴대 단말 등이 있으며, 이들을 통한 응용 서비스로는 디지털 방송 시스템을 통해 실시간으로 교통정보를 제공하는 TPEG 서비스, 위성을 이용해 3지점을 측정하여 차량이나 사람의 위치를 파악하는 GPS 서비스, 휴대용이나 차량용 DMB 수신게에 전달되는 오디오 신호를 MP3 플레이어와

연계시켜 들을 수 있게 하는 MP3 서비스, JPEG 등의 정지된 이미지를 보내는 일종의 슬라이드쇼 서비스, R-commerce 서비스, BWS(Broadcasting Web Site) 서비스 등 다양하다.

〈표 8-9〉 위성 DMB 오디오 채널 구성

구분	채널	채널명	채널 내용	방송시간
DJ 채널	CH 31	STAR DJ	스타와 함께한 TU	24시간
	CH 32	DEBUT CLUB	참신하고 재기발랄한 전문 DJ와 함께하는 TU	
	CH 33	MANIA CLUB	힙합, 인디록 마니아는 TU에 다 모여라	
	CH 34	CLUB 3040	30~40대의 편안한 휴식 공간	
	CH 35	MOBI CLUB	DJ가 전하는 다양한 모바일 정보	
버라이 어티	CH 41	코미디	24시간, 365일 웃고 다니는 당신은 TU족	24시간
	CH 42	영어 중국어 회화	영어, 중국어 TU로 마스터한다.	
	CH 43	English Channel	24시간 영어야 놀자	
	CH 44	오디오 북	귀로 읽는 책	
	CH 45	스타&스포츠	TU는 스타와 스포츠 정보에 빠르다	
논스톱 음악	CH 51	뮤직 시사회	TU족은 늘 한발 먼저	24시간
	CH 52	최신 가요	TU와 함께 신나는 최신 가요	
	CH 53	가요 2000	New millennium 히트 가요	
	CH 54	가요 90	10년 전 그때 그 시절 유행 가요	
	CH 55	가요 7080	TU와 낭만의 가요	
	CH 56	트로트	국민 전통 가요, 트로트 음악	
	CH 57	히트팝	TU가 들려주는 히트 팝	
	CH 58	J-POP	일본 음악에 한번 빠~져 봅시다	
	CH 59	발라드	사랑과 낭만 그리고 감미로운 멜로디	
	CH 60	댄스	계속 가는거야!~Non-Stop 댄스뮤직	
	CH 61	재즈	JAZZ의 세계로 TU와 함께	
	CH 62	힙합/R&B	정통 힙합과 R&B를 즐긴다	
	CH 63	ROCK	신나게 놀아보자, TU!	
	CH 64	클래식	꿈같은 선율, 클래식의 감동을 느껴보세요	
	CH 65	뉴에이지	감성으로 만나는 음악, 뉴에이지	
	CH 66	히트 차트	랭킹이 궁금해? TU에 물어봐~	

위성 DMB는 [표 8-8]과 [표 8-9]와 같이 TV, 라디오, 데이터 등 다양한 콘텐츠를 유료 방송으로 제공하며 2006년 1월 현재 비디오 11개, 오디오 26개 채널과 오디오 채널을 20개로 늘려 서비스를 제공했다. 비디오 채널의 경우 뮤직, 뉴스, 드라마, 스포츠, 게임, 영화 등으로 꾸며지며 오디오 채널의 경우 논슬ㅂ 음악 10채널, DJ 진행 3채널, 버라이어티 4채널 드응로 구성된다. 위성 DMB 방송의 콘텐츠를 세부적으로 보면 모바일 전용 채널, 음악(뮤직 비디오/버라이어티 쇼/연예 오락 등), 드라마(지상파 드라마/연예 오락 프로그램), 스포츠(국내외 프로 야구/농구/축구 등), 게임(RPG/액션/대전 게임 등), 보도(뉴스 속보/심층 분석 등), 최신 영화 등으로 구성된다. 지상파 채널의 경우, 4월 19일 방송위원회가 지상파 재전송을 사실상 허용함으로써 KBS, MBC, SBS 등의 방송을 내보낼 수 있는 여건을 마련함으로써 더욱 다양한 서비스가 기대된다.

오디오 채널의 경우 최신 가요, 성인 가요, 팝, 재즈, 월드 뮤직, 클래식, 뉴 에이지 등 다양한 장르에 따라 구분하여 음악만을 제공하는 논스톱 뮤직 서비스 채널과 버라이어티(뉴스/연예 오락/영어 회화/코미디 등) 및 DJ 채널(스타 DJ/아마추어 DJ/30~40 DJ 등)로 서비스가 구성된다.

3. 위성 DMB 표준화 동향

1992년 세계무선주관청회의(WARC-92)는 L밴드(1,452~1,492) 및 S밴드(2,310~2,360 MHz/ 2,535~2,655MHz) 대역을 배분하였으며 먼저 상위 25MHz에서만 서비스를 시작하도록 하였다. 이후 WRC-2000(1992년 이후 WRC로 통합) 회의에서 미국의 경우 하위 25MHz를 추가로 배정하였다. 또한 2,535~2,655MHz 대역의 배정 국가 수가 12개국에서 9개국으로 축소되었으며, 2,535~2,655MHz 대역은 제 3지역에서 한국을 포함한 9개 국가에 방송 위성 업무를 일차 업무로 배분했다.

WRC-2003 회의에서는 한국에 2,630~2,655 MHz를 배정하여, KT가 2,605~2,630MHz SK텔레콤이 2,630~2,655MHz를 승인받았다. 한편, 지상망 보호를 위해 위성의 출력을 일정 수준 이하로 제한하는 조치인 PFD(Power Flux Density) 제한 규제가 없어졌다. 지역별 분배 주파수 이용 대역은 〈표 8-10〉과 같다.

〈표 8-10〉 위성 DMB 주파수 이용 대역

주파수	분배지역	ITU 분배내용	공통
1,452~1,492MHz (40MHz, L밴드)	유럽, 아프리카, 미주, 아시아	상위 25MHz 사용 World Space 사의 서비스 대역	Power Flux Density(PFD)Limit 규제없음
2,310~2,360MHz (50MHz, S밴드)	미국, 인도, 멕시코 등 3개국	XM Radio, Sirius 사의 서비스 대역	
2,535~2,655MHz (120MHz, S밴드)	한국, 일본, 중국 등 9개국	한국과 일본에서 2,630~2,655MHz 대역 사용	

2) 시스템 권고

현재의 ITU-R 기준의 시스템 요구 사항은 Rec.ITU-R BO.789-2이며, 시스템 권고는 Rec.ITU-RBO.1130-4이고, 방송 신호 특성 기준은 Rep.ITU-R 955-3이다.

Rec.ITU-R BO.1130-4에 포함된 위성 DMB시스템의 목록은 디지털 시스템 A(BO.1130-4 Annex 2, EUREKA-147), 디지털 시스템 B(BO.1130-4 Annex 3, VOA/JPL 시스템), 디지털 시스템 Ds(BO.1130-4 Annex 4, Worldspace 시스템), E(BO.1130-4 Annex 6, 일본의 CDM 시스템)가 있다. ITU 권고 위성 DAB 시스템에 대한 기술 및 서비스의 현황은 〈표 8-11〉과 같다.

현재까지의 위성 DMB 표준 기술 가운데 세계적으로 가장 폭 넓게 수용된 표준은 유럽 전기통신표준화기구(ETSI)의 시스템 A이다.

이 방식은 유럽뿐만 아니라 일부 동남아시아 등 세계적으로 널리 쓰이기 때문에 장비, 수신기 업체 등이 세계 시장에 진출하기 용이하고 수출 유발 효과가 다른 방식에 비해 클 것으로 예상된다.

이에 비해 미국식인 시스템 Dh방식은 그 사용 지역이 미국으로 제한되었다는 단점을 가지고 있고 전송 기술에 대한 비판이 높아서 고려 대상에서 제외되었다.

일본식인 시스템 E방식은 이동 통신 관련 기술인 CDM(Code Division Multiplexing)를 이용한다는 점에서 통신 관련 국내 사업자들에게 있어 기술 측면에서의 접근이 빠르다는 장점을 가지고 있다. 하지만 사용 지역이 일본에 한정되었다는 점에서 세계 시장 진출이 용이하지 못하고 향후 일본에 대한 기술 종속 가능성이 제기되었다.

표준안은 시스템 E 방식을 따르고 있으며 비디오와 오디오에 관해서는 다음과 같은 기술 기준을 채택하고 있다.

〈표 8-11〉 위성 DMB 시스템에 대한 기술 및 서비스 현황

구 분		System E	System A	System Dh	System Ds
서비스 현황	사업자	일본 : MBCo(주) 한국 : SKT, KT	미국 : WorldSpace 유럽 : Golbal Radio	미국 : Sirius	미국 : WorldSpace
	서비스 내용	음성, 멀티미디어, 데이터	음성, Text	음성, 데이터	음성, Text
	서비스 대상	차량/개인용 이동 단말기	고정, 저속 수신기	고정, 고속 수신기	고정, 저속 수신기
	서비스 지역	일본 전역/ 한국 전역	아프리카, 중동, 아시아	–	아프리카, 중동, 아시아 등
	사용제한	일본	유럽	미국	미국
주파수	Up link	12GHz	7025~7075MHz	7025~7075MHz	7025~7075MHz
	Down Link	2630~2655MHz	1467~1492MHz	1467~1492MHz	1467~1492MHz
전송방식	위성 (수신/송신)	CDM and TDM/ CDM and TDM	FDM or TDM/TDM	FDM or TDM	FDM or TDM/TDM
	G/F(수신/송신)	TDM/CDM	–	MCM	–
오류 정정 방법	내부	Convolution (r=1/2~7/8)	Convolution (r=1/3~3/4)	Convolution (r=1/2)	Convolution (r=1/2)
	외부	RS(204, 188)	없음	RS(255, 223)	RS(255, 223)
Source Coding	음성	MPEG-2 AAC	MPEG-2 -1/2 계층 II	MPEG-2 계층 III	MPEG-1 계층 III
	영상	MPEG-4 or H.264	미정	JPEG(정지화상)	–
동영상 가능 여부		가능	가능	불가능	불가능
다중경로 (Multipath) 제거방법		RAKE 수신기를 사용하여 다중경로 신호 복조 가능	심벌의 일부분을 Guard Interval로 하여 다중경로 및 지연된 신호를 수신기에서 복조할 수 있도록 함	Time Diversity, 위성 Diversity, 지상망 MCM[1]사용	없음
중계기(G/F) 사용 여부		가능	가능	가능	미사용
고속 이동 수신 가능 여부		가능	가능	가능	불가능

(1) 비디오 복호 처리 기준

- 비디오 복호 처리 : MPEG-4 Part 10 BaseLine Profile@L1.3(ISO/IEC 14496-10) 또는 ITU-R Rec. H.264 형식 지원(최대 768kbps)
- 비디오 해상도 : QVGA(320×240) 이상의 해상도 및 초당 15 프레임 이상 처리
- 표본화 비트수 : 6비트 또는 8비트
- 데이터 전송량 : 비디오와 관련된 오디오 포함 최대 512kbps처리
- 비디오 신호의 처리시 : 최소 1채널 이상의 오디오 신호 동시 처리
- 비디오 신호부는 시간 계위(temporal scalability)로 부호화된 스트림 처리

(2) 오디오 신호 처리 기준

- 오디오 복호 처리 : MPEG-2 AAC(ISO/IEC 12818-7) + SBR 형식 지원
- 표본화 주파수 : 최대 48kHz
- 양자화 비트수 : 최대 24비트
- 복호 가능 채널수 : 하나의 오디오 데이터 채널당 최대 2채널 복호
- 오디오 복호 기능 : 싱글 모노, 듀얼 모노, 스테레오 등의 오디오 모드 복호
- 오디오 모드 식별 및 표시 : 싱글 모노, 듀얼 모노, 스테레오의 오디오 모드에 대해서 이들의 식별 및 표시 기능이 있어야 함.

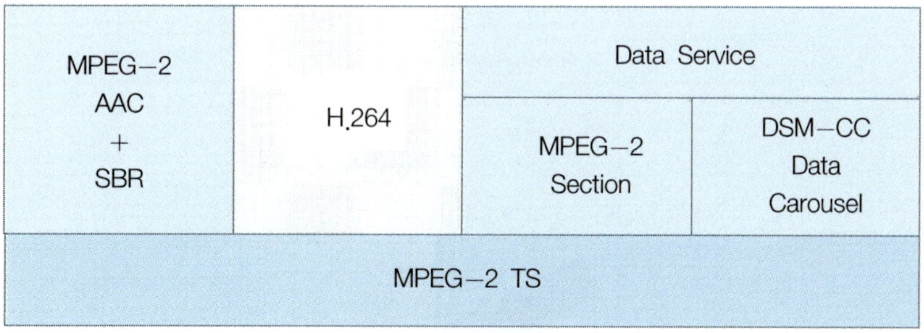

[그림 8-14] 위성 DMB 프로토콜 구조

[그림 8-14]는 위성 DMB의 프로토콜 구조를 나타낸 것이다. MPEG-2 TS를 이용하여 오디오, 비디오 서비스를 AAC 및 H.264를 사용하고, MPEG-2 섹션 정보를 통해 기본 데이터 서비스를 위한 시스템 정보를 전송하며, 데이터는 DSM-OC 데이터 캐로셀을 이용한다는 것을 보여주고 있다.

4. 위성 DMB 규격

국내 위성 DMB 사업은 SK텔레콤이 2001년 9월 위성망 국제 등록을 하면서 시작되었다. 위성은 2004년 2월 현재 12개국 97개 위성망의 조정이 완료된 상태이며, 3월 13일에 DMB 위성인 '한별' 위성을 발사하였다. 4월까지 IOT(In Oribit Test : 위성궤도 시험)를 성공리에 마치고 2005년 1월에 시험 서비스를 시작하여 5월에 상용 서비스를 시작하였다. 위성 DMB 서비스의 중요한 인프라인 방송 센터는 2002년 11월 기본설계를 시작으로 2004년 6월 모든 구축을 공사가 완공되고 연동 시험 및 종합 시험을 수행하였다. 〈표 8-12〉는 한별 위성의 제원을 나타내고 [그림 8-15]는 한별 위성 외형도를 나타낸다.

〈표 8-12〉 한별 위성 제원

위성체	SS/L FS 1300 Space System Loral 제작
발사체	ATLAS ⅢA International Launch Services 제작
위성궤도/수명	동경 144도 / 12년
위성 출력	67 dBW@S-band, 54 dBW@Ku-band
소유 형태	공동 소유(MBCo : SKT=65.34% : 34.66%)
고출력 증폭기	Ku-band : 4기(SKT 2기 : Act 1, Stby 1) S-band : 36기(SKT 12기 : Act 8, Stby 4)
안테나	12ms(S-band), 1.2m(Ku-band Korea), 2.4m(Ku-band Japan)

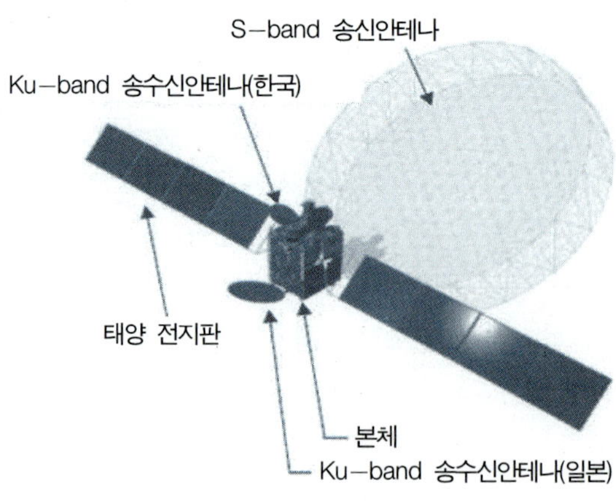

[그림 8-15] 한별 위성 외형도

5. 위성 DMB 기술

위성 DMB는 고품질의 이동형 멀티미디어 방송 서비스를 목표로 위성 DMB 규격 중 시스템 E방식에 동영상 송출을 위한 규격을 포함시킨 새로운 개념의 서비스이다. 위성 DMB 서비스는 이동형(mobility)와 휴대성(portability)를 목표로 언제, 어디서나 시청이 가능한 방송/통신 융합 서비스이다. 변조 방식으로 CDM 기술을 사용하고 있으며, 64비트 Walsh 부호를 이용하고 있다. 현재 30개의 CDM 채널을 사용하여 CDM 채널당 256kbps의 데이터를 전송하므로, 25MHz 대역에 총 7.68Mbps의 페이로드 데이터 전송이 가능하다. 비디오 데이터의 경우 2개의 CDM 채널을 이용하여 전송하며, 오디오 데이터의 경우 1개의 CDM 채널을 이용한다.

1) 위성 DMB 시스템 구성

CDM 기반의 디지털 라디오 방송은 일본의 ARIB가 최초로 제안하였다. ITU-R 시스템 권고안 BO.1130에 명시된 디지털 시스템 E는 위성과 상호 보완적인 지상 중계기(on-channel repeater 또는 gap filler)를 통해서 이동, 휴대 및 고정 수신기에 멀티미디어 서비스를 효율적으로 제공하기 위해서 고안되었다. 이 시스템은 2,630~2,655MHz의 주파수 대역을 사용하며 위성 서비스와 지상파 중계기 서비스에 대해서 성능을 최적화하도록 설계되었으며 RS 부호와 길쌈 부호(convolutional error correcing coding)를 사용하는 연접 부호(concatenated code)와 함께 QPSK 변조를 기반으로 한 DS-CDM 방식을 통해서 동작한다. [그림 8-16]은 위성 DMB 시스템 구성도를 나타낸다.

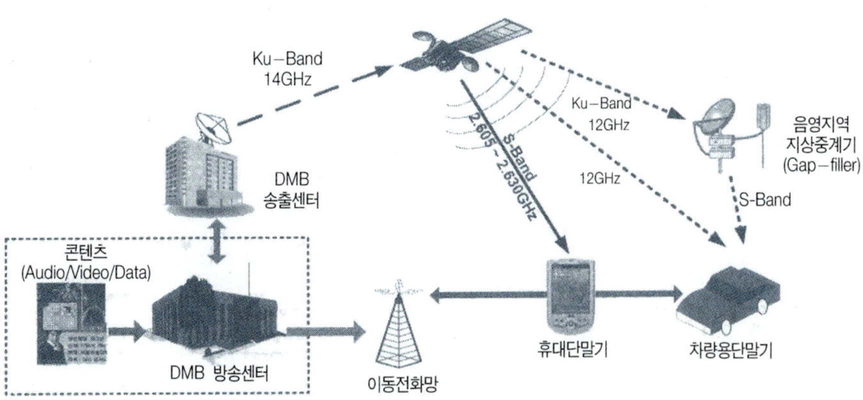

[그림 8-16] 위성 DMB 시스템 구성도

[그림 8-16]과 같이 시스템 E는 feeder-link 지구국, 방송 위성, 두 가지 형태의 지상 중계기 그리고 휴대형, 고정형 그리고 이동형 수신기로 이루어져 있다. 신호는 FSS(Fixed-Sate llite Service) uplink(Ku 밴드 : 12~14GHz)를 이용해서 feeder-link 지구국에서 방송 위성으로 먼저 전송된다. 이 신호는 위성에서 Ku 밴드, 14GHz 대역에서 S 밴드, 2.6GHz 또는 Ku 밴드, 12GHz 대역으로 변환되고 위성 중계기를 이용하여 원하는 레벨까지 증폭된 후, 전송 안테나를 통해 서비스 지역으로 방송된다. 위성 DMB 서비스 가입자들은 Low Directivity를 갖는 작은 안테나를 이용하여 위성 또는 지상 중계기를 통해 방송 신호를 수신할 수 있다.

디지털 시스템 E의 주된 특징은 다음과 같다.

첫째, 방송위성 서비스(BBS : Broadcasting Satellite Service)를 위해서 할당된 2,630~2,655MHz 주파수 대역을 사용한다.

둘째, 다른 디지털 방송 서비스들을 상호 이용하고 많은 서비스들의 유연성 있는 다중화를 위해서 MPEG-2 시스템 구조를 채택한다.

셋째, 오디오 소스 부호화를 위해서 MPEG-2 AAC를 채택한다. 오디오 압축 기술인 AAC는 질 좋은 오디오 서비스를 제공하는 효율적인 압축 성능을 보여준다.

넷째, 고속 이동체에서도 이전한 수신이 가능하다.

다섯째, 위성 신호는 이동체의 두 안테나를 이용한 다이버시티 기술과 단일 무지향성 안테나(omni directional single element antenna)를 사용하여 수신할 수 있다.

2) CDM(Code Division Multiplexing) 송신기 구조

CDM 방식의 디지털 시스템 E의 송신기 블록도는 [그림 8-17]과 같다. 먼저, 소스 비트(source bit)가 MPEG-2에 의해 부호화된다. 페이딩 왜곡에 의해 발생하는 오류를 정정하기 위해 [그림 8-17]과 같이 직렬 채널 부호화를 사용하며 외부호로는 RS(Reed Solomon) 부호를 사용한다.

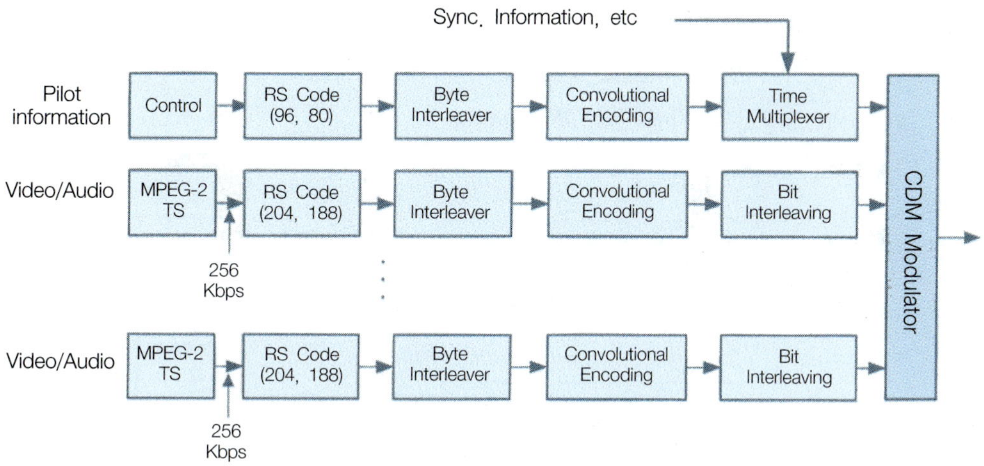

[그림 8-17] CDM 방식의 송신기 블록도

이 RS 부호는 원래 부호율이 (255, 239)인데 이를 천공(puncturing)하여 RS(204, 188)부호를 생성하게 되며, 204바이트 중 최대 8바이트 랜덤 오류를 정정할 수 있다. (255, 239)부호의 부호 생성 다항식은 다음과 같다.

$$g(x) = (x + \lambda^0)(x + \lambda^1)(x + \lambda^2) \cdots (x + \lambda^{15}) \quad (1)$$

$$p(x) = x^8 + x^4 + x^3 + x^2 + 1 \quad (2)$$

실제 사용되는 부호는 (255, 239) 부호기에 입력되는 각 204바이트의 정보 바이트 앞에 '0'으로 설정된 51바이트를 추가하여 부호화한 후, 그 결과에서 51바이트를 제거하여 얻을 수 있다. 외부 부호화된 비트의 연집 오류를 분산시키기 위해 바이트 단위의 길쌈 인터리빙이 사용되는데 이는 DVB-S, DVB-T, ISDB-S 및 ISDB-T에서 사용되는 것과 동일하다.

이와 같은 외부 인터리빙에 이어 내부호로 구속장이 7인 길쌈 부호화가 이루어진다. 길쌈 부호의 부호율은 1/2, 2/3, 3/4, 5/6, 7/8 중에서 선택할 수 있으며 선택된 부호율은 파일럿 채널을 통해 수신시에 전송된다. 여러 가지 부호율의 부호는 천공을 사용하여 얻을 수 있다. 파일럿 채널은 가장 높은 부호율인 1/2을 사용한다. 그런데 음영효과에 의해 신호가 왜곡될 경우에는 커다란 연집 오류가 발생되며 오류 정정 기능이 상실되므로 이를 방지하기 위해 커다란 인터리빙을 사용한다.

외부 인터리버를 통과한 비트는 [그림 8-18]과 같이 CDM 변조기에 입력된다. CDM 변조기에서는 먼저 직렬로 입력되는 비트를 순서대로 I와 Q를 병렬로 정렬시키고 I와 Q에 해당하는 시퀀스를 확산시킨다.

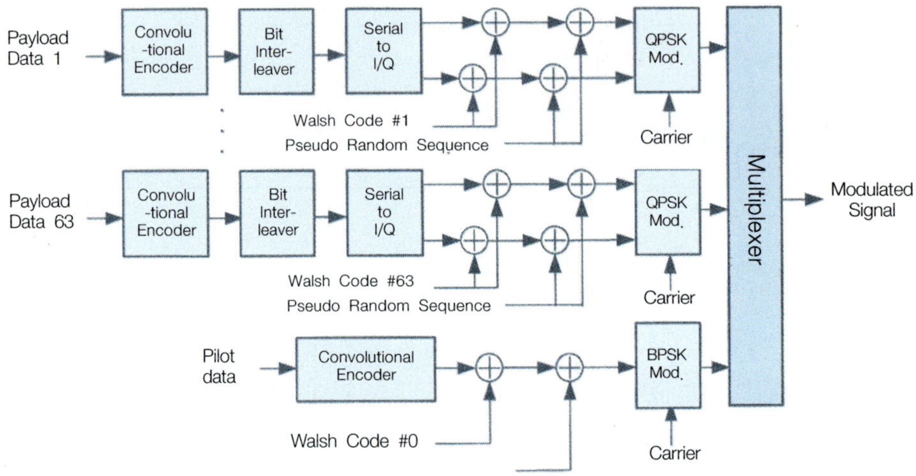

[그림 8-18] CDM 변조기의 상세 블록도

CDM 송신 시스템에서 방송사들은 자신의 프로토콜을 독립적으로 방송하기 위해서 신호 확산시 서로 다른 직교 Walsh 부호를 사용한다. 이러한 CDM 신호는 넓은 주파수 대역 상에서 확산되기 때문에 단위 대역폭당 PFD(Power Flux Density)는 비교적 낮은 장점이 있다. 확산을 위해 사용되는 직교 부호로는 길이 64비트는 Walsh 부호가 사용되며, 따라서 확산 처리이득(processing gain)은 64가 된다. 각 채널의 입력 신호의 비트율이 256kbps이므로 확산된 신호의 칩비율은 $256 \times 64 \times 10^3$ = 16.384Mcps가 된다. 확산된 신호는 각 방송사를 구별하기 위해 'Signature' PN 시퀀스가 곱해진다.

PN 시퀀스는 길이가 2,048로 이것은 12단 궤환 시프트 레지스터 시퀀스로 생성한 $2^{12}-1=4095$ 비트의 M 시퀀스를 절삭하여 구한다. 대역확산과 Signature를 이룬 후, I와 Q에 해당하는 비트는 QPSK 심벌로 변조되어 2.6GHz의 대역으로 변환되어 송신된다. 사용하는 주파수 대역폭은 25MHz로 2,630~2,655GHz의 대역을 사용한다. 전송 필터로는 롤-오프(roll-off) 파라미터가 0.22인 제곱근 코사인(square-root raised cosine) 필터를 사용한다. CDM 채널의 최대수는 Walsh 부호의 길이에 따라 64이지만, 실제로 다중 경로 환경에서의 성능 열화를 고려하여 최대 사용 가능한 채널수를 30개로 정하였다. 이 중에서 1개의 채널은 파일럿 채널이고 나머지 29개의 채널이 방송 신호의 전송을 위해 사용된다.

파일럿 채널은 전송되는 프레임과 슈퍼 프레임 동기, 파일럿 심벌 전송 및 수신기 제어 데이터 전송의 세 가지 기능을 위해 사용된다. 파일럿 채널로 전송되는 프레임가 슈퍼 프레임의 구조는 [그림 8-19]와 같다. 파일럿 심벌은 250us마다 삽입된다. 전송 프레임 하나의 길이는 12.75ms로 파일럿 심벌 삽입 주기의 51배이다. 첫 번째 D1은 고유의 데이터이다. 슈퍼 프레임은 6개의 프레임으로 구성되며 그 길이는 76.5ms이다. D2는 프레임 카운터로 슈퍼 프레임의 동기를 위해 사용된다. 파일럿 심벌은 32 비트로 구성되며 모든 비트는 '1'의 값을 갖는다. 수신기는 파일럿 심벌을 이용하여 다중 경로를 탐색하며 레이크 수신기는 그 결과를 이용하여 각 경로의 신호를 결합하게 되는데, 다중 경로 탐색의 정확도를 향상시키기 위해 파일럿 채널의 전력은 일반 데이터 전송 채널의 전력보다 크게 한다.

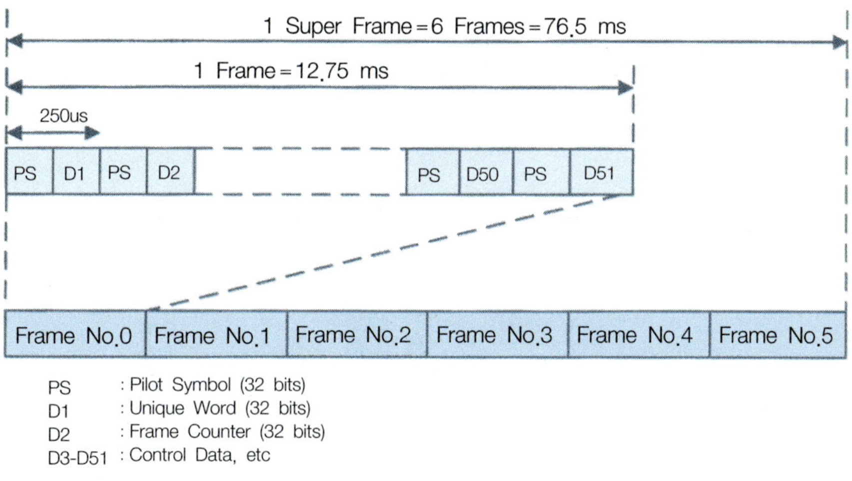

[그림 8-19] 파일럿 채널의 프레임과 슈퍼 프레임의 구조

지상 중계기는 두 가지 종류가 있다.

첫 번째는 동일한 주파수 대역을 사용하여 단순히 신호를 증폭하는 Direct Amplifying Gap filler로 이는 위성으로부터 신호를 직접 수신하여 증폭하고 이를 음영지역에 송신하는 역할을 한다. 수신과 송신 모두 2,630~2,655GHz의 주파수 대역을 사용하며, 실효 등방성 복사전력(EIRP : Effctive Isotropic Radiated Power)가 1.7dBm이다. 서비스 가능 범위는 500m 이내의 가시 지역이다.

두 번째 지상 중계기는 송신과 수신 주파수 대역이 다른 주파수 변환 지상 중계기이다. 이는 위성으로부터 신호를 수신한 뒤 이를 다른 주파수 대역으로 변환하여 전송 하는 형태로 위성으로부터의 수신 주파수 대역은 11/12 GHz이며, 송신 주파수 대역은 2,630~2,655 GHz이다. EIRP는 60.7dBm이며, 반경 3km까지 서비스가 가능하다.

3) CDM(Code Division Multiplexing) 수신기 구조

[그림 8-20]은 CDM 방식의 기능 블록을 나타낸다. RF단을 통해 기저 대역으로 변환된 신호는 PN 시퀀스와 Walsh 부호와 상관이 이루어지며 이를 위해 수신기에서 부호의 동기화가 선행되어야 한다. 상관기의 출력은 레이크 수신기에 입력되며 레이크 수신기는 채널 추정을 통해서 얻은 다중 경로 채널의 특성을 이용한다.

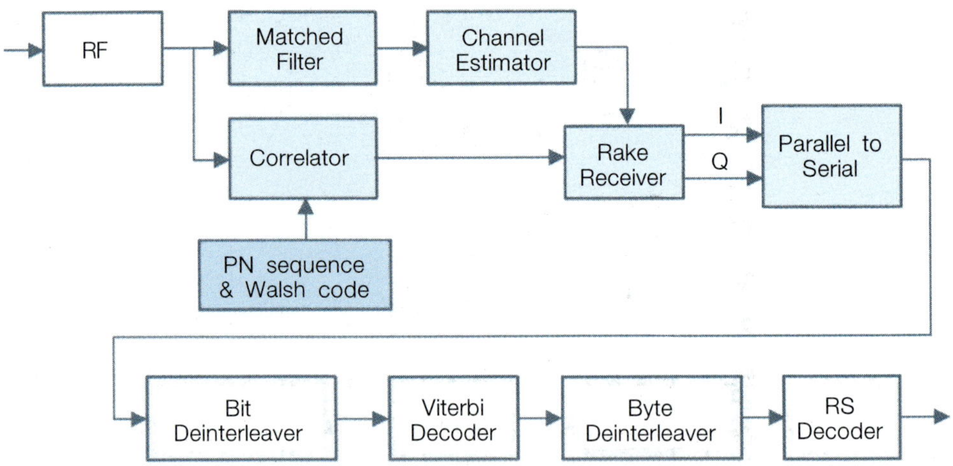

[그림 8-20] CDM 방식의 수신기 블록도

채널 추정을 위해 기저 대역 신호는 정합 필터를 통과한다. 정합 필터는 다중 경로 페이딩 신호로부터 칩 간격 단위의 시간 지연을 갖는 각각의 경로 신호를 분리해 내며, 그 결과를 이용하여 채널 추정을 수행하는데 가장 전력이 큰 6개의 경로를 선택하게 된다. 이 때 파일럿 채널을 통해 전송된 파일럿 심벌이 사용된다. 레이크 수신기는 채널 추정을 통해 얻은 각 경로의 특성을 이용하여 수신 신호로부터 위상 정정 및 시간 조정을 수행하여 전송된 QPSK 심벌을 복원하게 되며, I와 Q채널 비트는 직렬 비트로 변환되어 디인터리빙과 복호화 과정을 통해 전송 비트가 복원된다. 수신기의 성능을 향상시키기 위해 2개의 수신 안테나를 사용하여 안테나 다이버시티 기능을 수행한다.

위성 DMB 가입자 단말기 동작 구성도는 [그림 8-21]과 같다. 수신 복조기에는 파일럿 획득(pilot acquisition), 반송파 복원, AGC, 데이터 검출, 그리고 데이터 복원 기능 등이 있다.

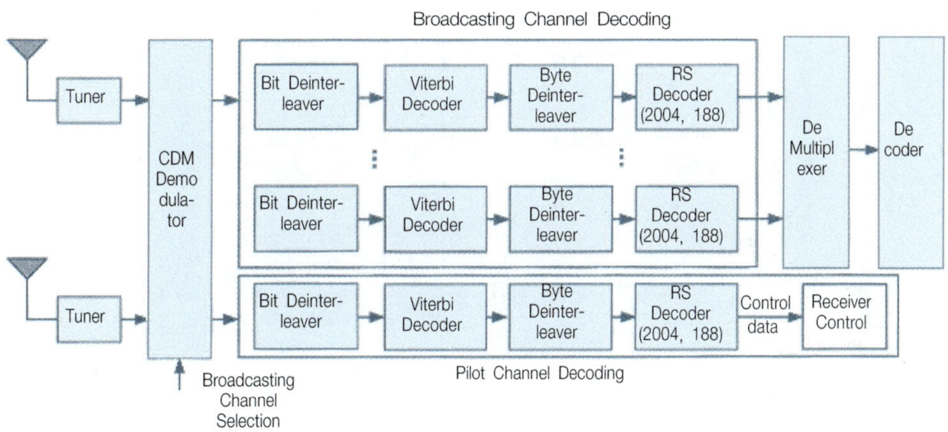

[그림 8-21] 위성 DMB 단말기 블록도

CDM 수신 복조기는 탐색기(searcher), 레이크 수신기(rake receiver) 및 디지털 신호처리 부분으로 구성된다. 탐색기는 수신된 파이럿 채널을 통해서 단말기 내부의 PN 발생기를 동기화시키고(pliot acqusition 과정), 레이크 수신기는 파일럿 획득 과정에서 구한 위상 정보를 기준으로 각 핑거(finger)를 통해 들어온 신호를 결합시킨다. 특히, 레이크 결합(rake combine) 수신 기술과 안테나 다이버시티 기술을 사용하여 다중 경로 페이딩 환경에서 수신기의 성능을 높일 수 있다.

제9장

유비쿼터스 홈네트워크

9.1 유비쿼터스 홈네트워크의 개요

1990년대 후반부터 가전, 방송, 통신, 컴퓨터가 서로 결합하는 디지털 컨버전스(digital convergence) 추세가 빠르게 확산되면서 전통산업과 IT 산업이 융합화하여 언제, 어디서나 IT 기술을 활용하는 IT의 생활화(IT everywhere)가 급진전되어 경제, 사회 전반에 걸쳐 IT 기술을 응용한 새로운 산업이 지속적으로 창출될 것이다.

디지털 컨버전스에 따라 새롭게 창출된 홈네트워크 산업은 하드웨어의 단순 결합이 아닌 소프트웨어를 포함하는 형태로 새로운 기술인 임베디드 시스템 기술의 등장으로 인간생활 자체를 변화시키는 방향으로 발전하여 미래 가정인 디지털 홈을 실현하여 일반 국민의 디지털 라이프 시대를 열기 위한 기술 개발로 이어지고 있다.

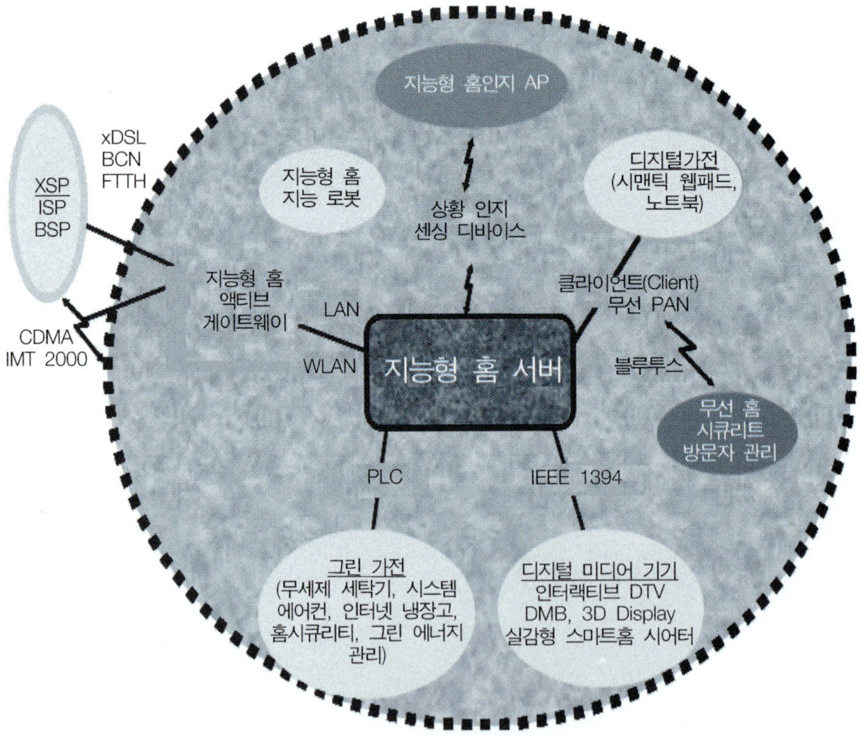

[그림 9-1] 유비쿼터스 홈네트워크 시스템

홈네트워크는 가정 내의 모든 정보 가전기기가 유무선 네트워크로 연결되어 누구나 기기, 시간, 장소에 구애받지 않고 다양한 서비스를 제공받을 수 있는 가정환경으로 국민들에게 편리하고, 안전하고, 즐겁고, 윤택한 삶을 제공할 수 있는 IT 기술 이용 환경이다.

또한 홈네트워크는 디지털 TV, 지능형 로봇, 차세대 이동통신, 디지털 콘텐츠, S/W 솔루션 분야와 연계되어 새로운 수요와 부가가치를 창출할 것으로 예상된다.

이에 따라 정부에서는 초고속 인터넷, 이동통신 등 세계 최고수준의 통신 인프라를 바탕으로 홈네트워크 관련 기술 개발 및 표준화, 시범사업, 홈네트워크 인프라 구축을 위한 융자사업 등 산업활성화를 위한 다양한 지원정책을 추진하여 홈네트워크 시장을 조기에 활성화하고 세계 최고수준의 홈네트워크 국가를 건설할 계획이다.

홈네트워크 산업은 단순히 기존 가전기기를 네트워크화하여 임베디드 시스템인 정보 가전 단말 및 관련 서비스 시장만을 활성화시키는 것을 뛰어넘어, PC와 초고속 인터넷 보급이 사이버 공간에서의 정치, 경제, 문화 및 생산/소비 활동을 활성화시킨 주요 기반이 된 것처럼 홈네트워크 환경에서 일상생활과 밀접한 다양한 비즈니스 모델을 창출하고 다른 신성장 산업 활성화의 견인 역할을 수행하여 새로운 수요와 부가가치를 창출하여 세계 시장 선도 및 국민소득 4만 달러 시대 달성을 선도할 수 있는 한국의 대표적인 산업군이 될 것으로 전망되고 있다.

특히, 양적으로 팽창해 온 국내 초고속 정보통신 인프라가 외형적으로 세계 최고 수준의 IT 국가로 도약하는 발판을 제공하였다면, 홈네트워크 산업은 다양한 서비스를 활성화시킬 구동력을 제공하여 내실을 갖춘 명실상부한 IT 강국으로 입지를 확고히 할 수 있는 초석이 될 것으로 예상하고 있다.

9.2 유비쿼터스 홈네트워크 개념

유비쿼터스 홈네트워크는 집안의 가전기기 및 시스템을 상호 또는 외부 인터넷상의 정보 기기와 연결한 임베디드 시스템인 각각의 기기 및 시스템에 대하여 원격접근과 제어가 가능하고, 음악, 비디오, 데이터 등과 같은 콘텐츠를 사용할 수 있도록 양방향 통신 서비스 환경을 구현하는 기술로 정의하고 홈시큐리티 확보, 홈케어 지원 등을 목표로 한다.

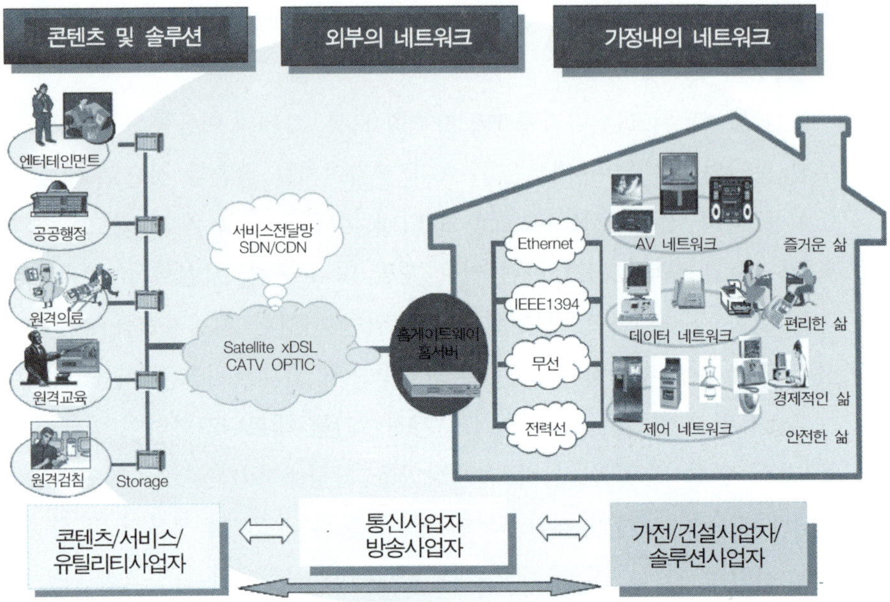

[그림 9-2] 유비쿼터스 홈네트워크의 개념도

9.3 유비쿼터스 홈네트워크의 구성요소

유비쿼터스 홈네트워크의 구성요소별 분류는 [그림 9-3]처럼 분류하였다. 3가지의 네트워크인 엔터테인먼트 네트워크, 컴퓨터 네트워크, 오토메이션 네트워크로 구분하고 항목별로는 요구사항, 데이터 처리속도, 표준 네트워크, 서비스 등으로 구분하여 정리하였다.

① 홈네트워크 망(댁내망) : 이더넷, 전력선, 무선랜, 블루투스 등
② 액세스(access)망(댁외망) : xDSL, FTTC, FTTH, Cable 등
③ 정보단말기 : 홈 서버, 게이트웨이(Home G/W), PAD, 정보가전, 감지기, 원격 제어기 등의 임베디드 시스템
④ 콘텐츠(Contents) : 인터넷, VOD, 원격교육, 원격진료 등

	Entertainment Network	Computer Network	Automation Network
요구사항	· 고속의 멀티미디어 데이터 처리 · A/V 기기 연결	· 인터넷 연동 · 다수의 컴퓨터 및 OA 기기 연결	· 동작 안정성 · 기기들 상호 동작성 · 저가 네트워크 비용
데이터 전송속도	100-400 Mbps	1-100 Mbps	1 Mbps 이하
표준 네트워크	· IEEE394a/b · Same as Computer network	· IEEE802.3 Ethernet · IEEE802.11B/a · HomePNA	· PLC(CEbus, EIB, LonWorks) · Bluetooth
서비스	· Video-On-Demand · Interactive A/V for Edutainment	· Internet Access · Cyber Community · 재택근무, 원격진료	조명, 냉난방, 가전 기기, 검침기 등의 모니터링 및 제어

[그림 9-3] 홈네트워크의 구성요소별 분류

9.4 유비쿼터스 홈네트워크 기술 개요

최근 디지털 기술의 컨버전스화 추세에 있어서 가정 내의 사물들 및 집 자체가 지능화되어 가정 내에서 인간의 모든 생활과 활동을 지능적으로 처리하는 기반 환경을 갖춘 거주공간인 유비쿼터스 홈 환경이 여러 관련 분야에서 크게 대두되고 있다.

사용자환경 및 개인 정보 단말의 급격한 발달로 인한 넓은 의미의 정보공유(컨트롤, 관리, 정보이용 등) 욕구가 다양화되어짐에 따라 가정 내에서 인간이 중심이 되는 유비쿼터스 서비스가 가능한 환경이 유비쿼터스 홈 기술이다.

유비쿼터스 홈 기술은 IT, BT, NT, ET, CT, 건축기술, 임베디드 시스템 기술인 디지털 가전, 에너지 기술, 보안기술 등의 여러 산업 기술들이 유기적으로 연결되어 주택산업, 서비스 산업(원격 건강 컨설팅) 등에서 새로운 시장을 창출함과 동시에 관련된 새로운 직업을 창출하여 전문 인력의 양성 및 고용 확대에 크게 기여하는 등의 다양한 파생 효과를 유발하므로 우리나라 산업, 문화 전반에 걸쳐 고르게 영향을 주는 혁신적인 산업 융합 기술 분야이다.

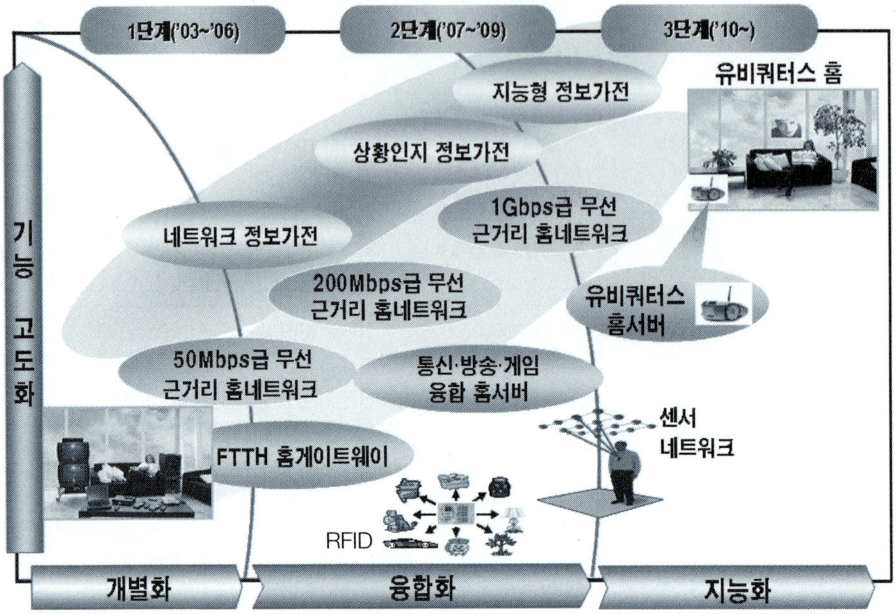

[그림 9-4] 유비쿼터스 홈네트워크 기술발전 단계

국내에는 이미 세계 최고의 유비쿼터스 홈 관련 산업기반 개별 인프라 기술 보유 및 세계 최고 수준의 IT 인프라를 보유하고 있으므로 이를 활용한 임베디드 시스템 기술개발 및 산업기반이 구축될 경우 차세대 신개념의 복합 기술의 총체인 유비쿼터스 홈 시장의 비교우위를 점유할 것으로 예상된다.

홈네트워크란 정보의 처리, 관리, 전달 및 저장에 있어 가정 내에 설치되어 각종 계산, 관리, 감시 및 통신기능을 수행하는 기기들을 연결하고 통합할 수 있게 해주는 구성요소들의 집합으로 그 목적은 인간에게 가정에서의 편안함과 즐거움을 제공하기 위한 기술이다.

즉, 홈네트워크 기술은 가정 내외에 머물고 있는 사용자들이 편안하게 댁내의 디바이스들을 제어 및 관리하고 다양한 서비스를 공급받고자 하는 데 있다.

이러한 홈네트워크는 초고속 인프라를 다양한 IT기술을 활용하여 원격교육, 엔터테인먼트, 건강검진(Healthcare), 정보가전기기의 제어 등 다양한 서비스들을 창출하는 신산업 분야로 가정 내부와 외부 네트워크의 연계를 통해 다양한 콘텐츠를 확보하고 실수요자 중심의 서비스를 개발하여 산업 경쟁력을 키울 수 있다.

유비쿼터스 홈 서비스의 개발을 위해서는 유비쿼터스 홈과 관련된 요소 기술을 파악하고 각 요소 기술을 어떻게 활용하는가에 대한 분석이 필요하다. 또한 선진국의 기술 동향 파악을 통해 앞으로 우리가 나아가야 할 방향을 모색하며, 정책 방향도 함께 살펴볼 필요가 있다.

유비쿼터스 홈은 21세기 한국의 미래를 끌고 나아갈 차세대 성장 동력산업 중의 하나로 유비쿼터스 컴퓨팅을 이용한 생활환경의 지능화, 환경 친화적 주거생활, 그리고 삶의 질 혁신을 추구하는 지능화된 가정 내의 생활환경과 주거공간을 만들어 내는 것이라고 말할 수 있다.

이와 관련된 구체적인 서비스는 크게 에너지 절약, 보안, 건강진료, 오락, 교육, 전자 상거래, 재택근무 등 다양한 형태로 나타날 수 있으며, 이를 뒷받침하는 기술로는 유비쿼터스 홈 서비스 기술, 임베디드 시스템 기술인 유비쿼터스 홈 기기, 네트워크, 건축/환경 분야로 나눌 수 있다.

1) 유비쿼터스 홈 서비스 기술

유비쿼터스 홈을 위한 서비스는 매우 다양하다. 그 중에서도 특히 홈내의 제어를 순조롭게(seamless) 하고 각종 기기 및 환경 등의 제어를 지능적으로 하는 서비스가 있으며 이러한 서비스는 점차 인간이 개입하지 않는 형태로 발전할 것이다. 또한 홈 내의 사람에 대한 헬스케어 서비스 또한 중요하며 이것이 점차 실버케어 형태를 포함할 것으로 보인다.

2) 유비쿼터스 기기 기술

홈 내에는 유비쿼터스 서비스를 다양한 기기를 통해 제공하게 된다. 이때 여러 가지 형태와 플랫폼 기반의 기기들간의 자연스러운 인터랙션을 가능하게 하기 위해서는 기기간의 공통 인터페이스 및 미들웨어의 표준화가 필요하며 아울러 각각의 기기가 가져야할 기능 및 사양에 대한 임베디드 시스템의 세부기술 및 통합 프레임워크 표준화를 수행한다.

3) 유비쿼터스 홈네트워크 기술

홈 내에는 유비쿼터스 서비스를 가능케 하는 핵심기능이 네트워크이다. 홈 내의 다양한 제어 및 서비스를 위한 네트워킹에 관한 것으로서 홈오토메이션을 위한 통신 네트워크, 게이트웨이 서버, 그리고 이를 통합하는 네트워킹 프레임워크 표준화를 담당한다.

4) 유비쿼터스 건축 · 환경 기술

유비쿼터스 홈의 커다란 구조물과 에너지 절약, 생활쓰레기 처리, 전기, 가스 등 각종 환경 관련 컨테이너가 건축/환경 분야에서 다루어야 할 대상이다.

건축에서는 유비쿼터스 홈을 위한 건축 자재, 구조물 등의 가이드라인을 제시하고 환경적 측면과 에너지 절감 측면이 결합된 건축/환경 모델을 제시하고 이를 표준화한다.

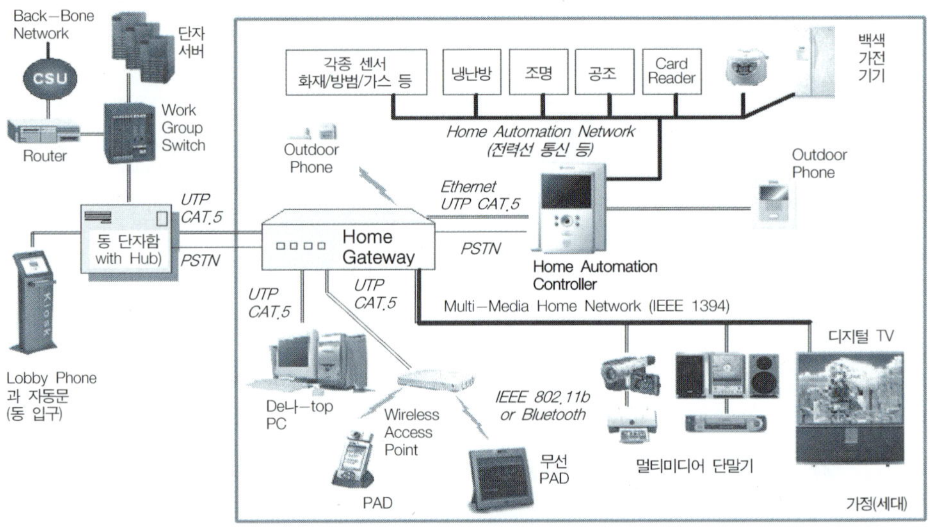

[그림 9-5] 유비쿼터스 홈네트워크 적용 기술

9.5 유비쿼터스 홈네트워크 분야별 기술

유비쿼터스 홈네트워크 기술은 유선기술로 전화선, 전력선, 이더넷, IEEE1394, USB, 무선기술로는 IEEE802.11x 계열의 무선 LAN, HomeRF, Blue-tooth, UltraWideBand(UWB), ZigBee, Hiper LAN 등 물리적인 네트워크를 구성하는 기술과 홈네트워크를 구성하는 임베디드 시스템 기술인 가전기기, 센서 간의 통신 프로토콜 기술, 구성된 홈네트워크 상에서 단말간의 상호 발견, 구성, 관리를 위한 미들웨어 기술, 그리고 이러한 미들웨어를 기반으로 하는 서비스 기술들로 구분할 수 있다.

홈네트워크는 상황을 인지하여 각각의 구성원에게 적합한 서비스를 차별화하여 제공할 수 있는 네트워크 환경 및 서비스를 가능하게 하도록 발전하면서 상황인지 지식기반의 멀티모달 인터렉션에 의한 새로운 비즈니스 모델이 파생되는 사회 인프라 성격의 기반 기술로 인식되고 있다.

유비쿼터스 홈네트워크 기술은 크게 4개의 중점 기술로 분류된다.

〈표 9-1〉 유비쿼터스 홈네트워크 4가지 기술

1단계	2단계	3단계
유비쿼터스 홈네트워크 기술	홈플랫폼 기술	홈서버/홈게이트웨이 기술
		홈네트워크 보안
		개방형 서버 기술
	유·무선 홈네트워킹 기술	유선 홈네트워킹 기술 (Ethernet, PLC, IEEE1394, USB, HomePNA)
		무선 홈네트워킹 기술 (WLAN(802.11a/b/g/n), WPAN(UWB, ZigBee))
	정보 가전 기술	지능형 정보 가전
		홈센서 기술(센서, RFID)
	지능형 미들웨어 기술	홈네트워킹 미들웨어 기술
		상황적응형 미들웨어 기술
		멀티 모달 인터페이스 기술

1) 홈플랫폼 기술

홈플랫폼 기술은 외부망과 가정을 연결하고 가정 내 다양한 서비스를 관장하여 유무선 통합 홈네트워크 환경 및 고품질·융합형 서비스를 가능하게 하는 홈서버/홈게이트웨이, 홈네트워크 보안 및 개방형 서버 기술로 구성된다.

2) 유무선 홈네트워킹 기술

〈표 9-2〉 홈네트워킹을 위한 장비간 연결 기술

연결방식		관련기술
유선방식	전화선을 이용한 방식	HomePNA
	전력선을 이용한 방식	HomePlug, LonWorks, HNCP, PLC
	Ethernet을 이용한 방식	802.3
	Structured Wiring 방식	TIA 570-A
무선방식		Bluetooth, WLAN

유무선 홈네트워킹 기술은 이더넷, PLC, IEEE1394, HomePNA, 광홈랜 등의 유선 홈네트워킹 기술과 무선랜, ZigBee, UWB, Wireless1394, WirelessUSB 등의 무선 홈네트워킹 기술로 구성된다.

〈표 9-3〉 유선 전송 기술

	IEEE 1394	IEEE 1394b	MOST	Home PNA2.0	Ethernet 100BASE	USB 2.0	Home Plug1.0
Qos	Isochronous		Synchronous	8 Priority	(802.1p)	Isochronous-like	4Priority
전송배체	STP	UTP, POF, GOF, STP	POF	Phone Line	UTP, MMF	USB cable	Power Line
최대 전송속도	400Mbps	3.2Gbps	24.8Mbps	10Mbps	100Mbps	480Mbps	10Mbps
전송거리	4.5m	4.5m(STP) 50m(POF) 100m(UTP, GOF)	250m	300m	100m	~3m 이내	-

〈표 9-4〉 전력선 통신의 분류

속도에 따른 분류	전송속도	전용 Carrier 주파수	사용방안	비고
저속 전력선 통신	60bps~10Kbps	10KHz~450KHz	인터넷 정보 가전을 포함한 방법, 방재 등의 Automation Network	X-10 CEbus(EIA600) LonTalk(EIA709)
중속 전력선 통신	10Kbps~1Mbps	10KHz~450KHz	인터넷 정보 가전을 포함한 방법, 방재 등의 Automation Network	Proprietary Protocol
고속 전력선 통신	1Mbps~10Mbps	450KHz~300KHz	Internet Access Computer Network	HomePlug

〈표 9-5〉 무선 전송기술

인터페이스 기술	규격		특징			
	버전	발표일시	Qos support	전송거리	최대전송속도(Mbps)	사용주파수
1394	Wireless	2002~	802.11e	0~20m	54	5GHz
WLAN	IEEE802.11a	1999.11	802.11e	12~57m	6,12,24,54	5GHz
	IEEE802.11b/g	1999.11			5.5,11	2.4GHz
Bluetooth	Ver 1.0B	199.12	-	10~50m	2	2.4GHz

3) 정보 가전 기술

정보 가전 기술 분야는 기존 백색 가전기기들과 센서들을 네트워크로 연결하여 새로운 서비스를 창출할 수 있는 유비쿼터스 정보 가전 기술과 홈센서 기술로 구성된다.

4) 미들웨어 기술

미들웨어 기술 분야는 매체 및 OS에 상관없이 정보 기기의 제어 및 감시를 수행하고 다양한 상황에 대한 적응력을 제공하여 유비쿼터스 서비스를 가능하게 하는 홈네트워크 미들웨어, 상황적응 미들웨어 및 멀티모달 인터페이스 기술로 구성된다.

홈네트워크 제품은 홈게이트웨이와 같이 홈네트워크와 액세스망을 연결시켜 주는 단순 네트워크 기능 중심의 제품으로부터 점차 네트워크에 연결되는 모든 기기와 서비스를 관장하여 방송, 통신과 게임 융합형 홈서버 제품군으로 발전해 나가고 있다. 또한, 홈네트워크 확산을 위해 유선 홈네트워크 기술 중심에서 무선 홈네트워크 기술 중심으로 발전하고 있으며, IPv6, 센서 네트워크와의 접목 등 유비쿼터스 사회의 기반을 구축할 수 있는 제품 개발이 진행되고 있다.

〈표 9-6〉 홈네트워킹 분야별 관련 기술

<table>
<tr><th>분야</th><th colspan="2">기술</th><th>내용</th></tr>
<tr><td rowspan="11">홈네트워킹 기술</td><td rowspan="4">유선</td><td>이더넷</td><td>기업 내 표준 네트워킹 방식</td></tr>
<tr><td>홈 PNA</td><td>전화선을 이용한 홈네트워킹 기술</td></tr>
<tr><td>PLC</td><td>전력선을 이용한 홈네트워킹 기술</td></tr>
<tr><td>IEEE 1394</td><td>디지털 오디오 · 비디오 기기간 디지털 데이터 전송 표준</td></tr>
<tr><td rowspan="7">무선</td><td>IEEE 802.11 WLAN</td><td>무선 네트워킹 표준(WIFI)</td></tr>
<tr><td>홈 RF</td><td>가정 내 로컬 무선 네트워킹</td></tr>
<tr><td>IEEE 802.15.1 블루투스</td><td>정보 가전 연결용 무선 네트워킹</td></tr>
<tr><td>IEEE 802.15.3 HR. WPAN</td><td>오디오 · 비디오용 고속 무선 네트워킹 기술</td></tr>
<tr><td>IEEE 802.15.3a LIWB</td><td>오디오 · 비디오용 초고속 근거리 무선 네트워킹 기술</td></tr>
<tr><td>IEEE 802.15.4 LB WPAN</td><td>센서 네트워크를 위한 저속 저전력 무선 네트워킹 기술</td></tr>
<tr><td>Wireless 1394 기술</td><td>IEEE 1394 기기들을 무선 네트워킹 기술을 이용하여 AV신호의 장거리 전송을 가능하게 하는 기술</td></tr>
<tr><td rowspan="6">정보 가전 기기</td><td colspan="2">홈게이트 웨이</td><td>인터넷과 유무선 홈네트워킹 기기들을 연결하는 장치</td></tr>
<tr><td colspan="2">홈서버</td><td>가정 내 홈네트워크 기기들을 통합 관리하는 서버</td></tr>
<tr><td colspan="2">디지털 TV</td><td>디지털 HDTV</td></tr>
<tr><td colspan="2">정보 가전 제품</td><td>인터넷 냉장고, 전자레인지, DVD</td></tr>
<tr><td colspan="2">게임기</td><td>PS2, XBOX 등 게임기</td></tr>
<tr><td colspan="2">휴대용 정보단말</td><td>PDA, 이동전화, 노트북 등</td></tr>
<tr><td rowspan="4">기반 소프트 웨어</td><td colspan="2">RTOS</td><td>정보 가전용 홈서버용 실시간 OS</td></tr>
<tr><td colspan="2">정보 가전 제어 및 스트리밍 미들웨어</td><td>Jini, UPnP, HAVi, HWW, VHN, LonWorks, CEBus, OSGi 등</td></tr>
<tr><td colspan="2">시스템 미들웨어</td><td>JAVA Virtual Machine, KVM 등</td></tr>
<tr><td colspan="2">시스템 유틸리티</td><td>가전보안, 유저 인터페이스, DB 등</td></tr>
</table>

제10장

텔레매틱스와 위치기반 서비스

10.1 텔레매틱스

1. 텔레매틱스의 개념 및 필요성

텔레매틱스(Telematics)는 기존에 단순히 응급구난 서비스 중심으로 제공되던 서비스 개념에서 최근에는 LBS(Location Based Service) 등 무선인터넷 개념을 도입한 이동통신 부가가치 서비스로 새롭게 정의되고 있다.

텔레매틱스는 무선을 이용한 음성, 데이터통신과 인공위성을 이용한 위치정보 시스템을 기반으로 정보를 주고받을 수 있도록 설계되었다. 이것은 위치측정시스템과 무선통신망을 이용해 운전자와 탑승자에게 교통정보, 응급상황에 대한 대처, 원격차량진단, 인터넷이용 등 각종 모바일 서비스를 제공할 수 있는 단말기와 운영체계를 말한다.

텔레매틱스 서비스란 무선통신과 GPS(Global Positioning System) 기술을 결합하여, 자동차에 시기적절한 위치 정보, 안전, 오락 및 생산성 향상 서비스, 예약, 상품구입 등의 개인화된 서비스, 이동통신 서비스 등을 제공하는 것을 말한다. 자동차 텔레매틱스 서비스는 이동통신 기술과 위치추적 기술을 자동차에 접목하여 차량사고나 도난감지, 운전경로안내, 교통 생활정보, 게임 등을 운전자에게 실시간으로 제공한다. 텔레매틱스 서비스는 자동차가 주행 중에 고장이 나면 무선통신으로 서비스센터에 연결하고, 운전석 앞의 컴퓨터 모니터를 통해 이메일을 받아보거나 도로지도를 볼 수 있는 환경도 제공할 수 있다. 또한 뒷 자석에 설치된 모니터를 통해 컴퓨터게임을 즐길 수도 있고, 자동차에 내장된 컴퓨터는 자동차 주요부분의 상태를 기록하고 언제든지 정비사에게 정확한 고장위치와 원인을 알려줄 수 있다.

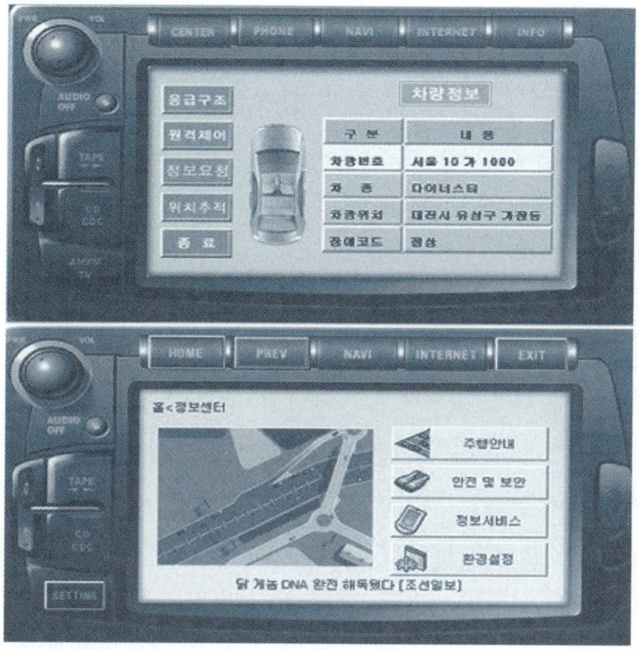

[그림 10-1] 개방형 텔레매틱스

10.2 텔레매틱스 산업 시장 분석

1. 개요 및 특성

텔레매틱스는 유비쿼터스 시대의 도래와 함께 통신, 자동차, 소프트웨어, 단말기 등 관련 사업의 새로운 수익 창출의 수단으로 부각되고 있다. 텔레매틱스가 IT 신성장 동력 산업으로 거론되면서 관심을 가지는 것은 컨버전스, 유비쿼터스로 지칭되는 산업의 새로운 패러다임에 부응하고 있기 때문이다. 텔레매틱스는 우리나라가 기술 우위에 있는 자동차와 통신을 기반으로 하고 있어 세계 시장을 주도할 수 있는 가능성이 높다. 이것은 디지털멀티미디어방송(DMB), 휴대인터넷, 홈 네트워크 등 차세대 방송, 통신 산업과도 밀접하게 연관되어 발전될 전망이다.

1) 텔레매틱스 산업의 개요

텔레매틱스 산업은 전기, 전자, 통신, 자동차를 비롯한 다양한 산업이 융합됨으로써 구현 가능한 산업이다. 이 같은 특성 때문에 텔레매틱스 시스템을 성공적으로 구축하기 위해서는 센서, 단말기, 응용 서비스, 자동차 분야 등 다양한 산업이 균등하게 발전되어야 할 것이다.

텔레매틱스 산업이 21세기 주도 산업으로 각광받는 주된 이유는 기술적인 측면 이외에도 이로 인한 파급효과를 들 수 있겠다.

현재, 상용화되어 있는 텔레매틱스 제품은 제한된 시스템으로 제한된 정보만을 제공하고 있으나 향후 개발할 텔레매틱스 단말기의 발전 가능성이 크다고 볼 수 있다. 이 같은 텔레매틱스 산업의 발전 가능성을 인지하고 있는 미국, 일본, 유럽의 선진국에서는 조직적인 발전 전략과 자국에서 개발된 기술의 국제 표준화를 위하여 ISO 등 국제 표준화 활동을 강화하고 있다. 일본은 차량항법장치를 가장 먼저 상용화하였고, 이를 기반으로 텔레매틱스가 추구하고 있는 성공적인 정보제공 시스템을 구축하고 있다. 또한, 텔레매틱스 산업의 고도화를 위하여 자동차 업계를 중심으로 텔레매틱스 컨소시엄을 구성하였으며, 이 같은 컨소시엄을 활용하여 국제적으로 자국 기술을 국제 표준화하려는 노력을 경주하고 있다.

2) 텔레매틱스 산업의 특성

텔레매틱스는 응용 분야 측면에서 서비스 산업, 단말기 산업 및 자동차 산업의 3가지로 분류할 수 있다.

서비스 산업 분야는 정보제공 단말기를 이용하여 교통정보, 지리정보, 생활정보, 센터 운영, 시스템 통합에 관한 응용 서비스를 제공하는 분야를 말하며, 단말기 산업 분야는 정보 제공을 위한 하드웨어와 소프트웨어로 구성되어 있다. 또 자동차 산업 분야는 텔레매틱스 산업을 주도할 뿐만 아니라, 정보제공 서비스의 최종 수혜자이기 때문에 가장 중요한 역할을 담당하게 될 것이다.

〈표 10-1〉 텔레매틱스 산업분야

산업 분야	산업 분야별 구성
서비스 산업	교통 정보 지도 정보(POI) 생활 정보 서비스 센터 운영 System Integration 이동 통신
단말기 산업	SW/솔루션 OS(WinCE, 기타 리얼타임 OS) HW/디바이스
자동차 산업	자동차

국내의 경우, 텔레매틱스 산업과 관련하여 초기 시장을 형성시킨 것은 차량항법장치이다.

현재, 국내 업체에서는 교통정보를 수집, 가공하여 이용자에게 제공 하는 서비스를 실시하고 있는데 텔레매틱스 산업이 성공적으로 발전하기 위해서는 복합 산업 분야간의 긴밀한 협조체계 구축이 필요하다. 텔레매틱스 산업은 다양한 산업 분야의 융합을 통하여 구현 가능한 첨단 분야라 할 수 있으므로, 텔레매틱스 산업이 발전하기 위해서는 이와 관계되는 연관 산업의 발전이 필연적으로 동반되어야 할 것이다.

현재, 텔레매틱스 산업은 국내외 완성차 업계에서 활발한 개발과 상용화가 동시에 병행되고 있는 분야로 본격적인 시장 진입 단계라고 할 수 있다. 텔레매틱스 산업 분야는 다양한 산업이 융합됨으로써 구현 가능한 분야이기 때문에 연관 산업 간의 공조가 필요하다. 단말기 등의 분야는 전문 부품업계를 중심으로 개발을 진행하고, 서비스 업체는 완성차 업체 및 이동통신 업체를 중심으로 추진하여야 할 것이다.

국외 텔레매틱스 서비스 시장은 자동차 OEM을 중심으로 한 Before-Market 위주로 시장이 형성되고 있다. 자동차 자체의 차별화가 어렵기 때문에 서비스의 차별화로 브랜드 이미지를 강화하고 이를 통해 자동차 판매라는 근본적인 핵심사업 역량을 강화하고 있다. 일부 자동차 OEM 업체의 경우 서비스 제공업체로서의 신사업 기회 및 고객관계 관리를 위한 기반으로 활용하려는 시도가 있었다.

텔레매틱스 서비스 시장의 특징을 4개 분야로 구분하여 정리하면 〈표 10-2〉와 같다.

〈표 10-2〉 텔레매틱스 서비스 시장의 특징

구 분	특 징
Before Market	• 차량 설계 때부터 텔레매틱스 장착을 고려 • 주로 자동차 제조업체와 관계업체 위주
After Market	• 차량이 출시된 후 소비자의 필요에 의해 선택 • 다수의 벤처 기업의 진출방향
Front-Seat Market	• 안전, 보안, 운전을 쉽게 해주는 서비스 중심
Rear-Seat Market	• 쌍방향 게임, 음악, VOD, 금융, M-commerce 중심

3) 텔레매틱스 서비스의 응용분야

텔레매틱스 서비스는 위치정보와 이동통신망을 이용해 운전자와 탑승자에게 안전성과 편리성을 보장하는 환경에서 교통안내, 긴급구난, 인터넷(금융, 뉴스, 이메일, 메신저, VoD) 및 영화, 게임 등의 정보를 제공하는 종합적인 멀티미디어 정보서비스이다.

운전자에게는 안전운전, 긴급구난, 교통안내 서비스 등을 제공하고 동승자에게는 인터넷, 영화, 게임, 멀티미디어 등 인포테인먼트 서비스를 제공한다.

〈표 10-3〉 국내 텔레매틱스 서비스 분류 및 주요 응용분야

구 분	제공 서비스	서비스 내역
내비게이션 (Navigation)	최적경로 교통예보 실시간 교통 이벤트	• 실시간 교통정보를 반영해 목적지까지 최적경로 제공 • 교통정보 DB활용, 일정시간 이후의 교통상황 예측 • 백화점세일 등 교통관련 이벤트 정보 제공
안전 및 보안 (Safety & Security)	자동사고 감지 엔진이상 감지 원격 도어 개폐 도난차량 추적 도난 방지 응급 구난	• 사고를 자동으로 감지해 구난조치 • 차량의 엔진 이상 여부 원격감지 • 센터를 통해 원격으로 차량도어 개폐 • GPS를 이용하여 도난차량 위치 추적 • 차량에 도난방지 시스템 장착하여 도난 예방 • 응급사태 발생시 구난 조치
인포테인먼트 (Infotainment)	위치기반 주변정보 기타 생활정보	• 차량주변의 식당, 극장 등 시설물 정보제공 • 증권, 뉴스 등 무선인터넷 기반의 생활정보 제공
개인화 서비스 (Personalized Service)	이메일 수신 개인화 포털	• 수신된 이메일을 합성된 음성이나 SMS로 제공 • PC, 텔레매틱스 단말기 등 다양한 디바이스에서 통합적으로 접근, 정보 저장 가능한 개인화 포털 제공

향후 텔레매틱스는 LBS(Location-Based Service), ITS와의 컨버전스(convergence)에 의해 새로운 서비스와 비즈니스 모델을 만들어 갈 것으로 전망이다. 국내 사업자들이 제공하고 있거나 준비하고 있는 텔레매틱스 제공 서비스 및 응용분야를 정리하면 〈표 10-3〉과 같다.

4) 해외 시장 동향 및 전망

(1) 해외 시장 동향 및 전망

세계 텔레매틱스 관련 전체 시장은 2004년 121억 달러에서 2015년 1,427억달러로 성장할 전망이다. 세계 텔레매틱스 단말기 시장은 2004년 81억 달러에서 2015년 911억 달러로 성장하여 연평균 성장률이 24.7%에, 서비스 시장은 2004년 40억 달러에서 2015년 516억 달러로 성장하여 연평균 성장률이 26.1%에 이를 전망이다. (〈표 10-4〉, [그림 10-2] 참조)

〈표 10-4〉 세계 텔레매틱스 시장전망

(단위 : 억달러, %)

연 도	2004	2005	2006	2007	2008	2010	2015	CAGR
단말기	81	102	128	168	222	341	911	24.7
서비스	40	51	66	89	122	203	516	26.1
합 계	121	153	194	257	344	544	1,,427	25.2

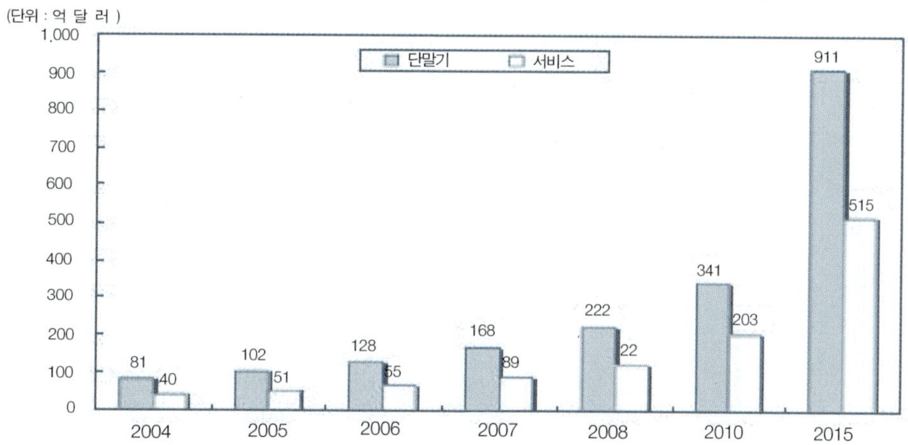

[그림 10-2] 세계 텔레매틱스 시장전망

제10장

(2) 해외 텔레매틱스 서비스 동향

세계 텔레매틱스 서비스 시장은 대체적으로 경로안내/내비게이션 서비스가 가장 발달되어 있으며, 교통정보 및 긴급구조를 위한 서비스가 활발히 추진되고 있는 상황이다.

해외의 경우 일본과 유럽은 내비게이션 및 교통정보 서비스 위주로, 북미지역은 응급구난 서비스 위주로 텔레매틱스 서비스 시장이 형성되고 있다.([표 10-5] 참조)

향후에는 기존의 경로안내/내비게이션, 교통정보 서비스가 더욱 발전됨으로써 전체적인 텔레매틱스 서비스가 활성화될 것으로 예상되며, 텔레매틱스 서비스 활성화 이후에 추가적으로 안전운전 및 인포테인먼트 서비스 등으로 분야가 확대될 것으로 예상된다.

〈표 10-5〉 **해외 텔레매틱스 서비스 현황 및 특징**

구 분	미 국	유 럽	일 본
서비스 현황	• 차량항법시스템 : 1백만대 • 텔레매틱스 가입자 : 250만명 • 텔레매틱스 지원 자동차 300만원대	• 차량항법시스템 : 2백만원대 • 텔레매틱스 지원 자동차 : 5만대 규모	• 차량항법시스템 : 6백만대 • VICS 수신기 : 6백만대 • 텔레매틱스 지원 자동차 : 4만대 규모
선도업체	• GM • Mercedes-Benz • BMW • Lincoln	• BMW • Mercedes-Benz • 아우디 • FIAT	• Toyota • Nissan • Honda • Mazda
주요관심사항	• 안전 및 보안 • 콘텐츠 & LBS 정보 • 이동전화 통합 • 내비게이션	• 여행정보 • 실시간 교통정보 • 내비게이션 • 안전 및 보안	• 내비게이션 • 실시간 교통정보 • 여행정보 • 안전 및 보안
시장 특징	• 단일시장 • 광범위한 국토 • 부분적인 무선통신영역 • 4종류의 이동전화 시스템 • 1평방마일당 58대 차량	• 다양한 언어, 문화 • 국가간 여행 활성화 • 이동전화 및 SMS 이용 • 1평방 일당 92대 차량	• 단일시장 • 장기적인 ITS 비전 • 패킷기반의 이동전화 • 1평방 마일당 493대 차량
텔레매틱스 전략	• 안전 및 보안 기능에 콘텐츠와 서비스의 결합	• 경로 안내와 여행 정보의 결합	• 실시간 교통정보와 생활정보의 결합

(3) 해외업체 동향

일본은 도요타가 1997년 'MONET' 이라는 이름의 서비스를 통해 텔레매틱스 사업을 시작하였다. 본격적인 텔레매틱스 서비스는 MONET과 도요타의 회원제 정보 서비스인 'GAZOO'를 통합해 탄생시킨 도요타의 'G-BOOK'이다. G-BOOK은 GPS로 위치정보를 받아 실시간으로 교통정보 및 서비스를 제공하고 있다.

혼다는 1998년부터 시작한 차량 탑재 단말기용 정보제공 서비스인 '인터나비' 네트워크를 기반으로 내비게이션 기능을 향상시킨 '인터나비 프리미엄 클럽'을 2002년 10월에 개시하였다.

미국에서는 1997년 GM이 캐딜락을 통해 'OnStar' 시스템이라는 텔레매틱스를 태동시켰다. 미국은 국토가 광활하고 도로 길이가 길어 주로 사고지원, 긴급 서비스, 원격 차량진단, 도난통보, 도난차 추적, 도로안내 등의 부문이 특화되었다. 특히 사고시 에어백 작동 자동통보 등 사고대비나 신속한 연락, 도난방지에 역점을 둔 서비스가 발달하였다.

장시간 운전에 따른 피로를 줄이기 위해 6개 언어를 인식하는 음성작동 컨트롤 시스템으로 헤드라이트와 온도조절, 속도조절 등 118개 명령을 자동차가 인식하여 수행할 수 있다.

유럽에서는 벤츠, BMW, 아우디 등이 OnStar와 비슷한 개념의 서비스를 시행하고 있다. 독일의 경우 사람과 자동차와의 인터페이스 분야에서 OnStar를 앞서는 부분도 있다. 벤츠는 S클래스를 내놓으면서 커맨드(Command) 시스템과 텔레매틱스 통신 서비스를 시행중이다. 이 시스템은 주행 중 인포 서비스를 작동시키면 뉴스, 날씨, 주가 정보를 얻을 수 있으며, 차안에 내장된 휴대전화를 통해 인터넷에 접속해 데이터를 가져올 수 있다. 디지털 맵은 유럽 통합적 개념이 가미되었으며, 스위스, 오스트리아, 네덜란드, 벨기에, 룩셈부르크, 영국, 프랑스 등의 언어와 로드 네트워크를 구축하여, 다른 나라에서도 길 안내를 받을 수 있다. 30개 단어를 인식할 수 있는 음성인식 기능을 사용해 다이얼 번호를 찾아 전화를 거는 것도 가능하다. BMW의 경우 'iDrive' 라는 텔레매틱스 시스템을 채택하여, 조그셔틀 같은 손잡이 하나로 스크린에 표시되는 많은 기능을 이용할 수 있다.

5) 국내 시장 동향 및 전망

(1) 국내 시장 동향 및 전망

국내 텔레매틱스 시장은 이동통신 사업자 중심의 After Market과 자동차 업체 중심의 Before Market으로 사업이 전개되고 있으며, 교통정보 및 내비게이션 서비스를 중심으로 시장이 형성되고 있다. 2002년 SK(주), SKT가 After Market을 대상으로 NATE Drive 서비스를 시작한 후, KTF와 삼성화재가 제휴한 애니넷 서비스, KTF와 네이버 시스템이 개발한 K-Ways 서비스 등이 After Market을 대상으로 서비스되고 있으며, Before Market에서는 현대기아차가 LGT와 제휴한 모젠 등의 서비스가 시작되었다. 국내 텔레매틱스 관련 전체 시장은 2004년 2,212억원에서 2010년 61,915억원으로 성장할 전망이다.

〈표 10-6〉 국내 텔레매틱스 시장전망

(단위 : 억원, %)

구 분	2004년	2005년	2006년	2007년	2008년	2009년	2010년	CAGR
단말기 시장	1,772	5,416	13,257	26,335	34,236	41,083	47,245	728
서비스 시장	440	1,582	4,120	9,244	11,093	12,757	14,670	794
합 계	2,212	6,998	17,377	35,579	45,328	53,849	61,915	742

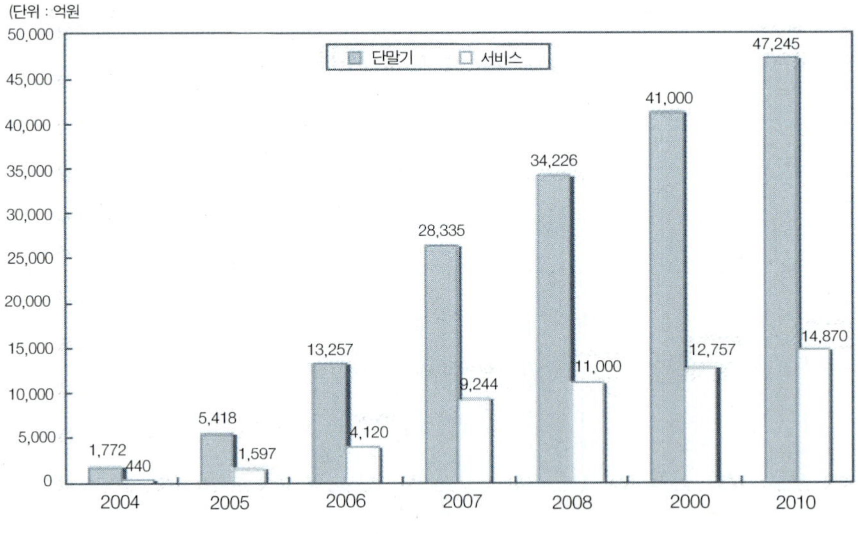

[그림 10-3] 국내 텔레매틱스 시장 전망

국내 텔레매틱스 단말기 시장은 2004년 1,772억원에서 2010년 47,245억원으로 성장하여 연평균 성장률이 72.8%에 이르고 텔레매틱스 서비스 시장은 2004년 440억원에서 2010년 14,670억원으로 성장하여 연평균 성장률이 79.4%에 이를 전망이다. (〈표 10-6〉, [그림 10-3] 참조)

현재 텔레매틱스 서비스가 소비자들의 서비스 기대 수준에 미치지 못하고 있으며, 2004년 이후 좀 더 다양한 서비스의 개발을 통한 본격적인 시장이 형성되고 있다. 향후 HPi(Highspeed Portable Internet) 및 DMB(Digital Multimedia Broadcasting)의 보급, 레저 활동의 증가 등으로 텔레매틱스 서비스가 새로운 서비스로 자리 잡을 것이다.

(2) 국내 텔레매틱스 서비스 동향

국내의 경우 높은 이동통신 서비스 이용률, 인터넷 보급률 및 자동차 보급률로 인하여 텔레매틱스 서비스의 활성화에 매우 유리한 여건을 보유하고 있다. 자동차 및 운전자와 직접 관련이 있는 안전, 보안, 내비게이션, 교통정보 등을 중심으로 소비자 수요가 형성되고 있으며, 이미 자동차 회사와 이동통신 사업자가 내비게이션 및 교통정보제공 위주의 서비스를 우선적으로 실시하고 있다. 자동차 회사의 경우는 2001년 11월에 서비스가 시작된 대우자동차의 Dream Net 서비스의 조기 사업철수로 시장이 불투명해 보였으나, 2003년 9월 르노 삼성자동차의 서비스 런칭과 2003년 11월 현대자동차의 MOZEN 서비스를 통하여 Before Market 시장이 활성화되고 있는 중이다.

〈표 10-7〉 국내 텔레매틱스 서비스 사업 현황

구 분	Before Market		After Market	
	GM 대우차	현대기아차	SKT	KTF
제휴사	KTF	LGT	SK(주)	삼성화재
서비스명	드림넷	모젠	네이트 드라이브	애니넷
단말기회사	대우통신	현대오토넷 LG전자	삼성전자 모빌콤	삼성전기
서비스시기	2001년 11월	2003년 11월	2002년 4월	2002년 10월
단말기가격	120만원 내외	190만원 내외	35만원	30만원
이동통신망	IS95-B	CDMA2000	CDMA2000	CDMA2000 1X
서비스 특징	정보 센터 상담원과 연결하여 길 안내, 교통정보 안내	안전서비스 실시간 교통정보 무선인터넷 생활정보서비스	무선인터넷 기반정보 서비스 실시간 교통정보 기반 길 안내	긴급구난 생활정보

제10장

이동통신 사업자의 경우 SKT가 2002년 서비스를 개시한 이래 다양한 서비스를 발굴하고 있으며, KTF는 2002년 서비스 개시하였으며, LGT의 경우는 현대 자동차에 망을 제공하는 형식으로 참여하고 있다. (〈표 10-7〉 참조)

국내 텔레매틱스 서비스는 효과적인 서비스 제공을 위하여 자동차 회사, 이동통신 사업자, 콘텐츠 제공자, 서비스 사업자 및 단말기 사업자가 유기적으로 연계되어 있다. ([그림10-4] 참조)

현대 자동차는 LGT, IBM과 협력을 통하여 SOS 콜, 긴급출동, 도난차량 추적, 교통정보 등의 서비스를 제공하고 있고, 쌍용자동차는 이너큐브와 전략적 제휴를 통해 자동차에 적용 되는 '정보통신 융합기술' 과 '차량 복합연구기술'을 연구하여, 차세대 차량에 접목할 수 있는 차세대 멀티미디어서비스, 맞춤형 고객서비스, 운전성향 분석 및 차량 관리 등 차량 정보 서비스를 공동 개발하고 있다.

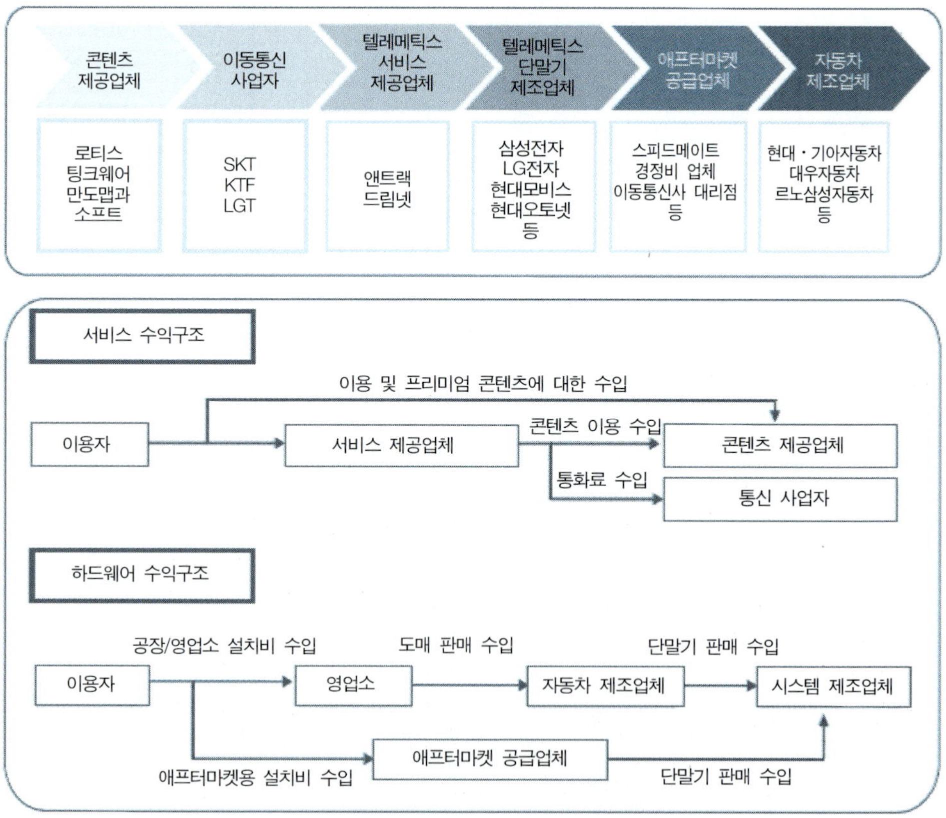

[그림 10-4] 국내 텔레매틱스 서비스 사업 구조

SK는 SKT망을 이용하여 네이트 드라이브로 길안내 서비스, 주유, 경정, 보험 등의 서비스를 제공하고 있으며, 르노삼성자동차와 협력하여 Before Market 서비스를 추진하고 있다. ([그림10-5] 참조)

사업자군	CP	플랫폼	네트워크	단말기	자동차
SKT+르노삼성 +삼성전자 (사업진행)	로티스, SKT	SK , PMI	SK T	삼성전자 모빌컴 보이스웨어	르노삼성
KTF+GM대우 +대우정밀 (서비스 중단)	로티스 대우정밀	대우자판 팅크웨어	KTF	대우정밀	GM대우
LGT+현대기아 +LG전자 (사업진행)	로티스, LGT	현대자동차 만도맵	LGT	LG전자 오토넷 보이스웨어	현대 , 기아

[그림 10-5] 국내 텔레매틱스 서비스 사업자 구성현황

자동차와 IT산업의 융합인 텔레매틱스 서비스는 기존 비즈니스 경계를 위협함과 동시에 주요 핵심기술로 활용되는 자동차, 무선통신, 이동통신 단말기, 인터넷, 전자상거래 등 광범위한 산업에 새로운 기회를 제공하고 있다.

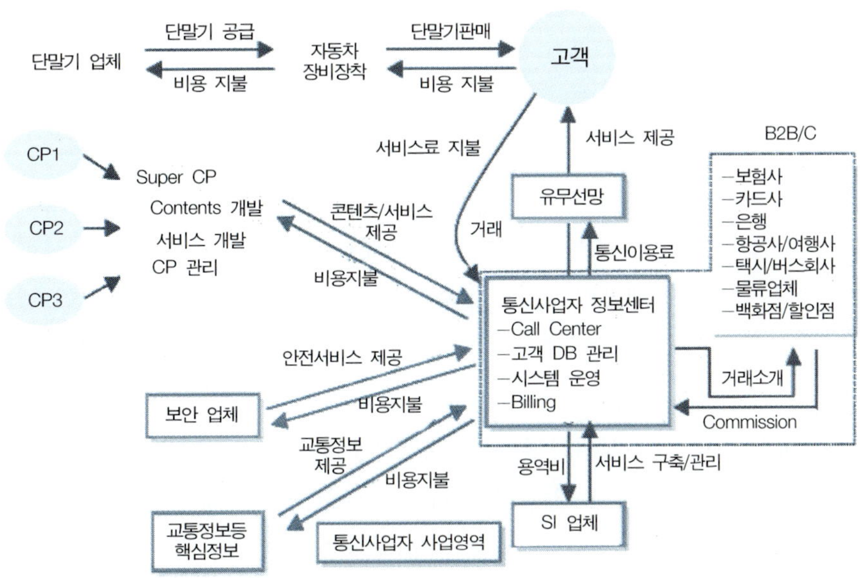

[그림 10-6] 텔레매틱스 서비스의 비즈니스 모델

단말기 업체, 통신사업자, SI 업체 등이 다음과 같은 비즈니스 모델에 의해 사업을 추진하고 있다.([그림 10-6] 참조)

국내 서비스 사업자들이 제공하고 있거나 향후 준비 중인 텔레매틱스 서비스 분야들은 내비게이션, 안전 및 보안, 인포테인먼트, 개인화 서비스 등으로 분류되고 있다.

(3) 국내업체 동향

현대·기아차는 2003년 11월 뉴그랜저XG, 뉴EF 쏘나타, 리갈 차량에 대해 'MOZEN' 서비스를 시작하였다. 또한 자동차 안전 진단 및 제어 등 텔레매틱스 고유 서비스를 발전시키기 위해 플랫폼과 자동차 전자제어장치를 유기적으로 연계시키기 위해 독자적인 텔레매틱스 서비스용 플랫폼 구축에 나섰다. LG전자, 현대오토넷 등에서 OEM 방식으로 공급받은 텔레매틱스 단말기 MTS 300을 에쿠스와 오피러스에 장착하고 있다.

LG전자는 GM의 텔레매틱스 단말기 공급업체로 선정돼 텔레매틱스 단말기를 공급할 예정이다.

또한 GM이 연간 500만대의 자동차 판매량 가운데 180만~200만대에 텔레매틱스 단말기를 장착할 예정인 점을 고려하면 LG전자가 공급할 수량은 적게는 수십만 대에서 많게는 100만대 규모에 이를 것으로 예상된다.

LG전자가 수출하는 단말기는 GM자회사인 OnStar가 제공하는 텔레매틱스 서비스 'OnStar' 용으로, GM의 인기 차종인 뷰익리갈과 폰티악 그랑프리 등 2개 모델에 장착할 예정이다.

르노삼성자동차는 2003년 9월 출시된 2004년형 SM5부터 텔레매틱스 서비스를 제공하고 있다. 르노삼성자동차의 서비스는 SK텔레콤이 제공하며, 차량 구입시 전용 단말기 INS300(99만원)을 설치하고, SK텔레콤에서 네이트 드라이버 서비스에 가입하면 가능하다. SK텔레콤의 네이트 드라이브는 휴대폰 형태의 대표적인 텔레매틱스 서비스이며, 현재까지 SM5 출고차량의 3% 정도인 1,100여대에 장착되어 있다.

쌍용차는 KTF와 서비스 제휴 계약을 맺고 2003년 상반기 중 뉴체어맨과 '로디우스'에서 시범 서비스를 실시하였다. 현대오토넷 단말기와 KTF 무선망을 활용해 텔레매틱스 서비스를 제공하고 있다. 쌍용차는 최대 2.4Mbps의 고속 데이터 서비스가 가능한 CDMA2000 1X EVDO를 기반으로 한 초고속 서비스를 제공하는 데 주력하고 있다.

이는 이미 출고된 차량에도 단말기를 달면 텔레매틱스 서비스를 이용할 수 있으며,

크게 오디오 형태와 핸드폰 형태로 분류된다.

중소 벤처업체를 포함해 현대 모비스, 현대 오토넷 등 주요 자동차 부품업체들이 다양한 가격대의 제품을 내놓고 있다.

6) 텔레매틱스 서비스의 향후 전망

텔레매틱스 서비스가 발전하기 위해서는 소비자들의 텔레매틱스 서비스 도입 가능성 및 선호도가 매우 중요하게 작용할 것으로 예상된다. 텔레매틱스 서비스 초기에는 긴급 구조, 교통정보 및 주행안내 등 안전 보안 및 운전자 지원 정보 서비스가 주류를 이루었으나, 원격진단 등 차량관리 서비스와 더불어 제3의 인터넷 공간으로서 이동차량 환경에서도 사무실/가정에서 이용하던 서비스를 단절없이 이용할 수 있는 차량의 모바일 오피스 서비스로 발전하고 있다. 텔레매틱스 서비스가 활성화되면, 온디맨드 서비스 등 인포테인먼트 서비스, 비디오 폰, 화상 회의 등 다양한 주문형 멀티미디어 서비스 분야가 크게 성장할 것으로 전망된다. 향후에는 텔레매틱스 서비스가 BCN, DMB, 콘텐츠, SoC, 임베디드 S/W 등 타 성장동력의 발전을 수용하는 종합서비스 산업으로 진화하는 한편, 광대역 무선망과 차량과 운전자의 정보를 처리하는 정보센터를 기반으로 보험, 정비 등 다양한 Vehicle Commerce를 창출할 것이다.

10.3 텔레매틱스의 이슈 분석

1. 텔레매틱스 산업 활성화를 위한 선결 과제

1) 기술 개발 과제

향후 국내 텔레매틱스 산업은 현재의 고통 정보 및 경로 안내 중심의 단 방향 서비스에서 차량과 텔레매틱스 서비스 센터와의 양 방향 정보 교환을 통해 제공 정보의 양적 확대, 질적 개선이 지속적으로 이루어질 것이다. 향후 텔레매틱스 기술개발은 ① 타이어 공기압 모니터링, ECU(Electronic Control Unit, 전자통제장치) 제어를 통한 차량 고장 진단, 차량용 블랙박스 서비스 등 자동차 부품 기술과의 연계, ② 인터넷, On-Demand 엔터테인먼트, ASP 기반의 O/A 프로그램 제공 등을 통한 Mobile Office 환경 제공, ③ 보험, 뱅킹, 관광, 물류, 전자상거래(V-Commerce) 등 오프라인 산업과의 연계, ④ 실시간 교통정보 반영, 3D 지도 등 실감 GIS(Geometrical Information System, 지리정보시스템)를 활용한 주행정보 서비스의 질적인 개선에 중점을 두어 발전할 것이다.

이러한 서비스의 진화를 위해서는 관련 기술의 개발 및 표준화가 선행되어야 할 것으로 판단된다. 현재 텔레매틱스 산업 발전의 장애 요인으로 작용하고 있는 기술 관련 이슈는 크게 무선통신의 데이터 전송 속도 문제, 단말 플랫폼 표준화 문제, 차량 위치 추적을 위한 GPS 등의 정밀도 문제, 운전자와 텔레매틱스 단말기 간의 정보 교환을 위한 음성 인식 및 구현 기술 등을 들 수 있다.

(1) 무선통신 전송속도 개선

현재의 이동전화 네트워크는 대용량 정보제공이 어렵고, 이용 요금이 고가이므로 텔레매틱스 사용자 기반 확대에 한계가 있다. 이에 대한 유력한 대안으로 평가받는 기술은 휴대인터넷인데, 휴대인터넷은 전송 속도가 빠른 반면, 주파수 라이센스 비용이 저렴하여 경제성을 갖추고 있는 것으로 평가된다.

(2) 단말 플랫폼의 표준화

단말기 기종, 차종 및 텔레매틱스 서비스 제공자가 상이한 서비스 환경 하에서, 특정업체에 종속되지 않는 데이터 교환 및 처리, 호환성 확보를 위해서는 단말 플랫폼의 표준 기술 개발이 필요하다. 단말 플랫폼 표준화는 다양한 텔레매틱스 관련 기기간의 접속 표준 설정, 데이터 수신 및 처리, 음성 인식 및 합성 등 단말기 운영에 필요하다.

(3) 차량 측위 기술의 정밀도 향상

이동 중인 차량의 위치를 측정하는 가장 보편적인 방법은 GPS를 이용하는 방법이며, GPS는 차량의 위치를 약 10미터의 오차범위 내에서 찾아낼 수 있다. 대도시 지역의 경우 건물 등의 간섭으로 오차범위가 커지는 경향이 있으므로, 차량 측위 기술의 정밀도 향상이 요구된다. 차량 측위 정밀도 향상을 위한 노력은 기존의 GPS의 오차를 줄이기 위한 현대화 작업 외에, DSRC(Dedicated Short Range Communication, 근거리 무선통신)를 구축하는 방법, 무선 통신 기지국을 활용하는 방법, GPS와 DR

항법(Dead Reckoning, 추측항법)을 동시에 활용하는 방법 등에 관한 연구개발이 지속적으로 진행되어야 할 것이다.

(4) 음성인식 기술 개발

대부분의 텔레매틱스 단말기는 LCD를 통해 운전자에게 정보를 제공하고 있으나 주행 중 운전자의 안전을 보장하기 위해서는 운전자의 전방 주시 상태를 해치지 않을 수 있는 새로운 방법의 인터페이스 기술이 필요하며, 유력한 대안이 헤드업 디스플레이(Head-Up Display, HUD)와 음성 인식 기술이다. 이 중 음성 인식 기술의 경우 운전자의 운전 집중도 유지 면에서 궁극적인 대안으로 예상된다. 현재 기술 수준은 차량 잡음 등으로 인해 정확도가 크게 떨어지는 등 여전이 한계점을 가지고 있으므로 유연성과 정확성을 보강한 기술 개발이 필요할 것이다.

(5) 디지털 저작권 관리(DRM) 기술 개발

디지털 기술의 발달과 보급으로 텔레매틱스용 콘텐츠의 디지털화가 급속히 이루어지고 있으며, 이를 지원하기 위한 디지털 콘텐츠의 유통 기술의 개발 및 인프라 구축이 필요하다. 디지털 기술과 정보통신 기술의 활용으로 일반 사용자들이 디지털 콘텐츠를 재가공, 생산, 유통시킬 수 있게 되어 저작권 문제를 야기시킬 것으로 예측되며, 이를 처리하기 위한 저작권 보호 및 관리 기술이 필요하다.

디지털 콘텐츠의 저작권 보호, 관리, 유통을 위한 기술 체계인 DRM(Digital Rights Management) 및 IPMP(Intellectual Property Management and Protection) 기술의 확보가 디지털 콘텐츠 산업의 성장에 필수 항목으로 요구되고 있으며, 선진국을 비롯한 국제 표준화 기구에서도 이에 대한 중요성을 인지하여 기반 기술의 개발 및 표준화가 진행 중이므로 지속적인 모니터링이 요망된다.

2) 시장 활성화 과제

텔레매틱스 산업이 예상보다 부진한 이유는 네트워크 인프라 미흡, 고비용 구조, 적절한 새로운 서비스 부족 등 총체적인 문제점들로 인해 소비자를 제대로 유인하지 못하고 있기 때문이다. 따라서 텔레매틱스 산업의 활성화를 위해서는 보다 근본적인 관점에서 접근할 필요가 있다.

(1) 모바일 네트워크의 조기 상용화

현재의 네트워크는 대용량 정보 제공에 한계가 있으며, 음성 이외에 대용량 데이터 서비스 제공이 쉽지 않을 뿐 아니라, 일부 대용량 서비스가 가능한 네트워크는 사용료가 비싸므로 텔레매틱스 산업이 활성화되기 위해서는 대용량 정보 서비스를 저가에 이용할 수 있어야 한다. 이런 문제를 해결하기 위해서는 이동형 디지털 멀티미디어방송인 DMB(Digital Multimedia Broadcasting)와 휴대 인터넷의 조기 상용화가 요구된다.

휴대인터넷은 2.3GHz의 주파수 대역을 사용하는 모바일 무선랜인데, 휴대인터넷의 경우 기존의 IMT-2000과 비슷한 특성의 주파수 대역을 사용하게 되며, 대역폭은 IMT-2000의 2배 정도로 증가하게 된다. 휴대인터넷 서비스를 무선랜과 유사한 것으로 간주할 경우 주파수 라이센스 비용은 IMT-2000에 비해 현저하게 줄어들 것이다. 따라서 설비투자 비용이 대폭 절감될 수 있고, 서비스 요금이 낮아지게 될 것이다.

휴대 인터넷은 텔레매틱스 산업 발전을 견인할 수 있는 가장 적합한 네트워크가 될 것으로 예상되나 휴대인터넷의 표준화가 이루어지지 못한 문제점이 있으므로 정부차원에서의 조율 노력이 요구된다.

(2) 새로운 킬러 어플리케이션 확보

현재 국내 텔레매틱스 서비스의 경우 도로교통 정보가 차지하는 비중이 크지만 교통정보 서비스만으로 소비자를 유인하기 어렵다. 이러한 문제를 해결하기 위해 킬러 어플리케이션이 될 수 있는 새로운 서비스와 콘텐츠의 개발이 요구되고 있다. 현재의 도로교통 정보 서비스가 나름대로 킬러 어플리케이션의 역할을 하면서 초기 가입자 유치에 크게 기여하고 있지만, 텔레매틱스 산업의 발전을 위해서는 한 단계 더 진보된 서비스가 필요하다. 킬러 어플리케이션의 후보로 인터넷서비스를 들 수 있는데, 인터넷서비스는 이메일에서 웹 검색까지 자유자재로 이루어져야 하며, 이 부분은 네트워크의 보완이 이루어질 경우 빨리 해소될 수 있을 것이다. 위치기반 서비스(LSB)도 킬러 어플리케이션의 후보로 부각될 수 있을 것으로 예상된다. 자동차의 주행상태 및 주행위치를 실시간으로 파악할 수 있는 위치기반 서비스의 장착을 의무화할 경우 영향이 클 것이다.

위치기반 서비스 기능은 이미 휴대폰 등에서 활용되고 있지만 휴대폰으로는 정확한 위치파악에 어느 정도 한계가 있다.

(3) 디지털 콘텐츠의 확보

텔레매틱스 산업의 발전을 위해서는 디지털 콘텐츠의 확보가 매우 중요한 요소로 작용할 전망이다.

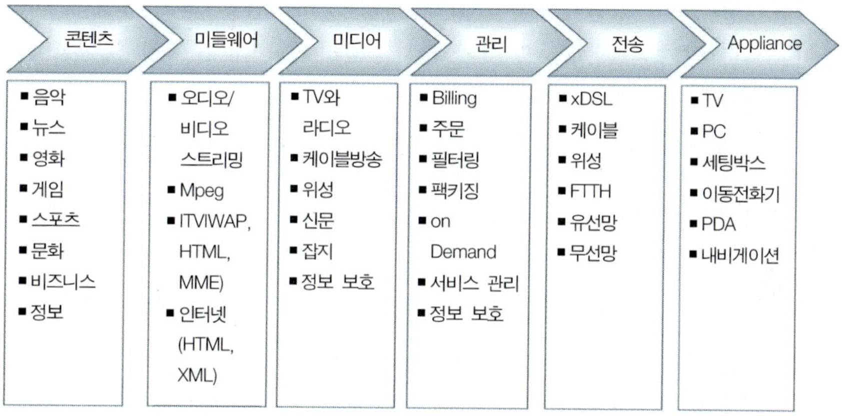

[그림 10-7] 텔레매틱스 산업 내 디지털 콘텐츠의 가치 사슬

텔레매틱스 산업에 필요한 디지털 콘텐츠는 미들웨어, 미디어, 관리, 전송을 거쳐 어플라이언스까지 5단계로 연결되어 있다. ([그림 10-7] 참조)

현재 텔레매틱스 서비스센터에서 제공하고 있는 각종 디지털 콘텐츠는 정형화되어 있지만 향후 운전자의 니즈에 따라 차별화된 디지털 콘텐츠를 제공하는 수준으로 발전할 전망이다. 텔레매틱스 서비스용 디지털 콘텐츠는 운전자 편익에 중점을 두고 발전될 것이다. 텔레매틱스에 접목할 디지털 콘텐츠는 위치정보를 비롯한 기상정보, 금융정보, 여행정보, 디지털 영화와 게임, 뉴스 등을 들 수 있다. 통신과 방송 인터넷을 연결하는 기술적 발전에 따라 환경에 대응하기 위한 디지털 콘텐츠는 지속적으로 발전할 것이다.

텔레매틱스 사업의 발전을 위해서는 디지털 콘텐츠와의 결합이 중요한 이슈로 부각되고 있다. 각종 위치정보와 도로정보, 그리고 문화정보 등이 단말기를 통해 전달되는 텔레매틱스 세상에서 디지털 콘텐츠의 이용이 증가되고 있다. 텔레매틱스 서비스에서 디지털 콘텐츠의 메뉴들은 각종 위치 정보를 비롯하여 여행정보, 그리고 기상정보가 주류를 이루었지만 향후 디지털 콘텐츠의 다양화에 따라 세분화되고 전문화된 디지털 콘텐츠 서비스가 이를 대신할 전망이다.

2. 텔레매틱스 산업 발전 방향 및 향후 전망

향후 텔레매틱스 산업은 현재의 로컬 서비스의 형태에서 벗어나 글로벌 업체 간의 제휴, 기술 및 서비스의 수출입이 활발하게 일어나는 글로벌 서비스로 발전할 것으로 예상된다. 현재 텔레매틱스 산업은 세계적으로 시장 형성 단계에 있으며, 선진국과의 기술적 차이가 상대적으로 크지 않다. 따라서 국내 표준화 및 서비스 안정화를 통한 세계시장 조기진출이 필요하다.

텔레매틱스 산업의 정착을 위해서는 서비스에 대한 소비자의 낮은 인지도 개선, 이용 요금 및 단말기 구입 비용 부담의 완화, 관련 솔루션 기술 개발 및 표준화의 조기 달성, 지리 및 교통정보의 통합 수집 및 배포 체제 확립 등 풀어야 할 과제가 많은 상황이다. 이미 구축하여 운영 중인 지리 및 교통 정보시스템의 경우 수집 주체 및 정보의 내용, 관리 표준 등이 상이해 업체별 중복 투자 및 정보 호환성 결여라는 문제점을 안고 있어 정부 차원의 산업 인프라 구축 및 표준화 노력이 시급한 것으로 보인다.

장기적으로 텔레매틱스 산업의 발전은 자동차, 이동통신서비스, 단말기 등 관련사업의 사업 내 경쟁 구도에도 영향을 미칠 것으로 예상된다. 현재 자동차 산업은 수요 정체 및 경쟁 심화에 따라 수익률이 전반적으로 하락하고 있고, 차량 제조 기술의 발전으로 메이커별 품질 차이가 축소되고 있다. 따라서 업계의 새로운 수익모델의 창출이라는 측면에서, 차별화된 고객 서비스 제공을 통한 신규 고객 창출 또는 기존 고객의 로열티 제고의 측면에서도 텔레매틱스 시장에서의 경쟁력 강화는 곧 제품 및 브랜드 경쟁력의 차별화로 이어질 가능성이 크다고 볼 수 있다.

텔레매틱스 산업은 완성차 업체, 이동통신사업자, 단말기 제조업체 등 주요 시장 참여자의 전업도가 극히 낮은 수준이고, 기존 기술 및 산업 인프라의 활용이 중요한 산업이다. 현재까지는 동 산업이 독립된 산업 영역을 구축하고 시장 참여업체를 적극적으로 확대시켜 가는 단계에 미치지 못하고 있는 형편이지만, 기술 개발 및 표준화 진전, 수요 기반 확대에 따라, 향후 콘텐츠 개발, 단말기 및 차량 부품 제조 분야를 중심으로 한 시장 참여업체의 양적인 증가, 독자적인 부가가치 창출, 전문업체 등장이 가속화될 것이다.

텔레매틱스 시장에서 초기 하드웨어 판매 수익에서 점차 서비스를 통한 수익구조로 옮겨가고 있으며, 이러한 수익은 가입비와 이용요금을 통해 발생하고 있다.

텔레매틱스 서비스에 대하여 국가별로 요구하는 특성이 차이가 있는데 미국에서는 응급구조 서비스에 대한 요구가 크고 유럽 일본 지역에서는 안전관련 서비스 외에도 교통정보 및 내비게이션에 대한 서비스 요구가 크다.

국내에서는 이러한 기본적인 서비스 외에도 지능화 개인화 서비스 및 멀티미디어에 대한 서비스가 중요할 것으로 보여진다. 텔레매틱스 서비스는 원격진단 등 차량관리 서비스와 더불어 제 3의 인터넷 공간으로서 이동차량 환경에서도 사무실 가정에서 이용하던 서비스를 단절 없이 이용할 수 있는 차량의 모바일 오피스 서비스로 발전할 전망이다. 텔레매틱스 서비스가 활성화되면 서비스 등 인포테인먼트 서비스, On Demand, 비디오 폰 화상 회의 등 다양한 멀티미디어 서비스 분야가 크게 성장할 것이다.

향후 텔레매틱스 서비스가 BcN, DMB, 콘텐츠 등 종합서비스 산업으로 진화하는 한편 광대역 무선망과 차량과 운전자의 정보를 처리하는 정보센터를 기반으로 보험 정비 등 다양한 Vehicle Commerce(VRM)를 창출할 것이다.

〈표 10-8〉 텔레매틱스 서비스 발전

구 분	2004 ~ 2005	2006 ~ 2007	2008 ~ 2009
교통정보 서비스	실시간 지역적 교통정보 서비스	실시간 광역 교통정보 서비스	교통상황 기반 교통정보 서비스
차량 · 안전 · 관리	위치기반 긴급 구난	차량원격진단 기반 긴급 구난 및 조치	원격차량 진단 및 유지보수
멀티미디어	다운로드형 멀티미디어 서비스	이동 스트리밍형 멀티미디어 서비스	실감형 콘텐츠 멀티미디어 서비스
모바일 오피스	인터넷/PIMS	멀티미디어 메신저	대화형 화상전화
V-Commerce	POI 정보 서비스	위치기반 Payment	V-Commerce 서비스
ITS	Electronic Toll Collection	광역 교통관리 서비스	광역 교통 에이전트 서비스

10.4 위치기반 서비스

무선 인터넷망이 개방되고 위치정보와 관련된 법률이 제정됨에 따라 위치기반 서비스의 산업 활성화에 촉매 역할을 하고 있다. 또한, 이동통신관련 기술의 발달로 위치기반 서비스의 기술 발전을 촉진시키고 있다. 네트워크기반과 단말기기반의 측위 기술 및 하이브리드 방식으로 위치 정확도를 향상시키는 기술과 위치정보를 보호하고, 효과적으로 관리하기 위한 플랫폼 기술, 그리고 다양한 서비스를 제공하기 위한 응용 서비스 기술이 연구되고 있다.

이동통신 기술의 발달과 더불어 다양한 통신망에서 이동단말의 위치를 계산하는 기술이 활발하게 연구되고 있다. 즉, 무선뿐만 아니라 유선 통신망과 GPS 음영지역인 실내, 빌딩 숲 속에 있는 사용자의 위치를 파악하는 기술이 개발되고 있다. 이렇게 사용자의 위치를 수집하는 방법이 다양하게 연구되고, 그 수요가 증가함에 따라 많은 국내외 민간기업, 공공기관과 지자체 등에서는 이 위치정보를 가공하여 민간과 공공부문에 서비스할 다양한 콘텐츠를 제작하고 있다. 이와 같이, 위치기반 서비스(LBS : Location Based Service)는 위치 확인기술을 이용해 이용자의 위치를 파악하고 이와 관련된 애플리케이션을 부가한 서비스이다. 현재 무선통신 인프라와 유무선 인터넷의 발달로 LBS에 대한 기반 인프라의 구축 수준이 높아지고 있기 때문에 이를 통한 서비스의 확산에 큰 장점을 갖고 있다. LBS가 이동통신 부가서비스라는 기본 개념에서 GPS, GIS, ITS 등을 활용한 폭넓은 응용 산업으로의 발전 가능성이 높다고 분석되며, 텔레매틱스 산업과의 연계도 활발히 진행될 것으로 전망된다. 또한, 휴대 인터넷, DMB, RFID/USN 등의 기술 발달과 유비쿼터스 컴퓨팅 환경의 조성으로 위치정보의 활용성은 더욱 다양화될 것으로 예상되고 있다. 우리나라에서는 2003년 이동통신사들이 무선 인터넷 망을 개방하였고, 2005년 1월 '위치정보의 보호 및 이용에 관한 법률'이 공포되어 LBS 산업 발전의 기틀이 마련되었으며 위치정보 보호에 대한 관심 또한 고조되고 있다.

LBS는 양질의 위치정보, 즉 위치 정확도를 높이기 위한 다양한 측위 기술을 개발하고, 이동통신사의 위치획득서버들을 연계하여 위치를 획득, 저장, 관리, 위치정보 보호 등을 담당하는 개방형의 LBS 플랫폼과 타 기술과의 융합에 의한 다양한 솔루션으로 나뉘어 개발되고 있다. 이 장에서는 LBS의 기반 기술 동향에 대하여 살펴보도록 한다.

10.5 위치기반 서비스(LBS)의 기술

1. 측위 기술

측위 기술(LDT)은 모바일 단말의 위치를 측정하기 위한 기술로서 통신망의 기지국 수신신호를 이용하는 네트워크기반(network-based) 방식과 단말기에 장착된 GPS 수신기 등을 이용하는 단말기기반(handset-based) 방식으로 구분할 수 있으며, 이들을 혼합하여 사용하는 혼합(hybrid) 방식으로 분류할 수 있다. 네트워크기반 방식은 위치 정확도가 통신망의 기지국 셀 크기와 측정방식에 따라 차이가 많으며, 일반적으로 500미터에서 수 킬로미터의 측정오차를 가진다. 단말기기반 방식은 단말기에 GPS 수신기 등 신호 수신장치를 추가로 장착해야 하며, 네트워크기반 방식에 비해 위치 정확도는 높으나 높은 빌딩이 많은 도심지역, 산림 숲, 실내에서는 정확한 GPS 신호를 받지 못해 위치를 결정하지 못하는 문제가 있다. 이 두 방식의 문제를 해결하기 위하여 각 기술을 혼합하여 사용하는 혼합방식인 A-GPS와 DGPS 기술이 있다. 단말의 위치를 결정하기 위한 측위 기술은 LBS의 가장 기반이 되는 기술로서 기술개발의 두 축으로 위치측정에 소요되는 시간과 위치 정확도를 높이기 위한 다양한 방법들을 위주로 연구되고 있다.

1) Cell ID

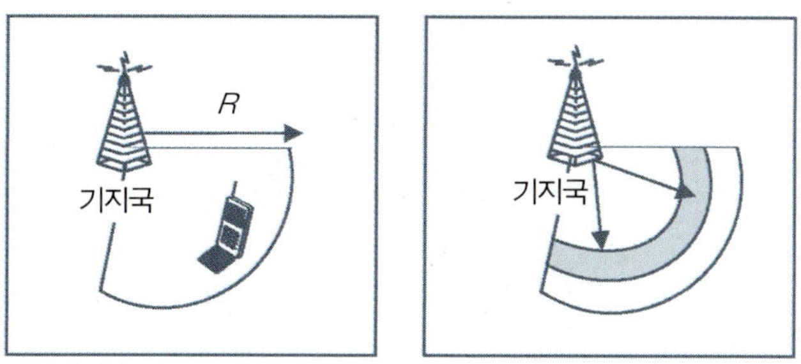

[그림 10-8] Cell ID와 Enhanced Cell ID

Cell-ID 기술은 별도의 단말기 및 네트워크의 변경이 필요 없는 가장 단순한 네트워크기반의 위치 측위 기술로서, 이용자가 속한 기지국의 서비스 셀 ID를 통해 이용자의 위치를 3초 이내에 파악하는 장점이 있다. 그러나 셀 반경의 크기에 따라 위치정보의 정확도가 큰 편차를 보이는 단점이 있다([그림 10-8] 참조).

2) Enhanced Cell ID

Enhanced Cell ID 방식은 주로 GSM 방식의 이동전화에서 사용된 기술로, Cell ID 방식에 기지국과 단말기 사이의 거리 정보를 추가하여 정확도를 개선한 방법이다. 단말기의 위치는 셀 반경에 위치하고, 이 반경을 추정하기 위해 RTT(3GPP FDD Only) 등을 이용할 수 있다. 여기서 RTT는 기지국이 단말기로 응답을 요청한 시각과 기지국이 단말기의 응답을 수신한 시각의 차이에서 단말기에서 응답처리시간의 제한 값을 의미한다.

3) AOA

AOA(Angle of Arrival) 기술은 단말기의 신호를 수신한 3개의 기지국에서 신호 수신 각도의 차이를 이용하여 위치정보를 제공하는 기술로, 가장 대표적인 예로는 AOA 측위법이 항공기와 야전에서의 군사적 시스템을 위한 VOR 시스템에 적용되는 것이다. 이론상으로는 50~150m의 정확도를 보장하지만, 실제로는 150~200m의 정확도를 보장하는 것으로 알려져 있다([그림 10-9] 참조).

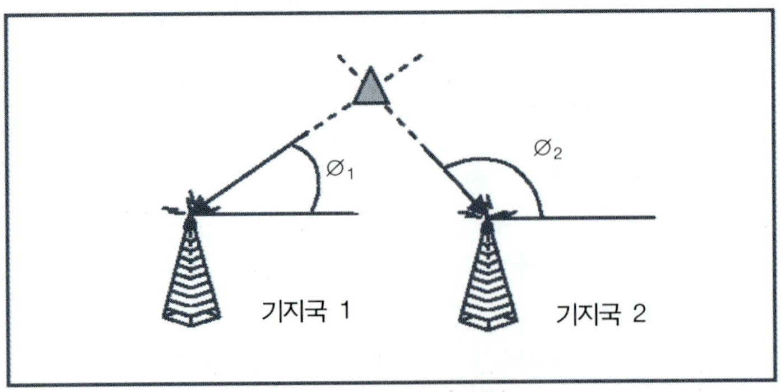

[그림 10-9] AOA 개념도

4) TOA

TOA(Time of Arrival) 기술은 단말기의 신호를 수신한 한 개의 서비스 기지국과 2개의 주변 기지국들 사이의 신호 도달 시간의 차이를 이용하여 위치 정보를 획득하는 기술이다. 즉, 각 기지국에서는 신호도달 시간 값에 따른 원이 생기게 되고, 이 원들의 교점을 단말기의 위치로 추정하는 방식이며, 약 125m의 정확도를 보인다([그림 10-10] 참조).

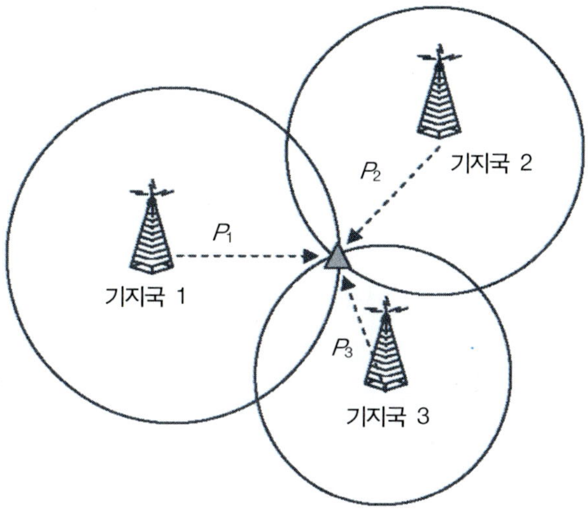

[그림 10-10] TOA 개념도

5) TDOA

TDOA(Time Difference of Arrival)의 측정 원리는 서비스 기지국 신호를 기준으로 인접 기지국들의 신호지연을 측정하는 것이다. 서비스 기지국 신호와 인접 기지국 신호의 신호 도달 시각차를 측정한 값으로 여러 개의 쌍곡선이 생기게 되고, 이 쌍곡선들의 교점을 단말기의 위치로 추정하는 원리이다. 일반적으로 50~200m 위치 정확도를 보장하는 것으로 알려져 있다([그림 10-11] 참조).

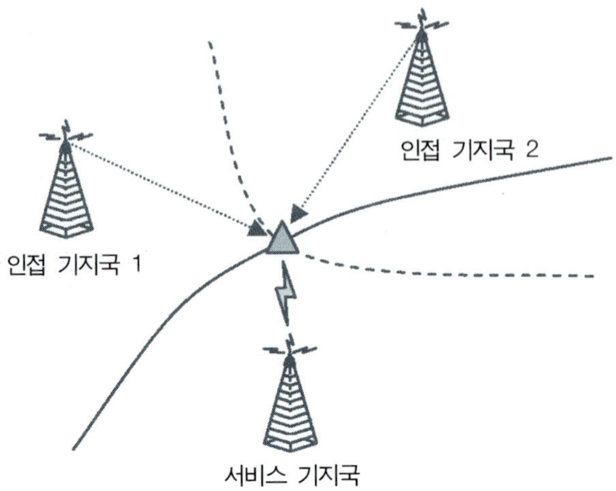

[그림 10-11] TDOA 개념도

6) A-GPS

A-GPS(Assisted-GPS)는 인공위성에서 보내는 위치정보를 단말기 내의 내장된 칩이 읽어 기지국에 알려주는 방법이다. GPS 위성을 사용할 경우라도 도심지역이나 실내에서는 정확도와 사용성이 떨어지기 때문에 이러한 단점을 보완하기 위하여, 기존의 네트워크 방식과 결합한 방식이다. 즉, 단말기는 위성과 무선 네트워크 기지국으로부터 측위를 위한 측정치를 수집하여 위치를 측정하거나 수집된 정보를 위치측위시스템인 PDE에 보내고 PDE에서는 단말기에서 보낸 정보와 기지국에서 생성된 정보를 혼합하여 단말기 위치를 측정한다.

7) DGPS

DGPS(Differential GPS) 방식은 기존의 GPS가 갖는 위성의 위치에 따른 오차를 보정하여 정확도를 높이기 위한 것으로, 지상에 위치를 정확히 알고 있는 기준 수신기를 설치하고 이 수신기로부터 보정신호를 받아 위성으로부터 수신된 위치신호의 오차를 보정하는 방식이다.

8) E-OTD

E-OTD(Enhanced Observed Time Difference)는 네트워크와 단말기기반 측위 기술

을 혼합한 기술로서 2개 이상의 기지국에서 단말기로 전파를 보내 다시 이 전파가 되돌아오는 시간의 차이를 측정하는 방식으로, 거리가 먼 교외나 거리가 짧은 도심이나 정확도의 편차가 크지 않다. GPS를 지원하는 단말기가 필요하며 약 75~150m의 위치 정확도를 제공한다.

9) Galileo

유럽에서는 미국 GPS 위성에 대한 의존도를 탈피하기 위해 갈릴레오 프로젝트를 진행하고 있다. 이 프로젝트에서는 2008년까지 30개의 위성을 쏘아 올릴 예정이며, Galileo 시스템은 미국의 GPS와 호환성을 가지고 있어 GPS가 가진 음영지역 문제를 줄일 수 있을 것으로 기대된다. GPS 위성의 커버리지는 전세계의 55%인데 반해, 이 갈릴레오가 호환될 경우는 96%를 커버할 수 있을 것으로 예상된다.

10) 기 타

유비쿼터스 컴퓨팅 환경은 더욱 다양한 측위 기술을 제공할 수 있는데, RFID, 무선랜 등을 이용한 측위 기술이 연구 중이거나 완료되었다. 현재 국내·외적으로 실내에서의 측위 기술(indoor positioning technology)에 대해 많은 연구를 진행하고 있다.

2. 플랫폼 기술

LBS 플랫폼은 LBS의 가장 기본적이고 핵심적인 기능을 제공하며, 위치서버, 위치데이터서버, 위치 응용서버로 구분할 수 있다.

1) 위치서버

위치서버(location server)는 위치획득서버로부터 위치를 획득하여 클라이언트의 위치정보 요청에 응답하는 기능, 위치정보의 관리 및 개인 또는 집단 위치정보 처리, 이동경로 추적 등 위치기반 기능에 해당하는 위치중심의 처리기능을 수행한다. 또한, 사용자 프로파일 관리, 인증 및 보안, 타사업자와의 위치정보 제공 연계, 망부하 관리, 다양한 사용의 접근통제, 통계관리 등 통신망과 연계된 기능 및 LBS를 위한 플랫폼 운영기능을 포함한다.

2) 위치데이터서버

위치데이터서버는 대용량인 이동단말의 위치 정보를 획득해 실시간으로 처리하는 서버이다. LBS를 위한 DB의 경우에는 사용자 DB부터 GIS DB와 각종 실시간 정보에 이르기까지 방대한 DB가 요구되는 특성상 DB 서버가 요구된다. 일반적으로 이동하는 객체의 위치를 계속 추적하며 서비스하는 위치정보는 대용량일 뿐만 아니라 서비스에 따라서 통신망에 상당한 부하를 발생시키는 문제가 있다. 이러한 위치정보의 실시간 처리와 보다 나은 서비스를 위한 플랫폼의 위치데이터서버로서 대용량 이동체 데이터베이스 기술이 있다. 이 기술은 위치 데이터를 시간별, 영역별로 저장하기 위한 시공간 데이터베이스 기술을 말한다. 최소 100만 개 이상의 위치 데이터를 실시간 갱신하기 위한 메모리 데이터베이스 기술 및 분산 데이터베이스 기술 또한 새로운 DB 기술 모델이 될 수 있다.

현재 이 분야의 기술은 유럽 주요 대학들의 'Chorochronos' 시공간 데이터베이스 컨소시엄을 통하여 위치정보 및 이동객체 처리 기술에 대한 연구가 진행 중이며, 국내에서는 ETRI에서 대용량 이동객체 DBMS 기술을 개발하고 있다.

3) 위치응용서버

위치응용서버는 LBS 핵심공통 컴포넌트라고도 하며, LBS를 지원하기 위한 공통기능들을 표준 인터페이스를 통해 제공한다. 획득된 위치정보의 경, 위도 좌표를 X, Y 좌표 및 주소 체계로 변환하는 지오코딩(geocoding)과 이의 역변환(reverse-geocoding) 컴포넌트, 사용자 위치를 지도상에서 표현하기 위한 지도 서비스 컴포넌트, 라우팅 및 트래킹 컴포넌트, 현재 위치에서 주어진 영역 내에 위치한 장소를 서비스하는 디렉토리 서비스 컴포넌트, 광고를 특정위치에 위치한 모든 사용자에게 통지하는 컴포넌트로 구성된다.

3. 응용 서비스 기술

응용 서비스 기술은 위치정보에 기반한 부가 서비스를 지원하기 위해 필요한 것으로, 국내의 LBS시장은 최근 다양한 관련 서비스가 개발되고 있고 무선 인터넷 분야에서 새로운 킬러 애플리케이션으로 각광받고 있다. 국내에서는 1999년 이동통신사를 중심으로 소개되었고, 친구찾기, 쿠폰제공 등과 같이 일반 가입자용 LBS와 물류, 보험, 택시 등의 법인고객을 대상으로 하는 서비스가 제공되고 있다.

1) 국내 LBS 응용 서비스 동향

국내 LBS 시장을 구성하는 주요 서비스는 크게 Information, Entertainment, Safe & Security, Tracking, Commerce 등으로 나눌 수 있다.

(1) Information

주로 위치정보에 기반한 각종 정보 제공을 목적으로 하는 서비스로서, 주변정보 서비스, 도로상황 및 교통정보 서비스 등이 포함된다. 이동통신사들의 "주변 정보/여행", "알짜 주변정보", "추천! 프리미엄 위치정보" 등이 서비스 중이다.

(2) Entertainment

최근 각광받고 있는 서비스 분야로서 위치별로 미션을 수행하거나, 지역별 대항전을 벌이는 게임이 이미 서비스 제공중에 있고, 위치에 기반한 운세 서비스와 미팅 서비스 등이 있다. 현재 이동통신사들의 "위치팅", "사주팔자", "LBS 동네 맞고", "약도배달", "약속방", "보물을 찾아라" 서비스가 이 분류에 포함된다.

(3) Safe & Security

GPS 기반의 측위 방법이 도입되면서 관심이 높아진 분야로서, 가족간 또는 연인간 상대방의 위치를 파악하여 안전을 보장하는 서비스이다. 개인 사생활 침해와 같은 문제점을 줄여가고 있는 상황이다. "안심귀가", "i-Kids", "GPS 긴급호출" 등의 서비스가 제공되고 있다.

(4) Tracking

사람, 차량, 물류 등을 추적할 수 있는 서비스이며 현재는 개인보다는 기업을 대상으로 한 물류추적서비스, 렌터카나 화물의 위치를 추적하는 서비스로 발전하고 있다. 최근 전자상거래 분야에서 고객이 주문한 물건의 배송상태나 배달 차량의 추적에 쓰이고 있다. 친구찾기서비스 중의 "자동위치찾기", "친구도착/이탈알림", "분실폰위치확인", "애인안심서비스" 등의 서비스가 포함된다.

(5) Commerce

LBS를 상업적으로 사용하는 분야이며, 현재 시장에서는 크게 활성화가 되고 있지 않지만, 기존의 m-Commerce를 넘어 위치에 기반한 L-Commerce 개념이 확장, 도입될 전망이다. 특정 위치에 진입하였을 경우 위치기반의 광고를 볼 수 있거나, 주변 상가 혹은 쇼핑몰 등에서 할인 쿠폰을 지원받는 개념의 서비스이다.

2) 해외의 LBS 응용 서비스 현황

(1) 일 본

일본의 LBS는 2001년 KDDI를 통해 제공된 퀄컴의 gpsOne 방식 GPS 서비스를 기점으로 활성화되기 시작했다. 2001년부터 이미 망 개방이 이루어져 독립 CP들 역시 독자적인 방식의 위치정보 서비스를 NTT 도코모와 KDDI 등의 이동통신망을 통해 제공할 수 있어서 일본의 위치정보서비스는 다른 나라에 비해 매우 다양하다. 또한, LBS를 위한 단말기도 휴대전화뿐만 아니라, PC, 팩스, 자동항법시스템, 전용단말기, PDA 등 다양한 장비를 통해 위치정보 서비스가 제공되고 있다.

(2) 유 럽

유럽의 LBS는 위치정보를 활용해 현재 위치와 관련된 교통정보, 쇼핑정보, 식당정보 등의 생활 정보를 제공하는 서비스가 2000년경 이후로 가장 먼저 시작되었다. 유럽은 LBS 부문에 있어 우리나라, 일본과 같은 선도적인 다양한 서비스는 아직 이루어지고 있지 않지만, 서비스 업그레이드와 다양화가 진행 중이며, LBS 이용률은 낮지만 유럽 전체 차원에서 진행되고 있는 위치기반 E112 서비스의 향후 향방이 구체화될 경우 이를 통한 LBS의 확산이 가능할 것으로 기대된다.

유럽에서는 Vodafone, Orange, T-mobile과 같이 유럽전역에 서비스를 제공 중인 글로벌 사업자와 각 국가별 지역사업자가 있으며 현재 Vodafone의 서비스가 가장 활발하고 다양하게 진행 중이다.

(3) 미 국

미국지역의 LBS는 연방정부 주도 하에 공공서비스인 E911(Enhaced911) 중심으로 서비스가 발전 및 육성되고 있다는 특징을 보이고 있다. 반면 상업용 서비스 제공이 미비한 상태이다. 2004년 현재 약 7천만 명이 휴대전화로 911을 이용하고 있으며

E911의 효과는 더욱 커질 전망이다. E911 외에 Autodesk의 친구찾기서비스인 "Friend connect", LBS 및 관련 솔루션 업체인 Kivera와 Voltdelta사의 운전정보서비스 "Driving directions"을 제공하고 있으며, 미국의 주요 메트로폴리탄지역에서 위치기반 식당, 쇼핑, ATM 등의 생활정보서비스인 "Find places"를 제공하고 있다.

4. 개방형 LBS 핵심 기술 개발

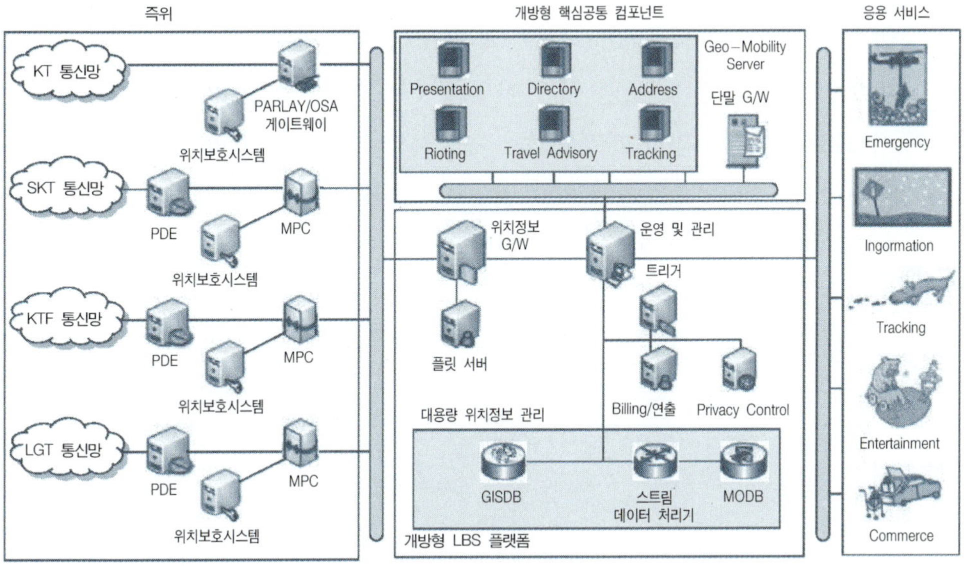

[그림 10-12] 개방형 LBS 핵심 기술 개발의 시스템 구성도

개방형 LBS 플랫폼은 개방형 위치획득 게이트웨이 기술, 위치정보보호, 멀티 레벨 위치 트리거, 메인 메모리기반 이동객체 DBMS, 핵심공통 컴포넌트 등의 기술이 포함하고 있다. 개방형 응용 서비스 기술은 L-Commerce, 차량-지령 제어 시스템, 유무선 통합 LBS 메신저 등을 포함한다([그림 10-12] 참조).

1) 개방형 LBS 플랫폼 기술

(1) 개방형 위치획득 게이트웨이 기술

이동통신망의 종류에 관계없이 동일한 인터페이스를 통해서 위치정보를 획득하는

제10장

기술로, 현재 이동통신사와 ETRI의 개방형 LBS 플랫폼에 KLP를 준수하여 이 기술을 지원하고 있다. KLP는 OMA에서 정의한 MLP를 국내 표준 인터페이스로 정의한 것이다.

(2) 위치정보보호 기술

위치정보의 오남용을 막기 위해 필요한 기술이며, '위치정보의 보호 및 이용에 관한 법률'이 2004년 12월 제정되면서, LBS 플랫폼에서는 위치정보보호 기술을 지원해야 한다. 개인의 정보보호를 위한 단말 키, 휴대전화 번호 등을 요청 및 응답할 때 암호화하여 전달하는 PMD 기술, 개인 및 위치정보 제공 여부의 인증, 위치정보보호법에 의한 위치 정보 보존 기간 이후의 소멸을 관리하는 PCE 기술, 개인의 프라이버시 프로파일을 저장하고 플랫폼과 연동하는 프로토콜인 PPR, 플랫폼과 PCE간의 인터페이스인 PCP, 플랫폼과 PPR 및 PMD 간의 인터페이스인 LPP과 Lid 등이 OMA와 3GPP에서 정의하고 있는 표준 인터페이스들이다([그림10-13] 참조)

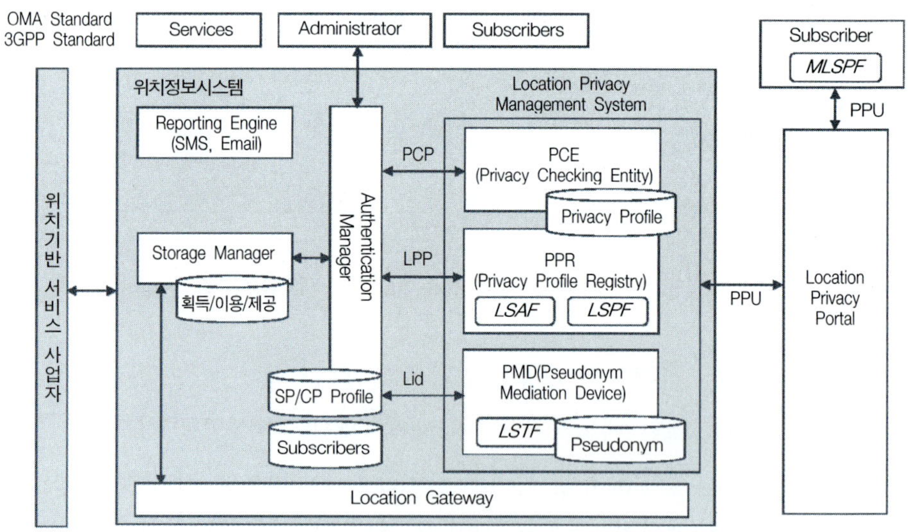

[그림 10-13] **위치정보보호 시스템 구조**

(3) 멀티 레벨 위치 트리거 기술

위치 트리거 기술은 위치정보에 대하여 미리 정의된 조건을 설정했을 경우, 이 조건을 만족하는지를 처리하는 기술이다. 이 같은 조건 검사는 망 부하를 일으키는 서비스가 될 수 있기 때문에, 효과적인 위치 트리거 기술이 필요하다. 멀티 레벨 위치

트리거 기술은 조건 설정 지역의 근접 여부에 따라, 여러 측위 방법을 이용해 조건을 검사하는 기술로, MS-Assisted, MS-Based 위치 트리거 등의 방법이 있다.([그림 10-14] 참조)

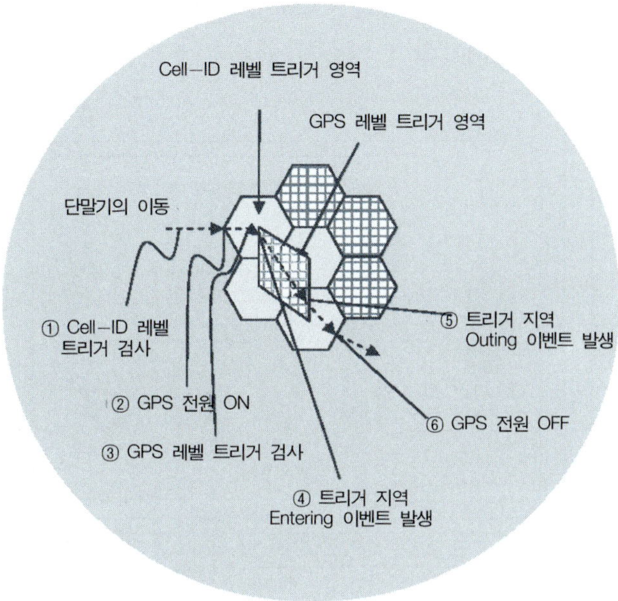

[그림 10-14] Multi-Level Location Trigger

(4) 이동객체 DBMS 기술

이 기술은 시간에 따라 계속해서 위치정보가 변하는 이동객체의 위치정보를 효과적으로 저장, 관리하는 기술을 의미한다. 이동객체 즉, 이동전화나 텔레매틱스 차량과 같은 위치 변화가 빈번하고 과거의 위치정보를 가지는 데이터를 일반 상용 DBMS에서 관리하는 것은 어렵다. 따라서, 일반 속성 데이터에 비해 대용량의 이동객체를 관리하는 시스템은 새로운 데이터 모델, 질의어, 색인 및 저장소뿐만 아니라, 실시간 처리가 가능해야 하며, 현재 ETRI에서 연구 개발 중인 메인 메모리기반의 이동객체 DBMS는 LBS 플랫폼에서 위치데이터서버로 활용되고 있다.

(5) 핵심공통 컴포넌트

이 기술은 LBS 플랫폼과 연동되어 LBS 기본 기능을 제공하는 LBS 기반 컴포넌트와 단말에서 동작하는 LBS 단말 공통 컴포넌트 등으로 구성된다. LBS 기반 컴포넌트는 OGC의 OpenLS에 정의된 핵심 서비스들을 제공하는 개방형 서비스 플랫폼인 'GeoMobility Server'에 정의된 서비스들을 의미하는데, 이 플랫폼은 개방형 서비스 구조인 XML 웹서비스를 기반으로 국제 및 국내 표준을 지원하게 된다. 또한, LBS 단말 공통 컴포넌트는 WIPI, WinCE 및 J2ME 단말에서의 LBS 서비스 연동을 위한 압축, 지도 뷰잉, 단말 게이트웨이 기술을 포함한다 ([그림 10-15] 참조).

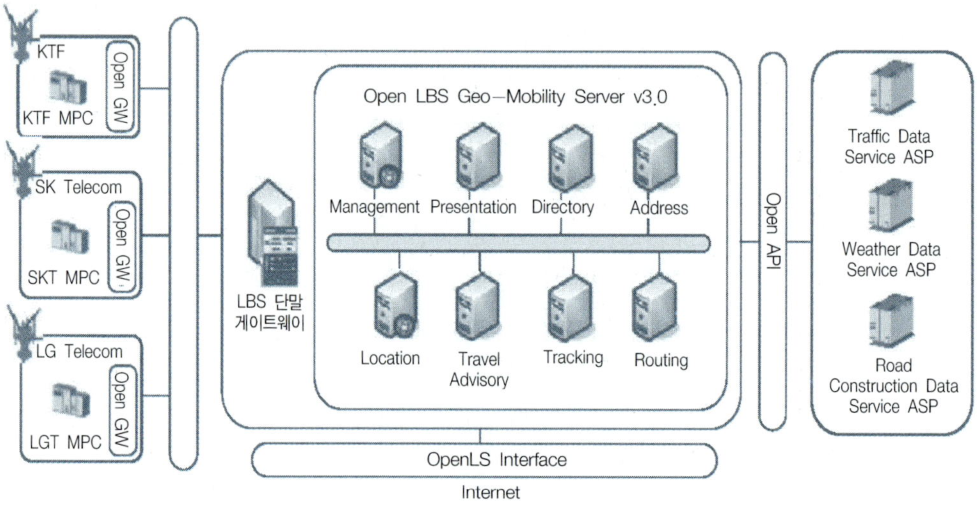

[그림 10-15] GeoMobility Server 시스템 구성도

2) 개방형 LBS 응용 서비스 기술

(1) L-Commerce

사용자의 위치에 기반한 동적 구매 관리 기술과 사용자의 사적 위치정보보호를 통한 커머스 서비스 기술을 포함한다. Safe-Zone에서 모바일 결제 처리가 가능하고, 쿠폰, 광고 메시지를 수신할 수 있다.

그리고, LBS 플랫폼과 연동하여 위치정보보호 기술과 위치 트리거 기술 등을 접목한 서비스이다.

(2) 차량-지령 제어 시스템

GPS 및 이동객체 데이터베이스를 이용하여 공차율을 최소화한 차량 관제 시스템으로, 주행 이력 정보 및 네트워크 정보에 대한 데이터마이닝을 통해 최적의 경로를 제공하는 시스템이다.

유무선 통합 LBS 메신저 유선 및 이동전화번호를 통해 메신저 사용자의 위치를 조회할 수 있는 시스템으로, 사용자간의 상호 신뢰를 바탕으로 한 상거래가 가능하다. 또한, 주변정보검색, 단골 상점 실시간 주문 등의 기능을 포함하고 있다.

10.6 위치기반 서비스(LBS)의 발전방향

세계적으로 다양한 LBS를 제공하기 위한 많은 기술들이 개발되고 있으며, 특히 새로운 이동통신기술의 발전과 유비쿼터스 컴퓨팅 환경이 현실화되면서 위치정보에 대한 요구는 더욱 세련화되고 고급화되고 있다. 이러한 변화에서 위치정보를 파악하는 측위 기술은 위치 정확도를 높이기 위해 새로운 이동통신 인프라에 적합한 측위 기술을 개발하고, 기존 기술과의 혼합된 형태를 이용하기도 한다. 또한 단말기를 제조하는 기업에서도 양질의 위치정보를 획득하는 기술을 접목하는 실정이다. 더욱 다양화되는 LBS에서 위치정보를 더욱 효율적이고, 안전하게 저장하고 제공하기 위한 LBS 플랫폼 기술에는 세계 표준을 준수하는 인터페이스들과 위치정보보호 기술, 이동객체 DBMS 등이 있으며, 이를 통해 텔레매틱스를 비롯한 각종 IT 분야에 필수 서비스로 활용될 것으로 예상된다.

제11장

SoC

11.1 SoC(System on Chip) 원리

1. SoC(System on Chip)란 무엇인가?

시스템온칩(SoC)은 그래픽 오디오 비디오 모뎀 등 각종 멀티미디어용 부품과 마이크로프로세서와 D램 등 반도체가 하나로 통합된 반도체를 뜻한다. 이름 그대로 전체 시스템이 하나의 칩으로 통합된다는 뜻이다.

메모리와 비메모리로 나뉘었던 반도체시장에 시스템온칩(SoC)이라는 신개념의 반도체가 등장함으로써 시스템 구성에 필요한 핵심적인 기능을 하나의 칩 안에 구현하는 SoC는 더 이상 메모리, 비메모리라는 영역구분을 하지 않는다.

하드웨어와 소프트웨어가 통합되고 아날로그와 디지털이 결합돼 '반도체와 시스템이 같다'가 되는 '디지털 컨버전스(융합) 시대'가 열린 것이다.

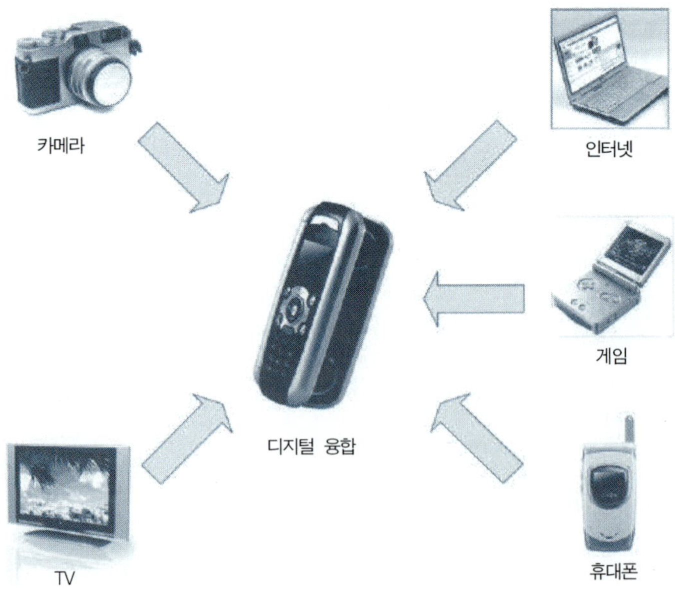

[그림 11-1] 디지털 융합(Digital Convergence)

현재 휴대전화를 비롯한 PDA, Digital TV, 스마트폰 등 각종 디지털 기기 및 가전 시장이 크게 성장하면서 다수의 IT 부품과 Microprocessor, Networking Chip, Memory 등의 반도체 칩에 대한 수요가 증가하고 있다. 특히 디지털, 통신, 가전과 방송 등이 서로 융합되는 경향이 뚜렷한 디지털 융합(Digital Convergence)의 시대를 맞아 다양한 기능들을 제어할 수 있는 여러 부품들을 하나의 반도체 칩에 집적시키는 SoC(System on Chip)가 핵심요소로 부각되고 있다.

따라서 선진국을 비롯한 다수의 국가들은 SoC를 향후 IT 산업의 경쟁력을 좌우하는 핵심 산업으로 인식하고 SoC 산업에 대한 집중 투자 및 육성에 힘을 기울이고 있다.

하지만 국내의 반도체 시장은 메모리 중심의 성장에만 치우친 산업구조 때문에 IT SoC 분야는 매우 취약한 상황이다. IT 산업 및 디지털 기기 산업의 성장으로 인해 국내의 SoC 수요는 크게 증가하고 있지만 주요 SoC는 수입에 의존하고 있는 것이 현실이다. 또한 국내 IT SoC 산업은 소수의 대기업이 주도하고 있으며 이들 소수 대기업의 반도체 생산 설비는 세계적인데 반해서 다수의 중소 및 벤처 기업인 펩리스(Fabless) 업체들은 세계적인 SoC 기업들과 비교해 볼 때 IT SoC 설계 원천 기술과 IP(Intellectual Property) 확보가 미비하고 핵심 인력도 부족한 상황이다.

이러한 상황에서 정부는 미래 산업을 이끌어가게 될 SoC의 중요성을 공감하고 IT839 정책을 통해서 IT SoC에 대한 투자 및 육성에 대한 마스트 플랜을 세우고 실행해 가고 있다. 따라서 앞으로 부족한 SoC 핵심 인력 양성을 위한 투자 및 지원 또한 계속 증가하게 될 것이다.

SoC는 사용자가 요구하는 IT 시스템과 반도체가 결합한 기술로서 Microprocessor, DSP(Digital Signal Processor), Memory와 임베디드 S/W 등을 하나의 칩에 집적시켜 칩 자체가 하나의 시스템으로 기능할 수 있는 칩을 말한다.

SoC의 구성요소로는 신호의 제어, 가공, 처리를 위한 Microprocessor와 DSP, 버스, 메모리, 임베디드 S/W 등이 기본적으로 포함된다. 그 외의 응용분야에 따라 통신이나 방송 단말기에서는 모뎀 및 RF 송/수신, 특수 기능의 ASIC(Application Specific Integration Circuit) 모듈, 주변기기 모듈 등 기기의 종류 및 기능에 따라 칩 내부에 다양한 부품을 포함하여 생산할 수 있다.

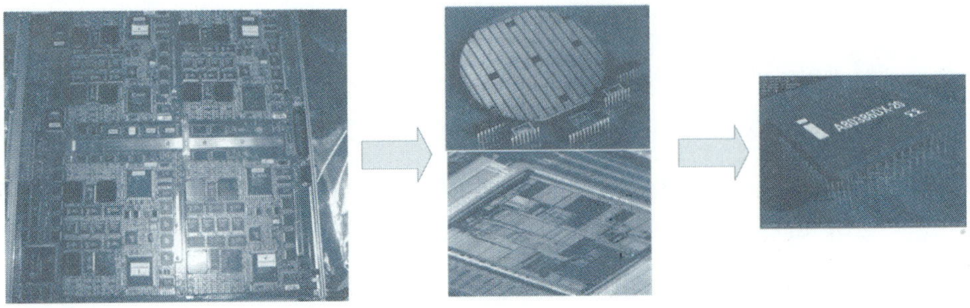

[그림 11-2] SoC의 개념

현재 시스템온칩 하면 주로 전자소자 분야에서 다양한 기능을 복합화하여 한 칩에 집적한 제품을 의미한다. 그러나 전자, 광자와 관련된 quantum system on chip(integrated circuit, display…)의 성공은 이제 그 공정기술을 바탕으로 각종 화학 시스템(lab on a chip, factory on a chip, battery on a chip…), 기계시스템 (MEMS), 바이오 시스템 등 새로운 시스템온칩의 개념으로 이어지고 있다.

이에 따라 시스템온칩이 좀 더 넓은 개념에서 이해되고 체계화될 시기가 도래하였고 이를 위해서는 새로운 패러다임에 의한 다각적인 접근방식을 필요로 하다.

SoC는 ASIC(Application Specific Intergrated Circuit) 또는 ASSP(Application Specific Standard Product)기술에 의하여 범위가 확대되는데 그 이유는 이미 설계된 IP 기능에 의존하기 때문이며, 이 IP들은 마이크로프로세서, DSP(Digital Signal Processors), 메모리 및 인터페이스 기능과 같은 것이다. 반도체 디바이스 내에 미리 정의된 기능을 블록화 하여 새로운 칩 설계시 재사용하므로 복잡한 칩을 짧은 시간 내에 생산하게 된다.

그러나 첨단 반도체 기술이 요구되는 하나의 SoC 프로젝트에는 20~100명 또는 그 이상의 엔지니어 및 프로그래머와 다양한 EDA(Electronic Design Automation) Tool이 투입되어야 하고 막대한 시간과 노력이 소요된다. 신속한 제품 설계 및 출하 역시 반도체 시장에서의 경쟁력 확보라는 측면에서 그 중요성을 더해가고 있는 현실이며 좋은 IP는 시장에서 더욱 더 주목을 받게 될 것이다.

SoC는 SLI(System Level Integration)와 유사한 개념으로 하드웨어와 소프트웨어의 통합설계를 의미하는데 통상적으로는 SLI가 좀 더 포괄적인 용어로 사용되고 있으나, 일본의 경우 SLI 또는 System LSI와 같이 SoC를 언급할 때도 있다.

즉, SoC는 ASIC과 ASSP 모두를 포함한 영역으로 우선 ASIC의 개념에 대하여 살펴보면, ASIC이란 단일 사용자를 위해 주문 제작된 특정 제품에 사용되는 모든 IC제품으로 디지털, 혼합신호(Mixed signal) 아날로그 제품들을 결합하여 제작되며, 단일 사용자가 아닌 다수가 구매하게 되면 더 이상 ASIC이라 부르지 않고 ASSP라 부르게 된다.

ASIC분야에는 설계방식에 따라 PLD(Programmable Logic Device)와 Gate Arrays, Cell based IC(Standard cell로도 부름) 그리고 Full custom IC로 나누어진다.

1) PLD(Programmable Logic Device)

칩 제조 후 고객이 직접프로그램을 작성하는 IC로, 반도체 제조업체 측면에서는 대량 제조되어 일반적인 용도로 판매된다. 사용자는 사용자의 요구에 맞게 프로그램 시스템을 이용하여 칩 내의 기본 소자들을 물리적으로 연결하여 사용하므로 ASIC의 범주에 속한다. 특징은 회귀시간(Turn around time)이 짧고 제조비가 필요 없다는 장점이 있다.

2) 게이트 어레이(Gate Arrays)

미리 제작된 기본 웨이퍼(Base wafer)에 용도가 정해지지 않은 요소들의 배열(configuration)을 포함하고 있는 ASIC으로서 하나 이상의 배선층(routing layers)으로 이 요소들을 상호 연결함으로써 주문화된다. 특징으로는 유연성이 떨어지나 설계에서 제품까지의 사이클 시간이 빠르다.

3) 셀 기반 IC(Cell Based IC)

고유의 기능을 하는 표준 셀을 조합해 전체 회로를 구성하는 방식으로 마스크 세트를 이용 주문화 하고 자동배치 및 배선도구(place-and-route tool)를 사용하는 ASIC으로 전통적인 표준 셀(폭과 높이가 고정된 셀)과 메가 셀(가변 폭과 가변 높이의 셀) 및 컴파일된 셀(compiled cell)을 포함하고 있다. 특징은 완전 주문 경로를 걸치지 않고도 설계할 수 있게 해주기 때문에 최적의 유연성을 제공한다.

4) 주문형 IC(Full custom IC)

마스크 세트를 이용 주문화 하고 단일 사용자를 위해 생산되는 ASIC소자로서 셀을 수동으로 배선 및 배치하여야 하기 때문에 개발 시간 및 비용이 많이 들지만 대량생산의 경우 칩당 단가가 가장 낮으나 판매까지의 시간이 짧은 게이트 어레이나 셀기반 IC로 대체되고 있다.

2. IP란 무엇인가?

반도체의 칩 안에 들어가는 개개의 컴포넌트를 IP(Intellectual Property)라고 부른다. IP 종류는 PCI(Peripheral Component Interconnect), VoIP (Voice over Internet Protocol), MAC(Media Access Control), USB(Universal Serial Bus), IEEE1394, Audio Codec, MP3(MPEG-1 Audio Layer-3), MPEG(Moving Picture Experts Group), HomePNA, Bluetooth, Wireless 802.11b 등으로 다양하다.

시스템 IC 설계에서 말하는 IP(Intellectual Property)는 재사용 가능한 기능블록을 지칭하며 하드웨어 또는 소프트웨어 기능블록을 의미한다. 보통 재사용 가능한 하드웨어 기능블록을 하드웨어 IP, 재사용 가능한 소프트웨어 기능블록을 소프트웨어 IP라고 부른다. 예를 들면, 프로세서, RAM, ROM 등의 기능블록은 하드웨어 IP이고, ARM 프로세서 상에서 실행 가능한 MP3 소프트웨어는 소프트웨어 IP라고 말할 수 있다.

하드웨어 IP는 형태에 따라 소프트(Soft) IP, 펌(Firm) IP 및 하드(Hard) IP의 3가지로 분류할 수 있다.

1) 소프트(Soft) IP

소프트 IP란 일반적으로 하드웨어 기술언어로 작성된 논리 합성 가능한 설계 자산을 말한다. 하드웨어 기술 언어로는 VHDL과 Verilog HDL 등이 사용되며 합성 가능한 RTL(Register Transfer Level)에서 기술되는 것이 일반적이다. 소프트 IP는 아직 테크놀로지 매핑(Technology Mapping)이 되어 있지 않은 소스레벨의 IP를 말하며 이것이 소프트 IP의 가장 큰 장점이다.

테크놀로지는 사용자쪽에서 선택할 수 있으며, 설계의 수정이나 개량, 기능 변경도

용이하다. IP를 재이용의 관점에서 보면 펌 IP나 하드 IP 보다 유연하다고 할 수 있다. 소프트 IP는 3가지 IP 중에서 유연성이 가장 좋고 필요에 따라 변경이 가능한 장점을 가지고 있다. 그러나 플로어 플래닝(Floor planning), 구현, 레이아웃 등에 관련된 정보가 없어 면적 및 성능 예측이 어렵다는 단점이 있다.

소프트 IP의 공급시 최소한의 전달물은 원시코드, 일반적인 라이브러리에 의한 논리 합성용 스크립트, 테스트 벤치 및 테스트 벡터, 사양서 등이 있다. 그밖에 소프트 IP를 사용하는데 있어서 보조적인 것으로서 C언어나 HDL(Hardware Description Language) 등에 의한 동작모델, 평가보드가 있다. 소프트 IP는 기능 테스트와 합성 가능성 테스트만 행한 상태이므로 실제 논리 합성 이후의 작업 공정은 모두 사용자 측의 역할과 책임이 된다. 특히 중요한 것은 소프트 IP 자체의 기능이 검증되어 있어도 다른 회로와 조합하면 동작되지 않을 가능성도 있다.

2) 펌(Firm) IP

펌 IP는 소프트 IP와 하드 IP의 중간에 위치하며 약간의 플로어 플래닝 정보를 가진 게이트 레벨의 네트리스트(Netlist)를 말한다. 일반적인 라이브러리를 사용한 네트리스트이므로 게이트수나 성능 예측에 어느 정도 이용할 수 있다. 그러나 실제 공정에 대응하는 것은 아니기 때문에 참고로 할 뿐이다. 만약 실제 공정에 대응한다면 소프트 IP의 이점인 공정의 이식성이라는 이점이 소멸되고 말 것이다. 하지만, 최근에 ASIC 벤더간의 공정기술 차이가 별로 없어서 어느 한 회사의 라이브러리로 펌 IP를 만들어 두면 타 회사의 테크놀로지에 간단한 변환으로 이식할 수 있다. 이런 특성을 가지는 것이 바로 펌 IP이다.

3) 하드(Hard) IP

하드 IP는 공정이 완전히 정해져 있고 배치, 배선이 끝난 설계 데이터로 재이용 가능한 형태의 IP를 말한다. 표준 셀이든 게이트 어레이든 문제가 되지 않는다. 즉, 게이트어레이라면 배선 층의 마스크패턴, 표준 셀이나 완전주문형이면 전 층의 마스크 패턴을 포함한 설계 데이터로 도면 검증까지 실시한 것을 하드 IP라고 말한다. ASIC 벤더가 블랙박스로서 제공하는 코어는 하드 IP에 속한다.

하드 IP의 이점은 도면 검증을 포함하여 블록 레벨에서의 모든 설계가 종료되었다는 것이다. 즉 칩 레벨에서 블랙박스로 취급할 수 있기 때문에 IP중에서도 가장 큰 TAT(Turn Around Time)의 단축이 가능하다. 이런 형태의 IP는 타 공정으로의 전환이 거의 불가능하기 때문에 이식성이 낮다. 또한 반도체 제조업체는 이러한 형태의 설계 정보를 대단히 많이 가지고 있어서 입수하기는 쉽다. 하드 IP는 제조하면 동작할 것이 거의 확실하므로 매우 비싸다. 그러나 사용자는 칩 제조시 특정 반도체 공정에 예속되는 단점이 있다.

3. SoC 설계 및 IP 검증을 위한 통합 시스템

종래에는 비메모리 반도체, 메모리 반도체를 하드웨어 기술자가 설계를 하였다. 시스템온칩으로 시작하면서 하드웨어 및 소프트웨어로 동시에 설계하고, 설계한 회로를 어떻게 검증하느냐가 중요한 문제로 대두되고 있다.

과거에는 프로그래머블 로직소자(Device)를 사용하여 회로를 설계한 다음 동작 타이밍을 시뮬레이션 툴로 확인하거나 프로세서와 연동하는 프로토타입 보드를 만들어 시험 후 주문형반도체(ASIC)를 만들었다.

그리고 반도체가 제작된 이후에 동작이 잘 되지 않아 많은 비용을 소모하고 어려움이 많았다. 특히 실시간으로 시험하지 못하고 비메모리 반도체를 만들어 실패 확률이 컷 던 것이 사실이다.

이러한 문제점을 해결하기 위하여 SoC설계 및 IP 검증을 위한 통합시스템이 필요하다. 이 시스템은 ARM 프로세서와 리눅스 운영체제가 탑재된 임베디드 시스템으로 시스템온칩 설계시 필요한 IP 회로를 통합 검증할 수 있는 시스템이다.

미국 알테라사의 엑스칼리버 칩을 사용하고 있으며, 이는 하나의 칩내에 ARM922T 프로세서, 40만~100만 게이트 프로그래머블 로직, 메모리, 메모리 컨트롤러, 외부 확장버스, 클럭 로직 등이 모두 들어가 있어 시스템온칩을 설계시 회로를 통합 검증(Co-Verification)이 가능하다.

IP를 엑스칼리버 칩 내의 프로그래머블 로직 영역에 다운로드한 다음 회로의 동작 상태를 리눅스 운영체제 소프트웨어에서 실시간으로 확인할 수 있다. 물론 리눅스 운영체제를 사용하지 않고 펌웨어 수준에서도 제어가 가능하다.

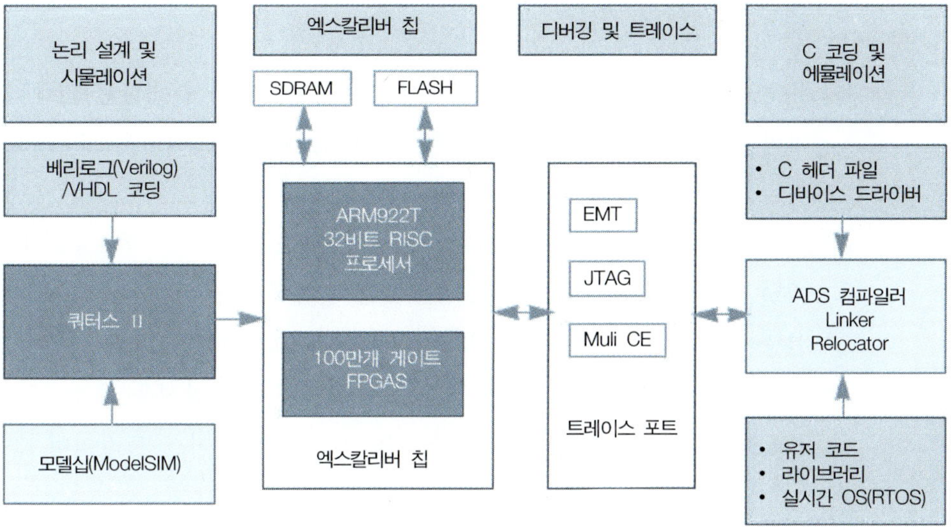

[그림 11-3] SoC 설계 블록도

특히 주변에 Ethernet, USB Master, UART, TFT-LCD, 7-Segment, Text-LCD, LED, PCI, VGA, Camera 등의 인터페이스를 갖추고 있어 다양한 IP 회로 검증이 가능하다. 하드웨어 시험은 먼저 알테라 엑스칼리버내에 들어갈 회로를 VHDL 또는 Verilog HDL로 코딩을 하여 쿼터스에서 컴파일을 한다. 컴파일된 파일을 모델심(ModelSIM) 소프트웨어를 가지고 시뮬레이션을 한다. 실제 하드웨어 설계를 끝내기 이전부터 하드웨어와 소프트웨어의 통합 검증을 가능하게 함으로써 설계 시간의 단축과 하드웨어 설계의 복잡함을 줄일 수 있다. 라이센스 비용이 무료인 리눅스 운영체제를 시스템에 탑재하여 시스템온칩 설계 및 회로를 검증할 때 리눅스가 가지고 있는 모든 기능을 사용할 수 있다.

1) H/W 및 S/W 통합시험

하드웨어 시험은 먼저 알테라 엑스칼리버 내에 들어갈 회로를 VHDL 또는 Verilog HDL로 코딩을 하여 쿼터스에서 컴파일을 한다. 컴파일된 파일을 모델심(ModelSIM) 소프트웨어를 가지고 시뮬레이션을 한다.

소프트웨어 시험은 ARM을 C++로 코딩하여 제어하며, 컴파일러를 사용하여 컴파일하고 디버깅하게 된다. 특히 이 시스템은 JTAG, Multi ICE, ETM(Embedded Trace Macrocell) 포트가 내장되어 있어 에뮬레이션이 가능하다.

2) 통합 시스템의 기술적 특성

① ARM922T Core및 100만 게이트 프로그래머블 로직이 내장된 알테라의 엑스칼리버 부품을 채택한 SoC설계 및 IP 회로 통합 검증(Co-Verification)시스템이다.

② SoC설계 및 IP를 실시간으로 검증할 수 있도록 리눅스 부트로더(Bootloader), 커널(Kernel), 파일시스템(File System) 탑재하였다.

③ 검증에 필요한 모든 주변 인터페이스 Ethernet, PCI, USB, TFT LCD, UART, VGA, PS2 인터페이스 회로 구성으로 하드웨어 복잡성을 축소하였다.

④ IP회로 개발시 공개된 리눅스 소스를 이용한 디바이스 드라이버 설계하였다.

3) 통합 시스템의 기술적 장점

(1) 하나의 시스템으로 다양한 응용분야의 SoC 제품 개발 가능

하나의 임베디드 시스템으로 자체 ARM9 프로세서와 메모리, 프로그래머블로직, 주변 입출력 장치를 제공하고 있어 다양한 기능과 방식의 정보 가전 기기들을 개발할 수 있게 되었으며, 사용자가 원하는 기능만을 선택하여 제품을 개발할 수 있다.

예를 들어, Ethernet 회로를 구성하여 정보 가전기기와 통신할 수 있으며, PDA를 설계하여 제품에 응용할 수도 있으며, 인터넷을 연결하여 리얼타임으로 통신을 할 수 있도록 되어 있다.

(2) 재구성 가능한 임베디드 SoC 시스템

보통의 전자회로는 제조할 때, 소자들 간의 연결이 고정되기 때문에 한 번 만들어진 회로는 정해진 연산만 수행할 수 있다. 그런데 엑스칼리버 내에 프로그래머블 로직 영역에 10만~1백만 게이트까지 회로를 프로그램하는 것이 가능하기 때문에 매번 회로 변경시마다 새로운 회로를 프로그램하는 것이 가능하다.

따라서 부분적으로 회로를 다른 동작을 하도록 프로그램할 수 있다. 그래서 시제품을 개발하기 전에 에뮬레이션용으로 본 회로의 동작을 프로그램해서 검증하는데 사용하거나, 소량의 제품을 단기간에 개발하기에 용이하다. 또한 통합 시스템 내에는 ARM9 프로세서와 프로그래머블로직 영역이 한 칩 내에 있어 처리하는 속도가 현저하게 빠르게 되어 있다.

또한 시스템의 검증이 날로 중요해지고, 제품의 사양이 점점 빠른 주기로 바뀌어 가면서 재구성 가능한 시스템의 적용 범위가 점점 늘고 있다.

(3) 임베디드 HW/SW 통합 검증 시스템

하드웨어는 실제 전기 신호가 들어가는 회로이고, 소프트웨어는 마이크로프로세와 같은 하드웨어 위에서 구동되는 프로그램이다.

통합 검증(Co-Verification)이란 하드웨어의 동작과 마이크로프로세서 위에서 돌아가는 소프트웨어를 동시에 시뮬레이션하여 회로의 동작을 검증하는 것이다. 검증 시스템은 ARM9 프로세서 및 프로그래머블 로직 영역의 하드웨어 설계와 소프트웨어의 통합 설계 및 검증이 가능하다.

(4) 통합 시스템의 빠른 처리 속도

대부분 프로세서와 주변 로직을 나누어 회로를 구성하였으나 이러한 회로는 대부분 처리속도가 30MHz를 처리하기가 어려웠다. 통합 시스템의 엑스칼리버 칩은 내부에 ARM9 프로세서와 주변 로직이 함께 연결되어 엑스칼리버 부품이 EPXA41020C1, EPXA10F1020C1인 경우에 AHB1-200MHz, AHB2-100MHz의 처리속도가 가능하다.

엑스칼리버 부품이 EPXA10F1020C2는 166MHz, EPXA41020C3 경우에는 133MHz 속도로 동작한다.

(5) 통합 시스템의 응용 분야

통합 시스템은 SoC설계를 위하여 다음과 같은 분야에 응용이 가능하다.

- PCI, CompactPCI, Ethernet, VoIP, MAC, USB, 1394, Audio Codec, MP3
- MPEG, UTOPIA, ATM, PCMCIA, UART, 8051, Pattern, Video, HDTV, DVD
- GSM, WCDMA, UMTS, ATM PON, HomePNA, Bluetooth, Wireless 802.11b
- 임베디드 시스템 개발, PDA, 가전기기, 노래방기기, 디지털 TV, 셋탑박스, 통신기기, 유비쿼터스 SoC

4) 대표적인 SoC인 엑스칼리버(Excalibur)

(1) 엑스칼리버의 특징

① ARM922T 32비트 RISC 프로세서, 최대 200MHz 동작

- ARMv4T Thumb 인스트럭션 셋
- 리얼타임 오퍼레이팅 시스템 ROTS를 위한 Memory Management Unit (MMU)
- Harvard 캐시 구조, 8KB 인스트럭션 및 8KB 데이타 캐시
- Fetch, Decode, Execute, Memory, Write를 지원하는 5단계 파이프 라인 (pipeline), 싱글 클럭 사이클 인스트럭션으로 동작

② 10만 게이트~100만 게이트 지원 APEX 20KE 구조

〈표 11-1〉 엑스칼리버의 종류 및 특징

엑스칼리버 디바이스 종류 및 특징(1)			
특징	EPXA1	EPXA4	EPXA10
프로세서	ARM922T	ARM922T	ARM922T
최대 동작 주파수	200 [MHz]	200 [MHz]	200 [MHz]
단일 포트 SRAM	32 [Kbytes]	128 [Kbytes]	256 [Kbytes]
듀얼 포트 SRAM	16 [Kbytes]	64 [Kbytes]	128 [Kbytes]
전형적인 게이트	100,000	400,000	1,000,000
논리 엘리먼트(LE)	4,160	16,640	38,400
임베디드 시스템* 블록(ESB)	26	104	160
최대 시스템 게이트	263,000	1,052,000	1,772,000
최대 유저 I/O	246	488	711
UARI, 타이머, 워치독 타이머	Yes	Yes	Yes
JTAG 디버그 모듈	Yes	Ye s	Yes
임베디드 트레이스 모듈	–	Yes	Yes
범용 I/O 포트	4 [bitS]	8 [bitS]	–
저전력 PLL	Yes	–	–

③ Advanced Microcontroller Bus 구조(AMBATM) 구조 및 AMBA High-performance Bus(AHB) 구조

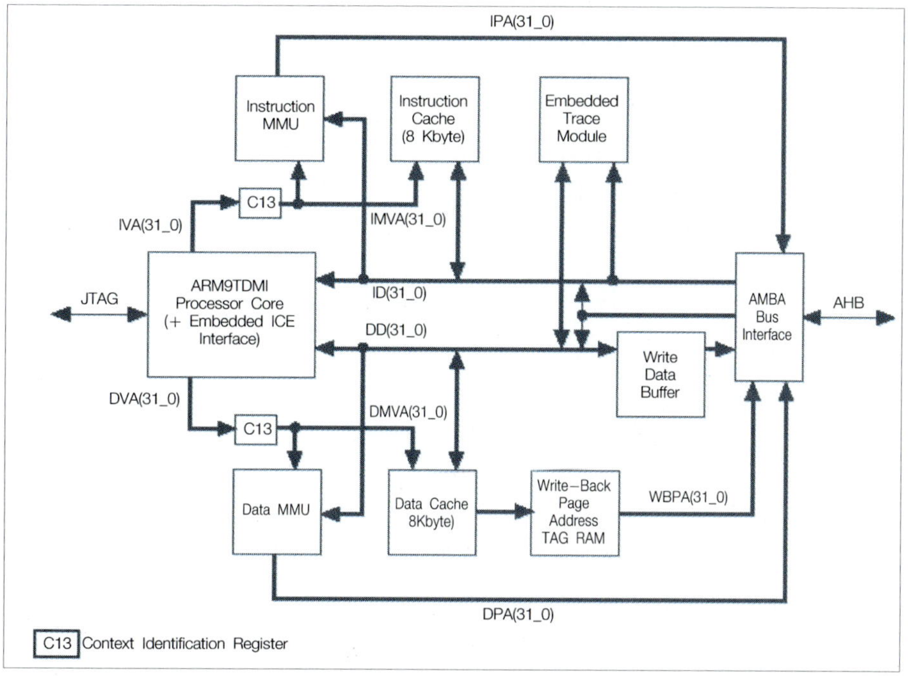

[그림 11-4] 엑스칼리버 시스템의 구조

④ 임베디드 프로세서내 주변 장치

임베디드 스트라이프에 있는 16KB 메모리는 configuration/control 레지스터, status/control 레지스터를 가지고 있다.

- Configuration 레지스터
- 임베디드 스트라이프 PLLs
- UART(Universal Asynchronous Receiver/Transmitter)
- Timer
- Watchdog timer
- General Purpose I/O 포트
- Flexible 인터럽트 컨트롤러
- ETM9 임베디드 트레이스 모듈

⑤ 기억 장치(EPXA10F 경우)

- 내부 256KB SRAM
- 내부 128KB DPRAM
- 내부 SDRAM 컨트롤러
- 128~512MB SDRAM, DDR RAM 지원
- Expansion Bus Interface(EBI) 지원, Flash, SRAM, 주변장치 연결 가능, 최대 4개, 32MB까지 지원

⑥ 임베디드 프로세서는 FPGA와 독립적으로 다음을 실행

- 외부 메모리로부터 Boot
- 임베디드 소프트웨어 실행
- 외부와 통신
- RTOS 실행
- 인터랙티브 임베디드 소프트웨어 디버깅 실행
- FPGA를 Configure/reconfigure
- 시스템을 restart/reboot/reconfigure 할 경우 에러를 감지

⑦ FPGA 영역

FPGA는 여러 가지의 IP 회로를 넣어 시험 가능하며 엑스칼리버 내의 다른 기능 모듈을 사용 가능하다.

- UART, 이더넷 MAC, CAN 컨트롤러, PCI
- 임베디드 스트라이프, 온칩, 오프칩 메모리, FPGA를 공유하는 버스마스터 주변장치
- 임베디드 프로세서에 의하여 제어되는 슬레이브 주변장치
- DPRAM 주변장치
- 임베디드 프로세서 제어 아래의 초고속 데이터 패스
- 다중프로세서 시스템, 다중 임베디드 프로세서 솔루션

임베디드 스트라이프와 FPGA 사이의 양방향 브리지와 DPRAM은 클럭에 동기되어 있다. 하지만 임베디드 프로세서와 FPGA는 비동기로 동작한다. 각 인터

페이스의 클럭은 응용 가능하다. 양방향 브리지는 전체 4GB 어드레스 범위(32비트 어드레스버스)에 32비트 데이터 동작을 지원한다.

SDRAM 메모리 컨트롤러 PLL은 시스템이 구현된 외부 메모리의 속도에 시스템 클럭 주파수를 맞추도록 한다.

⑧ 변경 가능한 메모리 맵

⑨ 임베디드 시스템 디버그 기능

- SignalTapTM 임베디드 로직 분석기
- ARM®JTAG 프로세서 디버그 지원
- 실시간 데이터/인스트럭션 프로세서 트레이스
- IEEE 1149.1(JTAG) 인터페이스 디버깅

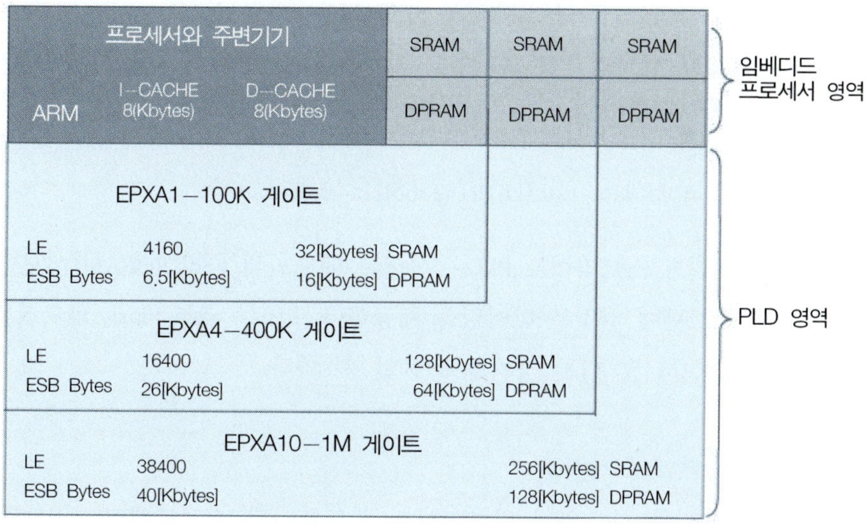

[그림 11-5] 엑스칼리버의 구조

⑩ 내부 메모리

임베디드 스트라이프는 SRAM, DPRAM을 가지고 있으며 SRAM의 두 블럭은 메모리내 중재된 인터페이스 통하여 AHB 마스터에 접근이 가능하다. 각 블럭은 독립적으로 중재되며, 하나의 버스 마스터에 의하여 하나의 블럭이 중재되며 반면에 다른 블럭은 다른 버스 마스터에 의하여 접근된다.
128KB의 두 블럭으로 256KB의 SRAM이 있으며, Byte 주소 지정이 가능하다. SRAM 블럭 크기는 〈표 11-1〉과 같이 엑스칼리버 디바이스에 따라 다르다. Byte, Half-word, Word 동작이 가능하며, Byte, Half-word read 는 시스템 Endianess에 의하여 제어된다.

또한 임베디드 스트라이프에 두 개의 블럭으로 DPRAM이 있으며 DPRAM의 출력은 저장될 수 있다. 그 가운데 한 포트는 FPGA에 전용으로 동작하며, 다른 하나는 AHB 마스터 또는 FPGA에 의하여 사용된다.
FPGA의 데이터 포트는 ×8, ×16, ×32bit로 지정될 수 있다. DPRAM은 ×64bit 데이터로도 동작 가능하다.

⑪ 외부 메모리 컨트롤러

엑스칼리버는 버스 마스터에 의하여 동작되는 두 개의 임베디드 메모리 컨트롤러를 제공한다. 하나는 외부 SDRAM용, 다른 하나는 외부 Flash, SRAM용이다. SDRAM 메모리 컨트롤러는 다음 두 가지 형태의 메모리를 지원한다.

- Single-data rate(SDR) 133MHz data rates
- Double-data rate(DDR) 266MHz data rates

임베디드 스트라이프 PLL은 선택된 메모리에 따라 SDRAM 메모리 컨트롤러 서브시스템에 알맞은 타이밍을 제공한다. EBI는 외부 Flash 메모리를 연결하며 외부 SRAM 및 다른 장치들도 붙일 수 있다.

(2) 소프트웨어 개발툴

엑스칼리버를 사용하기 위하여서는 하드웨어와 소프트웨어 개발 툴이 있어야 한다. 알테라는 SOPC 빌더, 쿼터스 II, ADS, ModelSiM, GNUPro, 유틸리티 등을 제공하고 있다.

① SOPC 빌더

SOPC 빌더는 임베디드 시스템 설계자에게 임베디드 SoC를 설계를 할 수 있도록 해주는 소프트웨어이다. 사용자 시스템 정의와 제품화를 위하여 GUI 환경을 제공한다. 설계자가 통신, DSP, 마이크로프로세서, 버스 인터페이스 코어 등의 리스트로부터 IP 블럭을 선택하면 SOPC 빌더는 자동으로 모든 필요한 로직을 생성하여 그들을 서로 집적시키며 시스템에 서로 연결되도록 VHDL, Verilog HDL을 생성하기 위하여 규격화된 시스템 정보를 이용한다. SOPC 빌더는 자동으로 소프트웨어 개발 환경을 만들고, 하드웨어를 연결시키고, 소프트웨어 설계 시간을 줄이며, 다음과 같은 컴포넌트의 소프트웨어 개발, 설계 시간을 줄인다.

- 메모리맵 정의, 인터럽트 우선순위, 하드웨어 주변 장치에 대한 데이터 구조에 대한 헤더 파일
- 시스템내 하드웨어 주변 장치 접근을 위한 루틴
- 하드웨어 드라이버 OS/RTOS 커널

SOPC 빌더는 시스템의 시뮬레이션 모델, 시스템 테스트 벤치, 시스템 시뮬레이션에 대한 전체 환경을 제공한다. 아래의 그림은 SOPC Builer 화면을 나타낸 것이다.

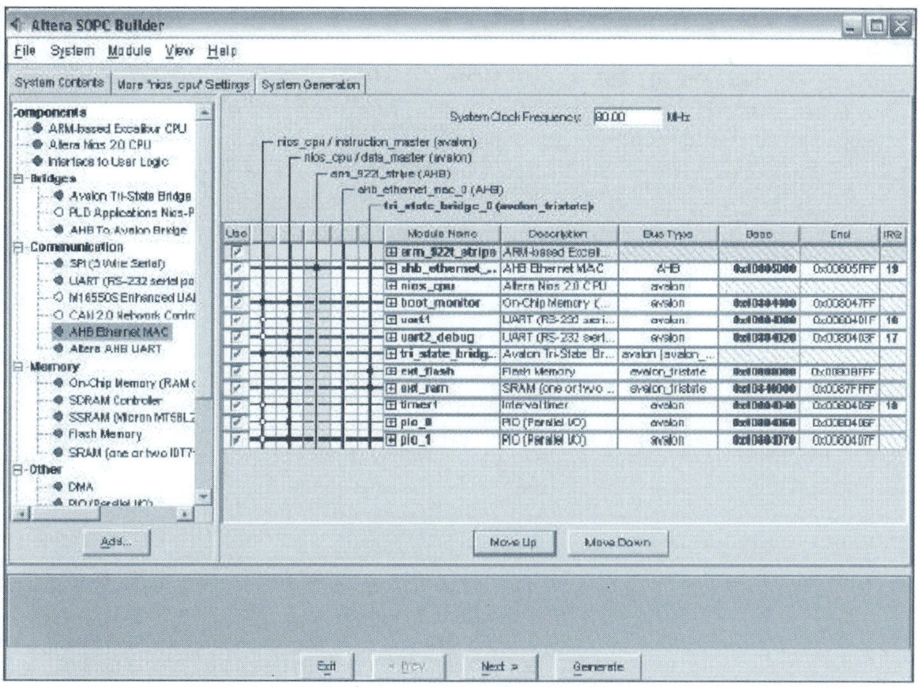

[그림 11-6] SOPC 빌더 화면

② 쿼터스 II

쿼터스 II 개발 시스템 로직 설계와 임베디드 소프트웨어 설계에 사용되는 소프트웨어이다. 쿼터스 II 소프트웨어는 HDL과 회로도 설계, 컴파일, 프로그래밍 파일 생성, 타이밍 분석, 시그널 탭을 이용한 신호 분석 등을 할 수 있는 설계 소프트웨어이다.

쿼터스 II SoftModeTM는 임베디드 소프트웨어 개발, 디버거 지원, 프로그래밍 파일 생성할 수 있는 코디자인(Co-design) 소프트웨어이다.

쿼터스 II 툴은 ARM922T 프로세서를 위한 ARM Developer Suite 또는 Red Hat GNUPro 툴과 같은 임베디드 소프트웨어 개발 툴을 지원하는 소프트웨어이다. 쿼터스 II 소프트웨어는 PC, Sun SPARC stations, HP 9000 Series 700/800 워크스테이션에서 동작한다. 쿼터스 II 소프트웨어는 PC와 UNIX 기반의 워크스테이션 EDA 툴을 연결하는 NativeLink®를 제공한다. 다음 그림은 쿼터스 II 개발 툴 흐름도를 보이고 있다.

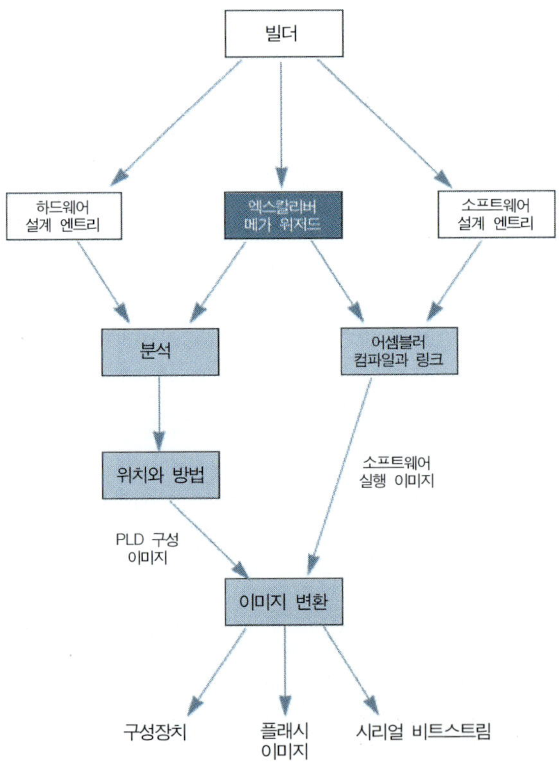

[그림 11-7] 쿼터스 II 개발 툴 흐름도

③ SoC 향후 전망

반도체 시장에서 ASIC/ASSP, Logic IC, Micro component, Analog IC와 Image Sensor들에 대해 넓은 의미의 SoC 시장으로 추정하고 연평균 11.5%의 성장을 지속할 것으로 전망하고 있다.

ASIC 및 ASSP 방식으로 추정한 좁은 의미의 SoC에 대한 세계 시장 규모는 연평균 15.2%의 성장을 지속할 것으로 전망하고 있다.

주요 산업별 SoC 시장의 전망을 보면 유/무선 통신 분야가 비중을 많이 차지하고 있으며 특히 휴대폰 관련 부문에서의 비중이 크게 증가할 것으로 전망하고 있다.

정부에서 추진하고 있는 IT839 정책의 9대 신성장동력으로 채택된 IT SoC는 비메모리 집적회로로써 그 자체로 차세대 성장동력일뿐 아니라 IT 경쟁력을 좌우하는 핵심부품으로 세계 반도체 시장은 SoC가 주도할 것으로 전망하고 있다. 따라서 정부는 이동통신용 저전력 핵심칩을 개발하고 세계 IT SoC 3대 선진국으로의 도약을 목표로 하고 있다. 이를 위해 시장전망이 밝은 이동통신, DMB, 홈 네트워크 등과 연계한 핵심 SoC 및 IP(Intellectual Property)를 개발하고 IP DB를 구축하며 대학과 공동으로 SoC Architecture 교육과정 운영 및 산 · 학 · 연 공동 SoC 개발로 산업체가 요구하는 이론과 실무를 겸비한 인력을 양성하기 위해 투자를 지속하고 있다.

또한 IP 기반의 설계환경 구축 및 칩 제작/검증/시험 지원을 통해 쉽고 저렴하게 SoC를 제작할 수 있는 지원환경을 구축하고 SoC 설계전문 기업과 시스템 업체, 파

(단위 : 백만달러)

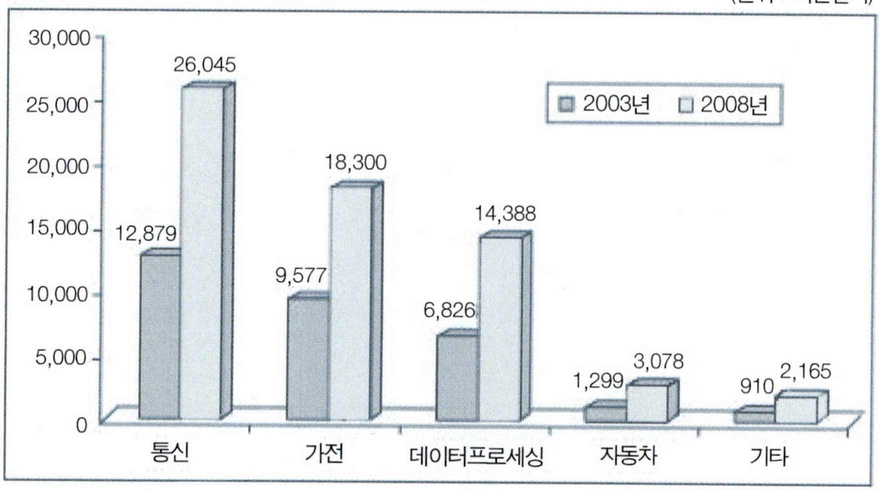

[그림 11-8] 각 분야에 따른 SoC 시장 전망

제11장

운드리 등의 협력을 강화하고 설계전문 기업 간의 공동 기술 개발을 유도하는 것을 목표로 하고 있다.

11.2 SoC 및 FPGA 설계

1. FPGA의 개요 및 특징

FPGA란 Field Programmable Gate Array의 약자로서 사용자가 설계한 디지털 회로를 프로그램하여 사용할 수 있으며 이렇게 프로그램된 FPGA를 다시 프로그램할 수 있는, 즉 재사용이 가능한 칩을 말한다.

FPGA는 게이트 어레이(Gate Array)라는 반주문형 집적 회로를 응용한 것으로써 NAND나 NOR 같은 게이트를 미리 배열해 놓은 후, 설계자는 이들 게이트들 상호간의 연결을 프로그램하여 제작할 수 있도록 만든 것이다. 여기에서 FPGA는 프로그램 과정에 반도체 공장의 개입 없이 설계자가 원하는 내용으로 설계한 후 그 자리에서 바로 프로그램할 수 있도록 만든 것이다.

[그림 11-9]는 FPGA와 CPLD의 구조를 간략히 비교한 그림이다. 자이링스(Xilinx)의 CPLD는 PAL과 유사한 구조를 가지고 있으며 Product Term이 기본 구조로 이루어진다. 반면 FPGA는 게이트 에레이와 비슷한 구조를 가지고 있으며 CLB(Configurable Logic Block)와 LUT(Look-Up Table)를 기본 구조로 가지고 있다.

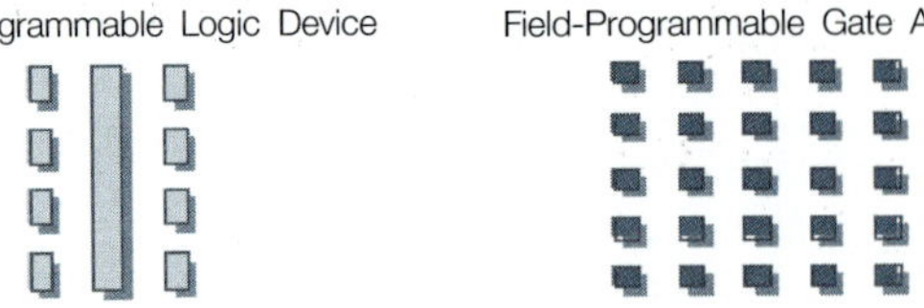

	Complex Programmable Logic Device	Field-Programmable Gate Array
Architecture	PAL-like	Gate array-like
Density	Low-to-medium	Medium-to-high
Basic Cell	Product Term	CLB & LUT
Application	Combination based	Register Based
Performance	Predictable timing	Application dependent
Design Entry	Equation & Schematic	Schematic & HDL

[그림 11-9] XILINX의 CPLD와 FPGA의 비교

[그림 11-9]에서 비교된 바와 같이 CPLD는 설계하려는 logic의 density가 낮은 경우 FPGA는 설계 집적도가 높은 경우에 사용되며 CPLD는 구조적인 특성으로 인하여 신호의 입력에서 출력까지의 타이밍이 예측되나 FPGA는 Gate array와 유사한 구조를 가지고 있어 설계하려는 타깃에 따라 각각 다른 타이밍을 가지게 된다. CPLD의 기본은 Product Term 구조이나 FPGA는 CLB(Configurable Logic Block)와 LUT (Look-Up Table) 구조이다.

FPGA는 PIC, GAL이나 PLD 등과 같이 시스템의 일부 로직회로 구성을 위해 사용되거나 SoC 개발과정에서 설계된 시스템의 테스트 및 시뮬레이션을 위해 사용된다.

FPGA는 게이트 어레이(gate array) 구조로써 이미 만들어진 칩 위에 사용자가 원하는 어플리케이션을 구현하는 것으로써 ASIC에 비해 시장의 요구에 대응하기 빠르며, 초기 시제품을 제작할 때 ASIC에 비해 유리하고, 필드 상황에서 업그레이드가 가능하다는 장점을 가진다.

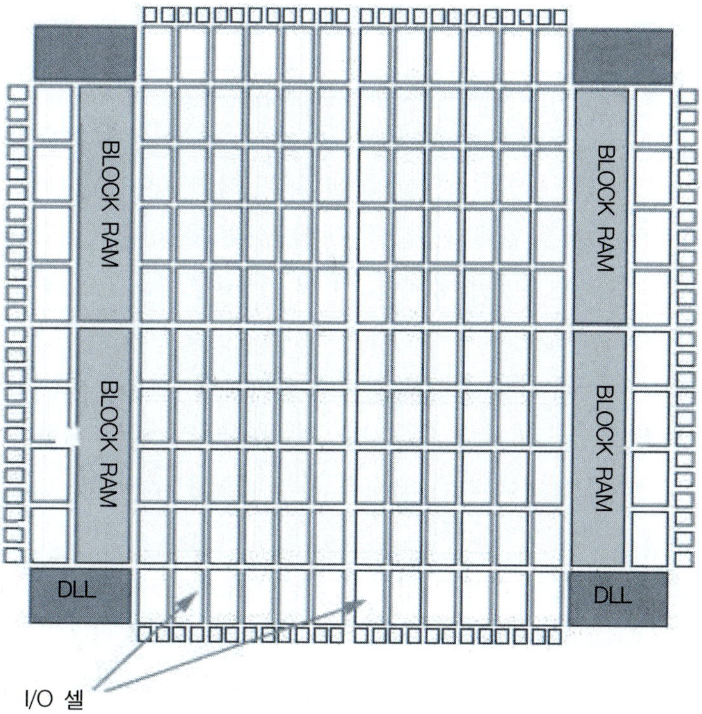

[그림 11-10] 자이링스 FPGA의 상위 계층 구조

자이링스(Xilinx)의 FPGA는 CLB(Configurable Logic Block)과 Block RAM 그리고 DLL(Delay-Locked Loop)로 구성되어 있다. 그리고 각각의 핀 패드(Pin-pad)에 연결되는 I/O Cell들로 구성된다. [그림 11-10]은 자이링스(Xilinx) FPGA의 최상위 계층의 구조를 보이고 있다.

자이링스(Xilinx) FPGA의 기본 구조인 CLB는 아래의 [그림 11-11]과 같이 룩업테이블(LUT; Look-Up Table)과 플립플롭(Flip-Flop)으로 구성되는데, 룩업테이블(LUT)에 의해 논리 조합회로의 출력을 얻을 수 있으며 레지스트된(registered) 출력을 얻고자 할 경우에는 플립플롭(Flip-Flop)를 통과한 결과를 얻을 수 있도록 구성되어 있다.

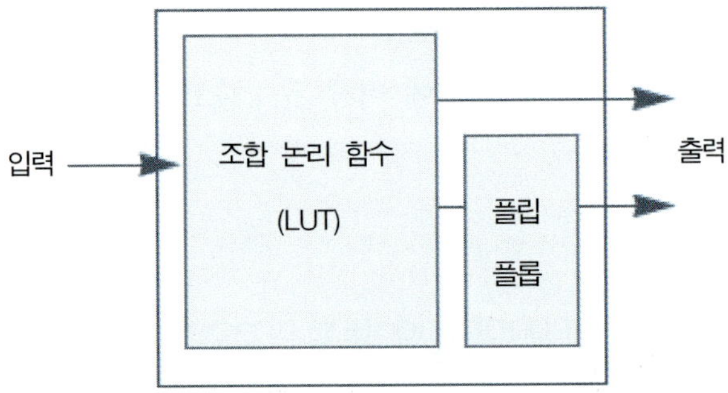

[그림 11-11] Configuration Logic Block

[그림 11-12]는 자이링스(Xilinx) FPGA의 룩업테이블(LUT)의 구조를 보이고 있다. 그림에서와 같이 룩업테이블(LUT)은 사용되는 회로의 복잡도나 종류에 상관없이 입력의 수와 출력의 수에 대응되며, 이 때 사용되는 회로는 논리 조합 회로에 대해서만 가능하다.

게이트(Gate)들로 구성된 조합 회로는 룩업테이블(LUT)에 저장되어 [그림 11-13]의 좌측 회로도(schematic)으로 도시한 게이트(gate)논리에 대한 출력을 오른쪽의 테이블에 저장하여 입력에 따른 출력을 룩업 테이블(Look-Up Table)에서 바로 얻을 수 있는 구조를 가지고 있다.

따라서 논리 조합 회로의 경우 각 게이트(gate)를 통과하는 지연 시간이 존재하나, 룩업테이블(LUT)을 사용하는 경우 입력에 대응하는 출력을 가져오는 일정한 시간 지연만이 존재하므로 회로의 복잡도와 무관하다. 룩업테이블(LUT)은 FG(Function Generator)라고도 불리며 논리 조합 회로의 복잡도와는 무관하나 입력의 수에 용량이 제한된다.

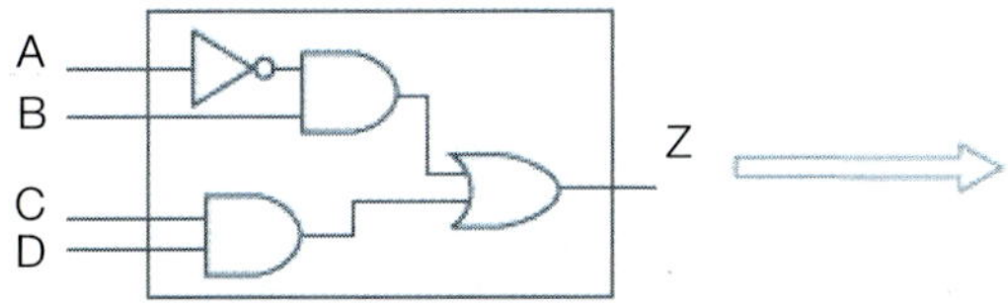

A	B	C	D	Z
0	0	0	0	0
0	0	0	1	0
0	0	1	0	0
0	0	1	1	1
0	1	0	0	1
0	1	0	1	1
	.	.	.	
1	1	0	0	0
1	1	0	1	0
1	1	1	0	0
1	1	1	1	1

[그림 11-12] 자이링스 FPGA의 LUT의 구성 예

[그림 11-13]은 실제 FPGA에 사용되는 CLB의 구조를 보이고 있다. 그림에서와 같이 CLB에는 룩업테이블(LUT)과 플립플롭(Flip-Flop) 및 캐리 (Carry) & 제어(Control) 등의 부가적인 회로들로 구성된다.

[그림 11-13]에서 CLB내부에 두 개의 큰 블록으로 나뉘어 있는 것을 볼 수 있는데 이것을 슬라이스(slice)라고 부르며, 자이링스(Xilinx)의 FPGA는(XC4000 시리즈 제외) 두 개의 슬라이스(slice)로 구성되며 하나의 슬라이스(slice)는 두 개의 룩업테이블(LUT)과 두 개의 플립플롭을 가진다. 따라서 하나의 CLB에는 4개의 입력을 처리할 수 있는 룩업테이블(LUT)이 4개씩 존재하며 플립플롭 역시 4개를 포함하게 된다.

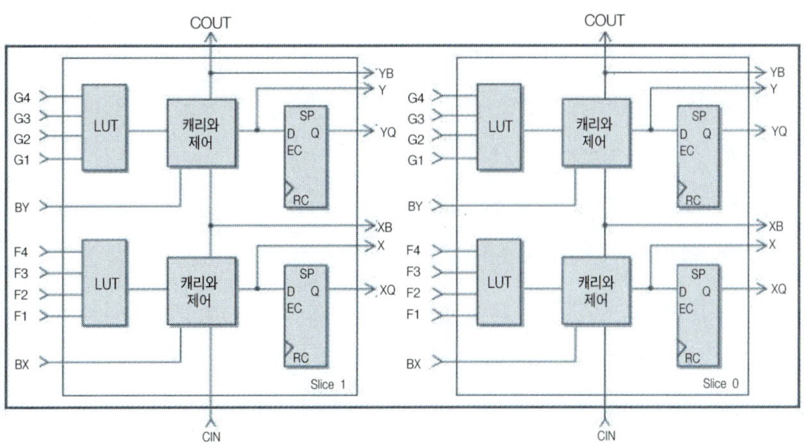

[그림 11-13] CLB의 구조

자이링스(Xilinx)의 FPGA는 CLB들을 기본 구성 요소로 하는데, 이들 CLB들 사이에 연결은 아래의 [그림 11-14]와 같이 CLB tile이라는 구조로 형성된다.

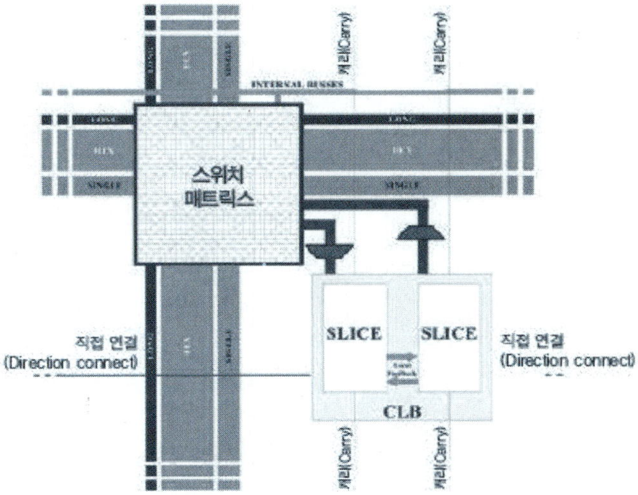

[그림 11-14] CLB tile

CLB tile은 스위치 매트릭스(switch matrix)와 CLB 및 CLB들 간의 연결 자원으로 구성되어 있다.

모든 CLB들의 입력은 상/하, 좌/우의 CLB들과 연결되어 있으며 CLB 내부의 fast local feedback과 좌/우 CLB들 간의 직접 연결(direct connect)이 가능하다.

FPGA에 메모리 자원은 분산된(Distributed) RAM과 Block RAM 및 외부(External) RAM 등이 있으며 FPGA 제품군에 따라 각각 다른 요소를 포함하도록 구성된다.

분산된(Distributed) RAM은 소용량의 메모리에 사용되며, 0.6ns의 읽기 액세스 타임(read access time)을 가지고 있다.

블록(Block) RAM은 분산된(Distributed) RAM 보다 큰 용량의 메모리에 사용되며 진정한 의미의 두얼 포트(dual-port)를 지원하며 3.3ns의 읽기 액세스 타임(read access time)을 가진다.

자이링스(Xilinx)의 FPGA가 지원하는 외부 메모리로는 SDRAM(Synchronous DRAM), ZBTRAM(Zero Bus Turnaround)과 DDR-SDRAM(Double-Data Rate SDRAM) 등이 있다.

자이링스(Xilinx) FPGA의 분산된(Distributed) RAM은 CLB의 룩업테이블(LUT)을

사용자 메모리로 사용하는 구조를 가지고 있어 16-deep, 32-deep RAM으로 사용하거나 16-deep dual-port, 16-deep SRL로 사용할 수 있다. 또한 캐스캐이드(cascade)하게 연결하여 128 혹은 그 이상의 deep으로 사용 가능하다.

자이링스(Xilinx) FPGA에 별도의 독립된 구조로 존재하는 블록(Block) RAM은 클럭에 동기된 입/출력이 가능하며 진정한 듀얼포트(dual-port) 메모리로 사용할 수 있다.

또한 동기 리셋(reset)과 초기 값을 사용할 수 있어 state machine, decoder 및 serial to parallel convertion 등에 이용할 수 있다.

Block RAM은 large FIFOs, packet buffers 등 대용량의 메모리가 요구되는 어플리케이션에 사용할 수 있다.

분산된(Distributed) RAM은 하나의 룩업테이블(LUT)당 16bits로 구성되나 Block RAM은 4K bits로 구성된다.

블록(Block)RAM은 각각의 포트(port)마다 clock, R/W 및 enable을 독립적으로 제어할 수 있으며 동시에 데이터 폭(data width) 역시 4K × 1에서 256 × 16 사이에서 서로 다르게 구성할 수 있다.

자이링스(Xilinx)의 FPGA가 가지는 또 하나의 구성 요소로 DLL을 가지고 있다. DLL(Delay Locked Loop)은 [그림 11-15]와 같은 구조를 가지고 있어, 입력 clock과 DLL에서 출력되는 clock의 위상을 비교하여 입력 clock과 이들을 delay한 clock들 중에서 선택하여 출력으로 내보냄으로써 clock의 delay를 조절할 수 있다.

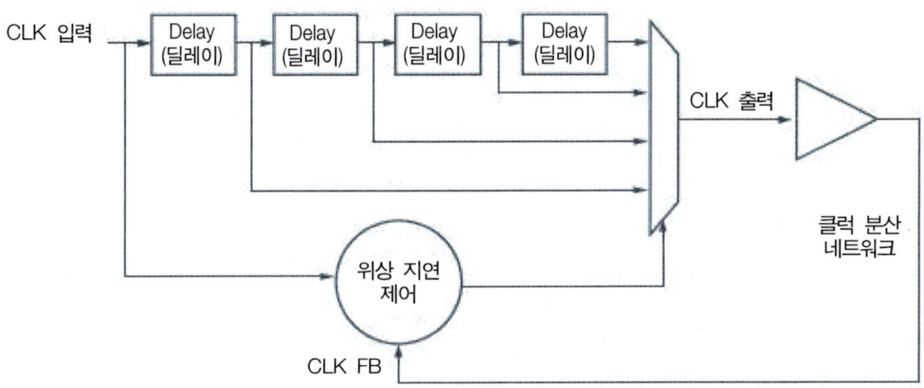

[그림 11-15] DLL의 기본 구조

자이링스(Xilinx)의 Virtex 제품군에는 4개의 DLL이 존재하며 DLL은 입력 clock과 각각의 CLB, IOB에 분배되는 클럭(clock) 사이에 딜레이(delay)를 조절하며, 25MHz~200MHz의 클럭(clock)으로 칩이 동작하도록 한다. [그림 11-16]은 I/O 셀(cell)들로 구성된 I/O 뱅크(Bank)를 보이고 있다.

이러한 I/O 뱅크(Bank)에는 CLB와 FPGA의 핀(pin)과의 연결을 원활하게 해주기 위한 각종 루틴 자원들이 있으며, 고속 출력을 위한 slew rate를 제어할 수 있는 기능도 지원한다.

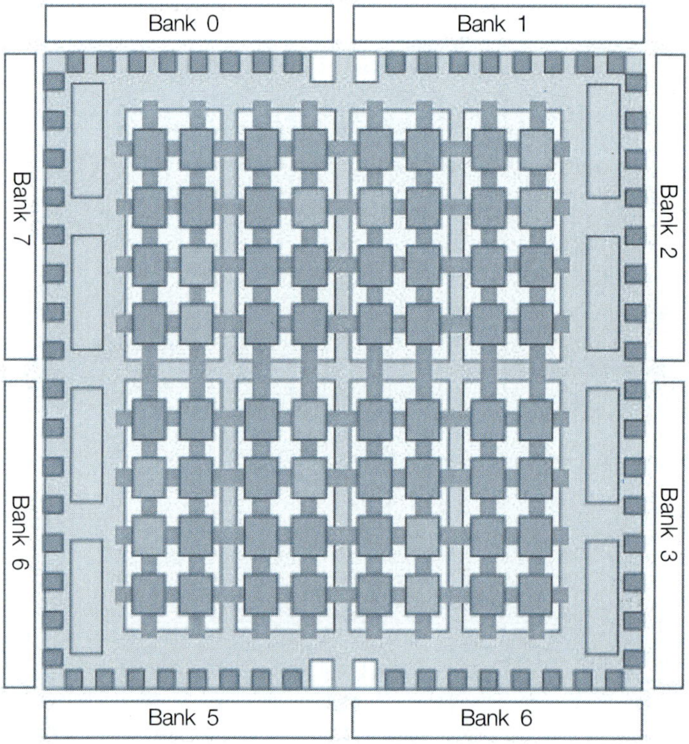

[그림 11-16] I/O Banks

FPGA의 설계 방법으로는 크게 두 가지로 나눌 수 있는데 그 중의 하나가 회로도(Schematic)를 이용하는 방법이며 다른 하나는 하드웨어 기술 언어인 HDL(Hardware Description Language)을 이용하는 방법이다.

회로도를 이용하는 방법은 오래전부터 논리회로 설계에 사용되던 방법이기 때문에 논리회로를 설계할 줄 아는 사람은 누구나 쉽게 사용할 수 있다는 장점을 가지고 있다. 하지만 갈수록 복잡해지는 회로들을 일일이 손수 그리는 것은 거의 불가능하며 SoC에서 중요하게 대두되는 IP의 재사용 또한 불가능하다. 따라서 회로도는 하드웨어의 일부 로직회로를 구성하기 위한 FPGA나 HDL을 사용하여 설계한 각 기능 블록들을 연결하는 최상위 Top-Level Design에서 간혹 사용될 뿐 거의 사용되지 않는다.

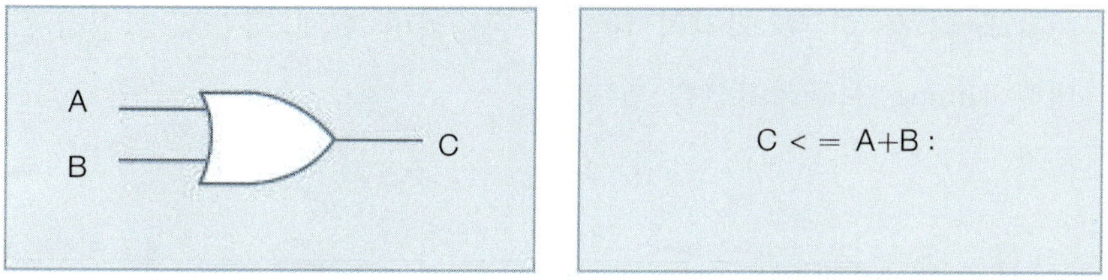

(a) 회로도　　(b) HDL 코드

[그림 11-17] OR Gate Symbol 및 HDL code

HDL을 이용하는 방법은 이들 언어에 대한 이해 및 사용법을 공부해야 하는 번거로움이 있지만 HDL을 사용하여 설계된 시스템은 설계한 자신뿐 아니라 이 언어를 알고 있는 다른 사람들이 그 시스템에 대해 쉽게 이해할 수 있고 재사용 가능하다는 장점을 갖고 있다. HDL(Hardware Description Language)은 VHDL(Very high speed IC HDL)과 Verilog HDL이 주로 사용된다.

11.3 VHDL 특징 및 설계

1. VHDL 특징

VHDL(Very high speed IC Hardware Description Language)은 미국 정부가 1980년에VHSIC(Very High Speed Integrated Circuits) Program을 시작하고 IC(Integrated Circuits)에 대한 구조 및 기능들을 설명하기 위한 표준화된 Language의 필요성을 자각하면서 개발되었다.

VHDL은 Schematic으로 구현하기 힘든 복잡한 Logic 회로의 설계를 VHDL이라는 언어를 사용하여 설계함으로써 Logic 회로를 보다 쉽고 편리하게 설계하고 회로의 수정 및 보완을 쉽게 할 수 있다는 장점을 가진 매우 강력한 Logic Design 방법들 중 하나이다.

[그림 11-18]은 기본적인 ASIC의 설계 흐름으로 기본적인 아이디어가 있으면 Schematic, HDL 등을 사용하여 기능적인 설계를 하고 이를 검증한 후 동작에 대한 시뮬레이션을 한 후 동작의 내용이 검증되면 실제 칩으로 합성하고 합성된 결과에 대해 Timing 시뮬레이션을 한다.

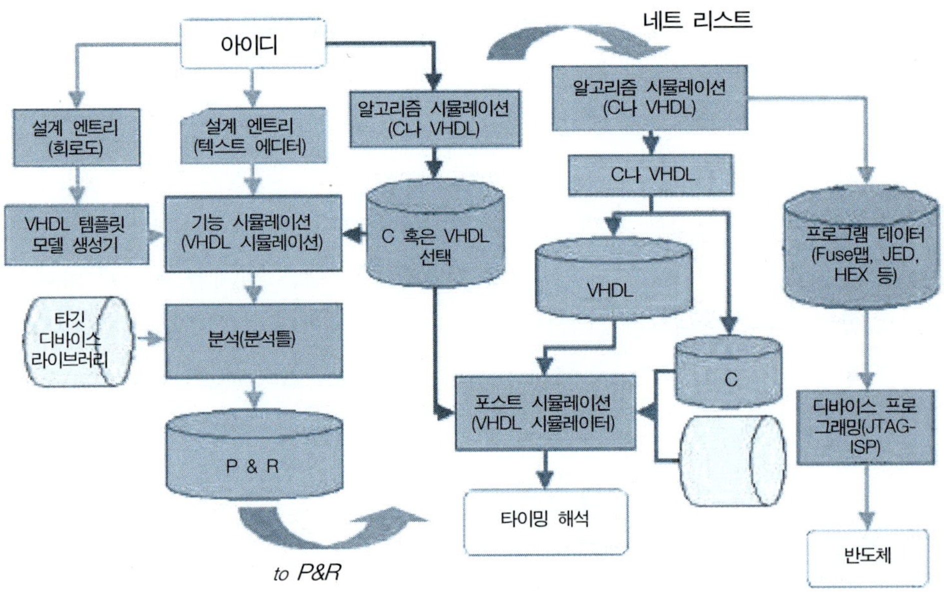

[그림 11-18] 기본적인 ASIC의 설계 흐름

VHDL은 다음과 같은 4가지 용도로 사용된다.

- A documentation language
- A simulation language
- A synthesis language for technology independent logic design
- A modern programming language

VHDL은 기존에 제작된 반도체의 동작을 설명(description)의 목적으로써 표준화된 표현 방법이 요구되었고, 이에 따라 기록 언어(documentation language)로써 고안되었으며, 동시에 CAD 시스템들에 의해 동작을 모의하기 위한 시뮬레이션(simulation)의 목적으로 개발되었다.

이후 VHDL은 Synthesys Tool의 개발과 함께 반도체의 설계 언어로 발달하게 되었으나, documentation 및 simulation에 사용하는 구문은 칩의 합성을 목적으로 한 경우에는 적용할 수 없다.

[그림 11-19]는 VHDL을 사용한 기본설계 흐름도이다. 설계 사양이 확정되면 그에 따라 칩의 동작 알고리즘을 고안하게 되고 이를 바탕으로 VHDL 코드를 작성하게 된다.

작성된 VHDL 코드는 시뮬레이션(simulation)과정을 통해 동작 상황을 검증하게 되며 이를 기능 레벨 시뮬레이션(function level simulation)이라 부른다.

만약 의도한 대로 동작하지 않을 경우에는 VHDL 코드 작성 단계로 돌아가 수정을 하게 되며, 정상적으로 동작할 경우에는 합성 과정을 거쳐 게이트 레벨(gate level) 시뮬레이션을 수행하여 합성된 이후의 단계에서 동작을 검증하게 된다.

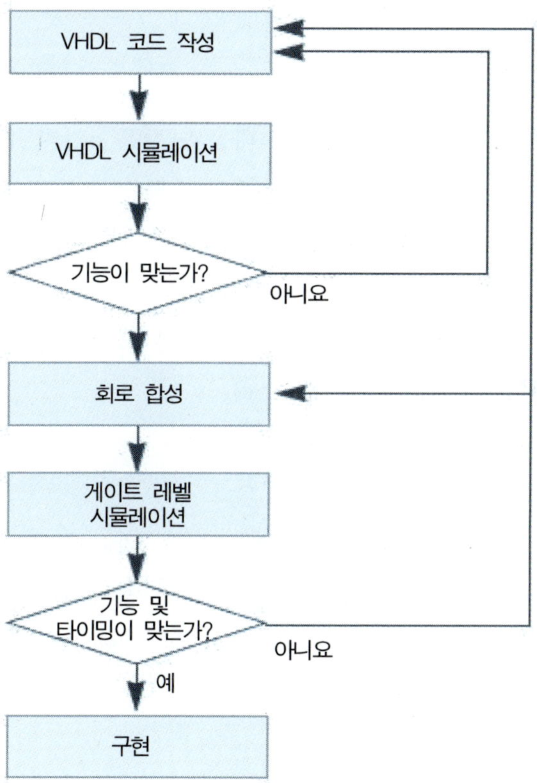

[그림 11-19] VHDL의 기본 설계 흐름

제11장

정상적인 동작이 검증되면 FPGA/CPLD가 최종 타깃인 경우에는 해당 FPGA/CPLD 업체에서 제공하는 라이브러리를 사용하여 FPGA/CPLD에서 동작하는 코드로 구현하게 된다.

VHDL의 표준으로 사용되는 IEEE 1164의 표준 로직(standard logic)의 데이터 타입은 다음과 같이 9가지로 정의되어 있다.

```
IEEE 1164 standard data type
        'U'   -- Uninitialized
        'X'   -- Forcing Unknown
        '0'   -- Forcing 0
        '1'   -- Forcing 1
        'Z'   -- High Impedance
        'W'   -- Weak Unknown
        'L'   -- Weak 0
        'H'   -- Weak 1
        '-'   - Don' t care
```

VHDL을 이용한 모델링 기법은 다음과 같은 4가지 유형으로 정리된다.

① 동작적 모델링(Behavioral Modeling)

- 기능적 또는 알고리즘적 표현
- 고급언어를 사용한 프로그램 작성과 유사
- 문서화를 위해서 특성이 좋다.
- VHDL의 process문 사용

② 데이터 흐름 모델링(Dataflow or RTL Modeling)

- 각 문장이 병행적 수행(회로의 각 구성 요소 작동 표현)
- 부울 함수, RTL, 또는 연산자 (AND, OR 등) 이용한 표현
- 동작적 모델링(Behavioral Modeling)에 포함하기도 함
- VHDL의 concurrent문 사용

③ 구조적 모델링(Structural Modeling)

- 가장 하드웨어적 표현에 가까움
- 구성요소 및 연결까지 표현
- VHDL의 component instantiation문 사용

④ 혼합 모델링(Mixed Modeling)

- 위의 세 가지 기술을 혼합적으로 사용
- 실제 설계시 일반적인 방법

①의 동작적 모델링(Behavioral modeling) 방법은 C언어와 같은 프로그래밍 언어를 사용하여 알고리즘을 기술하는 것과 흡사한 방식으로 표현되며, 일반적으로는 칩의 문서화를 위해 칩의 구현 시 사용된 알고리즘을 기술하기 위한 수단으로 사용된다.

②의 데이터 흐름 모델링(Dataflow/RTL modeling)은 주로 부울 함수를 사용하여 표현하며 회로 각 구성 요소들의 작동을 표현하기 위한 수단으로 사용된다.

③의 구조적 모델링(Structural modeling) 방법은 schematic diagram을 문장으로 표현한 것과 유사한 방식으로 하드웨어적인 표현에 가장 근접한 방법이다. 통상적인 설계 방법에서는 Top-down 방식으로 기술하며 각각의 기능별로 구분된 기능 블록들은 (1) 또는 (2)의 방법을 사용하여 표현되며 최상위 레벨에서의 표현은 (3)의 방법을 적용한다.

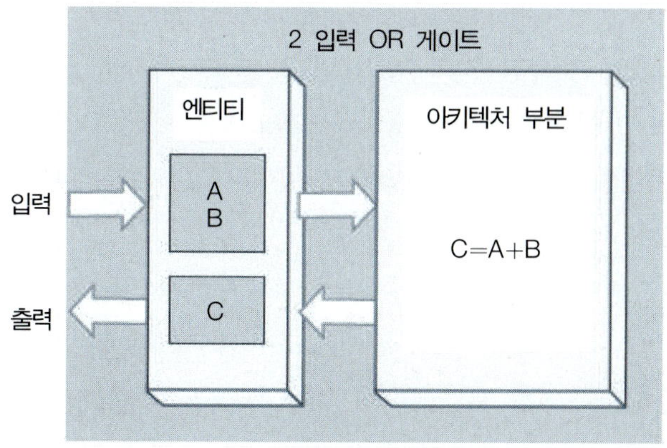

[그림 11-20] 논리 설계 블록 다이어그램

VHDL은 하나의 엔티티(Entity)와 하나 이상의 아키텍처 부분(Architecture Body)로 구성된다. 2-INPUT OR Gate를 예로 든 [그림 11-20]에서 보는 것과 같이 엔티티(Entity)는 논리적(Logic)의 입력 및 출력 포트들을 선언하기 위해 사용되며, 아키텍처 부분(Architecture Body)은 논리적(Logic)의 기능을 구현하는데 사용된다.

다음의 [그림 11-21]은 위의 [그림 11-20]에 나타낸 2-INPUT OR Gate의 VHDL Code 구조를 보여주고 있다.

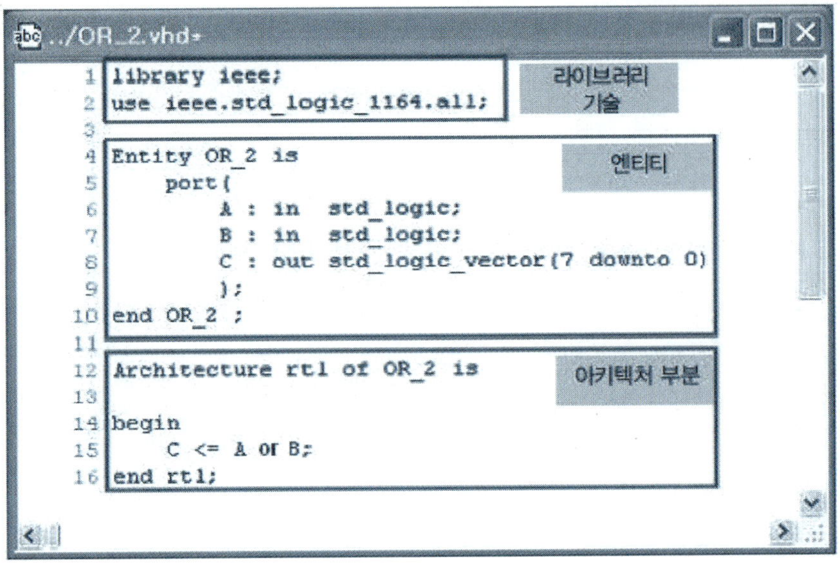

[그림 11-21] VHDL Code의 기본 구조

[그림 11-21]에서 보여진 것과 같이 라이브러리 기술(Library Declaration) 부분은 VHDL IEEE 표준 라이브러리(Standard Library)를 사용하기 위해 필요하며, 엔티티(Entity)와 아키텍처(Architecture Body) 부분은 [그림 11-20]에 나타낸 Block들을 구현한 VHDL 코드 내용이다.

엔티티(Entity)에서는 그림에서와 같이 하드웨어의 입출력 포트들과 이들에 대한 특성을 선언한다. 아키텍처 부분(Architecture Body)에서는 엔티티(Entity)에서 선언한 입출력 포트들을 통해 하드웨어의 내부 동작을 기술하게 된다.

11.4 Verilog HDL 특징 및 설계

1. 베리로직(Verilog) HDL 특징

Verilog HDL은 VHDL과 마찬가지로 로직회로 및 로직 설계에 해당하는 시스템을 사람이 이해하기 쉬운 언어로 기술한 하드웨어 기술 언어이다. Verilog HDL은 IEEE 1364 표준으로 1995년에 그 첫 번째 버전이 발표되었고 2001년에 개정된 버전이 발표되어 현재까지 이 버전이 사용되고 있다. Verilog HDL의 역사는 1980년대로 거슬러 올라가 Gateway Design Automation이라는 회사가 하드웨어 기술 언어가 포함된 로직 시뮬레이터인 Verilog-XL를 개발하면서 시작되었다. 이후 1989년에 Cadence Design Systems가 시뮬레이터와 하드웨어 기술언어에 대한 특허권과 함께 Gateway 사를 인수하였다.

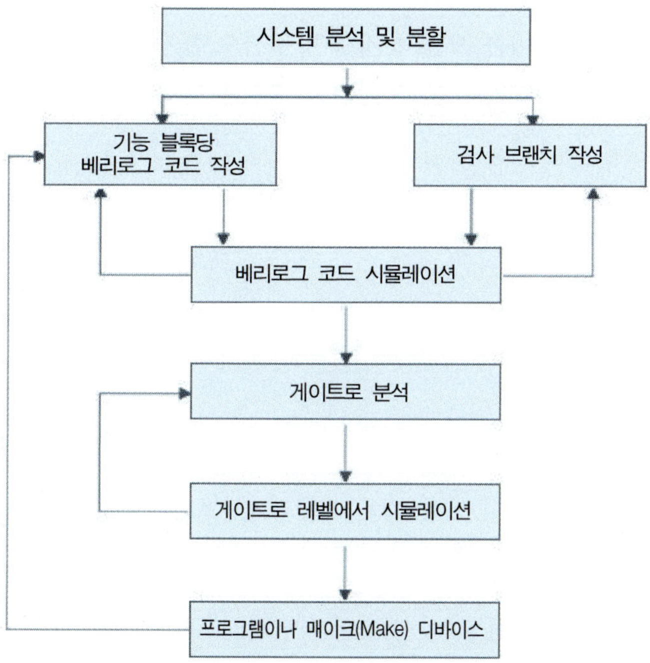

[그림 11-22] Verilog HDL을 이용한 설계 흐름도

1990년에 Cadence는 이 하드웨어 기술언어가 표준이 되도록 하기 위해서 시뮬레이터를 제외한 하드웨어 기술언어에 특허권을 포기하고 이를 공개하였다. 이러한 Cadence사의 의도대로 하드웨어 기술언어인 Verilog HDL은 1995년 12월에 IEEE 1364 표준이 되었다.

[그림 11-22]는 Verilog HDL을 사용한 회로 설계의 흐름을 보여주고 있다. Verilog HDL을 사용한 시스템 설계에 있어서 가장 먼저 생각해야 할 것이 바로 설계할 시스템을 분석하고 시스템에 들어갈 기능들을 결정하고 각각의 기능블록들로 나누는 것이다. 이후 각각의 기능들에 대한 Verilog HDL 코드와 시뮬레이션에 사용될 테스트 벡터를 작성하고 시뮬레이션을 통해서 각 기능들에 대한 동작을 검증하게 된다.

Verilog HDL은 대소문자를 구별하여 사용하며 예약어(keyword)들은 모두 소문자만을 사용한다. 공백(space, white space), 탭(tab) 그리고 new-line 문자 등은 Verilog HDL 프로그램에서는 아무런 영향을 미치지 못하며 무시된다.

Verilog HDL에서는 주석을 달기 위해 사용하는 두 가지 방법이 있다. 그 중 한 가지는 하나의 라인을 주석처리하기 위한 것으로 "//"로 시작해서 그 라인 끝까지 주석으로 처리된다. 나머지 하나는 여러 라인들을 주석처리하기 위한 방법으로 "/*"로 시작해서 "*/"로 끝나는 모든 문자들이 주석으로 처리된다. 또한 Verilog HDL에서 사용되는 변수의 이름은 영문자나 밑줄(_)문자로 시작해야만 한다.

제12장

지능형 로봇

12.1 지능형 로봇의 정의

로봇이란 감각이나 지능을 가지고 작업이 가능하며 인간이나 동물에 닮은 외견과 기능을 가진 기계라고 정의되었다. 즉, 어떠한 작업을 하는 기계로서 이에 필요한 감각기관이나 지능은 어디까지나 로봇을 도와 주기 위한 것이다.

궁극적 목표는 인간과 닮은 인공기계를 만드는 것이라 하더라도 인간이나 동물이 가지고 있는 기본적이며 중요한 기능인 생식기능이나 이에 따르는 연애감정, 섬세한 애정, 의욕, 향상심, 증오 등 고급동물 특유의 감정 등을 목표로 하지 않는다.

지능형 로봇(intelligent robot)의 지능이란 주로 인간의 두뇌에 의해 판별하거나 학습하거나 하는 고급 능력을 의미하지만, 시각능력이나 음성인식기능, 손을 움직이는 기능에 대해서도 많은 고급 연산처리가 필요하기 때문에 이들 정보처리, 제어에서도 인공지능과 같은 방법을 쓴다.

모든 로봇에는 자신과 외부의 상태를 센싱(perception)하고, 이를 바탕으로 판단하는 지능(cognition)과 지능이 결정하는 운동기능(manipulation)이 3가지 중요한 필수 요소로 들어 있다. 따라서 로봇에는 사용환경과 작업능력에 따라 레벨은 다르지만 어느 정도의 지능을 반드시 가지고 있다고 볼 수 있다.

현재의 지능형 로봇은 지금 개발되고 있거나 사용 중인 전체 로봇들 중에 지능의 레벨이 상당히 높은 첨단 로봇들을 포괄적으로 의미한다고 볼 수 있다. 즉, 지능형 로봇은 기존의 제조업에 사용되어온 반복적인 작업을 수행하는 로봇과는 달리 현재의 발달된 기술로 연구개발이 가능하며 현재와 가까운 미래의 시장에서 요구하는 기능과 성능을 가지는 로봇을 의미한다.

기존의 제조업용 로봇은 그 로봇이 작업을 수행하는 데 불편하지 않도록 잘 만들어진 공장환경에서 주로 반복적인 작업을 하는 것이 대부분이다. 그런데 현재 시장에서 요구하는 로봇의 중요한 기능은 이런 공장환경을 떠나 사람이 거주하는 공간(집, 사무실, 병원), 또는 사람이 접근하기 어려운 현장(관로, 고압선로, 화재지역, micro-nano world 등)으로의 진출이다. 바로 이것이 기존의 로봇과 다른 한 차원 높은 지능을 요구하는 이유이다.

지능형 로봇이 놓이게 될 새로운 환경은 로봇을 위해 변경되기 어렵기 때문에 로봇은 있는 그대로의 환경에서 자신의 임무를 수행하여야 한다.

로봇이 이러한 환경에서 성공적으로 목표점에 도달하기 위해서는 그만큼 높은 지능으로 환경대응이 이루어져야 한다. 그리고 반복적이지 않은 작업을 수행하기 위해서 높은 지능에 의한 판단력을 가져야 한다. 그리고 인간과의 만남이 증가하기 때문에 인간을 상대하는 능력(상호작용능력 : high level of interaction)을 가져야 할 것이다. 이러한 3가지 능력이 현재의 로봇 지능에 요구되는 3요소이다. 제조업용의 로봇에서도 점점 이러한 지능이 요구되는 유연생산방식을 따라가고 있으므로 이들도 현재 지능형 로봇의 의미에 포함된다고 볼 수 있다.

로봇 공학은 영어로는 robotics, robot engineering이다. 이밖에 가까운 것으로 사이버네틱스, 바이오 메커니즘, 인공지능 등이 있다. 이런 말들은 어느 것이나 생물적 기계 또는 생물의 기능과 기계적 기능을 결합한 것들을 개념으로 가지고 있다.

그러므로 로봇 공학이란 인간이 가지는 감각과 닮은 기능을 갖도록 하는 센서공학, 인간지능에 가까운 능력을 갖도록 하기 위한 인공지능이나 컴퓨터 사이언스, 의수, 의족 등의 의지공학, 인간의 작업주체인 팔과 손을 기계로 바꾸기 위해 발전해온 산업용 로봇기술 등의 기술로 성립된 기술분야이다.

[그림 12-1] 지능형 로봇

지능형 로봇이란 주변환경의 변화나 작업변경에 대한 인식 없이 사람의 지령에 의해 피동적, 반복적 작업을 수행하던 과거의 전통적 로봇의 개념과는 달리, 외부환경을 인식하고 스스로 상황을 판단하여 자율적으로 동작하거나 인간과 상호작용을 하는 로봇을 의미한다.

로봇의 분류는 용도별, 형태별 등 여러 가지 방법으로 분류할 수 있으나 지능형 로봇은 IFR(국제로봇연맹) 및 ISO/TC-184의 분류에 따라 개인서비스용, 전문서비스용, 제조업용 3분야로 구분한다.

지능형 로봇 기술 역시 시각에 따라 다양하게 분류할 수 있으나, 일반적으로 지능·감지·제어기술 등을 포함하는 공통핵심기술, 센서·액추에이터 등의 요소·부품기술 및 응용·실용화기술로 분류할 수 있다.

지능형 로봇의 공통핵심기술은 작동환경이나 상황을 실시간으로 인지, 추론, 학습하여 환경이나 상황에 적응하는 지능기술과 5감(시각, 청각, 촉각, 후각, 미각) 감지 센서를 이용한 감지기술, 인간과 로봇의 상호작용을 가능하게 하는 휴먼 인터페이스 기술 및 작업대상물을 조작하고 로봇을 이동·보행하게 하는 기구·제어기술로 구성된다.

요소·부품기술은 로봇에 사용되는 각종 센서 및 액추에이터를 설계하고 개발하는 기술과 제어기, 실시간 시스템 및 네트워크설계 등의 시스템기술을 포함한다.

로봇의 응용·실용화기술은 자동화, 주문형 제작, 로봇 임베디드 장비 등 생산지원 분야에 응용되는 기술과 의료·복지, 개인용·오락용, 지능형 홈·빌딩, 지능형 차량 시스템 등 인간지원 분야 응용기술 및 국방, 우주, 원자력, 재해대응, 농업, 건설 등 국가전략 분야 응용기술로 분류된다.

12.2 지능형 로봇의 원리 및 주요 기능

지능형 로봇은 외부환경의 변화를 감지하여 이를 로봇의 동작계획에 반영시키는 능력을 갖고 있을 뿐만 아니라 고도의 학습기능 및 제어기능을 갖추고 있어 주어진 작업을 고속, 정밀하게 수행할 수 있는 로봇을 말한다.

1. 지능형 로봇의 중요한 기능

1) 로봇의 적응성

여러 종류의 센서를 이용하여 외부상황의 변화나 기준조건과의 차이를 감지하고, 이에 대한 적절한 동작계획을 실시간에 처리해줌으로써, 주위환경에 즉각적으로 적응할 수 있는 능력이다.

예를 들면 시각장치나 다른 여러 종류의 센서를 부착하여 로봇의 지능을 높여 주고 있으나, 기계 자체의 제약조건이나 지원 프로그램의 부족으로 응용 분야가 간단한 제작공정으로 국한되어 있다.

2) 로봇의 프로그래밍 장치

로봇의 고지능화를 위한 프로그래밍 장치는 현재의 로봇 언어가 갖는 기능 외에 2가지 기능을 더 갖추어야 한다.

첫째는 로봇의 적응성을 위한 '인식 및 판단기능'을 갖추도록 하는 온라인 프로그램 루틴들을 갖고 있어야 한다.

둘째는 사람과 로봇과의 통신수단으로서 고차원 지능언어를 갖추어야 한다.

2. 지능형 로봇 공학의 기술

1) 센서공학

사람과 같이 오감을 통하여 주위환경의 변화를 감지할 수 있도록 해주는 것은 센서기술이다. 주위환경의 변화를 감지하고 이를 해석하는 지능형 로봇 공학의 필수적인 핵심기능은 사람의 눈에 해당하는 시각센서 시스템, 귀에 해당하는 음성인식 시스템 및 물체를 만져서 느끼는 접촉센서, 힘센서, 토크센서 및 냄새를 맡는 후각센서 등이며 이에 대한 연구가 진행 중이다.

이러한 연구는 로봇이 인간의 도움 없이도 주위환경을 측정, 인식할 수 있는 능력까지 가질 수 있는 기대를 가지게 한다.

2) 전문가 시스템

지능형 로봇 시스템에 있어서 전문가 시스템(지식 베이스 시스템)은 로봇 자체의 지능을 높이기 위한 목적보다는 로봇을 이용해 상품을 생산한다거나 전체 생산공정의 구성원으로서 로봇을 보다 유용하게 활용할 목적으로 연구되고 있는 것이다. 예를 들면 생산공정에서 로봇 종류의 선택, 조립방법 및 조립라인의 설치 등 미래의 공장설계에 유용하게 사용될 전망이다.

3) 음성인식 및 이해

지능형 로봇 시스템이 갖추어야 할 필수적인 기능 중 하나는 지능언어로서 이의 궁극적인 목표는 사람이 말을 통해 로봇에게 작업명령을 내리는 것이다. 이를 위해 현재의 인식 시스템을 확장하여 말하는 사람에 영향을 받지 않으며 많은 어휘를 인식하는 시스템의 연구가 진행 중이다.

4) 학습기능

학습기능이란 같은 일 또는 같은 종류의 일을 반복함에 따라 과거 및 현재에 얻어진 정보를 이용하여 사람의 도움 없이 미래에 원하는 동작을 하도록 하는 기능을 말한다. 실제로 사람의 지능이 이러한 학습기능을 갖는다.

예를 들면 운동선수나 숙련공들은 많은 반복훈련에 의해 목표를 달성하게 되는 것을 들 수 있다. 로봇에게 이러한 학습능력을 부여하기 위한 연구가 활발히 진행되고 있다. 연구 분야를 살펴보면 우선 정적인 면에서 지식의 획득을 목적으로 패턴인식이나 문제해결방법 등을 얻기 위해 학습방법을 연구하는 것이고, 다른 하나는 동적인 면으로 숙련의 고도화를 목적으로 경로추적의 반복작업에 로봇을 사용하는 경우 학습적인 방법으로 로봇 스스로가 주어진 경로를 정확하게 쫓아갈 수 있도록 하는 학습제어방법이다.

5) 기타 기술

위의 기술 이외에도 로봇의 고지능화를 위한 로봇의 응용 분야들이 연구되고 있다. 예를 들면 문제해결, 계획, 자동 프로그래밍 및 추론기능 등에 관한 것을 들 수 있다.

12.3 지능형 로봇의 분류

지능형 로봇은 국제 로봇 IFR(국제 로봇 연맹)에서 다음과 같이 분류하고 있다.

〈표 12-1〉 지능형 로봇의 분류(IFR)

구 분	대분류	중분류	종 류
지능형 로봇	서비스 로봇	개인용 로봇	애완용 로봇, 청소 로봇, 경비 로봇, 교사 로봇 등
	전문가용 로봇	공공서비스용 로봇	의료 로봇, 안내 로봇 등
		극한작업용 로봇	재난구조 로봇, 원전 로봇 등
	산업용(제조용) 로봇		용접 로봇, 핸들링 로봇, 도장 로봇 등

〈표 12-2〉 지능형 로봇의 응용 분야별 종류

구분	서비스 로봇		제조업용	네트워크 기반로봇
	개인 서비스	전문 서비스		
종 류	• 청소 및 경비 • 여가지원용(오락, 애완, 게임 등) • 교육용(연구/가정 교사) • 가사지원 등	• 재난극복 • 군사용/사회안전 • 활선작업용/건설작업용 • 의료용 • 농업/임업/광업 • 우주용	• 자동차 제조용 • 전자제품 제조용 • 반도체 제조용 • 바이오신약용 • 조선산업용	• 정보 콘텐츠 • 공공도우미 (공공업무지원) • 임베디드 로봇 • 소프트웨어 로봇

1. 개인용 로봇

개인용 로봇은 개인생활의 본질적인 운동성을 보조하며, 지능을 갖는 인간공존형 대인지원 로봇이다. 가정자동화(home automation)를 지원하는 가정용, 고령자와 신체장애자 등에 대한 생활지원용, 오락용(entertainment) 등으로 분류할 수 있다. 기술개발의 최종목적은 인간의 삶의 질 향상, 노령화사회의 실질적인 최종목적인 로봇으로 분류할 수 있다.

[그림 12-2] 개인용 로봇

① 오락용 로봇(entertainment robot)

개인용 로봇의 한 분야인 오락용 로봇은 2002년부터 2005년까지 비디오 게임에서 로봇 게임으로 시장이 형성되었으며, 주류는 현재 대중화되어가고 있는 로봇축구를 중심으로 이루어질 것이다.

〈표 12-3〉 개인용 로봇의 분류

로 봇	기 능
가사 로봇	가정에서 조리, 세탁, 청소 등의 일을 수행하여 가사노동의 부담을 줄여줌.
생활도우미 로봇	병원, 요양소 등에서 재활훈련을 돕거나 일상생활을 해나가는 데 불편이 없도록 도와줌.
애완용 로봇	인간의 감정적 동반자의 역할을 하며 여가선용에 도움을 줌.
서빙 로봇	음식점 등 대형 서비스업체에서 효율적인 서빙작업을 수행함.
교육용 로봇	학교, 가정에서 다양한 도구를 이용해 교육에 효과적이며 친근한 수단으로 이용됨.
퍼포먼스 로봇	테마파크나 기업체의 홍보 등에 사용되어 다양한 볼거리를 제공함.
경기용 로봇	대중매체를 통해 로봇간의 흥미로운 경기를 보여주거나 가정에서 인간의 스포츠활동에 동반자가 됨.

휴머노이드 로봇의 발전과 더불어 로봇 경기는 점점 인간의 스포츠 경기의 형태와 닮아갈 것으로 보이고, 2010년 이후에는 인간과 로봇의 스포츠 경기의 형태가 거의 닮게 되고, 또한 사용자는 자신의 로봇을 훈련시키고 함께 연습하여 호흡을 맞추어 경기에 임하게 될 것이다.

2. 공공용 로봇

[그림 12-3] 공공용 로봇

감응장치가 개량되면서 금융기관의 현금수송이나 주택경비에 로봇을 활용하는 기술이 잇따라 개발되고 있다. 경비용 로봇인 경우 범죄율 증가로 중저가형 원격경비에 대한 수요가 증가되고, 또한 공공기관이나 박물관에서 방문객을 대상으로 안내를 담당하는 로봇이 등장하고 있다. 자유로운 이동성과 지능을 가진 로봇을 만들기 위해서 많은 기술이 필요하지만, 현재 개발된 안내 로봇은 방문객들에게 큰 호응을 얻고 있으며 계속적으로 로봇이 등장할 것이다.

3. 현장 로봇

국민에게 선진화된 의료복지를 제공하기 위하여 기존의 로봇 기술을 활용하여 일상생활에서 국민의 건강을 실시간 관리하고, 건강에 문제가 있을 때 보다 정확한 진단을 내릴 수 있도록 도와주고 환자를 보살피는 범주의 로봇 시스템을 말한다. 의료복지 로봇 시스템은 국민의 삶의 질을 향상시키고, 일반인들이 건강한 삶을 영유하게 하여 21세기를 더 살기 좋은 사회로 만들어 나갈 것이다.

1) 수술 로봇 시스템

실제 수술에서 의사를 도와 보다 나은 수술을 수행하도록 도와주는 시스템(robot and medicine)으로서, 일차적으로 현재 인턴과 같은 보조인력이 수행하는 보조수술 로봇에서부터 가공 정밀도를 향상시키거나 어려운 수술을 용이하게 만들어주면서 직접 수술에 사용되는 특수목적 수술 로봇 시스템의 개발과 비슷한 유형의 다양한 수술을 집도할 때 사용할 수 있는 지능적이면서도 유연성이 좋은 다목적 수술 로봇 시스템을 말한다.

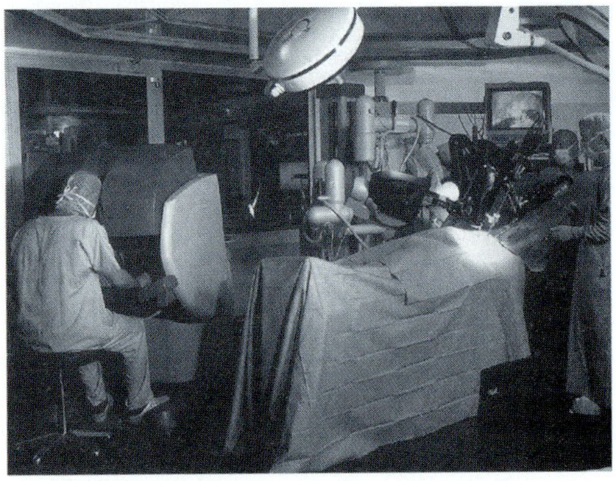

[그림 12-4] 외과수술용 로봇 시스템

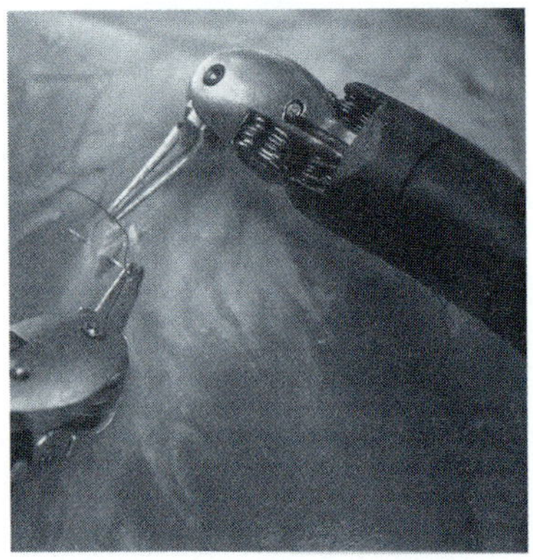

[그림 12-5] 보조 수술 로봇

2) 재활 로봇 시스템

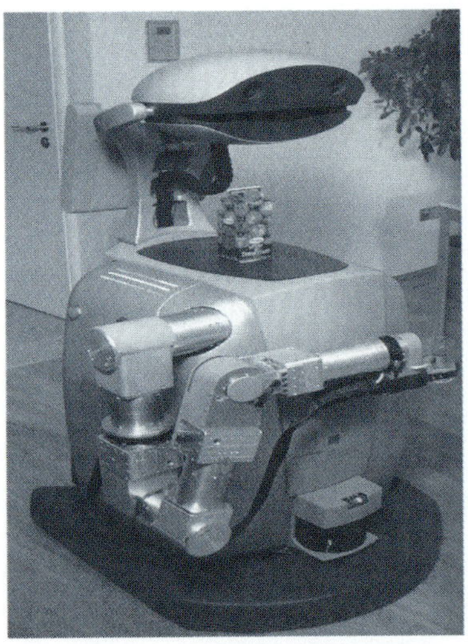

[그림 12-6] 환자도우미 로봇

[그림 12-7] 환자상태 및 생활지원 로봇

노인과 장애인의 재활치료와 일상생활을 도와주는 로봇 시스템(medical care robots)으로서 단순히 신체를 지지해주는 역할을 벗어나 중증환자나 노인의 신체움직임을 향상시키고 빠른 시일 내에 회복하도록 중요 기능을 수행하며, 장애인의 장애를 극복하여 독립적인 생활을 가능하게 할 수 있는 기능이다.

[그림 12-8] 원격트랙터 로봇

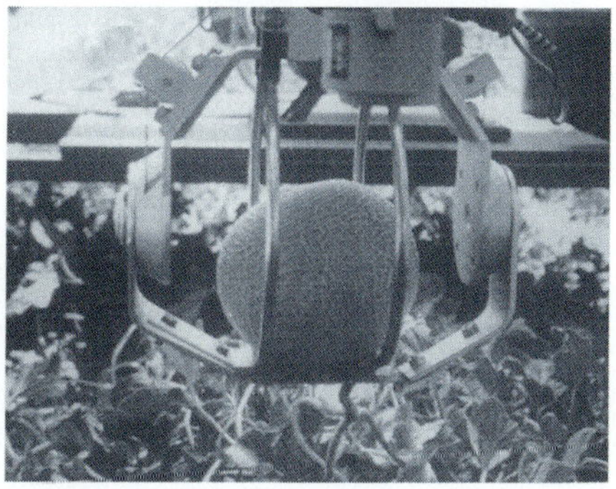

[그림 12-9] 멜론수집 로봇

3) 농업 · 건설용 로봇

생물, 산업, 건설시공에서의 로봇 기술 연구개발의 목표는 작업생산성, 작업쾌적성, 안정성, 환경보존성 향상을 목표로 한 인간, 컴퓨터, 기계의 복합 시스템(로봇 시스템), 비구조적 영역작업과 가변적 작업공정의 생력화와 환경변화에 대한 적응, 유해, 위험작업 대처 시스템 로봇이다.

4) 군사용 로봇

현재 주목받고 있는 분야의 하나로서 첨단 군사용 로봇 시스템(military robot)이다. 제 1차 세계대전 때에는 탱크와 비행기가 출현해서 전쟁의 개념을 새로이 했고, 제 2차 세계대전 때에는 전쟁에 레이더와 핵폭탄 등의 첨단과학기술이 이용되었다. 이는 다가올 미래의 첨단 군사 시스템 분야에 더욱 최신기술이 이용될 것을 예감하게 한다.

[그림 12-10] 무인폭격기

[그림 12-11] 무인정찰기

[그림 12-12] 휴전선 경계 로봇

12.4 지능형 로봇의 기술

지능형 로봇에 대한 기술적인 행동에 대한 정의는 지능형 로봇이란 시각, 청각, 촉각, 후각, 미각 등 오감 센서를 장착한 로봇을 의미한다. 여기서 지능이란 AI(Artificial Intelligence)와는 다른 것이다. 예를 들면, 비전(vision) 센서가 장착되어 있는 지능형 로봇은 센서를 통해 물체를 확인하고 따라가거나 피할 수 있다.

마찬가지로 후각센서가 장착되어 있는 지능형 로봇은 향을 맡고 따라갈 수 있다. 즉, 센서와 센서를 이용할 수 있는 소프트웨어의 결합적 의미라고 하겠다.

따라서 지능형 로봇은 짜여진 프로그램대로 움직이는 것이 아니라 로봇 스스로 행동을 한다는 의미로 정의를 내릴 수 있으며, 〈표 12-4〉는 지능형 로봇의 기술을 인간의 오감과 행동에 대하여 분류한 것이다.

〈표 12-4〉 로봇의 기술에 따른 분류

인간의 오감과 행동에 따른 분류	지능형 로봇 기술에 따른 분류
운 동	이동
	조작(manipulation)
	촉각 디바이스(haptic device)
감 각	촉감
	시각
	음성
	후각
제 어	학습 및 인지
	자율제어
	기반기술
기 타	동력/전원

1. 운 동

1) 이동성(Mobility)

로봇이 가정이나 실내에 적용되어 다양한 서비스 작업을 수행하기 위해서는 우수한 주행성능이 요구된다. 특히 가정은 구조적으로 복잡하고 장애물이 산재해 있으며, 장애물이 이동하는 환경으로 이러한 지역에서 로봇이 자율주행을 하기 위해서는 전방향 주행이 가능한 이동 메커니즘 구조를 가진 로봇이 존재해야 하며, 문턱이나 계단승월을 위해서는 크로라식, 특수차륜식, 보행식 등의 방식이 요구된다.

(1) 계단이동

건물같이 계단이 많은 환경을 극복하기 위해서 계단의 한계를 극복하는 기능을 갖는 것이 필요하다. 현 개발현황으로는 탱크 형태의 크로라식이 가장 일반적으로 사용되고 있고, 평지주행성이 우수한 특수차륜식에 대한 개발이 추진 중에 있다.

[그림 12-13] 크로라식 구동형식

[그림 12-14] 특수한 차륜식 계단승월 로봇

(2) 2족보행

인간걸음을 100% 흉내 낼 수 있는 2족보행은 평면, 계단 모두에서 사용이 가능하다. 더 좋은 것이 인간이 사는 환경의 대부분에서 적응이 가능해질 것이지만 기술적으로 어려운 문제가 많이 있다.

사용할 수 있는 고출력 모터, 고배율 소형 감속기를 가지고 있어야 하는 기술적인 문제가 존재한다. 이러한 문제를 해결하기 위해 기초적인 2족보행 로봇의 개발을 시작으로 현재는 보행속도 6km 이상의 2족보행 로봇이 등장하였으며 장래에 사람과 유사한 로봇이 개발될 것이다.

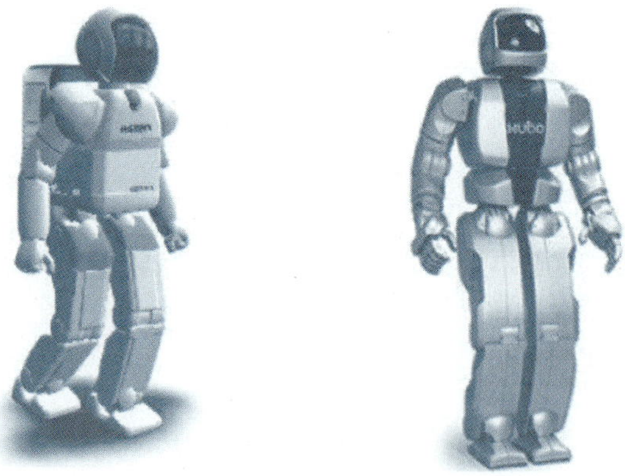

[그림 12-15] 2족 보행 로봇

2) 조 작

로봇의 조작(manipulation)에 대한 기술개발은 로봇에서 가장 중요한 부분으로 로봇 구동에 있어서 중요한 역할을 한다. 조작에 대한 현재의 기술개발 현황 및 기술개발 과제는 다음과 같다.

(1) 모듈화

로봇의 모듈은 팔(arm)을 링크와 관절모듈로 나누어 주어진 작업에 적합한 형태로 쉽게 조립될 수 있는 시스템을 의미한다. 제조하는 입장에서도 모듈만 제조하면 되므로 쉬워지고, 작업에 따른 변신이 가능하고 또 하나의 축이 잘못되면 그것만 바꾸어주면 되는 장점을 가지는 반면 아직 가격적인 면에서 불리하다는 단점이 있다. 이러한 단점을 보완하기 위해 많은 연구개발이 진행되고 있다. 우선 적응(orientating)부를 하나로 모듈화하며, 위치(positioning)부를 1축과 2/3축의 2모듈로 개발하여 저렴한 모듈로 개발하는 것을 목표로 한다.

(2) 경량화

경량화는 인간환경에서의 적응력을 높이는 데 매우 중요한 기술이다. 팔이 경량화되고 또 슬림화되면 이동 로봇은 부하가 작아지므로 에너지문제, 하중문제 등을 해결해주는 데 매우 중요하다.

(3) 스마트 팔

로봇의 팔에 다양한 센서들이 결합되어 있어 보다 지능적으로 작업할 수 있도록 만들어진 팔을 총칭하여 스마트 팔(smart arm)이라고 정의할 수 있다. 피부 센서들이 있어 로봇의 외부와의 접촉 여부를 알 수 있으며, 또 더 나아가 장애물과 거리도 알 수 있게 될 것이다. 그리고 동작(actuation)에서의 개선도 많이 이루어져 거의 인간의 동작과 유사한 모습을 보이고 크기도 사람의 팔과 비슷하게 된다.

3) 촉각 디바이스

촉각 인터페이스는 넓은 의미로 가상환경과 촉각적 상호작용을 하는 시스템 전체를 일컫기도 하지만, 좁은 영역의 의미로는 사람에게 촉감을 전달하기 위한 물리적

장치(device)를 말하며, 보통 촉각 디바이스(haptic device)라고 한다. 원격지에서 로봇을 제어하는 방법으로 촉각 인터페이스를 이용하여 제어하게 되며 주로 정밀도를 요구하는 작업에서 사용된다.

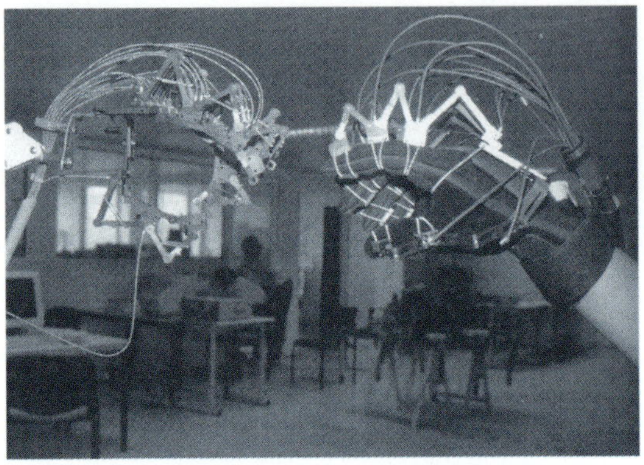

[그림 12-16] 손의 촉각 디바이스

2. 감 각

1) 촉 감

(1) 소형 힘/토크 센싱 시스템

로봇의 팔과 관절에는 상호 작용하는 힘과 관련한 것으로 로봇이 접촉하는 대상물체에 대해서 사람이 가지고 있는 근육감각과 같은 감각으로 인식하게 하고, 이 같이 인식된 감각을 이용하여 사람의 근육감각과 같은 감각으로 적절하게 반응을 할 수 있어야 하며, 주변환경 및 대상물체와 접촉할 때 로봇에게 인간과 유사하게 인식하고 동작하는 기능을 부여하여 로봇을 이용하거나 상대하는 사람들에게 좀더 친근감을 느끼게 할 수 있어야 한다.

이를 위해서는 다음과 같은 세부기술이 필요하다.

- 힘(force) · 토크 센싱(torque sensing) 및 재생기술
- 대상물을 잡고 있는 압력감지기술
- 대상물의 미끄럼 정도를 느끼게 해주는 전단력 감지기술

(2) 인공피부센서 시스템

로봇이 상호작용을 하고 있는 물체 또는 주변환경과의 접촉 유무뿐만 아니라 접촉력, 접촉부위에서의 미끄러지는 정보, 접촉부위의 표면조도, 접촉부위의 물성 등의 복합적인 힘의 성분을 분해 또는 합성할 수 있는 기능을 부여하여 로봇의 안정성 향상과 보다 인간친화적인 수단을 제공하여야 한다.

이를 위해서는 다음과 같은 세부기술이 필요하다.

- 마이크로어레이 고분자 힘센서 기술
- 전 방향 힘 고성능 감지 및 실시간 신호처리기술
- 착용 가능한(wearable) 고분자 감압 천(sheet)기술

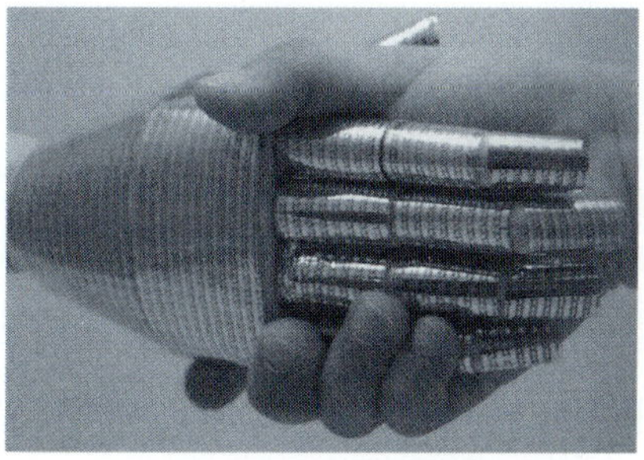

[그림 12-17] 인공피부손

[그림 12-18] 인공피부센서

2) 시 각

(1) 실시간 스테레오 시각 시스템

로봇이 물체 또는 주변환경에 대한 영상정보를 실시간으로 획득하여 작업환경에 대한 정보를 보다 정확하게 판단할 수 있는 수단을 제공하는 시스템이다.

이를 위해서는 다음과 같은 세부기술이 필요하다.

- 소형 양안식 또는 다안식 입체카메라 시스템
- 입체카메라의 줌, 초점 주시각 및 자동감지기술
- 입체영상신호 무선화를 위한 부호화 / 복원기술

제12장

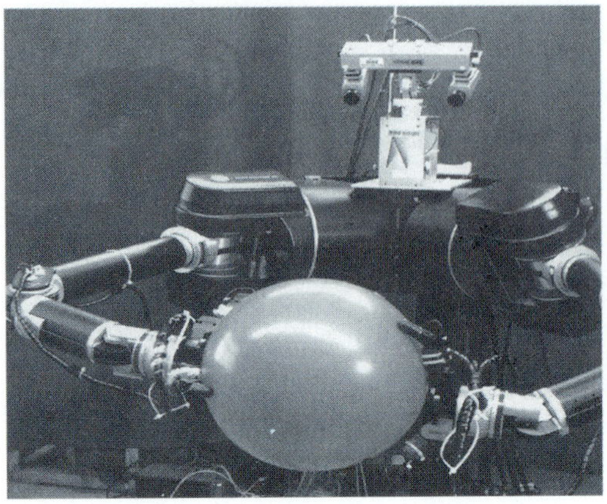

[그림 12-19] 실시간 스테레오 로봇

(2) 스마트 스테레오 시각 시스템

인간의 시각과 유사한 기능을 로봇에게 부여하기 위한 것으로 로봇이 주변환경 및 대상물체 사이의 3차원 정보를 측정하고 측정된 정보를 이용하여 주변환경 및 대상물체를 검출・인식・대상・추적하는 기술이며, 주변환경 및 대상물체의 3차원 형상을 사람과 같이 실시간으로 인식할 수 있게 하여 로봇이 스스로 판단하여 주어진 임무를 수행할 수 있는 기능을 제공하여야 한다.

이를 위해서는 다음과 같은 세부기술이 필요하다.

- 물체의 3차원 형상정보 실시간 획득기술
- 입체영상정보를 이용한 형상인식 및 추적기술
- 3차원 형상복원 및 학습기술

(3) 열화상 인식 시스템

화재현상 또는 심야에 주변의 열분포를 인식하여 열 함유 물체를 인식하고 위치를 추적하는 기술을 말한다.

이를 위해서는 다음과 같은 세부기술이 필요하다.

- 소형・경량・고분해능 적외선 카메라 시스템기술
- 적외선을 이용한 물체감지기술

[그림 12-20] 열화상카메라

3) 음 성

(1) 음성명령 언어인식기술

로봇이 명령어(keyword)만을 인식하거나 명령어 전후에 임의의 음성이 발성되어도 명령어만을 추출하여 인식하거나, 또는 정형화된 문장형태로 발음된 음성을 인식하여 명령을 수행하는 기술을 말한다.

이를 위해서는 다음과 같은 세부기술이 필요하다.

- 고립음성 인식기술
- 연속음성 인식기술
- 음성명령 차례

(2) 감정이해 · 대화인식기술

로봇 시스템에 효과적으로 적용하기 위하여 로봇에 응용되는 영역을 제한하여 기술을 개발하고, 이를 토대로 응용영역을 확대하고 영역을 전환하는 기술을 말한다.

이를 위해서는 다음과 같은 세부기술이 필요하다.

- 응용영역 제한, 감정이해 · 대화인식기술
- 감정이해 · 구현 인식, 합성

[그림 12-21] 음성인식에 따른 표정변화

4) 후 각

로봇이 활용되는 곳에서 유해가스 누출 등과 같은 생화화적 이상상태를 감지하고 위험사항을 인식하는 기술을 말한다.

이를 위해서는 다음과 같은 세부기술이 필요하다.

- 가스 센서의 소형화기술
- 다중 복합가스 인식용 센서기술

3. 제 어

1) 학습 및 인지

로봇에게 여러 번의 교육을 통해 물체나 행동을 학습시키며, 자율적 학습을 통하여 스스로 대상물체를 인식하도록 학습을 강화해나가는 기술을 말한다. 학습에 이용되는 도구로는 비전(vision), 센서(sonar), 인코더(encoder) 등이 있으며 이들로부터 정보를 종합하여 집안 등의 외부환경을 3차원으로 인식 표시하여야 하며, 사람의 표정 등을 인식하여 그에 대한 로봇의 반응을 표현하여야 한다.

2) 자율제어

로봇이 영상정보나 음성명령의 지시를 받고 외부환경으로부터 이동계획을 세우고 장애물을 회피하여 이동하는 경우 문턱 등 집안 장애물에 의한 미끄러짐 등이 있어도 자기의 절대위치를 인식할 수 있어야 하며, 로봇의 팔과 손을 가지고 작업을 하기 위해 여러 자유도 중 어느 것을 이용할지 최적화된 계획을 세워 제어하여야 한다.

4. 기 타

인간이 존재하기 위해서는 의·식·주를 해결하는 데 존재의 이유가 있다. 로봇 또한 인식에 대한 문제를 해결해야 하며, 이에 대한 방안이 배터리 기술개발이다. 배터리는 로봇에서 가장 중요한 기술로 어떠한 기능보다 초기에 배터리에 대한 설계가 이루어져야 한다. 우선 배터리인 경우에는 자동충전기능이 기본적으로 포함되어야 하며, 이 기능을 구현하기 위해서는 위에 열거된 모든 기술이 바탕이 되어 비로소 자동충전에 대한 기능을 구현함으로써 지능형 로봇이 탄생될 수 있다.

12.5 산업용 로봇의 제어구조

산업용 로봇에 적용되는 제어기의 구조는 응용 분야에 따라 세부적인 기술은 다를 수 있으나, 기본적인 필수구조를 가지고 있다. 이 구조는 [그림 12-22]의 제어기 기능블록과 같이 MMI(Man Machine Interface), MCK(Motion Control Kernel), PLC (Programmable Logic Control)의 3가지 대표적인 기능블록으로 나눌 수 있다.

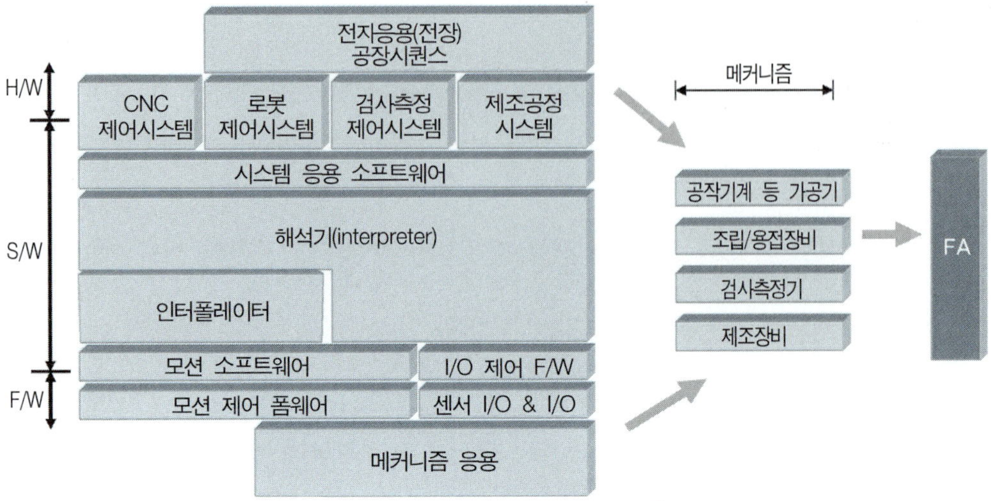

[그림 12-22] 자동화 제어장치의 계층구조

1. MMI

MMI(Man Machine Interface)는 로봇 제어기 소프트웨어 구조 중 최상위계층으로 로봇을 운용하는 사용자의 명령 및 모니터링 정보를 메뉴방식에 의해 입출력하는 모듈이다. 가장 간단한 형태는 TP(Teaching Pendant)로 사용자가 들고 다니면서 로봇의 상태 모니터링 및 교시 프로그램 조작할 수 있는 장치이다.

소형 PC를 사용한 Portable TP에 Windows를 응용하여 GUI(Graphic User Interface)를 제공하는 제품도 나오고 있다.

최근 자동화 시스템의 다양성 및 복합성 증가 등으로 로봇의 사용자 제어프로그램이 점점 복잡해져가고 있다. 이에 따라 별도의 PC상에서 3차원 그래픽 시뮬레이션으로 사용자 프로그램을 검증하는 OLP(Off-Line Programming) 툴이 필요하게 된다. 이러한 OLP 프로그램은 TP 기능을 포함하여 매우 다양한 기능을 가지게 되어 가상적으로 로봇과 주변장치를 시뮬레이션할 수 있으며, 로봇 제어기와 통신으로 연결되어 실제 로봇의 동작과 동시동작이 될 수도 있다. [그림 12-23]에서 보듯이 제어기가 별도의 PC와 고속통신에 의해 연결될 수도 있는데, 이 통신으로 제어기의 모든 데이터를 주고받을 수 있는 PC용 라이브러리를 제공하게 되면 제어기는 개방성을 갖게 되어 PC상에서 사용자가 원하는 형태의 제어 및 모니터링 화면을 구성할 수 있다.

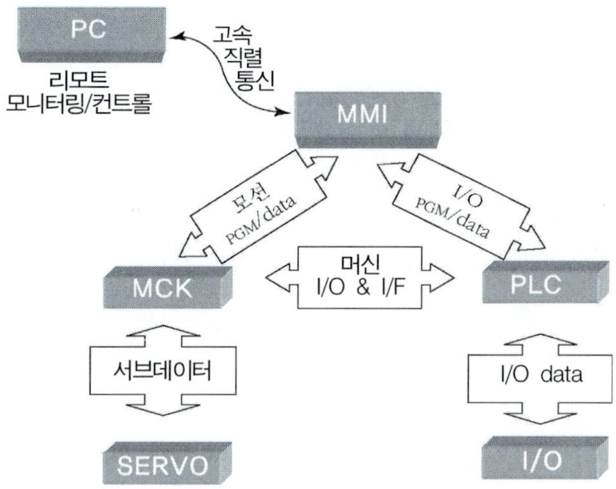

[그림 12-23] 제어기 기능블록 및 연결도

2. 제어운용모듈

1) 해석기(Interpreter)

로봇도 인간과 마찬가지로 자신의 언어를 가지고 있다. 로봇은 지령언어로 표현된 사용자 프로그램을 해석하여 동작하게 된다. 일반적으로 CNC 제어장치를 적용하는 수치제어 로봇은 형상가공 등에 적합하고 표준화된 G코드 형식의 언어를 사용하고 있으며, 조립/핸들링 및 용접 등에 적용되는 다관절 형태의 로봇은 베이직 언어형태를 가지고 있다. 대표적인 베이직 형태의 로봇 언어는 삼성전자의 FARAL, Adept의 V+, FANUC의 KAREL 및 Yaskawa의 INFORM 언어 등이 있다. 이러한 로봇 언어들은 제어기에 연결된 모터를 원하는대로 구동시킬 수 있을 뿐만 아니라, 일반적인 프로그래밍 언어처럼 자체적으로 조건연산 및 변수조작 등의 기능을 가지고 있어 익숙한 사용자는 매우 다양한 프로그램을 작성할 수 있다. 또한 멀티태스크 프로그래밍 기능을 보유하고 있어 로봇 구동을 하면서 주변장치의 시퀀스제어뿐만 아니라 상위 PC와의 통신도 용이하게 프로그래밍할 수 있기 때문에 사용자 자체적으로도 개방형 인터페이스 제어구조를 구성할 수도 있다.

2) I/O Manager

로봇 제어기는 기본적으로 로봇의 모션제어를 중심으로 설계된 관계로 많은 수의 디지털 입출력접점을 지원하지 않는 것이 보통이고 최근에는 로봇제어기 하나로 자동화 시스템의 주변장치를 제어하는 목표로 지원점수를 높인 제품도 많다. 또한 최근에는 주변장치의 입출력 인터페이스 방식이 device net 등의 필드버스를 사용하는 경우가 많아 필드버스 인터페이스 기능이 요구되는 경우도 있다.

일반적으로 많은 수의 입출력 시퀀스 프로그램을 로봇 프로그래밍 언어 자체적으로 수행할 수도 있으나, 일부 메이커(Kuka, Nachi 등)에서는 CNC(수치제어장치)의 제어구조처럼 시퀀스 전용으로 PLC 프로그래밍 표준인 IEC-61131을 별도로 채택하여 그대로의 모듈로 로봇 제어기를 구성하는 사례도 있다.

3) OS(Operating System)

로봇 제어기의 OS 구성은 크게 2종류로 나눌 수 있다.

(1) PC 기반제어 구조방식

PC 기반제어 구조방식에서 주로 채용하는 Windows NT 기반에서 실시간 OS를 포팅하여 사용하는 방식으로 소프트웨어 제어기라고도 한다. 이 방식에서 NT서버는 GUI나 통신과 같은 상위계층을 담당하고, 실시간 커널은 빠른 처리를 요구하는 모션제어 및 시퀀스처리를 담당하게 된다.

(2) 임베디드 제어 구조방식

임베디드(embedded) 제어 구조방식으로 메이커에서 제작한 독립형(stand- alone) 하드웨어상에 RTOS(VxWorks, Lynx, RT-Linux 등)를 포팅하는 방식으로, RTOS(Real Time OS : 실시간 운영체제)는 간이형 MMI와 모션제어 및 시퀀스제어를 전담하게 된다. 이 방식에서는 GUI 기능을 상위계층인 별도 PC에서 지원하기 위해서는 ISA/PCI와 같은 병렬버스나 이더넷 등과 같은 직렬통신을 통해 필요한 데이터를 PC에 전송해주게 된다. 직렬통신방식에 의한 연결구조는 다수의 제어기를 GUI 외에도 원격제어까지 지원 가능하게 되는 장점이 있다.

4) 외부통신 인터페이스

제어기가 다른 외부기기와의 통신이 얼마나 표준화되고 원활한가에 따라 개방성의 여부가 결정되기 때문에 최근에는 제어기의 사업성 결정에 외부기기와의 통신이 매우 중요한 기능으로 간주되고 있는 실정이다.

통신기능을 분류한다면 제어기의 상위계층(주로 PC)과의 통신, 하위 디바이스 계층과의 통신인 필드버스로 구분할 수 있을 것이다.

상위계층과의 통신은 최근 생산자동화 시스템이 복잡해지고 생산효율이 제품경쟁력과 직결됨에 따라 제조현장에 산재되어 있는 시스템들이 상호 유기적으로 운용되어야 하는 것이 필수로 되고 있다. 일반적으로 시스템설계에서 로봇 제어기를 분산제어의 구조에서 하나의 노드(node)로 구성하여 로봇 제어기는 로봇을 제어하는 데 전담할 수 있도록 설계하게 되는 것이 보통이나, 적당한 규모의 시스템인 경우에는 로봇 제어기가 주변장치까지 제어하는 경우도 차츰 증가하고 있다.

이러한 경우에는 하위 디바이스 계층과의 필드버스 통신이 요구되며, 최근에는 표준화 및 선 배선을 위해 필수적인 기능으로 요구되고 있다.

3. 기구학모듈

로봇 제어기가 일반적인 모션제어기와 근본적으로 다른 점은 기구학(kinematics) 모듈이 주요인이라 할 수 있다. 로봇을 만드는 메이커는 자신이 만든 로봇의 기구학적인 특징을 자신의 제어기에 심어야 하기 때문이다. 다관절 로봇의 기구학식은 비선형이 된다. 이에 따라 역기구학도 비선형이 될 뿐만 아니라, 일반적으로 다중 해가 존재하고 특이점을 가지게 된다. 연속궤적 추종제어의 경우에는 제어기는 이러한 역기구학을 실시간으로 연산할 수 있거나, 샘플링 주기보다 짧은 시간에 계산 가능하도록 하여 모션명령버퍼에 계속 채워질 수 있어야 한다.

4. 보간모듈

보간 모듈에서는 로봇이 원하는 제어궤적을 원활하고 정확히 움직일 수 있도록 모터의 회전속도 및 가·감속 연산을 하게 된다. 제어기는 보간 연산의 실시간 부담을 덜고, 연속되는 이동모션을 부드럽게 연결하기 위해서 메모리를 이용한 보간 연산 버퍼를 운영하게 되는 것이 보통이다.

로봇을 연속궤적 추종 제어하는 경우에는 보간 성능이 로봇 제어기 성능의 60% 이상을 해결한다 할 수 있을 만큼 중요한 부분이다.

유연성이 있는 엔드이펙트를 가진 로봇에서는 낮은 주파수의 진동이 문제될 수 있지만 적절한 가·감속방법으로 진동억제를 할 수 있다. 가·감속을 하는 시점에 따라서 보간 전 가·감속과 보간 후 가·감속으로 구분할 수 있는데, 보간 전 가·감속은 원하는 궤적 평면상에서 직접 가·감속을 한 후 역기구학 연상으로 각축에 이동명령을 분배하는 방식이며, 보간 후 가·감속은 먼저 역기구학 연산한 후 각축으로 분배된 축별 독립궤적을 가감속하는 방법을 말한다. 보간 전 가·감속 기법이 궤적오차를 줄일 수는 있으나, 속도나 가속도 제한 등의 고려해야 할 사항이 많게 된다.

특수한 경로 보간방식으로는 몇 개의 위치지정으로 유연한 곡선을 생성하는 스플라인 보간, 가속하다가 감속해야 하는 미소한 구간이동 명령이 연속될 때 속도감소가 일어나지 않으면서 로봇을 이동하게 하는 look-ahead 보간방식 등이 있다.

5. 모션제어 S/W

모션제어 S/W는 보간모듈에서 생성된 각 관절의 목표치를 가지고 실시간으로 추종제어를 하는 모듈이다. 일반적으로는 주제어 운용모듈의 계산부담을 경감시키고, 다축 모션제어나 보정에 필요한 매우 짧은 실시간신호를 처리하기 위해 주제어 CPU와 별도의 CPU나 DSP를 사용하는 경우가 많다. PC 기반의 소프트웨어 제어방식에서는 PC 내부의 CPU 하나가 주제어 및 모션제어까지 모두 담당하게 된다.

서보 모션제어기법은 보통의 경우는 비례-미분 귀환제어를 사용하거나, 로봇기구의 수직축 무게를 보상하기 위한 중력보상을 사용하는 것이 일반적이다. 다관절 로봇은 각 관절의 기구학적 위치에 따라 각축의 모터에 인가되는 부하관성이 다른 축의 영향도 포함된 비선형변화를 하게 된다. 로봇이 선형 제어능력에 비하여 빠른 속도로 움직이는 경우에는 상당히 복잡한 수식의 비선형 다축 동력학제어가 실시간으로 연산될 수 있어야 한다. 그러나 계산의 복잡성 때문에 실시간성을 만족하기가 쉽지 않고, 모델링 오차로 인해 제어 성능향상이 매우 어렵다. 일반적으로 실제 산업용 로봇 제어의 경우에는 서보제어 샘플링보다 동력학 보상제어 샘플링을 길게 하는 멀티 샘플링을 채택하고, 매 샘플링 순간 발생하는 추종오차에 대해서는 강인한 고이득

선형제어(robust high-gain linear control)를 하게 된다.

6. 모션제어 F/W

모션제어 F/W(FirmWare)는 모션제어 S/W와 각축의 서보 드라이브를 연결해주는 하드웨어 및 소프트웨어를 말한다. 로봇제어기는 일반적으로 로봇기구 메이커에서 세트로 함께 공급하기 때문에 임베디드 형태의 제어기구조로 설계되어 있어 서보드라이브의 영역구분이 확실치 않은 경우가 많다.

현재까지는 대부분 주제어보드와 다축 서보제어보드 사이를 PC의 ISA 버스와 같은 컴퓨터 병렬버스를 사용하며, 다축 서보제어보드와 서보앰프 사이는 PWM 신호에 의해 연결되는 방식을 사용하는 경우가 주종으로 다축 동시데이터 운용 및 원가적인 측면에서 매우 유리한 방식이다.

그러나 최근 자동화제어기의 개방화 추세에 따라 다양한 형태의 로봇기구 구조의 제어장치 개발을 신속히 대응하고, 주변장치의 제어축 및 입출력도 함께 제어할 수 있는 실시간 서보제어 직렬통신방식을 채택하는 메이커들이 늘어나고 있다. 이 방식의 대표적인 것으로 IEC 표준화규격인 SERCOS로 국내의 삼성전자 및 외국의 Rockwell, PMAC 등이 채택하고 있으며, Adept은 IEEE-1394 규격인 fire wire를, FANUC은 자체 통신규격으로 FSSB를 채택하고 있다. 향후 전체적인 추세는 이더넷 기반의 실시간 통신방식으로 표준화될 것으로 예상되고 있다.

7. I/O 제어 F/W

일반적으로 산업용 로봇은 자체적으로는 약 100개 이하의 I/O 점수만 있으면 충분하나, 시스템의 주변 디바이스들을 로봇이 제어한다면 더욱 많은 점수가 필요하게 된다. 또한 많은 I/O 점수의 시퀀스제어 프로그램을 지원하기 위해서 로봇 언어는 각 I/O의 명칭을 지정하여 프로그램할 수 있는 named I/O 기능 등을 지원하거나, IEC-61131 표준을 지원하기도 한다. 최근에는 시스템의 주변장치 디바이스들 중 필드버스 연결방식을 가진 제품이 많아 제어기는 이러한 필드버스를 지원하는 것이 필요할 경우가 늘어나고 있다.

주로 Device Net, Profibus가 주종을 이루며 최근 일본으로부터 수입하는 반도체

/LCD 핵심 공정장비에 미쓰비시 PLC가 설치되어 미쓰비시 고유의 필드버스인 CC Link 연결을 로봇 제어기가 지원해야 하는 경우도 생기고 있다.

그 밖의 제어기는 고속 I/O라는 특수한 I/O가 필요하게 되는데, 일반적으로 로봇 1대에 32점 이하가 필요하며, 로봇의 이동위치를 센서 입력시 즉각 보정하기 위한 센서 입출력으로 사용하기도 한다.

8. 모터/서보 드라이브

로봇 제어에 사용되는 모터는 주로 AC서보 모터, 리니어 모터 등이 있다. 모터 설계기술의 발전에 따라 소형화되면서도 고토크를 얻을 수가 있어 고속 동작이 가능해졌고, 코깅 토크를 줄이고 고해상도의 엔코더를 장착함에 따라 더욱 정밀한 제어도 가능하게 되었다. 서보 드라이브 또한 고속 DSP 및 제어 ASIC을 채택하여 500Hz 이상의 속도제어 대역폭을 달성함으로써 고속/고정밀 제어기술을 뒷받침해주고 있다.

더욱이 모터 엔코더가 17bit에서 24bit까지 지원되는 고해상도 추세에 따라 서보 드라이브도 모션제어 모듈과의 실시간 고해상도 위치데이터 전송을 위해 컴퓨터 병렬 버스에 의한 방식이나 실시간 필드버스를 지원해야 하는 것이 필수이다.

12.6 로봇 제어장치의 형태별 분류

1. 단축 로봇 제어기

로봇 제어기 중 가장 간단한 것으로 염가이며, 컴팩트한 형태의 모션제어기라 할 수 있다. 실제 로봇을 3축 이상으로 정의한다면 로봇 제어기가 아닌 형태이지만, 비동기 다축확장을 할 수 있는 형태도 있으며 간단한 자동화에 많이 적용되고 있다. 제어기구조는 단축 모션 컨트롤러와 서보 드라이브가 한 모듈로 구성되어 있다. 서보 드라이브의 고속 DSP 적용에 의한 완전 디지털화에 따라 하드웨어의 변경이 별로 없이 소프트웨어의 추가로 탄생한 것이 단축서보라 할 수 있다. 즉, 간이형 모션 인터프리터, 보간기능, I/O기능 외에도 기억위치 포인트 저장, 사용자 프로그램의 작성 등을 지원하는 구조의 제어기형태이다. 최근에는 Device Net 등의 필드버스에 의한 상위제어기(PC 혹은 PLC 등) 인터페이스를 구비한 단축제어기들이 출시되고 있다.

2. 다축 로봇 제어기

1) 독립형 제어기

독립형 다축제어기는 로봇 제어기의 주제어부만을 별도 모듈로 만든 것으로, 자체적으로 통신기능, 로봇 운용언어, 보간 및 제어기능 등을 보유하고 있다.

일반적으로 모니터링 및 설치운용을 담당하는 상위 PC와는 RS-232나 이더넷으로 연결되고, 로봇 및 장비의 축제어 서보 드라이브와는 실시간 필드버스로 연결된다. 주변장치의 I/O 또한 이 실시간 필드버스의 노드에 연결될 수도 있으며, 별도의 일반 필드버스를 옵션으로 지원하는 경우도 있다.

독립형 다축제어기 하나는 일반적으로 2축에서 24축 정도까지 제어가 가능하며, 상위 PC의 가동 여부에 상관없이 독립적으로 동작할 수 있는 구조이다. 간이형 MMI로 티칭 펜던트를 지원하게 되며, 사용자 프로그램의 외부기억장치 저장과 다운로드를 위해 일반적으로 USB를 지원하게 된다.

2) PLC에 의한 위치제어

PLC는 기본적으로 디지털 입출력 시퀀스 제어장치이나, 최근 특수모듈의 기능이 매우 다양화하여 공정 프로세서 제어뿐만 아니라 모션제어 기능도 보유하고 있다. PLC의 모션 모듈은 PLC를 기본적으로 사용하는 장비 셀에서 서보 모션제어가 필요한 경우 경제적으로 사용할 수 있다.

PLC 모션제어모듈은 내부적으로 CPU와 메모리가 있어 로봇 운동학적 연산 및 교차점, 로봇 파라미터 등의 정보를 저장할 수 있다. 서보 드라이브와는 위치펄스 방식이나 필드버스 등으로 연결하게 된다.

3. 임베디드 로봇 제어기

일반적인 로봇 제어기는 메이커에서 로봇과 함께 공급하기 때문에 앞에서 설명한 독립형 제어기와 서보 드라이브 및 전장배선 등을 하나의 제어박스에 내장한 형태의 제어기라 볼 수 있다.

로봇은 한 모델이 개발되고 나면 다양한 자동화 분야에 적용할 수가 있어 메카트로닉스 제품 중 지속적인 양산성을 가지는 것 중의 하나이다. 메이커에서는 제어모듈 전용화로 개발기간을 줄이고, 재료비절감 및 컴팩트화 등을 목적으로 설계하게 된다. 최근 로봇 산업이 다품종 소량산업 특징으로 변화됨에 따라 선진 메이커들도 오랜 개발기간이 소요되는 제어기 개발의 효율화를 위해 모듈의 표준화 및 개방화를 모색하는 노력을 많이 하고 있다.

4. CNC

CNC 제어장치는 기본적으로는 부품 형상가공 공정의 자동화에 적용된다고 볼 수 있으며, 광의의 개념으로는 사용자 프로그램의 지시에 따라 메커니즘의 모션 컨트롤을 행하는 제어장치를 총칭한다고 볼 수 있다. CNC가 응용되는 분야는 개략적으로 툴링 시스템에 의해 분류할 수 있다. 주축이 스핀들 모터이면 형상가공 공작기계, 레이저 발진기가 장착되면 레이저 절단기, 그리고 조립 그리퍼가 장착되면 부품조립장비 등으로 분류할 수 있다. 부품 형상가공의 정밀성, 생산성 및 신뢰성 등 여러 가지 조건을 맞추기 위해서는 위치결정 제어뿐만 아니라, 고속이면서 정밀한 모션 궤적계획, 다양한 형상가공 모션제어를 위한 복합기능 등의 부가적인 기능들이 필요하다.

5. PC 기반 제어기

PC 기반 제어기는 로봇 모션제어보드를 PC 버스 슬롯에 장착하는 구성의 제어기로, PC에서 사용자가 제어보드 운용프로그램을 작성할 수 있도록 C언어 라이브러리를 제공한다. 또한 MMI, 주변장치 시퀀스제어, 통신 등의 기능도 PC에서 사용자가 응용프로그램을 개발하여 사용하게 된다.

12.7 지능형 로봇의 구조

21세기의 인간중심 사회에서 혁신적인 기술혁명 결과를 융합한 새로운 시스템으로서 개인의 삶을 혁신적으로 변화시킬 도구는 인간과 같이 생활하며 인간의 기능을 대신하거나 오히려 인간기능을 능가하여 인간에게 새로운 삶을 누릴 수 있도록 하는 지능형 로봇 시스템이라 할 수 있다.

인간기능을 갖는 지능형 로봇이란 인간과 상호작용하면서 현실공간을 공유하고 인간의 기능을 대신할 수 있는 여러 형태의 로봇 시스템으로서 인공지능기술, 뇌공학기술, 초소형 기계전자기술, 생체기술(BT) 및 나노기술(NT) 등 혁신적인 신기술을 접목한 다양한 로봇이 있다. 이 절에서는 이러한 로봇에 대한 구성에 대하여 알아본다.

1. 지능형 로봇제어 구조

지능형 로봇의 가장 큰 시장은 우리가 생활하는 공간 내에서 힘들고 어려운 일을 대신하거나 도와줄 수 있는 가정용 서비스 로봇으로 크게 휴먼 서비스 로봇(human service robot)과 홈 서비스 로봇(home service robot)으로 나눌 수 있다.

휴먼 서비스 로봇은 사람에게 정보를 전달해주고, 감성적인 대화가 가능한 로봇으로 개인용 로봇, 교육용 로봇, 오락용 로봇, 감성 로봇 등이 개발되고 있고, 홈 서비스 로봇은 가정에서 사람을 대신하여 작업해 주는 로봇으로 청소 로봇, 경비 로봇, 가정관리 로봇, 애완동물 관리 로봇 등이 개발되고 있다.

또한 이러한 2가지 기능을 전부 만족할 수 있는 인간형 로봇(humanoid)도 많이 개발되어 최근 시연도 보이고 있으나 아직은 상품화단계이기보다는 보행·인지 등의 기반기술 개발단계에 있다.

지능형 로봇 중에서 가장 먼저 개발 및 상용화되고 있는 것은 가정용 청소 로봇이라고 할 수 있다. 대부분의 가정이 청소에 많은 시간을 할애하고 있으며 특히 전업주부의 경우는 가사노동의 어려움 때문에 로봇에 대한 기대가 매우 큰 상황이다.

모든 지능형 로봇과 마찬가지로 로봇의 지능 정도에 따라 단순동작형, 중기능형, 고기능형으로 나누어진다. 여기서 단순동작형은 충돌감지센서에 의존하여 벽이나 장애물에 충돌할 경우 이동경로를 변경하면서 청소를 수행하는 로봇으로 어느 방향으로 이동할지 예측이 불가능하기 때문에 방안에서 장시간(3~4시간) 동안 동작시키면 80~90%의 청소가 가능하다. 따라서 좁은 지역에서는 비교적 청소가 원활한 반면 넓은 지역에서는 효율이 떨어진다. 다음으로 중기능형은 청소시의 이동방법은 단순동작형과 동일하나 자동충전이 가능하고, 청소효율을 높이기 위한 이동경로제어가 포함되어 있으며, 방범 등의 기능이 추가되어 있다. 마지막으로 고기능형은 앞의 2가지 방식과는 근본적으로 다른 방식으로 가정내부의 지도(map)를 가지고 자기위치를 인식하면서 사람과 같이 한 쪽에서 다른 쪽으로 차례차례 청소를 수행하는 방식이다. 이 방식은 다수의 센서와 특히 카메라가 부착되어 환경인식을 수행하나 아직 가격이 고가인 단점이 있다.

지능형 로봇제어기의 구조는 [그림 12-24]와 같이 구성된다.

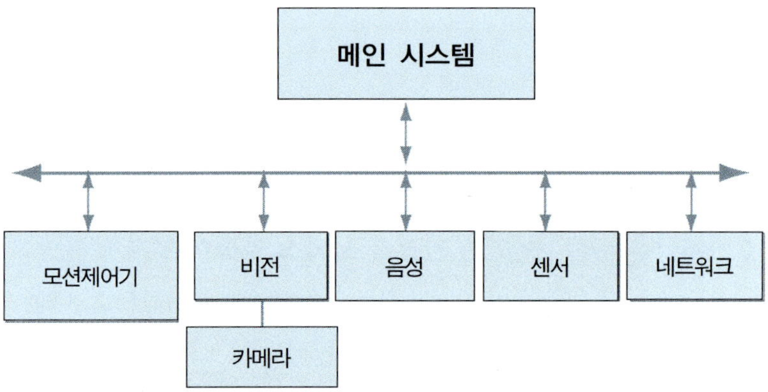

[그림 12-24] 지능형 로봇 제어기의 구조

1) 메인 시스템

메인 시스템(main system)은 모션제어기(motion controller), 비전 시스템, 음성시스템, 센서 시스템, 네트워크 시스템 등의 서브 시스템과 정보를 교환하여 로봇 전체의 기능을 관리조정한다. 효율적인 관리조정을 위하여 지능 알고리즘을 이용하여 작업계획, 위치파악, 학습, 추론, 환경인식 등의 기능을 수행한다. 또한 메인 시스템은 사용자가 로봇과 상호작용할 수 있는 기능을 제공한다. 사용자가 직접 프로그래밍하거나, 키보드, 모니터 등의 입출력장치를 이용하여 로봇과 상호작용할 수도 있고, 또는 자율 상호작용 소프트웨어에 의해서 메인 시스템이 비전 시스템, 음성 시스템, 센서 시스템 정보를 바탕으로 사용자가 로봇과 편리하게 상호작용하도록 할 수도 있다.

메인 시스템은 로봇 제어기 전체의 진단기능도 수행하여 문제가 발생할 때 스스로 문제를 해결하거나 에러 메시지를 사용자에게 통보하고, 사람과 로봇이 같은 공간에 있을 때 야기될 수 있는 안전사고를 사전 방지하는 기능도 수행한다.

모션 시스템은 로봇 주행이나 물체조작과 같이 실제 로봇 동작을 제어하는 역할을 수행한다. 따라서 모션 시스템은 동작제어를 위해서 1msec에서 8msec 정도의 짧은 샘플링 시간 동안 여러 가지 작업을 수행해야 하며, 메인 시스템과 샘플링 시간 동안 필요한 정보를 교환하기 위해 공유 메모리 방식을 사용한다. 또한 모션 시스템은 모터의 현재위치와 속도정보를 포함하는 모터 상태정보와 모터에 전류를 공급하여 구동시키는 서보제어기 상태정보를 메인 시스템에 전달하여 메인 시스템이 로봇 동작을 관리 조정할 수 있도록 한다. 메인 시스템에서 모션 시스템으로 전달되는 정보는 로봇 동작을 위한 위치명령과 제어알고리즘 관련 파라미터, 전원차단시 안전을 위한 모터정지명령 등이다.

2) 비전 시스템

비전 시스템(vision system)은 카메라에 들어오는 영상을 이용하여 원하는 정보를 추출하는 기능을 수행한다.

메인 시스템에서 작업계획, 위치파악, 학습, 추론, 환경인식 등의 지능적인 작업을 수행하기 위해 필요로 하는 정보 대부분은 비전 시스템에서 제공하게 된다.

비전 시스템의 샘플링 시간은 모션 시스템에 비해 길지만 메인 시스템이 필요로 하는 정보를 실시간으로 제공하려면 2차원의 입력영상을 대상으로 매우 복잡한 연산을 제한된 시간 내에 수행해야 하며, 부가적으로 조명변화 등 외부여건 변화에 관계없이 입력영상에서 원하는 정보를 추출하여야 하기 때문에 비전 시스템은 다른 서브 시스템에 비해 월등히 앞서는 계산능력을 필요로 한다.

한 예로 현재 반도체 장비에 사용되는 고속정밀 머신 비전 시스템은 필요한 계산을 제한된 시간 내에 수행하기 위하여 고성능의 DSP를 병렬로 사용하고 있다.

3) 음성 시스템

음성 시스템(speech system)은 주로 사용자와 로봇과의 편리한 상호작용을 위해 사용자 음성을 이용하여 로봇이 사용자 의도를 파악하도록 하는 기능을 수행한다.

비전 시스템에 비해서 처리해야 할 정보량은 많지 않지만 지능형 로봇의 일반환경에서 사용자 의도를 파악하려면 아직 추가적으로 여러 가지 기술을 더 개발해야 할 필요가 있다. 음성 시스템은 음성에 의한 사용자 의도파악 기능 이외에도 사용자의 건강상태 점검 등의 기능을 수행할 수 있다.

4) 센서 시스템

센서 시스템(sensor system)은 초음파나 레이저와 같은 센서를 이용하여 원거리 정보를 얻어내거나 근접센서 및 접촉센서를 이용하여 근거리 정보를 얻어낼 수 있다. 또한 촉각센서나 후각센서를 이용하여 이와 관련된 정보를 추출할 수도 있다.

5) 네트워크 시스템

네트워크 시스템(network system)은 로봇이 외부기기와 정보를 교환할 수 있도록 다양한 통신기능을 제공한다.

12.8 네트워크 정보 콘텐츠 로봇

현재 미국과 일본 등에서는 하루같이 새로운 기술과 시도로 우리를 깜짝 놀라게 하는 로봇 기술을 선보이고 있다. 감정을 갖는 코그 로봇, 두 다리로 춤을 추고 점프까지 하는 소니의 규리오, 로봇 내비게이션 기능을 갖춘 청소 로봇까지 다양한 형태로 우리에게 한발 한발 다가오고 있다. 향후 10년 이내에 가정에서 1대의 로봇을 쓰는 본격적인 로봇 시대가 열릴 것이라고 예측하며, 이 로봇에는 지금의 컴퓨터가 음성인식기능과 이동기능을 갖추어 집을 돌아다니며 경비, 정보서비스, 가전제품제어, 간단한 심부름, 친구역할 등을 해주는 고기능 심부름 지능형 로봇이 될 수 있다.

1. URC의 정의

URC(Ubiquitous Robotics Companion)는 지능형 서비스 로봇의 새로운 개념으로

서 인간에게 다양한 서비스를 제공하며, 외부 환경인식정보의 획득, 지능적 판단, 자율적인 행동 등의 인공지능기술을 이용하여 인간과 서로 상호작용하면서 가사지원, 교육, 엔터테인먼트, IT 등 다양한 형태의 서비스를 제공하는 인간지향적인 로봇으로 정의할 수 있다. 즉, '언제 어디서나 나에게 필요한 서비스를 제공하는 로봇'의 개념이다. 또한 네트워크 정보 콘텐츠 로봇은 URC의 기본개념에 보다 많은 콘텐츠를 네트워크를 이용하여 사용자에게 제공하는 로봇이다.

2. 네트워크 기반 로봇의 분류

1) 독립형 로봇

네트워크와는 전혀 무관하게 독립적으로 운영되는 특화된 기능을 내장한다. 로봇의 구동을 위한 제어시스템, 다양한 센서 및 신호처리 시스템, 콘텐츠 제공을 위한 소프트웨어 및 중앙제어 시스템을 모두 탑재하고 있어 가격이 비싸고 기능이 제한적이다. 엔터테인먼트 로봇이나 퍼스널 로봇의 경우 기능과 동작특성의 개선이 매우 어렵기 때문에 높은 가격에도 불구하고 활용기간이 길지 않다.

2) 소 결합용(loosely-coupled) 네트워크 기반 로봇

인터넷 접속을 통해 실행되는 소프트웨어를 다운로딩받거나 인터넷에서 필요한 정보를 제공받아 사용자에게 전달할 수 있는 형태의 네트워크 활용이 제한적인 로봇을 말한다. 원격지에서 핸드폰이나 PDA와 같은 이동통신 단말기를 통해 제어될 수 있고 제한된 정보를 이동통신 단말기에 제공할 수 있다. 이 경우에는 로봇 스스로가 인터넷을 통해 개선된 서비스 콘텐츠를 받아들여 스스로의 기능과 동작특성을 개선할 수 있고, 인터넷에서 사용자가 필요로 하는 정보를 수집하여 제공할 수 있다는 관점에서 한 단계 발전된 로봇이다.

이 로봇은 구동을 위한 제어 시스템, 다양한 센서 및 신호처리 시스템, 콘텐츠 제공을 위한 소프트웨어 및 중앙제어 시스템이 모두 탑재하고 있지만 네트워크 활용을 통해 정보를 제공하거나 공유할 수 있다는 장점을 갖는다.

3) 밀 결합용(closely-coupled) 네트워크 기반 로봇

로봇 자체에는 로봇구동을 위한 제어기, 센서 인터페이스 및 무선통신 인터페이스만을 장착하고 대부분의 신호처리와 상위수준의 제어 및 인공지능기능을 네트워크에 연결된 다수의 컴퓨터를 활용하여 처리할 수 있는 로봇을 말한다. 이 로봇은 내부에 대용량 연산능력을 갖춘 컴퓨터가 필요없어 로봇의 가격을 낮출 수 있고, 필요한 로봇 플랫폼을 활용하여 서로 다른 다양한 서비스를 제공할 수 있는 장점이 있다.

대용량의 센서 데이터들이 유무선 통신망을 통해 전송되기 때문에 대용량 데이터의 실시간 전송을 위한 네트워크 기술, 환경변화에 대응할 수 있는 로봇 핵심기술, 필요한 제어 및 인공지능 서비스를 제공할 수 있는 분산형 고성능 서버 시스템 기술을 필요로 한다.

이러한 로봇의 경우에는 저가격의 로봇을 구입하고 핸드폰에서와 같은 저렴한 콘텐츠 사용료만을 제공함으로써 유용한 서비스를 제공받을 수 있어 다양한 정보를 얻을 수 있다.

4) 센서 네트워크 기반 로봇

환경 속에서 내장된 센서 네트워크를 활용할 수 있는 네트워크 기반 로봇이다. 네트워크의 이용이 활성화되면 생활공간 속에 설치된 센서 네트워크와 연계하여 로봇과 환경에 대한 정보를 추출, 활용할 수 있어 로봇의 제어 및 인공지능 기능에 대한 신뢰성을 더욱 높일 수 있어 다양한 분야에 적용할 수 있다.

3. 네트워크 기반 로봇의 구조

네트워크 기반 로봇의 기본적인 구조는 공공안내 도우미 로봇 및 청소 로봇(고기능형)과 하드웨어는 유사하다. 단 사용자에게 보다 많은 서비스를 제공하기 위한 정보 네트워크 기능이 보강되어 있으며, 또한 내장된 하드웨어의 사양이 고사양, 저가격으로 구성되어 있다.

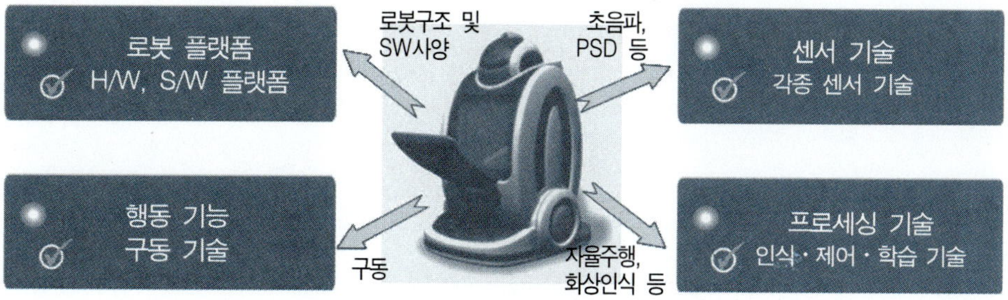

[그림 12-25] 지능형 로봇의 기본구조

(1) 임베디드 프로세서

로봇의 고속연산처리를 위한 중앙제어시스템으로는 임베디드 프로세서의 연산제어장치를 사용한다. 이밖에 다수의 중앙제어 시스템이 출시되어 있으며 이 연산제어장치를 사용하는 경우도 있다.

중앙제어시스템은 로봇의 동작소요시간을 증대하기 위해 저전력 프로세서 및 무선단말을 응용으로 하는 멀티미디어 처리가 기본으로 내장되어 있고, 로봇 내부 인터페이스 버스인 USB 1.1 or 2.0 호스트와 슬레이브를 기본으로 지원하고 있다. 고해상도 CMOS/CCD 비디오 센서 인터페이스와 LCD 컨트롤러를 추가적으로 부착하지 않도록 설계되어 있어 하드웨어에 대한 공간을 최소한으로 줄일 수 있다.

(2) 임베디드형 하드웨어

URC 로봇에 임베디드되는 하드웨어 모듈을 총칭하는 것으로 로봇의 전체기능을 관리하며, 로봇 내부의 네트워크와 무선 LAN 기반의 외부 액세스 네트워크를 연동하는 유무선 네트워크 허브 기능을 가진다.

로봇 내부의 주요 기능모듈은 대용량의 데이터 이동이 필요한 음원추적 및 음성인식을 위한 오디오 인터페이스, 비전 인터페이스, 그리고 수 ms 이내의 실시간 응답시간을 요구하는 제어 통신망 기반의 센서 및 엑추에이터(actuator) 모듈로 구성된다.

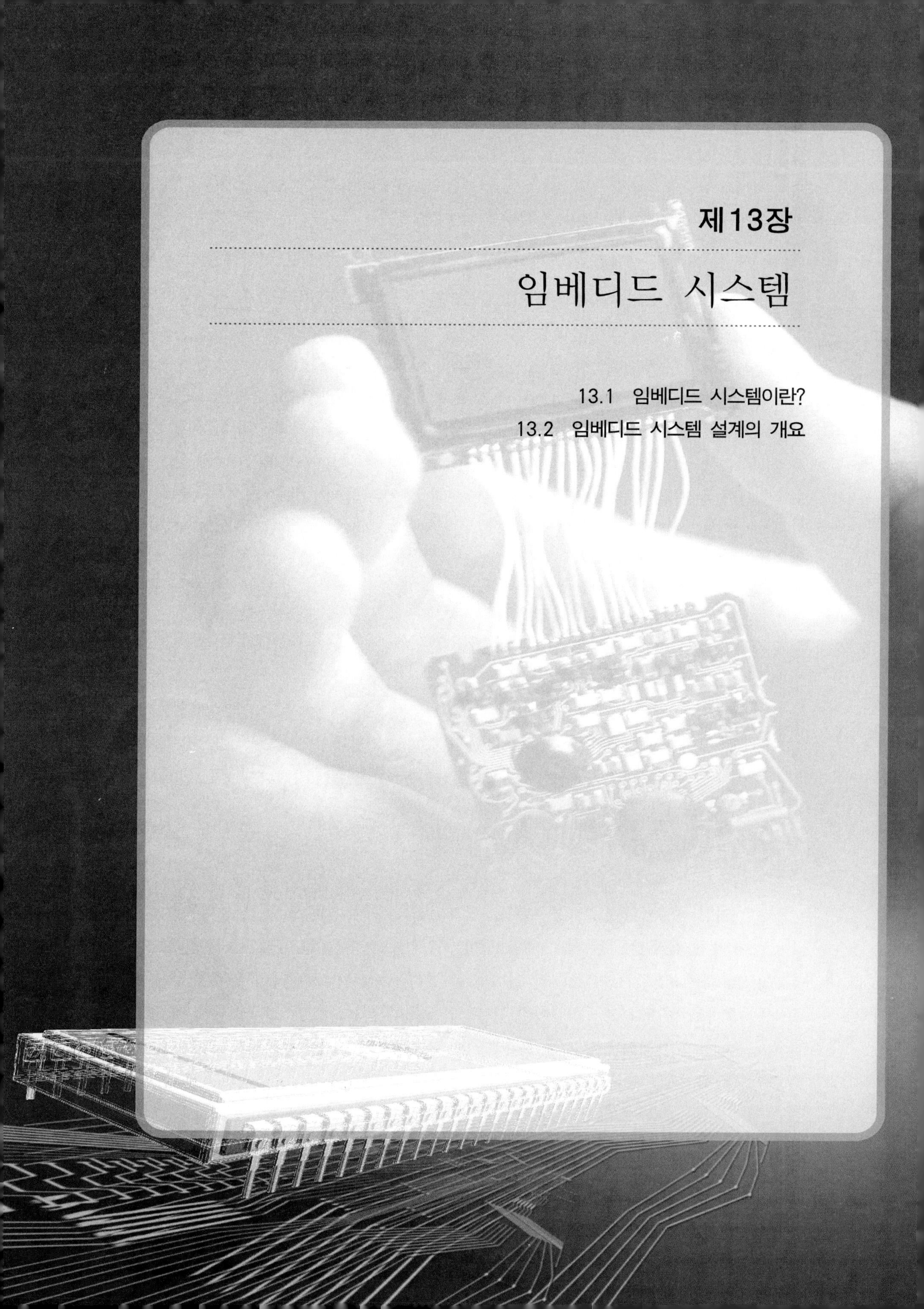

제13장

임베디드 시스템

최근 유비쿼터스(ubiquitous) 컴퓨팅, 센서 네트워크 등 차세대 IT 패러다임이 정보통신 분야의 핵심 이슈로 거론되고 있다. 기존의 컴퓨터들은 고정된 위치에 머물러 있고 기계 중심적 인터페이스를 가지며 수동적인 연산을 담당해왔다. 반면 새로운 기술들은 극도로 분산된 전산 자원을 기반으로 기존의 컴퓨터 형식을 해체하고, 보다 인간 중심적이고 능동적인 컴퓨팅 환경의 구성을 추구한다.

인간의 생활공간 여기저기에 분산된 전자, 정보 기기들은 사용자의 프로파일(profile)과 환경 상황(context) 정보를 바탕으로 사용자에게 필요한 정보와 환경을 제공한다. 자연환경과 마찬가지로, 미래의 사회에서 사용자의 생활환경 요소로 자리잡을 이러한 정보 기기들은 특정한 형태를 가지지 않으며 다른 전자 제품 속에 숨어들어 눈에 띄지 않게 될 것이다. 앞으로의 정보 처리기기 개발을 위해 가장 중요하게 고려될 핵심은 정보시스템을 사물의 안쪽으로 감추는 임베디드(embedded) 기술이다.

13.1 임베디드 시스템이란?

컴퓨터의 하드웨어인 프로세서, 메모리, 입출력장치와 하드웨어를 제어하는 소프트웨어가 조합되어 특정한 목적을 수행하는 시스템을 임베디드 시스템(embedded system)이라 한다.

임베디드라는 단어의 사전적인 의미는 "끼어 넣다"라는 뜻이고 보통 컴퓨터 시스템에서는 "내장된 또는 탑재된"이란 의미로 해석하고 있다.

어떤 제품이나 솔루션에 추가로 탑재되어 그 제품 안에서 특정한 작업을 수행하도록 하는 솔루션을 말한다. 예를 들어 주된 용도가 전화인 휴대폰에 카메라, MP3 기능, 텔레비전 기능이 들어가 있다면, 카메라, MP3 기능, 텔레비전 기능 등의 시스템이 바로 임베디드 시스템이다. 본래의 고유의 기능으로만 동작되지만 다른 제품과 결합하여 본래의 고유기능과 추가적인 기능을 수행하는 시스템이다.

특히 임베디드 시스템은 유비쿼터스 컴퓨팅(ubiquitous computing) 시스템의 중추적인 요소로서 모바일, 정보가전, 웨어러블 단말 등 미래의 유비쿼터스 시대의 핵심적인 요소가 될 전망이다. [그림 13-1]은 임베디드 시스템의 전망을 나타낸다.

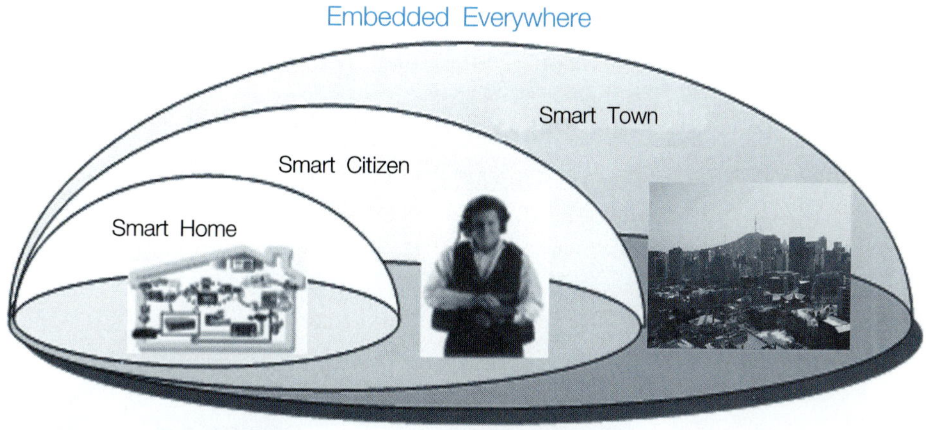

서 버	홈서버	퍼스널 서버	웹서비스 서버
클라이언트	정보가전	웨어러블 단말	임베디드 시스템
통신망	홈네트워크	Personal Area Network	Ubiquitous Network
서비스유형	홈서비스	모바일 서비스	유비쿼터스 서비스

[그림 13-1] 임베디드 시스템 전망

1. 임베디드 시스템의 특징

임베디드 시스템은 특정한 기능에 부합하도록 최적화, 소형, 경량화, 저전력화, 안정화, 네트워크화, 멀티미디어 지원, 실시간 처리 등이 [그림 13-2]처럼 주요한 특징을 나타내고 이는 임베디드 시스템 개발시 반드시 고려되는 사항이다.

1) 실시간 처리 지원

실시간 처리가 지원되지 않으면 큰 손실이나 위험을 초래할 수 있는 비행제어 시스템 및 항법 시스템 등에서 실시간 처리를 지원해야 한다.

2) 고신뢰성

원자력 발전, 항공기 및 미사일 제어 등과 같은 S/W 오작동이나 불시의 작동 중지 등으로 심각한 결과를 초래할 수 있는 시스템에서 고도의 신뢰성이 요구된다.

3) 최적화 기술 지원

임베디드 시스템은 크기, 가격 및 발열 등을 이유로 제한된 H/W 자원으로 구성되기 때문에 임베디드 S/W는 경량화, 저전력 지원, 자원의 효율적 관리 등의 측면에서 H/W에 최적화되는 기술을 지원해야 한다.

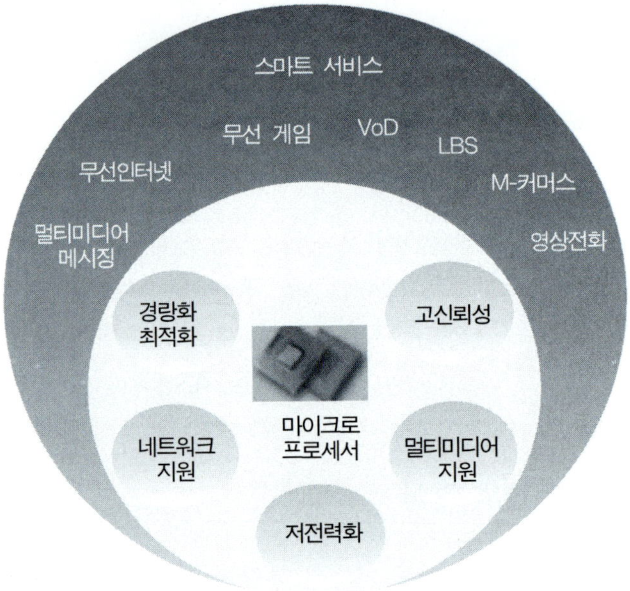

[그림 13-2] 임베디드 시스템의 특징

4) 특정 시스템 전용

범용 데스크탑 또는 서버에서 실행되는 패키지 소프트웨어와 달리 특정 시스템의 실행을 목적으로 개발되는 S/W이다.

5) 네트워크 및 멀티미디어 처리 기능 지원

임베디드 시스템들이 단독형 시스템뿐만 아니라 유무선 네트워크를 통해 연결될 수 있어야 하고, 멀티미디어 정보를 처리하는 기술이 필요한 디지털 TV, PDA 및 스마트폰 등과 같은 임베디드 시스템을 지원해야 한다.

6) 다양한 솔루션과 개발 도구 필요

다양한 기종과 규격의 마이크로프로세서에 최적화된 별도의 솔루션이 동시에 제공되어야 하며, 고난도의 임베디드 S/W 애플리케이션을 빠르고 안정되게 개발하기 위해 사용하기 쉬운 개발 도구가 필요하다.

2. 임베디드 시스템의 구성

임베디드 시스템은 [그림 13-3]처럼 하드웨어와 소프트웨어로 구성된다.

하드웨어는 명령어를 해석하여 각종 연산과 제어를 실행하는 프로세서, 명령어와 데이터를 저장하는 메모리, 입출력 상태를 감시 및 실행하는 입출력 장치, 그 외 네트워크 장치, 센서, 구동기 등으로 구성되어 있다.

소프트웨어는 운영체계(OS; Operating System), 디바이스를 직접 제어, 통신프로토콜, 멀티미디어 관련 코덱 그래픽 API 등의 시스템 소프트웨어 및 전화번호부, 인터넷/메시지, 전자다이어리, 전자소리함, 휴대폰관리, 게임 등의 응용 소프트웨어로 구성되어 있다.

3. 임베디드 시스템의 응용

임베디드 시스템은 특정 하드웨어 장치에 내장(embedded)되어 그 장치가 제공하는 한정된 기능의 실행을 돕는 장치로 특화된 시스템이라고 할 수 있다. 임베디드 시스템의 적용 분야는 다음과 같다.

1) 정보 가전제품

최근 출시되는 전자제품 중에는 마이크로프로세서를 넣지 않았거나 프로그램을 심지 않은 제품이 거의 없는데 물론 간단한 장치들은 그런 것이 없이도 집적회로 설계로서 해결할 수도 있지만 좀 덩치가 큰 장비들은 거의 임베디드 시스템을 도입하고 있는 추세이다. 텔레비전의 경우 주변의 밝기에 따라 자동으로 화질이 변하는 기능을 탑재하거나 적당한 시간에 텔레비전이 자동으로 켜지고 꺼지는 기능 등이 있다.

[그림 13-3] 임베디드 시스템의 구성

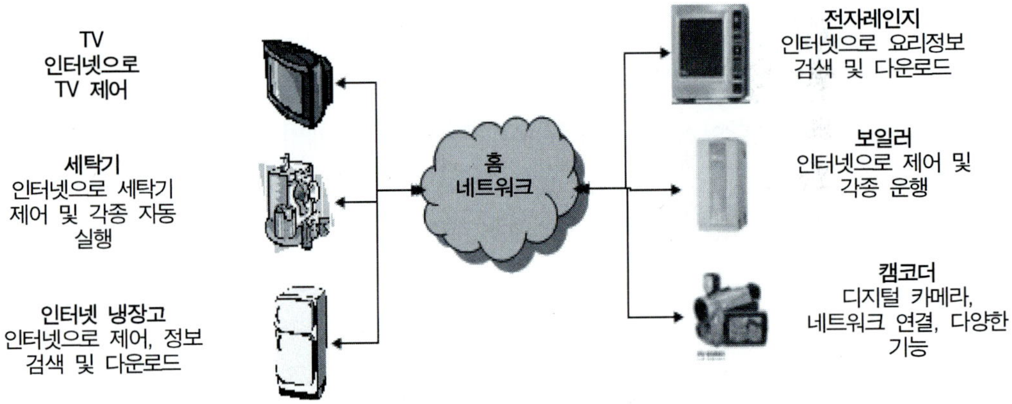

[그림 13-4] 정보 가전 사례

2) 사무기기

고속전송과 다양한 통신서비스의 사용으로 사무정보 기기의 대량보급에 의한 다양하고 복합적 기능을 가진 사무정보 기기 발전을 가져왔다. 즉 사무자동화 기기는 사무자동화를 위한 컴퓨터, 통신장비, 워드프로세서, 팩시밀리, 전화, 복사기 등의 각종 기기들로 이들 중 임베디드 시스템이 포함되어 있는 대표적인 것으로 다기능 레이저 프린터와 디지털 복사기를 들 수 있다.

[그림 13-5] 사무기기 사용사례

3) 핸드폰 및 PDA 단말기

PDA 단말기는 개인정보 관리기능을 중심으로 각종 응용프로그램을 탑재함으로써 개인 또는 단체가 정보를 이용할 수 있는 장치를 말한다. 이러한 PDA 단말기에 대한 요구는 앞으로 계속 증가하고 있어 이에 맞는 기술들이 등장하고 있는 실정이다. 이러한 PDA가 나오기 전에 이미 핸드폰에 임베디드 시스템이 도입되어 있다.

기본적으로 각종 전파를 분류하고 음성을 최대한 잘 들리게 하고 잡음을 줄이는 등의 기능을 제공하고 있을 뿐만 아니라 전화번호 메모 기능이나 각종 벨소리 기능 등을 제공하고 간단한 디스플레이 기능을 가진 임베디드 시스템이 가장 잘 활용된 사례라고 할 수 있다.

[그림 13-6] 핸드폰 및 단말기 사용사례

4) 공장자동화 및 자동제어

공장자동화(FA)는 일반적이면서도 가장 쉽게 생각해 볼 수 있는 분야이다. 이미 제품을 생산해내는 공장에는 최신 설비를 이용하여 생산 효율을 증대시키고 있다. 여기에 적용되는 시스템이 바로 자동제어이다. 자동제어를 하드웨어만으로 구성할 수도 있겠지만 실제로 하드웨어만으로 구성하는 것은 확장성, 유연성, 안정성의 면에서 어려움이 있을 수 있다. 이러한 자동화 장비를 위해서도 임베디드 시스템이 요구된다. 물론 제어를 위해 필요에 따라서는 도스, 유닉스, 윈도우 장비들이 사용되는 경우도 있으나 RTOS를 적당한 하드웨어에 탑재함으로써 OS의 특징이 적용된 시스템을 구현할 수 있다.

[그림 13-7] 공장자동화 사용사례

5) 자동차 및 첨단 특수 분야

임베디드 시스템의 기능에 실시간 처리능력이 포함된 시스템이라면 적용되는 분야는 넓어질 것이다. 최근에 자동차 산업에서의 임베디드 시스템 적용 기술은 그 응용 분야가 갈수록 늘어나고 있는 추세이다.

중앙 자가진단 모듈과 자동차 변속 ABS 브레이크, 카네비게이터, 카-TV와 오디오 등을 종합한 엔터테인먼트 분야이다. 항공, 우주, 국방, 의료, 멀티미디어 통신, 에너지 개발 등 첨단 분야에는 예전부터 임베디드 시스템이 도입 추진되고 있다. 이러한 첨단 분야의 장비들은 아주 정확한 반응 및 처리능력이 요구되는 시스템이 대부분이기 때문에 자체 운영능력을 가진 RTOS(Real Time Operating Systems)를 탑재하여 활용하고 있다.

실시간 통신 네트워크의 성능 향상을 위한 인터넷 프로토콜이 적용된 멀티미디어 통신, 서버 항공사의 가상 항공비행 시뮬레이터 장비 시스템의 지속적이고 안정적 기능을 포함한 Hot-Swap의 능력을 수행하는 서버 또는 개발 장비 등에 적용된다.

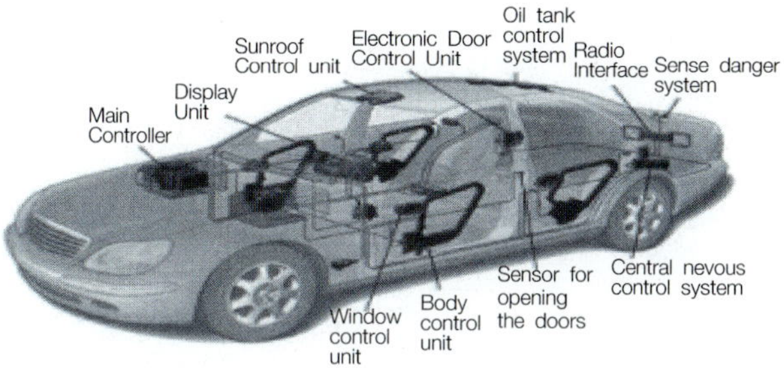

[그림 13-8] 자동차 및 로봇 사용사례

13.2 임베디드 시스템 설계의 개요

임베디드 시스템을 설계하기 위해 임베디드 시스템의 용도를 분석하여 하드웨어 사양을 결정하고 소프트웨어 사양을 결정하여야 한다. 이 두 사양에 따라 개발이 완료된 후 시스템을 통합하여 임베디드 시스템의 개발이 완료된다. 그러면 하드웨어 사양을 결정하기 위하여 프로세서, 메모리 및 주변 I/O장치를 설정하고 난 뒤 회로도를 설계하고, 그 설계에 따라 CAD인 Artwork 설계를 한 후 그 자료에 의해 PCB 제작을 한 후 하드웨어 조립 및 시험을 통하여 하드웨어 설계가 완성된다. 그리고 소프트웨어 사양 결정을 위해 OS의 사용여부 및 OS선정을 한 후 개발환경을 설정한 후 시스템 소프트웨어, 디바이스 드라이버 및 응용 설계가 완성되면 소프트웨어 설계가 완성된다. 이 완성에 따라 하드웨어 시스템과 소프트웨어 시스템과 통합하여 수정 및 시험을 통하여 최적의 임베디드 시스템을 구현한다.

1. 임베디드 시스템 설계의 개요

1) 임베디드 시스템의 설계과정

임베디드 시스템을 설계하기 위하여 [그림 13-9]처럼 시스템의 용도, 기능, 성능 및 가격 등을 먼저 분석해야 한다. 임베디드 시스템의 분석 결과에 따라서 임베디드 시스템 하드웨어와 소프트웨어의 사양을 결정한다.

[그림 13-9] 임베디드 시스템 설계 과정

임베디드 시스템 하드웨어의 설계는 시스템의 용도, 기능 및 가격을 고려한 프로세서, 메모리, 주변 I/O를 선정하고 회로도를 작성한다. 물론 회로도를 작성할 때는 해당 부품에 대한 사양 및 구매 가능한 부품 리스트를 작성한다. 그리고 회로도에 따라 자체에서 아트워크를 작성할 것인지 아니면 외주 발주할 것인지에 따라서 부품 리스트, 부품사양서를 작성한다.

이때 여러 가지 상황(부품간섭, 노이즈 등)을 고려하여 아트워크 설계가 끝나면 아트워크 설계 완성자료를 PCB 제조업체에 발주한다. 완성된 PCB에 사용될 부품을 장착하여 부품을 조립한 후 시험을 한다.

임베디드 시스템 소프트웨어의 설계는 시스템의 용도, 기능 및 가격을 고려한 운영체제(OS)를 사용할 것인지 아니면 자체에서 개발할 것인지를 결정한다. 만약 OS를 사용하면 개발환경을 선정하여 시스템 소프트웨어인 디바이스 드라이버 또는 응용 소프트웨어를 설계한다.

각각 임베디드 시스템의 하드웨어와 소프트웨어의 시험이 완성되면 시스템을 통합하여 하드웨어에 소프트웨어를 탑재하여 정상적인 기능이 수행되는지 전반적인 사항을 디버깅한다.

2) 임베디드 시스템 개발시 고려점

범용 컴퓨터에서 사용되는 S/W와는 달리 임베디드 소프트웨어는 크게 변경하지 않고서는 다른 임베디드 시스템에서 사용할 수 없다. 이는 소프트웨어가 동작하는 하드웨어가 상상할 수 없을 정도로 다양하기 때문이다.

모든 임베디드 시스템에서 사용되는 하드웨어는 시스템 비용을 줄이기 위해 용도에 따라 변경된다. 따라서 불필요한 회로들은 모두 제거되며, 가능한 한 모든 하드웨어 자원들을 공유하도록 설계한다.

다음에서는 임베디드 시스템의 하드웨어 및 소프트웨어 설계에 고려할 점에 대하여 알아본다.

3) 임베디드 시스템 설계 요구사항

모든 시스템은 전혀 다른 요구사항들을 만족시키기 위해 제품의 일부 또는 전체를 개발과정 중에 변경해야 한다. 예를 들면, 제품 가격을 만원 이하로 하려면 연산능력이나 시스템 안전성 등이 희생되어야 한다. 물론 제품 가격은 임베디드 하드웨어 설계자가 염두에 두어야 할 여러 제한사항 중 하나일 뿐이다. 또다른 일반적인 설계 요구사항은 다음과 같다.

(1) 처리능력

업무를 수행하기 위한 처리능력의 크기, 일반적으로 처리능력을 비교하기 위해서는 MIPS(Millions of Instruction Per Second : 1초 동안 처리하는 연산 횟수)가 이용되며, 프로세서의 선정기준이 된다.

(2) 메모리

실행 소프트웨어와 이 소프트웨어가 처리할 데이터를 저장할 메모리(ROM/Flash Memory/RAM)의 크기는 일반적으로 하드웨어 설계자가 먼저 적절한 크기를 결정하고 소프트웨어가 개발되는 과정에서 실제 크기를 늘리거나 줄일 수 있어야 한다. 필요한 메모리 양에 따라 프로세서의 선택이 바뀔 수 있다. 일반적으로 프로세서의 레지스터 크기에 따라 액세스 가능한 메모리의 최대값을 결정한다.

(3) 개발비용

하드웨어 및 소프트웨어 설계비용은 일정하며 한 번만 필요하기 때문에 대량 생산의 경우 이 비용이 크게 문제가 되지는 않지만, 소량 생산의 경우에는 시스템의 비용을 정확하게 추정하여야 한다.

(4) 생산되는 제품의 수

생산해서 판매할 제품의 수에 따라 생산비용과 개발비용의 조절이 필요하다. 예를 들면, 소량 생산하는 제품에 독자적인 하드웨어 부품을 개발하는 것은 일반적으로 바람직하지 못하다.

(5) 예상 수명

평균적으로 얼마나 오랫동안 시스템이 계속 동작해야 하는가에 대한 것이다. 예상 수명이 한 달, 일 년 또는 십 년 등의 기간에 따라 하드웨어 부품의 선정에서 시스템의 개발 및 생산에 얼마나 많은 비용이 필요한지 모든 종류의 설계사항에 영향을 준다.

(6) 신뢰성

최종 제품이 얼마의 신뢰성을 가져야 하는가에 대한 것이다. 아이들의 장난감이라면 항상 정확하게 동작할 필요가 없지만, 우주왕복선이나 자동차의 부품들은 항상 정확하게 예정된 작동을 해야 한다.

4) 임베디드 시스템 기술적 과제

- 휴대용 시스템을 위한 운영체제에서는 저전력 및 배터리 관리에 대한 지원이 필수적이다.
- 적은 메모리를 가진 임베디드 시스템에 사용되는 것이므로 커널과 응용프로그램 수행에 필요한 메모리 사용량이 적어야 한다.
- 임베디드 시스템에서는 전원과 공간 문제로 하드디스크를 사용하지 못하는 경우가 많다.
- 임베디드 리눅스에 반드시 필요한 또 하나의 기술은 XIP(eXecute In Place) 기능이다.

2. 임베디드 시스템 하드웨어의 설계

임베디드 시스템 하드웨어는 명령어를 해석하여 각종 연산과 제어를 실행하는 프로세서, 명령어와 데이터를 저장하는 메모리, 입출력 상태를 감시 및 실행하는 입출력 장치, 그 외 네트워크 장치, 센서, 구동기 등으로 구성되어 있다.

하드웨어 설계자는 결정된 하드웨어 사양에 따라 하드웨어 설계를 진행한다.

1) 프로세서, 메모리 및 주변 I/O장치 설정

(1) 프로세서 선정

프로세서 선정시 임베디드 시스템의 특성에 맞고 개발의 용이성, 가격, 안정성과 협력업체의 지원 등을 고려하여 적합한 프로세서의 종류를 설정한다.

(2) 메모리 선정

메모리의 선정은 소프트웨어를 포함하려면 실행코드를 저장할 장소와 실시간 데이터를 처리할 임시 저장소의 필요성을 고려하여 선정한다.

코드와 데이터 저장용 메모리는 각각 ROM 혹은 플래시 메모리(flash memory)와 RAM의 형태를 갖는데, 저장할 코드 및 데이터의 크기, 속도 등에 따라 메모리 소자를 선정한다.

만약 적은 양의 메모리만을 사용한다면 프로세서에 내장된 부분을 사용할 수 있다. 그렇지 않으면 하나 또는 두 종류의 메모리가 프로세서의 외부에 별도의 메모리 칩이 존재한다. 그리고 임베디드 시스템의 기능에 따라 가격 대비 성능을 고려하여 최적의 메모리를 선정한다.

(3) 주변 I/O 선정

임베디드 시스템은 몇 가지 형태의 입출력을 가지고 있다. 시스템 입력은 키보드, 터치 패널, 센서와 프로브, 통신신호 등으로 이루어져 있고, 출력은 화면 디스플레이, 통신신호나 물리적인 변화 등으로 이루어져 있다. 몇 가지 공통적인 특징을 제외하면 임베디드 하드웨어의 나머지 부분은 모두 다르다. 이와 같은 차이는 다양한 설계 요구사항 때문에 발생한다. 그러므로 임베디드 시스템의 용도와 특성에 맞게 입출력 장치를 선정한다. 최근에는 SoC(System on a Chip)가 발달하여 용도에 맞는 SoC를 선정하면 개발하려는 필요한 모든 주변장치를 가지고 있으므로 잘 검토하여 진행해야 한다.

2) 회로도, 아트워크, PCB 설계, 하드웨어 조립 및 시험

하드웨어 개발자는 선정된 프로세서, 메모리 및 주변 I/O장치를 이용하여 회로도를 설계한다. 회로도 설계시에 프로세서, 메모리 및 주변장치에 대한 회로와 전원공급 장치, 시스템 리셋 등을 충분히 이해한 후 오류가 발생하지 않도록 설계해야 한다. 회로도, 아트워크 및 PCB를 설계하기 위한 툴은 OrCAD, Power logic, Mentor, PCAD, CADSTAR, CSiEDA5, PowerPCB 등을 설계자의 기호에 맞는 툴을 사용하면 된다.

특히 아트워크나 PCB 설계시 부품배치를 잘 하여 각 신호간의 간섭이나 노이즈 및 EMI, EMC 등 문제가 없도록 고려해서 설계해야 한다.

PCB 제작이 완료되면 부품을 조립하고 테스트 프로그램을 이용하여 하드웨어가 정상적으로 동작하는지 검사한다.

3) 임베디드 시스템 하드웨어 구성

임베디드 시스템 하드웨어는 교육용 하드웨어, 무기, 통신장치, 가전기기에서 로봇에 이르기까지 매우 다양하다. 프로세서, 메모리 및 저장장치를 기본으로 각 시스템의 종류에 따른 다양한 주변장치들을 가지고 있지만 시스템의 서비스 및 기능을 위한 최소의 저전력 자원으로 이루어진다는 것에는 변함이 없다.

일반적으로 임베디드 시스템 하드웨어는 PDA, 휴대폰, 지능형 TV 등과 같은 범용 플랫폼 또는 가전 장치들, 통신용 장비들, 센서들을 장착한 초소형 장치들, 로봇 및 제어기기와 같은 전통적 임베디드 장치들로 크게 분류할 수 있다. 이러한 시스템들은 그 크기와 성능 및 기능에 따라 다양한 종류의 프로세서, 메모리 및 주변장치의 구성을 갖게 된다.

〈표 13-1〉은 임베디드 시스템 하드웨어의 기본적 구성 요소에 대한 내용이다.

〈표 13-1〉 임베디드 시스템 하드웨어 구성 요소

장 치	지원 여부 또는 종류
프로세서	연산, 제어, 레지스터, 내부버스로 구성, CISC/RISC/EISC, MHz 실행속도, 저전력 지원, 가상 메모리 관리를 위한 MMU의 내장 유무 마이크로프로세서, 마이크로컨트롤러(주변장치 내장)
주변장치, I/O	직렬 · 병렬 포트, USB, 네트워크 장치, LED, LCD, GPIO
기억장치	ROM, RAM, Flash Memory, Hard disk 등
구성 형태	SoB(System on Board), SoC(System on Chip)

다음 〈표 13-2〉는 임베디드 시스템과 PC와 하드웨어를 항목별 비교한 것이다. 이 표에서 볼 수 있듯이 핸드폰을 임베디드 시스템이라고 가정하면 프로세서는 최소한의 성능만 탑재하고 여러 기능을 포함하게 되면 메모리도 핸드폰 기능에 맞는 메모리를 선택해야 하고 보조기억장치도 PC에서 사용하는 HDD, ODD, DVD 등을 사용하지 않고 핸드폰의 기능(전자사전, MP3, DMB, 전자지도, 게임, 블루투스, GPS 등)에 따라 용량을 선택한 플래시 메모리를 사용한다. 단, 주변 입출력장치는 최적의 핸드폰에 적용할 수 있는 것을 선택적으로 사용한다.

〈표 13-2〉 PC와 임베디드 시스템 비교

H/W 항목	PC	임베디드 시스템
프로세서	고성능탑재	최소한의 성능 탑재
메모리	대용량 메모리	최소한의 메모리 사용
보조기억장치	다양함 : HDD, ODD, DVD	거의 사용 안 함 또는 플래시 메모리
주변장치	다양함 : KBD, MOUSE, SPEAKER	필요한 장치만 사용

(1) 프로세서

프로세서는 중앙처리장치(CPU; Central Processing Unit)로써 연산장치, 제어장치, 레지스터 및 내부버스로 구성되어 있다. 프로세서는 해당 명령어에 연산, 비교, 전송, 변환, 편집, 분기 등의 데이터를 처리하고 각종 I/O 장치를 실행하는 역할을 수행하고 데이터 버스의 크기 및 연산의 단위에 따라 8비트, 16비트, 32비트, 64비트 프로세서들이 사용된다. 간단한 장치의 제어(MCU, 센서 네트워크 장치, 모터 구동 등의 소형 제어보드) 등에는 8비트 또는 16비트 프로세서들이 많이 사용되고, 빠른 통신의 제공, 인터넷 및 멀티미디어 서비스의 제공 등 점차 많은 고급기능들이 요구되는 통신장비 및 정보가전 기기의 경우는 32비트 프로세서의 사용이 이미 보편화되었고, 더 나아가서는 64비트 프로세서까지 사용되는 경우가 늘어나고 있다.

프로세서의 기능면에서도 가상 메모리 관리의 편리성과 제어성 확보를 위해 MMU(Memory Management Unit)를 장착하는 경우가 많고, 속도면에서도 일반 PC급 프로세서의 속도보다는 느리지만 점차 빠른 프로세서가 장착되는 추세이다. 또한 이동성 확보를 위해 배터리의 사용량을 최소화하기 위한 전압 조정, 속도 조정 기능을 가진 프로세서들도 많이 사용되고 있다.

① 마이크로프로세서와 마이크로컨트롤러

마이크로프로세서는 CPU 코어(core)만을 하나의 칩(chip)으로 구성한 경우이고 마이크로컨트롤러는 CPU 코어와 메모리 및 다른 여러 주변장치들이 부착하고, 이를 칩셋들은 하나의 보드에 구성하는 경우도 있고, 임베디드 시스템 코어처럼 좀 더 경박 단소하게 만들고 가격을 낮추기 위해 칩 내부에 프로세서 코어뿐만 아니라 다양한 종류의 메모리, 네트워크 입출력장치, TPU 등의 타이머(timer) 프로세서 장치, ADC(Analog Digital Converter) 등 여러 종류의 주변 장치 컨트롤러를 함께 내장하는 칩을 구성하는 경우도 있다.

마이크로프로세서 코어는 x86 계열, ARM 계열처럼 아키텍처에 따른 다양한 종류가 있고, 마이크로컨트롤러는 인텔(Intel) 8051, Xscale 등이 대표적이다.

② CISC, RISC 및 EISC 프로세서

프로세서들은 그 명령어 집합과 명령어 수행의 제어방식에 따라 CISC(Complex Instruction Set Computer)와 RISC(Reduced Instruction Set Computer) 아키텍처(architecture)로 크게 분류된다. 〈표 13-4〉는 이들의 특징에 대한 요약이다.

복잡하고 다양한 고기능의 CPU 명령어(instruction)를 갖는 CISC에 반해, RISC는 명령어의 개수를 줄이고 동일 규격화하여 명령어 수행의 파이프라이닝(pipelining)을 극대화하며, 저전력 소모에 저가로 생산할 수 있도록 한 아키텍처이다. CISC의 대표적 예로 PC에서 많이 사용되는 x86 계열을 들 수 있고, RISC로는 ARM 계열을 그 대표적 예로 들 수 있다.

임베디드 시스템의 경우에 있어서 CISC와 RISC 프로세서는 〈표 13-3〉〈표 13-4〉과 같은 각각의 장단점이 있으나, 점차 가격이 싸고 전력 소모가 작은 RISC 계열을 많이 사용하는 추세에 있다. 특히 ARM 계열 프로세서는 정보가전 분야의 임베디드 시스템에서 가장 많이 사용되는 프로세서로 등장하게 되었다.

〈표 13-3〉 임베디드 프로세서의 종류

프로세서	제 조 사	종 류
8051 계열	Atmel, Cirrus, intel, TI 등	8051
PowerPC 계열	모토로라(현재 ; Freescale)	MPC860, 850, 8260
ARM 계열	ARM	ARM7, ARM9, ARM10, ARM11
INTEL 계열	Intel/Marvell	strongARM, Xscale(PXA255), Bulverde(PXA270), monahan(PXA320) PXA320
삼성 계열	삼성 Korea	S3C2410, S3C2440 등
MIPS 계열	MIPS	MIPS32, MIPS63 등
X86 계열	AMD, Intel 등	I386, I686 등

〈표 13-4〉 CISC와 RISC 구조의 비교

아키텍처 분류	CISC	RISC
명령어 세트	다양, 복잡 길이 다양	길이 동일, 명령어 종류 적음
어드레싱 모드	다양, 메모리 변수 사용	메모리 변수는 Load 및 Store로 국한
프로그램 바이너리 크기	고급 명령어 세트로 프로그램 크기 축소	파이프라인은 활성화되나 크기 증가 16비트 명령어 옵션으로 크기 축소 가능
파이프라이닝	다양한 명령어 실행으로 효율 낮음	파이프라이닝 극대화 Delayed branch 등
CPU 제어 유닛	복잡, (Micro programmed) Control Unit	간단, Hard-wired Control Unit
레지스터 수	적음	많은 것이 보통
전력 소모	많음	저전력 구조
대표적 제품	인텔의 X86, 펜티엄 계열 인텔 마이크로컨트롤러 8051	ARM7/9/11 계열 Strong_ARM(SA1110/1111) Xscale, 벌버디, 모나한 MIPS 계열 프리스케일의 Power-PC 계열

그 외 CISC와 RISC의 단점을 제거하고 장점만을 취하여 EISC(Extended Instruction Set Computer) 프로세서도 등장하였다. EISC는 명령어가 OP코드와 오퍼랜드 부분을 각각 독립적으로 구성되어 있다. 그래서 OP 코드는 필요한 영역의 길이만큼 확장 레지스터(ER : Extension Register)와 확장 플래그(EF ; Extension Flag)를 이용하여 오퍼랜드를 증감할 수 있도록 명령어 체계를 구축되어 있다. 즉 EISC의 명령어는 16비트 명령어를 사용하여 32비트 처리가 가능하고 코드 밀도가 높아 임베디드 시스템에 유리하고 프로그램 측면에서는 RISC보다 더 많은 파이프라인 스테이지가 필요하다.

③ 시스템온칩(SoC)

SoC(System-on-Chip)는 타깃 임베디드 시스템을 구성하는 많은 하드웨어 및 소프트웨어 구성요소들을 하나의 칩으로 경박 단소하게 구성하여 가격 경쟁력을 갖도록 하는 것을 말한다. SoC는 마이크로프로세서 코어 이외에 메모리, 코 프로세서(co-processor)나 필요한 각종 주변장치들을 칩 내에 포함하게 된다.

이러한 칩 내부에 들어가는 각각의 기능적 컴포넌트들을 IP(Intellectual Property)라 부르는데, IP에는 PCI, VoIP, USB, IEEE1394, Bluetooth, MP3, MPEG

등 다양한 종류가 있다.

대표적인 SoC칩은 ARM7, ARM9, StongARM, Xscale, Bulverde, Monahan 등이다.

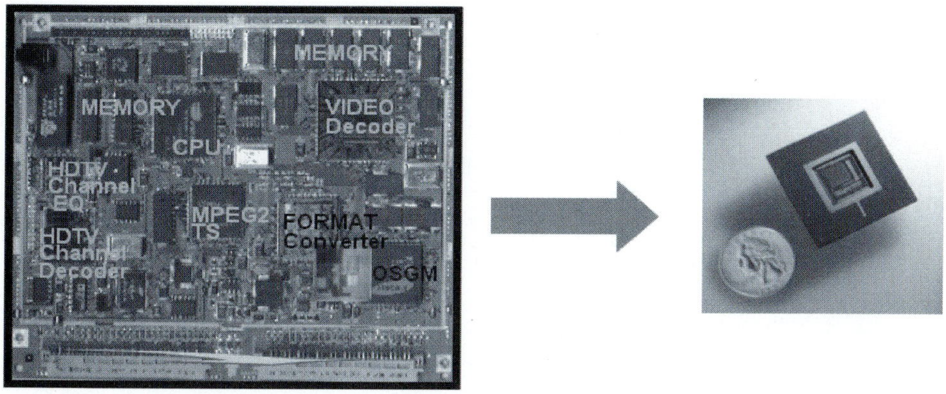

[그림 13-10] SoC 칩의 구성

(2) 메모리

임베디드 시스템의 메모리는 실행 프로그램과 커널을 적재하기 위한 휘발성의 RAM(Random Access Memory), 부트로더 및 운영체제와 응용프로그램을 반영구적으로 저장하기 위한 ROM(Read Only Memory) 또는 플래시 메모리들로 구성되는 것이 보통이다. 대용량 자료 저장을 위해 임베디드 시스템용 고신뢰성 마이크로 하드디스크를 사용하는 경우도 있지만, 대부분의 경우는 ROM과 플래시 메모리를 사용한다.

ROM의 종류로는 개발단계의 사용에 따라 영구 저장용 Mask ROM과 PROM (Programmable ROM), EPROM(Erasable PROM), EEPROM(Electrically Erasable PROM) 등이 사용된다.

EPROM은 메모리의 내부를, 자외선으로 저장된 내용 삭제를 위하여 별도의 창을 부착하여 제작된다. EEPROM은 저장내용을 EPROM처럼 자외선으로 삭제하지 않고 간단히 전기적으로 삭제하고 프로그래밍을 한다.

최근에 개발된 플래시 메모리는 EPROM 혹은 EEPROM에 비해 저가이고 고속으로 쉽게 저장 및 삭제가 가능하다. 특히 핸드폰에 수신 및 발신 전화번호나 문자 메시지가 저장되어 있는 경우 쉽게 삭제할 수 있는 것도 이 플래시 메모리에 저장되어 있기 때문이다.

그리고 PC의 ROM 바이오스(BIOS ; Basic Input Output System)나 초기 커널 적재를 위한 부트로더들은 EPROM 또는 플래시 메모리에 저장된다.

반면 임베디드 시스템의 운영체제 및 응용프로그램 등은 용량이 비교적 크고, 잦은 업그레이드가 필요하므로 플래시 메모리에 압축형태로 저장되고, 부팅시에 RAM으로 로딩된다.

플래시 메모리는 한 비트를 저장하기 위한 셀이 직렬로 연결된 NAND 플래시와 한 비트를 저장하기 위한 셀이 병렬로 연결된 NOR 플래시로 구분된다. 반면 NOR 플래시는 셀이 병렬로 되어 있어 데이터를 읽는 속도가 빠르고 신뢰성이 우수한 반면 NAND 플래시에 비해 제조단가가 비싸고 대용량이 불가능하다는 단점이 있다.

RAM은 휘발성(volatile)으로 전원공급이 없으면 자료가 손실되므로, 커널과 실행중인 응용프로그램을 적재한다.

RAM은 크게 DRAM(Dynamic RAM)과 SRAM(Static RAM)의 두 종류로 분류되며 DRAM은 용량의 크기에 장점이 있고, SRAM은 속도면에서 강점이 있다.

〈표 13-5〉 메모리의 분류

<table>
<tr><th>대분류</th><th>중분류</th><th>상세분류</th><th>특 징</th></tr>
<tr><td rowspan="5">비휘발성
(non-volatile)</td><td rowspan="4">ROM</td><td>Mask ROM</td><td>칩 제조사에서 영구적으로 자료를 저장한 ROM</td></tr>
<tr><td>PROM</td><td>1회에 한해서 개발자가 자료를 쓸 수 있는 ROM</td></tr>
<tr><td>EPROM</td><td>자외선으로 여러 번 지우고 쓸 수 있는 개발 단계에서 사용하는 ROM</td></tr>
<tr><td>EEPROM</td><td>전기적으로 반복 삭제 가능한 ROM, 바이트 단위로만 쓰기 가능</td></tr>
<tr><td>FLASH</td><td colspan="2">• 블록 단위로 읽기 및 쓰기 가능
• 읽기는 빠른(수 ms) 반면 쓰기는 느림(70-100ns)
• NAND 및 NOR 형태가 있음
• 임베디드 시스템의 S/W나 자료 저장매체로 사용되고 있음(업그레이드 가능)</td></tr>
<tr><td rowspan="2">휘발성
(volatile)</td><td>SRAM</td><td colspan="2">• 하나의 셀이 6개의 트랜지스터로 구성된 플립플롭(Flip-Flop)을 사용, 용량의 약점과 빠른 접근 시간의 장점
• 비동기적 SRAM(ASRAM)과 동기적 SRAM(SSRAM)이 있음
• 캐시 메모리로 사용</td></tr>
<tr><td>DRAM</td><td colspan="2">• 하나의 셀이 하나의 트랜지스터와 1개의 커패시터로 구성, 용량의 장점과 리프레시(Refresh)의 필요성으로 인한 SDRAM에 비해 상대적으로 느린 접근 속도의 단점
• 동작 및 구성방식에 따라 FRM DRAM, EDO DRAM, SDRAM, DDR SDRAM, RDRAM 등의 종류가 있음</td></tr>
</table>

전원이 포함된 SRAM인 NVRAM(Nonvolatile RAM)은 일반적으로 임베디드 시스템이나 PC에서 전원이 없는 상태에서도 시스템 셋업이나 타이머의 상태를 저장하는 용도로 사용되고 있다. 전원이 들어온 상태에서는 SRAM과 같은 기능을 수행한다.

특히 SRAM은 캐시(Cache) 메모리로 사용되는데 캐시 메모리는 프로세서에 연결되어 프로세서가 고속 명령어나 데이터를 요청할 때 고속 메모리이다. 프로세서가 직접 메인 메모리(DRAM)를 관장하지 않고 캐시 메모리를 통하여 관장함으로써 시스템 성능을 높일 수 있다. 캐시의 목적은 프로세서가 자주 사용하는 명령어나 데이터를 고속으로 재사용하기 위한 목적으로 사용된다. 만약 프로세서가 사용된 명령어나 데이터가 캐시 메모리에 저장된 경우에는 히트(Hit)라 하고 캐시 메모리에 없고 메인 메모리에서 가져오면 미스(miss)되었다고 한다.

미스되었을 경우 MMU(Memory Management Unit)와 메모리 컨트롤러에 의하여 메인 메모리(DRAM)에서 데이터나 명령어를 찾을 때 캐시 메모리의 크기 단위, 즉 페이지(page)나 블록(block) 단위로 메인 메모리를 검색한다. 물론, 캐시 메모리(SRAM)의 크기를 높이면 시스템 성능에는 도움이 되나 가격대 성능비를 고려하여 선택하여야 한다. 최근 캐시 메모리도 데이터 캐시와 명령어 캐시로 구분되어 사용된다. 또한 미스일 경우에 캐시 메모리에 명령어나 데이터를 업데이트를 할 경우에 메인 메모리도 함께 업데이트를 하거나 캐시 메모리를 업데이트하고 나중에 메인 메모리를 업데이트하는 경우도 있다.

그리고 MMU는 프로세서에서 사용하는 가상 어드레스(virtual address)를 물리적인 어드레스(Physical Address)로 변환하는 기능을 수행한다.

(3) 입출력 제어장치

입출력 제어장치는 입출력 장치(시리얼, 네트워크 등)의 인터페이스 신호들에 의하여 입출력 장치의 외부 인터페이스와 임베디드 시스템의 외부 단자들과 2진 코드 등으로 코드화된 정보를 송수신하는 장치를 말한다.

입출력 제어장치에서 사용되는 어드레스는 2가지 방법이 있다.

첫 번째 방식은 전체 시스템 메모리맵에서 입출력 제어장치의 어드레스를 일부 설정하여 사용되는 경우로 메모리맵 I/O(Memory-mapped I/O)방식이라고 한다. 이 방법은 시스템 메모리와 I/O장치 모두 메모리 동작 명령어로 제어되고 영역의 구분은 어드레스만으로 구분되고, 전체 어드레스의 디코더 회로에 의해서 구분되는 경우와 프로세서에 내장된 칩 셀렉터 신호에 의해 메모리와 I/O장치를 선택하여 사용할 수 있는 경우로 구분된다.

특히 I/O영역 변수는 휘발성(Volatile)으로 선언되고 I/O영역은 비휘발성으로 설정되어야 하므로 캐시 메모리를 사용하지 말아야 한다. 주로 사용되는 프로세서는 ARM, MIPS, PowerPC, M68k, PXA255, PXA272, PXA320 등이고 최근 임베디드 시스템에서는 이 방식을 채택하여 사용하고 있다.

두 번째 방식은 입출력 전용 어드레스 공간을 설정하여 사용되는 경우를 I/O 맵 I/O(I/O-mapped I/O)방식이라고 한다.

이 방법은 기존 PC CPU 계열(x86 계열)에서 사용하는 방식으로 명령어도 메모리 액세스 명령과 I/O명령이 구분되고 해당 신호들도 메모리 번지와 I/O번지를 구분하는 신호가 존재한다.

입출력 제어장치는 입출력 명령어 및 데이터를 통하여 프로세서와 메모리 사이를 송수신한다. 임베디드 시스템은 프로세서, 메모리, I/O장치로 구성되어 있다. 프로세서는 명령어를 통하여 메모리에 데이터를 저장하고 삭제하고 입력장치는 입력된 명령어나 데이터를 처리하고 메모리에 저장한다. 이때 처리된 데이터 혹은 명령어나 메모리에 저장된 명령어 혹은 데이터를 출력장치를 통해 외부 주변기기를 구동한다.

또한 입출력 장치(UART, Key, 이더넷 등)가 프로세서에게 입출력 동작을 요구하여 처리하는 방식을 인터럽트(interrupt)라고 한다.

입출력 장치에서 인터럽트가 발생하면 프로세서가 하드웨어적으로 처리하는 경우와 ISR(Interrupt Service Routine) 소프트웨어로 처리하는 경우로 구분된다.

프로세서가 하드웨어적으로 처리하는 경우는 입출력 장치의 요구에 의하여 프로세서 인터럽트를 인식하고 프로세서의 현재 상태를 저장하고 인터럽트 처리를 위한 프로세서의 상태를 변경하고, 인터럽트를 처리한 후 되돌아갈 주소를 PC에 저장한 후 인터럽트 벡터로 PC의 위치를 변경하는 과정을 말한다.

인터럽트 서비스 루틴(ISR) 소프트웨어 처리의 경우는 스택(SP : Stack Pointer)에 프로세서의 레지스터 정보를 저장하고 입출력 요청을 처리하고 스택에 저장된 프로세서의 레지스터 정보를 복원하고 프로세서의 상태 및 되돌아갈 어드레스를 복원하는 경우를 수행하면 프로세서는 인터럽트 전에 처리하던 프로그램을 수행한다.

그리고 프로세서가 입출력 제어장치의 접속여부 및 데이터의 전송요청 및 종료를 연속적으로 검사하는 방식을 폴링(Polling)방식이라 한다.

프로세서의 개입없이 메모리와 입출력 장치간의 데이터를 전송하는 방식은 DMA(Direct Memory Access)방식이다.

DMA 제어기는 메모리 어드레스, I/O 장치 어드레스, 제어정보로 구성되어 있는데 프로세서나 다른 버스 마스터가 메인 메모리를 액세스하지 않는 동안 시스템 버스를 사용하여 데이터를 전송하는 제어기이다. DMA는 주로 HDD의 데이터를 UART나 이더넷을 통하여 전송할 때 주로 사용한다.

① 직렬 포트

임베디드 시스템의 개발 단계에서의 원격(remote) 부팅 및 디버깅, 타 장치와의 간단한 통신 등에 많이 사용되는 입출력 장치로 9핀(pin) 커넥터(connector)를 주로 사용하여 RxD, TxD 핀을 이용하여 수신과 송신을 전이중(full duplex) 모드로 할 수 있다.

직렬 포트(serial port)는 UART(Universal Asynchronous Receiver Transmitter) 칩으로 구동되며, 송수신에서 RS-232 또는 EIA-232 규격을 준수한다. 직렬 포트는 기본적으로 하나의 회선을 통하여 바이트 단위를 한 비트씩 차례로 신호화하여 전송하는 방식으로, 수신측에서는 이를 일정 주기로 샘플링하여 바이트를 재조립한다. 이때 샘플링 주기는 전송속도를 결정하며, 이를 bps로 표시한다. 전송 바이트의 수신동기화를 송신 자료의 앞, 뒤에는 start/stop, parity bit 등이 추가된다.

② USB

USB(Universal Synchronous Bus)는 직렬 포트 방식의 송수신을 사용하지만 그 처리속도가 빠르고, 스트리밍 데이터 등의 대단위 자료도 등시성(isochronous) 모드로 송수신할 수 있으며, 물리적 인터페이스가 간소하여 오늘날 많은 주변기기의 접속에 사용되고 있는 통신 방식이다. 저장장치, 마우스, 디지털 카메라, MP3 플레이어 등 많은 주변장치들이 USB 방식을 채택하고 있는 추세이다.

③ 병렬 포트

직렬 포트가 바이트(byte) 단위의 자료를 비트 단위로 송신하는 것과는 달리, 병렬 포트(parallel port)는 바이트를 구성하는 모든 비트들을 여러 회선을 통해 동시에 전송한다. 프린터 인터페이스나 LED 등에 주로 사용되며, 직렬 포트보다는 전송량이 많아 빠르지만 핀의 개수가 많아 부피가 커지는 단점이 있다.

④ 이더넷

LAN의 구성에서 보편적으로 가장 많이 사용되는 네트워크 장치로 물리적 계층에서 IEEE802.3 CSMA/CD, 데이터 링크(data link) 계층에서 MAC(Medium Access Control)과 IEEE802.2 LLC(Logical Link Layer), IEEE802.1의 네트워크 계층(network layer)으로 구성되는 프로토콜 스택을 가진다.

전송속도의 발전에 따라 10BaseT(10Mbps)에서 100Base-T4, 100Base-X(100 Mbps)로 보편화되었으며, 고속 통신장치에서는 기가비트(Gigabit : 1000Mbps) 이더넷(ethernet)의 활용도 증가하고 있다. 빨라진 이더넷의 원만한 처리를 위하여 프로토콜 스택을 하드웨어에 내장한 칩들이 개발되었는데 인텔 82544 기가비트 이더넷 컨트롤러, 3COM 3XP 등이 그 예이다.

⑤ IEEE1394

애플 컴퓨터에서 처음 개발된 직렬 버스를 이용한 멀티미디어 고속 전송을 위한 통신기술로 파이어와이어(firewire)로도 불린다. IEEE-1394a 및 1394b의 새로운 규격에서 각각 최대 400Mbps, 800Mbps의 전송속도와 hot plug plug-and-play를 지원하며, 통신 클라이언트간의 제어 데이터 전송을 위해 비동기식(asynchronous) 전송과 멀티미디어와 같은 대용량 자료의 멀티캐스팅(multicasting)이나 브로드캐스팅(broadcasting)을 위한 등시성 전송모드를 제공한다.

IEEE1394는 홈네트워크의 구성에서 오디오 · 비디오 자료의 송수신에 많이 활용되고 있다. 응용프로그램은 IEEE1394의 API 계층을 직접 사용하거나, 기존 API를 활용하기 위해 TCP/UDP over IEEE1394를 사용할 수도 있다.

⑥ 적외선 통신장치

적외선 통신장치(IrDA)는 적외선을 이용한 무선 점대점(point-to-point) 통신장치로 여러 기업의 공동 표준이다. 무선 K/B 등 이동기기나 소형 노트북에서 많이 사용되고 있다.

⑦ 블루투스

블루투스(bluetooth)는 2.4GHz대역에서의 무선통신 기술을 이용하여 10m 내에서의 1Mbs의 자료 전송을 지원하는 통신규격으로 에릭슨, 노키아 등 여러 기업에 의해 시작되었다.

블루투스에 의해 연결되는 1개의 마스터(master)와 7개의 슬레이브(slave)들로 구성되는 네트워크를 피코넷(piconet)이라 부른다. 블루투스는 실내에서의 무선통신을 그 대상으로 하므로 무선 마이크 등의 음성 전송, Web Pad 등의 홈 게이트웨이를 통한 무선 인터넷 접근, PC의 무선 주변장치 접속 등에 많이 사용되고 있다.

⑧ 기타 입출력 장치

앞에서 열거한 입출력 장치 이외에도 노트북이나 PDA에서 사용되는 LCD(Liquid Crystal Display, TFT-LCD : 박막트랜지스터 LCD), 간단한 문자 디스플레이에 사용되는 LED(Light Emitting Diode), 터치스크린(touch-screen), ADC(Analog Digital Converter), GPS(위성 수신기), 디지털 카메라 입력장치, RFID 태그 인식을 위한 입출력기기 등 많은 종류가 사용되고 있다.

(4) 시스템 버스

임베디드 시스템의 구성 요소인 프로세서, 메모리, 입출력 장치가 유기적으로 잘 구동하려면 각 구성 요소들 간의 하드와이어의 집합체인 시스템 버스(System Bus)를 사용하여야만 한다. 이들 시스템 버스는 데이터 버스(data bus), 어드레스 버스(address bus), 제어 버스(control bus)로 구분된다.

데이터를 요구하는 프로세서나 DMA제어기는 마스터이고 마스터에 응답하는 메모리나 입출력 장치를 슬레이브라고 한다.

버스 구조는 PC나 ARM7에 주로 사용하는 버스구조로 명령어와 데이터를 위한 메모리 인터페이스가 하나만 존재하는 폰노이만(von-neumann) 버스 구조와 ARM9, 10, 11, PXA255, PXA272 등에서 사용하는 버스 구조로 명령어와 데이터를 위한 메모리 인터페이스가 분리되어 2개로 구성된 하버드 버스 구조로 구분된다.

폰 노이만 구조보다 명령어와 데이터를 동시에 읽고 쓸 수 있어 성능이 우수하지만 버스 구조가 복잡하여 프로세서 설계가 어렵다.

3. 임베디드 시스템 소프트웨어의 설계

임베디드 시스템 소프트웨어는 운영체계, 디바이스를 직접 제어, 통신 프로토콜, 멀티미디어 관련 코덱 그래픽 API 등의 시스템 소프트웨어 및 전화번호부, 인터넷/메시지, 전자다이어리, 전자소리함, 휴대폰관리, 게임 등의 응용 소프트웨어로 구성되어 있다.

소프트웨어 설계자는 결정된 소프트웨어 사양에 따라 소프트웨어 설계를 진행한다.

1) 임베디드 시스템 소프트웨어 설계과정

(1) OS의 선정

OS의 선정은 OS의 필요성, 리얼타임 기능, 시스템 메모리의 크기 등에 따라 결정한다. 임베디드 시스템의 운영체제는 제품의 리얼타임 기능의 필요여부에 따라 결정한다. 임베디드 시스템에서 많이 사용하는 운영체제는 상용 RTOS(VxWorks, pSOS, VRTX, uCOS 등), WinCE, 임베디드 리눅스, 임베디드 JAVA 등이 있다.

(2) 운영체제와 커널, 디바이스 드라이버의 포팅 및 응용 개발

① 임베디드 시스템 운영체제의 커널설정

임베디드 시스템의 운영체제의 커널을 시스템에서 실행할 수 있도록 프로세서 관련 처리, 메모리 관리, 트랩 및 인터럽트 처리, 타이머 등을 설정 및 수정을 통하여 운영체제의 스케줄러가 정상적으로 실행하도록 커널을 포팅한다.

② 디바이스 드라이버 설정

LCD, 네트워크 어댑터, 오디오, 키보드, HDD, USB, UART 등의 디바이스를 구동하는 데 필요한 프로그램인 디바이스 드라이버를 대상 하드웨어에서 구현되도록 포팅한다.

③ 임베디드 시스템 응용 소프트웨어 개발

임베디드 시스템에서 응용은 그 제품의 사용용도와 특성에 따라서 특정 목적의 처리를 구현하는 작업을 실행한다.

2) 임베디드 시스템 소프트웨어 구성

임베디드 시스템은 각 제품 또는 응용의 종류에 따라 어떠한 소프트웨어들을 사용하고 지원해야 하는가? 초기의 간단한 임베디드 시스템들은 일반적으로 범용 운영체제의 수준에 못 미치는 간단한 기능을 제공하는 모니터(monitor) 수준의 제어 프로그램을 사용하였고, 지금도 백색가전(일반 가전기기)의 경우는 이런 경우가 대부분이다.

그러나 휴대폰의 예에서 알 수 있듯이, 차츰 사용자의 요구사항이 복잡해짐에 따라(다양한 하드웨어의 제공, 유무선통신 및 인터넷 접속, 멀티미디어 서비스 등) 간단한 모니터 프로그램보다는 많은 기능과 디바이스 드라이버(device drivers)들을 체계적으로 제공하는 임베디드 운영체제를 사용하게 되었고, 더 나아가서는 각종 통신용 프로토콜들과 기기간의 상호작용을 편리하게 하는 각종 미들웨어들도 많이 사용되는 추세로 발전하였다.

이러한 임베디드 운영체제와 미들웨어 상위 계층에는 여러 응용을 위한 응용소프트웨어(application software)들이 동작하게 된다. 또한 이러한 응용을 호스트 컴퓨터와 타깃(target) 보드를 함께 활용하여 컴파일하고 디버깅할 수 있는 임베디드 시스템 개발 환경용 소프트웨어들도 반드시 제공되어야 하는 부분이다.

〈표 13-6〉 임베디드 S/W의 주요 기술분야

기술구분	활용 예
임베디드 기본 응용	멀티미디어 재생기, MAP Viewer, 브라우저, PIMS, 게임, 모바일샵, CNS(GPS, GIS)
임베디드 미들웨어	CORBA, COM XML, TMO 등의 분산 미들웨어, JVM, J2ME 등 자바 미들웨어, Jiri, LPnP, Havi 등 제어 미들웨어, 스트리밍 및 Codec 등 멀티미디어 미들웨어, WLAN, WPAN 관련 통신 미들웨어
임베디드 시스템 S/W	임베디드 OS, 디바이스 드라이버, 유무선 통신 프로토콜 및 멀티미디어 프로토콜 지원 라이브러리, 임베디드 DBMS
임베디드 시스템 개발도구	설계도구, 시험검증도구, IDE, 타깃시스템 재설정 도구, 각종 시뮬레이터, 크로스 컴파일러, 실시간 원격모니터, 원격모니터, 디바이스 드라이버, 툴킷
임베디드 S/W 플랫폼	MS 닷넷 컴팩트 프레임워크, Sun ONE, Brew, WIPI

최근 6년간 임베디드 시스템에 내장되는 소프트웨어의 평균 크기가 10배 이상 증가하였다. 이는 정보가전 기기의 서비스의 고기능화 및 하드웨어의 발전에 따라 호스트 시스템을 무색하게 할 정도의 소프트웨어들이 내장되었음을 의미하고, 앞으로

는 임베디드 소프트웨어가 임베디드 시스템의 제품 경쟁력을 높이는 큰 요소가 됨을 의미한다.

서비스의 다양화 및 소프트웨어의 크기 증가에 따라 임베디드 시스템 소프트웨어들은 응용이나 용도에 따른 하드웨어, 운영체제 및 미들웨어들을 바탕으로 한 계층 구조를 가지게 되었다. 임베디드 S/W의 주요 기술분야는 임베디드 기본 응용, 임베디드 미들웨어, 임베디드 시스템 S/W, 임베디드 시스템 개발도구, 임베디드 S/W 플랫폼 등으로 구분할 수 있으며, 그 각각의 활용 예는 〈표 13-6〉과 같다.

(1) 임베디드 운영체제

임베디드 시스템의 운영체제에서, 기존의 임베디드 시스템의 운영체제는 간단하고 단순한 순차적인 작업에 관련되어 있고 순차적인 프로그램으로 충분하였다.

그러나 최근의 임베디드 시스템은 시스템 자체가 다소 대형화하고 네트워크나 멀티미디어 시스템이 기본적으로 장착되고 기능이 많아지고 복잡해지고 순차적인 프로그램 작성이 불가능하므로 임베디드 운영체제가 도입되었다.

임베디드 운영체제에는 USN(Ubiquitous Sensor Network)의 센서 노드에서 사용되는 초소형 운영체제(TinyOS, Qplus 등)에서부터 범용 시스템의 운영체제 기능을 대부분 제공하는 비교적 큰 크기의 운영체제까지 다양한 종류가 있다. 이 중 대표적으로 상용화되어 활용중인 임베디드 운영체제로는 산업용 제어에 많이 사용되는 운영체제로 VxWorks(Windriver), VRTX(Mento Graphics), OS-9(Microware System), QNX(QSSL), Nucleus(Accelerated Technology), uCOS II, Lynx 등이 있고, 정보 가전기기나 모바일 기기용으로 마이크로소프트(Microsoft)의 WinCE.NET, XP Embedded, Window Vista Symbian, Palm OS 등이 있다.

또한 임베디드 시스템에 범용으로 사용될 수 있는 것들로 공개 소스(open source software) 개념의 T-Engine(일본의 Tron 표준 기반), eCos(CLinux 등과 Linux 커널을 기반으로 하는 임베디드 리눅스(embedded linux) 계열이 있다.

현재까지는 제어 분야에서는 VxWorks를 선호하고 있고, Post-PC나 정보 가전기기 분야에서는 깔끔한 GUI와 인터넷 기능을 내장한 마이크로소프트사의 WinCE.NET가 급부상하고 있다. 또한 휴대폰, PDA 등의 모바일 단말기 등에서는 PalmOS, Symbian 등이 널리 사용되고 있다. 반면 임베디드 응용의 여러 분야에서 소프트웨어의 종속성 탈피 및 프리웨어를 표방한 임베디드 리눅스 계열 운영체제의 약진도 두드러지고 있다.

(2) 임베디드 미들웨어

미들웨어(middleware)는 OS와 응용계층 사이에서 협동 컴퓨팅, 네트워크 기반 분산 컴퓨팅, 멀티미디어 송수신을 위한 이기종 간의 인터페이스 제공 등의 기능을 하는 소프트웨어 계층을 통칭한다. 특히 다른 유형의 장치·컴퓨터·가전기기를 통합하여 서비스를 제공하는 홈네트워크나, 모바일 단말기(휴대폰)에 제공되는 게임 프로그램 등의 CPU 및 OS 종속성을 극복하기 위한 미들웨어가 많이 사용되고 있다.

① J2ME, KVM

전세계 무선시장에서 무선 자바 기술인 J2ME(Java 2 Platform, Micro Edition)가 활용되고 있다. 소형 Java Virtual Machine인 JVM을 탑재하여 다운로드되는 Java 바이트 코드 프로그램을 실행한다.

② BREW, WIPI, GVM 등

2ME와는 달리 단말기에는 CPU별로 컴파일된 바이너리(binary)가 다운되며, 개발자에게는 운영체제에 종속되지 않는 통합된 인터페이스를 제공하고, 이를 단말기에서 실행하기 위해 Portable Run-Time 계층에 미들웨어를 둔다. 퀄컴사의 BREW, 한국 표준으로 제정된 WIPI, 한국신지소프트의 GVM 등이 있다.

③ HAVi, UPnP, Jini, OSGi

디지털 정보 가전기기의 멀티미디어 통신 등 상호운용성을 위한 각각의 표준에 의한 미들웨어들로 홈네트워크, 즉 가전기기의 네트워킹에 의한 서비스를 구축하는 데 많이 사용되는 미들웨어들이다.

④ 기 타

그 외의 임베디드 미들웨어로 주기억장치만을 기반으로 하는 MMDB(Main Memory Database), 멀티미디어 인코딩·디코딩, 멀티미디어 방송용 미들웨어, 디지털 저작권 관리/보호를 위한 DRM(Digital Right Management) 등이 있다.

(3) 임베디드 시스템 기본 응용

① 임베디드 시스템 GUI

임베디드 시스템의 GUI(Graphic User Interface) 도구는 윈도우 관리와 그래픽, 팝업(pop-up) 메뉴 관리 등을 제공하는 기반 시스템 소프트웨어이다. 일반적으로 각 임베디드 운영체제는 독자적인 GUI 환경을 제공한다. 특히 WinCE, PalmOS 등의 정보기기용 운영체제는 작고 편리한 GUI 도구를 내장하고 있다.

단, 리눅스의 경우 서버나 데스크탑 응용에서 X 윈도우 환경을 사용하고 있지만 네트워크를 통한 윈도우 기능까지 포함하는 대형 시스템이므로 임베디드 리눅스에 장착하기에는 크기가 너무 방대한 문제가 있다.

따라서 임베디드 리눅스는 작고, 빠르고, 깨끗한 윈도우 및 GUI 환경을 필요로 하게 되어 임베디드 리눅스사에서 동작하는 윈도우 GUI 도구도 여러 가지가 개발되었다.

- Qt/Embedded : GTK + 와 함께 가장 많이 사용되는 GUI 도구로 사용하기 쉬운 장점이 있다. 소스는 공개되나 개발 후 상용화시에는 기술료를 지불해야 한다.
- GTK + : Qt/Embedded와 함께 가장 많이 사용되는 GUI로 오픈 소스 소프트웨어로 GPL을 따른다.
- Tiny : X Window 시스템에서 불필요한 부분을 제거한 소형 X버전이다.
- 그 외에도 Micro Window, PicoGUI 등의 도구들이 있다.

② 웹 브라우저

웹 브라우저(web browser)는 웹 접근(html, JavaScript)을 위해 필수적인 시스템 차원의 응용이지만, 임베디드 시스템에서는 기존 PC의 웹 브라우저를 사용하기 힘든데, 그 이유로는 방대한 크기, 불필요한 기능, 느린 속도 등을 들 수 있다. 특히 크기의 문제는 심각한 것으로 Java Virtual Machine과 같은 크기가 큰 여러 구성요소를 갖추어야 하기 때문이다.

WinCE에는 소형 전용 웹 브라우저가 내장되며, 임베디드 리눅스에서는 일반적으로 소스가 공개된 Mozilla 브라우저를 축소 개발하여 사용하거나 Java로 작성된 브라우저 등을 사용하여 왔고, 현재는 많은 산업체에서 소형 브라우저를 개발 출시하고 있다.

한편 휴대폰과 같은 소형 이동기기에서의 인터넷 접속을 위해서는 소형의 WAP(Wireless Application Protocol)과 그 브라우저가 사용되며, 현재는 WAP2.0 표준으로 html의 많은 부분을 수용하는 추세로 가고 있다.

③ 기 타

그 외 기본적 임베디드 응용으로 개인정보 일정관리를 위한 PIMS(Personal Information Management System), 소형기기에서의 동영상 재생을 위한 미디어 플레이어(media player), 채팅이나 파일 전송 등을 위한 메신저(messenger) 등이 있다.

4. 임베디드 시스템의 개발환경

임베디드 시스템을 개발하기 위해서는 PC에서 동작하는 호스트 환경설정과 개발 타깃 시스템의 환경설정이 중요한다. 특히 호스트 환경인 PC에서 프로그램을 작성하고 컴파일하여도 개발하려는 임베디드 시스템인 타깃 시스템에서 사용되는 프로세서에 맞도록 컴파일되도록 패치하는 개발환경을 교차개발환경이라 한다.

교차개발환경은 개발자 프로그램 작성, 디버거, 에디터, 크로스 컴파일 등을 다양한 툴이 통합된 개발환경인 IDE(Integrated Development Environment)를 제공한다. ARM사에서 제공하는 ADS(ARM Developer Suit), RVDS(RealView Developer Suit) 등은 ARM 프로세서 기반의 교차개발환경이다.

그리고 GNU(Gnu is Not Unix)는 임베디드 리눅스 개발시에 무료로 제공하는 교차개발 환경 툴이다. 임베디드 시스템의 개발환경은 다음과 같이 개발과정에 필수적인 도구의 모임들을 말한다.

- 호스트에서의 빌드를 위한 크로스 컴파일(cross compile) 및 원격 디버깅(remote debugging) 환경
- 프로그램 다운로드(download) 및 부팅(booting)을 위한 타깃 보드의 부트로더, 호스트의 다운로드 도구, 타깃 보드 부트로더와의 대화를 위한 도구 등

호스트 개발환경은 타깃으로 다운로드될 임베디드 커널과 응용프로그램을 프로젝

트 파일로 관리하고, 타깃 CPU의 코드로의 크로스 컴파일 및 다운로드 후에 원격 디버깅을 제공하는 호스트 환경에서의 도구를 말한다.

명령어 입력방식과 메이크(make), 기존 디버거 등을 통해 이를 실행할 수도 있으나 편리한 빌드 도구는 위의 모든 기능을 GUI 윈도우를 통해 메뉴방식으로 제공한다. 경우에 따라서 이러한 환경은 타깃으로 다운 이전에 호스트에서 타깃 코드를 실행해볼 수 있도록 시뮬레이터를 제공하는 경우도 있다.

임베디드 시스템 S/W 개발은 커널과 밀접한 응용, 커널의 수정 또는 H/W를 다루는 코드들을 포함하므로, 이러한 개발환경이 잘 갖추어지지 않으면 개발기간의 연장은 물론 유지보수에 어려움을 갖게 된다. 이러한 개발환경에는 대표적으로

- 마이크로소프트사의 Microsoft Embedded Visual Tools 3.0
- VxWorks를 위한 Tornado
- 아이지 시스템의 OPENice/Spider
- ETRI의 임베디드 리눅스를 위한 Esto
- 통합 Java 개발환경 Eclipse

등이 있다.

이러한 개발환경 도구 외에 타깃의 부트로더나 응용프로그램 수행시의 디버깅, 다운로딩 등의 여러 목적으로 호스트는 타깃과의 대화를 필요로 하는데 이때 사용되는 도구들은 다음과 같다.

- minicom, gtkcomm : 직렬 포트로 호스트와 타깃 보드를 연결하여 부트로더 등과 대화하거나 타깃으로 출력을 볼 수 있는 도구이다.
- JTAG : 타깃의 플래시 메모리에 부트로더를 적재하거나 디버깅에 사용된다.
- Bootp, tftp : 네트워크를 통해 커널과 루트 파일 시스템 다운로드하거나 원격 디버깅을 하는 데 사용된다.

찾아보기

저자 약력

■ 남 상 엽

- 공학박사
- 삼성종합기술원 정보시스템연구소 근무
- 모토로라 반도체통신(주) 기술연구소 근무
- (현) 국제대학 정보통신과 교수

■ 이 강 현

- 공학박사
- 1991～1994년 미 스탠포드대 CRC 협동연구원
- 1996년 호주 시드니대 SEDAL 객원교수
- 2002년 영국 런던대 객원교수
- (현) 한국멀티미디어기술사협회 이사
- (현) 대한전자공학회 상임이사
- (현) 조선대학교 전자공학과 교수
- (현) 조선대학교 RIS 사업단장

유비쿼터스 공학

2008년 3월 10일 1판 1쇄 발행

저 자 남 상 엽 · 이 강 현
발행인 남 승 우

발행처 도서출판 상尙 학學 당堂

서울특별시 동작구 사당3동 220-43
TEL : 02) 595-1692~4
FAX : 02) 595-1394
E-mail : namdoo6@unitel.co.kr
신고 : 2-155호 (1968. 11. 29)

정가 26,000원

ISBN 978-89-85437-03-5 93560